科学出版社普通高等教育生物信息学系列教材
科学出版社"十四五"普通高等教育本科规划教材

蛋白质组信息学

主　编　沈百荣　黄　健
副 主 编　严文颖　郭天南　陈佳佳　邓　成
编　委（以姓名笔画为序）

王诗盛	四川大学华西医院	邓　成	四川大学华西医院
宁　琳	成都东软学院	朱　斐	苏州大学
齐　鑫	苏州科技大学	许国强	苏州大学
严文颖	苏州大学	李佳佳	苏州大学
杨　霜	苏州大学	沈百荣	四川大学华西医院
张　勇	四川大学华西医院	张芳菲	西湖大学
陈佳佳	苏州科技大学	陈俭海	四川大学华西医院
邵振华	四川大学生物治疗国家重点实验室	林宇鑫	苏州大学附属第一医院
郑　慧	苏州大学	郁春江	苏州工业园区服务外包职业学院
胡　广	苏州大学	顾云燕	哈尔滨医科大学
郭天南	西湖大学	黄　健	电子科技大学
梁中洁	苏州大学	蒋立旭	电子科技大学

科学出版社
北　京

内 容 简 介

本教材是一本全面介绍蛋白质组信息学领域的教材，旨在向读者介绍蛋白质组信息学的基本概念和技术，同时紧密跟踪国际、国内在蛋白质组信息学领域的发展，让读者了解该领域的前沿信息，并掌握相关知识。本教材分为四篇，共十七章。第一篇介绍了蛋白质组信息学的基础知识，包括蛋白质组和信息学的基本概念及二者之间的关系、蛋白质组学中的实验方法和应用、蛋白质芯片技术及相关数据分析。第二篇侧重于蛋白质组的功能，包括蛋白质亚细胞定位、分泌蛋白质和膜蛋白、糖蛋白和糖修饰、蛋白质修饰等方面的信息学。第三篇关注蛋白质相互作用和演化，包括蛋白质相互作用的计算与分析、结构蛋白质组学和新基因起源与蛋白质组演化信息学。第四篇为蛋白质组学的应用，包括噬菌体展示技术及其在蛋白质组学中的应用、基于蛋白质组学的药物设计、固有无序蛋白质组信息学、蛋白质组大数据和深度学习以及蛋白质受体配体结构、功能与信息学。

本教材不仅适用于生物信息学、医学信息学等相关专业的本科生和研究生，医学、农学、生物工程等专业人士也可把本教材当作参考书使用。

图书在版编目（CIP）数据

蛋白质组信息学/沈百荣，黄健主编. —北京：科学出版社，2023.11
科学出版社普通高等教育生物信息学系列教材
科学出版社“十四五”普通高等教育本科规划教材
ISBN 978-7-03-076518-5

Ⅰ. ①蛋… Ⅱ. ①沈… ②黄… Ⅲ. ①蛋白质–基因组–生物信息论–高等学校–教材 Ⅳ. ① Q51 ② Q811.4

中国国家版本馆 CIP 数据核字（2023）第 188807 号

责任编辑：张天佐/责任校对：宁辉彩
责任印制：赵 博/封面设计：陈 敬

科学出版社出版
北京东黄城根北街 16 号
邮政编码：100717
http://www.sciencep.com
固安县铭成印刷有限公司印刷
科学出版社发行 各地新华书店经销
*
2023 年 11 月第 一 版 开本：850×1168 1/16
2025 年 1 月第三次印刷 印张：21 1/2
字数：611 000

定价：98.00 元

（如有印装质量问题，我社负责调换）

前　言

随着人类基因组计划的完成，生命科学的研究已逐渐从遗传信息的揭示拓展到分子功能的研究，生命科学已跨入了一个新的纪元——“后基因组时代（post-genome era）”。以蛋白质组（proteome）研究为核心内容的“后基因组计划”已拉开序幕。目前，国内外已有大量研究并报道了针对蛋白质组信息学相关领域的论文。但是，国内外全面介绍蛋白质组信息学的教材尚不多见。

党的二十大精神是我们教育教学工作的指导思想和行动纲领。在新时代，党的二十大提出了一系列重大理论和实践创新，为推动我国科技创新和高等教育事业发展提供了强有力的指引。蛋白质组信息学作为现代生命科学的前沿领域，紧密关联着国家发展战略和科技创新需求。因此，本教材在编写过程中充分融入了党的二十大精神，旨在培养学生的创新精神和实践能力，助力我国在此领域的发展。

本教材系统地向读者介绍蛋白质组信息学领域的基本概念和技术，同时也紧密跟踪国际、国内在蛋白质组学领域的发展，关注该领域的前沿并把它们介绍给读者。本教材不仅适用于生物信息学、医学信息学等相关专业的学生，医学、农学、生物工程等专业人士也可把本教材当作参考书使用。通过本教材的学习，我们相信学生们将能够深入了解蛋白质组信息学的前沿研究和应用，系统掌握相关的理论知识和实践技能，为国家科技创新和生命科学事业的发展做出贡献。同时，我们也希望学生们能够秉承党的二十大精神，不断结合国家和人民的需求，追求创新、勇于实践，为建设创新型国家和世界科技强国贡献自己的力量。

本教材分为四篇十七章。第一篇为蛋白质组信息学的基础知识：第一章蛋白质组和信息学的基本概念及二者之间的关系、第二章总结了蛋白质组学中的实验方法和应用、第三章关注了蛋白质组学中的标准及本体的问题、第四章总结了蛋白质组高通量测定方法蛋白芯片技术及相关数据分析。第二篇侧重于蛋白质组的功能，具体包括第五章蛋白质亚细胞定位的信息学、第六章分泌蛋白质和膜蛋白的信息学、第七章糖蛋白和糖修饰的生物信息学以及第八、第九章蛋白质修饰的信息学。第三篇关注蛋白质相互作用和演化，包括第十章蛋白质相互作用的计算与分析、第十一章结构蛋白质组学以及第十二章新基因起源与蛋白质组演化信息学。第四篇为蛋白质组学的应用，包括第十三章噬菌体展示技术及其在蛋白质组学中的应用、第十四章基于蛋白质组学的药物设计、第十五章固有无序蛋白质组信息学、第十六章蛋白质组大数据和深度学习以及第十七章蛋白质受体配体结构、功能与信息学。

本教材的编委来自于全国多所高校相关研究邻域的专家，每一章都凝聚了他们的学术思想和研究成果。他们在百忙之中精心编写，付出了大量心血。在此我们对全体编委的无私奉献深表谢意。此外，本教材的编写还得到周建红博士的鼎力支持，在此一并表示感谢。

由于相关领域发展迅速且我们的时间紧迫，难免存在不足之处，还希望学界同人不吝赐教，我们将在以后再版时进行修改和提升。

沈百荣　黄　健

2023年1月

目　　录

第一篇　蛋白质组信息学的基础知识

第二篇　蛋白质组的功能

第三篇　蛋白质相互作用和演化

第四篇 蛋白质组学的应用

第一篇　蛋白质组信息学的基础知识

第一章　蛋白质组与信息学

PPT

2003年4月，人类基因组序列图谱基本绘制完成，标志着人类基因组计划（human genome project，HGP）取得了划时代的研究成果，海量的基因序列数据使人类对生命本质的认识达到了前所未有的广度和深度。然而，当人们为基因组计划的辉煌成就欢欣鼓舞时，却不得不面对这样一个严峻的现实：仅从基因组序列的角度根本无法完整、系统地阐明生物体的功能。基因活性和生命活动之间有何相关性？为什么同一基因在不同时期和环境下，其作用截然不同？基因组学的研究尚无法给出这些问题的答案。因为基因只是遗传信息的携带者，而基因编码的产物——蛋白质才是生命存在和运动的物质基础，是细胞增殖、分化、衰老和凋亡等重大生命活动的真正执行者。

传统的蛋白质研究通常只是针对单个蛋白质，然而，生物体生理功能的产生以及病理性的变化往往是由多个蛋白质共同完成的。因此，想要全景式地揭示生命活动的本质，必须将蛋白质的研究方式从传统的“钓鱼”模式转换成“一网打尽”的研究模式，全局性地研究基因组编码的所有蛋白质在不同时间与不同空间的表达和功能。

随着人类基因组计划的逐步完成，生命科学的研究重心已逐渐从遗传信息的揭示转移到分子功能的研究，生命科学已实质性地跨入一个崭新的纪元——“后基因组时代”（post-genome era）。以蛋白质组（proteome）研究为核心内容的“后基因组计划”已拉开序幕，也面临着巨大的挑战。

第一节　蛋白质组和蛋白质组学

一、蛋白质组

“蛋白质组”这个概念是1994年在意大利锡耶纳召开的双向凝胶电泳（二维凝胶电泳）会议上首次提出的，并发表于1995年7月的*Electrophoresis*（《电泳》）上。这个新术语很快获得了国际认可，它指的是一个细胞、组织或完整的生物体在特定时间和特定条件下所表达的全部蛋白质及其活动方式。

蛋白质是生物多样性和复杂性的载体，不同类型的生物系统都有各自的蛋白质组。例如，“细胞蛋白质组”指生物体的某特定种类的细胞在特定环境条件下所表达的全套蛋白质；而生物体中各种不同的“细胞蛋白质组”共同构成了“总蛋白质组”，也就是与该生物体基因组相对应的全部蛋白质产物。不仅完整的细胞有蛋白质组，某些亚细胞生命体系也拥有自己的蛋白质组，如病毒表达的所有蛋白质被称为“病毒蛋白质组”。

值得注意的是，蛋白质组是一个动态的概念，生物体、组织或细胞的蛋白质组的表达内容随着时间、空间和环境条件的改变而有所不同。

二、蛋白质组和基因组的区别

与基因组相对应，蛋白质组也是一个整体的概念，但两者之间也存在不同之处，主要表现在：

首先，蛋白质组比基因组更大。人体的每一个细胞都具有与生俱来的完全相同的基因组，但是，不同类型的细胞拥有不同的蛋白质组，基因和蛋白质并非是简单的一一对应关系。基因可以通过mRNA的选择性剪切、RNA拼接、转录后调控等途径编码相当于基因总数6～7倍的蛋白质。与此同时，蛋白质翻译后修饰（如糖基化、磷酸化、甲基化、乙酰化等）同样增加蛋白质的种类。因此，蛋白质组内的蛋白质数目要远远多于基因组内的基因数目。目前公布的人类基因组全序列图谱显示，人类基因组仅仅包含30 000～40 000个开放阅读框（open reading frame，ORF），而人类蛋白质组包含的蛋白质数目估计超过20万个。

其次，蛋白质组比基因组更复杂。相对基因组而言，蛋白质组更为复杂多变。基因组由核苷酸

笔记栏

序列决定，相对比较稳定，而蛋白质在执行生理功能时的表现是多样的、动态的，并不像基因组那样基本固定不变。影响蛋白质组表达的因素是多方面的：细胞培养中，细胞所处的生长阶段、培养条件和细胞种类都成为影响蛋白质表达的因素；多细胞生物在不同的分化阶段，其细胞的蛋白质组所表达的蛋白质的种类、数量亦不同。

正是蛋白质群体在不同时间和空间表达并发挥功能才形成了复杂的生命活动。因此，对生命复杂活动的全面和深入认识，必然要在整体、动态和网络水平上对蛋白质进行系统研究——蛋白质组学研究。

三、蛋白质组学

随着20世纪90年代中期“蛋白质组”概念的提出，“蛋白质组学”这门新兴学科也应运而生。

从字面上理解，蛋白质组学就是研究蛋白质组的科学。但是，与传统的蛋白质学科不同，蛋白质组学着眼于一个生物体、组织或细胞的全部蛋白质的整体活动，而非单个蛋白质。因此，蛋白质组学主要是在整体水平上研究细胞内蛋白质的组成、结构及其自身特有的活动规律，旨在阐明生物体全部蛋白质的表达和功能模式，以获得更全面完整的生物学信息。

蛋白质组学的研究任务十分广泛，不仅仅局限于蛋白质的“身份鉴定”，还包括蛋白质的定量检测、细胞内定位、修饰形式、结构和功能模式等，蛋白质群体内相互作用的网络关系也被纳入了蛋白质组学的研究范畴。

可以说，蛋白质组学研究的开展不仅是生命科学研究进入后基因组时代的里程碑，也是后基因组时代生命科学研究的核心内容之一。经过十余年的积累，国际蛋白质组学研究已经进入蓬勃发展时期，一批高水平的研究成果陆续在*Cell*（《细胞》）、*Nature*（《自然》）和*Science*（《科学》）等杂志上发表，特别是在不同组织或细胞中蛋白质的表达、定位、互作网络与功能关系的研究方面，已经取得了一系列突破性的进展。

四、蛋白质组学和基因组学的区别

蛋白质组的复杂性决定了蛋白质组学需要解决的问题远远比基因组学更为烦琐，也更具挑战性。所有的蛋白质组实验研究均面临着两大问题：样品的高复杂性和低丰度。

不同的蛋白质在生物体内具有不同的浓度，转录因子与蛋白质的表达之间存在动态差距，mRNA表达水平并不能预测蛋白质表达水平。而蛋白质组具有物种特异性，表达模式和程度也始终随着许多内部、外部事件而改变。因此，对人类庞大的动态蛋白质组进行分析、解释是一个巨大的挑战，相关方法学和技术亟待发展和完善，降低蛋白质样品的复杂性以及样品的富集技术是亟须解决的两个关键问题。

五、蛋白质组学的分支学科

目前，蛋白质组学的研究对象已涵盖了病毒、原核生物、真核生物等多种生命体系。蛋白质组与其他学科的交叉研究，促进了一些新兴学科的诞生，提出了表达蛋白质组学、结构蛋白质组学、医学蛋白质组学、临床蛋白质组学、功能蛋白质组学和蛋白质相互作用组学、比较蛋白质组学等一系列新概念，推动了蛋白质组学的发展。

（一）表达蛋白质组学

表达蛋白质组学通过二维凝胶电泳技术获得细胞、组织或生物体中的所有蛋白质，并建立蛋白质定量表达图谱。通过互联网在数据库中检索二维凝胶图谱，并进行图谱比对等分析，可以分析蛋白质组表达谱之间的差异，在整个蛋白质组水平上研究细胞通路、生物功能紊乱的机制。例如，对各种疾病组织与正常组织之间蛋白质表达谱差异进行研究，可以找到一些疾病特异性的蛋白质分子，对揭示疾病发生的机制有帮助，目前已应用于肝癌、膀胱癌、前列腺癌等研究中。目前已经建立了一系列二维凝胶电泳参考图谱数据库，如瑞士生物信息研究所的WORLD-2DPAGE网站上提供了多个此类数据库的链接。

（二）结构蛋白质组学

结构蛋白质组学的任务是在蛋白质组中研究蛋白质的结构和功能，该方法首先需要选择一套能够代表各主要蛋白质家族的蛋白质，然后通过高通量晶体扫描、X射线衍射分析等技术手段实现蛋白质高级结构的解析。

笔记栏

（三）医学蛋白组学

蛋白质组学技术在药物发现、疾病诊断和药物分子修饰中扮演着重要的角色。

几乎所有的病理过程都伴随着某些蛋白质的种类和数量上的变化，因此，蛋白质被称为基因与疾病的桥梁。通过对蛋白质表达种类和数量变化的分析，可以提供细胞代谢、信号转导和调控网络的信息，并理解这些网络如何在病理中失去功能，又如何通过药物干预和基因干预恢复它们的功能。因此，蛋白质组学对于疾病诊断、病理研究和药物筛选都具有重要意义。

（四）临床蛋白质组学

临床蛋白质组学主要致力于发现各种与疾病相关的特异性标志蛋白质，广义来说，包括药物潜在靶点的鉴定、疾病诊断、病情发展阶段标记的识别以及医学和环境研究的风险评估。

疾病相关或疾病特异性蛋白质常被称为疾病的“生物标记”。借助于蛋白质组的研究手段，以正常人群和疾病人群的细胞或组织为研究对象，比较蛋白质在表达数量、表达位置和修饰状态上的差异，就可以发现这些“生物标记”，为疾病早期诊断提供了一个灵敏的工具。

除了为疾病的临床诊断提供线索，疾病分子标记还可以作为疾病治疗和药物开发的靶点，为新药研发提供依据。例如，针对蛋白质结构改变而引发的疾病，可以通过找到该缺陷蛋白质并对其构型进行改造，达到治疗效果；针对蛋白质缺失引发的疾病，则可通过模拟该缺失蛋白，设计出针对此类疾病的蛋白质类药物，就有可能实现该疾病的治疗。

2008 年 7 月 26 日在新疆召开的中国蛋白质组学第六届大会和 2008 年 8 月 28 日在荷兰阿姆斯特丹召开的人类蛋白质组研究组织（human proteome organization，HUPO）第七届世界大会上，临床蛋白质组学都是引人注目的专题，特别是肿瘤蛋白质标记物成为报告的热点之一。目前，卵巢癌、前列腺癌等肿瘤的疾病在国际蛋白质组研究中已经取得初步成果。

（五）功能蛋白质组学

功能蛋白质组学是一种整合蛋白质及其生物功能和相互作用关系的综合研究，旨在回答以下问题：

1. 分子功能 蛋白质能做什么？

2. 生物过程 蛋白质参与了哪一条途径的生化反应？

3. 细胞组分 蛋白质定位在细胞的什么地方？

传统的功能基因组学方法是对细胞内所有的基因进行敲除或使基因失活，每次敲除一个基因，然后针对某个特殊表型进行大规模的高通量筛选，以推测细胞内每个蛋白质的功能。目前，诸如 RNA 干扰（RNAi）技术等新兴的基因功能研究方法相继推出，该技术发明人获得了 2006 年诺贝尔生理学或医学奖。

（六）蛋白质相互作用组学

过去都认为一个蛋白质对应一个结构，一个结构完成一个功能。但是，越来越多的证据表明，一个蛋白质并不能主宰一个生物事件的发生，一个事件的发生是一群蛋白质协同作用的结果。因此，相互作用的蛋白质网络才是真正能够表现生物学功能的形式。蛋白质相互作用组学就是在原子、分子和细胞层面研究蛋白质–蛋白质相互作用的学科。

（七）比较蛋白质组学

一个经典的案例，鼠和人的基因组大小相似，都含有约 30 亿碱基对，基因的数目也类似，且大部分同源。可是鼠和人的差异却如此之大，这是为什么？这种差异不仅应从基因、DNA 序列找原因，更应考虑到整个蛋白质组的差异，这一研究工作开创了比较蛋白质组学。

比较蛋白质组学被广泛应用于生命起源研究和生物进化等领域。生物进化亲缘关系的研究不再依靠传统的形态学和解剖学手段，而可以根据不同种属蛋白质组表达模式的差异程度，断定它们的亲缘关系，由此得出的系统进化树与用经典方法得到的基本相符。这样就可以通过比较蛋白质表达谱来研究物种间的系统发育关系。

通过将酵母、线虫、果蝇、藻类等一系列模式生物和人类的蛋白质组进行比对分析，结果表明，生物的进化伴随着某些特征性保守核心蛋白表达的改变。在同一界中，蛋白质组的相似程度与亲缘关系成正比，共享的保守核心蛋白越多，进化同源性越高。例如，真核生物、多细胞动物、脊索动物和脊椎动物的蛋白质表达谱就呈现出种间差异，脊椎动物基因组编码的全套蛋白质（蛋白质组）比无脊椎动物的蛋白质组更为复杂。

笔记栏

第二节 蛋白质组学研究的意义

一、基因组的局限性

随着人类基因组计划的完成，大量DNA序列数据不断涌现。目前，基因组学的分析方法，如基因芯片、基因表达序列分析等，都是从mRNA的角度来考虑的，其前提是细胞中mRNA的水平真实反映了蛋白质的水平，但事实并不完全如此。人类基因组计划得出惊人结论：人类基因组中编码蛋白质的基因数目远小于蛋白质组中蛋白质的数目——与22 000个基因相对应的蛋白质数目却高达40万个！这证明了基因与其编码产物蛋白质并非简单的线性对应关系。

如图1-1所示，从以DNA为基本单元的“基因组”（genome）到以mRNA为基本单元的“转录组”（transcriptome），再到以蛋白质为基本单元的蛋白质组（proteome），三位一体构成了遗传信息的流程图，也就是传统的中心法则。与之相对应，遗传信息的传递存在着三个层次的调控，即转录水平调控（transcriptional-level control）、翻译水平调控（translational regulation）和翻译后水平调控（post-translational regulation）。基因通过转录产生的mRNA在翻译前需要经过选择性剪切，而翻译产生的蛋白质前体需要经过翻译后加工修饰才成为具有生物活性的蛋白质。近年来，研究发现蛋白质间也存在类似于mRNA分子内的剪切和拼接，这无疑进一步扩大了基因编码的蛋白质与其最终功能蛋白质间所存在的序列差距。最终，蛋白质还必须通过一系列运输过程，到达组织细胞内适当的位置才能发挥正常的生理作用。蛋白质后期加工、修饰以及转运定位的全过程具有自主性，并不能通过基因编码序列进行预测，只能通过其最终的功能蛋白质进行分析。

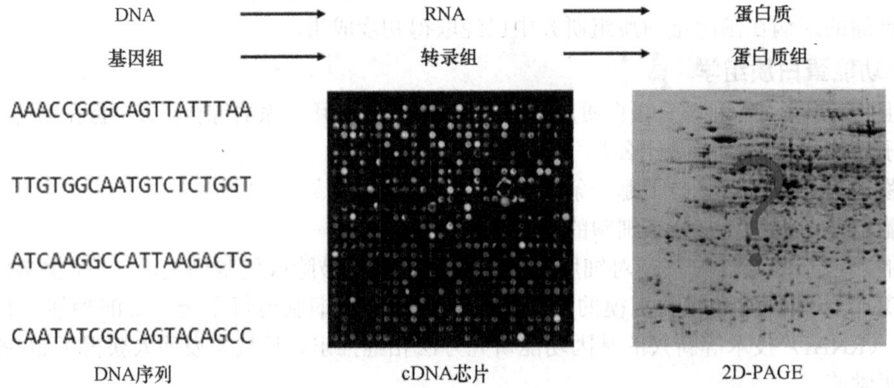

图1-1

图1-1 中心法则示意图

虽然蛋白质的可变性和多样性决定了蛋白质研究技术远远比核酸技术要复杂和困难得多，但正是这些特性参与和影响着整个生命过程，使蛋白质组学成为鉴定我们感兴趣的细胞和组织的有力工具。将所有人类细胞分类，并确定它们的功能和相互作用对于科学家是一个巨大的挑战，需要全世界研究力量的通力合作。为实现这一目标，2001年，国际人类蛋白质组研究组织（HUPO）成立，并提出了人类蛋白质组计划（human proteome project，HPP）。人类蛋白质组计划是继人类基因组计划（HGP）之后生命科学领域最大规模的国际性科技工程，也可能是21世纪第一个重大国际合作计划。

二、蛋白质组的重要性

蛋白质在生命活动中扮演着重要的角色：它是维持细胞内代谢过程的催化剂；是细胞内外的结构物质；是存储在细胞外基质中或由细胞分泌的信号物质；是将信号从细胞外传递入细胞内的受体；是调节受体效应的胞内信号分子；是决定基因转录和mRNA翻译的关键成分；蛋白质还参与了DNA复制、DNA重组、RNA剪接和编辑等一系列遗传操控过程。蛋白质组的重要性决定了蛋白质组学研究的必要性。

（一）蛋白质组是基因组的终产物

笔记栏

生物体基因组全序列的获取为我们提供了一张伟大的图谱——生物体内基因的“蓝图”。如果把基因组比作密码，那么必须把这些密码编译成具有功能的单元，才能真正解读遗传信息。这些具有功能的单元就是基因组通过生物法则编译而成的蛋白质组，而蛋白质组学就是尝试利用基因组的信息去理解蛋白质的功能。

（二）蛋白质组是动态实体

生物体内不同类型的细胞拥有相同的基因组，而蛋白质组却差异很大。基因组常处于较稳定的状态，而蛋白质组是一个高度变化的整体，特定细胞所表达的蛋白质种类和数量会随着外部环境（如温度和营养状况等）、细胞周期的特定时期、细胞分化的不同阶段、细胞的生理状态和逆境应激等而改变，因此，蛋白质组是具有高度动态性的。

（三）低丰度蛋白质

研究低丰度蛋白质还存在着很多困难和技术局限。由于蛋白质组是一个动态、变化的整体，生物体内的蛋白质不可能像核酸一样通过聚合酶链反应（polymerase chain reaction，PCR）扩增来提高其丰度，其复杂性远远大于基因组。

（四）转录组学不能代替蛋白质组学

蛋白质是基因的活性产物，正是蛋白质组实现了基因组的功能。而转录组只是遗传信息传递的一个中间环节，对RNA及转录组的研究尚无法为整个细胞功能的实现提供足够的信息。mRNA表达水平和蛋白质丰度之间虽然在一定程度上相互关联，但是其相关性并不显著，蛋白质的翻译后修饰、蛋白质–蛋白质相互作用几乎无法从mRNA水平来判断。因此，mRNA定量表达数据实际上仅代表了转录水平调控，并不足以成为预测蛋白质表达水平的依据，转录组学也不足以成为我们研究基因组功能的捷径。

综上所述，蛋白质组的重要性和复杂性使其无可取代地成为深入研究基因组功能的有力工具。

三、蛋白质组学的应用领域

近年来，蛋白质组学研究已被应用到生命科学的各种基础研究领域，由于几乎所有重要的生命现象，如发育、代谢、信号转导等活动等都涉及众多蛋白质的群体活动，蛋白质组学的研究将带来一系列生命科学重大问题的突破。人类一些重要组织和细胞功能蛋白质组的揭示，将为生命活动规律提供物质基础，从而推动基础生命科学研究。

应用研究方面，蛋白质组学将成为新型生物药物高通量筛选的有力武器，在寻找新型生物标记、有效药物靶点、人类重大疾病的临床诊断和治疗方面也有广阔前景，已成为生物医药及其相关产业发展的新增长点。目前，国际上许多大型药物公司正投入大量的人力和物力进行蛋白质组学方面的应用研究。

第三节 如何研究蛋白质组学?

随着学科的发展，蛋白质组学的研究内容不断完善和扩充，不仅包括蛋白质组表达模式分析，还包括各种蛋白质的识别和定量、蛋白质在细胞内外的定位、蛋白质加工和修饰分析、蛋白质间相互作用、蛋白质活性和蛋白质功能的最终确定。因此，蛋白质组的可靠研究往往需要多种方法和技术的结合。现阶段，蛋白质组学研究步骤主要包括实验技术体系和生物信息学两方面的内容。

一、蛋白质组学研究步骤

1. 研究对象的确定 选择适当的样品，可以是细胞提取物或生物液体。

2. 蛋白质的分离 主要采用二维凝胶电泳对样品中的蛋白质进行分离。

3. 蛋白质印迹法（Western blotting）。

4. 质谱分析 选用序列特异性蛋白酶（通常是胰蛋白酶）对二维凝胶分离的蛋白质斑点进行胶内消化酶解，用质谱分析酶解获得的片段。

5. 原始数据汇总。

6. 数据库搜索。

7. 蛋白质间相互作用的揭示。

8. 蛋白质复合物的聚合作用。

9. 蛋白质动力学研究。

笔记栏

二、蛋白质组学的实验技术

目前，蛋白质组学研究中常用的实验技术体系包括：

1. 用于蛋白质分离的技术，如双向凝胶电泳（二维凝胶电泳）、双向高效柱层析等。

2. 用于蛋白质鉴定的技术，如串联质谱法（tandem-MS）、肽质量指纹图谱（peptide mass fingerprinting，PMF）、蛋白质和多肽的N端、C端测序及氨基酸组成分析等。

3. 用于蛋白质定量分析的技术，如同位素标记亲和标签（isotope-coded affinity tag，ICAT）、稳定同位素标记（stable isotope labeling，SIL）。

4. 用于蛋白质相互作用及作用方式研究的技术，如多维蛋白质鉴定技术（multidimensional protein identification technology，MudPIT）、酵母双杂交系统和噬菌体展示技术等。

5. 用于疾病诊断的技术，如蛋白质芯片（protein chip）。

方法学上，二维凝胶电泳–质谱仍然是目前蛋白质组学最流行和可靠的实验技术平台。

（一）二维凝胶电泳

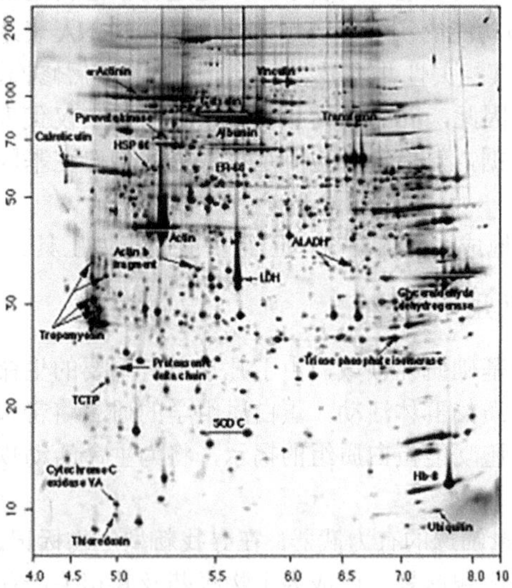

图 1-2 SDS-PAGE 电泳图谱

图 1-2

二维凝胶电泳是蛋白质组研究的核心技术，尽管目前使用的二维凝胶电泳系统繁多，但其本质思想都来源于1975年约阿希姆·克洛斯（Joachim Klose）和帕特里克·欧法瑞尔（Patrick O'Farrell）所发明的方法。二维凝胶电泳包含两个不同方向的电泳。第一维等电聚焦电泳（IFE）是根据蛋白质分子的固有等电点将其初步分离的一种电泳方法。第二维十二烷基磺酸钠–聚丙烯酰胺凝胶电泳（SDS-PAGE）即在第一维的垂直方向上根据蛋白质分子量的差异分离（图1-2）。对一种细胞或组织的蛋白质组进行三维PAGE后可分离到几千甚至上万个蛋白质斑点的电泳图谱，应用计算机图像技术系统分析比较，可确定分离蛋白质在图谱的定位和数量；通过比较已知细胞类型或组织的凝胶图谱和数据库的图像，可以帮助识别关键标志物。SWISS-2DPAGE是一个在ExPASy服务器上的数据库，为在二维凝胶上预测蛋白质迁移提供了许多标准的凝胶图像和工具。

二维凝胶电泳技术存在一些缺陷，由于蛋白质样品本身的变化性、样品制备的不可重复性，任何凝胶系统都不能完全分辨样品中的所有蛋白质，特别是低丰度蛋白质。二维凝胶电泳的通量、灵敏度和规模化均有待于进一步加强。

（二）质谱

质谱方法是鉴定蛋白质的有力工具，在生命科学领域得到了广泛的应用和发展。

最早用于蛋白质序列测定的方法是N端序列测定法（Edman降解法），然而效率很低，每天只能测量50个氨基酸，而质谱（mass spectrum，MS）技术的发展为蛋白质序列测定开辟了新的途径。与传统鉴定方法相比，质谱技术以其灵敏、准确、高通量和自动化等特点成为当前蛋白质组学的核心技术。

质谱仪（mass spectrometer）是测量蛋白质样品的质量信息（更严格地说，应该是质量与电荷的比值）的仪器。质谱仪通常包括离子源（ion source）、质量分析器（mass analyzer）和检测器（detector）三大部分。目前广泛使用的电离源有基质辅助激光解吸电离（MALDI）和电喷雾电离（ESI）两类。经电离源离子化的多肽片段进入质量分析仪，根据各离子不同的质量与电荷比值将其分离，最终由离子检测器测量各自飞行时间，从而获得肽质量指纹图谱（peptide mass fingerprinting，PMF）。

近年来，在质谱鉴定的基础上又发明了串联质谱（MS/MS或tandem-MS），质谱仪初筛后的某个肽离子经过碰撞诱导解离（collision induced dissociation，CID），进一步被打碎获得肽段的氨基酸序列。

笔记栏

质谱技术使用的研究对象十分广泛，任何手段分离的任何来源的蛋白质都可以用质谱的方法进行检测。无论是免疫沉淀的蛋白质、凝胶分离的蛋白质、膜蛋白、毛细管电泳/液相色谱分离的溶液蛋白质、亲和层析捕获的蛋白质、同位素标记的蛋白质，乃至蛋白质芯片上的蛋白质等，都是质谱分析的适用对象，利用蛋白质的质谱数据可以实现蛋白质的鉴定、蛋白质共价修饰（包括翻译后修饰、外来异型生物质、结构探针）鉴定、蛋白质的聚集和非共价相互作用分析等。近年来，以质谱技术为核心的研究工作逐渐受到重视。

质谱鉴定蛋白质的基本过程如下：

1. 基于质谱的蛋白质识别——肽质量指纹图谱（peptide mass fingerprinting，PMF） 肽质量指纹图谱是指蛋白质被酶切位点专一的蛋白酶水解后得到的肽片段质量图谱。由于每种蛋白质的氨基酸序列（一级结构）都不同，所以蛋白质被酶水解后产生的肽片段序列也各不相同，其肽混合物质量数亦具特征性，所以称为指纹图谱。通过搜索已知蛋白质数据库，用指定的酶对蛋白质进行模拟水解，得到理论质谱。将理论质谱与实验质谱进行比较，打分算法将结果按照匹配的程度排序，选择与实验值最相符的结果就可以实现蛋白质的鉴定。

2. 基于串联质谱的蛋白质识别——肽序列标签测定（peptide sequence tag，PST） 串联质谱可通过肽离子碰撞产生的碎片信息获得肽链的氨基酸序列信息。通过搜索已知蛋白质数据库，对蛋白质模拟酶解，再对肽模拟碰撞，得到理论串联质谱。实验 MS/MS 与理论 MS/MS 比较，对质谱匹配与肽序列打分，获得鉴定结果。与 PMF 相比，PST 测定方法的特异性较高，可以实现对混合样品中蛋白质的识别与鉴定。

首先，蛋白质混合物经二维电泳分离、染色及图像分析后，从中选取感兴趣的蛋白质进行酶解，可以原位酶切，也可以转印到聚偏氟乙烯（PVDF）膜上酶切，酶解后得到多肽片段的混合物用于质谱分析。

酶解后的多肽混合物一部分用于 PMF 鉴定，选用 MALDI-TOF-MS（基质辅助激光解吸电离–飞行时间质谱仪）得到 PMF，每个峰代表一个肽段，通过检索蛋白质数据库进行鉴定。

经数据库检索，鉴定该蛋白质为人类阿朴脂蛋白，序列如图 1-3，用阴影标记的序列为检索所得蛋白肽段质量数理论值与实验测得 PMF 中质量数相符的肽段序列，质量数相符的肽段序列覆盖率为 61.62%。

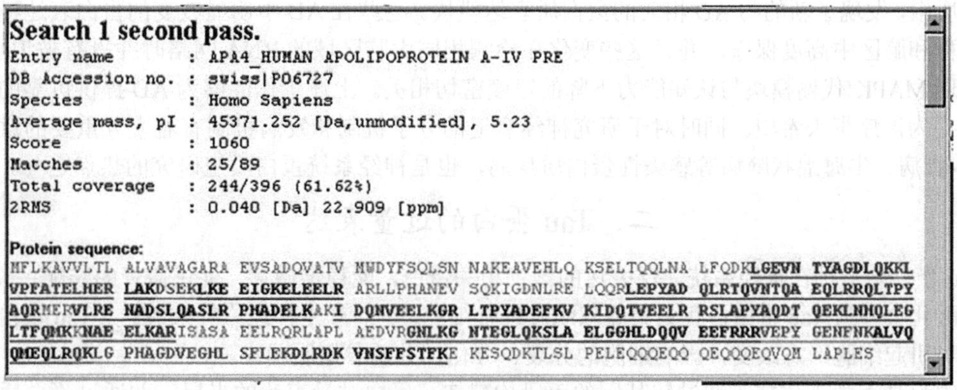

图 1-3 人类阿朴脂蛋白序列

图 1-3

另一部分酶解后的肽段混合物经纯化后，上色谱柱，洗脱体积 500～1000nl。取洗脱液置于镀金属的纳升电喷雾（nanoES）进样针（尖端内径 1～5μm）中进行纳升电喷雾串联质谱（nanoES tandem-MS）分析。

（三）蛋白质组学面临的挑战

蛋白质组的研究实质上是在细胞水平上对蛋白质进行大规模的平行分离和分析，通常需要同时处理成千上万种蛋白质，而蛋白质组本身极具复杂性，这使得蛋白质组学的方法和技术面临着新的需求和挑战。

首先是样品丰度问题。低丰度蛋白质是最重要的一类蛋白质，也是当今技术最难研究的一类。无论是动物植物细胞还是酵母细菌，低丰度的膜蛋白很难出现在二维电泳凝胶图谱中，因此难以辨别。

其次是样品降解问题。在样品制备过程中，蛋白质的降解是很常见的问题。细胞破碎的时候很

笔记栏

可能释放出蛋白酶，其导致的蛋白降解，失去原有的功能和活性，也使二维电泳图谱的分析复杂化。蛋白质组是一个动态、变化的整体，翻译后修饰、组织发育和所处时间阶段的特异性、环境、疾病以及药物条件的影响均造成样品高度的动态性，因此其复杂性远远大于基因组。

此外，蛋白质研究的规模、速度、灵敏度和可靠性都不能与核酸同日而语。蛋白质研究技术远比基因技术复杂和困难。不仅氨基酸残基的种类远多于核苷酸残基（20∶4），而且蛋白质有着复杂的翻译后修饰，如磷酸化和糖基化等，这都给分离和分析带来很多困难。此外，蛋白质无法像核酸一样通过 PCR 进行体外扩增，因此，蛋白质组学急切地需要类似于 PCR 的“神奇工具”，以提高研究规模和通量。

蛋白质组学是基于发现和假设的学科，可以说，蛋白质组学的发展既为理论所推动但也受限于理论。实验应该有理论的依托，基于发现的科学应该有假设的引导，然而，蛋白质组的理论研究却滞后于飞速发展的实验技术，这已成为蛋白质组学发展的一块绊脚石。

与人类基因组计划一样，蛋白质组计划已经积累了大量的实验数据，如何把这些数据转化成有研究价值的知识，而不只是数据的简单罗列？这是处理蛋白质组学信息的另一块绊脚石。生物信息学已在基因组计划中发挥了巨大作用，在蛋白质组学研究中也将占有十分重要的地位。例如，对细胞蛋白质组进行计算机建模，可以模拟生理或环境条件变化时引起的宏观（动作电位）与微观（离子电流）的变化，这无疑对探讨疾病发生的分子机制有着重要意义，可为进一步动物实验以及临床研究提供理论基础。

第四节　蛋白质组学应用实例

蛋白质组学在衰老、发育、行为、神经衰弱等疾病研究中得到了广泛应用。

一、阿尔茨海默病

阿尔茨海默病（Alzheimer’s disease，AD）又称老年性痴呆，是一种常见的神经系统疾病，其神经系统的特征性病理损伤主要表现为老年斑和胞质神经原纤维缠结（NFT）。目前，该病发病机制不明，推测可能为多种因素所致。

埃默里大学医学院的研究人员使用串联质谱标签技术（TMT-MS）分析了 1000 多个 AD 脑组织的蛋白质组，发现了新的与 AD 相关的蛋白质表达模块。这些在 AD 中明显改变的蛋白表达模块在不同细胞群和脑区中高度保守，并且这些变化在检测相同大脑区域的 RNA 网络时并没有被识别出来。研究发现 MAPK/代谢模块与认知能力下降的速度密切相关。上述工作能够为 AD 提供可靠的生物标志物，并为治疗带来希望。同时对于研究神经衰退的分子机制和发病机制有着十分重要的意义。此外，克-雅病、牛海绵状脑病等感染性蛋白质疾病，也是神经系统蛋白质组研究的热点之一。

二、Tau 蛋白的过量表达

Tau 蛋白是一种在神经系统广泛表达的微管相关蛋白，能稳定微管，促进微管的装配。Tau 蛋白过度磷酸化会导致 Tau 蛋白自我聚集成双螺旋纤维细丝，进而产生神经原纤维缠结。Tau 蛋白的过量表达则可引起细胞形态改变，影响细胞的分裂、分化，并诱导细胞凋亡。

华中科技大学王建枝等通过转基因的手段构建 Tau 蛋白过量表达的老鼠，并通过蛋白质组学和磷酸化修饰组学技术对过表达 Tau 以及对照组样本展开研究，共鉴定到 4536 个蛋白质和 6414 个磷酸化位点，其中差异表达的蛋白质主要富集于突触传递、组装和可塑性相关生物过程。因此，阐明正常或疾病状态下 Tau 蛋白的代谢和功能对于理解神经系统疾病的发展和针对性治疗是非常有意义的。

三、细胞凋亡

由于 DNA 损伤会引发细胞凋亡，以此为基础可制作大脑皮质神经元的损伤模型，寻找神经元生长过程（而非衰退过程）中蛋白表达水平的变化。研究表明，大脑损伤与某些调节生长和神经完整性的蛋白质的异常有关。

第五节　蛋白质的功能

笔记栏

基因是遗传信息的源头，蛋白质是基因功能的执行者，它们的生物学属性都相当复杂，具有时间性和空间性。因此，用“功能”这个词来描述基因及其产物在细胞中所扮演的角色过于简单，已经不足以表述如此复杂动态的行为。

基因及其产物的行为包括3个具体的方面：What、When和Where。

1. What—这是什么样的分子？它的生物功能是什么？如ATP酶。

2. When—在什么时候发挥了功能？参与了哪个生物过程？如信号传递

3. Where—定位在细胞的什么地方，存在于什么细胞组分中？如高尔基体、核糖体等。

如何才能获得上述三个方面的信息？这要求我们必须学会用“基因本体论”(gene ontology，GO)来描述蛋白质的功能。

一、本　体

信息爆炸的时代，人们站在不同的角度对真实世界的认知是不同的，并且描述概念的术语分类方法也是不同的，所用的术语也是层出不穷。如何实现对这些概念理解上的共享，从不同的视角、不同的术语分类、由不同的主体（人和机器）共享概念，这就要求对信息的注释、处理和发布有一个统一的标准。“本体”（ontology）旨在对某个领域的特有词汇做出定义，并建立一个有序的数据结构，从而提高计算机和科学家之间的信息交换能力。所以，本体是一个结构化的领域知识，不仅能够被计算机解释和利用，而且可以作为知识共享的公共信息平台。

二、基因本体

随着大量“组学”（-omics）数据的降临，不同来源的生物数据之间不同的组织和结构为数据交换带来了严重阻碍。为了查找某个研究领域的相关信息，研究者往往要花费大量的时间，更糟糕的是，不同的生物学数据库可能会使用不同的术语，好比一些方言，增加了信息查找的复杂度，尤其是使得机器查找无章可循。因此，生物知识的结构化成为当务之急。基因本体（GO）就是为了能够使对各种数据库中基因及其产物功能描述相一致而发起的一个项目。

GO创建于1988年，最初由一群研究果蝇、酵母和小鼠等模式生物基因组的科学家发起。他们对三个模式生物数据库进行了整合：果蝇数据库、酵母基因组数据库和小鼠基因组数据库。此后，GO不断发展扩大，现在已包含数十个动物、植物、微生物的数据库。

GO的本质就是一套受控词表（controlled vocabulary），以此来描述和解释各种生物体的基因和基因产品的属性，并且基于功能、参与的生物过程和所处细胞结构来对它们进行分类。并且，这个词表是动态的，随着研究的不断深入而更新。

三、GO项目

GO项目大致分成两个部分：本体（ontology）和注释（annotation）。

第一部分就是ontology本身——覆盖了分子生物学基本领域的受控词表。到目前为止，Gene Ontology Consortium（GO的发起组织）的数据库中有3个独立的ontology单元被建立起来：分别描述一个基因的分子功能（molecular function），基因产品参与的生物过程（biological process），以及含有该基因产物的细胞组分（cellular component）。

分子功能：内容包括基因产物的分子功能，如碳水化合物结合或ATP水解酶活性等。

生物过程：呈现出该分子功能所直接参与的生物过程，如有丝分裂或嘌呤代谢等。

细胞组分：内容包括亚细胞结构中的定位以及大分子复合物，如核仁、端粒和识别起始的复合物等。

第二部分：注释，用ontology中的词条来描述基因产物。GO协会的成员提交他们的数据，公众可以通过GO网站获取这些数据，因此，GO为不同领域的生物学和医学研究者提供了一个广阔共享的资源。GO在不断更新，每个月都会推出最新版本。整个系统动态开放，其包含的条目适用于一系列广泛的生物种类。

四、GO词条

GO里面的每一个条目（entry）都有一个唯一的序列号，如GO：1234567。还有一个词条（term）名，如“细胞”或者“信号转导”。词条是GO中最基本的概念，每个词条都隶属于一个本体，总共

笔记栏

有三个本体，即分子功能、细胞组分和生物过程。

每个GO词条包括一个独特的标识符，一个通用名，一个同义字和一个定义。当一个词条随着物种的不同而有多个含义时，GO用一个“Sensu”标记来区分。一个基因产物可能会出现在不止一个细胞组分里，也可能会在很多生物过程中发挥作用，并具有不同的分子功能。例如，基因产物“细胞色素c”用分子功能词条描述是“氧化还原酶活性”，而用生物过程词条描述就是“氧化磷酸化”和“诱导细胞凋亡”，而细胞组分词条则是“线粒体基质”和“线粒体内膜”。

Ontology的结构是一个“有向无环图”，将描述一个特定领域知识的词条按等级分类。例如，GO中的三个ontology下又可以独立出不同的亚层次，层层向下构成一个树型分支结构。GO的这种多层次等级结构，使研究者可以在各种程度进行查询。举例来说，GO可以被用来在小鼠基因组中查询和信号转导相关的基因产物，也可以进一步找到各种生物的受体酪氨酸激酶。这样的结构纠正了传统功能分类体系中常见的维度混淆问题。

新的GO词条和注释由研究人员和注释团体提交给GO协会，由GO协会成员检验这些词条的适用性。如果该词条被认为不合适，如超出了ontology的范围或者其名字、定义有错误，则这个词条将被弃用，成为废词。

Ontology文件可以从GO网站免费获取。通过GO浏览器AmiGO，根据基因或蛋白质的名称、GO词条名或序列号都可方便地在线检索和浏览GO文件。GO计划也为其他同类生物领域的分类系统提供其词条地图。GO的定义法则已经在多个合作的数据库中使用，使得在这些数据库中的查询具有极高的一致性。

GO目前已经成为生物信息领域中一个极为重要的方法和标准工具，并正在逐步改变着我们对生物学数据的组织和理解方式，它的存在已经大大加快了我们对所拥有的生物数据的整合和利用，我们应该逐步学会理解和掌握这种思想和工具。

第六节　蛋白质组中的信息学

随着蛋白质组学实验技术的发展，特别是大规模高通量的实验技术如酵母双杂交技术、质谱技术、蛋白质芯片等的发展和应用，产生了大量的蛋白质组学数据。如何从这些数据中提取和发现有关蛋白质组的重要信息，如蛋白质鉴定、翻译后修饰、功能分类、亚细胞定位、翻译后修饰分析、互作网络、定量分析、疾病诊断与药物设计等；如何有效地存储、管理、分发这些数据等，这些问题无法用传统的低通量、人依赖性的蛋白质组学实验手段解决。这些过程中涉及的统计分析、数据采集、数据前后处理算法等与计算相关的问题都属于信息科学的范畴。

蛋白质组分析虽然以二维凝胶电泳和质谱分析为技术基础，但离不开各种先进的数据分析和图像分析软件及网络技术的支持。因此，发展信息学对蛋白质组学的数据进行搜选、处理和应用必将成为发展趋势。以计算机为工具，应用数学和信息科学的理论和方法分析呈指数级增长的蛋白质信息数据，实现高通量蛋白识别和功能发现，已经成为蛋白质组学与信息科学交叉研究的热点问题，也促生了一门新的学科——蛋白质组信息学。

一、蛋白质组学的挑战

无论是作为蛋白质组研究核心的二维凝胶电泳还是作为其支柱的质谱鉴定技术都离不开各种类型蛋白质数据库及其相关分析软件的发展。目前，许多工具软件和数据库已在国际互联网上实现资源共享，为今后不断完善蛋白质信息提供了平台。由于互联网、大型服务器和广泛计算机的参与，蛋白质组的研究效率和精确度大大提高。

蛋白质数据库是蛋白质组研究水平和能力的标志。应用信息技术和网络技术收集整理蛋白质组学数据，把它们建立成库，并和其他的基因组信息、蛋白质信息、注释信息整合，为广大的实验生物学家提供了十分方便的服务。瑞士的SWISS-PROT拥有目前世界上最大、种类最多的蛋白质数据库，还提供了很多其他数据库资源的链接。除了序列数据库，还有一系列序列相关数据库，如蛋白质结构数据库、蛋白质相互作用数据库等。

生物信息学的作用不仅仅体现在蛋白质组数据库的资料整合，软件在蛋白质组研究领域的作用也至关重要。如果没有软件工具来进行质谱数据和序列数据库的关联，蛋白质组学将寸步难行。生物信息学的发展已给蛋白质组研究提供了更方便有效的计算机分析软件，特别是蛋白质质谱鉴定和数

笔记栏

据库搜索软件已经变得越来越成熟。如 SWISS-PROT、洛克菲勒大学、加利福尼亚大学等都有自主的搜索软件和数据管理系统。此外，还开发出了一系列蛋白质序列分析软件，可以分析序列的区域和活性位点，进行同源搜索，预测蛋白质的三维结构和理化性质等，帮助人们挖掘蛋白质基本序列中有价值的信息。一些结构化的可视软件可以将复杂的蛋白质相互作用数据转化为简单的图形，有助于全面系统地分析。

一个软件能否高效率地解决问题，关键不在编程技巧，而在于解决问题的思路与方法——算法，从这个意义上来讲，算法是软件的灵魂。生物信息学应用程序大都为相似性搜索引擎及其衍生程序，如基于 MS 的蛋白质识别方法就是通过搜索已知蛋白质数据库理论 MS 与实验 MS 进行比较，结果按照匹配的程度排序。这些检索程序的核心无一例外都是用于匹配的打分算法。MOWSE 和 Mascot 对不同质量的肽的出现频率做了统计，设计了基于概率的打分算法，ProFound 则建立了贝叶斯打分算法。大多数串列式 MS 搜索引擎常用鉴定软件中使用的匹配打分算法有 SEQUEST 软件的互相关（cross-correlation）分析和 Mascot 软件的基于概率的打分算法等。

由这些应用程序本身生成的结果可以构成一个新的数据库并与其他数据库相链接，这个数据库被称为检索数据库。这类数据库具有丰富的资源，通过它们，用户可以找到拥有的序列与公共数据库之间的关系。

一方面，蛋白质组信息学作为一门新兴的学科，本身还需要发展和积累；另一方面，蛋白质组学研究比基因组更为复杂并提出了许多新问题，这些问题的解决都不同程度地依赖着生物信息学的发展。因此，蛋白质组生物信息学研究还处于起步阶段，面临着大量的挑战，同时也拥有着广阔的发展前景。当前，面临蛋白质组学的最主要的问题是不同的信息资源之间缺乏有效的整合，这已经成为制约蛋白质信息技术发展的瓶颈。蛋白质组学研究的高通量特性需要一套完整的规范来进行数据的采集整理和分析。然而，由于各个实验室的分析软件、数据存放格式，数据标准都不尽相同，这给研究者在数据交换和共享方面带来了很大的困难。蛋白组学迫切需要一个统一的数据存储和交换标准，以便于科学家们进行数据交换和共享，人类蛋白质组研究组织（HUPO）现在正组织全球研究力量来设计蛋白质组数据交换和数据库存储的格式。

数据库体系分散是蛋白质组信息学的另一大挑战。目前，国内外大部分数据库体系在信息数据的整合上采取的方法都是：在分散于不同数据库中的数据之间建立简单的链接。要实现智能化的交叉检索和高性能的网络数据共享，我们需要一个中间设备，可以将分散的数据库资源有机地整合在一起，使数据库体系更加完善。各国研究人员已经开始着手解决数据库体系分散问题，美国和欧洲有关机构宣布，将把全球三大主要蛋白质数据库资源集中起来，建设一个全新的蛋白质数据库。

二、蛋白质组信息学研究流程

蛋白质组信息学研究流程大致可以分为三个部分：化学分析测试、协作和公共数据库。

（一）化学分析测试

化学分析测试的核心内容是实验室信息管理系统（laboratory information management system，LIMS），这是一套用来管理实验室的样品、人员、仪器、标准品和其他实验室活动（如实验流程自动控制、数据分析和存储等）的规范。

在蛋白质组学研究过程中，不同的实验室有不同的实验方法、不同的实验流程、不同的软件处理和不同的数据标准，这使得不同实验室的操作缺乏可重复性，从而不具有可行性。LIMS 可以解决不同实验室的实验规范问题，其核心思想就是减少人为干预，将人的工作规范化，将信息处理自动化。现在 LIMS 已经成为实验室基础条件不可或缺的一部分。

化学分析测试的目标是使蛋白质组学实验室高效地处理多项任务，能够整理实验数据，并在确保数据安全的前提下，将其提交给数据整合协作团队。其主要任务包括：收集所需蛋白质注释，并将注释和样品以及仪器文件相关联、适当地存储仪器文件、协助蛋白质组学信息的处理、协助外界研究者和实验室的信息交流。

为实现上述目标，哈佛医学院遗传和基因组学合作医疗中心（HPCGG）正在开发一个定制的网关，可以为基因组学和蛋白质组学的应用提供整合的数据系统。

（二）协作

笔记栏

该部分的核心内容是协同数据管理系统，旨在把不同地点产生的数据整合成统一的模式，有效管理信息的传递和协作，提高用户处理和管理信息的效率。

为不同的协作团队之间的数据分析提供环境，解决 Internet 环境下多数据库的管理问题。目前，各类基于可扩展标记语言（extensible markup language，XML）的数据库飞速发展，然而传统的关系数据库（relational database，RDB）在应用中仍处于主导地位，如何将这两类结合起来协调工作，就成为一个亟待解决的问题。通过协同数据管理系统，用户可以同时查询和处理 XML 数据库和传统关系数据库，从而可以在充分发挥各自特点的情况下，实现两种不同数据库的共存与协作。

为满足上述需要，目前协作团队正在计划开发一个定制的用户化 caLIMS 版本。

（三）公共数据库

公共数据库是由实验数据库和参考文献数据库两部分组成。

1. 实验数据库 目标是产生可广泛获取的蛋白质组学数据，使其可以在未来研究中得以应用。PRIDE 就是这种类型数据库的代表。

PRIDE 数据库堵上蛋白质组学数据的漏洞。高通量蛋白质组学技术使质谱鉴定的蛋白质数量呈指数级增长，而几乎所有这些数据都是以 PDF 格式发表的，从这种格式的文件中提取数据较为困难，给研究者们查找和共享资源带来了阻碍。为了解决这个问题，欧洲生物信息研究所（European Bioinformatics Institute，EBI）和比利时法兰德斯大学校际生物科技研究所（Flanders Interuniversity Institute for Biotechnology，VIB）共同创建了蛋白质组学鉴定数据库（PRoteomics IDEntifications Database，PRIDE）。PRIDE 是一个公共的蛋白质鉴定数据库，这个数据库收集了不同来源的包括质谱图像在内的蛋白质识别资料，并将它们以结构化的知识库形式存储。这个数据库是开源的，提供便捷的在线查询，研究者们能方便并且免费地搜索或者上传已经发表的、同行评阅的、标准的数据，存储、分享并比较他们的研究结果。

2. 参考文献数据库 是提供收集和发布蛋白质组学知识的有效手段。这种类型的数据库包括 BIND（The Biomolecular Interaction Network Database）、SWISS-PROT 和 Protein Data Bank 等。

三、蛋白质信息流关键的堵点

蛋白质组学的数据在传递过程中，某些技术环节的缺陷会阻碍信息的传递，造成一些有价值的信息无法进入下一个信息传递环节，这个环节就被称为“堵点”。堵塞最常出现在实验室数据传递至协作系统的过程中，这是由于实验室质谱仪给出的蛋白质质谱数据没有得到可靠的鉴定或者没有得到充分的描述。据不完全统计，在目前的蛋白质鉴定结果中，仅有 60%～70% 的质谱数据鉴定结果是可靠的，其余的是假阳性鉴定结果，如何对鉴定结果给出比较可靠的评估是质谱鉴定人员的主要需求之一，也是目前计算质谱学研究的关键问题。

造成这种现象的根本原因是序列数据库的缺陷性。蛋白质序列数据库过去通常由蛋白质直接测序获得，但现在几乎全从开放阅读框翻译得到。欧洲生物信息研究所和美国国家生物技术信息中心的两个蛋白质序列数据库分别为 TREMBL 和 GENPEPT，它们提供的数据信息都是从核酸数据库 DNA 的蛋白质编码区（coding sequence，CDS）自动翻译得到的。然而基因组序列的单个核苷酸变异形成的多态性——单个核苷酸多态性（single nucleotide polymorphism，SNP）将导致蛋白质内的改变（SNP 是人类可遗传变异中最常见的一种，占所有已知多态性的 90% 以上），其他遗传多态性以及蛋白质翻译后修饰同样会导致蛋白质内氨基酸序列的变化，如果将这些特例加入数据库，则很有可能增加鉴定假阳性的发生率。

因此，我们希望获得功能更强大、更完善的序列数据库。如今的结构化数据库正在收集各种 SNP 和遗传多态性数据，同时也在收集和归类翻译后修饰数据。另外，随着遗传多态性和蛋白质翻译后修饰问题的研究逐渐提到议程上来，蛋白质的鉴定算法将成为后续研究领域的热点。算法学将在蛋白质序列库比对检索中起到至关重要的作用，在很多情况下出现的组合搜索，如果不在算法上采取新的策略，即使目前的高性能计算机，也无法解决由于组合爆炸而导致的高计算量问题。我们相信，在不远的将来，会涌现更多更有效的动态序列数据库，随着基因和蛋白质数据的增加而不断丰富自身的内容。

四、在蛋白质组学信息流中信息的损失

笔记栏

实验室的数据穿过客户界面到达协作的信息传递过程中，存在着以下几个可能的信息损失点：

1. 蛋白质最终分析所需要的全套蛋白质注释没有事先在LIMS中识别和构建，就有可能导致丢失。

2. 仪器文件没有保留。目前，哈佛遗传学和基因组学合作中心新开发的基因组学网关GIGPAD能解决这一问题。

从协作到公共数据库的数据交换过程中，可能的信息损失点为：①原始文件；②仪器厂商信息；③调整和校正信息；④没有通过界面交换的注释。

从公共数据库到协作的数据交换过程中，可能的信息损失点为：①原始文件；②仪器厂商信息；③调整和校正信息；④协作规定的特殊各式的数据或其他没有以恰当的数据交换格式表示的注释。

令人欣喜的是，针对上述信息流失，美国密歇根大学医学院的David State提出了一个全局性的解决方案：将原始文件放到caLIMS环境。caLIMS是为分子生物学用户开发定制的实验室信息管理系统，是一个美国国家癌症研究所（National Cancer Institute，NCI）资助的项目，目的是使人们共享和评价不同仪器、不同项目获得的数据，提供了查询、测试和确认基于质谱的蛋白质结果的平台。

五、仪器文件大小引发的问题

原始仪器文件的大小随着样品中蛋白质的浓度和数量而改变，如果仪器采用的是LCQ-centroid mode（质心模式），则每台仪器每小时产生的文件大小为10MB；如果采用的是傅里叶变换低分辨率模式，则数据产生速率可达每台仪器每小时150MB。如此大的文件在网络移动中十分困难，对存储空间也提出了更高的要求，而高通量蛋白质组学的发展趋势却是使用更先进的仪器生成更大的数据。这两者无疑是矛盾的。为了缓和这一对矛盾，研究者提出了两种解决方案，这两个方案的思路截然相反。

方案一：促进仪器文件数据向算法的移动。

该方案立足于促进仪器文件转移到算法分析研究组，接受算法分析。目前已有一些低端的技术解决方案，如通过电子邮件、DVD硬盘等物理存储手段可以促进文件的存储和转移；而对等网络技术如BitTorrent也可以帮助合理分布大量数据造成的网络负担。

方案二：促进算法向数据的移动。

这种方案允许原始仪器数据停留分布在它们原来产生的位置，通过发展远程分析技术，建立专业的分散数据管理平台，实现这些数据的算法分析。DataGrid（数据栅格）技术在这个方向有较大的应用前景。DataGrid是一个数据整合平台，能够整合分散的网络数据源，提供唯一的数据访问点，使得不同类型的应用都可以通过单一访问点来访问网络中的用户数据，无论数据来自哪里。

欧洲生物信息研究所和国际人类蛋白质组研究组织正在通力合作制定蛋白质组学数据标准，以共同促进数据的统一存储和分析。

第七节 人类蛋白质组学研究标准化计划

2001年4月，在美国成立了国际人类蛋白质组研究组织（HUPO），随后欧洲、亚太地区都成立了区域性蛋白质组研究组织。HUPO的使命就是通过合作的方式，融合各方面的力量，推进人类蛋白质组计划（HPP）。由于蛋白质组研究的复杂性和艰巨性，人类蛋白质组计划将按人体组织、器官和体液分批启动的策略实施。

在起始阶段，首先实施的是由美国科学家牵头的人类血浆蛋白质组计划。随后，由中国科学家牵头的人类肝脏蛋白质组计划、由德国科学家牵头的人类脑蛋白质组计划、由瑞典科学家牵头的人类抗体计划、由英国科学家牵头的蛋白质组标准化计划相继启动。目前，已初步构建了人血浆、胎肝和成人肝脏蛋白质组表达谱。从2006年开始，HPP进入全面发展阶段，蛋白质组表达谱的构建已经逐步由起始阶段数量上的竞争，向标准化、定量化、动态化和功能化发展，并且更加关注低丰度的蛋白质。同时，蛋白质组的修饰谱、互作网络以及全细胞/亚细胞的定位研究也逐步深入。最近，HUPO正酝酿启动重要疾病生物标志物计划，致力于利用蛋白质组学技术寻找重要疾病的生物标志物，以提高其预警、早期诊断和治疗水平。

2002年4月28日，在华盛顿召开的HUPO会议提出了蛋白质组学标准倡议（proteomics standard initiative，PSI）。该计划的使命是：为蛋白质组学定义公共数据的表达标准，促进数据的比对、交换和确认。当前PSI的主要任务是：

1. 开发质谱和蛋白质相互作用两个蛋白质组学关键领域的数据。

2. 开发标准化的通用蛋白质组学格式（PSI-GPS）。

笔记栏

一、标准的历史渊源——从工业标准到蛋白质组学数据标准

1864 年，美国的威廉·塞勒斯（William Sellers）提议了一个螺丝钉的标准，但并没能激起当时社会多大的反响，即使 1883 年美国铁路局采纳了该标准后，世界依然我行我素。直到第二次世界大战时，美国发现他们带去的螺丝钉根本不能修理英国坦克，因为标准不同，这才意识到了标准的作用：有利于交流，有利于互用。第二次世界大战后，经济衰退的英国采纳了日渐崛起的美国的螺丝钉标准，这让 William Sellers 的螺丝钉标准迅速在整个欧洲扩展开来，也为日后国际标准的发展奠定了基础。

蛋白质组学的标准直到 2004 年才问世。随着可获得的蛋白质组学信息的数量，以及公共数据库的增加，这些数据的一致性就成了比较、整合和交流的关键点。来自不同实验室、用不同软件处理的数据之间兼容性很差，它们记录的存储方式以及它们的注释信息对这些信息的查询搜索方式都不相同，这就使得一些很有价值的蛋白质组学信息即使发布了，但是由于格式的不统一，根本无法被别人理解和利用，导致了这些数据“见光死”。所以，蛋白质组学领域亟需一套统一的数据标准。

二、PSI-GPS（PSI 通用蛋白质组学模式）

PSI-GPS 的任务是：开发数据格式标准以及开发数据的表达和注释标准。PSI 是一个国际性的成员联盟，参与人员包括数据的实验人员、数据库的提供者、软件的开发人员以及出版商等各方面。

由于 PSI 的主要任务是开发质谱和蛋白质相互作用这两个领域的数据，与此相应，PSI-GPS 主要由分子相互作用蛋白质组标准（proteomics standard initiative molecular interaction，PSI-MI）和质谱蛋白质组学标准（proteomics standard initiative-mass spectrometry，PSI-MS）两部分组成。

三、与 MGED 的协作

基于功能基因组学和蛋白质组学的微阵列实验的研究对象是 RNA 构成的转录组。由于不同的细胞类型在不同的实验条件下都有不同的转录组，因此，微阵列实验数据的意义必须建立在对实验条件的详细描述的前提上。目前，学术机构在发表论文时所用的实验数据都发布在互联网上，提供给全世界的研究人员下载使用。然而，实验原始方案、实验材料、图像处理方法和数据归一化方法等信息都仅仅作为论文的补充材料以文本文件或 Excel 格式在网上发布，格式各不相同，要比较或整合分析来自不同研究组的基因表达数据绝非易事。

一方面，微阵列基因表达数据缺乏统一的注释，另一方面，微阵列数据文件的存储量较大，通常一个文件的容量就达 10Mb 以上，迫切需要一种标准来描述和存储微阵列基因表达数据，同时建立公共的微阵列数据库，促进高质量的、经过注释的基因表达数据在生命科学领域的共享。

欧洲生物信息研究所与德国肿瘤研究中心在 1999 年成立了 MGED 讨论组（the microarray gene expression data）。MGED 的目标是建立一套微阵列数据注释和交换的标准，当前集中于推动微阵列数据库建设和相关软件来实现这些标准。

MGED 开发的微阵列数据标准称为 MIAME（the minimum information about a microarray experiment），是对于解释和验证结果所必需的微阵列实验的最小信息描述。MIAME 将帮助微阵列数据库和数据分析工具的开发。同时，MGED 组织开发了微阵列基因表达标记数据对象模型（MAGE object model，MAGE-OM），它可以描述微阵列设计、制造、实验组织和实施信息、基因表达数据等。

MIAME 标准和 MAGE-ML 语言受到了从事 DNA 微阵列开发和应用研究的科研人员和组织的广泛关注。美国国家生物技术信息中心的 Gene Expression Omnibus（GEO）、英国 EBI 的 ArrayExpress 数据库都采用了该标准。

PSI-GPS 和 MGED 共同构成了功能基因组学实验模型（functional genomics object model，FG-OM）。

四、PSI-MI XML 格式

PSI-MI 的任务是为蛋白质分子相互作用数据的描述和注释体提供数据标准，并实现不同数据库之间的数据交换和共享。这就要求开发出一种适用于所有参与合作的数据库的数据交换格式，这就是 PSI-MI。这个项目是由蛋白质分子相互作用数据的主要提供者（分子相互作用数据库和其他独立研究机构）共同参与开发的，包括 BIND、CellZome、DIP、GSK、HPRD、Hybrigenics、IntAct、

笔记栏

MINT、MIPS、Serono、比勒费尔德大学、波尔多大学和剑桥大学等。

PSI-MI 的开发内容包括 XML 数据标准格式和详细的受控词表两部分。

PSI-MI 的数据格式采用计算机技术中成熟的可扩展标记语言（XML），XML 类似于 HTML，但不同的是 XML 不限定于一个特定的词表、行业或用途，它可以方便地在数据库之间进行数据的转移工作。XML 既可以作为数据存储的载体，又可以作为数据交换的载体，并且通用数据库基本都支持 XML。XML 蛋白质组数据格式的设计满足两个基本原则：一是满足公开发表的最小需求，二是满足数据比较的最小需求。XML 数据交换格式可以编写不同的样式表单或格式文档，非常方便地通过普通浏览器或 XML 专用浏览器显示数据。

除了开发数据标准外，PSI-MI 还有一个重要的任务——开发必需的受控词表。

PSI-MI 受控词表

酵母双杂交的描述方法有 20 余种，如 yeast two hybrid，Y2H，2H，yeast-two-hybrid，two-hybrid，…

PSI-MI 受控词表涵盖了相互作用类型、序列特征类型、特征检测、参与检测和相互作用检测等方面。

PSI-MI 的 XMI 数据格式得到了很多数据库的兼容，如 DIP、MINT、IntAct、Hybrigenics、HPRD 等。

PSI-MI 格式数据可以通过浏览器如 Cytoscape（MSKCC、ISB、Whitehead）、PIMWalker（Hybrigenics）和 ProViz（U. Bordeaux）等直接浏览。还可以通过数据格式转换器实现和其他格式数据的互换。如 MINT 可以实现 Tabular 和 PSI-MI 之间的数据转换，PSI 可以实现 PSI-MI 和 HTML 之间的转换。

研究表明，PSI-MI 的 XML 数据交换格式具有许多优越之处，为描述蛋白质相互作用数据提供了标准，大大简化了不同来源数据的收集和组合过程，通过 PSI-MI 的受控词表对数据进行标准化注释，为方便地查询分析这些数据带来了福音。不同组织开发的蛋白质相互作用分析工具可以通用，如在 Cytoscape 中可以分析 IntAct 的数据。PSI-MI 这个通用语言已经对数据获取产生了深刻的影响，这类一种标准的描述将大大促进多数据源数据的综合和对比分析，从而释放出蛋白质相互作用数据的全部潜力。

PSI-MI 制订了完善的发展规划，PSI-MI 的 1.0 版本已于 2004 年 2 月发行，按计划今后每年将推出更新版本，2.0 版本在 2004 年秋发布。新版本将大大增强可操作性、进一步扩展受控词表，并将结合 Gene Ontology 标准，构建数据模型，形成一套跨平台的、可整合大量异源分子相互作用信息的数据体系。

随着蛋白质之间的相互作用在生物过程中的重要性被日益揭示出来，关于蛋白质相互作用的数据资源变得越来越丰富。EBI 于 2002 年 1 月启动的 IntAct 项目，旨在建立一个开源的分子相互作用数据库，为蛋白质–蛋白质相互作用的表达和注释制定一个标准，并建立公共存储库，将项目成员的实验数据和文献数据放入存储库，实现数据的存储和共享。

在 IntAct 项目启动之前，已经有好几个蛋白质相互作用的数据库，但其中没有一个是开源的，并且相互之间也没有任何联系。IntAct 是一个开源的数据库，所有软件和数据都免费向公众开放，其网站提供了 IntAct 本地安装的软件便携版本。同时 IntAct 也一个动态的数据库，其数据在每个月的第一个工作日会得到更新，现在 IntAct 包含超过 154 000 万个经过确认的蛋白质分子相互作用数据。

IntAct 的数据来源有两种：第一种是直接从实验者那里获得尚未公开发表的实验数据，在发表之前这些数据是保密的；第二种是从同行评议的文献中提取数据，这些数据的质量和可靠性都较高。除 IntAct 之外，也有其他一些蛋白质相互作用的资源，如人类蛋白质参考数据库（human protein reference database，HPRD）。然而这些数据库的数据大多来自文章摘要，IntAct 通过文献全文获得的数据显然更为全面。IntAct 已经实现了与 MINT、BIND、MIPS 等分子作用数据库的协作。

IntAct 项目还开发了以下几个软件，为组件分析提供了有力工具：

1. ProViz 图形可视化系统。

2. Targets 靶标的预测。

3. MiNe 计算蛋白质系统的最小连接网络。

由于 IntAct 支持 PSI-XML 格式，因此可以将蛋白质互作网络以 PSI-XML 的格式下载。

Cytoscape 是一个生物软件，它为分子相互作用网络提供了一个可视化平台，可以直接将 PSI-MI 格式的文件从本地或网络导入，显示为可视化的蛋白质相互作用网络，并将这些分子相互作用的基

笔记栏

因表达数据和其他相关数据进行整合。可在Cytoscape网站下载其最新版本及插件。

五、质谱蛋白质组学标准

质谱蛋白质组学标准（PSI-MS）的任务是开发质谱仪器的通用数据输出格式（mzData），以及针对搜索引擎的质谱数据通用输出格式（mzIdent）。

不同厂商生产的不同类型的质谱仪器都具有独特的设计、数据系统和运行规范，因此在不同类型的实验中各有优势。但遗憾的是，每种质谱产生的二进制数据格式也不同，而且通常都是排它的。数据结构的这种不一致性和不透明性影响了来自不同实验和实验室的结果的分析、交流、对比和公布。

mzData格式是质谱数据的一种开放的通用表示法，这种格式将会大大便利蛋白质组研究中数据的处理、解释和发表。这种质谱仪器输出格式已经获得了广泛的仪器商支持，包括Agilent、Bruker、Matrix Science、Shimazu、Sciex和Thermo在内的多质谱仪都支持这种数据输出格式。

PSI-MS格式的beta版本已于2004年4月在法国尼斯召开的HUPO-PSI春季专题研讨会中通过。此外PSI-MS还与世界最大的标准开发集团ASTM携手共同开发相关的受控词表。

mzIdent格式是搜索引擎通用输出格式，这是一种新的格式，在2004年4月HUPO-PSI尼斯会议上对这种格式进行了讨论，初始版本在同年秋的HUPO-PSI北京专题研讨会上提出。

六、全球蛋白质组学标准

全球蛋白质组学标准（global proteomics standards，GPS）旨在获取并整合所有蛋白质组学实验相关方面的信息，并建立一套标准。这是一个宏大的工程，将经历一个长期反复的发展历程。在2004年4月尼斯召开的HUPO-PSI春季专题研讨会展开集中讨论，2004年10月第一个GPS的讨论版本在北京召开的HUPO-PSI会议秋季专题研讨会发布。

GPS文件包含以下几方面的内容：

1. 设计原则 描述了GPS的范围和目的。

2. 蛋白质组学试验必备最少信息（minimum information about a proteomics experiment，MIAPE） 与MIAME相似，指的是蛋白质组学实验所需要的最少的信息。

3. PSI对象模型（PSI-OM） UML模型和文件。

4. PSI标记语言（PSI Markup Language） PSI-ML，XML schema。

蛋白质组学数据的交换需要蛋白质组学的数据标准来推进，而标准的开发是一个困难的过程。近几年的摸索和实践充分表明，在蛋白质组学领域建立一套普遍使用的标准是完全可行的。PSI-MI、PSI-MS和MGED等数据标准的成功开发使我们看到了希望，也为今后的研究指明了方向。

第八节　蛋白质组学发展趋势

近年来，蛋白质相关数据海量增加，极大地促进了蛋白质组学的发展，结合高通量蛋白质组学数据挖掘等生物信息学研究方法，蛋白质组信息学研究技术已在生命科学和医学的多个领域得到了广泛应用。在基础研究方面，涵盖多个重要的生物过程，如信号转导、细胞分化、蛋白质折叠等。在应用研究方面，已成为寻找疾病分子标记和药物靶点的最有力手段。此外，蛋白质组学将进一步与基因组学、代谢组学等其他学科交叉，形成系统生物学的前沿研究模式。

近年来，蛋白质组学的研究呈现出一些热点，如无序蛋白、蛋白质组演化、时空蛋白质组学和单细胞蛋白质组学等。

无序蛋白是一种没有特定三维结构的蛋白。无序蛋白的存在，使得蛋白质更容易形成液滴状，诱导相变生成和调控在多种细胞过程中起作用。因此，经典生物调控与无序蛋白相变相结合，能更好地解释细胞的调控作用。此外，理解蛋白质相位分离背后的物理原理和分子互作机制，还可促进新型生物材料的研发。

研究蛋白质分子演化规律将有助于阐明地球上生命的起源、演化和物种的多样性，预测环境变化对地球上生命的影响。在充分了解蛋白质分子演化规律的基础上，可以对酶蛋白进行改造，设计出适应工业需求的鲁棒性酶蛋白。

笔记栏

蛋白质的功能、代谢以及信号转导等生物过程都与其亚细胞定位密切相关，蛋白质的异常定位通常会引起细胞功能障碍和多种疾病，如神经变性、癌症和代谢紊乱等。时空蛋白质组学研究将时间和空间维度信息加入到蛋白质组学研究中，揭示了蛋白质组的空间定位和时间动力学。现在已经用于揭示人类蛋白质组的复杂结构，如单细胞变异、动态蛋白质易位、相互作用网络改变及蛋白定位改变等。

过去10年，单细胞组学技术的爆炸式增长，革命性地改变生物学研究。传统的单细胞组学研究主要集中在细胞成像、基因组和转录组测序分析。单细胞蛋白质组学则可以对单个或极微量细胞的蛋白质总体进行分类，对蛋白质翻译后修饰、蛋白质组动力学等与表型更直接相关的特征进行深入表征。大规模的单细胞蛋白质组分析可从全新的角度分析健康和疾病中细胞的异质性，必将带来医学领域的全新突破。

（陈佳佳）

笔记栏

PPT

第二章 蛋白质组学实验方法和应用

第一节 蛋白质组学实验方法

蛋白质组学既可以鉴定未知蛋白质，也可以利用各种定量方法分析差异表达蛋白，还能对蛋白质的各种翻译后修饰（post-translational modification，PTM）进行大规模、高通量的定性鉴定和定量分析。蛋白质组学技术有基于质谱（MS）和微阵列抗体芯片（antibody microarray）两种方法，由于微阵列抗体芯片鉴定蛋白质需要使用大量抗体，且具有假阳性率高、价格昂贵、操作复杂等缺点，所以较少用于对未知蛋白质的鉴定。本章将对最常用的一种基于质谱的蛋白质组学——“鸟枪法”蛋白质组学（“shotgun”proteomics）——实验方法和应用进行介绍。

一、蛋白质提取

蛋白质组学实验的第一步需要从细胞、动物组织等样品中提取蛋白质。蛋白质提取方法需高效、简便且重复性好。因此，在进行蛋白质提取时需要考虑以下原则。①尽量能使样品中的蛋白质完全溶解、变性和还原。②在蛋白质提取时可通过保持低温，添加蛋白酶抑制剂、蛋白酶体抑制剂等方法减少蛋白质的水解和降解。③提取步骤需简单，以减少样品处理过程中蛋白质的丢失。④除去核酸、多糖、脂类等干扰物质。⑤将蛋白质样品进行分装并冷冻在–80℃中，以避免由于反复冻融而造成蛋白质降解和损失。⑥在使用含尿素的裂解液时，加热不超过 37℃，以防止引入氨甲酰化（carbamylation）等副反应。

（一）蛋白质提取方法

蛋白质组学中常用的蛋白质提取方法有机械破碎提取法、化学提取法、冷冻破碎法等。

1. 机械破碎提取法 该方法通过机械运动产生的剪切力使组织、细胞破碎，包括高压匀浆（high pressure homogenization）、高速研磨和超声波破碎法等。在高压匀浆破碎法中，细胞悬浮液在高压室内经高速剪切、碰撞及压力骤变等造成细胞破碎。该方法主要用于大规模破碎细胞壁较厚的细胞。高速研磨破碎法是使细胞悬浮液与极细的玻璃珠、石英砂、氧化铝等微珠研磨剂一起快速搅拌或研磨，产生剪切、碰撞力来使细胞破碎。超声波破碎法利用超声波使细胞悬浮液发生空化（cavitation）作用，产生的冲击波和剪切力使细胞内液体发生流动而破碎细胞。该方法在操作过程中会产生大量的热，因此需在冰或外部冷却容器中进行，是实验室小规模细胞破碎常用的方法之一，能够获得用于蛋白质组学分析所需的蛋白质样品。

2. 化学提取法 某些化学试剂（如有机溶剂、变性剂、表面活性剂、抗生素、金属螯合剂等）可以改变细胞壁或细胞膜的通透性，从而使胞内物质有选择地渗透出来。实验室化学细胞破碎常用的表面活性剂有离子型十二烷基磺酸钠（sodium dodecyl sulfate，SDS）、3-[3-(胆酰胺丙基) 二甲氨基] 丙磺酸钠盐｛脱氧胆酸钠、[3-(3-Cholamidopropyl)dimethylammonium]-1-propanesulfonate，CHAPS｝、非离子型 Triton X-100、NP-40、吐温（Tween）等。这些表面活性剂破坏细胞膜，对细胞内容物释放有一定的选择性，可使蛋白质透过，而核酸等物质滞留在胞内。常见的细胞裂解液 RIPA（radio immunoprecipitation assay，放射免疫沉淀）缓冲液含 150mmol/L NaCl、1% NP-40、0.5% CHAPS、0.1% SDS、1mmol/L EDTA、50mmol/L Tris-HCl（pH=7.4）。在使用前加入蛋白酶抑制剂、磷酸酶抑制剂、蛋白酶体抑制剂以阻止蛋白质的水解和降解。常见细胞裂解液见表 2-1。

表 2-1 常见细胞裂解液及其组分和常用浓度

裂解液	裂解液组成
NP-40 裂解液	50mmol/L NaCl，1% NP-40，50mmol/L Tris-HCl（pH 7.4）
RIPA 裂解液	150mmol/L NaCl，1% NP-40，0.5% CHAPS，0.1% SDS，1mmol/L EDTA，50mmol/L Tris-HCl（pH 7.4）
IP 裂解液	20mmol/L Tris-HCl（pH 7.5），150mmol/L NaCl，1% Triton X-100

笔记栏

续表

裂解液	裂解液组成
SDS 裂解液	50mmol/L Tris-HCl（pH 8.1），1% SDS
尿素裂解液	7mol/L 尿素，2mol/L 硫脲，50mmol/L DTT，5% CHAPS

3. 冷冻破碎法　也是蛋白质提取的一种常用方法。该方法使用温度差使组织、细胞的外层结构破坏而破碎细胞。在操作时，将细胞放在低温下（约–15℃）快速冷冻，然后在室温中融化，反复多次而达到破碎细胞壁/膜的作用。该方法适用于细胞壁/膜较脆弱的菌体、动物细胞等样品。由于每次冻融的破碎率较低，需反复多次冻融以达到最大效率提取蛋白质。

（二）蛋白质酶解

1. 蛋白酶的选择　现有绝大部分蛋白质组学研究采用的是自下而上（bottom-up）的分析方法。该方法需要将蛋白质酶解成适合于质谱分析的肽段，如 6～20 个氨基酸的肽段。有多种水解酶用于蛋白质组学样品的处理，将蛋白质酶解成适合于质谱鉴定的肽段。在质谱检测过程中，肽段在酸性溶液中携带一个或多个质子后，在质谱仪中发生离子化，随后在检测器上测定其质荷比（*m/z*）。同样在进行二级质谱鉴定时，肽段在质谱仪碰撞池中被高能气体冲击后打断肽键，带有正电荷的碎片被质谱仪检测到，而不带电荷的碎片无法被检测到。

在肽段中能携带质子的氨基酸残基有赖氨酸（Lys）、精氨酸（Arg）、组氨酸（His）和肽段氨基端。由于胰蛋白酶（trypsin）选择性酶解赖氨酸和精氨酸残基后的肽键（与脯氨酸相连时除外），其酶解蛋白质后得到的肽段在氨基端（氨基）和羧基端（Arg 或 Lys）都能携带一个质子，因此在质谱仪碰撞池中所产生的两个碎片峰都带有正电荷，检测器能同时检测到两个碎片峰，获得比较完整的 *b* 离子和 *y* 离子，有利于鉴定肽段氨基酸序列。因此，在蛋白质组学样品准备中通常采用胰蛋白酶酶解样品。另外，胰蛋白酶酶解蛋白质后的肽段有很大一部分含 6～20 个氨基酸，该长度的肽段经碰撞诱导解离（CID）或电子转移解离（electron-transfer dissociation，ETD）后产生的二级谱图质量较好，有利于对肽段氨基酸序列的鉴定。胰蛋白酶在 pH=7.8～8.5 时具有最佳活性，故常用碳酸氢铵溶液作为酶解缓冲液。

尽管如此，胰蛋白酶酶解后的部分肽段由于太短或太长而不适于质谱鉴定。为了提高蛋白质氨基酸序列的覆盖率，特别是在检测抗体类药物的氨基酸序列和组成时，其他水解酶，如胞内蛋白酶 Lys-C、Glu-C（又称谷氨酰胺内切酶、天冬酰胺内切酶、金黄色葡萄球菌 V8 蛋白酶）等也被用于酶解蛋白质样品。Lys-C 是一种赖氨酸蛋白酶，能特异性水解 Lys 羧基端（部分水解 Lys-Pro），适合于对富含精氨酸蛋白质的酶解从而产生相对较长的肽段。该酶稳定性好，在高浓度变性剂（如 6mol/L 尿素）条件下也具有很高的活性，其最佳活性 pH 在 7.0～9.0。Glu-C 可特异性切割天冬氨酸（Asp）及谷氨酸（Glu）残基的 C 端肽键。当 pH 在 4.0～9.0 时，Glu-C 具有最佳活性。在碳酸氢铵和醋酸铵缓冲液中，Glu-C 对谷氨酸残基的切割特异性更高；在磷酸盐缓冲液中，谷氨酸和天冬氨酸残基后肽键均可被其切割。水解酶由于能发生自水解而稳定性较差，因此用于质谱测序级的酶都经过修饰处理，通过减少其自水解而提高稳定性，在酶解底物蛋白质 16～20 小时后仍保持较好的活性。蛋白质组学中常用的水解酶及其使用条件见表 2-2。

表 2-2　蛋白质组学常用水解酶及其酶切位点和最佳加工 pH 范围

水解酶	水解位点	最佳加工 pH 范围
胰蛋白酶（Trypsin）	Arg 和 Lys（Pro 前除外）	7.8～8.5
赖氨酸内切酶（Lys-C）	Lys（部分酶切 Pro 前 Lys）	7.0～9.0
梭菌蛋白酶（Arg-C）	Arg（Pro 前除外）	7.6～7.9
金黄色葡萄球菌 V8 蛋白酶（Glu-C）	Asp 和 Glu	4.0～9.0
胰凝乳蛋白酶（Chymotrypsin）	Phe、Trp、Tyr、Leu、Met	7.0～9.0

2. 胶内酶解　双向电泳分离全蛋白质或蛋白质复合物在十二烷基磺酸钠–聚丙烯酰胺凝胶电泳（SDS-PAGE）中分离后，蛋白质变性并包裹在凝胶内。利用固相凝胶块操作方便、溶剂和小分子

笔记栏

易进出凝胶等特点，可用有机溶剂（如乙腈水溶液）洗涤凝胶以除去变性剂、去垢剂和盐，然后用还原剂如二硫苏糖醇（dithiothreitol，DTT）将蛋白质中的双硫键还原，再在避光条件下用碘乙酰胺（iodoacetamide，IAA）或氯乙酰胺（chloroacetamide，CAA）将巯基封闭。凝胶用乙腈脱水后利用其吸力将胰蛋白酶吸入胶中，并在凝胶中将变性的蛋白质酶解成肽段。用甲酸/乙腈水溶液将酶解后的肽段从凝胶中提取出来。该方法虽然实验步骤较多，也较烦琐，但因其可以有效除去 SDS 和其他去垢剂、酶解效率高等特点而被广泛应用于蛋白质组学的样品准备中。其实验流程见图 2-1。

图 2-1

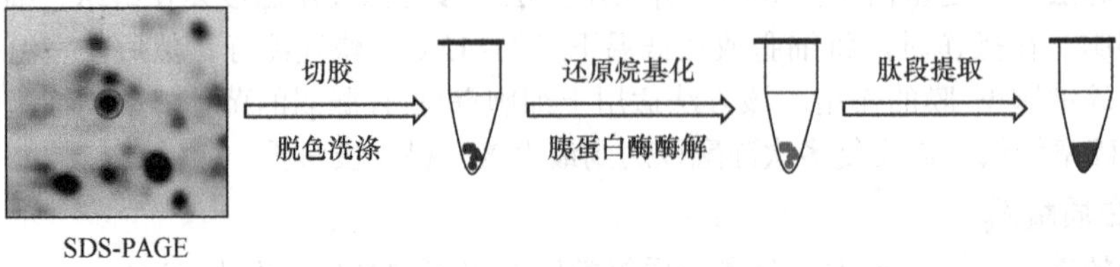

图 2-1　蛋白质胶内酶解实验流程图

3. 溶液内酶解　是蛋白质组学样品准备的主要方法。该方法利用高浓度尿素和硫脲，或其他裂解液将细胞裂解，然后通过丙酮或三氯乙酸等有机溶剂将蛋白质沉淀下来，进而去除 DNA、RNA 和其他小分子化合物。然后将蛋白质在高浓度尿素中复溶，并用 Lys-C 将蛋白质酶解成较大的肽段以提高其在低尿素浓度下的溶解性，再将尿素稀释到 2mol/L 以下，用胰蛋白酶将蛋白质酶解完全。实验流程见图 2-2。

图 2-2

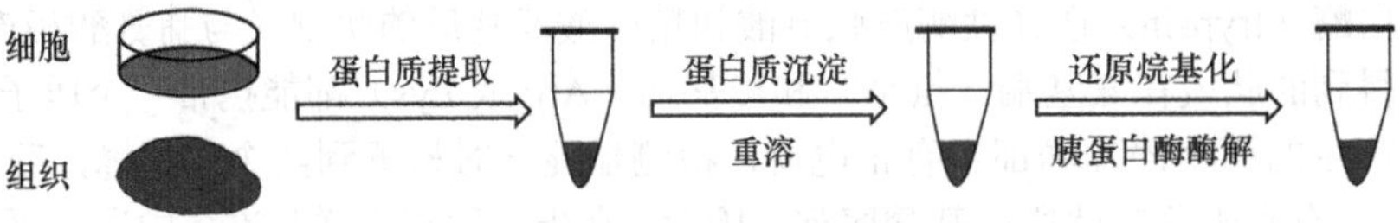

图 2-2　蛋白质溶液内酶解实验流程图

该方法操作方便，实验步骤少，可以在一个试管中完成，蛋白质损失少，实验误差相对较小，是进行多个样品或大批量样品平行操作的常用方法之一。如果选择合适的重溶缓冲液如 HEPES 等，可以将酶解后的肽段进行体外稳定同位素试剂标记，从而对不同样本中的蛋白质进行定量分析。

（三）肽段纯化和组分分离

1. C18 纯化肽段　在溶液内将蛋白质酶解成肽段后，样本中含有盐、缓冲液、胰酶和大片段肽段等物质，这些物质的存在会影响肽段在质谱仪上样柱中的吸附、分离、质谱信号，因此在肽段进样之前需要将它们除去。由于肽段中有各种不同的氨基酸，具有一定的疏水性，因此可以与 C18 反相色谱材料结合，而盐和缓冲液不能与其结合，利用 C18 反相色谱柱或微柱对其进行除盐和纯化，用高浓度乙腈洗脱肽段。实验步骤包括 C18 微柱预洗、肽段吸附、洗涤和肽段洗脱等。为增加肽段与 C18 的结合，肽段样品用三氟乙酸（trifluoroacetic acid，TFA）酸化，使用 0.1% TFA 洗涤，最后浓缩和重悬。

2. 强阳离子交换组分分离　对复杂的肽段样品可以在质谱检测之前进行组分分离，从而降低每个组分的复杂程度，使在质谱仪分析中能够鉴定到更多的肽段。常用肽段组分分离方法有强阳离子交换（strong cationic exchange，SCX）、反相高效液相色谱（reversed phase high performance liquid chromatography，RP-HPLC）、等电聚焦电泳（isoelectrofocusing，IEF）等组分分离方法。

在强阳离子交换组分分离中，利用含不同电荷的肽段与强阳离子树脂结合强弱不同的原理来进行组分分离。先在低盐或无盐条件下将肽段吸附在强阳离子树脂上，然后通过不同浓度梯度的盐（如氯化钠）在 HPLC 或常压下对肽段进行组分分离，再对每一组分用 C18 微柱除盐。

3. 反相高效液相色谱组分分离　由于酶解后的肽段较短，因此所带的电荷不多，分布范围较小。使用强阳离子交换法进行组分分离时，肽段的分离效果并不是很好，肽段只存在于少数几个组分中，且同一肽段也存在于多个组分中，因此组分分离无法达到很好的效果。

在高 pH 条件下的 C18 反相高效液相色谱（RP-HPLC）可以更有效地对复杂肽段进行组分分离，该方法已经成为肽段组分分离的一个常用方法。该方法利用甲酸铵和氨水将反相分离体系的流动相 pH 上调到 10，利用乙腈（acetonitrile）梯度对肽段样品进行分离，获得多个组分，这些组分通过前后交叉合并成 6～12 个组分后进行质谱鉴定。该方法可以显著地提高肽段组分分离效果，从而增加

笔记栏

检测肽段的数量，提高蛋白质鉴定水平。

二、肽段样品分析

（一）LC-MS/MS 分析

1. 质谱仪的选择　随着质谱仪器技术的不断发展，有多种蛋白质组学应用的质谱仪，仪器的不断更新提高了质谱检测肽段的灵敏度和分辨率，从而可以检测到更多的肽段，提高蛋白质组检测的深度，挖掘之前无法发现的低丰度蛋白质。蛋白质组学通常使用的质谱仪由三部分组成：离子源、质量分析器、检测器（图 2-3）。根据离子源、质量分析器和检测器的不同，用于蛋白质组学分析的仪器主要有基质辅助激光解吸电离飞行时间质谱仪（matrix-assisted laser-desorption/ionization time-of-flight mass spectrometry，MALDI-TOF-MS）和液相色谱–串联质谱联用仪（简称液质联用仪，liquid chromatography-tandem mass spectrometry，LC-MS/MS）。其中液质联用仪的质量分析器可以是多种方式的组合。

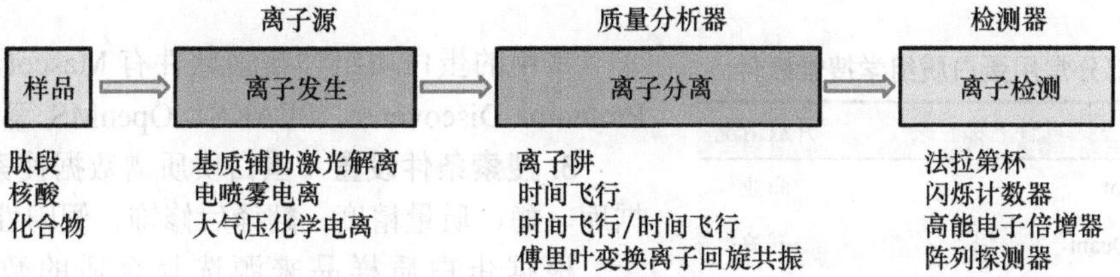

图 2-3　质谱仪主要部件及功能示意图

图 2-3

前期蛋白质组学实验通常使用 MALDI-TOF-MS。该方法使用双向凝胶电泳（二维凝胶电泳）（two-dimensional gel electrophoresis，2D-GE）将蛋白质复合物在聚丙烯酰胺凝胶上根据等电点和分子量分离开来，使得每个胶点上蛋白质的复杂程度大大降低，这样便于 MALDI-TOF-MS 对其进行鉴定。然后将有差异表达的蛋白质或感兴趣的蛋白质胶点从凝胶上挖取下来，切成小块后在胶内用胰蛋白酶酶解，提取肽段后用 MALDI-TOF-MS 检测，通过获得的指纹图谱进行蛋白质鉴定。尽管这种方法在前期的蛋白质组学中得到了极大的发展和应用，然而该方法所需实验步骤多、操作复杂、样品检测所用机时较长、数据分析较复杂且每次质谱检测所得到的蛋白质数量也较少，因此不适合对大批量复杂样品进行检测和定量分析。另外，该方法很难检测蛋白质翻译后修饰及其修饰位点。

现在常用的蛋白质组学方法使用 LC-MS/MS 对蛋白质进行鉴定和定量分析。该方法首先将蛋白质酶解后的复杂肽段样品富集到上样柱中，再在反相乙腈流动相梯度中将肽段分离，并实时将肽段组分通过电喷雾电离引入质谱仪，通过质量分析器和检测器检测其 *m/z* 和离子强度。随后在碰撞池中将肽段进行碎片化并检测其碎片离子的 *m/z* 和离子强度，从而获得肽段的二级质谱图。利用搜索软件对一级和二级质谱图进行数据库搜索，分析获得肽段及蛋白质信息。在离子阱中还可以对碎片峰进行进一步碎片化生成三级谱图，从而获得更多的结构信息，该策略可以鉴定特殊的蛋白质翻译后修饰如磷酸化修饰。

用于蛋白质组学的商业化 LC-MS/MS 质谱仪有 Q-Exactive 质谱仪、Orbitrap Fusion Lumos 三合一质谱仪、离子淌度质谱仪、AB SCIEX 三重四极杆串联质谱仪等。

2. 液相和质谱参数设置　LC-MS/MS 参数设置分为液相和质谱部分。液相部分由两个流动相组成，A 相为 0.1% 甲酸（formic acid，FA），B 相一般为 80%～100% 的乙腈和 0.1% 甲酸的水溶液。液相梯度分成上样、洗脱和洗涤三个部分。在洗脱过程中，肽段在分析柱中根据其疏水性的不同进行分离，并经由电喷雾电离进入质谱仪。根据仪器选择合适的纳流喷雾离子源（nanospray ionization，NSI）电压、毛细管温度、质谱分辨率、二级质谱母离子数量等参数。具体参数的设置与所用质谱仪的扫描速度和分辨率等性能有关。

（二）数据分析

1. 数据库　质谱仪分析肽段获得一级和二级谱图后，通常进行数据库谱图搜索获得肽段、蛋白质及其修饰的信息。常用的蛋白质组学数据库有 UniProt（Universal Protein）、NCBI（National Center for Biotechnology Institute），选择物种后下载该物种所有蛋白质的名称和氨基酸序列信息。

UniProt 数据库是信息最丰富、资源最广的数据库，综合了瑞士生物信息研究所（Swiss Institute

笔记栏

of Bioinformatics）SWISS-PROT、欧洲分子生物学实验室（European Molecular Biology Laboratory，EMBL）TrEMBL 和 PIR-PSD（Protein Information Resource-Protein Sequence Database）三大数据库的蛋白质数据，提供了详细的蛋白质氨基酸序列、定位、翻译后修饰、三级结构、结构域、功能等信息。

NCBI 分类数据库包括 7 万余个物种的名字和种系，整合了 GenBank、EMBL、PIR、SWISS-PROT 数据库序列信息和美国医学索引 Medline 有关序列的文献信息。该网站中包含蛋白质及其片段的序列信息，其中的参考序列 RefSeq 数据库是校正后的非冗余蛋白质序列集合，是常用于质谱数据搜索的蛋白质数据库。

2. 搜索软件 蛋白质组学数据处理的一个最重要部分是利用搜索软件对质谱检测到的一级和二级质谱图谱进行数据库搜索，从而获得肽段和蛋白质的信息。现在主流的搜索引擎将质谱数据与数据库蛋白质理论上酶解成肽段后的理想图谱进行比对，将匹配的二级质谱的碎片峰（如 *b* 和 *y* 离子）赋予一定的分值，根据所有匹配的碎片峰来计算总分值，分值最高的肽段作为匹配的肽段，并获得蛋白质信息。

表 2-3 部分常用蛋白质组学搜索软件

序号	软件名称	开放情况
1	Mascot	商业
2	MaxQuant	开放
3	Proteome Discoverer	商业
4	PEAKS	商业
5	X!tandem	开放
6	OpenMS	开放
7	Comet	开放
8	PatternLab	开放
9	TPP（trans proteome pipeline）	开放

常用的蛋白质组学搜索软件有 Mascot、MaxQuant、Proteome Discoverer、PEAKS、OpenMS 等（表 2-3）。

3. 搜索条件设置 蛋白质质谱数据搜索设置包括数据库、酶、质量精度、翻译后修饰、假阳性率等参数。

根据蛋白质样品来源选择合适的数据库，如人（*Homo sapiens*）、小鼠（*Mus musculus*）、大鼠（*Rattus norvegicus*）、果蝇（*Drosophila melanogaster*）、线虫（*Caenorhabditis elegans*）、拟南芥（*Arabidopsis thaliana*）、酵母（*Saccharomyces cerevisiae*）、大肠杆菌（*Escherichia coli*）等模式生物蛋白质数据库。为了排除在实验操作过程中引入常见污染蛋白质，数据库中需要包含常见的污染蛋白质序列。为计算假阳性率，搜索时搜索软件还建立了一个反向诱饵（decoy）蛋白质数据库。如果一个肽段匹配的是反向诱饵数据库中的蛋白质片段，那么该肽段也被认为是一个假的鉴定。

搜索时选择的酶为样品准备中使用的蛋白质内切酶。尽管所使用的酶的酶解效率很高，但在遇到一些特殊的氨基酸序列时，其也存在一些漏切的位点，因此一般搜索时设置最多漏切位点数为 2。

肽段一级和二级质谱质量精度由所使用的质谱仪决定。离子阱质量精度约为 0.5Da，TOF 在 20ppm 以内，Orbitrap 等高精度质谱仪在 10ppm 以内。在实际搜索过程中，根据检测一级和二级质谱的质量分析器来选择对应的质量精度。

翻译后修饰分为固定修饰（fixed modification）和可变修饰（variable modification）。通常固定修饰为样品酶解前半胱氨酸的烷基化修饰或其他化学修饰。蛋白质和肽段的可变修饰包括甲硫氨酸氧化、天冬酰胺和谷氨酰胺的脱酰胺（deamidization）等在样品准备过程中可能引入的修饰，这里修饰没有达到 100% 的反应效率，一般情况下能同时检测到修饰和未修饰的肽段。还有一类可变修饰是翻译后修饰，如甲基化、乙酰化、磷酸化、糖基化、泛素化、类泛素化等。这些修饰只发生在某些特定的位点，且只有极少量的蛋白质会发生修饰。蛋白质组学研究中常见的修饰及其分子量变化如表 2-4 所示。另外还有一类修饰是为定量蛋白质组学分析而引入的（见本章第二节）。

表 2-4 常见蛋白质翻译后修饰及其修饰位点、分子式和分子量变化

序号	修饰名称	氨基酸	修饰分子式	单一同位素分子量变化
1	烷基化 Carbamidomethylation	半胱氨酸	C(2)H(3)NO	57.0215
2	氧化 Oxidation	甲硫氨酸	O	15.9949
3	脱酰胺化 Deamidation	天冬酰胺、谷氨酰胺	H(−1)N(−1)O	0.9840
4	甲基化 Methylation	精氨酸、赖氨酸	H(2)C	14.0156
5	乙酰化 Acetylation	赖氨酸、N 端	H(2)C(2)O	42.0106

笔记栏

续表

序号	修饰名称	氨基酸	修饰分子式	单一同位素分子量变化
6	磷酸化 Phosphorylation	丝氨酸、苏氨酸、酪氨酸	HO(3)P	79.9663
7	亚硝基化 Nitrosylation	半胱氨酸、酪氨酸	H(−1)NO	28.9902
8	羟基化 Hydroxylation	脯氨酸、赖氨酸	O	15.9949

4. 搜索结果分析　蛋白质组学数据库搜索获得肽段及其分值。那么如何确定检测到肽段的假阳性率呢？如何确定临界分值（cutoff）呢？为了解决这个问题，在数据库搜索时加入的反向诱饵蛋白质数据库可用于确定该分值。在蛋白质组学搜索结果中一般报道 1% 或 5% 假阳性率的数据，据此得到临界分值。

数据库搜索获得的结果可以是在蛋白质水平上的结果，得到鉴定蛋白质的名称、覆盖率、总分值等信息，也可以是在肽段水平上的结果，如肽段序列、肽段分值、分子量误差（Δmass）、肽段修饰、肽段片段离子等信息。

第二节　蛋白质组学定量分析方法

蛋白质组学定量方法分为稳定同位素标记和非标记定量方法。稳定同位素标记定量又可分为细胞培养氨基酸稳定同位素标记（stable isotope labeling by amino acids in cell culture，SILAC）定量、稳定同位素化学标记定量、等量异位标签标记定量、重标肽段掺入定量。非标记定量有数据依赖性采集（data dependent acquisition，DDA）和数据非依赖性采集（data independent acquisition，DIA）等定量方法。主要蛋白质组学定量方法的实验过程和原理如图 2-4 所示。

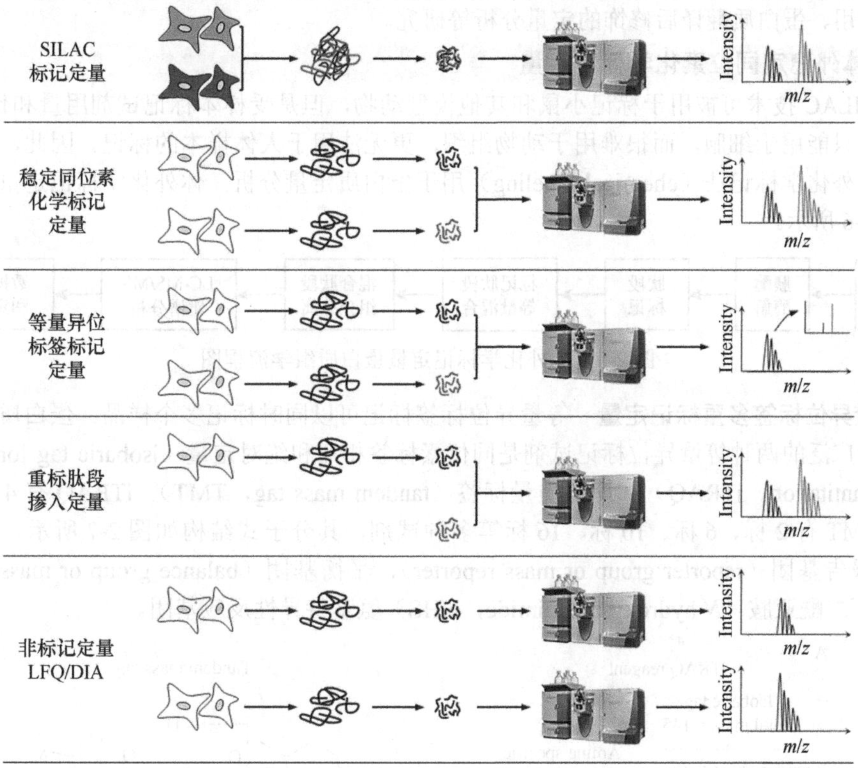

图 2-4　各种定量蛋白质组学方法实验流程图

图 2-4

一、标记定量法

（一）细胞培养氨基酸稳定同位素标记定量

细胞培养氨基酸稳定同位素标记（SILAC）技术是目前常用的一种蛋白质组学定量方法。该方法是在不含所要标记氨基酸的培养基中加入透析后不含氨基酸的血清及不同质量（轻、中或重）的稳定同位素标记氨基酸，从而配成两个或三个用于细胞培养的 SILAC 培养基。然后用 SILAC 培养基

笔记栏

分别标记两个或三个细胞样本，细胞分裂5次以上后，绝大部分蛋白质均被标记上轻、中或重的氨基酸。细胞分别处理后（如对照和药物处理、对照和特定基因敲低）将等量细胞混合后经一系列蛋白质样品处理步骤获得肽段，组分分离后用LC-MS/MS进行鉴定和定量分析。尽管被不同稳定同位素标记的肽段在液相上同时洗脱，但其质量不同，因此产生的质谱峰位置不同。最终，我们利用它们的一级质谱的相对丰度对蛋白质进行准确定量，利用二级质谱进行定性鉴定，其原理见图2-5。

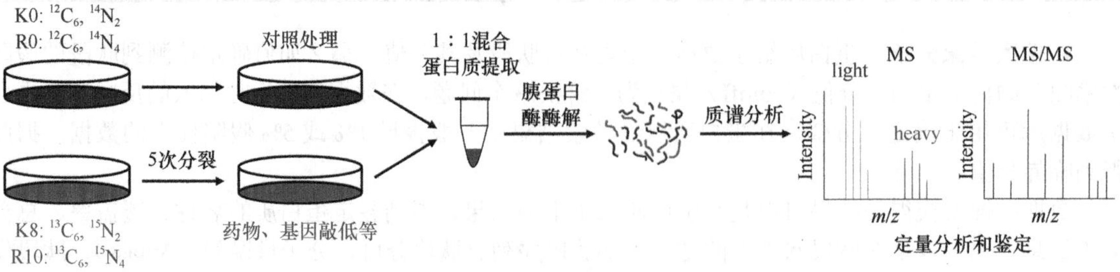

图2-5

图2-5 SILAC定量蛋白质组学原理示意图

细胞用稳定同位素培养基培养分裂5次以上后，对照和实验处理（如药物、siRNA敲低等）细胞以1∶1混合后提取蛋白质，胰蛋白酶酶解成肽段后进行质谱鉴定，一级质谱用于定量分析，二级质谱用于鉴定。如用稳定转染、敲低、敲除细胞株进行SILAC实验，可在建立稳定细胞株后进行氨基酸标记，再进行后续实验

light，轻；heavy，重；intensity，强度

SILAC方法刚刚建立时，使用了重标的甲硫氨酸，但最常用的稳定同位素标记氨基酸为^{13}C和^{15}N标记的赖氨酸和精氨酸，这是由于蛋白质组学样品准备过程中常用胰蛋白酶酶解，用这两个氨基酸进行标记后的蛋白质经胰蛋白酶酶解后所获得的肽段羧基端都含有一个标记的氨基酸，从而可以对蛋白质中除羧基端肽段以外的所有肽段都进行定量分析。该方法被广泛用于蛋白质差异表达、蛋白质相互作用、蛋白质翻译后修饰的定量分析等研究。

（二）体外稳定同位素化学标记定量

尽管SILAC技术可被用于标记小鼠和其他模型动物，但是受样本标记试剂用量和价格的影响，大部分实验只能用于细胞，而很难用于动物组织，更无法用于人体样本的标记。因此，科学家们建立了多种体外化学标记法（chemical labeling）用于蛋白质定量分析。体外化学标记定量蛋白质组学流程如图2-6所示。

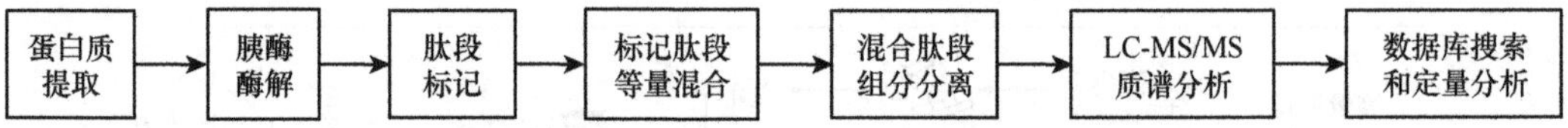

图2-6

图2-6 体外化学标记定量蛋白质组学流程图

1. 等量异位标签多重标记定量 等量异位标签标记可以同时标记多个样品。蛋白质组学定量分析中用得最广泛的两种等量异位标记试剂是同位素标签相对和绝对定量（isobaric tag for relative and absolute quantitation，iTRAQ）和串联质量标签（tandem mass tag，TMT）。iTRAQ有4标和8标两种试剂，TMT有2标、6标、10标、16标等多种试剂，其分子式结构如图2-7所示。这两种标签试剂均有报告基团（reporter group or mass reporter）、平衡基团（balance group or mass normalizer）和*N*-羟基丁二酰亚胺（*N*-hydroxysuccinimide，NHS）氨基特异性反应基团。

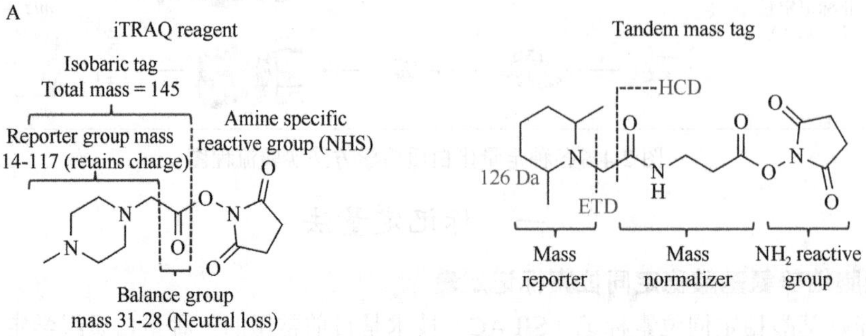

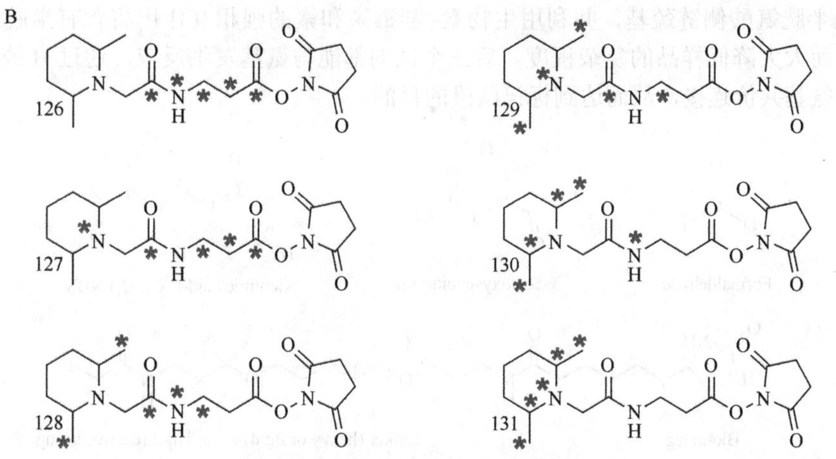

图 2-7　iTRAQ 和 TMT 标记试剂

A. iTRAQ 和 TMT 标记试剂分子结构和各部分功能；B. TMT 标记试剂同位素标记位点，其中*表示 ^{13}C 或 ^{15}N

iTRAQ reagent：isobaric tag for relative and absolute quantitation reagent，同位素标签相对和绝对定量试剂；Isobaric tag，同位素标签；Total mass，总分子量；Reporter group mass，报告基团分子量；Amine specific reactive group，氨基特异性反应基团；Balance group mass，平衡基团分子量；Tandem mass tag，串联质量标签；Mass reporter，质量报告基团；Mass normalizer, 质量平衡基团；NH_2 reactive group，氨基反应基团

图 2-7

这两种标签试剂与肽段的氨基反应后，报告基团和平衡基团通过 NHS 氨基特异性反应基团共价连接到肽段氨基上，且多个标签试剂与不同样本中的同一氨基酸序列的肽段标记后所得到的标记肽段的分子量完全相同。因而在液相分离柱中梯度洗脱时将同时进入质谱仪，一级谱图中检测到的分子量完全相同。但在质谱仪碰撞池中，报告基团通过高能碰撞诱导解离（high energy collision-induced dissociation，HCD）或电子转移解离（electron transfer dissociation，ETD）等方式从肽段上解离出来，利用低 *m/z* 区域的报告基团 *m/z* 及其丰度对不同样本中的同一个肽段进行定量分析，而高 *m/z* 区域的肽段碎片峰则用于肽段氨基酸序列分析。其定量原理如图 2-8 所示。

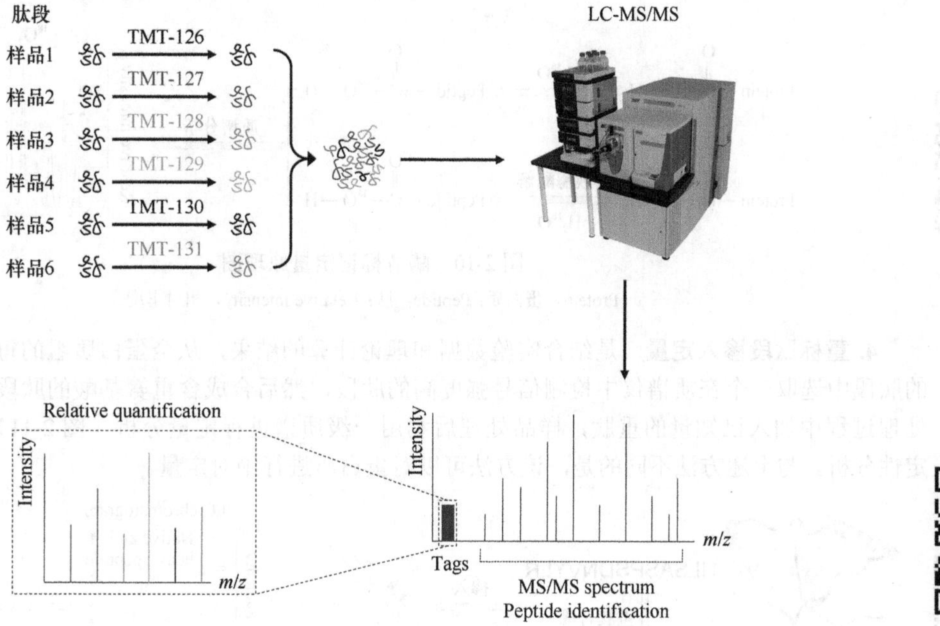

图 2-8　TMT 标签定量分析原理

蛋白质酶解后分别用不同的 TMT 标签试剂标记，然后等量混合，用质谱分析，二级质谱低 *m/z* 区域的报告基团信号用于定量分析，高 *m/z* 区域的碎片离子用于定性分析。iTRAQ 标签试剂定量原理与此相同

Intensity，丰度；Relative quantification, 相对定量；MS/MS spectrum，串联质谱图；Peptide identification，肽段鉴定

图 2-8

2. 其他化学标记法定量　蛋白质组学体外肽段化学标记法还有同位素编码亲和标记（isotope-coded affinity tag，ICAT，D_4）、甲醛（formaldehyde，^{13}C，D_2）、*N*-乙酰氧基琥珀酰亚胺（*N*-acetoxy-succinimide，D_3）、*N*-烟酸-琥珀酰亚胺（$^{13}C_6$，D_4）等（图 2-9）。ICAT 是第一个合成的亲和标签试剂，

笔记栏

该试剂标记半胱氨酸侧链巯基，并利用生物素–链霉亲和素的强相互作用将含有半胱氨酸的肽段富集起来，从而大大降低样品的复杂程度。后三个试剂都能与氨基发生反应，通过 H 或 D、^{12}C 或 ^{13}C 标签试剂与氨基共价连接，从而达到标记肽段的目的。

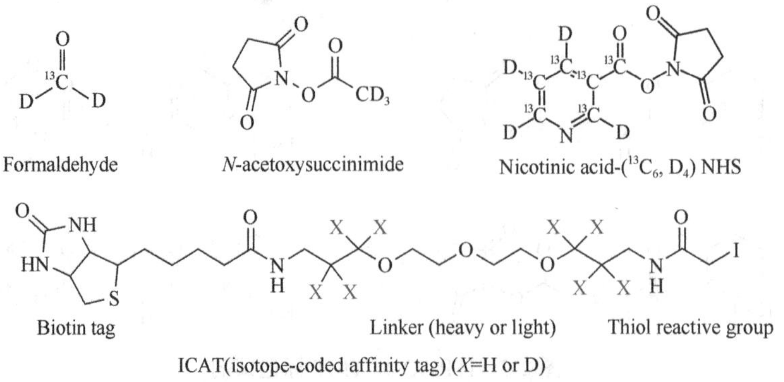

图 2-9

图 2-9 其他稳定同位素体外标记肽段化学试剂

Formaldehyde，甲醛；*N*-acetoxysuccinimide，*N*-乙酰氧基琥珀酰亚胺；Nicotinic acid，烟酸；Biotin tag，生物素标签；Linker (heavy or light)，连接臂（重或轻）；Thiol reactive group，巯基反应基团；isotope-coded affinity tag，同位素编码亲和标签

这些轻、重标签试剂标记肽段后，等量混合，纯化或组分分离后进行质谱分析，并鉴定肽段，其一级质谱肽段峰高和峰面积可以进行相对定量分析。

3. 酶解标记定量 水解酶在水解蛋白质时，由于水分子中的氧原子进攻水解活性中间体而在肽段羧基端添加一个氧原子。由于该反应是一个可逆反应，肽段上的另一个氧原子也有可能被置换成水分子中的氧原子。因此，在蛋白质酶解时使用 $H_2{}^{18}O$ 代替 $H_2{}^{16}O$，可以在酶解的肽段羧基端加上一个或两个 ^{18}O，从而使每个肽段的分子量有 4Da 的区别，因此可以通过和体外同位素标签一样的方法对蛋白质和肽段进行定量分析，其原理见图 2-10。但该方法的缺点是有的肽段只能标记一个 ^{18}O。另外，在低 pH 且有酶存在的条件下，标记后的肽段可发生逆向标记。因此样品酶解后，需将胰蛋白酶灭活，并尽快进行质谱分析。

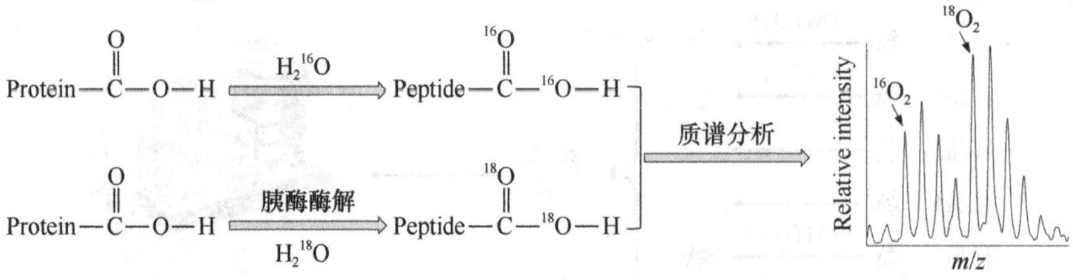

图 2-10

图 2-10 酶解标记定量原理图

Protein，蛋白质；Peptide，肽；Relative intensity，相对丰度

4. 重标肽段掺入定量 是结合实验数据和理论计算的结果，从全蛋白质组的每个蛋白质酶解后的肽段中选取一个在质谱仪中检测信号强度高的肽段，然后合成含重氨基酸的肽段。在蛋白质样品处理过程中加入已知量的重肽，样品处理后利用一级质谱进行定量分析（图 2-11），二级质谱进行定性分析。与上述方法不同的是，该方法可以对蛋白质进行绝对定量。

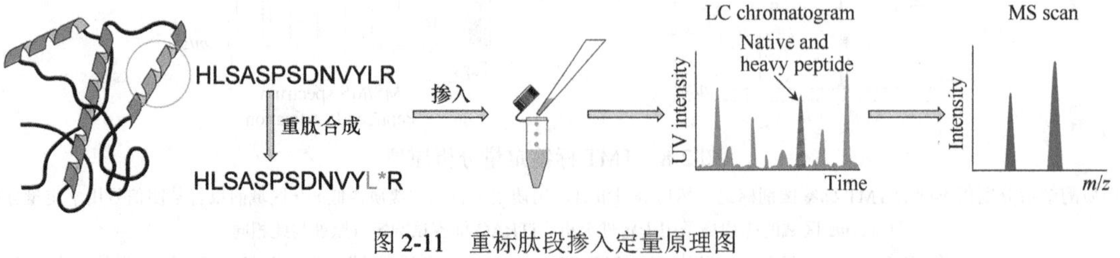

图 2-11

图 2-11 重标肽段掺入定量原理图

UV intensity，紫外强度；LC chromatogram，液相色谱图；Native and heavy peptide，天然肽和重肽；Time，时间；Intensity，丰度；MS scan，质谱扫描

笔记栏

经过二十多年的发展，稳定同位素标记定量蛋白质组学在技术上已经很成熟，被广泛地应用于细胞、组织、临床样本的蛋白质定量分析。这类方法实验系统误差相对较小，实验操作和数据分析

难度相对较低。

但这类方法也有一定的缺陷。首先，由于同位素标签试剂可以标记的样品数量有限，该类方法难以用于大量临床样本的定量分析；其次，标记过程中的样品处理步骤多，实验重复性较差；再次，该类方法存在动态压缩效应，即定量分析丰度差异较大的肽段时，不同肽段之间的定量结果与实际比例有较大的差异，因此尽管变化趋势相同，但是质谱相对定量结果不直接等同于实际蛋白质表达差异。另外，不同轻重同位素试剂标记的同一肽段在液相中共流出，增加了样品的复杂程度，肽段信号之间会相互干扰。最后，由于氢（^{1}H）和氘代（D，^{2}H）标记肽段在液相分离时的保留时间有所差异，这会影响定量分析结果。

二、非标记定量法

虽然细胞培养氨基酸稳定同位素标记（SILAC）和体外化学标记（chemical labeling）可用于复杂蛋白质样品的定量分析，但是这些定量方法存在诸多缺点，如样品准备复杂、耗时长、所需样品浓度高、标签试剂成本高、标记不完全，所能定量分析的样品数量受到限制等。另外，该类方法对实验人员的技术要求较高。因此，非标记定量（label-free quantification，LFQ）作为一类简单、快速的蛋白质定量方法，近年来得到了很大的发展和应用。

（一）谱图计数定量

在蛋白质组学分析时，当某种蛋白质在样品中的含量增加时，其酶解获得的肽段数量也会相应地增加，因此在“鸟枪法”蛋白质组学中检测到的二级谱图的肽段谱图匹配数（peptide spectrum matches，PSMs）也随之增加，且PSMs在一定范围内与蛋白质丰度成正比，因而可以利用PSMs进行定量分析。这一定量方法被称为谱图计数法（spectral counting）。该定量分析方法简单，对高丰度蛋白质的定量效果较好，但是对低丰度蛋白质的定量结果准确性低或无法进行定量分析。

（二）非标记定量

非标记定量方法利用一级质谱离子信号强度进行定量分析。根据一级质谱肽段质荷比（*m/z*）、峰强（peak intensity）、峰面积（peak area）、液相色谱保留时间（retention time）等信息进行定量分析。MaxQuant蛋白质组学分析软件中的MaxLFQ定量方法还将不同样品之间相同肽段的保留时间进行了校正，并对样品中蛋白质的丰度进行了归一化处理，从而提高非标记定量的准确性。

（三）数据非依赖性采集定量

上述蛋白质定量方法采用的是数据依赖性采集（DDA）模式，这种数据采集模式用于定量分析时，重复性较差、定量精度不够、数据丢失较多，难以检测到低丰度蛋白质等缺陷。

近期发展起来的一种更准确的非标记定量蛋白质组学方法是数据非依赖性采集（DIA）定量方法。该方法将样品在液相上一维分离后，将整个质谱扫描质量范围分成若干个窗口（如每窗口25 *m/z*），依次高速、循环地对每个窗口中的所有离子进行选择、碎裂，采集所有离子的全部碎片信息，并建立肽段及其碎片峰谱图库，利用谱图库实现定性确证和定量离子筛选。然后将待测样品逐一进行分析，根据其肽段和特征碎片峰 *m/z*、保留时间、峰面积、峰高等信息进行定量，其原理见图2-12。该方法可以获得所有肽段的定量信息，数据利用度大大提高，不会丢失低丰度蛋白质和肽段。DIA方法操作简便、省时、定量准确度高、重现性好，适合临床大样本蛋白质定量分析，也可以对新增加的样品进行定量分析。

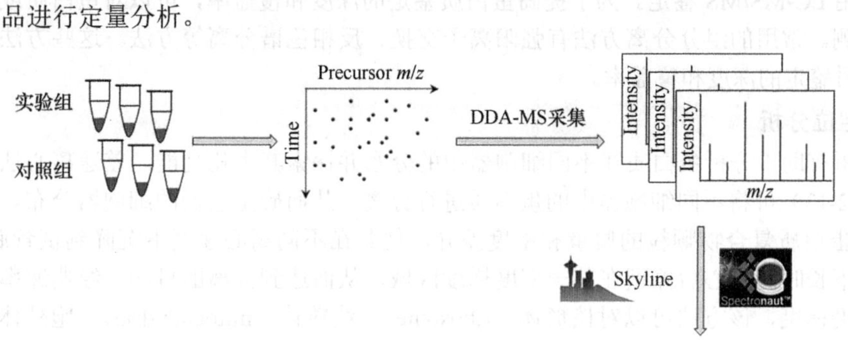

笔记栏

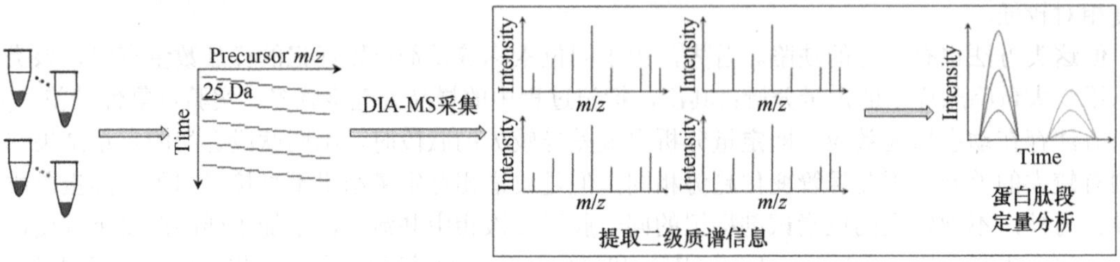

图 2-12

图 2-12 数据非依赖性采集（DIA）定量原理

首先用不同样品进行 DDA 分析获得所有蛋白质肽段的一级和二级碎片峰信息，建立谱图库。然后将实验样品在每个窗口进行循环快速检测，利用特征性一级和二级质谱信息进行肽段定量

Precursor，前体离子；Time，时间；Intensity，丰度

非标记定量蛋白质组学的优点是不需要标记试剂，没有样本数的限制，没有多种标签试剂标记后多种肽段的存在，无动态压缩效应。不同定量方法比较见表 2-5。

表 2-5 常用蛋白质组学定量方法比较

项目/定量方法	iTRAQ/TMT	LFQ	DIA
检测样本数	可同时检测 2、4、6、8、10 个样本，利用混样校正可以分析更多样品	无限制	无限制
实验难度	需要使用稳定同位素标记试剂，增加难度和实验费用	简便	需要额外构建 DIA 数据库，增加检测次数
蛋白质检测数量	多	少（不分组分条件）	多
定量准确性	动态压缩效应导致定量值比实际值偏低，无法定量样本特异性蛋白质	中、高丰度蛋白质定量准确	定量准确性高，可检测低丰度蛋白质
样本要求	样本间差异不宜过大	适合所有样本	适合所有样本
验证成功率	30%～50%	～50%	＞60%
扩展性	一次完成所有样品检测，后续无法增加样品，批次重复性差	可补充检测样品数量，但重复性较差	可以补充检测样品数量，重复性好

第三节 蛋白质组学应用

一、蛋白质鉴定及定量分析

（一）蛋白质鉴定

蛋白质组学的一个重要应用是鉴定未知蛋白质。前期蛋白质组学技术利用 SDS-PAGE 对蛋白质进行分离，然后在胶内将其酶解、提取获得肽段后利用 MALDI-TOF-MS 指纹图谱或 LC-MS/MS 二级图谱对其进行鉴定。尽管该方法在蛋白质组学早期发展中发挥了很大的作用，但其鉴定蛋白质操作烦琐、效率低。随着 LC-MS/MS 技术的高速发展，蛋白质组学可以对复杂蛋白质样品进行大规模高通量分析鉴定，可以在不分离复杂蛋白质样品的情况下在溶液内将其酶解，用 C18 反相色谱柱或 ZipTip 纯化肽段后用 LC-MS/MS 鉴定。为了提高蛋白质鉴定的深度和覆盖率，可以对蛋白质或肽段进行组分分离后检测。常用的组分分离方法有强阳离子交换、反相色谱分离等方法。这些方法的应用大大提高了蛋白质鉴定的深度和覆盖率。

（二）蛋白质定位分析

蛋白质定位分析有助于分析蛋白质在不同细胞器中的分布并探索其生化功能。差速离心法和速率区带离心法（图 2-13）可将不同细胞器中的蛋白质进行分离，从而确定它们的细胞器分布。其原理是利用细胞器或蛋白质复合物颗粒的质量和密度差异，使其在不同离心速度下沉降到试管底部，或在同一离心速度下长时间离心后停留在某一密度梯度区域，从而达到分离的目的。经典速率区带离心法应用蔗糖密度梯度，该方法可以对核糖体（ribosome）、线粒体（mitochondria）、胞外体（又称外泌体）（exosome）等亚细胞器进行分离，然后利用质谱鉴定。

笔记栏

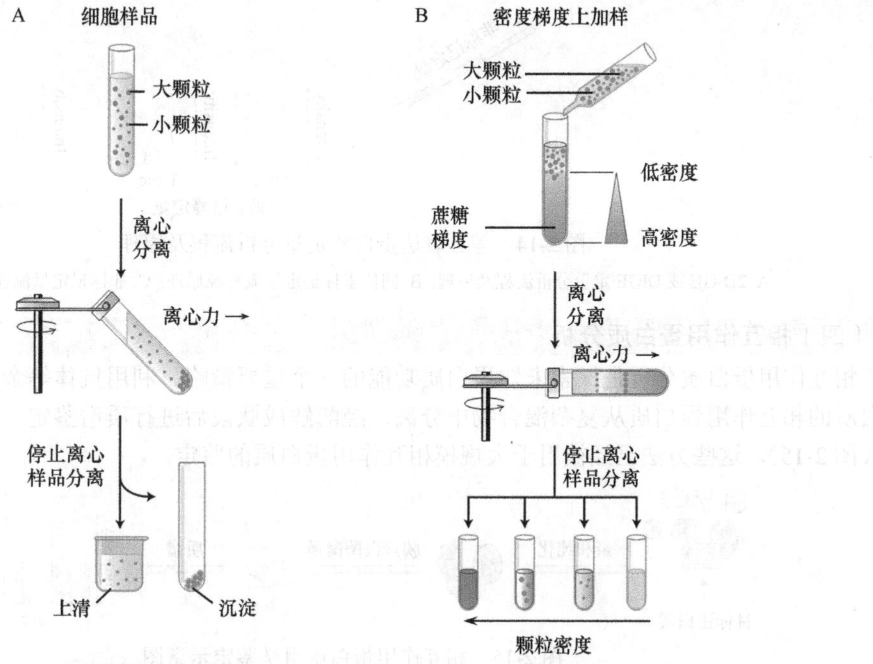

图 2-13　差速离心法（A）和速率区带离心（B）原理示意图

图 2-13

（三）差异表达蛋白质分析

基因和蛋白质在不同条件下（如正常和疾病状态、基因敲低/敲除或过表达、疾病治疗过程、外界环境变化等）表达会发生变化，并由此将信号转导到下游通路中，调控细胞生命活动。定量蛋白质组学可以发现差异表达蛋白质，从而为探索不同条件下细胞、组织、器官和个体对外界条件响应的分子机制提供研究基础，为药物研发提供潜在靶点。

前期蛋白质组学对差异蛋白质的分析采用二维凝胶电泳（2D-GE）或荧光差异凝胶电泳（difference gel electrophoresis，DIGE）方法。在 2D-GE 方法中，对照组和实验组蛋白质分别在二维凝胶上分离后，根据染色信号强弱获得差异胶点。DIGE 方法先用荧光染料将多个蛋白质样品分别标记不同荧光，等量混合后在二维凝胶上进行分离，根据荧光信号强弱的变化找到差异胶点。然后将差异胶点从凝胶中切下，胰蛋白酶酶解提取肽段后，用 MALDI-TOF-MS 或 LC-MS/MS 进行鉴定（图 2-14A）。随着蛋白质组学技术的发展，其他定量蛋白质组学方法如稳定同位素标记和非标记定量蛋白质组学、数据非依赖性采集定量等分析方法得到了发展。在稳定同位素标记定量中，将蛋白质在细胞中标记，或在酶解成肽段后体外化学标记，等量混合后用一级或二级质谱进行定量分析和鉴定（图 2-14B）。在非标记或 DIA 定量分析中，每个样本中的蛋白质经酶解后进行质谱鉴定，利用质谱峰高、峰面积、特征峰进行定量分析（图 2-14C）。

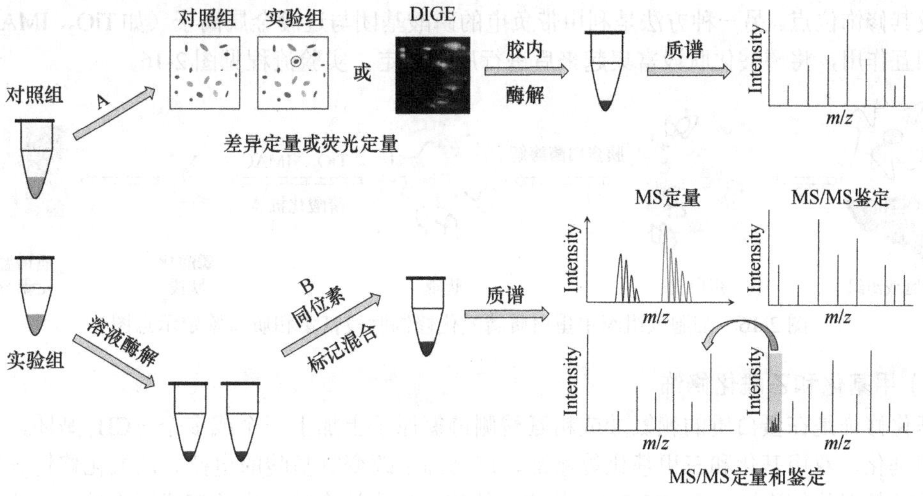

笔记栏

图 2-14

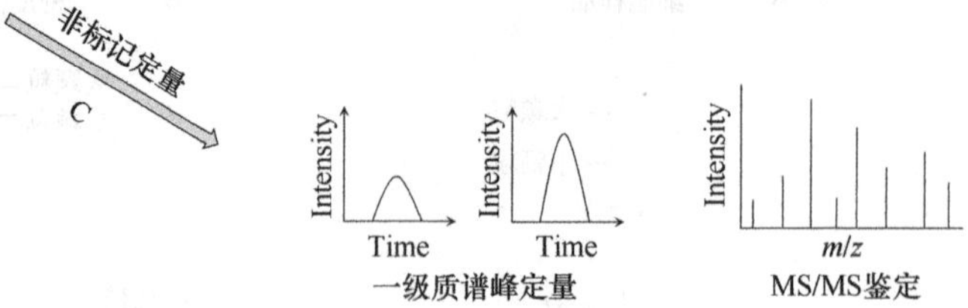

图 2-14 差异表达蛋白质定量分析流程及原理

A. 2D-GE 或 DIGE 定量分析流程及原理；B. 同位素标记定量流程及原理；C. 非标记定量流程及原理

（四）相互作用蛋白质分析

相互作用蛋白质分析是探索未知蛋白质功能的一个重要策略。利用抗体等亲和纯化方法将目标蛋白质的相互作用蛋白质从复杂混合物中分离，经酶解成肽段后进行质谱鉴定，获得相互作用蛋白质（图 2-15）。这些方法已经被用于大规模相互作用蛋白质的鉴定。

图 2-15

图 2-15 相互作用蛋白质组学鉴定示意图

相互作用蛋白质样品准备中的亲和纯化可以利用抗体或外源性表达标签蛋白质来实现。近期发展的邻近生物素标记法表达生物素连接酶突变体融合目标蛋白质，从而在相互作用蛋白质上快速标记生物素，再利用生物素和链霉亲和素之间的强相互作用纯化相互作用蛋白质。结合 SILAC、非标记定量蛋白质组学、生物信息学分析等方法鉴定相互作用蛋白质。

二、蛋白质翻译后修饰鉴定

蛋白质在修饰酶如激酶、转移酶、连接酶等的作用下，可以将小分子化学基团或小分子量蛋白质共价连接到底物蛋白质的特定氨基酸上，从而形成各种翻译后修饰，如磷酸化、甲基化、乙酰化、亚硝基化、羟基化、糖基化、泛素化等。这些翻译后修饰可以调控蛋白质的相互作用、稳定性、定位，增加蛋白质功能的多样性，从而调控转录、信号转导、细胞分化、细胞凋亡等过程。

由于在不同的生理和病理状态下蛋白质翻译后修饰会发生变化，针对蛋白质翻译后修饰如磷酸化、乙酰化、泛素化的药物研发发展迅速。蛋白质翻译后修饰及其位点的鉴定能为药物研发和药物作用分子机制提供靶点。

（一）磷酸化修饰

磷酸化修饰的蛋白质组学鉴定主要有两种方法。一种方法是利用磷酸化特异性抗体（如酪氨酸、丝氨酸和苏氨酸磷酸化抗体）对含磷酸化修饰位点的肽段进行分离，然后利用质谱鉴定磷酸化修饰蛋白质及其修饰位点。另一种方法是利用带负电的磷酸基团与过渡金属离子（如 TiO_2、IMAC 等）的特异性相互作用，将磷酸化肽段富集起来后进行质谱鉴定，实验流程见图 2-16。

图 2-16

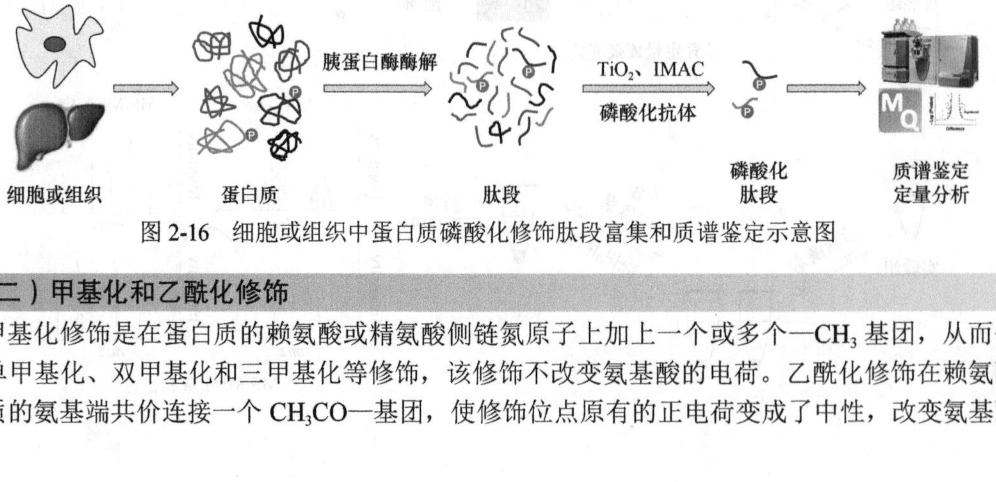

图 2-16 细胞或组织中蛋白质磷酸化修饰肽段富集和质谱鉴定示意图

（二）甲基化和乙酰化修饰

甲基化修饰是在蛋白质的赖氨酸或精氨酸侧链氮原子上加上一个或多个—CH_3 基团，从而使其发生单甲基化、双甲基化和三甲基化等修饰，该修饰不改变氨基酸的电荷。乙酰化修饰在赖氨酸或蛋白质的氨基端共价连接一个 CH_3CO—基团，使修饰位点原有的正电荷变成了中性，改变氨基酸的

笔记栏

电荷，从而影响蛋白质的相互作用、与DNA的结合等功能。由于这两种修饰没有特异性的官能团可以参与化学反应，因此对该类修饰的富集是在肽段水平上通过特异性抗体的免疫沉淀来实现的，并用质谱进行高通量位点鉴定。该过程的实验流程与图2-16类似。

（三）泛素化及类泛素化修饰

蛋白质除发生上述小分子基团修饰外，还可以被某些蛋白质如泛素（ubiquitin，Ub）或类泛素修饰分子（ubiquitin-like modifier，Ubl）以共价键的方式修饰，该类修饰称为泛素化修饰（ubiquitination）和类泛素化修饰。这些小分子量蛋白质的羧基端在一系列酶（E1激活酶、E2结合酶、E3连接酶）的催化作用下，可以共价修饰底物蛋白质的赖氨酸侧链。也有极少量的泛素化发生在蛋白质的氨基端、丝氨酸（Ser）、苏氨酸（Thr），甚至半胱氨酸（Cys）上。类泛素化蛋白质包括相素SUMO、拟素NEDD8、扰素ISG15、犹素UFM1、模素UMR1等。

常用的泛素化修饰蛋白质鉴定是通过在细胞中转染标签泛素，然后通过免疫沉淀纯化富集泛素化蛋白质，胰酶酶解后用质谱进行高通量鉴定。鉴定到有GlyGly（GG）修饰基团时，此位点被认为是泛素化修饰位点（图2-17A）。该方法也用于鉴定蛋白质的相素、拟素、扰素、犹素、模素等类泛素化修饰。这种方法鉴定到的修饰位点较少。近年来，利用di-Gly特异性抗体富集含GlyGly修饰肽段，利用高通量质谱直接鉴定含修饰位点肽段（图2-17B）。这种方法可以从数毫克蛋白质样品中鉴定上万个泛素化修饰位点。

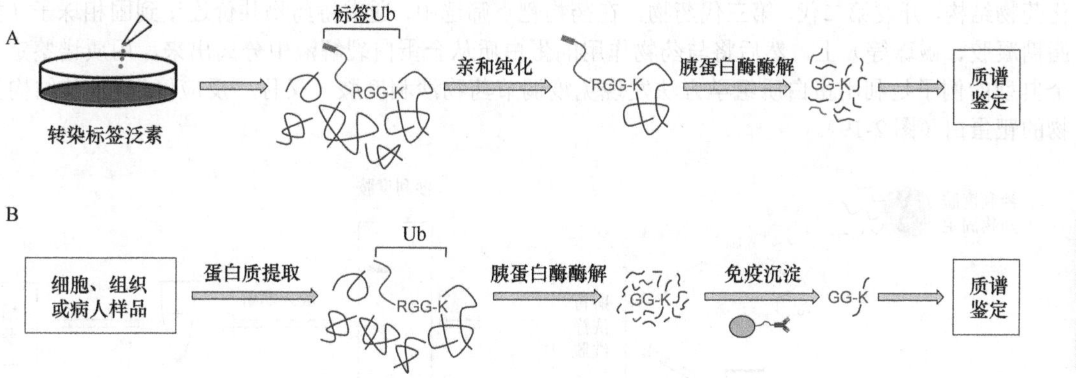

图2-17　泛素化蛋白质及其修饰位点鉴定示意图

A. 泛素化蛋白质鉴定示意图。其中N端长方体为亲和标签，可以为His_6、Strep、HA、FLAG等标签。B. 泛素化位点高通量鉴定示意图

图2-17

（四）糖基化修饰

许多膜蛋白会发生糖基化修饰，并影响蛋白质的结构、稳定性与功能，参与免疫应答、病毒复制和侵染、细胞生长和分化等过程。糖基化修饰包括O型糖基化、N型糖基化和C型糖基化等多种修饰方式。O型糖基化发生在丝氨酸、苏氨酸、羟赖氨酸和羟脯氨酸的羟基上。N型糖基化发生在天冬酰胺的酰胺基、N端α-氨基、赖氨酸或精氨酸的ω-氨基。C糖基化极为罕见，存在于为数不多的天然产物中，糖基供体和受体之间通过稀有的C—C糖苷键连接。

对蛋白质的糖基化修饰信息进行分析时，需要鉴定糖基化位点，区分糖基化类型、糖链中糖的种类和含量以及糖链的结构等信息，因此糖基化蛋白质的鉴定较为复杂。对糖基化蛋白质和肽段的富集与纯化可以利用凝集素亲和纯化、肼化学富集法、亲水色谱法、β-消除米氏加成反应等方法。糖基化位点鉴定包括PNGase F酶法、Endo H酶法、三氟甲基磺酸（trifluoromethanane sulphonic acid，TFMS）法等。

（五）其他翻译后修饰

细胞内的蛋白质可以发生数百种不同的翻译后修饰，但绝大多数蛋白质翻译后修饰的功能还不清楚，一个重要的原因是其修饰的底物蛋白质及其位点未知。常用的蛋白质翻译后修饰鉴定方法是通过化学反应、亲和标签、抗体等对修饰后的蛋白质或酶解后的肽段进行富集，并用质谱鉴定。由于每种修饰的性质不同，所使用的富集方法也有所不同。

三、其他应用

笔记栏

定量蛋白质组学在生物医药研究中有很多应用，如发现疾病状态下差异表达蛋白质，从而为

进一步探索疾病发生发展的分子机制提供研究基础。定量蛋白质组学也逐渐用于药物靶标的发现和确证。

（一）蛋白质组学鉴定疾病状态中差异表达蛋白质

定量蛋白质组学方法被应用于正常和疾病组织样本中差异蛋白质的高通量鉴定，从而发现新的潜在药物靶标（原理见图 2-18）。如果发生变化的是蛋白质翻译后修饰，如磷酸化、乙酰化、糖基化，可以通过富集翻译后修饰肽段和蛋白质组学方法探索翻译后修饰的变化。

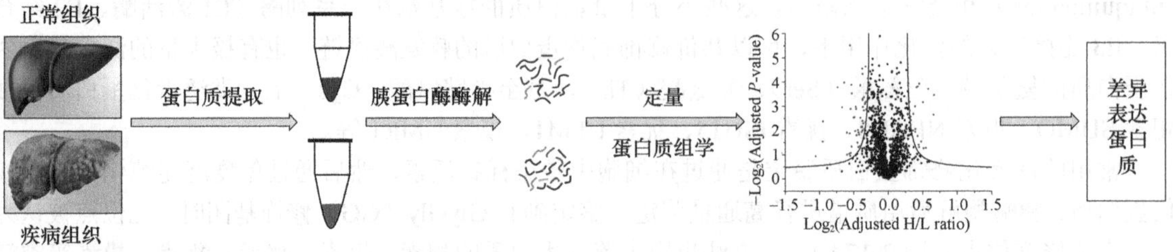

图 2-18

图 2-18　正常和疾病组织样本中差异表达蛋白质鉴定示意图

（二）药物靶点发现

在药物研发中一个关键步骤是确证药物作用的靶点，也需要探索药物的作用机制，从而通过优化药物结构，开发第二代、第三代药物。在药物靶点筛选中，通常将药物共价连接到固相珠子（如琼脂糖凝胶、磁珠等）上，然后将与药物作用的蛋白质从全蛋白裂解液中分离出来，用质谱鉴定。一个典型的例子是利用蛋白质组学方法发现免疫调节药物沙利度胺（又称“反应停”）及其结构类似物的靶蛋白（图 2-19）。

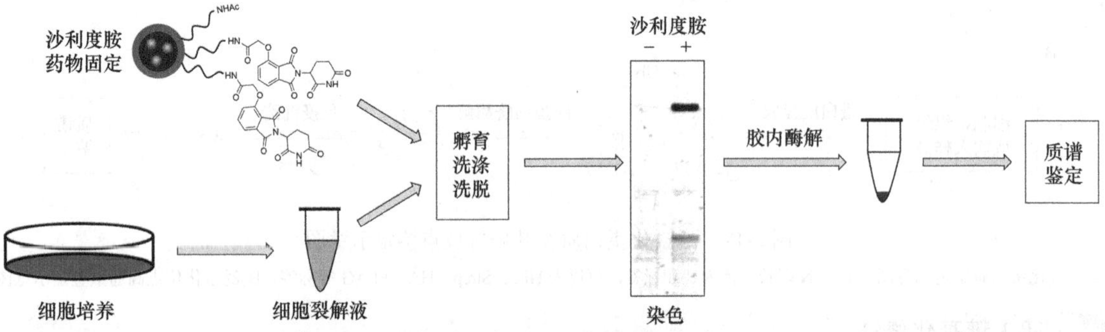

图 2-19

图 2-19　蛋白质组学鉴定药物靶点流程示意图

药物分子共价连接到固相珠子上，从全蛋白裂解液中纯化作用蛋白质，染色确定后酶解，用质谱鉴定。该方法结合定量蛋白质组学可提高鉴定靶蛋白的效率，降低假阳性率

（许国强　郑　慧）

笔记栏

第三章　标准、本体与蛋白质组数据分析

PPT

第一节　本体的介绍

在人类语言中，同一个词可能有不同的含义，如“football”在英国指足球，即“association football”，而美国人用“soccer”表示足球。“football”在英国也可以指橄榄球，即“rugby football”，但在美国橄榄球是“American football”。此外，同样的东西可以用不同的词来表示，如“计算机”和“电脑”。假如我们要在人或软件之间共享对信息结构的共同理解，本体（ontology）是一个很好的解决方案，如领域本体就可以实现对领域内知识的共同理解。本体是知识表示规范的基本层次，可为需要在领域内共享信息的研究人员定义一个通用词汇表。本体包括计算机可解释的领域中基本概念的定义和概念之间的关系。“本体”这个术语本身没有统一的定义，但是它的定义可以分为三个粗略的组成：

（1）本体是一个哲学术语，意思是“存在论”。

（2）本体是对共享概念体系的一个明确的形式化规范说明。

（3）本体是描述一个领域的知识体。

一、本体的意义

本体是对共享概念体系的一个明确的形式化规范说明，在领域知识标准化、数据整合方面发挥着重要作用。当研究人员进行特定领域的研究时，他们需要通过定义一个共同的词汇表来为他们的特定领域开发一个本体以便共享信息。在数据整合时，XML技术在数据层能很好地实现数据的集成，但在语意层的实现上相对困难。本体的优势是可以实现语意层的数据集成。例如，多个数据库的数据集成中，对每个数据库建立本地本体，再把建立的多个本地数据库本体集成一个统一的本体，用户搜索数据时可以通过对统一的本体进行语义查询。许多学科领域已经开发标准化的本体进行共享和注释数据，如医学中大量标准化和结构化的词汇表和临床指南。临床操作指南在临床治疗中受到越来越多的关注，已成为指导医护人员治疗患者的参考依据。然而，据了解各个国家或国际制定的指南，特别是不涉及医疗过程的指南，没有考虑当地不同的医疗水平等因素，限制了指南对提升医生行为或护理模式的作用。通过建立临床操作指南的本体，可以实现优于文本关键字检索的语意敏感（semantic-sensitive）检索，提高搜索的覆盖率和精度。在临床实践中阻碍临床决策支持系统被广泛采用的主要因素是难以用统一的形式表示领域知识和患者数据。在临床决策支持系统开发中，使用本体整合领域知识和患者数据，在实际验证中获得了高准确率和接受率。例如，研究人员提出了一种基于语义的方法，通过整合Health Level Seven（HL7）参考信息模型（RIM）和本体，用统一的形式表示医疗保健领域知识和患者数据，在实际临床决策应用中取得了较好结果。临床试验的目的是评估新的干预措施是否优于目前的候选方案。临床试验在治疗方法、药物开发验证方面发挥着重要作用，本体可以很好地支持临床试验数据重用和基于语义的查询。通用本体领域也正获得越来越多的研究发展，如基本形式本体（basic formal ontology）和开放生物医学本体（open biomedical ontology foundry）等。

二、本体的构建

本体包含实体、关系、属性、实例、功能、约束、规则和推理过程。当前对本体构建的指导原则、构建方法及结果的评价等还没有形成一个统一的标准，研究者们往往使用各自的研究实践经验来构建本体。唯一公认的准则是在构建特定领域本体的过程中，需要该领域专家的参与。

（一）构建本体的原则

国内外学者总结各自在本体构建工作中的经验，提出了一些本体构建的基本原则和方法。其中，1995年汤姆·格鲁伯提出指导本体构建的5个原则：清晰明确（clarity）、一致性（coherence）、可扩展性（extendibility）、最小编码偏差（minimal encoding bias）、最小本体承诺（minimal ontological

笔记栏

commitment）。

路扎诺-泰罗（Lozano-Tello）等以Gruber提出的本体构建原则为基础，并融合其他学者的观点提出新的5个原则：本体区别原则（ontological distinction principle）、概念层次多样化（diversification of hierarchies）、最小模块耦合（minimal modules coupling）、同属概念语义距离最小化（minimization of the semantic distance between sibling concepts）、命名尽可能标准化（standardization of names whenever is possible），并在本体开发中被证明是合理的。

（二）构建本体的方法

1. 构建本体的基本思路

（1）最常用的构建本体的方法是在领域专家的参与下，利用目标领域资料构建本体。目标领域资料包括自由文本，如指南、书籍、词典等，在线知识系统，如基因本体（gene ontology，GO）、疾病本体（disease ontology，DO）、美国国家肿瘤研究所受控词表（The National Cancer Institute's Thesaurus）等，信息管理系统，如Hospital Information System（HIS）系统等。

（2）以已有资料为基础构建本体，如叙词表、分类词表等。叙词表中已经收集某领域的概念以及概念之间的逻辑关系，可以利用已有的叙词表进行知识补充及按照新的知识体系对概念间的关系进行梳理来构建本体。

（3）整合已有的相关本体构建领域本体。整合领域分支知识的本体可以构建领域本体。如可以通过整合各种疾病知识本体构建疾病的通用本体。

（4）基于上层本体的本体构建。上层本体（或基础本体）是普遍适用的、范围较广的领域本体之间的公共关系和对象的模型。标准的上层本体如基本形式本体（basic formal ontology，BFO）、都柏林核心元数据集（Dublin core）等。

2. 构建本体的方法体系 常用的本体构建方法有七步法、METHONTOLOGY法、IDEF5法、TOVE法、骨架法等，如表3-1所示。

表3-1 本体构建常用的方法

本体构建方法	发明组织	应用领域	构建工具
七步法（Seven-Step method）	Stanford University School of Medicine	应用于学科知识领域的本体构件法	Protégé
METHONTOLOGY法	Technical University of Madrid	致力于构建化学本体	WebODE
IDEF5法	KBSI company of USA	描述和获取企业本体	无特定工具
TOVE法	Gruninger and Fox	关于业务流程和活动模型本体	无特定工具
骨架法（skeleton method）	Uschold and King	关于商业企业之间的企业定义和术语集合的建模本体	无特定工具

Stanford University School of Medicine，斯坦福大学医学院；Technical University of Madrid，马德里理工大学；KBSI company of USA，美国的KBSI公司；Gruninger and Fox，格伦宁和福克斯；Uschold and King，尤斯科尔德和金

（三）构建本体的工具

构建本体的过程比较烦琐，研究者们提出本体工程帮助开发者提高工作效率。本体工程是提供本体生命周期管理机制的研究领域，主要研究建立本体的方法和方法学。随着本体工程的发展，各种本体构建工具应运而生，以支持本体开发过程中的各个环节。目前，国际上已发布了多款优秀的本体构建工具，如Protégé、WebOnto、OntoEdit、WebODE、KAON等。Protégé是斯坦福大学为知识获取而开发的开源工具，主要应用于知识的获取以及现存本体的合并和编辑。Protégé支持在完全可定制的用户界面和工作区创建和编辑本体，编辑重构操作包括本体的合并、在本体之间移动公理、重命名多个实体等。Protégé已经成为目前使用最为广泛的本体编辑工具和基于知识的框架。

借助这些工具，在构建本体时就不必了解本体的具体描述语言，把更多的精力放在本体内容的组织上，极大地提高了本体构建的效率。

（四）生物医学本体介绍

笔记栏

研究者们构建了很多生物医学本体来解决实际问题，如表3-2。

表 3-2　已构建的临床本体

本体名	领域	功能描述
药物不良事件本体（adverse drug event ontology）	临床监测	为了解决药物不良事件识别问题，通过使用最小临床数据集框架（包括现有识别方法、临床文献和大量住院患者临床数据）创建一个综合本体，完成差距评估
疾病本体（disease ontology）	与人类疾病相关的生物学和临床数据	疾病本体由共识驱动的疾病数据描述符组成，这些描述符包含基因组学和基因项目使用的疾病术语，以及参与研究的资源，通过研究模型生物体来了解人类疾病的遗传学
临床数据元素本体（clinical data element ontology）	临床数据元素	临床数据元素本体将源自不同临床元数据登记（metadata registries，MDR）的数据元素概念（data element concept，DEC）组织成一个统一的概念结构。它能够从多个 MDR 中高度选择性地搜索和检索相关的差异表达，用于临床文档和临床研究数据汇总
细菌临床传染病本体（bacterial clinical infectious diseases ontology）	临床传染病治疗	细菌临床传染病本体论定义了临床传染病的受控术语，以及医院环境中常用于临床传染病治疗决策的领域知识
临床测量本体（clinical measurement ontology）	大鼠基因组数据库	临床测量本体是在大鼠基因组数据库（RGD）中开发的，用于标准化定量大鼠表型数据，以便将多个研究的结果整合到 PhenoMiner 数据库和数据挖掘工具中
核心临床协议本体（core clinical protocol ontology）	临床指南	核心临床协议本体包括临床指南建议的定义和推荐过程
癫痫和癫痫发作本体（epilepsy and seizure ontology，EPSO）	癫痫和癫痫发作	癫痫和癫痫发作本体（EPSO）采用一个四维癫痫分类系统，该系统整合了最新的国际抗癫痫联盟术语建议和国家神经系统疾病和中风研究所（NINDS）的通用数据元素
生物医学资源本体（biomedical resource ontology，BRO）	生物医学资源	生物医学资源本体（BRO）实现生物医学资源的语义注释和发现
haghighi-koeda 情感障碍本体（mood disorder ontology）	情感障碍	Haghighi-koeda 情感障碍本体涉及情感障碍的医学和心理学方法，以促进精神病医生和心理学家之间的信息交流
临床生物信息本体（clinical bioinformatics ontology）	临床生物信息	临床生物信息本体是描述临床重要基因组概念的语义网络本体

三、基于本体的数据整合方法

对科研工作者来说，以统一的方式有效和高效地访问、解释和分析来自不同生物学数据库、文献和注释资源的数据变得越来越重要。对于异构数据集成中的异构性和语义冲突，采用基于本体的方法来进行数据集成是一个较好的解决方案。

在临床和生物学研究中，往往需要不同的系统来处理不同的任务，该过程就会产生不同类型的数据。数据整合能够使研究者获得更多有用的数据，扩大研究样本，取得更可靠的研究成果。研究人员在数据整合时通常会遇到数据语义的冲突问题，即在异构系统中使用不同词语代表同一实体，或者是同一个词语在不同的系统中表示不同实体，如上文中“football”的例子。解决语义冲突的一种常用策略是使用具有明确定义的模式术语的本体。这种方法称为基于本体的数据整合。本体还允许用户在语义级别将多个不同的数据库系统连接在一起，从而作为一个整体访问各个数据库中的数据。

使用本体进行数据集成有许多优点。①本体提供的词汇作为与数据库的稳定概念接口，独立于数据库模式。②本体所使用的语言具有足够的表达能力，能够解决应用程序查询的复杂性。③本体所代表的知识足够全面，可以支持将所有相关的信息源转换为公共参考框架。④本体支持对异质数据的一致管理和识别。

本体在数据集成系统中得到了广泛的应用，因为它们提供了一个明确的、机器可理解的领域概念。例如，德国不来梅大学计算机技术中心的研究人员在分析了现存的基于本体的数据整合系统基础上，归纳出三种基于本体的整合方法：单本体数据整合方法、多本体数据整合方法以及混合本体数据整合方法。

（一）单本体数据整合方法

所有数据源模式都直接关联到为用户提供统一接口的共享全局本体。但是，这种方法要求所有

笔记栏

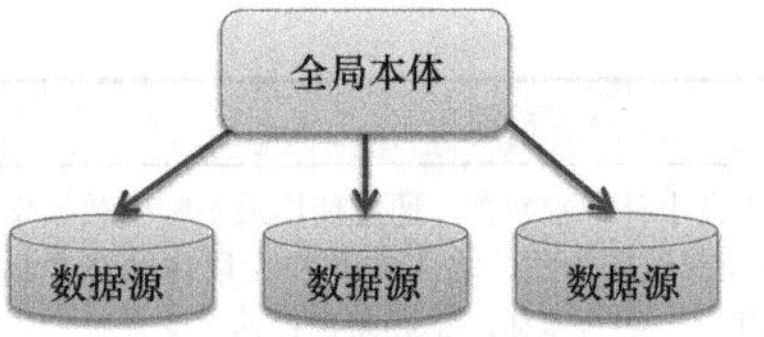

图 3-1

图 3-1　单本体数据整合方法

数据源在一个领域上具有几乎相同的视图，并且具有相近的数据粒度（数据源中数据的细化程度）。使用这种方法的系统的一个典型例子是使用本体整合前列腺癌临床数据。单本体数据整合方法如图 3-1 所示。

单本体数据整合方法存在一定的局限性：如为了创建全局本体要求各数据源本地视图的数据粒度比较接近，否则很难创建全局本体。此外，数据源改变会影响全局本体，限制系统的可扩展性。

通过单本体集成不同的数据库通常分为三层：表现层、映射层、数据层（图 3-2）。用户通过表现层发送对数据库的查询请求，映射层通过数据库和本体的映射关系对查询请求进行分析，数据层把用户的请求转换成对数据库的查询并将查询结果返回给映射层，映射层再把数据映射成本体的语义，返回给用户。在表现层，用户可以通过语义来查询需要的数据，不必关心底层数据存储的存储形式。

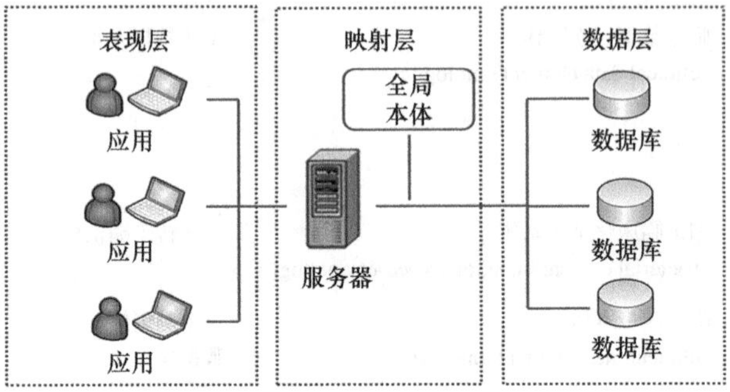

图 3-2

图 3-2　使用本体整合多数据库方法

数据库的模式和本体有相似之处，但两者的代表对象不同。数据库模式代表数据库的结构，而本体代表某个领域的知识。所以，应用程序的不同导致多种多样的数据库模式。但是，本体是某一个领域的通用性知识，与具体应用程序无关。

映射层需要把多个数据库表的字段，映射到本体概念的属性上。有三种类型映射关系：一对一的映射，多对一的映射，一对多的映射。映射过程中会存在语义的异构问题，如在两个系统中，都是定义患者的数据表，但采用不同的表名。同时还存在两个系统中都定义了相同字段，但是字段的实际意义却不同。通过映射到本体的概念和概念的属性可以解决以上异构问题。

如果不同数据库中相同含义字段使用的标准不同，则必须在标准之间创建映射。例如，前列腺癌诊断数据中的临床分期是根据原始肿瘤的大小以及癌症在全身扩散的程度描述个人癌症的严重程度。部分系统采用美国癌症联合委员会的 TNM 分期标准，另一部分系统则采用国际妇产科联盟的分期标准。通过在本体中制定标准间的映射策略可以应对以上问题。

（二）多本体数据整合方法

由于单本体数据整合方法存在比较大的局限性，研究人员在此基础上又开发了多本体数据整合方法。多本体方法比单本体方法更加灵活，如图 3-3 所示。在多本体方法中，每个数据源分别由自身的本地本体描述。本地本体不使用公共本体进行整合，而是以本地本体之间相互映射的形式。为此，定义本体间映射需要额外的表示形式。在本地本体间建立映射是整合的难点之一。OBSERVER 系统是使用该方法的一个典型例子。

（三）混合本体数据整合方法

混合本体数据整合方法是前面两种方法的组合，如图 3-4 所示。首先，为每个数据源模式构建一个本地本体，但是并不在本地本体之间建立映射，而是将每个本地本体映射到一个全局共享本体。这种方法可以轻松添加新的数据源，而无须修改已有映射规则。混合本体数据整合方法的关键步骤是建立本地本体与全局共享本体之间的映射。ONTOFUSION 系统是使用混合本体整合方法的典型例子。

图 3-3

图 3-4

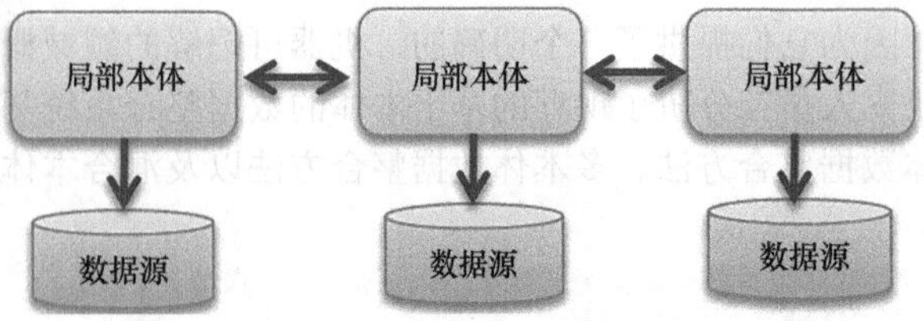

图 3-3　多本体数据整合方法

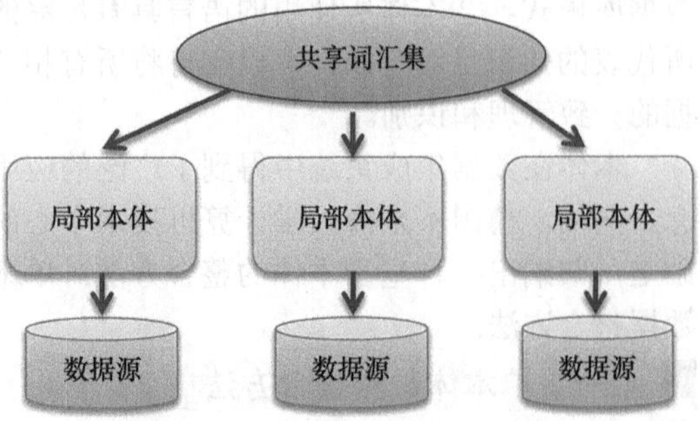

图 3-4　混合本体数据整合方法

笔记栏

研究人员开发了基于混合本体数据整合方法的生物医学数据库ONTOFUSION系统。在ONTOFUSION系统中，物理数据层包括私有数据库、公有数据库和生物医学本体数据库，在映射过程中，每个数据库的关系模式映射到局部本体虚拟模式。在统一过程中，将局部本体统一，创建统一的本体虚拟模式，用户可以同时访问不同来源的数据。在创建统一的虚拟模式时，生物医学本体作为知识库被引用。统一虚拟模式是反映各种数据库中存储信息的概念结构的本体。用户可以通过统一的虚拟模式检索数据。统一虚拟模式从局部虚拟模式中检索数据。局部虚拟模式从物理数据库检索数据。通过这种混合本体，对多个数据库进行整合，如图3-5所示。

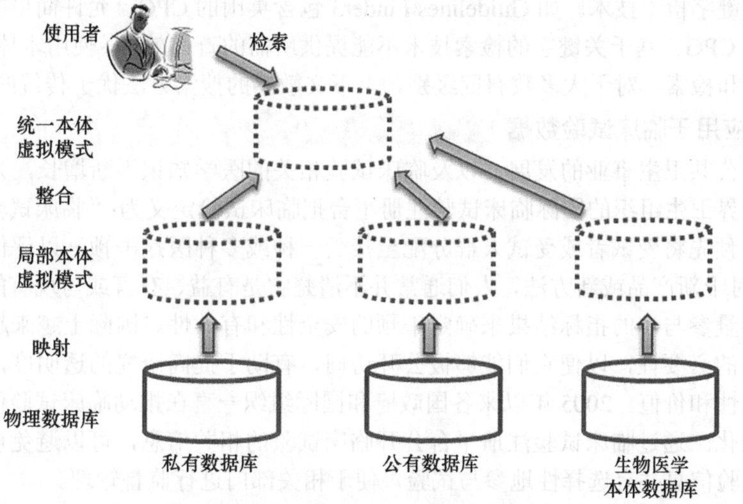

图3-5　ONTOFUSION的映射和整合过程

图3-5

四、本体应用于生物医学数据的标准化和整合

（一）本体应用于临床操作指南数据

医学研究所（Institute of Medicine）把临床操作指南（clinical practice guidelines，CPG）定义为“帮助医生和患者根据特定临床环境做出适当医疗决策的系统性声明”。

CPG一般由临床操作指南委员会经过严格系统审查的医学证据和综合已发表的医学文献制定，是指导医疗专业人员在患者的诊断和管理时使用现有知识的循证医学文件。每年会有大量CPG，由各个组织制定。例如，美国的国立指南库（National Guideline Clearinghouse，NGC）是循证CPG的公共资源。NGC的任务是为医生和其他相关人员提供一个访问机制，以获取关于CPG的客观、详细的信息，并进一步传播、实施和使用。

CPG的应用能够给医护人员带来很多益处，如标准化操作流程，减少错误发生率。但是也存在限制，如CPG是以现有循证医学证据为基础，治疗建议具有通用性，没有考虑特定的医疗环境。所以，医疗单位采用CPG时还需要进行相应的定制。CPG通常是用自由文本表示，所以在护理点上很难有效地查询使用。同时，CPG往往会有多个版本，各个版本之间可能存在不一致，阻碍CPG的广泛应用。

因为各个组织都在制定自己的CPG，所以对于同一个疾病会有多个版本的CPG，如前列腺癌（prostate cancer），美国和欧洲有不同版本的CPG，包括欧洲泌尿协会开发的“前列腺癌指南”和美国国家综合癌症网络（national comprehensive cancer network，NCCN）开发的“NCCN肿瘤学临床操作指南—前列腺癌”。分析不同版本的CPG，会发现有很多不一致的地方。即使是同一个国家，不同组织制定同一疾病的CPG也会有所不同。比如，研究人员通过本体建模对高血压CPG的一致性研究就发现，同一主题的CPG也有不一致。对不同情况及其相关推荐操作的分析表明，对于大多数情况推荐操作可能不一致。

用本体建模方法对CPG建模可以让CPG的使用更加方便。指南元素模型（GEM）是一种基于XML的指南文档模型，可以存储和组织实际指南中包含的异构信息。GEM旨在促进用自然语言描述的指南文档转换成可由计算机处理的格式。GEM Cutter工具能用GEM元素来注释CPG。纸质的CPG计算机化时会产生歧义等问题，可通过咨询领域专家、查阅现有文献及应用个人临床经验等途

笔记栏

径解决。CPG本体是从CPG的GEM表示的知识内容派生而来的。开发的CPG本体可以应用于临床决策支持系统。例如，阿比迪（Abidi）等开发了一个项目，利用乳腺癌随访CPG的本体，应用于为初级护理条件下家庭医生使用的乳腺癌随访决策支持系统中。

大多数指南都是基于文本的，它们主要发表在医学期刊上或发布在因特网上。然而，浏览因特网找到对应的指南和针对特定临床问题的合适建议困难且费时。由卫生保健研究和质量局倡导的指南国际网络（Guidelines International Network）以统一的内部结构存储并通过医学主题词（MeSH）索引来自不同门户网站的CPG。然而，大多数数字图书馆主要提供非结构化的自由文本CPG，使用最基本的术语和关键字检索技术。如Guidelines Finder3包含英国的CPG，允许简单的基于文本的检索来访问自由文本CPG。基于关键字的检索技术不能提供所需的查询效率，使用本体可以方便CPG的上下文敏感搜索和检索。对于大多数召回级别，上下文敏感的搜索方法优于传统的全文搜索。

（二）本体应用于临床试验数据

随着医学和公共卫生事业的发展，以及临床试验相关的医学知识不断增长，人们需要对其进行有效的管理。世界卫生组织的国际临床试验注册平台把临床试验定义为：“临床试验是指以人为对象的前瞻性研究，预先将受试者或受试人群分配至接受一种或多种医疗干预，以评价医疗干预对健康结果的影响。”对于新产品或新方法，人们通常并不清楚它是有益、有害或与现有的产品方法存在差别，需要通过测量参与者的指标结果来确定干预的安全性和有效性。国际上越来越认识到记录临床试验进程和结果的必要性，以便它们能够被公开访问，有助于提高研究的透明度，并最终加强科学证据基础的有效性和价值。2005年以来各国政府和国际组织一直在推动临床试验信息的广泛可用性与登记过程标准化。通过临床试验注册平台公开临床试验的相关信息，可以避免重复试验，公众也可以了解临床试验信息并有选择性地参与试验，便于相关部门进行监督管理。

目前，全世界有多个临床试验注册平台。ClinicalTrials.gov是由美国国立卫生研究院（U.S. National Institutes of Health）下的国立医学图书馆（National Library of Medicine）和美国食品药品监督管理局（the Food and Drug Administration）进行开发和维护，是由美国政府所创建的第一个临床试验公共注册平台。ClinicalTrials.gov是一个基于网络的资源，为患者、家属、医护人员、研究人员和公众提供有关于公开和私下支持的范围广泛的疾病和病症的临床试验信息。该注册库目前列出369 503项分布在美国50个州和219个国家的临床试验信息（截至2021年3月）。

本体由于其能够形式化、明确和通用地描述领域知识，逐步被应用于临床试验。大多数临床试验未能按时招募到参与者，基于健康电子病历（HER）的系统也很难通过计算机自动找到符合条件的患者。该过程费时低效，而且还需要专门的培训。为了解决这个问题，研究人员开发基于本体的信息抽取系统来寻找临床试验的参与者。该系统以健康电子病历数据为基础，利用本体表示医学知识，整合多个数据库，支持搜索结构化数据和自由文本，初步质量评估获得极好召回率。

研究人员通常使用临床试验管理系统（clinical trial management system）来管理临床试验过程中产生的大量数据。临床试验管理系统的数据通常来源于在临床试验时通过纸质病例报告表（case report form）记录的各个试验点的数据。由于没有使用统一的标准，特定试验设计的病例报告表产生的数据难以和其他临床试验产生的数据进行比对，也不能进行系统间数据交换。通过基于统一的本体构建临床试验管理系统，试验数据的重用性问题就可以得到解决。研究人员开发了基于本体的临床试验管理应用（ObTiMa），依靠本体中定义的覆盖整个癌症护理和研究领域的共享概念，使数据的可重用性更好。

此外，在临床试验过程中使用的软件同样产生大量数据。在进行数据集成时，重要的是要解决从语义层集成异构应用程序产生的数据问题，以便有效地管理临床试验和随后的对临床试验数据的分析。研究人员设计了基于本体的体系结构，支持临床试验软件应用程序之间的互操作性。该方法重点在于开发一套临床试验相关的本体，它定义了临床试验信息所需的词汇和语义。

临床试验研究通常根据临床试验协议的研究计划进行，它是一个描述如何进行临床试验的文件，内容包括临床试验的目的、设计、方法、统计方面的考虑和临床试验的组织，从而保证试验主体的安全性和所采集数据的完整性。临床试验的数量正在不断增加，尤其是国际多中心临床试验被频繁实施。然而，在临床试验环境中，试验协议的结构或可重用概念没有标准可用。研究人员为临床试验协议开发了医学和临床试验专用的术语数据字典，该数据字典是基于特定领域的本体和通用本体的顶层本体，以提高临床试验协议的质量。

笔记栏

（三）本体应用于临床决策支持数据

目前，临床辅助决策支持系统（clinical decision support system，CDSS）的概念仍在不断更新，目前主流的工作定义是由健康证据中心的研究人员提出的：“临床决策支持系统将健康观察与健康知识联系起来，影响临床医生的临床决策，改善临床结果。”美国医学信息学协会将之定义为：“为临床医生、工作人员、患者或其他个人提供知识和特定个人的信息，在适当的时候进行智能筛选或呈现，以增强健康和更好的医疗。”CDSS 主要可以分为两类：一类 CDSS 基于知识库，使用推理引擎将规则应用到患者数据，将推理结果显示给最终用户。另一类是无知识库 CDSS，依靠机器学习来分析临床数据。

临床决策支持（clinical decision support，CDS）干预措施可应用于整个医疗管理周期，以优化诊治的安全性和其他相关结果。在这方面取得成功的一个有用的框架是“CDS 五个正确”方法。CDS 五个正确框架声称，通过完善的 CDS 干预措施，改进有针对性的医疗决策。完善的干预必须通过正确的渠道（如电子病历、移动设备或患者门户）用正确的干预格式（如命令集、流量表、仪表板或患者列表）在工作流中的正确时间点（决策或行动）提供正确的依据信息（临床需要的循证指南）给正确的人（整个护理团队，包括患者）。

阻碍临床实践中 CDSS 广泛使用的主要原因之一是用统一的形式表示领域知识和患者数据比较困难。然而，通过使用本体整合领域知识和患者数据开发的 CDSS 在实际应用中可以得到较高的精度和接受率。评价结果表明本体方法具有技术可行性和应用前景。在医疗领域，知识表示是一个关键问题，因为它作为 CDSS 的一部分被有效地用于推理临床决策。本体以机器可以阅读和人类可以理解的方式描述和组织领域知识，因此利用本体可以通过计算机系统或应用程序来促进决策支持。

在临床治疗中，临床操作指南可以引导医务人员做出决策。临床操作指南本体可以集成到 CDSS 中帮助疾病治疗。因此，研究人员基于急性冠脉综合征临床操作指南的本体计算机化开发急性冠脉综合征的 CDSS。临床操作指南一般专注于某一特定的疾病，但实际的患者往往会出现多种病症，多种并发症的管理是临床医生面临的一大挑战。使用本体来整合多个相关的临床操作指南可以解决这个问题。研究人员开发了用本体推理来增强在不同抽象层次上的患者描述，从而增加适当临床治疗建议数量的框架。临床操作指南的计算机化包括对纸质的临床操作指南进行建模并转成电子的格式，从而被医生访问或者嵌入到临床决策支持系统中。现存多个临床操作指南建模形式化方法，如指南表示模型（guideline representation model）。研究人员使用指南表示模型对乳腺癌随访临床操作指南进行建模，同时使用 JENA 推理引擎开发了乳腺癌随访的 CDSS 系统。

（四）基于本体的生物医学相关系统

目前研究已经创建了许多基于本体的生物医学系统，如表 3-3 所示。

表 3-3 部分基于本体的生物医学系统

序号	工具名	功能
1	OntoStudyEdit	OntoStudyEdit 是在临床和流行病学研究中基于本体的元数据表示和管理的软件系统
2	Recruit	基于本体的临床试验招募信息检索系统
3	MorphoCol	基于本体的知识库，用于描述临床上有意义的细菌菌落形态
4	Onto Clinical Research Forms (OntoCRF)	OntoCRF 是一个用于定义、建模和实例化临床数据存储库的框架
5	Duke Enterprise Data Unified Content Explorer (DEDUCE)	DEDUCE 是一种自助查询系统，旨在为临床医生和研究人员提供杜克医疗企业数据仓库（EDW）内的数据访问
6	Semantator	Semantator 是一种半自动的文档注释工具，具有语义 Web 本体
7	OnWARD	OnWARD 是一个本体驱动、安全、快速部署、基于 Web 的框架，支持大规模多中心临床研究数据的捕获
8	TrialWiz	TrialWiz 是一个编码临床试验知识库的编写工具。TrialWiz 旨在管理协议编码过程的复杂性，以提高知识获取的效率

第二节 蛋白质相关本体介绍

一、蛋白质本体

蛋白质本体（protein ontology，PRO）是一个形式化的、规范的有关于蛋白质的本体，它是开放式生物医学本体（open biomedical ontologies，OBO）体系中的一员。PRO 涉及基于全长进化关系的蛋白质分类和基因的多种蛋白质表达形式（如由选择性剪接、切割和翻译后修饰以及蛋白质复合物引起的）。与数据库不同，PRO 提供蛋白质类型及其关系的描述。此外，特定蛋白质类型（如磷酸化蛋白质形式）的表示能够精确定义在通路、复合物或疾病建模中的对象。这有助于异构体和修饰形式必须区分的蛋白质组学研究，以及依赖于特定蛋白质修饰的事件级联的生物通路和网络表示。PRO 的内容来源于经手工标注后的科学文献。其中，仅囊括包含实验证据的标注，并且以与其他本体的关系的形式存在。

本节中，我们将首先介绍 PRO 框架，包括 PRO 术语的类别以及 PRO 与其他本体和蛋白质资源的关系。接下来，提供一个关于 PRO 网站的简介，用户可以在其中浏览和搜索 PRO 层次结构，查看单个 PRO 术语的报告，并在层次表视图、多序列比对视图和 Cytoscape 网络视图中可视化 PRO 之间的关系。并将介绍如何通过 PRO 资源获得感兴趣蛋白质的信息，如寻找保守的亚型（邻位亚型），以及不同的修饰形式及其属性。此外，还介绍如何通过快速标注接口 RACE-PRO 为 PRO 本体作贡献。

（一）蛋白质本体介绍

蛋白质活性异常是人类疾病的根本原因。蛋白质组的病理变化可能由以下原因造成：

（1）由非同义单核苷酸多态性（nsSNP）引起的单一氨基酸变异。

（2）由异常的选择性剪接 mRNA 引起的异常亚型。

（3）翻译后修饰（post-translational modification，PTM）的改变。

（4）蛋白质复合物中多个蛋白质的合作行为以及由这些机制间相互依存关系的改变所引起。

随着高通量蛋白质组学技术的出现，我们对人类细胞在健康和疾病中的蛋白质组成的认识正在迅速扩展，特别是当蛋白质组学数据与基因组、转录组和相互作用组学数据在其生物学背景下重叠和分析时。

蛋白质本体是开放生物学和生物医学本体库中蛋白质和蛋白质复合物的参考本体，它为生物系统建模、整合现有和正在产生的实验数据提供了研究基础。

PRO 定义蛋白质和蛋白质复合物的类，并指出类之间的相互关系。对于知识表示，PRO 定义明确的蛋白质实体，以支持在适当粒度上的准确标注，并提供本体框架来连接建模生物学所需的所有蛋白质类型，特别是将特定蛋白质形式链接到其生物上下文中的特定复合物和特定功能。在语义数据集成方面，PRO 提供本体结构，通过特定的关系将数据库中包含的大量蛋白质知识连接起来，以帮助生成和检验新的假设。

PRO 中定义的类包含生物体非特异性类和生物体特异性类，其粒度范围从蛋白质家族到多种蛋白质形式的类（它们解释蛋白质的确切分子形式，包括序列或可变剪接的规范以及任何翻译后修饰或 PTM）。因此，它可以准确定义蛋白质对象及其相互关系的规范。

（二）蛋白质本体框架

为了对各种类型的蛋白质实体进行建模，PRO 制定三个子本体：①同源基因的蛋白质类；②由单个基因产生的多种蛋白质形式，包括剪接异构体、突变变异体和 PTM 形式；③蛋白质复合物。PRO 中的蛋白质术语是在多个粒度级别上定义的，即从家族级别到亚型和（或）修饰级别，允许在给定当前知识的最适当级别上进行标注。例如，由于 14-3-3 蛋白质由多个基因编码，这些基因的蛋白质产物在分析中可能无法区分，因此它们用 PR:000003237 表示 *14-3-3* 基因家族的蛋白质产物。类似地，当已知蛋白质是给定基因的产物但不知道确切的亚型时，则使用覆盖所有蛋白质产物的基因级 PRO 术语（如 TP73、PR:O15350）。

图 3-6 是 PRO 本体的示意图，该本体按以下不同级别组织：

1. 家族（family） 指从一组特定的祖先相关基因中翻译出来的一类蛋白质。这类蛋白质可以追溯到一个共同的祖先，它们在蛋白质整个长度上显示出同源性。在这一层次上的大多数叶节点通常是由（单个或多个有机体的）基因产物的同源集合组成的家族。图 3-6 显示基因 A 和基因 B 是通过

笔记栏

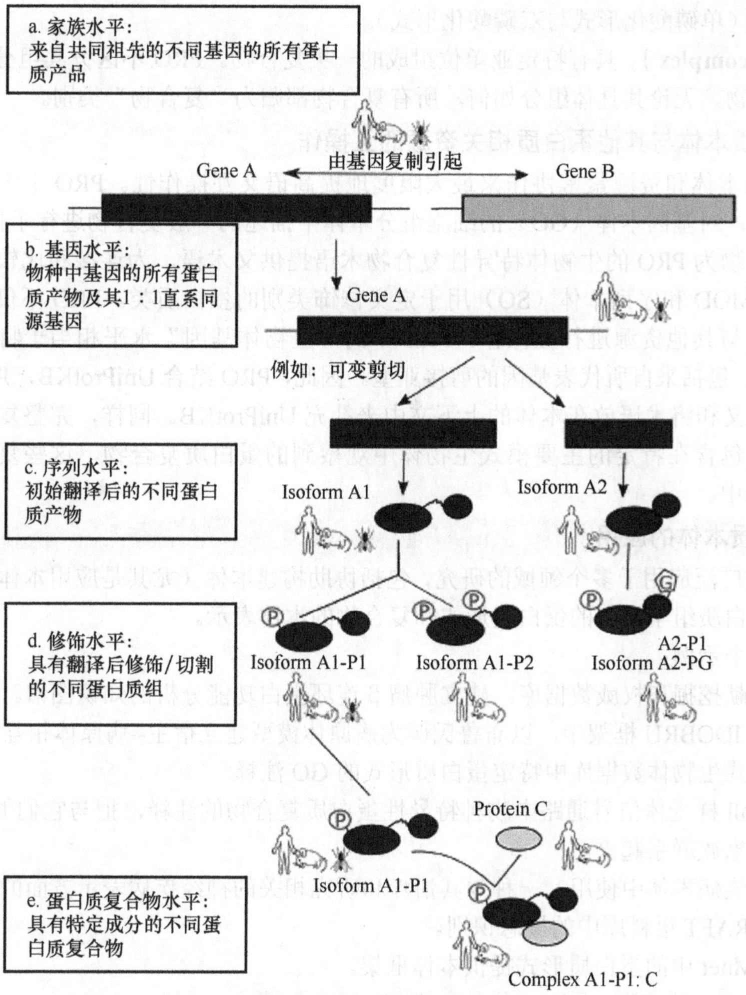

图 3-6　PRO 层次体系

图 3-6

该图显示可以在本体中表示的不同类。自上而下：a. 家族水平，包括进化相关基因在同胚水平上的所有蛋白质产物（如基因 A 和基因 B 的所有蛋白质产物都在同一家族类中）。它们保存在一组分类群中（如人类、小鼠、苍蝇）。b. 基因水平，包括一个物种中不同基因的所有蛋白质产物及其1∶1的同源基因。在 PRO 中，人类是脊椎动物的参考生物，人类基因 A 的所有基因产物及其同源基因（如小鼠和苍蝇）都属于同一个基因水平类。注意，该基因显示为一个盒子，因为基因结构（如内含子的数量和位置）可能因物种而异。物种特异性有机体基因类是相应基因水平的子类（如小鼠基因 A 和人类基因 A 都是同一基因 A 类的成员）。c. 序列水平，包括所有由初始翻译产生的亚型。这个例子展示了两种通过选择性剪接产生的蛋白质类亚型 A1 和 A2，其中 A1 亚型保留在人类、小鼠和苍蝇物种中，A2 亚型仅在哺乳动物中观察到。同样，可以创建物种特定的有机体序列术语。d. 修饰水平，包括所有翻译后修饰。这里所示的是 A1-P1 亚型（在单个位点磷酸化）和 P2 亚型（在两个位点磷酸化）的多个蛋白质形式以及 A2-P1 亚型（在单个位点磷酸化）和 PG 亚型（磷酸化和糖基化）的多个蛋白质形式。e. 蛋白质复合物水平，基于组分亚单位定义复合物（如果已知，使用化学计量）。在这种情况下，多种蛋白形态亚型 A1-P1 和蛋白 C 是复合物 A1-P1∶C 的组成部分

基因复制产生的，并且基因 A 和基因 B 的所有蛋白质产物在 PRO 中都属于同一个家族类。

2. 基因（gene）　该层次的一个 PRO 术语，指一类蛋白质，它是由不同生物体中 1∶1 直系同源相关基因翻译而来的。以人类为参照，图 3-6 中人类基因 A 及其 1∶1 直系同源基因的所有蛋白质产物都属于基因水平类。来自小鼠和苍蝇的基因 A 蛋白产物也将包括在内。

3. 序列（sequence）　该层次的一个 PRO 术语，指在最初翻译时具有不同序列的蛋白质产物。序列差异可能来自给定基因的不同等位基因、给定 RNA 的不同剪接体、转录的替代起始或终止以及翻译过程中的核糖体框架移位。我们可以认为这是与成熟的 mRNA 水平的区别。在图 3-6 中，A1 亚型（在人、小鼠和苍蝇中观察到）和 A2 亚型（只在人和小鼠中观察到）在 PRO 中是两个不同的类。同样，在每个术语下都可以创建特定于物种的术语，这些术语被称为同源异构体。

4. 修饰（modification）　该层次的一个 PRO 术语，指来自单一 mRNA 物种的蛋白质产物，它们因在翻译开始后（共翻译和翻译后）发生的某些变化（或缺乏变化）而不同。这包括由于一个或多个氨基酸残基的裂解和（或）化学变化引起的序列差异。图 3-6 展示两种不同磷酸化状态的 A1

笔记栏

亚型蛋白质形式（单磷酸化形式与双磷酸化形式）。

5. 复合物（complex） 具有特定亚单位组成的一类复合物。PRO 不区分其组分在复合物形成前后被修饰的复合物。无论其具体组分如何，所有复合物都归为“复合物”类别。

（三）蛋白质本体与其他蛋白质相关资源的互操作

PRO 与其他本体和资源紧密协作来最大限度地提高语义互操作性。PRO 中定义的生物体特异性蛋白质复合物，对基因本体（GO）的细胞组分本体中描述的一般复合物进行了扩展。GO 的生物体非特异性复合物为 PRO 的生物体特异性复合物术语提供父术语，为连接和比较生物间的复合物提供基础。PSI-MOD 和序列本体（SO）用于定义修饰类别的蛋白质类。PRO 不仅可以与本体进行互操作，还可以与其他资源进行互操作。PRO 中的“生物体基因”水平相当于特定蛋白质序列的 UniProtKB 条目，包括来自所代表基因的剪接亚型。因此，PRO 结合 UniProtKB，并通过提供蛋白质实体的形式化定义和将术语放在本体的上下文中来补充 UniProtKB。同样，完整复合物网站（intact complex portal）包含在特定的主要模式生物体中观察到的蛋白质复合物，这些复合物将被整合到 PRO 的本体框架中。

（四）蛋白质本体的应用

PRO 已经被广泛应用于多个领域的研究，包括协助构建本体（尤其是应用本体）、语义集成、功能注释及用于蛋白质组学研究的蛋白质形式和复合物的本体表示。

下面列出几个示例：

（1）结合文献挖掘和权威数据库，建立肿瘤 β 连环蛋白功能分析的知识图谱。

（2）整合在 IDOBRU 框架中，以布鲁氏菌为病原体模型建立宿主–病原体相互作用的本体模型。

（3）支持模式生物体数据库中特定蛋白质形式的 GO 注释。

（4）支持 Toll 样受体信号通路中物种特异性蛋白质复合物的注释，把与它们的组成部分和与物种无关的复合物家族联系起来。

（5）在神经疾病本体中使用，一种与其治疗和研究相关的神经疾病表示方面的本体。

（6）支持 CRAFT 语料库中的概念识别。

（7）为 iPTMnet 中的蛋白质形式提供本体框架。

（五）PRO 网站功能

PRO 主页（图 3-7）是蛋白质本体资源导航的起点。上部的菜单链接到其他功能以及下载页面。主页中的功能包括：PRO 浏览器、PRO 条目检索、PRO 文本搜索和用户反馈。

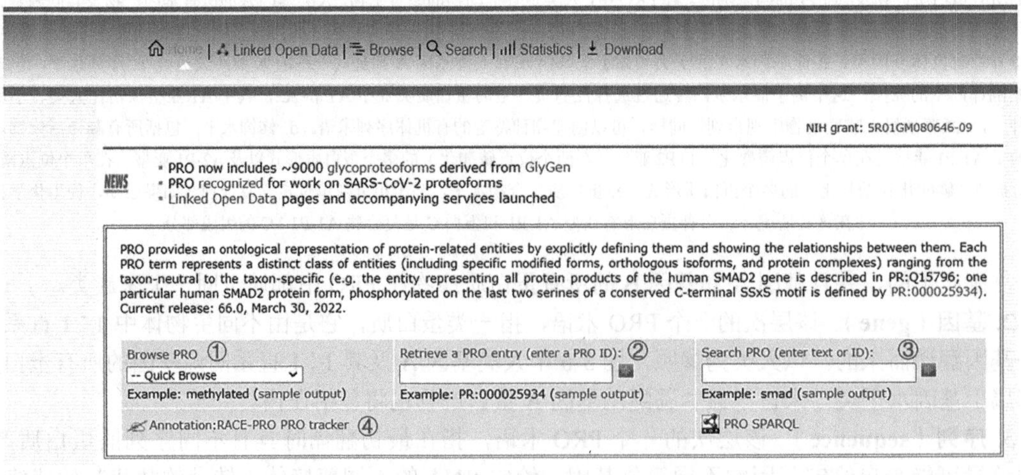

图 3-7 PRO 主页

主要功能包括：①浏览；②检索；③搜索；④注释工具

图 3-7

1. PRO 浏览器 用于浏览本体的层次结构（图 3-8）。带有加号或减号的图标（图 3-8A①）分别用于展开和折叠节点。这些图标旁边是一个 PRO ID，可链接到相应的条目内容，然后是术语名称。除非另有说明，否则节点之间的隐式关系是“is_a”。可以从“每页显示行数”框中管理要在层次结构页中显示的术语数（图 3-8A②）。右边的列（图 3-8A③）显示每个术语在层次结构中的级别。

笔记栏

此列可自定义，也可通过选择其他信息选项卡添加其他信息。最后，如需检索与特定关键字匹配的所有术语，使用者可通过“查找”框（图 3-8A ④）中输入该单词或词组，所有匹配的术语将显示在如图 3-8B 所示的层次结构中，图 3-8B 显示干扰素调节因子 3 磷酸化形式（IRF3-P）的检索结果。

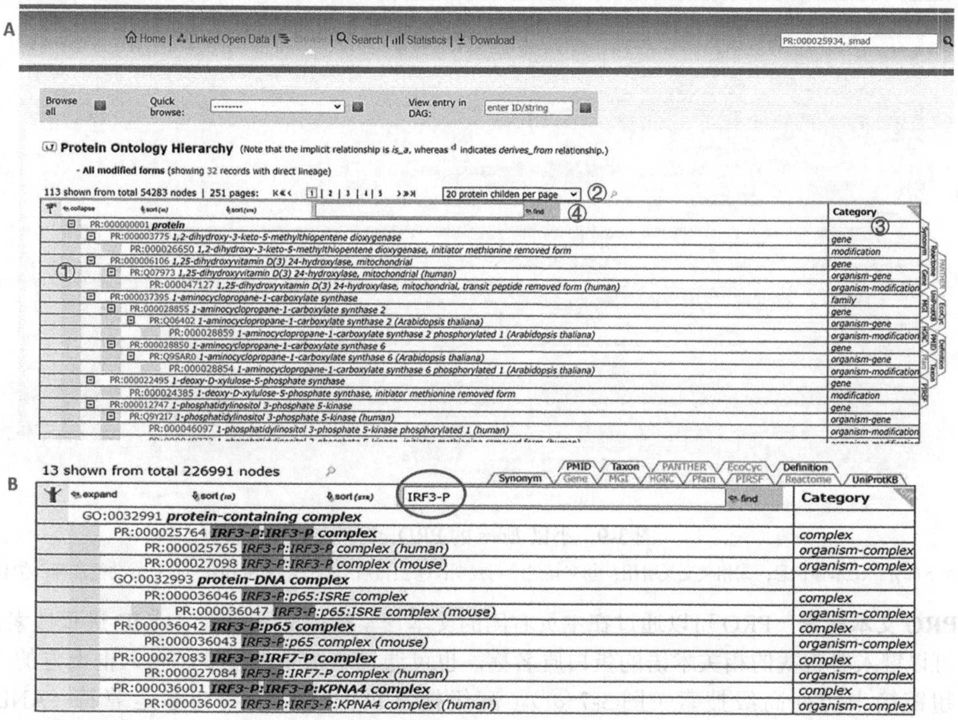

图 3-8　PRO 浏览器

在本体的层次视图中导航本体。A. 在 PRO 浏览器中，用户可以：①分别使用加号或减号展开/折叠术语；②更改每页显示的术语数；③自定义“信息”选项卡；④查找与关键字或短语匹配的术语。B. 使用“查找”功能查找带有包含 IRF3-P 的术语的 PRO 浏览视图

图 3-8

2. PRO 条目检索　提供包含给定 PRO 术语的本体信息和注释的报告。如已知 PRO ID，可以使用主页（图 3-7 ②）中的“Retrieve a PRO entry”直接访问报告，或可通过单击任何页面（如从搜索或浏览结果）中列出的 PRO ID 打开报告。

条目报告可能包含以下部分或全部内容（图 3-9）：

（1）本体信息（图 3-9 ①）：此部分内容涉及所有条目。它显示本体的信息，包括术语 ID、名称、同义词、定义、注释和上级术语。包含按类别排列的术语表（图 3-9）可以出现在包含许多子类的术语条目中（如基因级、有机体基因级）。此表提供与给定条目相关的蛋白质形式和复合物数量的概述，如示例中的小鼠 *Eprs* 基因。

（2）相关交叉引用（图 3-9 ②）：包含与蛋白质或复合物报告相关的外部数据库的映射，如本例中的 UniProtKB。

（3）交互式序列视图（图 3-9 ③）：序列查看器显示条目中定义的蛋白质序列，并突出显示改变的位点（基于每个 PTM 进行颜色编码）。当类包含多个序列时（如示例中包含小鼠 *Eprs* 的所有产物），将显示多序列比对。可以单击放大镜放大和浏览特定部分的序列。序列查看器不会出现在蛋白质复合物报告中。

（4）蛋白质形式：蛋白质形式部分以分层的方式列出与条目相关的所有蛋白质形式（图 3-9 ④）。复合物亚单位部分列出构成蛋白质复合物的所有蛋白质形式。在示例图中，小鼠 *Eprs* 被视为磷酸化形式（在 Ser-999 上）和相应的非磷酸化形式。PRO ID 旁（图 3-9 ⑦）的数字分别表示存在特定术语复合物信息和注释（请参见下面的图 3-9 ⑤和⑥）。

（5）复合物亚单位（图 3-9 ⑤）：此部分列出包含至少一个蛋白质形式的所有复合物。例如，*Eprs* 的 Ser-999 磷酸化形式（PR:000037785）是小鼠 GAIT 复合体（PR:000037795）的组成部分。蛋白质形式表中 PR:000037785 旁边的 Complex 框表示它存在于复合物中。

（6）功能注释（图 3-9 ⑥）：此部分展示术语的注释，包括功能和疾病信息（PAF 文件）。这些注释由 PRO 联盟和社区注释员通过 RACE-PRO 提供。这张表有两种不同的视图。以 PRO 为中心的视

笔记栏

图显示每个 PRO 术语的注释。注释根据需要引用不同的本体（如 GO 和 DO）。另外，以 GO 为中心的视图聚集所有具有 GO 注释的术语。因此，使用者可观察到术语之间的相似之处。

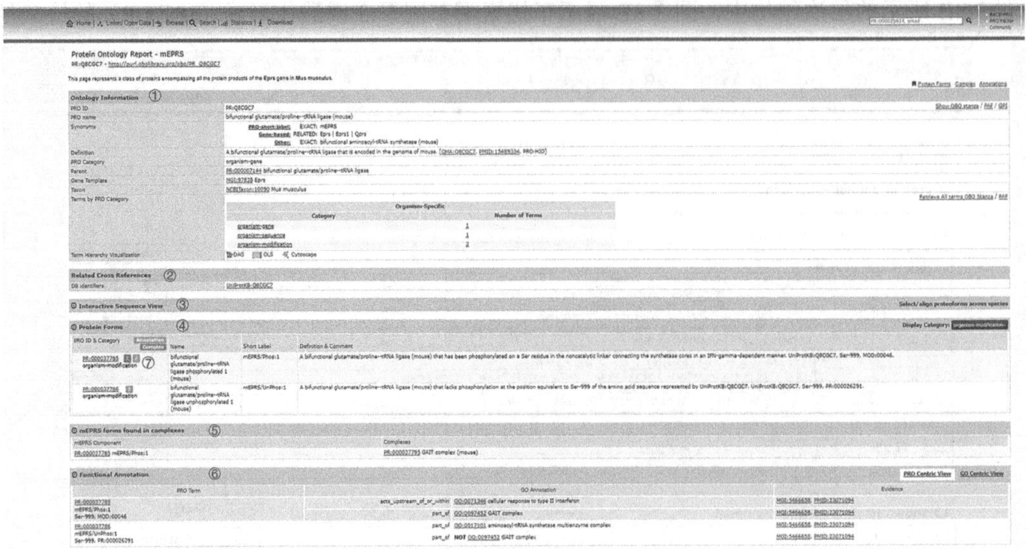

图 3-9

图 3-9　小鼠 *Eprs* 的 PRO 条目报告

报告显示如下部分：①本体信息；②相关交叉引用；③交互式序列视图；④蛋白质形式；⑤复合物亚单位；⑥功能注释；⑦复合物信息

3. PRO 文本搜索　PRO 可以通过在主页右侧的文本搜索框中输入关键字或 ID 进行搜索。例如，使用者可以键入要查找的相关术语的蛋白质名称，也可通过单击主页上文本输入框上方的“Search PRO”超链接来访问高级搜索（图 3-7③）。高级搜索页面支持使用布尔运算符（AND、OR、NOT），以及使用多个字段的空（null）或者不空（not null）进行搜索（图 3-10）。

图 3-10 的第①部分为一个高级搜索示例，旨在检索包含功能注释（字段-> 本体 ID 为“非空”）的小鼠蛋白质形式的所有 PRO 术语（字段->Taxon ID 为“10090”和字段->category 为“organism-modification”）。此外，“快速链接”菜单允许直接访问常用搜索（图 3-10②），“批量检索”链接允许在单个搜索中输入多个标识符（图 3-10③）。

示例搜索的结果展示 138 个小鼠蛋白质形式（图 3-10④），默认列包括：PRO 标识号（PRO ID）、PRO 名（PRO Name）、PRO 术语定义（PRO Term Definition）、分类（Category）、父术语标识号（Parent Term ID）和搜索字段。此页中的功能包括：

（1）显示选项（图 3-10⑤）：允许使用者通过添加或删除列来自定义结果表。使用“>”添加或“<”从列表中删除项。单击“应用”按钮使更改生效。

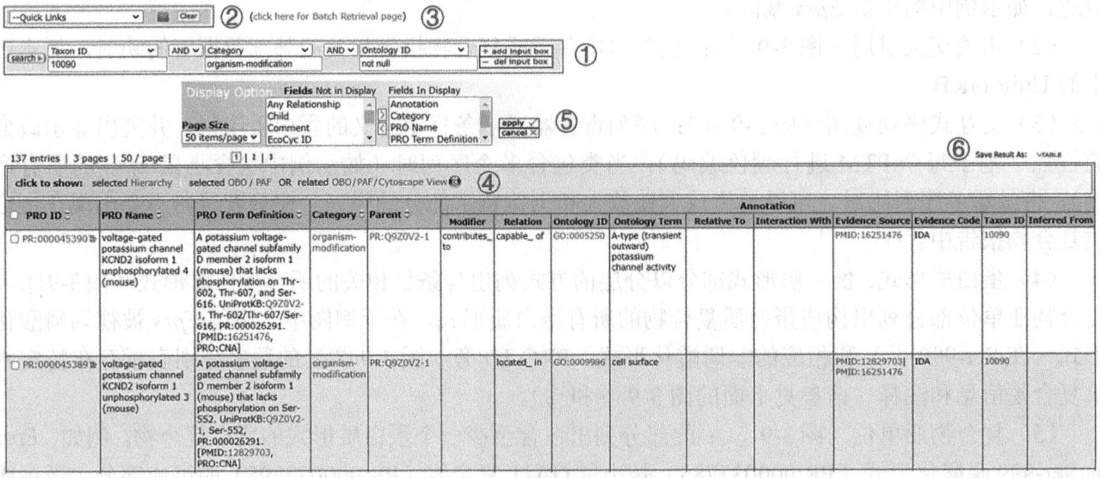

图 3-10

图 3-10　高级搜索和搜索结果

①带有布尔运算符的搜索框；②常用搜索的快速链接；③使用多个标识符批量检索术语；④结果表；⑤自定义表内容的显示选项；⑥保存选项

笔记栏

（2）PRO 条目报告的链接：单击 PRO ID 超链接会转到相应的 PRO 条目报告页面。

（3）链接到层次视图：单击 PRO ID 旁边的蓝色层次图标将打开新的页面显示层次视图，并突出显示所选术语。

（4）将结果另存为（图 3-10 ⑥）：允许使用者将结果表另存为制表符分隔的文件。

4. 用户反馈　用户反馈部分是社区交流的论坛。包含两种选项：① PRO 跟踪器（PRO tracker），允许提交新的术语请求、修改和评论现有的术语（图 3-11）；②快速标注接口 RACE-PRO，用户能够直接贡献于蛋白质形式的管理（图 3-12）。

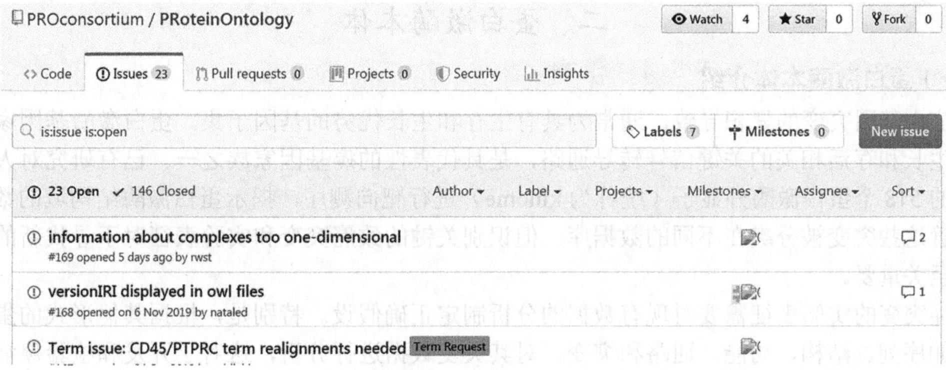

图 3-11　PRO 跟踪器

图 3-11

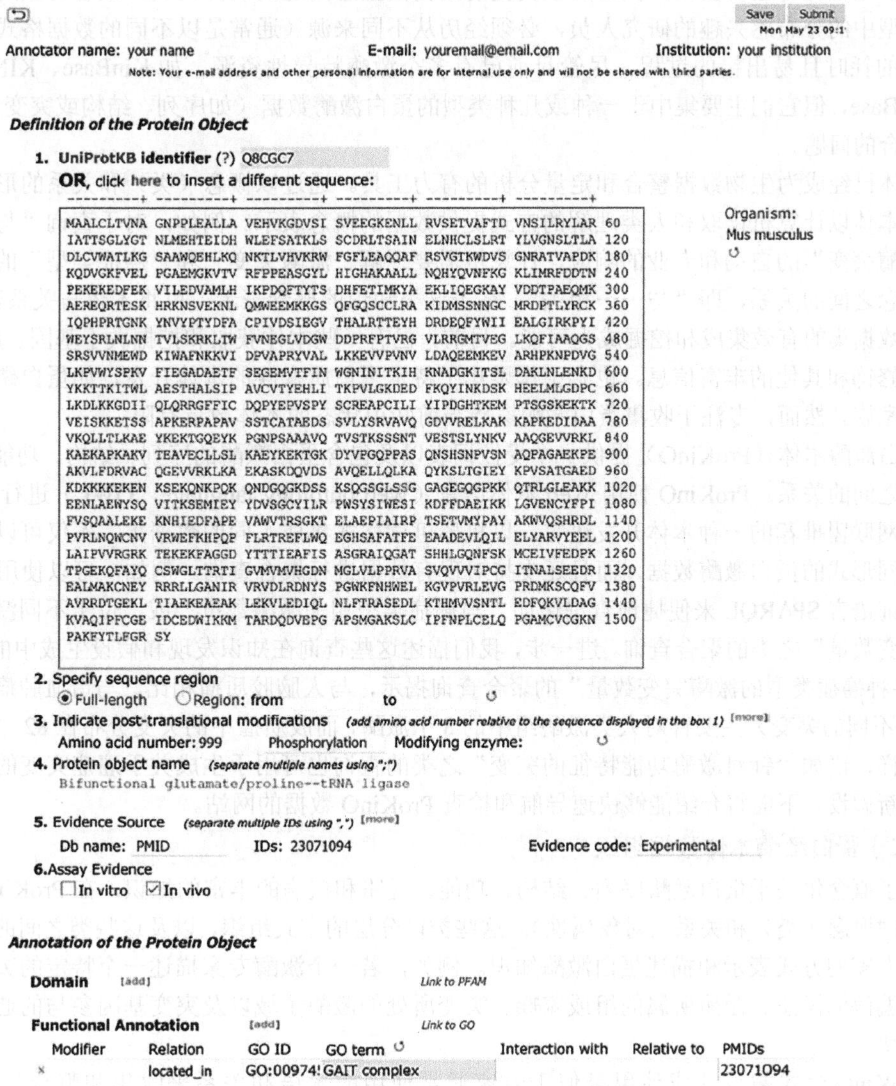

图 3-12　RACE-PRO 标注接口

图 3-12

笔记栏

RACE-PRO 接口可用于：

（1）根据实验证据提交感兴趣 PRO ID 的请求。

（2）为蛋白质形式或蛋白质复合物添加标注。目前，在大多数数据库中，标注被添加到标准蛋白质中。亚型和修饰型的功能几乎没有区别。使用 RACE-PRO，标注可以与最合适的蛋白质形式相关联。例如，若蛋白质 x 的亚型 2 的磷酸化形式定位于细胞核内，那么该标注只能添加到亚型 2 的磷酸化形式的 PRO 条目中，而不能添加到其他条目中。此外，通过 RACE-PRO 提交的信息必须与特定物种中的特定蛋白质序列相关。

二、蛋白激酶本体

（一）蛋白激酶本体介绍

癌症由基因突变的累积导致，通常为具有生存和生长优势的基因子集。蛋白激酶基因家族控制与细胞生长和存活相关的关键信号转导通路，是具代表性的癌基因家族之一。已有研究对人类基因组编码的 518 个蛋白激酶外显子（统称为 kinome）进行靶向测序，揭示蛋白激酶结构域的数百种突变。尽管这些突变被分类在不同的数据库，但识别关键的致癌突变和实验表征对于寻找新的癌症治疗方法至关重要。

癌症突变的实验表征需要对现有数据的分析制定正确假设。特别是，根据其他形式的蛋白激酶数据，如序列、结构、功能、通路和突变，对其突变数据进行分析，这对于开发和检验癌症突变对功能影响的新假设是必要的。此外，蛋白激酶数据源和格式差异性也是整合分析的新挑战。整合数据的分析过程耗时且易出错，例对癌症突变的结构位置感兴趣的研究人员，或者对激酶突变在各种癌症类型中的分布感兴趣的研究人员，必须经历从不同来源（通常是以不同的数据格式）收集和分析数据的耗时且易出错的过程。尽管目前已有多个激酶特异性资源，如 KinBase、KING、PKR 和 KinMutBase，但它们主要集中于一种或几种类型的蛋白激酶数据（如序列、结构或突变），尚未考虑数据整合的问题。

本体已经成为生物数据整合和定量分析的有力工具。通过以概念（类）和关系的形式收集领域知识，本体以计算机读取和人类理解的方式提供数据的概念表示。例如，对于查询“与癌症类型相关的激酶突变”的自动和专业的响应，计算机需要理解“激酶突变”和“癌症类型”的概念，以及这些概念之间的关系，即“与……相关”。基于这类知识的概念表示，可将本体与关系数据库区分，使不同数据集的有效集成和挖掘成为可能。目前，已有一些本体获取和挖掘关于基因、序列、通路、蛋白质修饰和其他的丰富信息。也有工作聚焦于特定蛋白质家族的本体开发，如蛋白磷酸酶家族和转运体家族。然而，专注于收集蛋白激酶家族当前知识状态的本体数量有限。

蛋白激酶本体（ProKinO）提供一个受控词表以及包含蛋白激酶的序列、结构、功能、通路和突变数据之间的关系。ProKinO 使用 Web 本体语言（Web ontology language，OWL）进行编写，OWL 是万维网联盟推荐的一种本体开发语言。以机器可读格式集成不同的数据集，不仅可以在一个地方查看不同形式的蛋白激酶数据，而且还支持对现有数据进行聚合查询。例如，可以使用 ProKinO 和本体查询语言 SPARQL 来便捷地查询诸如“与癌症类型相关激酶数量”或“位于不同激酶子域中的癌症突变数量”之类的聚合查询。进一步，我们描述这些查询在知识发现和假设生成中的重要性。例如，“各种癌症类型的激酶突变数量”的聚合查询揭示，与人脑胶质瘤相比，与造血肿瘤相关的突变（288 个不同的突变）主要针对人类激酶组中的 8 个激酶，而胶质瘤中的突变分布在 82 个不同的激酶上。同样，诸如“针对激酶功能特征的突变”之类的查询也可用于生成关于癌症突变的结构和功能影响的新假设。下面将介绍能够快速导航和检查 ProKinO 数据的网站。

（二）蛋白激酶本体数据组织

为了概念化关于蛋白激酶序列、结构、功能、通路和疾病的丰富的知识，在 ProKinO 中引入了几个关键概念（类）和关系（对象属性）。这些类以分层的方式组织，以及这些类之间的关系以类似于领域专家的方式表示和描述蛋白激酶知识。例如，若一个激酶专家描述一个特定的突变，他将在由基因编码的激酶、激酶所属的组或家族、突变所处的激酶子域以及突变基因参与的通路的背景下描述突变。

笔记栏

ProKinO 模式被设计成使用类似于专家通常使用的术语和关系来收集和整合蛋白激酶知识（图 3-13）。例如，“基因”和“突变”类之间的关系由“hasMutation”属性描述，“locatedIn”属性描述“突变”和“子域”类之间的关系。类似地，激酶所属的序列由“基因”和“序列”类之间的“hasSequence”属性表示，与特定序列相关联的子域由“hasSubDomain”关系进行概念化。与激酶相关的通路和反应信息由“基因”和“通路”之间的“participatesIn”关系以及“通路”和“反应”之间的“hasReaction”关系进行概念化。为了将ProKinO数据交叉引用到外部数据库和资源，还引入“DbXref”类和“hasDbXref”关系。

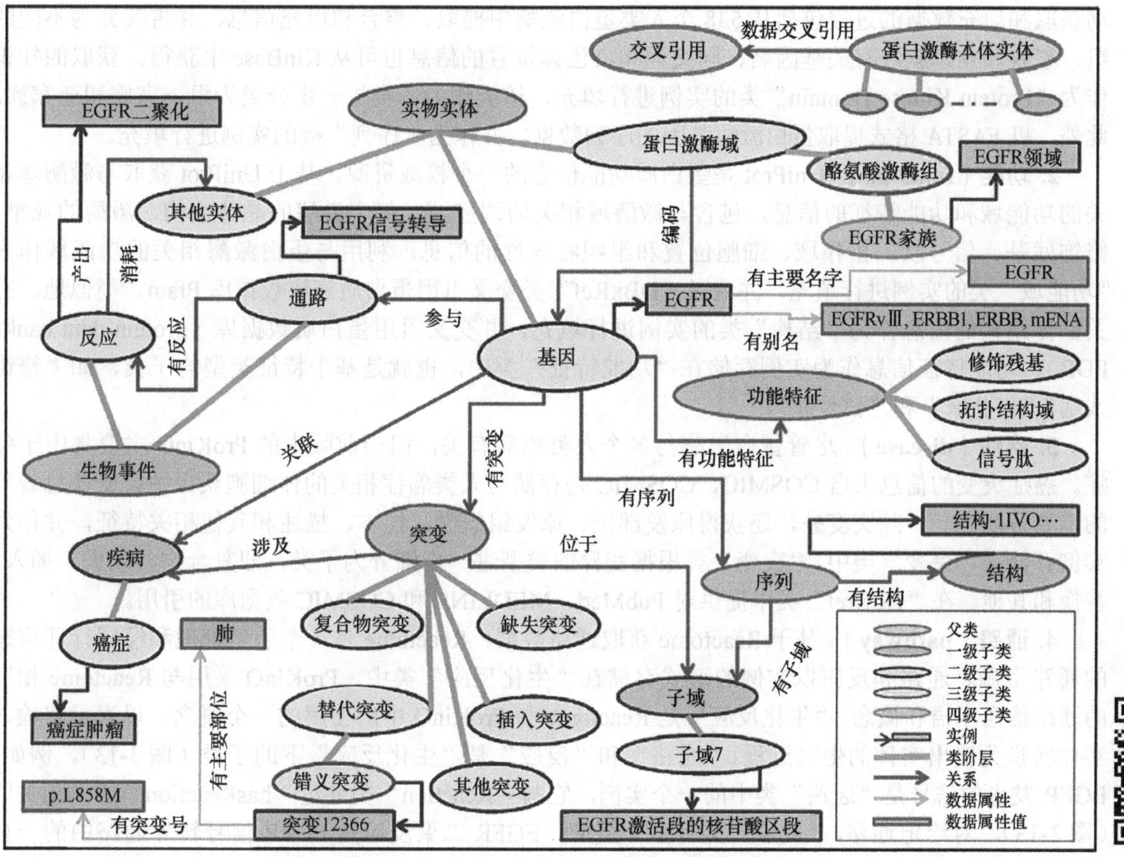

图 3-13　部分ProKinO模式，用于显示关键概念和概念间的关系

此图显示以类-子类层次结构（显示为椭圆形）组织的概念（类）。类之间的关系（对象属性）用类与类之间的带箭头的连线表示。类的内部细节（数据属性）用类与属性之间带箭头的连线表示。类的实例显示为矩形。完整的本体模式可以访问ProKinO网站

图 3-13

以上述方式表示蛋白激酶数据提供解释突变数据的上下文。如图3-13所示，p.L858M是具有“错义”类型的EGFR激酶的突变。该突变与癌症有关，位于与激活片段的N端相对应的子域Ⅷ中（激活片段NT）。*EGFR*基因编码的蛋白质参与EGFR的信号转导通路，其中EGFR二聚反应是其反应之一。其他类和子类同样通过图3-13中描述的关系连接到突变p.L858M，为p.L858M突变提供结构和功能背景所需的所有数据的综合视图。

除了上面描述的主要类和对象属性外，ProKinO中还定义了几个附加的子类和对象属性，以充分获取和表示关于蛋白激酶序列、结构、功能和疾病的现有知识。例如，“突变”类的子类涉及“复合突变”“缺失突变”“插入突变”“替换突变”和“其他突变”，可获取在激酶中识别的突变类型的信息。同样，通过“功能–特征”类下的三个子类：“修改的残基”“拓扑域”“信号肽”，可获取关于特定功能特征的信息。ProKinO种类的层次结构如图3-13所示。

此外，ProKinO除了对象属性之外，还引入关键数据属性来描述概念的内部组织，以便于数据挖掘和提取。其中，数据属性“hasOtherName”存储已知基因的其他名称。以*EGFR*为例，该基因也被称为*EGFRvⅢ*、*ERBB1*、*ERBB*或*mENA*。基于上述基因名，使用者均可获得与*EGFR*相关的所有信息。

ProKinO包含大量与激酶相关的类和属性，它们表示人类蛋白激酶知识的明确概念和组织。ProKinO目前包含351个类、25个对象属性和27个数据属性，用于获取有关蛋白激酶序列、结构、功能、通路和疾病的信息。

笔记栏

（三）蛋白激酶本体数据收集和存储

下面通过序列、功能、疾病、通路、激酶子域 5 个方面进行本体数据的收集和存储。

1. 序列（sequence） 有关蛋白激酶序列和分类的数据来自激酶序列和分类的知识库 KinBase。目前在人类基因组中鉴定的 538 个激酶基因，根据激酶领域内的序列相似性，被划分为主要的组和家族。由于 KinBase 分类被激酶界广泛接受，在 ProKinO 中采用相同的分类方案。从 KinBase 中自动获取和填充数据的过程包括从 538 个人类蛋白激酶中提取、整合和填充信息，并将其分为不同的组、家族和亚家族。有关基因名、同义词和染色体位置的信息也可从 KinBase 中获得。获取的知识作为“Protein Kinase Domain”类的实例进行填充，该类作为子类进一步分类为组、家族和亚家族。此外，以 FASTA 格式提取蛋白激酶基因的序列数据，并作为“序列”类的实例进行填充。

2. 功能（function） UniProt 是蛋白质功能信息的一个权威资源。基于 UniProt 获取与激酶域相关的功能域和功能特征的信息，包含与激酶域相关的调控域、每个激酶的晶体结构、激酶的亚型、修饰残基、信号肽、拓扑域、细胞位置和组织特异性的信息。利用与蛋白激酶相关的功能域作为“功能域”类的实例进行填充，并通过“DBxRef”类交叉引用蛋白质家族数据库 Pfam。类似地，有关晶体结构的信息作为“结构”类的实例进行填充，并交叉引用蛋白质数据库（protein data bank，PDB）。功能特征信息作为实例存储在“功能特征”类中，也就是基于特征类型的子类，如“修饰残基”“拓扑域”和“信号肽”。

3. 疾病（disease） 尽管蛋白激酶与多个人类疾病有关，但当前版本的 ProKinO 主要集中于癌症。癌症突变的信息来自 COSMIC，COSMIC 是存储与人类癌症相关的体细胞获得性突变信息管理的重要资源之一。除突变外，还获得原发部位、原发组织学、样本、描述和其他相关特征，并作为实例存储在“突变”类中。“突变”类根据变异的类型进一步细分为子类，即复合物、缺失、插入、替换和其他。在“DbXref”类中提供对 PubMed、MEDLINE 和 COSMIC 数据库的引用。

4. 通路（pathway） 基于 Reactome 获取通路数据，Reactome 是一个手工管理和经同行评审过的通路资源。通路和反应以实例的形式存储在“生化反应”类中。ProKinO 采用与 Reactome 相同的通路信息术语和概念。“生化反应”是 Reactome 和 ProKinO 中所使用的一个概念，以表示将输入实体转换为输出实体的生物过程。“通路”和“反应”是“生化反应”下的子类（图 3-13）。例如，EGFR 发出的信号是“通路”类中的一个实例，它与“Reaction”类通过“hasReaction”属性相关联（图 3-13）。对给定通路，“反应”类有多个反应。EGFR 二聚反应是 EGFR 信号转导通路中的一种反应。这种反应“消耗”EGF:EGFR 复合物，并“产生”EGF:EGFR 二聚体复合物。两个复合物都存储为“复合物”类的成员。

5. 激酶子域（kinase sub-domains） 为了提供癌症突变的结构背景，ProKinO 引入子域信息。子域对应于定义激酶催化域的核心保守基序和结构元素。子域标记法广泛用于描述组成催化域的基序和调控片段的结构组织。目前，任何公共资源都无法提供人类激酶的子域信息。蛋白激酶资源（protein kinase resource，PKR）仅提供 18 个激酶的子域信息。基于一个基序模型，可获取 ProKinO 中与激酶子域中的每个Ⅻ子域相对应的关键基序。对 UniProt 和 COSMIC 的所有序列运行基序模型，以确定序列中子域的起始和结束位置。子域的开始和结束位置已作为“子域”类中的实例存储在 ProKinO 中。由于难以为不同的蛋白激酶（如非典型激酶）划定子域边界，因此子域类没有涉及所有蛋白激酶。

（四）蛋白激酶本体应用

ProKinO 表示的知识库可以用于各种应用，如数据挖掘、文本挖掘和基因组注释。特别是，以机器可读的形式表示多种多样的蛋白激酶数据可以对本体数据进行复杂的聚合查询，这是通过现有特定的激酶资源无法实现的。下面我们将描述其中一些查询，以说明如何将 ProKinO 数据用于知识发现和假设生成（相关内容可以通过在主页里选择“查询示例”选项卡在浏览器中执行）。这些用 SPARQL 语言写的查询还提供了对 ProKinO 有效性的初步验证。

案例 1：

对 ProKinO 本体执行 SPARQL 查询“根据癌症类型统计替代错义突变数量”和“统计具有错义突变的蛋白激酶数量”，以分析各种癌症类型中激酶突变的分布。查询结果显示，不同癌症类型的激酶突变分布有显著差异（图 3-14）。尤其是恶性上皮肿瘤（carcinoma）（1168 突变）、造血系

笔记栏

统肿瘤（haematopoietic neoplasm）（288）、恶性黑色素瘤（malignant melanoma）（201）、胶质瘤（glioma）（180）和淋巴组织肿瘤（lymphoid neoplasm）（164）在激酶突变中的过表达要高于其他癌症类型。此外，与造血系统肿瘤和淋巴组织肿瘤相关的288和164个突变分别只对应于8和12个激酶。这与胶质瘤形成对比，胶质瘤的突变分布在82种不同的激酶上。虽然这一发现可能是由于某些癌症类型的癌激酶组序列存在偏差，但与胶质瘤相比，造血系统肿瘤中只有少数信号通路（与8种激酶相关）发生改变。这样的观察结果对靶向突变激酶组用于治疗，以及为实验研究提出新的假设都有一定的意义。

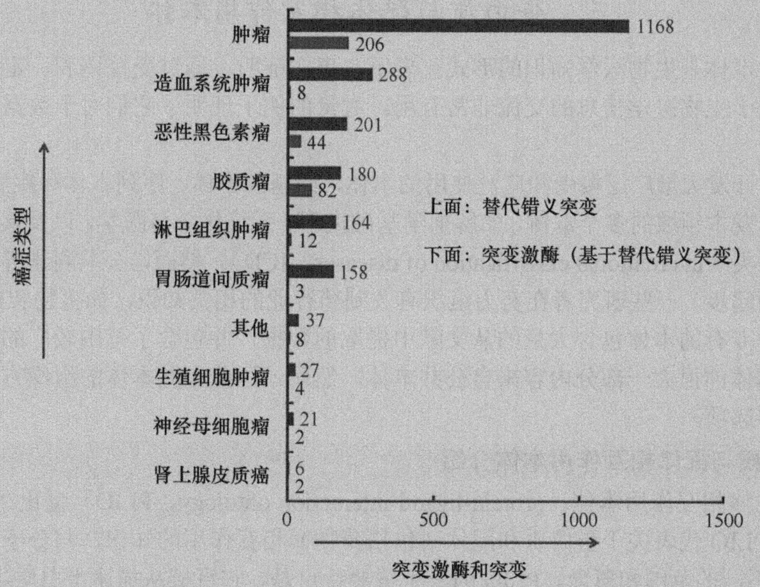

图 3-14　与不同类型癌症相关的替代错义突变数量及与不同类型癌症相关的具有错义突变的蛋白激酶数量

造血系统肿瘤在8种激酶中有288个突变，而胶质瘤在82种激酶中有180个突变。通过在ProKinO主页上的“查询示例”选项卡中选择“查询5a”和“查询5b”，可以直接查看和执行生成该图的SPARQL查询

图 3-14

案例2：

基于案例1的结果，可以执行进一步的SPARQL查询，以获得与造血系统肿瘤相关的8个激酶的信息。例如，查询“统计造血系统肿瘤中错义突变的蛋白激酶数量”表明，与其他激酶相比，*ABL1*、*KIT*、*FLT3*和*JAK2*突变更频繁（图3-15）。这一分析结果与相关研究报道的结果一致，进一步交叉验证了本体的内容。

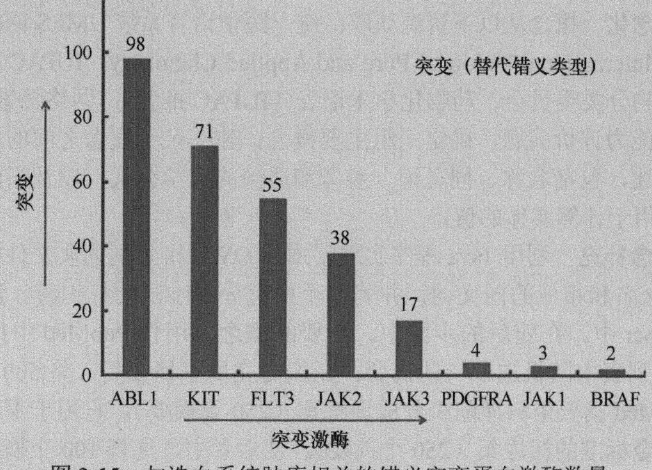

图 3-15　与造血系统肿瘤相关的错义突变蛋白激酶数量

按数量的降序显示前10个突变激酶。通过在ProKinO主页上的“查询示例”选项卡中选择“查询6”，可以查看和执行生成该图的SPARQL查询

图 3-15

笔记栏

ProKinO是一个关于蛋白激酶家族的最新知识的术语和关系的本体。以本体的形式表示蛋白激酶知识允许有效挖掘和系统分析蛋白激酶数据，通过SPARQL查询已经证明了这点。为了实现本体数据的浏览和综合分析，开发了本体浏览器。

虽然当前版本的ProKinO主要关注人类蛋白激酶基因，但通过在本体模式中添加新的类和数据属性，可以将其他模式的生物信息整合到ProKinO中。同样，通过高通量磷蛋白组学数据在蛋白激酶底物上生成的丰富信息可以被整合到癌症数据和蛋白质组学数据中。此外，ProKinO将有助于为癌症基因组测序研究中确定的突变提供一致的注释。

三、蛋白质与配体相互作用本体

生物和医学本体是生物医学知识的形式化表示。事实证明，通过受控词表、定义和恰当的元数据注释，本体对于生物医学信息的交流非常有用。大量的例子证明了它们对于数据挖掘和知识发现方面的价值。

生物领域已开发大量广泛接受和广泛使用的本体，如基因本体、序列本体和疾病本体等。同时，医疗领域已经开发本领域的多个本体，如解剖学基础模型、系统化命名医学，以及疾病和相关健康问题的国际疾病分类（international classification of diseases，ICD）。然而，公共科学界构建制药领域相关知识的本体刚起步。一些研究者在努力组织有关制药行业的相关知识，如生物智慧（BioWisdom）制药本体，这个专有的本体包含大量的从文献中提取的数据，并包含了范围较广的公共资源。事实上，生物智慧本体的很大一部分内容来自公共本体。然而，这些公共本体的组织方式为本体比对和推理提供了新的选项。

（一）蛋白质与配体相互作用本体介绍

蛋白质与配体相互作用本体（protein-ligand interaction ontology，PLIO）提出“蛋白质–配体相互作用本体”。PLIO代表关于蛋白质和配体（包括药物）相互作用的知识，与分子相互作用本体相比，PLIO具有不同的范围和概念。PLIO的一个重要特点是，它直接从描述蛋白质–配体相互作用的本体框架链接到与本体中某些实体的计算相关的数学公式，直接将知识表示链接到用数学术语描述本体的叶节点的数学构建块。值得注意的是，虽然PLIO的构建采用顶层的形式本体结构，但是在构建PLIO时主要关注点为保持概念接近自然语言的表达。因此，本体的层次结构可以作为术语集成和文本挖掘应用的基础。

（二）蛋白质与配体相互作用本体构建方法

PLIO是根据本体构建生命周期的。为了与形式本体的构建保持一致，它遵循顶层本体使用基本形式本体的上层概念的原则。使用Protégé OWL编辑器构建此本体。

PLIO的范围和领域覆盖可通过回答一组能力评价问题进行定义。通过这些问题来获取本体表示的不同层次的复杂性，并用来识别关键概念和它们之间的关系。

1. 知识获取和概念化 概念从以下资源获取：统一医学语言系统UMLS网络浏览器、国际纯粹与应用化学联合会（International Union of Pure and Applied Chemistry，IUPAC）金书、国际药理学联合会受体命名和药物分类委员会、药物化学术语表（IUPAC推荐），网络搜索和蛋白质–蛋白质相互作用本体。借助于能力评价问题，确定一组主要概念，建立亲子概念之间的对应关系。每个实体都包含一个特定的描述，包括名称、同义词、参考和适当的数学公式，以及指向相关网页服务的链接，这些网页服务可用于计算实体的值。

2. 术语分析与概念补充 利用Java程序实现了本体OWL格式到词典文件的转换。程序从本体OWL文件中提取概念名和相应的同义词，并为每个概念分配唯一的标识符。这本词典被并入命名实体识别软件ProMiner中。在随后的步骤中，主要的概念被用作PubMed中搜索的关键字，并从每个概念搜索的结果列表中随机选取一些摘要。在编写完所有摘要后，将500篇包含蛋白质–配体相互作用内容的PubMed摘要语料库随机分成训练集（250篇摘要），它用于手动提取术语并构建词典，以及用于开发黄金标准的标注集（250个摘要）。从后者中，选择100个摘要的测试集。为了创建参考黄金标准，开发适合的标注指南，从而指导标注者记住本体的广度和深度。标注时不仅考虑主要类的概念，还考虑相应的子类概念以及同义词。例如，术语“氢键”是在“相互作用类型”类下进行标注。因为“氢键”是“非键相互作用”类的子类，“非键相互作用”类是“分子间相互作用”类的子类，而“分子间相互作用”类是“相互作用类型”类的子类。选择以下类别进行手工标

笔记栏

注：配体结合位点、相互作用模拟、相互作用检测、相互作用类型、配体活性、配体结合位点性质、配体复合物和蛋白质–配体相互作用热力学。这些类涵盖 PLIO 的范围并表示其主要概念。

使用这些注释准则，通过 Knowtator 工具对训练集和测试集进行手动标注。为了丰富内容（优化词典），对训练集进行了假阴性实体分析，在专家评估后，将其添加到 PLIO 术语中。测试集也使用黄金标准集，因为评估过程需要对来自同一集的自动和手动标注文本进行性能比较。

3. 评估方法　使用 NeON 工具包和 AgreementMaker 评估 PLIO 的结构和功能特征。

通过测量本体所表示的知识域的边界，精确度、召回率和 F 值来评估本体的质量。这些值是基于由 ProMiner 自动标注的单词和对选定语料库中每个摘要经过黄金标准标注（人工标注）的单词之间找到的最长匹配字符串进行计算的。以下公式用于计算召回率、精确度和 F 值：

$$\text{精确度（\%）}=\frac{\text{真阳性}}{\text{真阳性}+\text{假阳性}}\times 100\%$$

$$\text{召回率（\%）}=\frac{\text{真阳性}}{\text{真阳性}+\text{假阴性}}\times 100\%$$

$$F\text{值}=2\times\frac{\text{精确度}\times\text{召回率}}{\text{精确度}+\text{召回率}}$$

其中，真阳性是指在 ProMiner 找到的并与黄金标准的标注相匹配的实体数；假阳性是指在 ProMiner 标注的，但无法与黄金标准中的标注相匹配的实体数；假阴性是指与黄金标准中的标注相比，在 ProMiner 中未找到的实体数。

4. 可视化概念　为了可视化本体中嵌入的命名实体，PLIO 被集成到 SCAIView 软件中。SCAIView 是 ProMiner 标注的可视化界面，通过文本标记显示命名实体，如 PubMed 摘要。SCAIView 的主要特点是可以使用 PLIO 中与每个概念相关联的概念层次和同义词在生物医学文本里执行本体搜索。为了在 SCAIView 中使用 PLIO，需要将本体 OWL 文件转换为 XML 格式后可保留本体的层次结构。

（三）构建结果

1. PLIO 的结构和内容　PLIO 收集了蛋白质–配体相互作用知识领域特有的一系列关键概念，包括控制蛋白质–配体复合物形成的力（如静电）、相互作用描述符（如药效基因和相互作用图谱）、相互作用检测方法（如磁共振和 X 射线）、蛋白质–配体相互作用的模拟和预测方法（如分子动力学和对接）、配体活性分类（如生物活性和结合活性）、配体作用模式分类（如激动剂和抑制剂）、结合位点的分类（如变构位点和邻位位点）和结构-活性关系（如 QSAR 和 COMFA）。

PLIO 的顶层语义框架包括三个基本类（即蛋白质、配体和相互作用），它们描述了不同类型的实体（图 3-16）。

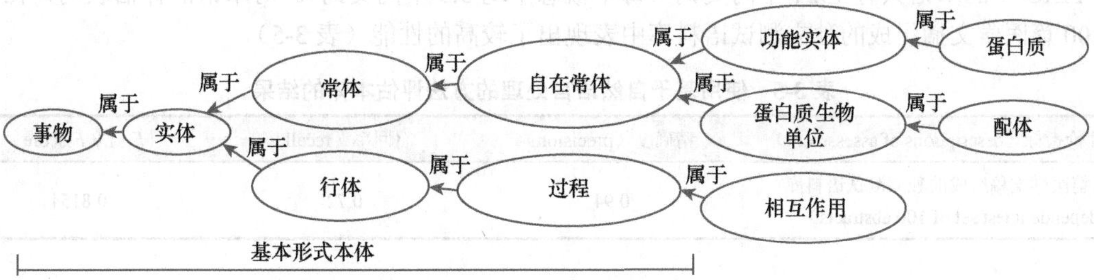

图 3-16　PLIO 的顶层类
描述了根类和它们之间的关系

图 3-16

“蛋白质生物单位”概念反映复杂的蛋白质结构。这个概念的子类描述蛋白质中配体可以结合的拓扑区域，即配体结合位点。这一概念涵盖文献中发现的不同类别的配体结合位点，以及配体结合位点的化学和几何性质。之所以将其纳入 PLIO，是因为由于小分子（配体、药物）可以与配体结合位点结合并与之特异性地相互作用，从而触发某种生物反应或一系列生物事件。

通常，配体与其生物靶标之间的相互作用的结果取决于配体在与靶标结合时诱导某种活性的潜力（如生物活性、结合活性和内在活性）。因此，PLIO 中包含“活性”概念，以收集诱导此类活性配体的特定特征。

笔记栏

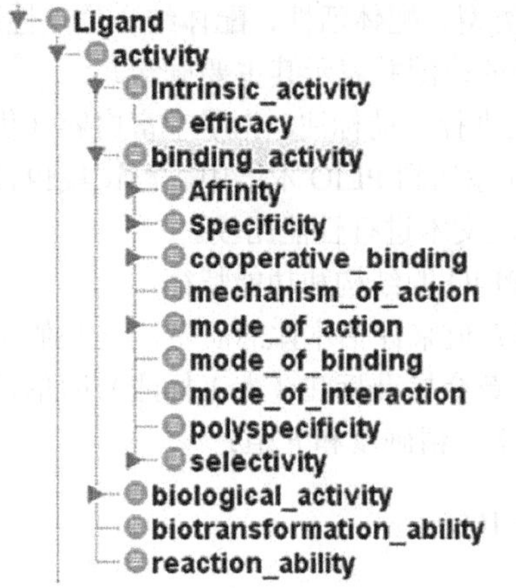

图 3-17

图 3-17　PLIO“结合活性”的概念

以描述针对某种生物靶标的配体活性的重要特征

“生物活性”的概念包括结构–活性关系，但根据配体产生和再现反应的能力来表征配体也很重要，因此包括“内在活性”和“功效”。“结合活性”的概念是指那些对配体与某种蛋白质相结合比较重要的特征（如亲和力、特异性、选择性和协同结合）（图 3-17）。

“相互作用”的概念反映蛋白质与配体结合时的主要特征和不同的相互作用类型，以及蛋白质与配体相互作用的检测和模拟技术。交互作用的预测分别由“交互检测”和“交互模拟”概念表示。此外，相互作用概念收集不同的化学信息描述符，如“药效基因”和“结构相互作用图谱”，以及相互作用描述符（静电、量子化学、热力学、几何、结构和拓扑描述符）。

如果一个子类可能与一个以上的父类相关，则引入多重继承，如果配体结合位点和配体都具有芳香环，则它们之间可能存在 π-堆积相互作用。由于蛋白质结合位点和相应配体的理化特性，这两个概念之间通过以下关系建立了多重继承：配体“has a”理化特性；配体“has a”表面特性；配体“has a”体积特性；配体“has a”静电位。

2. PLIO 评估　PLIO 的质量评估基于结构和功能标准。表 3-4 总结了本体的结构特征。

表 3-4　PLIO 本体的结构特征

特征（features）	宽度（diameter）	深度（depth）	概念数（No. of concepts）	叶节点数（No. of leaves）
类（classes）	375	13	371	271
属性（properties）	13	0	12	12

使用 XD 工具（eXtreme Design）分析 PLIO，验证每个实体至少通过一个本体公理（即没有隔离实体）与一个其他实体相关，每个实体是某个类的实例（即没有缺失类型），并且属性的域或范围中没有类的交集。首先，将输入的本体与小分子本体和药物相互作用本体比对。进一步，评估本体所处理的知识域的边界。使用参数字符串匹配算法，结果显示 PLIO 覆盖现有本体所没有的主题。同时，PLIO 与这些本体之间的低重叠率表明 PLIO 保持与邻近知识域的一致性。

相比之下，SMO 没有包含负责分子识别事件的特征，而 DIO 忽略了控制分子间相互作用的分子内和分子间作用力。

PLIO 中的术语共有 1321 个同义词（每个概念平均 3.5 个同义词）。对术语的评估表明，在一个由 100 篇医学文摘组成的独立测试语料库中表现出了较高的性能（表 3-5）。

表 3-5　使用基于自然语言处理的方法评估本体的结果

评价指标（descriptions of assessment）	精确度（precision）	召回率（recall）	*F* 值（*F*-score）
100 篇医学文稿组成的独立测试语料库（Independent test set of 100 abstracts）	0.94	0.72	0.8154

PLIO 为用户提供 1051 个用于所有实例和类的实体标注公理。通过添加 75 个公式标注和多个软件超链接，增加本体中相关信息的覆盖范围。通过把 PLIO 整合到 SCAIView 中，可以使本体很容易以树形结构进行浏览，还可对标记 PubMed 摘要中的 PLIO 概念可视化。

第三节　本体与蛋白质组数据分析

一、蛋白质组学标准倡议

（一）蛋白质组学标准倡议的成立背景

笔记栏

利用蛋白质组学技术鉴定生物样品中存在的蛋白质，测量其丰度，了解其功能，并确定其分子间相互作用对，已成为健康和疾病中复杂生物系统研究的重要组成部分。随着现代检测技术的发展，数据测量仪器产生越来越大的数据集，从大量数据集中提取生物学规律的软件变得越来越重要。该研究领域已经开发了数百个软件包，用于分析各种类型的蛋白质组学数据，其中既有商业软件，也有免费的开源软件。

然而，不断增加的软件使得研究者之间共享数据和研究结果等方面带来了新的挑战。为了促进软件工具间的互操作性和数据的共享，亟须通用的数据格式和标准。蛋白质组学中常用的数据格式可以是由单个组织或公司定义的专有格式（有些格式使用受到限制），也可以是开放格式（广泛使用不受限制）。开放格式可能以实际应用中的标准的形式出现，这些格式通常是为某一个软件工具开发，但由于其具有良好的实用性，因此可能成为正式批准的标准被应用于多种软件。这些通用的数据格式和标准通常是由许多组织协作开发的，目的是创建能够满足整个研究领域所需的标准，进而促进数据共享，最终加速该领域的发展。

蛋白质组学标准倡议（PSI）成立于2002年4月，作为人类蛋白质组研究组织（HUPO）的一个工作组，旨在制定蛋白质组学领域数据存储和表示的标准，以解决目前蛋白质组学数据格式不兼容的问题，并促进数据比较、交换和验证。

（二）蛋白质组学标准倡议的主要工作

PSI产生一系列标准数据格式，包括质谱仪的输入输出、信息学分析结果（定性和定量分析）、分子相互作用数据报告和凝胶电泳分析结果等。

在过去的十几年里，PSI在制定蛋白质组学质谱数据和分子相互作用数据的标准方面发挥了非常积极的作用，不仅定义了该领域中众多软件工具所使用的标准，而且召集软件开发人员，促进开发人员间的技术沟通并推进数据互操作性问题的解决。尽管PSI中人员组成在过去的十几年里经历了不停的变化，但该组织仍然成功地开发出了许多有影响力的数据标准，这些标准支持众多该领域的软件工具和资源间的互操作。

在分子相互作用领域，PSI的工作主要集中在对多个蛋白质互作数据库中数据格式进行标准化，如IntAct、MINT（分子相互作用）和DIP（相互作用蛋白质数据库）。标准化的数据格式便于使用者整合来自多个资源的数据，并在此基础上开发可视化和分析工具。例如，研究者可以构建一个完整的人类蛋白质互作网络并使用诸如Cytoscape的数据集成、分析和可视化的软件包来执行临床蛋白质组数据的复杂网络分析。

PSI汇集了众多组织及个人参与标准的制定，确保制定的标准能够满足该领域研究人员各自的工作需求。为确保研究成果的质量，PSI所制定的格式和指南要经过一个规范的审核流程，这个审核流程称为PSI文档过程。它是一个类似于期刊文章评审的迭代过程。在PSI文档过程的总结部分，格式或指南被批准为正式的PSI标准，并鼓励使用这些标准开发应用软件。

二、蛋白质组学中的标准格式和本体

PSI在持续的研究过程中推出了一系列与蛋白质组学相关的研究产物。

（一）PSI的主要产物

PSI的主要产物包括最低限度信息指南、标准格式、受控词表、数据库和软件工具和推广PSI标准的措施。

1. 最低限度信息指南　在过去的十几年里，PSI制定了几项最低限度信息指南。这些指南的目的是定义实施某个研究或再现某个研究所需的最低信息量。例如，蛋白质组学实验最少信息（minimum information about a proteomics experiment，MIAPE）指南最早由PSI于2006年制定。该指南设计为模块化结构，以便在不同模块中捕获多样而复杂的蛋白质组学工作流程中的多种可能结果。

2. 标准格式　PSI中的标准格式可以分为两大类，一类是以可扩展标记语言（XML）编码的复杂格式；另一类是以制表符分隔的简化摘要格式。XML格式旨在使用受控词表（controlled vocabulary，CV）以灵活的方式对数据和元数据进行编码，以便在不改变XML模式的情况下，通过新的CV术语支持新的技术和工作流。

3. 受控词表　描述特定领域的术语集合称为CV。PSI开发了多个CV，主要是为了与其开发的格式相对应。用PSI格式保存可编码的元数据通常非常灵活。大多数PSI格式都允许灵活使用CV中的术语，而不是在XML模式中枚举元数据，如仪器型号、软件名称和仪器配置参数等，因为如

笔记栏

果在XML模式中枚举元数据的话，当元数据发生变化时将需要频繁地更新XML模式。这使得新的概念和实例可以灵活地添加到CV中，然后再添加到XML文档中，同时仍然可以确保只有一种方法引用特定的概念。在PSI格式中使用CV而不是本体，是因为本体在构建时要详细考虑术语间的层次结构，如用“属于”和“部分”的关系把它们关联起来，而CV关注术语和定义，较少关注它们的语义关系。

4. 数据库和软件工具 开发和使用上述最低限度信息指南、标准格式和受控词表对一个领域的发展起到重要的推动作用。然而，这些标准的采用情况直接取决于实现这些标准的软件的质量。如果实现这些标准的软件质量高且易于使用，那么该标准更有可能被广泛采用。如果没有这样优质的软件，那么标准将在很大程度上被忽略，用户将寻求可行性更高的方法来处理他们的数据。因此，PSI付出很大的努力来推进实现PSI标准的软件的开发。另外，PSI通过搭建数据库来推进数据的标准化，如在质谱蛋白质组学数据库领域，成立了蛋白质组数据交换联盟，通过该联盟制定向公共数据库提交数据和共享公共数据的标准流程，促进该领域的数据交换和共享。

5. 推广措施 在应用推广方面，PSI组织软件开发人员开发出高质量的软件产品。这些软件产品封装了PSI制定的标准，使用者可以很方便地使用它们。PSI主要是由大学的研究者和他们实验室的成员来管理和实施，有时供应商也会被邀请参与到其中。让供应商参与到标准的设计和实施中，鼓励他们在自己的软件中实现对标准的支持，从而提高商业软件和开源软件之间的互操作性，更好地推广标准。PSI还邀请期刊的编辑们参与标准的制定，编辑们不仅积极参与制定最低限度信息指南，而且还鼓励在期刊中正式公布标准和封装标准的软件工具。

（二）蛋白质组学中的标准格式和本体

十八世纪上半叶，研究人员首次将分类学的概念引入生物学，给动植物进行分类。通过分类学为术语添加层次结构来补充受控词表。后来图书馆管理员发展了“同义词表”的概念，通过术语之间的相似关系和同义词来补充术语的层次结构。这意味着，他们在一个层级的从属关系中增加了其他正交维度，这有助于改进文献的索引。然而在分类学中，对于只有一个术语的树状结构，同义词表则可以被用来以一种更网络化或图形化的结构来表示术语的集合。生物医学领域的著名大型同义词表有MeSH（医学主题标题）和ICD（国际疾病分类），用于医学文献的编制。本体可以被看作结构化描述某个研究领域术语的进一步尝试。本体通过定义概念和对象以及它们的属性和关系作为知识表示的一种建模手段。在生物信息学中，本体可用于许多领域。很多文献和网站综述了生物医学和生物信息学中使用的不同本体，如生物学和生物医学开放本体（OBO）、国家生物医学本体中心（NCBO）的门户网站BioPortal和欧洲生物信息研究所（EBI）的OLS（本体查找服务）。

1. 蛋白质组学中的标准格式 标准化格式的重要性体现在多个方面。首先，越来越多的期刊要求蛋白质组学研究的基础数据应在期刊网站或蛋白质组学数据的公共存储库中公开，如PRIDE（蛋白质组学鉴定数据库）或PeptideAtlas。为了简化数据提交流程，欧盟资助成立了蛋白质交换联盟“ProteomeXchange”，其目标是使用该领域的标准数据格式提交数据，并促进几个主要质谱蛋白质组学数据库之间的数据交换。此外，使用标准数据格式便于开发复杂的数据分析软件，因为只需为标准格式而不必为大量专有格式设计格式解析器。

由国际纯粹与应用化学联合会提出的基于ASCII码的格式JCAMP-DX（原子和分子物理数据交换联合委员会格式）和最初为色谱质谱数据开发的格式ANDIMS/netCDF（质谱分析数据交换格式/网络通用数据格式），是在蛋白质组学兴起之前出现的较老的质谱格式。尽管在理论上它们可以用来存储蛋白质质谱分析结果，但在实际应用中它们主要用于代谢组学中存储和交换小分子质谱信息。这两种格式都没有使用本体。

相比之下，HUPO-PSI开发的基于XML的数据格式（如imzML、mzML、mzIdentML、mzQuantML、TraML、GelML、spML）、PEFF（PSI扩展的Fasta格式）和相关标准，如imzML适用于存储蛋白质组学大数据集，并允许引用本体中定义的受控词表中的术语。mzML被设计用于存储质谱实验产生的数据；mzIdentML用于存储基于质谱的一种蛋白质肽鉴定实验的过程和结果；mzQuantML用于存储质谱定量实验的结果。TraML是一种交换格式，用于定义选择性反应监测（selected reaction monitoring，SRM）中的中间变化过程，也是一种定量蛋白质组学分析技术。GelML和spML是描述蛋白质分离技术的标准格式。PEFF是蛋白质和核苷酸序列格式FASTA的扩展。其他HUPO-PSI格式包括用于存储分子相互作用数据的PSI-MI和用于描述蛋白质亲和试剂的PSI-PAR。

笔记栏

YAFMS（质谱的另一种格式）和mz5是用于蛋白质组学数据集存储和交换的标准格式，这两个标准格式没有基于XML技术，它们比基于XML技术的非压缩标准格式需要更少的存储空间。YAFMS将数据作为“Blob”（二进制大对象）存储在关系数据库中，而mz5使用HDF5（分层数据格式）来存储数据，HDF5格式是为在高性能计算中存储大数据集而专门开发的。YAFMS和mz5这两种格式都允许引用受控词表中的术语。表3-6列出了蛋白质组学中使用的质谱标准格式、所使用的受控词或本体。

访问这些标准格式中的数据有几种方法。一种是利用公共应用程序接口（application program interface，API）。另一种是使用特定于标准的API，如HUPO-PSI工作组制定了基于XML的标准格式后，该工作组开发了多个Java类库，用于高效地读写各个标准格式中包含的信息，如jmzML、jTraML、jmzIdentML、jmzReader和jmzQuantML。基于XML的文件的缺点是文件可能非常大，因此一些格式读写工具使用EBI（欧洲生物信息研究所）开发的Java类库xxindex。在xxindex库中定义了基于XPath的XML索引器，使用该类库在标准PC上也能处理基于XML的大文件。

表3-6　蛋白质组学中使用的质谱标准格式、所使用的受控词或本体

质谱标准格式	使用受控词或本体
JCAMP-DX	未使用
ANDI-MS/netCDF	未使用
mz5/HDF5	可能使用
YAFMS	PSI-MS
pepXML	未使用
protXML	未使用
PSI-MI	PSI-MI
PSI-PAR	PAR-CV
mzML	PSI-MS
TraML	PSI-MS
mzIdentML	PSI-MS
mzQuantML	PSI-MS
mzTab	PSI-MS
imzML	Imaging MS
GelML	sepCV
spML	sepCV

2. 蛋白质组学中的本体　上述标准格式只定义了表示质谱数据的语法，而本体支持所表示数据的语义定义。这种附加的语义维度使得数据不仅具有计算机可读性，而且能够被计算机所解释，是更复杂的数据分析和挖掘软件工具的前提条件。语义信息是通过使用独立于标准格式的本体定义的。一方面，语义信息可以很方便地被各种标准重用；另一方面，可以方便地改变语义的表示格式，无须重新定义标准格式本身。此外，本体可以独立扩展，即无须更改已发布的标准格式的结构。表3-7列出了蛋白质组学领域中的重要本体。它们被HUPO-PSI工作组定义的基于XML的蛋白质组学标准所使用，其中一些本体也可以用于其他生物学科。

表3-7　蛋白质组学领域中的重要本体

本体或受控词	前缀	本体文件名
Brenda组织（Brenda tissue）	BTO	BrendaTissueOBO.obo
具有生物学意义的化学实体（chemical entities of biological interest）	CHEBI	chebi.obo
基因本体（gene ontology）	GO	gene_ontology.obo
基质辅助激光解吸电离质谱成像本体（MALDI imaging ontology）	IMS	imagingMS.obo
PSI分子相互作用（PSI-molecular interactions）	MI	psi-mi.obo
PSI蛋白质修饰（PSI-protein modifications）	MOD	PSI-MOD.obo
PSI质谱（PSI-mass spectrometry）	MS	psi-ms.obo
生物医学研究的本体（ontology for biomedical investigations）	OBI	obi.owl
表型属性特征本体（phenotype attribute trait ontology）	PATO	quality.obo
蛋白质组学鉴定数据库受控词表（PRIDE CV）	PRIDE	pride_cv.obo
蛋白质本体（protein ontology）	PRO	pro.obo
OBO关系本体（OBO relationship ontology）	OBO_REL	relationship.obo
PSI样品处理和分离（PSI-sample processing and separations）	SEP	sep.obo
质谱分析中的蛋白质修饰（unimod modifications）	UNIMOD	unimod.obo
计量单位（units of measurement）	UO	unit.obo

笔记栏

三、本体与蛋白质组数据分析

（一）使用 PRO 分析蛋白质组数据

在蛋白质组数据分析中，蛋白质本体（PRO）是最重要的本体。PRO 包含基于进化相关性的蛋白质子本体 ProEvo 和由给定基因产生的多种蛋白质形式的子本体 ProForm。PRO 的意义是多方面的。

1. PRO 中 ProEvo 的结构支持在蛋白质分子水平上基于同源蛋白质间共享属性的进化相关性来推断。具有全长序列相似性的蛋白质称为同源异型，它们被认为有共同的祖先。在任何给定的同源异型组中可能存在具有不同功能的蛋白质单系亚群。ProEvo 的目的是在此基础上定义蛋白质类，并探索这些类之间的关系。ProEvo 包括家族和基因产物水平的蛋白质。

2. PRO 中的 ProForm 有助于描述基因的多种蛋白质形式。ProForm 描述了实验表征的翻译产物，包括由等位基因、剪接和翻译变异及翻译后修饰和裂解产生的序列形式，还包括融合基因表达的蛋白质产物。

3. PRO 提供现有 OBO Foundry 中本体之间的重要相互关联。

4. PRO 可以与其他本体和数据库集成或交叉引用，如可以更好地定义通路、复合物或疾病建模中的对象。

5. PRO 允许研究人员注释感兴趣的蛋白质。PRO 通过关联蛋白质的进化、功能、修饰、变异和疾病，提供蛋白质领域的全面图景。PRO 还可以应用于需要进行蛋白质分子水平数据整合的研究领域，如系统生物学或转化医学。

研究人员通过转化生长因子 β（TGF-β）信号蛋白详细说明了如何使用 PRO 本体进行蛋白质组的分析。纺锤体检查点是依赖于蛋白质修饰和蛋白质复合物形成的一个高度保守的生物过程。研究人员展示了 PRO 框架在纺锤体检查点研究中的价值。纺锤体检查点通过监测染色体与纺锤体微管的连接，在纺锤体完全组装之前延迟细胞周期进程，从而维持基因组的完整性。利用 PRO 结合其他生物信息学工具，该研究探索纺锤体检查点蛋白的跨物种保守性，包括磷酸化形式和复合物；研究了磷酸化对纺锤体检查点功能的影响；检测了纺锤体检查点蛋白与检查点激活位点着丝粒的相互作用。

（二）使用 GO 分析蛋白质组数据

基因本体（GO）是一个在生物信息学领域中广泛使用的本体，它涵盖生物学的三个方面：细胞组分、分子功能、生物过程。研究人员用 GO 对果蝇和人类的中心体蛋白质组进行分析。中心体是高等真核细胞中的一种复杂细胞器，在微管组织中发挥作用，参与重要的细胞信号通路。例如，由于中心体数量必须精确控制，因此细胞周期调节和中心体复制之间通过紧密联系以确保染色体分离的高保真度。中心体蛋白质组成的分析为更好地理解中心体功能和识别与细胞信号通路间联系提供了机会。该研究通过对果蝇中心体的蛋白质组学研究筛选出 251 个中心体候选蛋白，随后在果蝇 SL2 细胞中使用 RNAi 对其进行表征，并根据候选蛋白在中心体复制、分离、结构维持和细胞周期调节中的功能进行分类。有趣的是，果蝇中人类同源蛋白的功能表征显示这些蛋白在中心体复制和分离过程中具有较高的功能保守性。为了进一步分析蛋白质功能和生化相关性，使用 GO 对已鉴定的果蝇中心体蛋白以及人类中心体蛋白进行功能注释。蛋白质组的 GO 功能分析未显示中心体、染色体分离或细胞周期相关表型可能构成其他细胞信号通路的连接蛋白。此外，对人类和果蝇中心体 GO 组分分析结果表明，果蝇中心体蛋白参与发育信号和细胞分化。

（三）使用通用本体和受控词表分析蛋白质组数据

通用本体和受控词表在蛋白质组数据交换和复杂蛋白质组实验结果分析中发挥重要作用。用户可以设计描述实验数据的受控词表，并用基于这个受控词表的通用格式来存储和交换蛋白质组学数据。使用这种通用数据格式，后续研究者可以对开展的实验条件有一个清晰和全面的理解。HUPO-PSI 分子相互作用（molecular interaction，MI）格式的成功是因为使用了一系列受控词表来描述分子相互作用，用于描述相互作用的分子特征以及确定相互作用和特征的实验方法是用质谱法检测样品蛋白质组含量工作顺利开展的前提。这些工作在全球蛋白质组学标准的框架内进行，该标准与微阵列基因表达数据联盟共同解决了多项顶层问题，如样本描述、获取和处理。研究的最终目标是构建一个组合本体，用于描述细胞转录组和蛋白质组相关的实验。这种协作保证了这些本体的非冗余性，并且研究人员可以方便地使用单个公共本体来描述复杂的实验过程。

笔记栏

（四）使用本体挖掘蛋白质组数据

本体在蛋白质组学数据挖掘应用方面已经取得了很好的效果。生物信息学应用研究的特点通常是处理代表生物元素的原始数据（如序列比对、结构预测）和挖掘分析高级数据。开发具有上述功能的应用需要数据挖掘和生物信息学领域的知识，这可以通过结合应用领域的本体、解决特定问题的方法和过程的本体来有效地实现。PROTEUS 是一个基于网格的问题解决环境，允许在网格上建模、构建和执行生物信息学应用程序。它通过向软件添加元数据，通过本体和工作流对应用程序建模，以及提供预打包的生物信息学应用程序，将现有的软件工具和数据源整合在一起。研究人员探讨了在计算机模拟实验中如何使用本体来为蛋白质组学建模，特别是质谱蛋白质组数据的数据挖掘。

（郁春江）

笔记栏

PPT

第四章　蛋白质芯片

第一节　蛋白质芯片基础

一、蛋白质芯片概述

蛋白质是基因表达的最终产物。蛋白质翻译后修饰、蛋白质亚细胞定位或迁移、蛋白质–蛋白质相互作用等会影响蛋白质的功能。研究蛋白质的结构和功能将阐明机体在生理或病理条件下的变化机制。随着“蛋白质组”概念的提出，人们开始研究生物体系内所有蛋白质的功能。蛋白质芯片又称为蛋白质阵列（protein array）或者蛋白质微阵列，为研究蛋白质功能提供便利。

（一）蛋白质芯片定义

蛋白质芯片是一种高通量蛋白功能分析技术，可用于分析蛋白质表达谱，研究蛋白质–蛋白质、DNA-蛋白质、RNA-蛋白质的相互作用，筛选药物作用的蛋白靶点等。

蛋白质芯片与传统的研究方法相比具有灵敏度高、准确性好的优点，可以实现成千上万个蛋白质样品高通量平行分析。蛋白质芯片技术在基因表达、抗原抗体检测、药物开发及疾病诊断等研究方面具有快速、高效、高通量处理信息的能力。

（二）蛋白质芯片原理

蛋白质芯片的基本原理是将各种蛋白质有序地固定于滴定板、滤膜和载玻片等载体上，使之成为检测用的芯片，用标记特定荧光抗生素体的蛋白质或其他成分与芯片作用。经漂洗将未能与芯片上蛋白质互补结合的成分洗去，再利用荧光扫描仪或激光共聚焦扫描技术测定芯片上各点的荧光强度，通过荧光强度分析蛋白质与蛋白质之间相互作用的关系。固定在芯片上的蛋白质可以是：抗原、抗体、小肽、受体和配体、蛋白质-DNA 和蛋白质-RNA 复合物等。蛋白质芯片的制备及检测流程如下：

1. 探针制备　蛋白质芯片的探针包括特定的抗原、抗体、酶、亲水或疏水物质、结合某些阳离子或阴离子的化学基团、受体和免疫复合物等具有生物活性的蛋白质。

2. 固体芯片　常用材质有玻片、硅、云母及各种膜片等。理想的载体表面是渗透滤膜（如硝酸纤维素膜）或包被不同试剂（如多聚赖氨酸）的载玻片。

3. 生物分子反应　根据测定目的不同可选用不同探针结合或与生物制剂相互作用，然后洗去未结合的或多余的物质，将样品固定，等待检测。

4. 信号检测分析　直接检测模式是将待测蛋白用荧光素或同位素标记，应用芯片扫描仪扫描或芯片放射显影检测信号，再应用相应的计算机软件进行数据分析。间接检测模式类似于酶联免疫吸附试验（enzyme linked immunosorbent assay，ELISA）方法，标记第二抗体分子。

（三）蛋白质芯片分类

1. 根据用途分类

（1）蛋白质分析芯片：即分析型蛋白质芯片，又称为蛋白质检测芯片或蛋白质表达芯片。主要包括抗体芯片、抗原芯片、配体芯片等，旨在定量检测各种样品中的分析物。蛋白质分析芯片将具有高度亲和性的探针分子（如单克隆抗体）固定在基片上，识别复杂生物样本溶液（如细胞提取液）中的目标多肽。当带有放射性同位素或荧光标记的目标多肽与芯片上的探针分子结合后，通过激光共聚焦扫描或电荷耦合装置对结合信号的强度进行检测，从而确定样本溶液中目标多肽的数量。

（2）蛋白质功能芯片：即功能型蛋白质芯片，使用高通量纯化或合成的蛋白质构建，能够并行探测数百到数千种不同蛋白质的生化特征。功能型蛋白质芯片将样本蛋白固定在基片上，加入带有荧光标记的探针分子，经荧光显微镜扫描，出现光点的位置即为蛋白质的潜在结合位点。

功能型蛋白质芯片分为四种：①纯化的蛋白质组芯片；②纯化的蛋白质家族芯片；③纯化的蛋白质结构域芯片；④无细胞的蛋白质/肽段芯片。

笔记栏

功能型蛋白质芯片，尤其是纯化的蛋白质组芯片，可用于分析蛋白质组范围内的分子相互作用，并进行全面、严格的筛选。如图 4-1 所示，在基础研究中，研究人员使用功能型蛋白质芯片来研究蛋白质-蛋白质相互作用、蛋白质-脂质相互作用、蛋白质-细胞/裂解物相互作用、蛋白质-脱氧核糖核酸相互作用、蛋白质-核糖核酸相互作用、蛋白质-小分子相互作用和翻译后修饰（如糖基化、泛素化、小泛素类似物蛋白质修饰、乙酰化、磷酸化和甲基化以及检测血清抗原体等）。

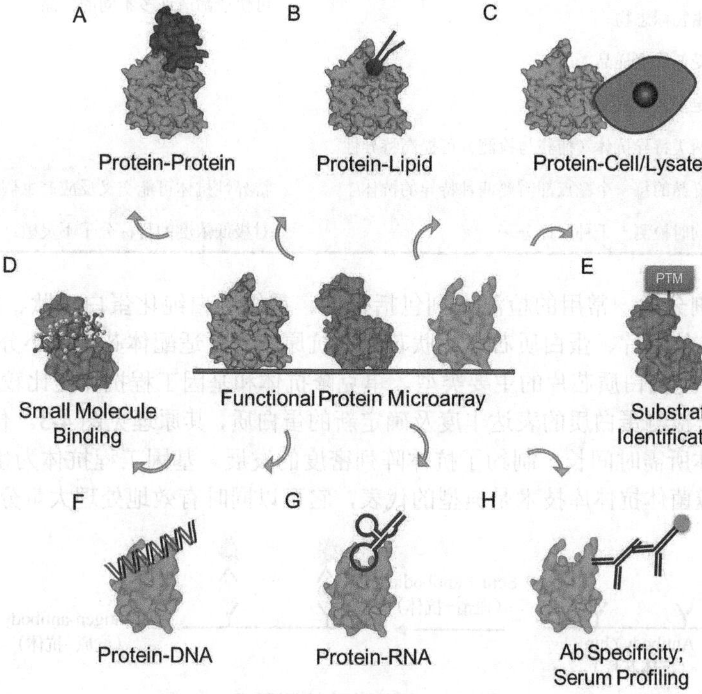

图 4-1　功能型蛋白质芯片应用

A. 蛋白质-蛋白质相互作用；B. 蛋白质-脂质相互作用；C. 蛋白质-细胞/裂解物相互作用；D. 蛋白质-小分子相互作用；E. 酶与底物相互作用；F. 蛋白质-脱氧核糖核酸相互作用；G. 蛋白质-核糖核酸相互作用；H. 抗体特异性/血清谱

Functional Protein Microarray，功能型蛋白质芯片；Protein-Protein，蛋白质-蛋白质；Protein-Lipid，蛋白质-脂质；Protein-Cell/Lysate，蛋白质-细胞/裂解物相互作用；Small molecule Binding，小分子结合；Substrate Identification，底物识别；Protein-DNA，蛋白质-脱氧核糖核酸；Protein-RNA，蛋白质-核糖核酸；Ab Specificity，抗体特异性；Serum Profiling，血清谱

图 4-1

2. 根据检测方法分类　根据检测方法的不同，蛋白质芯片分为正相蛋白质芯片和反相蛋白质芯片。

（1）正相蛋白质芯片：类似于 ELISA，即酶联免疫吸附试验，均使用抗体夹心法。

正相蛋白质芯片的探针抗体被固定在基片表面，用来捕获样品中特异性结合的抗原。样品可以是细胞、细胞裂解物、血液或其他生物样品。

正相蛋白质芯片的测定方法包括直接测定和夹心测定。直接测定即使用带有标记的探针抗体显示信号；夹心测定即使用与探针抗体结合的、带有标记的第二抗体显示信号。信号强度随着目标分子数量的增加而增加。

如今多使用双抗体夹心法来提高检测灵敏度。双抗体夹心法原理如图 4-2 所示：先将一抗（探针抗体）固定于基片上，之后加入样本，使样本与一抗结合；再加入带有荧光标记的二抗，使二抗与样本结合。最后使用激光扫描，即可对样本进行定量检测。

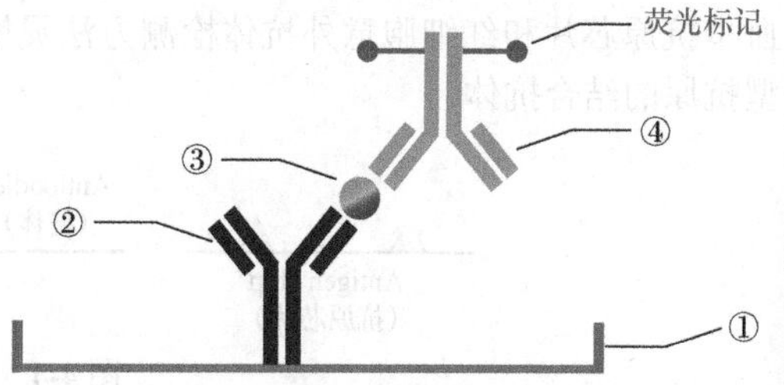

图 4-2　正相蛋白质芯片的原理示意图

由下至上，依次为①环氧树脂-玻璃基片、②一抗（探针抗体）、③分析的样本、④带有荧光标记的二抗

图 4-2

（2）反相蛋白质芯片：与正相蛋白质芯片相反，反相蛋白质芯片将样品固定在基片上。成千上万的生物样本可以固定在一块芯片中，然后使用带有标记的探针分子（如抗体）对芯片进行检测。通过荧光显微镜等图像系统识别结合信号，得到量化结果。信号强度随目标分子的增多而增强。

正相蛋白质芯片和反相蛋白质芯片对比见表 4-1。

笔记栏

表 4-1　正、反相芯片优缺点对比

蛋白质芯片	正相（间接标记）	反相（直接标记）
优点	同时评估多种分析样品 识别生物标志物 可接受低浓度样品 可半定量或定量测定 使用两类特异抗体（捕获与检测）可提高特异性	可比较带有不同荧光标记的两种分析物 可快速筛选许多不同的样品
缺点	测定样品的每一个靶点都需要两种特异的抗体 难以同时检测上千种目标分子	特异性抗体可能交叉反应产生假阳性结果 对极低浓度的目标分子不灵敏；价格昂贵

3. 根据检测试剂分类　常用的检测试剂包括抗体、重组蛋白纯化蛋白、肽、抗原、适配体等，根据检测试剂分为抗体芯片、蛋白质芯片、肽芯片、抗原芯片、适配体芯片、小分子芯片等。

（1）抗体芯片：是蛋白质芯片的主要类型。单克隆抗体和基因工程抗体是比较好的探针蛋白质，其构建的芯片可用于检测蛋白质的表达丰度及确定新的蛋白质，其原理见图 4-3。传统的杂交瘤细胞技术研制单克隆抗体所需时间长，制约了抗体阵列密度的发展。基因工程抗体为蛋白质芯片的发展带来了新的机遇，噬菌体抗体库技术是典型的代表，它可以同时有效地处理大量分子。

图 4-3

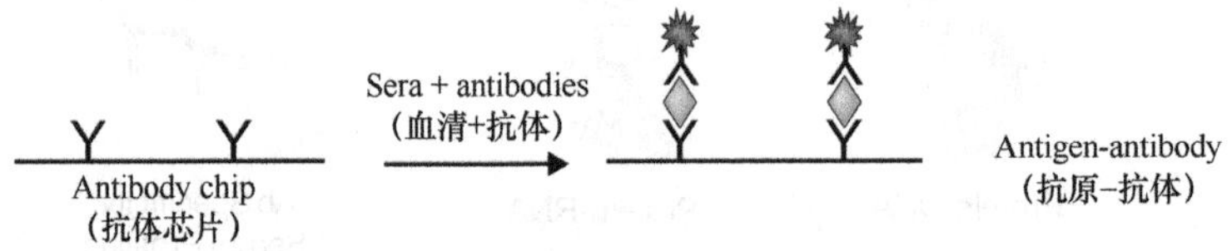

图 4-3　抗体芯片检测原理

（2）蛋白质芯片：纯化或重组蛋白是一种捕获分子，主要应用于蛋白质功能分析，如蛋白质相互作用、翻译后修饰、蛋白质–小分子相互作用和自身抗体。重组蛋白以融合蛋白的形式，从体外表达的细菌系统中分离纯化。与 RT-PCR 方法相比，蛋白质芯片具有更稳定的检测性能，还具有高通量、微型化等特点，不易受病毒变异的影响，可以更精准、快速地实现大批量的筛查。

（3）肽芯片：肽芯片的捕获分子包括肽和拟肽。肽芯片是根据蛋白质–蛋白质相互作用而设计，将已知多肽片段固定在载体上用来检测相配对的未知蛋白质的一种检测技术。肽芯片具有小分子和蛋白质的双重优势。

（4）抗原芯片：是根据抗原–抗体结合而设计，将已知抗原固定在载体上用来检测相配对的未知蛋白质的一种检测技术。图 4-4 展示了抗原芯片原理。抗原芯片已被应用于红细胞意外抗体的检测，血型抗原芯片和红细胞意外抗体检测方法灵敏度高、准确性好、不依赖于红细胞，且可检测稀有血型抗原的结合抗体。

图 4-4

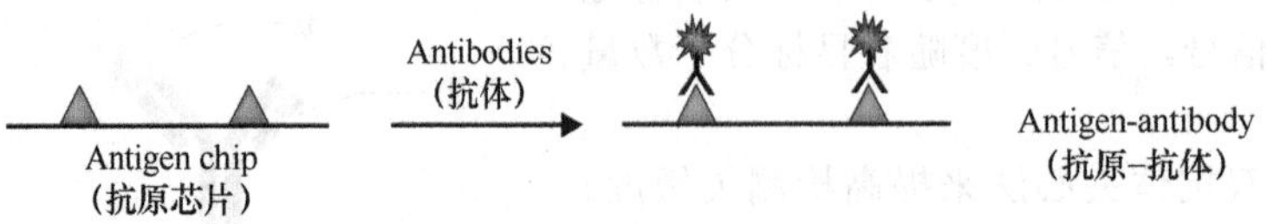

图 4-4　抗原芯片检测原理

（5）适配体芯片：适配体，即寡聚核苷酸，能作为捕获分子连接蛋白质，具有很高的特异性和亲和性，适配体芯片根据蛋白质–核酸结合而设计。图 4-5 展示了适配体芯片的原理。适配体可以通过人工合成获得，特点是性质稳定、易于操作。

图 4-5

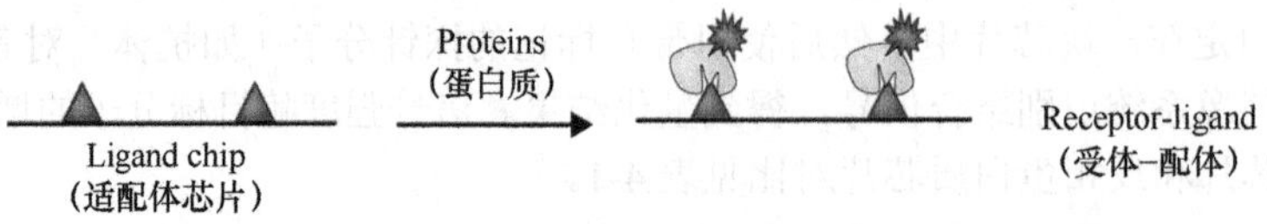

图 4-5　适配体芯片检测原理

笔记栏

（6）小分子芯片：鉴定小分子配体主要通过组合文库的方法，存在亲和力较低的问题。此芯片技术通过将肿瘤标记物MMP9的小分子配体包被到芯片上，再对结合情况进行检测，具有高灵敏性和高特异性的特点。

4. 根据检测目标分类　根据检测目标，蛋白质芯片可如下分类：

细胞因子抗体芯片、凝集素抗体芯片、磷酸化抗体芯片、快速Ig分型抗体芯片、凋亡因子抗体芯片、肥胖因子抗体芯片、血管生成因子抗体芯片、炎症因子抗体芯片、动脉粥样硬化抗体芯片、趋化因子抗体芯片、生长因子抗体芯片、可溶性受体抗体芯片、胃癌标记物抗体芯片、神经因子抗体芯片、基质金属蛋白酶抗体芯片、白介素抗体芯片、黏附因子抗体芯片、热休克蛋白抗体芯片、胰岛素样生长因子抗体芯片、糖基化抗体芯片、T细胞免疫应答抗体芯片、骨代谢抗体芯片、白介素1家族抗体芯片等。本文主要介绍前四种芯片。

（1）细胞因子抗体芯片：细胞因子是由多种组织细胞（主要为免疫细胞）合成和分泌的小分子多肽或糖蛋白。白细胞介素、干扰素、肿瘤坏死因子、造血因子、生长因子、趋化因子等统称为细胞因子。细胞因子抗体芯片在化学修饰的固相芯片载体上共价结合高度特异的细胞因子捕获抗体，通过高亲和的配对二抗放大信号，以实现对微量细胞因子的有效检测。利用梯度稀释的标准品检测信号构建标准曲线，通过标准曲线拟合的方式实现目标样本中多种细胞因子的准确定量检测。

细胞因子抗体芯片技术是高通量的免疫检测分析方法，可以一次性检测样品中数百个细胞因子，具有节省样品、省时、省力和节省成本等优势。已有研究利用高通量细胞因子抗体芯片分析细胞培养基上清，结果发现肝窦内皮细胞分泌的巨噬细胞抑制因子能刺激结肠癌细胞发生上皮–间质细胞转化（图4-6）。

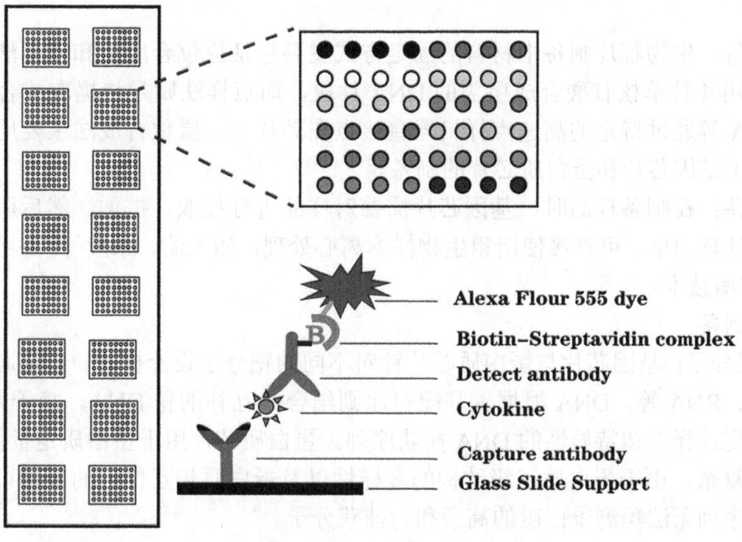

图4-6　细胞因子抗体芯片

Alexa Flour 555 dye，Alexa Flour 555 染料；Biotin-Streptavidin complex，生物素–链霉亲和素复合物；Detect antibody，检测抗体；Cytokine，细胞因子；Capture antibody，捕获抗体；Glass Slide Support，玻璃载玻片支架

图4-6

（2）凝集素抗体芯片：凝集素是自然界广泛存在的具有识别和结合特定糖链的蛋白质，被广泛应用于糖基化修饰研究。糖蛋白和糖脂上发生的糖基化修饰，在细胞分化、病原微生物侵袭以及肿瘤的发生、发展和迁移等生物现象中发挥作用。凝集素抗体芯片将多种经典凝集素以微阵列的形式固定在高分子三维芯片载体上，形成高通量凝集素抗体芯片，进行多种糖结构的同步筛选和交叉验证。

凝集素抗体芯片从全局角度进行高通量的特定糖结构解析，快速准确地描绘出样本总体的糖基化修饰图谱，可应用于诊断标志物的筛选。例如，以社区获得性肺炎为研究对象，利用凝集素抗体芯片分析血清糖基化谱和质谱数据，识别到潜在的肺炎血清诊断糖蛋白标志物HPR，有助于对儿童非细菌性肺炎与细菌性肺炎的鉴别诊断。

（3）磷酸化抗体芯片：磷酸化抗体芯片采用三维高分子膜专利技术，在片基上高密度结合特异性抗体。芯片针对每一个特定蛋白磷酸化位点设置一对抗体，分别检测其磷酸化和非磷酸化状态，以提高磷酸化检测灵敏度和稳定性。一次芯片实验即可实现多条信号通路的同步筛选和具体调变位点的清晰定位，为后续生物现象的深入探索提供明确的研究方向。

笔记栏

与 Western 印迹法相比，磷酸化抗体芯片通量高，不易受高丰度蛋白质影响。研究人员采用信号通路磷酸化广谱抗体芯片（PEX100）对小鼠睾丸组织中的蛋白磷酸化谱进行筛选。研究发现 mTOR 通路在线粒体蛋白质翻译与细胞质蛋白质翻译之间发挥动态平衡调控作用，而 mTOR 通路的缺陷会引起精子细胞的细胞周期停滞和凋亡，进而诱发 mtEF4 敲除小鼠的不育。

（4）快速 Ig 分型抗体芯片：在不同的抗原刺激下，免疫球蛋白亚类表现出不同的水平，如增加、减少甚至缺乏特定免疫球蛋白亚类中的一种。快速免疫球蛋白分型的抗体芯片是在化学修饰的固相片基上共价结合高度特异的分型用抗体，包括 IgA、IgD、IgE、IgG1、IgG2、IgG3、IgG4 和 IgM 抗体亚型。

快速 Ig 分型抗体芯片能够同时对多个免疫球蛋白亚型进行检测，克服常规免疫球蛋白亚型检测指标单一、样品消耗量大、耗时长、造价贵等缺陷。基于 SARS-CoV-2 蛋白质组芯片可对新型冠状病毒感染患者康复期血清的 IgG/IgM 抗体响应进行全局性分析。

（四）蛋白质芯片与基因芯片异同点

基因芯片，又称为 DNA 微阵列或 DNA 芯片，是由高密度 DAN 片段探针构建而成的成熟杂交系统。待检的靶基因与探针结合后，经由荧光或同位素标记等方式获取大量基因序列相关信息，并可同时定量分析成千上万个基因的表达。

1. 相同点 基因芯片可高通量自动化检测靶分子，且仅需少量样品即可精准检测。蛋白质芯片相较于传统质谱技术，主要特点是高通量、低成本、试剂消耗少，更适用于低丰度蛋白质的检测，如分析血清、尿液等粗样品。

2. 不同点

（1）芯片制备：生物芯片制备中材料的固定方式主要包括原位合成法和点样法。原位合成是直接在固体基质上用 4 种单核苷酸合成所需的 DNA 片段，而点样法则是将提取或合成好的多肽、蛋白、cDNA、DNA 等通过特定的高速点样机器直接点在芯片上。原位合成法主要用于基因芯片的制备，点样法可用于基因芯片和蛋白质芯片的制备。

（2）样品制备：在制备样品时，基因芯片需要对样品进行提取、扩增，然后用荧光标记，而蛋白质芯片的样品处理简单，可直接使用粗生物样本离心处理，如血清、尿液等。但尚未有与 DNA 等效的成熟 PCR 扩增技术。

（3）捕获剂制备

1）捕获剂靶分子：基因芯片与蛋白质芯片针对不同的靶分子设计探针。基因芯片的靶分子主要是 DNA、cDNA、RNA 等。DNA 根据碱基配对原则结合其互补的靶 DNA。基于靶 DNA 的一级序列，可以预测高度选择性和特异性的 DNA 捕获序列。蛋白质芯片用于蛋白质定量检测，与 DNA 相比，蛋白质处理复杂。由于蛋白质三级结构的多样性以及蛋白质相互作用的多种可能性，仅从蛋白质的一级氨基酸序列无法预测蛋白质的高亲和力捕获分子。

2）捕获分子与靶分子的相互作用：蛋白质的相互作用取决于静电力、氢键或范德瓦耳斯的相互作用。另外，蛋白质可以同时与不同的结合蛋白质相互作用，并常以复合物形式出现，这使得蛋白质的处理更加困难。稳定或动态的翻译后修饰，如糖基化或磷酸化，也对蛋白质相互作用产生了巨大影响。因此，每个蛋白质捕获分子必须单独生成，并且筛选潜在的捕获分子不仅需要考虑亲和力，还要考虑选择性和交叉反应性。

3）捕获分子的稳定性：蛋白质容易失活、不稳定，其表达和纯化工作艰巨。保持捕获分子的功能是非常重要的，蛋白质必须稳定且其三级结构不被破坏，这比将寡核苷酸或 DNA 片段固定到固体支撑物上要困难得多。抗体的使用有效提高蛋白质检测的灵敏度和特异性，但也有一些局限性。抗体也是蛋白质，因此，任何会改变其结构的干扰（如 pH 和温度）都会影响结合特异性。抗原–抗体相互作用具有复杂的动力学特征，所以任何影响相互作用的条件都可能掩盖键合的特异性和亲和力。

蛋白质芯片与基因芯片的异同点见表 4-2。

笔记栏

表 4-2 蛋白质芯片与基因芯片的异同

类别		蛋白质芯片	基因芯片
相同点	检测方法	定量检测	
	分析工具	扫描仪	
	仪器	自动化	
	样品	样品用量少	
	通量	高通量	
不同点	靶分子种类	蛋白质	DNA，RNA，cDNA
	制备工艺	点样法	原位合成法或点样法
	样品类型	体液、组织提取液中蛋白	核酸
	样品制备	样品处理简单，直接用粗生物样品离心处理	需要对样品进行提取、扩增，然后用荧光标记
	样品扩增方法	没有与 DNA 等效的 PCR 方法	PCR 扩增快速、高效、价格便宜
	捕获剂制备	仅从蛋白质的一级氨基酸序列无法预测蛋白质的高亲和力捕获分子，筛选高特异性与选择性的捕获剂较困难	基于靶 DNA的一级序列，可以轻松预测高度选择性和特异性的 DNA 捕获序列
	稳定性	蛋白质的互作十分复杂，功能状态容易发生改变	相较于蛋白质功能状态更稳定
	准确率	特异性和灵敏度高	相比于蛋白质芯片特异性和灵敏度稍低
	集成性	发现和检测为一体	没有集成性，只能检测已知基因

二、蛋白质芯片数据和分析

（一）蛋白质芯片数据资源

1. GEO（Gene Expression Omnibus） 是由美国国家生物技术信息中心（National Center of Biotechnology Information，NCBI）管理和维护的公共数据库。GEO 主要存储基因表达数据、蛋白质表达（protein expression）、甲基化（genome methylation）、染色质结构（chromatin structure）、基因组–蛋白质交互作用（genome-protein interaction）等数据。GEO 数据库中芯片平台类型用 GPL*** 表示；单张芯片的原始数据及处理后的荧光强度数据用 GSM*** 表示；单个实验（包括一系列芯片）的数据用 GSE*** 表示；NCBI 将具备相似实验条件且具有可比性的不同实验构成的数据集合用 GDS*** 表示。通过关键词“protein array”检索蛋白质芯片相关数据，检索结果以摘要（summary）格式显示，每页可显示多条记录，显示内容包括数据集标题（title）、整体的实验设计（overall design）、物种（organism）、数据类型（type）、平台（platform）和 GSE 编号（series accession）等（图 4-7）。

点击检索结果中的 GSE180743 数据集，进入该记录全文报告页面（图 4-8）。该页面包括数据集编号、数据集状态、数据集题目、物种信息、实验类型、实验摘要、整体的实验设计、数据提供者、数据提交日期、数据更新日期、联系人姓名、邮箱、产生数据实验室的地址邮编和国家等信息。报告中也展示芯片数据的平台信息，点击 GPL*** 平台编号可获取并下载平台相关信息。部分样本编号展示在报告中，点击 GSM*** 样本编号可浏览样本的详细信息（图 4-9），该页面包括样本 GSM 5469269 状态、标题、类型、来源、物种、部分临床特征、提取分子类型、提取方法、杂交方案、扫描仪器、数据描述及处理方法，样本数据提交和更新日期，联系人姓名等产生该数据机构的信息。GEO 提供在线分析工具 GEO2R，GEO2R 可以对部分 GEO 样本数据进行差异表达分析。点击“Analyze with GEO2R”即可进入 GEO2R 分析页面。该工具主要针对芯片数据，借助 R 及 Limma 包完成分析过程，用户只需要在网页上点击所需功能即可获得分析结果。分析结果报告提供不同数据格式结果以供用户下载。

笔记栏

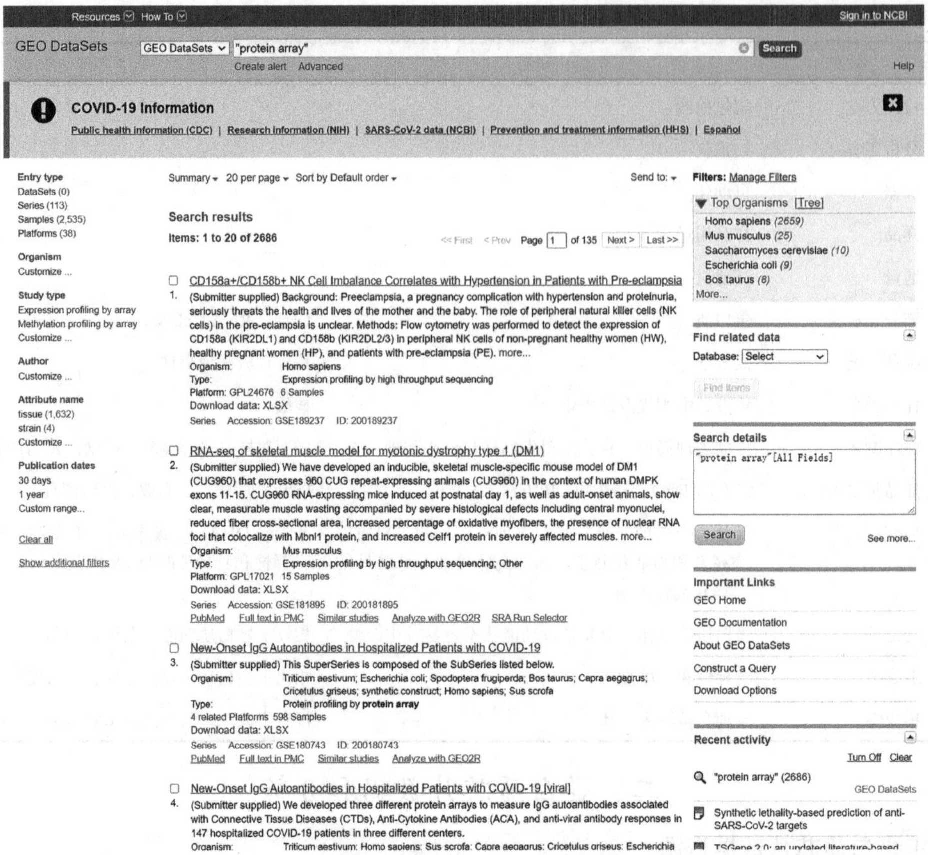

图 4-7 GEO 检索结果页面

图 4-7

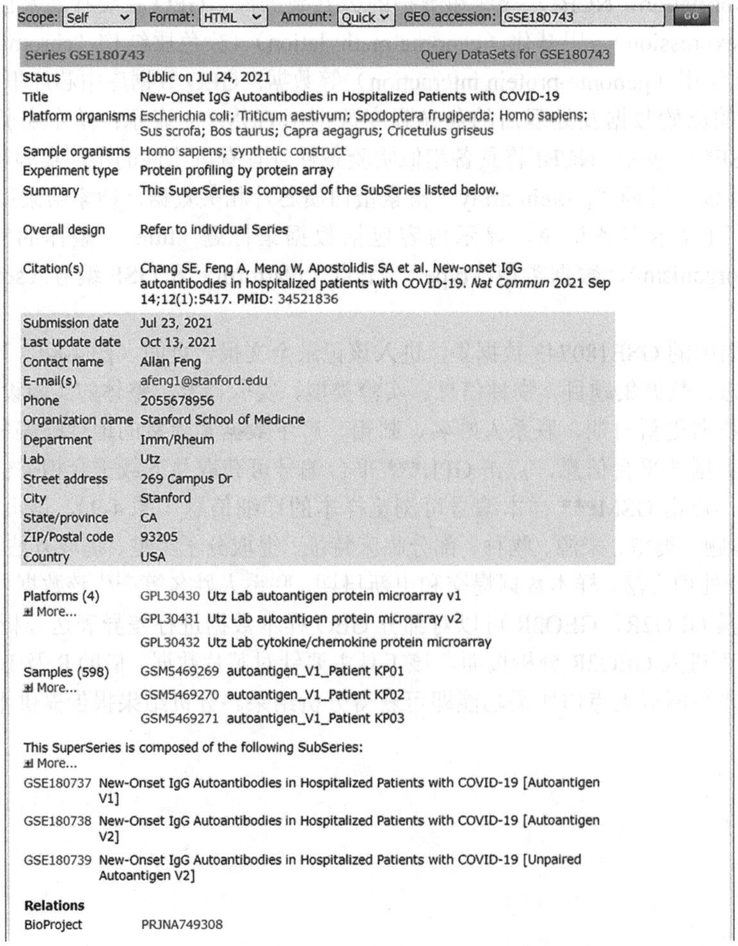

笔记栏

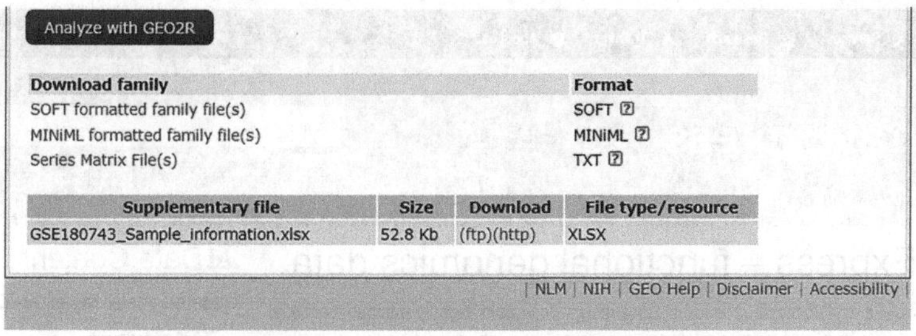

图 4-8　GEO 检索结果全文报告页面

图 4-8

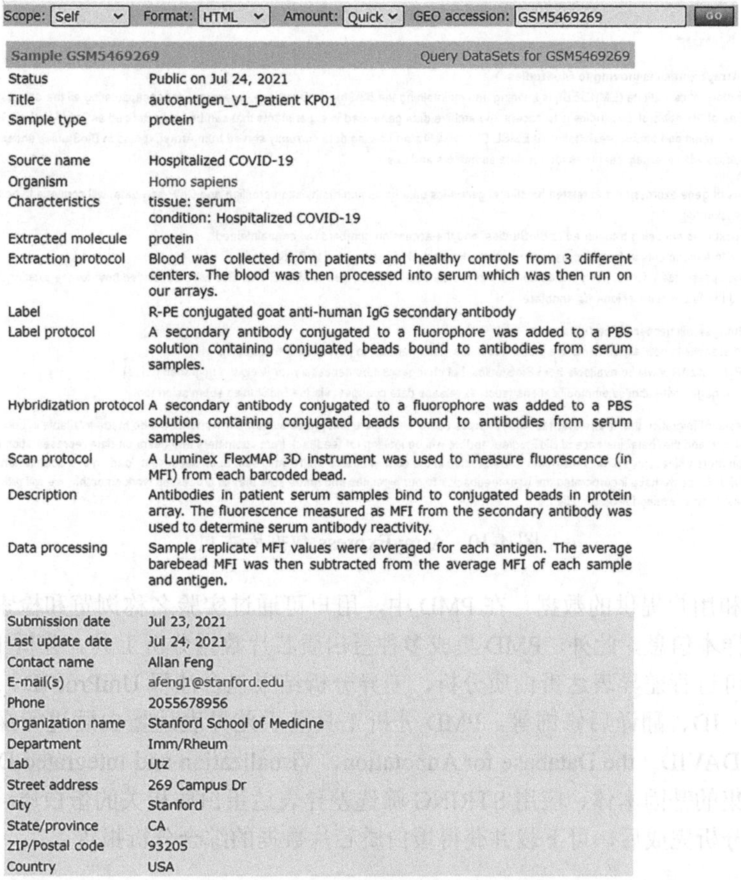

图 4-9　样本 GSM 5469269 详细信息

图 4-9

2. ArrayExpress　是由欧洲生物信息研究所（EBI）管理和维护的公共数据库。ArrayExpress 中包含蛋白质芯片数据。实验数据可以通过关键字、物种、芯片平台、作者、杂志或登录号进行检索查询。ArrayExpress 数据库的主页见图 4-10，主页展示数据库中收录数据的数据量统计、最新的数据信息、数据库相关的最新研究和工具链接。通过点击浏览阵列数据按钮（Browse ArrayExpress）可访问数据库中的数据信息。通过关键词“protein array”检索蛋白质芯片相关数据，检索结果以摘要格式显示，每页可显示多条记录，显示内容包括数据集唯一的 ID、题目、数据类型、物种、样本量、发布时间、直接的下载、原始数据和链接。

点击检索结果中的 ID，进入该记录全文报告页面。报告页面包括数据集编号、数据集状态（status）、发表和更新时间、物种（organism）、样本（samples）等信息。点击样本链接，查看样本的详细信息，样本详细信息页面包含样本名称、样本描述和样本下载链接，点击右上角图标可导出样本信息。报告页面也显示阵列（array）、协议（protocols）、数据集描述（description）和数据集下载链接。

3. PMD（Protein Microarray Database）　是专门用于存储和分析蛋白质芯片数据的数据库，PMD 主页详情见图 4-11。PMD 数据库将蛋白质芯片分为 7 种类型，包括蛋白质组芯片、抗体芯片、凝集素芯片等。PMD 中的蛋白质芯片数据从 3 种资源中获取：GEO 或 ArrayExpress 数据库、科学

笔记栏

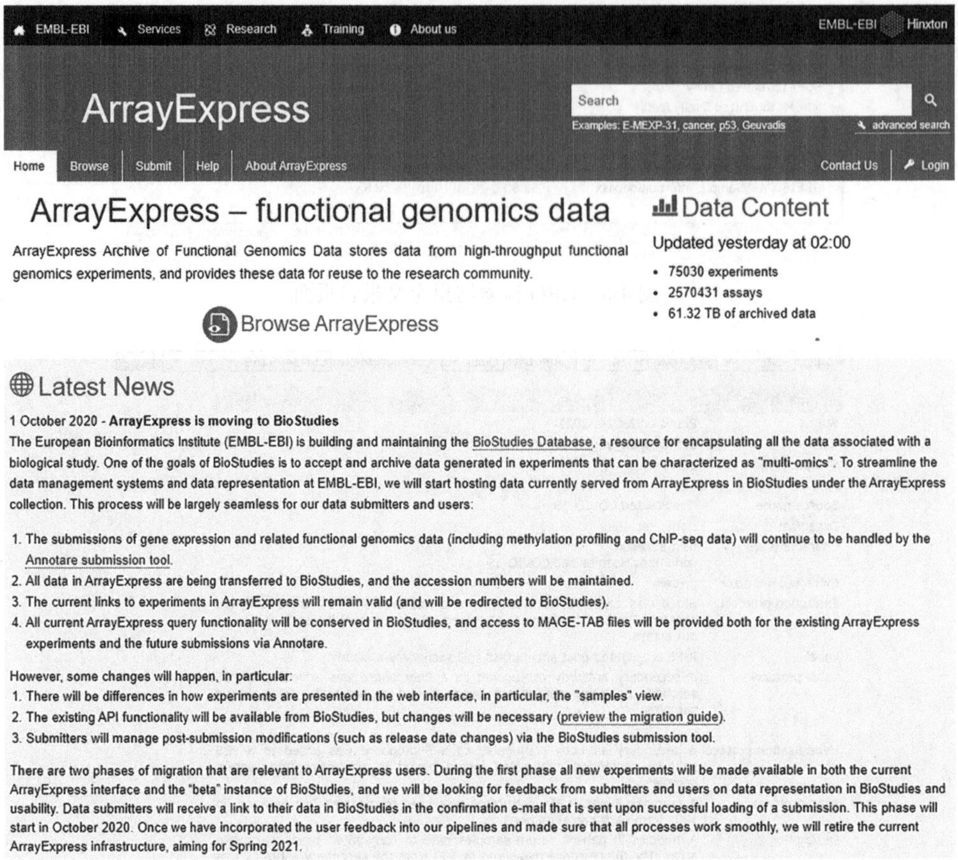

图 4-10

图 4-10 ArrayExpress 数据库主页

研究提供的数据和用户提供的数据。在 PMD 中，用户可通过实验名称浏览和检索整个数据库中蛋白质芯片类型和样本信息。此外，PMD 集成多种蛋白质芯片数据分析工具。分析工具对数据进行归一化预处理后，可进行差异表达蛋白质分析，差异分析结果包含注释 UniProt ID、Pfam 信息、蛋白质数据库（PDB）ID、翻译后修饰等。PMD 分析工具基于差异表达蛋白质进行深入的生物信息学分析，包括利用 DAVID（the Database for Annotation，Visualization and Integrated Discovery）识别差异表达蛋白质富集的基因本体、应用 STRING 筛选差异表达蛋白质相关的蛋白质–蛋白质互作网络。用户上传数据并分析完成后，可下载并获得蛋白质芯片数据的综合分析报告。

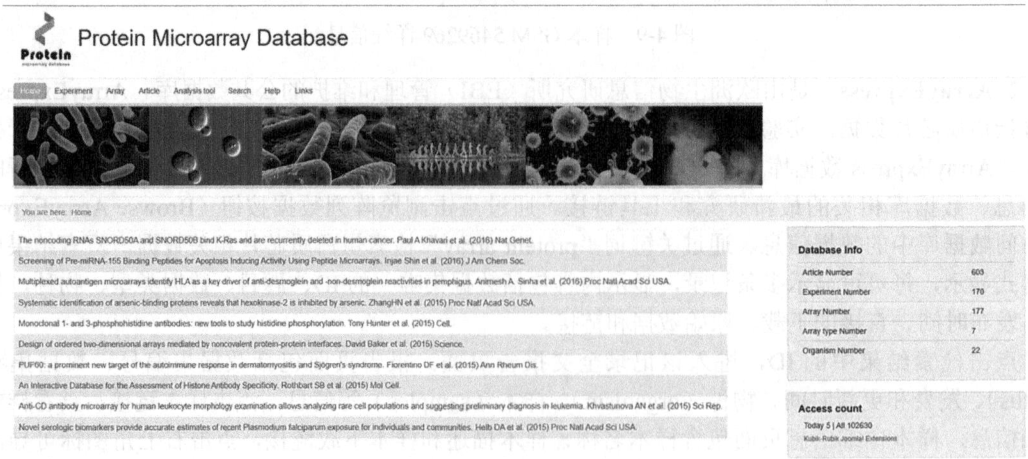

图 4-11

图 4-11 PMD 数据库主页

PMD 包含实验数据（Experiment）、阵列（Array）、文章（Article）、分析工具（Analysis tool）四个模块。

实验数据模块存储蛋白质芯片项目的原始数据和样本注释信息。样本注释信息包括样本信息、

笔记栏

芯片类型、样本类型、物种等，PMD 包含 17 个物种的 137 个实验项目。阵列模块存储蛋白质芯片类型，如蛋白质组芯片、抗体芯片、凝集素芯片等。文章模块存储高影响力的文献，PMD 从 PubMed 中获取 500 多个蛋白质芯片技术相关文献，PMD 还存储这些文献的原始数据。分析工具模块提供用于蛋白质芯片数据分析的在线工具，接受 GenePix 生成的数据，用户需要上传实验数据与对照芯片原始数据，如 Experiment.GPR 和 Control.GPR，然后单击“提交”按钮即可进行分析。

4. 癌症蛋白质组图谱（The Cancer Proteome Atlas，TCPA） 是由得克萨斯大学 MD 安德森癌症中心管理和维护的数据库，该数据库用于访问、可视化和分析肿瘤样本功能蛋白质组学数据，TCPA 收集 RPPA 和癌症基因组图谱（the cancer genome atlas，TCGA）的蛋白质组学数据，有利于对 TCGA 临床数据进行整合分析。数据库的主页详情见图 4-12。TCPA 数据库目录栏包括主页（Home）、概况（Overview）、资源（Resources）和下载（Download）等部分。

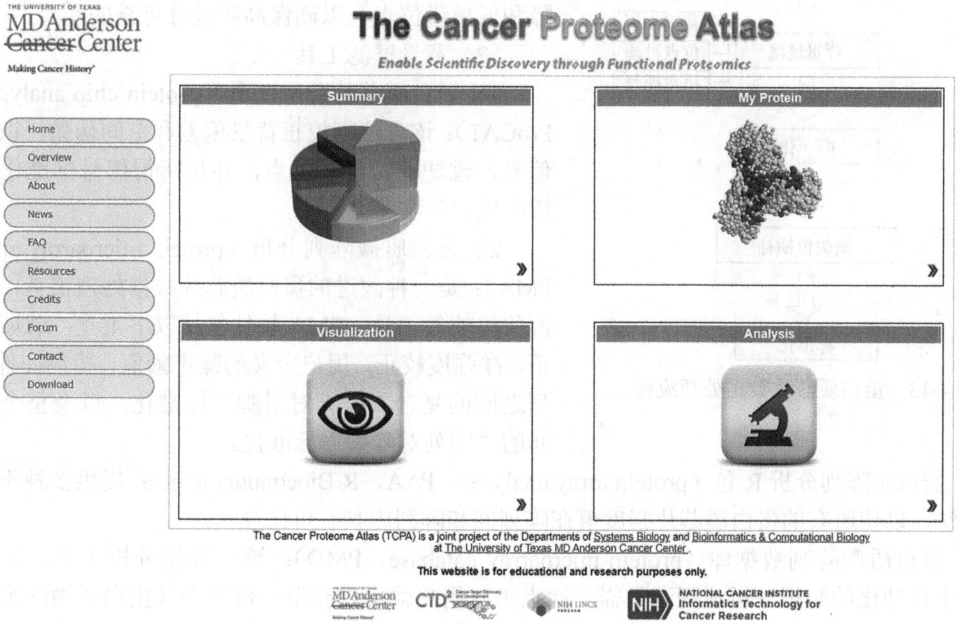

图 4-12　TCPA 数据库主页

图 4-12

（1）主页（Home）：包含数据总结（Summary）、蛋白质检索（My Protein）、可视化（Visualization）和分析（Analysis）四大模块。

1）数据总结：该模块提供 TCGA 和其他蛋白质数据资源展示，点击“Show”按钮，显示数据的详细信息，详细信息包括数据集 ID、来源、平台、癌型、样本数和物种等信息。

2）蛋白质检索：该模块展示蛋白质标记的详细信息，包括蛋白质标记 ID、编码蛋白质的基因、验证状态和抗体来源。点击加号按钮，可视化不同癌症类型的 RPPA 丰度。此外，点击 Gene Info 栏的外部链接（G 或 O）可查看基因信息。G：GeneCard，O：OncoMX。

3）可视化：该模块展示两种可视化方法，分别是网络可视化和热图可视化。点击网络可视化后，用户可选择特定的癌型，展示该癌型中蛋白质之间表达的相关性。点击热图可视化，展示利用蛋白质表达谱将癌症样本进行聚类的结果。

4）分析：该模块由两部分组成，分别是特定癌型分析和泛癌分析。特定癌型分析包括相关性分析、差异分析和生存分析；泛癌分析包括以蛋白质为中心的分析和以通路为中心的分析。以蛋白质为中心的分析包括：①临床分析（clinical analysis），该部分展示包括不同亚型、肿瘤分级和肿瘤分期下差异表达的蛋白质结果，以及对患者生存有显著影响的蛋白质。② DNA 分析（DNA analysis），该部分展示在不同突变基因、甲基化阈值和差异拷贝数下差异表达的蛋白质结果。③蛋白质分析（protein analysis），该部分展示特定癌型中两个蛋白质表达的相关性结果。④ RNA 分析（RNA analysis），该部分展示蛋白质表达与基因（mRNA）和 miRNA 表达之间的相关性结果。以通路为中心的分析正在更新中。

（2）概况（Overview）：数据库整体概括，包括浏览数据库的要求（特定浏览器）、功能蛋白质组学含义、RPPA 技术原理及优势、RPPA 数据处理过程等信息。

笔记栏

（3）资源（Resources）：外部蛋白质组学数据资源。

（4）下载（Download）：数据下载页面，点击 Download 按钮，数据库跳出帮助窗口，帮助窗口提示，分析 RPPA 数据时，3 级（L3）或 4 级（L4）数据适合进行单疾病单批次分析，而对于在多个批次中分析的单一疾病，由于不同批次之间的批次效应，L4 优于 L3。对于多疾病分析，应使用合并的 Pan-Can 19 L4 数据。

（二）蛋白质芯片数据处理方法

蛋白质芯片数据的处理流程如图 4-13 所示。

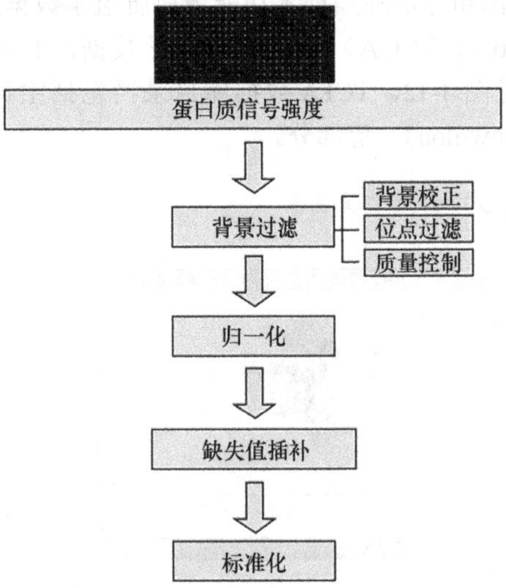

图 4-13　蛋白质芯片数据处理流程

图 4-13

1. 背景过滤及工具

（1）背景过滤：蛋白质芯片检测到的信号会受到系统性偏差和噪声的影响，需要进行数据预处理，删除故障和低质量位点，以确保高质量且可靠的结果。

（2）背景过滤工具

1）蛋白质芯片分析工具（protein chip analysis tool，ProCAT）：该方法可校正背景偏差和空间伪像，识别重要信号，过滤非特异性位点，并将所得信号标准化为蛋白质丰度。

2）蛋白质微阵列分析（protein microarray analyzer，PMA）：是一种改进的蛋白质芯片数据处理工具，为开放源代码软件工具。PMA 软件包括以下工具：邻域背景校正，净强度校正，用户定义的噪声阈值、检测控件、子阵列之间的复合“引脚对引脚”标准化，以及整个阵列之间的“阵列对阵列”标准化。

3）蛋白质阵列分析 R 包（protein array analyzer，PAA，R/Bioconductor 包）：提供多种不同的预处理方法，以使所有的蛋白质芯片强度值在阵列间和阵列内具有可比性。

4）蛋白质微阵列数据库（protein microarray database，PMD）：整合数据分析工具，为用户提供了一个自动化的数据分析流程。只需一次点击，用户就可以获得一份关于其蛋白质微阵列数据的综合分析报告。该报告包括初步的数据分析，如数据归一化、候选物识别及对候选物的生物信息学分析。

5）蛋白质阵列网络探索（protein array web explore R，PAWER）：用于蛋白质微阵列分析的在线工具。PAWER 使用线性模型减少数据中的技术噪音，可以一次性完成所有分析步骤，并提供 R 包。

6）蛋白质微阵列数据预处理（protein microarray data pre-processing suite，protGear）：protGear 是一个通用的一站式蛋白质微阵列预处理组件，与蛋白质微阵列扫描仪的数据兼容。用户选择最合适的算法系统地解决实验中出现的偏差。

（3）背景校正方法：为了避免由于非特异性结合而产生的荧光信号，芯片数据必须进行背景校正，以消除整个阵列上的非特异性结合或空间异质性的影响。以下是常见的背景校正方法。

Standard：传统的校正方法使用前景值减去 Rb 和 Gb 的局部背景估计值。Standard 使用 GenePix Pro 3.0 的平均前景和局部中值背景估计值。

Kooperberg：提出一个经验贝叶斯模型，通过正态分布卷积来调整每个点的背景信号。在此模型中，使用观察到的前景和背景平均强度及其标准差值，以及给定通道中每个点的前景和背景像素数。应用数值积分获得每个斑点中每个通道对应的真实信号期望值。

Edwards：提出一种更简单的避免负强度的策略，当前景与背景之间的差值大于较小阈值时，通过减去背景来调整前景强度。当差值小于阈值时，减法将替换为平滑的单调函数。此方法与 GenePix 的局部中值背景估计一起使用。

Normexp：方法基于相同的正态加指数卷积模型，该模型作为 RMA 算法的一部分用于对 Affymetrix 数据进行背景校正。Normexp 对分析双色阵列的方法进行了两项更改，使用卷积模型和最大似然估计。

Normexp+offset：相对于 Normexp 方法，该方法增加一个小的正偏移 k，以使校正后的强度远离零。

笔记栏

Vsn：该方法可以校准数组之间每个通道的数据，并使用数据的广义反正弦变换校正数组间每个通道的数据。该方法可以在 Vsn 软件中实现，也可以调用 limma 包的 Normalize Between Arrays 函数，设置参数 method="vsn" 实现该方法。

Morph：该方法比本地估计更低，更少的背景可变估计。形态背景是通过执行形态学开放获得的，形态学开放对每个图像使用固定大小的窗口应用局部最小值，然后进行膨胀（局部最大值）。可以在图像分析软件 Spot 和 GenePix Pro 6.0 中实现该方法。

No background：等效于设置 Rb=Gb=0。GenePix 平均前景与该选项一起使用。

表 4-3 列出背景校正方法，所有方法都可以在 limma 软件包的 backgroundCorrect 函数中实现。

表 4-3　9 种背景校正方法

方法	数据获取软件	背景估计	矫正
Standard	GenePix Pro 3.0/4.0	Local median	Subtraction
Kooperberg	GenePix Pro 3.0/4.0	Local mean	Model
Edwards	GenePix Pro 3.0/4.0	Local median	Model
Normexp	GenePix Pro 3.0/4.0	Local median	Model
Normexp+offset	GenePix Pro 3.0/4.0	Local median	Model
Vsn	GenePix Pro 3.0/4.0	Local median	Model
Morph	Spot 2.0	Morph	Subtraction
No background	GenePix Pro 3.0/4.0	None	None

不同的背景校正方法在偏差和精度方面存在差异，并且在权衡竞争需求时需要权衡偏差和精度。表现较佳的背景校正方法按方差最稳定的强度排序，即 Normexp + offset、Morph 和 Vsn。迄今为止，形态开放背景估计量 Morph 仅在 Spot 软件中可用，或在 GenePix 6.0 版中由用户指定。基于模型的方法 Normexp + offset 具有与 Morph 相同的优点，而且可以与图像分析软件一起使用。

2. 归一化

（1）数据归一化：归一化将数据缩放到一定范围，如"0"到"1"。归一化处理是数据挖掘的一项基础工作，不同评价指标往往具有不同的量纲和量纲单位，会影响数据分析的结果。为消除指标之间的量纲影响，需要进行数据归一化处理，以使数据指标之间可比。原始数据经过数据归一化处理后，各指标处于同一数量级，适合进行综合对比分析。

（2）归一化算法：常用归一化算法包括线性函数归一化、Z-score 标准化、对数函数转换、反余切函数转换等。

3. 标准化

（1）目的：蛋白质组学定量及数据分析容易受到系统偏差的影响，这些偏差往往由非生物因素导致且无法通过实验操作简单地消除。标准化的目的是尽可能减弱系统偏差对样本蛋白定量值的影响，使各个样本和平行实验的数据处于相同的水平，从而使下游分析更为准确可靠。目前常用的标准化方法都源于基因组学、转录组学及 DNA 芯片技术。

（2）缺失值插补：经过过滤后，仍有一些缺失值。需要插补算法去解决此类问题。

缺失值是无标签定量蛋白质组学中普遍存在的问题。科斯明·拉扎尔（Cosmin Lazar）等比较不同缺失值插补方法，并在真实或模拟数据集上进行比较，推荐一组用于蛋白质组学的缺失值插补方法。

k 最近邻（*k*-nearest neighbor，KNN）算法：对于显示缺失值的肽，该方法步骤包括：①查找 *k* 个与所考虑肽最相似的肽；②通过对同一重复样本中出现该缺失值的 *k* 个肽段值进行平均来估算每个缺失值。对参数 *k* 范围的初步探索表明，对于任何 $k\in[10, 20]$，插补精度都比较稳定。

SVDImpute（奇异值分解计算）：定量数据集被视为一个矩阵，在该矩阵上迭代应用中心化处理和 *k* 秩 SVD（其中 $k\in[1, n/2]$，其中 $n/2$ 是在给定条件组中的重复次数），直至达到某个收敛标准。

MLE（最大似然估计）：假设定量数据集服从未知参数 θ 的概率分布 $f(\theta)$，则使用最大似然估计原理推导 θ 的估计量 $\hat{\theta}$，然后推算 $f(\hat{\theta})$ 的随机抽取值作为观测值。

笔记栏

MinDet（确定性最小插补）：该方法简单地用最小值替换缺失值，该最小值既可以在整个数据集中被观察到，也可以在每个样本中被观察到。

MinProb（概率最小插补）：是 MinDet 的随机版本，使用唯一值减少多次替换带来的偏差。随机抽取服从高斯分布的 MinDet 值替换缺失值，并将方差调整为肽段估计方差的中值来进行插补。

表 4-4 列出以上 5 种缺失值插补算法的对比。

表 4-4 缺失值插补算法

算法	分类 1	分类 2	估算
KNN	预测规则	局部相似性	
SVDImpute	最小二乘法	全局相似性	随机完全缺失值
MLE	最大似然法		随机完全缺失值
MinDet	预测规则	单值方法	随机丢失值
MinProb	预测规则	单值方法	随机丢失值

（3）标准化方法：蛋白质芯片数据标准化要尽可能减少系统偏差对样本蛋白定量值的影响，使各个样本和平行实验的数据处于相同水平，使下游分析更为准确可靠。Valikangas 比较了 11 种不同标准化的性能，见表 4-5。

表 4-5 11 种标准化方法

标准化方法	类型	工具
Log2	指数标准化	Code
Rlr，RlrMA，RlrMACyc	线性回归标准化	R-package MASS
LoessF，LoessCyc	局部回归标准化	R-package limma
Vsn	方差稳定标准化	R-package Vsn
quantile	分位数标准化	preprocessCore
median	中位数标准化	Normalyzer
Progenesis	生殖发育标准化	Progenesis
EigenMS	EigenMS 标准化	R-codes of EigenMS

在数据标准化方法的选择上目前没有可供遵循的通用法则，没有一种特定的标准化方法在所有数据集中都能发挥最佳作用。此外，研究人员对数据标准化与缺失值处理的先后顺序并未达成共识。

（三）蛋白质芯片数据分析流程

1. 差异分析 蛋白质芯片的差异分析方法与差异基因的筛选方法类似，通常分为参数假设检验和非参数假设检验。另有些方法包括倍数法等，自行设定阈值，由人为介入且不严谨。

（1）参数假设检验

1）目的：①根据样本估计总体分布的统计参数；②检验 2 个样本均值的差异程度。

2）要求：总体分布已知（如正态分布）。

3）方法：① t 检验（$n<30$，符合正态分布，方差齐性），统计量 t；② Z 检验（也称 U 检验，$n>30$，可用 t 检验代替，n 足够大），统计量 $z(u)$；③方差分析（F 检验）：多个样本均数的差异检验（符合正态分布，方差齐性）。

（2）非参数假设检验

1）特点：对数据要求低，适用范围广，检测效能低。

2）目的：①根据样本估计总体的分布；②检验 2 个样本分布的差异程度。

3）要求：①非正态分布、分布未知的；②方差不齐；③分类资料；④一端或两端有不确定值（如 $>0.5\mu g/ml$）。

笔记栏

4）方法：① χ^2 test（四格表数据率、比的比较）；② Wilcoxon signed rank test（配对）；③ Whitney-Mann-Wilcoxon test（成组）；④ Kruskal-Wallis test（多组）；⑤ Friedman's test（多组配对）。

（3）Fold change：差异倍数，即两组样本蛋白表达量均值之比（或取其对数）；比较直观；比较粗略，丢失绝对表达量信息。

（4）火山图：包含差异倍数变化和假设检验显著性的二维空间图；便于从两个方向上选取差异表达蛋白质。

常用 R 软件进行差异表达蛋白质分析。

案例 1：

通过蛋白质芯片技术对早期 COVID-19（n=15）和流感（n=13）患者的血清样本进行检测。基于 t 检验识别出 125 个差异表达蛋白（P＜0.05）（图 4-14A）；这些蛋白参与 SARS-CoV-2 感染相关的炎症和免疫信号通路，包括已知 COVID-19 相关蛋白 CCL2、CXCL10 等（图 4-14B、C），以及新的标志物 CCL27 等（图 4-14D）。

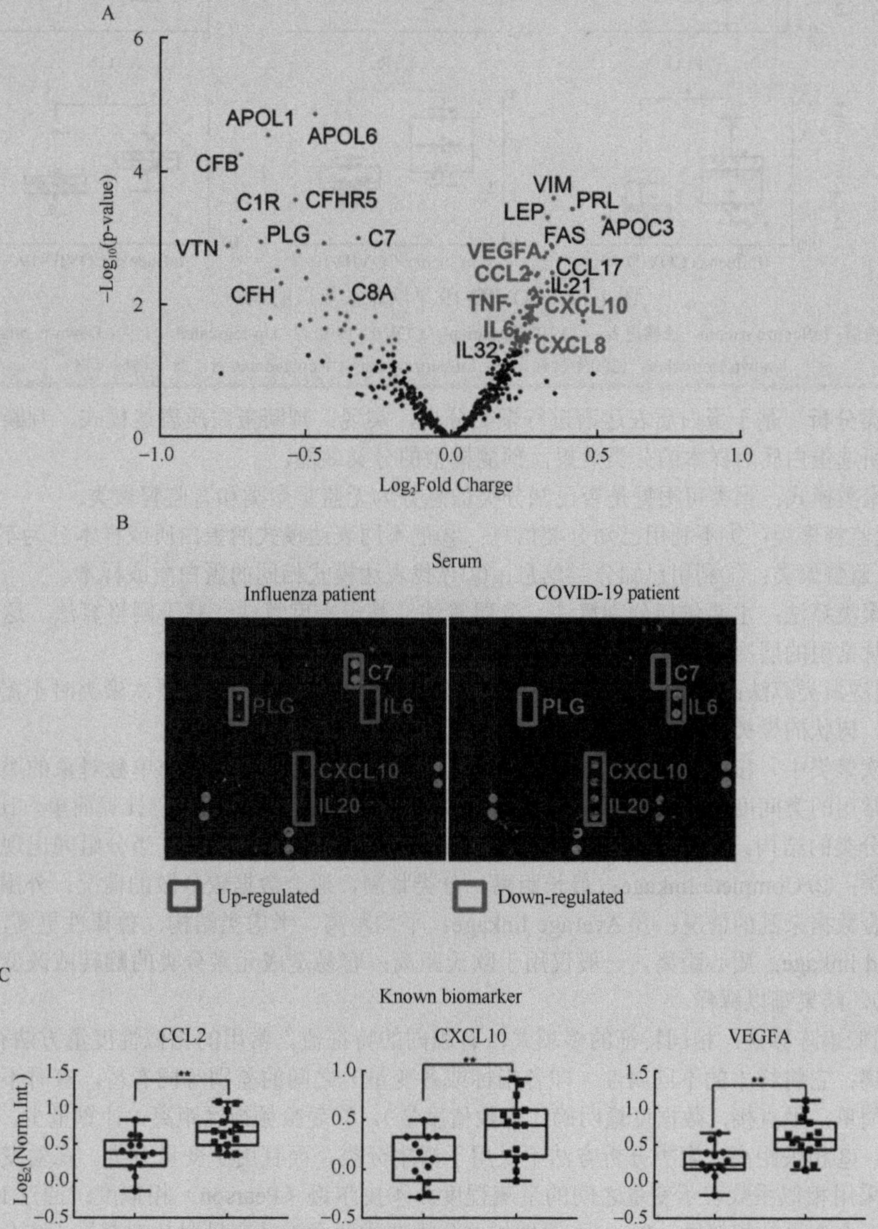

笔记栏

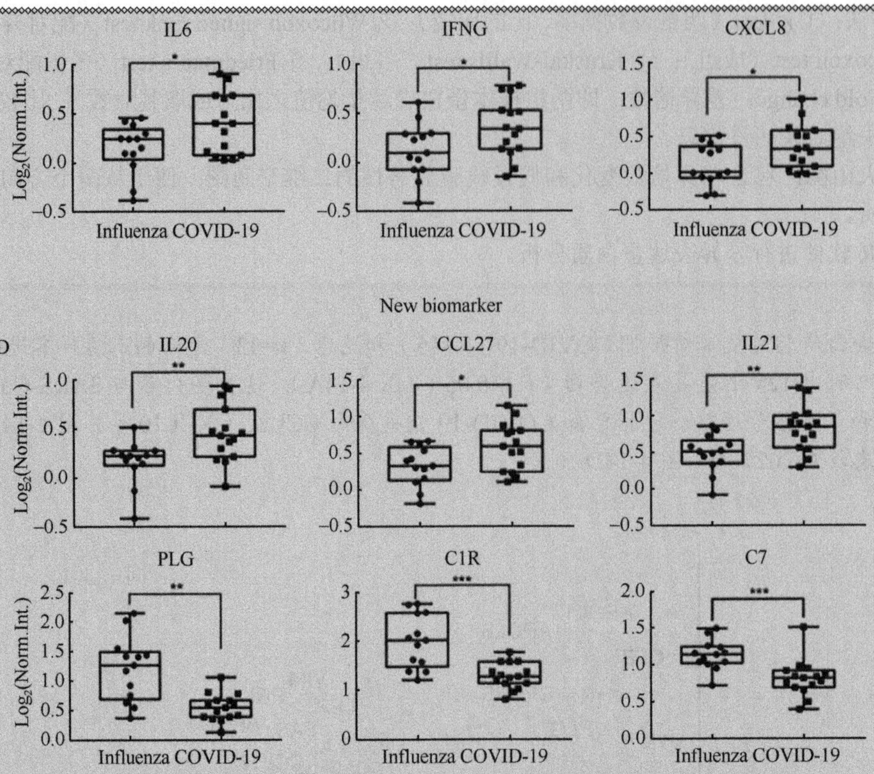

图 4-14 COVID-19 早期相关蛋白的识别

Serum，血清；Influenza patient，流感患者；COVID-19 patient，COVID-19 患者；Up-regulated，上调；Down-regulated，下调；Known biomarker，已知生物标志物；Influenza，流感；New biomarker，新生物标志物

图 4-14

2. 聚类分析 基于蛋白质表达谱进行聚类分析，实现：判断蛋白质表达模式，判断样本表达模式，验证所选蛋白质对样本的分类效果，预测模型的分类效能。

（1）聚类模式：聚类可根据是否已知分类信息分为无监督聚类和有监督聚类。

1）无监督聚类：①不利用已知分类信息；②把不同表达模式的蛋白质或样本分为不同的类。

2）有监督聚类：①利用已知分类信息；②寻找表达模式相同的蛋白质或样本。

（2）聚类算法：主要包括分割算法、分层算法、基于密度算法、基于网格算法。这里主要介绍蛋白质芯片常用的层次聚类算法和相似矩阵算法。

1）层次聚类算法：将研究对象按照相似性关系用树形图呈现。进行层次聚类时不需要预先设定类别个数，树状的聚类结构可以展现嵌套式的类别关系。

在层次聚类中，按照一定的距离函数进行类的合并和分解。在对含非单独对象的类进行合并或分解时，常用的类间度量方法包括如下几种：① Single linkage：最短距离。计算简单，比较常用；不需要考虑分类的结构。大数据集易产生散乱的分类，进而产生连锁反应，当分组间出现中间点时会被合为一类；② Complete linkage：最长距离。分类紧凑，适合数据较分散的情况；外围的点权重较大，不适合数据杂乱的情况；③ Average linkage：平均距离，考虑类结构，鲁棒性更高，计算复杂；④ Centroid linkage：质心距离，一般仅用于欧氏距离；容易造成元素分类的翻转或改变（从一类变成另一类），结果难以解释。

2）相似矩阵算法：相同特征的多项式，有相同的特征值。常用的相似性度量方法有如下几种：①欧氏距离：它将样本的不同属性（即各指标或各变量）之间的差别等同看待，有时不能满足实际要求。最简单，最直接，数据度量明确（如数值度量）。②曼哈顿街区距离：计算量少，性能高；受量纲影响。③相关距离：聚类分析方法不仅用于样本分类，而且用于变量分类。在对变量进行分类时，通常采用相似系数表示变量之间的亲疏程度。④皮尔逊（Pearson）相似度：通过 Pearson 相关系数度量两个变量的相似性。Pearson 线性相关分析要求两个连续变量服从双变量正态分布，并且数据至少在逻辑范畴内必须是等间距的数据。⑤斯皮尔曼（Spearman）相似度：不需要满足正态分布、线性关系。

聚类分析常用软件：Cluster 3.0；Java treeview；Xcluster；J-Express；PAM。

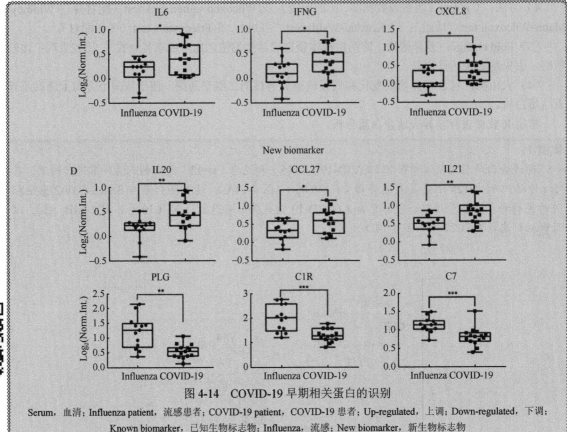

笔记栏

案例 2：

基于案例 1 中识别到的早期 COVID-19 特异性蛋白（t 检验，$P<0.05$）对早期 COVID-19 患者和流感患者进行层次聚类，将早期 COVID-19 患者与流感患者进行区分，如图 4-15 所示。聚类结果表明，这些蛋白质可能是 COVID-19 早期诊断的潜在生物标志物。

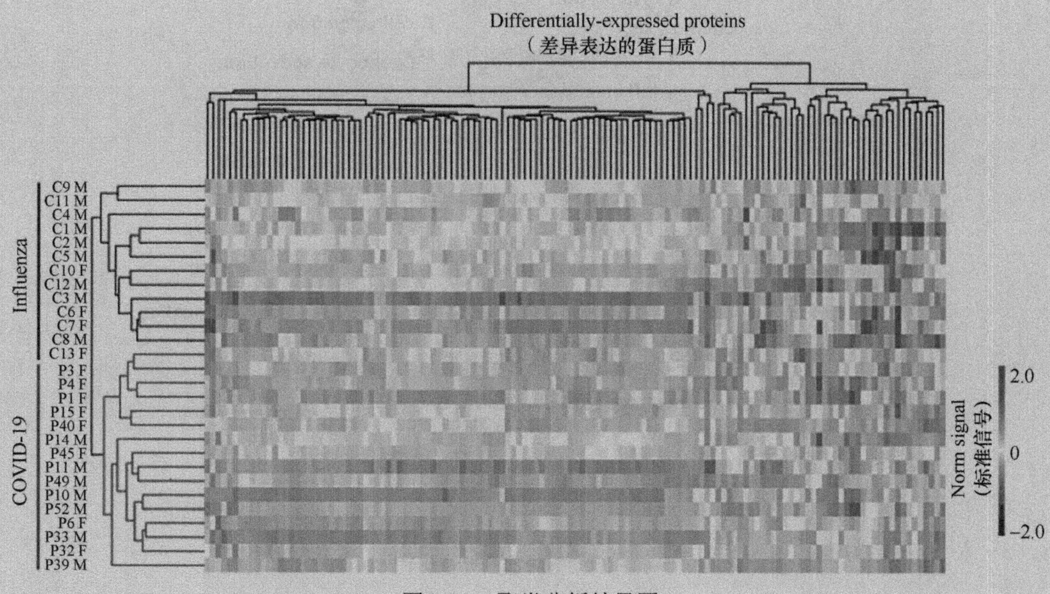

图 4-15　聚类分析结果图

图 4-15

3. 功能分析

（1）基因本体（GO）：数据库旨在建立基因及其产物知识的标准词汇体系，涵盖如下三个方面：①基因的分子功能（molecular function），如 DNA binding 和 Catalytic activity；②生物过程（biological process），如 DNA replication 和 Response to stimulus；③细胞组分（cellular component），如 Organelle membrane 和 cytoskeleton。目前 GO 已经成为应用最为广泛的基因注释体系之一。

1）基于 GO 的蛋白质功能预测：①对差异蛋白质进行基因功能预测；②蛋白质互作网络用于基因功能预测；③利用 GO 体系结构比较蛋白质功能。

2）GO 功能富集分析的局限：①数据库包含信息不完整，无法分析未知功能蛋白质，无法分析已知蛋白质的未知功能。②数据不精确，手工注释准确但耗时费力，自动注释省时省力但不准确。③注释信息具有偏性，一些蛋白质功能研究得细致，注释信息多；另一些蛋白质功能研究较少，注释信息贫乏。④无法区分主要功能，分析参与多个生物过程的蛋白质可能会出现偏差。

（2）KEGG 通路富集分析：KEGG（京都基因与基因组百科全书）是基因组相关数据库。KEGG 的 PATHWAY 数据库整合当前分子互作网络（如通道、联合体）的知识，KEGG 的 GENES/SSDB/KO 数据库提供在基因组计划中发现的基因和蛋白质的相关知识，KEGG 的 COMPOUND/GLYCAN/REACTION 数据库提供生化复合物及反应方面的知识。

KEGG 通路分析局限：只能分析已知通路；受芯片检测蛋白质数目的影响；无法找到蛋白修饰或活性改变引起的变化，如 EGF/EGFR 通路可以通过蛋白质的磷酸化来进行调节。

案例 3：

对案例 1 中识别到的早期 COVID-19 特异性蛋白质进行 GO 富集分析，这些生物过程主要包括四类：①免疫细胞激活和迁移；②细胞活动；③调节病毒感染的蛋白质信号转导；④血液功能系统（超几何检验，$P<0.01$），如图 4-16 所示。

笔记栏

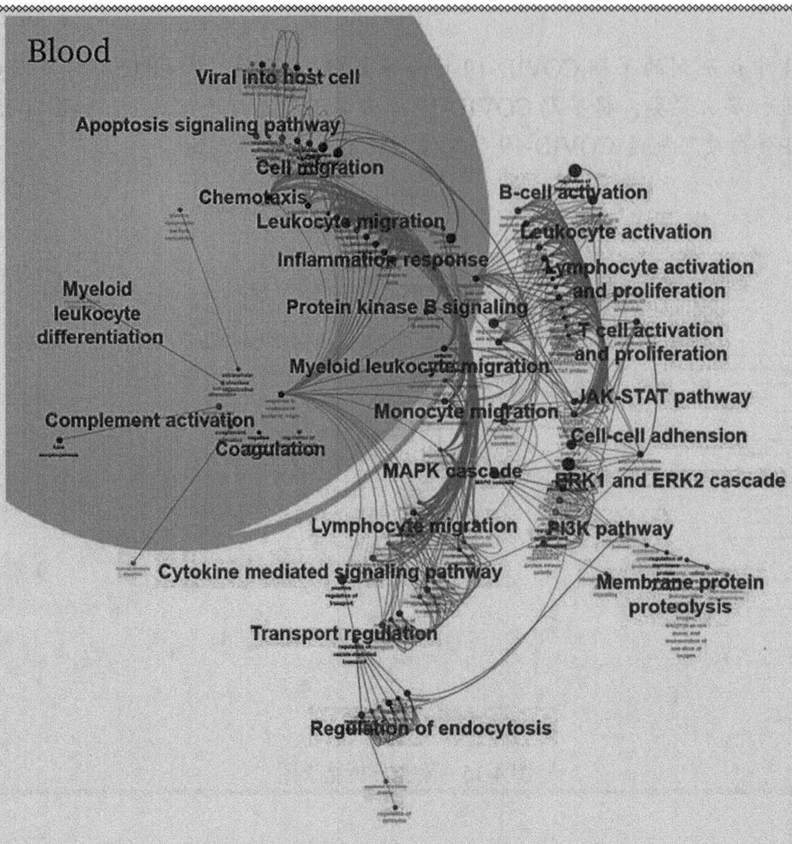

图 4-16

图 4-16 GO 富集结果

Blood，血液；Viral into host cell，病毒进入宿主细胞；Apoptosis signaling pathway，细胞凋亡信号通路；Cell migration，细胞迁移；Chemotaxis，趋化性；Leukocyte migration，白细胞迁移；Inflammation response，炎症响应；Protein kinase B signaling，蛋白激酶 B 信号；Myeloid leukocyte migration，髓样白细胞迁移；Monocyte migration，单核细胞迁移；MAPK cascade，MAPK 级联；Lymphocyte migration，淋巴细胞迁移；Cytokine mediated signaling pathway，细胞因子介导的信号通路；Transport regulation，运输调控；Regulation of endocytosis，内吞作用的调节；Myeloid leukocyte differentiation，髓样白细胞分化；Complement activation，补体激活；Coagulation，凝血；B-cell activation，B 细胞活化；Leukocyte activation，白细胞活化；Lymphocyte activation and proliferation，淋巴细胞活化和增殖；T cell activation and proliferation，T 细胞活化和增殖；JAK-STAT pathway，JAK-STAT 通路；Cell-cell adhesion，细胞黏附；PRK1 and ERK2 cascade，PRK1 和 ERK2 级联；PI3K pathway，PI3K 通路；Membrane protein proteolysis，膜蛋白水解

STRING 数据库整合了 KEGG、Reactome、InterPro 和 GO 等多个生物学注释资源。基于 STRING 数据库分别对早期 COVID-19 中特异性上调和下调的蛋白质进行信号通路、蛋白质结构域和细胞组分的富集分析（超几何检验，$P<0.01$）如图 4-17 所示。

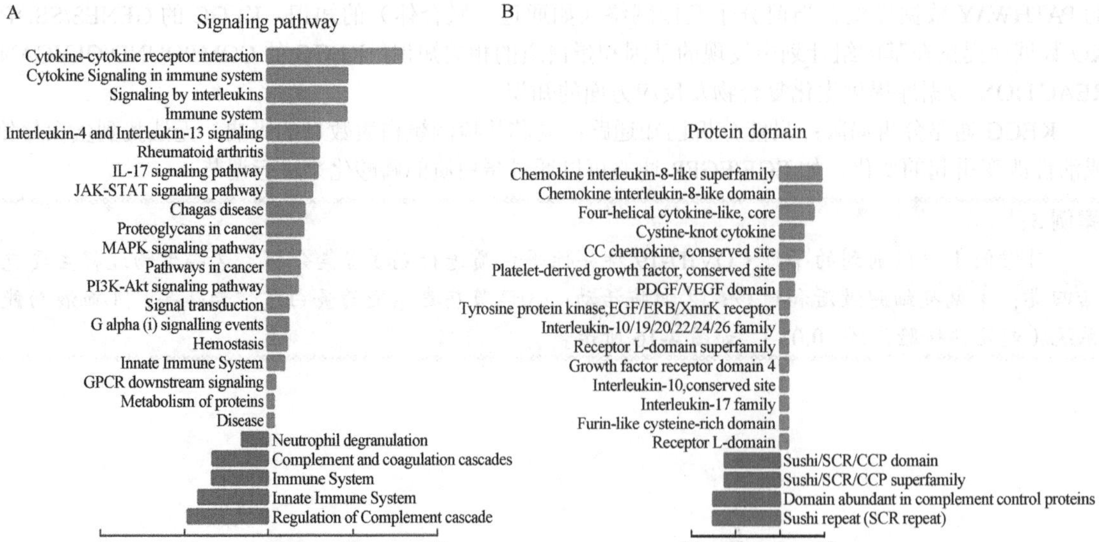

笔记栏

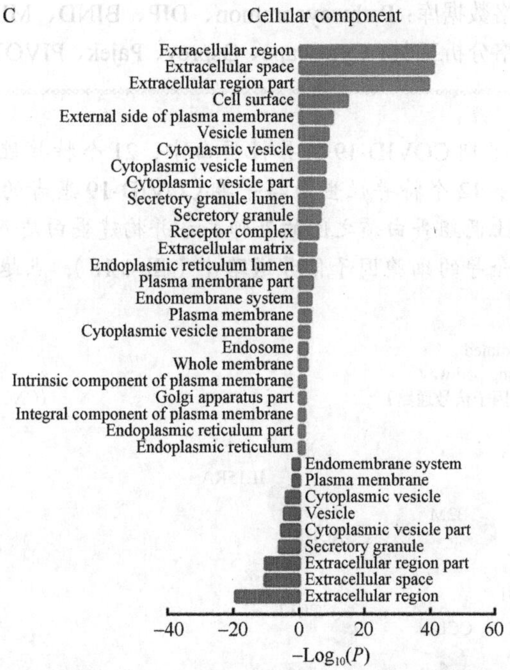

图 4-17 COVID-19 感染早期差异表达蛋白质的功能富集

图 4-17

Signaling pathway，信号通路；Cytokine-cytokine receptor interaction，细胞因子–细胞因子受体互作；Cytokine signaling in immune system，免疫系统中细胞因子信号；Signaling by interleukins，白细胞介素信号；Immune system，免疫系统；Interleukin-4 and Interleukin-13 signaling，白细胞介素-4 和白细胞介素-13 信号；Rheumatoid arthritis，类风湿性关节炎；IL-17 signaling pathway，白细胞介素-17 信号通路；JAK-STAT signaling pathway，JAK-STAT 信号通路；Chagas disease，美洲锥虫病；Proteoglycans in cancer，癌症蛋白聚糖；MAPK signaling pathway，MAPK 信号通路；Pathways in cancer，癌症通路；PI3K-Akt signaling pathway，PI3K-Akt 信号通路；Signal transduction，信号转导；G alpha (i) signaling events，G α(i) 信号；Hemostasis，止血；Innate Immune System，先天免疫系统；GPCR downstream signaling，GPCR 下游信号；Metabolism of proteins，蛋白质代谢；Disease，疾病；Neutrophil degranulation，嗜中性粒细胞脱颗粒；Complement and coagulation cascades，补体和凝血级联；Regulation of Complement cascade，补体级联的调控；Cellular component，细胞组分；Extracellular region，细胞外区域；Extracellular space，细胞外空间；Extracellular region part，细胞外部分区域；Cell surface，细胞表面；External side of plasma membrane，质膜的外侧；Vesicle lumen，囊腔；Cytoplasmic vesicle，胞质囊泡；Cytoplasmic vesicle lumen，细胞质囊腔；Cytoplasmic vesicle part，细胞质囊泡部分；Secretory granule lumen，分泌颗粒管腔；Secretory granule，分泌颗粒；Receptor complex，受体复合物；Extracellular matrix，细胞外基质；Endoplasmic reticulum lumen，内质网腔；Plasma membrane part，质膜部分；Endomembrane system，内膜系统；Plasma membrane，质膜；Cytoplasmic vesicle membrane，细胞质囊泡膜；Endosome，核内体；Whole membrane，所有膜；Intrinsic component of plasma membrane，质膜的固有成分；Golgi apparatus part，高尔基体部分；Integral component of plasma membrane，质膜的组成部分；Endoplasmic reticulum part，内质网部分；Endoplasmic reticulum，内质网；Vesicle，囊泡；Protein domain，蛋白质结构域；Chemokine interleukin-8-like superfamily，趋化因子白介素-8 样超家族；Chemokine interleukin-8-like domain，趋化因子白介素-8 样结构域；Four-helical cytokine-like, core，细胞因子四螺旋束核心；Cystine-knot cytokine，胱氨酸结细胞因子；CC chemokine, conserved site，CC 趋化因子，保守位点；Platelet-derived growth factor, conserved site，血小板衍生生长因子，保守位点；PDGF/VEGF domain，PDGF/VEGF 结构域；Tyrosine protein kinase, EGF/ERB/XmrK receptor，酪氨酸蛋白激酶，EGF/ERB/XmrK 受体；Interleukin-10/19/20/22/24/26 family，白介素 -10/19/20/22/24/26 家族；Receptor L-domain superfamily，受体 L-结构域超家族；Growth factor receptor domain 4，生长因子结构域 4；Interleukin-10, conserved site，白介素 -10，保守位点；Interleukin-17 family，白介素-17 家族；Furin-like cysteine-rich domain，弗林蛋白酶样富含半胱氨酸结构域；Receptor L-domain，受体 L- 结构域；Sushi/SCR/CCP domain，Sushi/SCR/CCP 结构域；Sushi/SCR/CCP superfamily，Sushi/SCR/CCP 超家族；Domain abundant in complement control proteins，补体控制蛋白中富集的结构域；Sushi repeat (SCR repeat)，Sushi 重复（SCR 重复）

（3）蛋白质互作网络分析：蛋白质互作网络由蛋白质间的相互作用构成，参与生物信号传递、基因表达调节、能量和物质代谢及细胞周期调控等生命过程的各个环节。系统分析大量蛋白质在生物系统中的相互作用关系，对于了解生物系统中蛋白质的工作原理，了解疾病等特殊生理状态下生物信号和能量物质代谢的反应机制，以及了解蛋白质之间的功能联系都有重要意义。

蛋白质相互作用通常可以分为物理互作和遗传互作。物理互作是指蛋白质间通过空间构象或化学键彼此发生结合或化学反应，是蛋白质互作的主要研究对象。遗传互作则是指在遗传扰动下，蛋白质或编码基因受到其他蛋白质或基因的影响，常常表现为表型变化之间的相互关系。

1）蛋白质互作检测技术：免疫共沉淀技术、酵母双杂交技术、串联亲和纯化–质谱分析技术、蛋白质互作预测技术、遗传互作检测技术。

2）常用蛋白质互作网络数据库：Pathwaycommon、DIP、BIND、MINT、STRING。

3）常用蛋白质互作网络分析工具：Cytoscape、Osprey、Pajek、PIVOT、ProViz、STRING、Tulip。

案例 4：

在案例 1 中识别出的早期 COVID-19 特异性蛋白中，21 个特异性蛋白与早期 COVID-19 患者的中性粒细胞含量相关，12 个特异性蛋白与早期 COVID-19 患者的淋巴细胞计数相关。基于 STING 数据库分别提取以上两组蛋白质之间的互作关系并构建蛋白质互作网络，这些蛋白质分别富集在 CCL2 和 CXCL10 介导的细胞因子信号通路中（图 4-18），点越大代表与其互作的蛋白质数量越多。

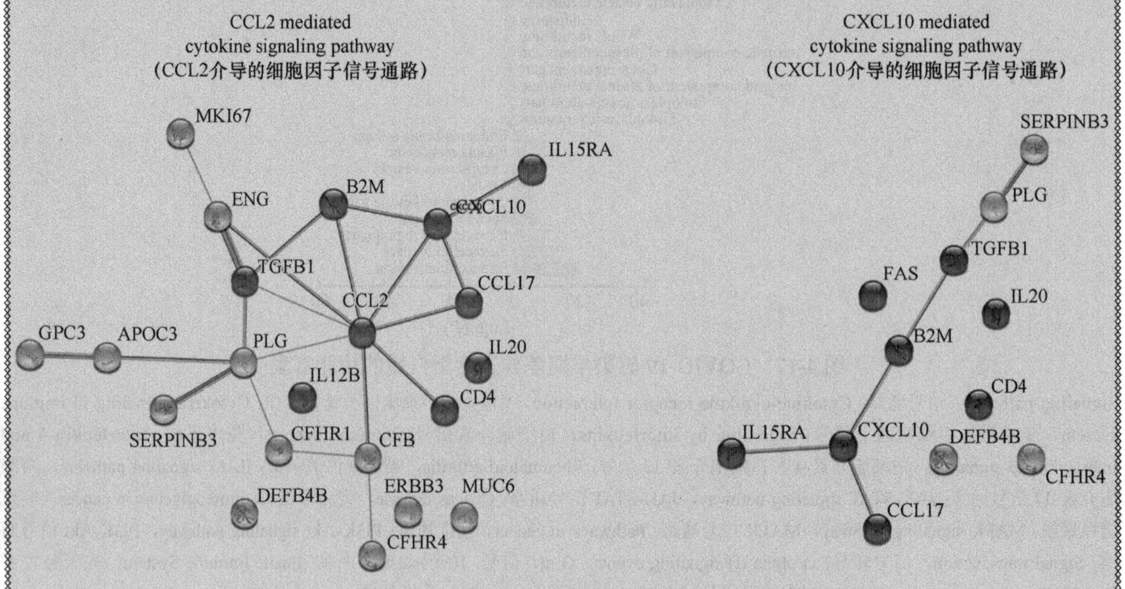

图 4-18　COVID-19 早期特异性蛋白与临床指标的相关性网络

图 4-18

第二节　蛋白质芯片应用

一、蛋白质功能应用

（一）蛋白质组学

蛋白质组学（proteomics）是以蛋白质组为研究对象，研究细胞、组织或生物体蛋白质组成及其变化规律的科学。蛋白质组学本质上是大规模水平研究蛋白质的特征，包括蛋白质的表达水平、翻译后修饰、蛋白质与蛋白质相互作用等，由此获得蛋白质水平上的关于疾病发生和细胞代谢等过程的整体而全面的认识。因此，蛋白质组学研究的目标是大规模、系统化地研究蛋白质的特性，以期望在蛋白质水平上揭示、调控复杂生命活动的分子网络。

定量检测组织和细胞中蛋白质的表达水平，比较健康、病理和药物治疗等不同条件下蛋白质差异表达是蛋白质芯片在蛋白质组学研究中的重要方向。通过蛋白质的表达水平，可了解组织和细胞的生理状态。一个细胞可以表达不同的蛋白质，并且不同的细胞株表达的蛋白质水平和种类也各有差异。疾病也与特定蛋白质的异常表达水平有关，比较正常和疾病条件下的蛋白质表达差异，可为疾病诊断以及临床治疗提供指导。蛋白质芯片为高通量分析差异蛋白质表达水平提供了分析平台。

蛋白质芯片技术应用于分析严重急性呼吸综合征冠状病毒 2（SARS-CoV-2）的体液免疫反应，对理解 COVID-19 的发病机制和开发基于抗体的诊断和治疗至关重要。研究人员使用基于多肽的 SARS-CoV-2 蛋白质组芯片，对 49 例 COVID-19 重症患者的 104 个血清样本的 SARS-CoV-2 蛋白质进行分析（图 4-19），结果显示 IgM 和 IgG 抗体的结合表位在不同的 SARS-CoV-2 蛋白质中不同，甚至在相同的蛋白质中也不同。IgM 抗体与良好的预后相关，而 IgG 抗体与高死亡率相关。此外，该研究中发现的 SARS-CoV-2 免疫原性表位有助于指导基于抗体的 COVID-19 患者的治疗和分诊。

笔记栏

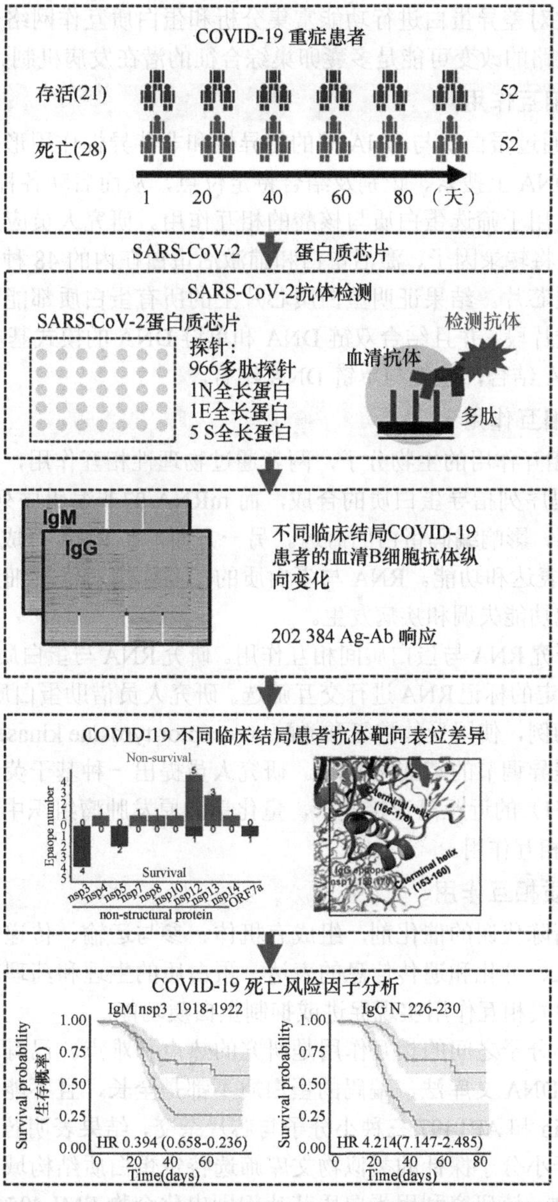

图 4-19　基于蛋白质芯片的 COVID-19 蛋白质组学研究流程

图 4-19

（二）蛋白质–蛋白质相互作用

蛋白质是细胞重要的组成部分，蛋白质间通过相互作用执行特定的功能。蛋白质与蛋白质之间相互作用构成细胞生化反应网络的主要组成部分，蛋白质–蛋白质互作网络是生物信息调控的主要实现方式，是决定细胞命运的关键因素。研究蛋白质–蛋白质相互作用是理解生命活动的基础，是后基因组时代最重要的研究领域之一。

传统的蛋白质芯片制备技术主要通过表达并纯化蛋白质，将各种纯化蛋白质有序地固定于特殊固相片基上，接着用标记了特定荧光素的蛋白质配体或其他成分与芯片杂交，经漂洗去除未能与芯片上蛋白质互补结合的成分，再经荧光扫描仪或激光共聚焦扫描技术测定芯片上各点的荧光强度，从而分析蛋白质之间的相互作用。

研究人员使用蛋白质芯片对高原红细胞增多症（high altitude polycythemia，HAPC）患者血清中的炎症细胞因子互作进行检测。这项研究选择与慢性高原病密切相关的 40 种炎症细胞因子作为可能影响 HAPC 发病的检测指标，应用低密度蛋白质芯片检测 8 名 HAPC 患者及 9 名高原正常人的血清样本，并利用 STRING 数据库分析蛋白质–蛋白质相互作用。该研究识别出 IL-16、MCP-1 和 TNF-α 等可能是参与 HAPC 发病过程的炎症因子，并发现其与 EPO、HIF-1α、雄激素受体有内在的相互作用。研究人员运用蛋白质芯片技术检测多囊卵巢综合征（polycystic ovary syndrome，PCOS）患者与

笔记栏

正常个体的卵泡液，通过对差异蛋白进行功能富集分析和蛋白质互作网络分析，揭示细胞因子间相互作用和趋化因子信号通路的改变可能是多囊卵巢综合征的潜在发病机制。

（三）DNA-蛋白质相互作用

DNA-蛋白质复合物通过蛋白质与DNA间的特异性和非特异性作用形成，相互作用机制非常复杂，其本质是蛋白质在DNA上搜索、识别及结合特定位点，从而启动各种生物过程。

蛋白质芯片已经广泛用于筛选蛋白质与核酸的相互作用。研究人员应用蛋白质芯片检测蛋白质与核酸之间的相互作用，将转录因子、激活蛋白和辅激活蛋白在内的48种纯化蛋白质养在硝酸纤维素膜上，制成通用蛋白质芯片。结果证明蛋白质芯片上的所有蛋白质都能不同程度地特异性识别和结合双链和单链寡核苷酸片段，并且结合双链DNA和单链DNA的模式基本相同，说明大多数DNA结合蛋白既能与双链DNA结合，也能与单链DNA结合。

（四）RNA-蛋白质相互作用

RNA和蛋白质是可相互作用的生物分子，两者通过物理性相互作用，调节彼此的生命周期和功能。一方面，mRNA编码序列指导蛋白质的合成，而mRNA的非编码序列通过调控蛋白质的翻译、定位和蛋白质的相互作用，影响编码蛋白的命运。另一方面，在RNA合成到降解的过程中，蛋白质可以结合和调控RNA的表达和功能。RNA与蛋白质的相互作用对维持细胞稳态至关重要，干扰两者的相互作用会造成细胞功能失调和疾病发生。

蛋白质芯片可用于研究RNA与蛋白质间相互作用。研究RNA与蛋白质之间的相互作用时，蛋白质被固定到芯片上，与特定的标记RNA进行交互筛选。研究人员借助蛋白质芯片识别特定miRNA的功能靶点。以miR-206为例，使用受体酪氨酸激酶（receptor tyrosine kinase，RTK）抗体芯片，识别在miR-206转染后受到差异调节的磷酸化RTK。研究人员提出一种基于荧光原位杂交（fluorescence in situ hybridization，FISH）的近距离连接技术，量化患者原发肿瘤组织中与肿瘤发生及癌症进展相关的RNA和结合蛋白的相互作用。

（五）小分子–蛋白质相互作用

蛋白质作为有机体新陈代谢的催化剂，组成有机体、参与运输、传递信息、调节激素、实现免疫反应并控制细胞的生长、分化和遗传信息的表达。蛋白质的生理和药理功能或多或少有小分子的参与，小分子通过与蛋白质相互作用实现促进或抑制蛋白质功能。

有效检测蛋白质与小分子之间的相互作用是研究的热点和难点。已有的检测手段存在共同的局限性，即均是基于随机cDNA文库法，编码的蛋白质不都是全长，且不能够保证折叠的正确性。研究人员将Anti-DIG、Biotin和AP1497三种小分子与芯片杂交，结果表明芯片蛋白受体能够特异地结合小分子。研究人员基于小分子探针的类似物文库筛选特定蛋白质结构域，以快速检测新的结合或者相互作用关系的化合物。该研究利用蛋白质芯片识别出化合物EML405与包含Tudor结构域的蛋白质Spindlin1具有新的相互作用。

（六）蛋白质修饰

蛋白质翻译后修饰（PTM）是指对翻译后的蛋白质进行共价加工的过程。通过在一个或多个氨基酸残基加上修饰基团可改变蛋白质的物理、化学性质，进而影响蛋白质的空间构象、活性状态、亚细胞定位、稳定性及蛋白质–蛋白质相互作用。

常见的PTM过程有磷酸化、糖基化、泛素化、甲基化和乙酰化等，异常的PTM会导致多种疾病的发生。因此，识别和理解PTM在细胞生物学、疾病治疗和预防的研究中至关重要。

蛋白质芯片是研究PTM的一种工具，通过特定的方法确定修饰发生，从而识别和量化多种PTM。例如，将芯片与酶和放射性ATP一起孵育检测磷酸化水平。

研究人员借助磷酸化蛋白质芯片对PC1.0及PC-1细胞中表达水平不同的蛋白质进行筛选。该研究比较了452个蛋白质上的582个磷酸化位点，发现整合素β4（ITGB4）酪氨酸1510（Tyr1510）位点在PC 1.0细胞中的磷酸化比率高于PC-1细胞。此外，应用蛋白质芯片技术研究培养的细胞提取物的蛋白质修饰分析。例如，研究人员利用大约8000个人重组蛋白质制备蛋白质微阵列，作为体外酶反应的底物平台（覆盖重组连接酶或从整个细胞或病理标本中制备的提取物），使用纯化酶、细胞裂解液或生物液体进行反应，而无须进行复杂的蛋白质纯化步骤。该方法相较于传统的PTM检测方法具有易用性、快速性、规模和样品来源多样性的优点。

笔记栏

二、癌症研究方面应用

随着蛋白质芯片技术的普及，蛋白质芯片技术将继续引领今后肿瘤生物学标志物筛选、治疗反应监测、预后和肿瘤机制分析等研究的进步与发展。

（一）早期诊断标志研究

分析型蛋白质芯片可以同时监测细胞或组织中的几十万个蛋白质样本，已被应用于识别多种癌症的生物标志物。分析型蛋白质芯片在识别潜在癌症生物标志物方面具有潜力，能够实现对高危个体的准确诊断和快速筛查。分析型蛋白质芯片可用于发现胰腺癌的生物标志物。例如，研究人员使用包括293个靶向免疫调节和癌症相关抗原的重组抗体芯片，确定由10个血清蛋白组成的多重生物标志物组合，对区分胰腺导管腺癌具有高敏感性和特异性。作为一种无偏筛检工具，分析型蛋白质芯片也被广泛应用于乳腺癌标志物识别，包括分析细胞系、组织和患者血清中的蛋白质含量。研究人员通过使用多种方法，包括抗细胞因子抗体阵列，分析乳腺癌细胞的微环境，寻找潜在的生物标志物和治疗靶点。此外，研究人员使用378个单克隆抗体组成的商用芯片，识别乳腺癌细胞异常高表达的蛋白质。

由于稳定性、特异性和易于检测性，自身抗体通常被用来诊断癌症和监测癌症进展的生物标志物。功能型蛋白质芯片的血清检测可用来识别新的生物标志物。研究人员利用123个肿瘤相关抗原芯片测量前列腺癌患者血清样本中的自身抗体，识别出41个诊断和治疗前列腺癌的潜在标志物。研究人员基于功能型蛋白质芯片对胃癌患者中具有诊断和预后潜力的血清自身抗原进行识别和验证，确定一组由四种自身抗原组成的胃癌诊断生物标志物。人类功能型蛋白质芯片（如HuProt array vⅡ）包含约17 000个全长蛋白，覆盖约5%的人蛋白质组。功能型蛋白质芯片用于在其他癌症血清生物标志物，如肺癌、结直肠癌、乳腺癌、头颈癌等。

反相蛋白质芯片（reverse phase protein array，RPPA）通过特异性抗体对凝胶电泳处理过的细胞或者生物组织样品进行着色。通过分析着色位置和着色深度获得特定蛋白质在所分析细胞或组织中的表达情况。研究人员利用从12种细胞类型的90种不同细胞系中提取的裂解液制备RPPA，识别不同肿瘤类型间存在差异的信号通路。研究人员应用RPPA技术，通过比较骨转移标本与健康骨组织，分析软组织肉瘤中不同信号通路之间的交互作用，发现骨转移中与细胞基质重塑、细胞黏附和生长/生存相关的蛋白质上调。

伴随诊断检测是能够提供药物的安全、预测和有效性等体外测试的方法。现阶段已有多个商业化蛋白质芯片平台被广泛用于伴随诊断，如Human Proteome Microarray（HuProt）、ProtoArray、NAPPA、Human Protein Fragment Arrays、Immunome Arrays等。

（二）癌症预后标志研究

蛋白质芯片技术广泛应用于癌症治疗的预后标志研究。局部晚期非小细胞肺癌患者完成手术切除和化疗后，常用术后放疗维持局部控制，但仍然存在耐药和转移等问题，且耐药机制尚不清楚。研究人员使用RPPA对70个非小细胞肺癌细胞系中170个蛋白质和磷酸化蛋白质的表达进行分析，对可能导致辐射抗性的通路进行分类和验证。结果显示，RAD50上调可能是肺癌患者接受放疗后耐药的因素之一。

慢性淋巴细胞白血病进程多变，缺乏治疗反应的有效预后标志物。研究人员利用RPPA技术，从慢性淋巴细胞白血病样本和相关疾病的衍生样本中识别四个不同的表观遗传蛋白质组学特征。此外，研究人员发现EZH2、HDAC6和H3K27me3等蛋白质水平降低与低生存率有关。因此，蛋白质组学的表观遗传生物标志物对慢性淋巴细胞白血病患者的治疗有指导价值。

（三）癌症分子机制研究

多肿瘤标志物蛋白质芯片检测系统（C12系统）是国际上第一代用于临床检测的蛋白质芯片，也是我国拥有完全自主独立知识产权的医用生物芯片技术。借助C12芯片检测数据，医疗机构可以及早了解患者的术后治疗情况、术后复发及转移时间等，可用于监测病情、判断疗效、防治肿瘤复发和转移。C12系统适合一种基于双抗体夹心法的化学发光检测方法。首先，利用微点阵技术将体内的12种微量肿瘤标志物蛋白并行捕获，结合第二抗体（标记有示踪标记物），然后经酶促催化反应产生光信号，最后用专门的芯片阅读仪和计算机分析软件进行光信号值和浓度值换算，从而实现

笔记栏

对肿瘤标志进行定量检测的目的。因具有操作简单、低成本、实用性强，允许并行检测的优点，蛋白质芯片检测技术被广泛应用于临床诊断和体检。

胶质母细胞瘤是常见的原发性恶性脑肿瘤。受体酪氨酸激酶（RTK）在胶质母细胞瘤中过度激活。虽然已开发出临床应用的 RTK 抑制剂，但患者经常对 RTK 抑制剂产生耐药性。研究人员对两种临床适用的 RTK 抑制剂（crizotinib 和 onartuzumab）进行研究，使用 RPPA 和功能测定揭示胶质母细胞瘤患者对 RTK 抑制剂耐药性中的代偿途径。

三、免疫研究方面应用

免疫性疾病指免疫调节失去平衡影响机体免疫应答而引起的疾病。其中，自身免疫病是一种因刺激失调导致免疫反应攻击自身器官、组织为特征的疾病。尽管自身抗体已用于该类疾病的临床诊断，但其准确性仍难以满足一些常见疾病的诊断要求，如系统性红斑狼疮（systemic lupus erythematosus，SLE）、类风湿关节炎（rheumatoid arthritis，RA）等。自身免疫病的诊断方式包括免疫荧光技术、酶联免疫吸附试验、免疫印迹法和蛋白质芯片技术。与传统诊断方式不同，蛋白质芯片是一种高通量的蛋白质功能分析技术，该技术仅需微量样本即可筛查多种分析物，不仅节省样本用量，还可以提高系统性免疫病诊断效率。目前蛋白质芯片技术在自身免疫病中已得到广泛的应用（表 4-6）。

表 4-6 蛋白质芯片在自身免疫病中的应用

疾病	芯片类型	平台	样本类型
SLE	Antigen array	ProtoArray	Serum
	Antigen array	HuProt Array	Serum
	Antigen array	HuProt Array	Cerebrospinal fluid
	Antigen array	Immunome Protein Array	Serum
	Antigen array	Lab-made array Antigenic epitopes peptide array	Serum
多发性硬化	Antigen array	HuProt Array and PrEST array	Serum
	Antigen array	UNIarray	Cerebrospinal fluid
	Antigen array	PrEST array	Plasma
	Antigen array	Peptide array	Serum and cerebrospinal fluid
RA	Antigen array	ProtoArray	Serum
	Antigen array	Immunome Protein Array	Serum
	Antigen array	Lab-made cell-free expression array	Serum and synovial tissue extract
	Antibody array	Lab-made bead-based cytokine array	Serum
	Lectin array	Lab-made lectin array	Serum and synovial fluid
强直性脊柱炎	Antigen array	ProtoArray	Serum
	Antigen array	NAPPA array	Serum
白塞综合征	Antigen array	HuProt Array	Serum

SLE 患者血液中存在多种自身抗体，其诊断至今仍存在一定的困难。基于商业蛋白质芯片 ProtoArray，研究人员通过检测 SLE 患者和健康对照的自身抗体谱，确定了多个 SLE 中表达水平显著升高的自身抗体，揭示了 SLE 的潜在致病机制；另外，研究人员开发了一种基于表位抗原肽的 SLE 患者诊断的微阵列，通过检测 SLE 患者和健康对照的自身抗体，筛选出 14 个具有诊断价值的表位。RA 是最常见的全身性自身免疫病，一些患者对早期治疗反映良好，而其他患者则不然，因此 RA 的诊断具有重要意义。研究人员利用高密度蛋白质芯片技术，通过比较 RA 患者和正常样本血浆中自身抗体对蛋白质的反应，识别出 76 种被 RA 抗体特异性识别且具有诊断 RA 潜力的蛋白质。

自身免疫病包括一些罕见疾病，尽管发病率较低，但其诊断仍具有一定意义。基于约 20 000 个人类蛋白质组成的 HuProt 芯片，研究人员分析白塞病患者、Takayasu 动脉炎患者、ANCA 相关血管炎患者、干燥综合征患者以及健康人群的抗原相关性，确定了抗 CTDP1 抗体与白塞病的相关性，有

笔记栏

望实现更准确的临床诊断。为了识别强直性脊柱炎中葡萄膜炎的生物标志物，研究人员利用蛋白质芯片技术分析来自多种自身免疫病的血清蛋白质，并对强直性脊柱炎和RA患者的血清进行ELISA分析。发现抗PFDN5抗体的水平在患有葡萄膜炎的强直性脊柱炎患者中升高，可作为该疾病的生物标志物。

蛋白质芯片技术具有高通量、高灵敏、经济等优势，使其在自身免疫病生物标志物研究中引起广泛关注。今后，可能会出现更多基于蛋白质芯片技术识别生物标志物的工作。

四、药物研究方面应用

蛋白质芯片能同时分析上千种蛋白质与生物分子的相互作用（酶–底物、抗体–抗原、配体–受体、蛋白质–核酸或小分子），在药物和蛋白质之间架起一座桥梁。蛋白质芯片可用于制备四万种人体蛋白，进行药物相互作用的筛选和翻译后蛋白质修饰的检测。蛋白质芯片灵敏度高，对生物样品的要求较低，可以直接利用生物材料（血样、尿样、细胞及组织等）进行检测，其高通量特点加快了生物靶点的发现和确认。蛋白质芯片在药物研究方面的应用主要包括鉴定潜在靶标分子、预测药效标志以及探究药物作用机制三个方面。

（一）鉴定潜在靶标分子

蛋白质芯片鉴定药物潜在靶标分子已得到广泛应用。蛋白质芯片技术可进行单张芯片高通量蛋白质检测。蛋白质芯片技术应用范围广泛，可应用于小分子药物靶点筛选、蛋白质相互作用筛选、DNA/RNA结合蛋白筛选、脂类结合蛋白筛选、酶底物谱筛选及自身抗体谱筛选等。蛋白质芯片的高效性、稳定性、丰度高，以及实验周期短等特点使蛋白质芯片技术在鉴定潜在靶标分子方面远超传统的Pull-down结合质谱鉴定的实验体系。

人类全蛋白质组芯片HuProt是一种高通量测量蛋白质表达的工具，用于跟踪蛋白质相互作用，在大范围内确定其生物功能，其主要优点在于对大量蛋白质进行同时跟踪分析。该芯片可应用于筛选小分子药物靶标，为疾病治疗提供新思路。该芯片已经应用于多种癌型，以三阴性乳腺癌为例，研究人员利用蛋白质芯片技术研究甲氧基欧芹酚（Osthole）在三阴性乳腺癌细胞中的作用。为了确定Osthole抑制乳腺癌的机制和靶点，研究人员利用高通量的蛋白质组学对Osthole的结合蛋白进行筛选，发现了199个与Osthole结合的蛋白质，然后对这些蛋白质进行生物学分析。研究发现，STAT3在多种恶性肿瘤中被异常激活且可促进癌细胞凋亡。因此，研究人员推测STAT3可能是Osthole在三阴性乳腺癌细胞中发挥抑制作用的潜在靶蛋白。研究表明Osthole可以通过结合STAT3抑制三阴性乳腺癌细胞的生长并促进其凋亡，为治疗三阴性乳腺癌的潜在新药物提供支持，STAT3有可能成为新型抗三阴性乳腺癌药物开发的靶点。

（二）预测药效标志

分析型蛋白质芯片被应用于预测药效标志。RPPA允许同时测量复杂样品中的大量磷酸化、糖基化、裂解或总细胞蛋白质。因此，RPPA可以提供疾病状态下或药物治疗前后细胞信号通路的变化信息，并比较耐药细胞和敏感细胞的变化。

研究人员结合转录组学和蛋白质组学数据，运用RPPA检测超过200种总蛋白质或磷酸化蛋白质，并比较了EGFR通路相关蛋白质在上皮细胞与间充质细胞之间表达水平的差异。结果显示，Axl蛋白在间充质细胞中表达含量高。最终研究证明，与上皮细胞相比，间充质细胞对EGFR和PI3K/Akt通路抑制剂耐药，与EGFR突变状态无关，而是与Axl蛋白含量升高有关。

（三）探究药物作用机制

由于疾病机制复杂，很多分子机制尚未阐述清楚，对于药物作用机制的研究仍然十分困难。蛋白质芯片能够检测特定蛋白质与蛋白质之间的相互作用和蛋白质与小分子之间的相互作用，因此在药物研发过程中蛋白质芯片对于药物作用机制的研究非常重要。

雷帕霉素靶点蛋白在真核细胞的营养信号转导中起重要作用。雷帕霉素治疗会诱发一种营养饥饿反应的状态，通常会导致生长抑制。研究人员在具有5800个蛋白质的酵母蛋白质芯片上探测雷帕霉素小分子抑制剂，并确定了两种靶蛋白Tep1p和Nir1p。由于这两种靶蛋白都与磷脂酰肌醇3,5二磷酸相关，表明磷脂酰肌醇与TOR通路的调节机制有关，同时证明了雷帕霉素小分子抑制剂通过作用于磷脂酰肌醇调控雷帕霉素靶点蛋白通路。

笔记栏

总之，功能型蛋白质芯片可用于分析蛋白质组范围内的分子相互作用，并实现全面、无差别的筛选。在基础研究中，研究人员使用功能型蛋白质芯片研究蛋白质–蛋白质相互作用、蛋白质–脂质相互作用、蛋白质–细胞/裂解物相互作用、DNA-蛋白质相互作用、RNA-蛋白质相互作用、小分子结合和翻译后修饰，如糖基化、泛素化、类泛素化、乙酰化、磷酸化和甲基化。另外，功能型蛋白质芯片也可进一步应用于新药物靶点的鉴定、病原体–宿主相互作用筛选、抗体特异性分析，以及发现新的生物标志物，尤其是针对自身免疫病和癌症。

（顾云燕）

第二篇　蛋白质组的功能

第五章　蛋白质亚细胞定位的信息学

PPT

第一节　蛋白质亚细胞定位及其生物学意义

一、蛋白质亚细胞定位的内涵

生物体细胞是一个高度有序的结构，胞内具有多个不同的细胞器或细胞区域，如细胞膜、细胞质、细胞核、线粒体、高尔基体、内质网等，这些细胞器或细胞区域被称为亚细胞。除了在线粒体和叶绿体基因组中编码的少量蛋白质外，其他蛋白质都是在核糖体中合成，然后它们中的大多数经分选信号引导后被转运到特定的亚细胞定位位点，进而参与调控细胞的各项生命活动，这一过程称为蛋白质的亚细胞定位。正是这些分选信号序列决定了蛋白质的去向和最终定位。

蛋白质的功能、代谢以及蛋白质与蛋白质之间的相互作用等都与其对应的亚细胞定位密切相关。成熟蛋白质只有转运到正确的亚细胞位点才能发挥其生物学功能，如果定位发生偏差，将会严重影响细胞功能甚至危害生命。因此，对蛋白质亚细胞定位的研究具有重要意义。

二、蛋白质亚细胞定位的生物学意义

在生物过程中，蛋白质必须出现在正确的亚细胞定位点才能发挥正常的生物学功能，定位如果发生偏差将导致其功能受到影响甚至导致疾病的发生。蛋白质的亚细胞定位研究具有重要意义，可有助于研究蛋白质功能、发现疾病以及筛选候选药物靶标基因等。

（一）蛋白质亚细胞定位与蛋白质功能研究

蛋白质的翻译后修饰，如磷酸化、乙酰化和泛素化等，对于蛋白质的正常生物学功能具有重要意义。蛋白质翻译后修饰的改变可影响其生物学功能以及相关蛋白质的亚细胞定位。如STAT3的磷酸化修饰和其下游蛋白质的亚细胞定位与细胞沉默和淋巴细胞激活密切相关。研究人员发现未磷酸化的STAT3可隔离细胞质定位的pFoxO1/pFoxO3a，从而延长T细胞的激活时间，而pSTAT3通过诱导FoxO1/FoxO3a的核定位和生长抑制蛋白$p27^{kip1}$的表达，从而缩短TCR的激活时间并重新建立淋巴细胞的沉默。有研究报道了STIP（sip1/tuftelin interacting protein）一个新的分子功能，即作为一个核支架蛋白促进蛋白质复合物的形成。STIP通过从核质中招募USP7及其靶点Mdm2和（或）P53，从而介导USP7通过其去泛素酶活性稳定P53和Mdm2，从而在正常和应激条件下调控P53和Mdm2水平进而发挥其相应重要作用。蛋白质的亚细胞定位还可影响蛋白质–蛋白质相互作用，如Ras的亚细胞定位可影响ERK1/2胞质底物的激活。当ERK1/2被来自脂筏的Ras激活时，其通过与KSR1相互作用进而激活表皮生长因子受体（EGFr）和胞质磷脂酶A2（cPLA2）。当激活的Ras信号从紊乱的膜中发出时，ERK1/2主要与RSK1结合。哺乳动物miRNA的加工和功能执行也可以通过控制其亚细胞定位和在动态细胞信号转导过程中发生的修饰来选择性调节。转录因子EB（TFEB）是自噬–溶酶体通路中的重要调控因子，在多种神经退行性疾病和癌症中发挥着重要作用，研究表明其生物学功能与其细胞质定位密切相关。

蛋白质亚细胞定位信息还可用于蛋白质预测。通过将蛋白质亚细胞定位信息与其他信息相结合，如基因表达谱、蛋白质互作网络以及同源蛋白信息等，进而开发出相关算法用于预测必要蛋白质。

（二）蛋白质亚细胞定位与疾病

蛋白质亚细胞定位与癌症、心脑血管疾病以及炎症反应等均有密切联系。肿瘤相关蛋白质亚细胞定位的改变可通过改变蛋白质结构和生物学功能，进而影响肿瘤的早期发现、发生及发展过程。RAS-RAF-MEK-ERK信号通路、JAK-STAT信号通路等均是经典的肿瘤信号转导通路，这些信号通路中的蛋白质亚细胞定位变化均可通过调控细胞增殖、分化、凋亡等过程，进而影响肿瘤的发生发展。

笔记栏

蛋白质的亚细胞定位还与肿瘤的分期及预后相关。如RUNX3的细胞质定位与胃癌、结直肠癌等的分期以及预后密切相关，因为RUNX3会通过基因沉默或细胞质蛋白定位错误而失去功能。随着肿瘤的发展，RUNX3在细胞核中的表达减少，而局限于细胞质中的表达增加。并且，与RUNX3局限于细胞质表达的肿瘤患者相比，RUNX3细胞核定位的患者生存率显著提高。印迹位点调控因子（brother of regulator of imprinted sites，BORIS）的细胞质定位与肿瘤发生发展密切相关，因为其在多种癌症细胞中表达，在正常组织中很少表达。如在结直肠癌细胞中，细胞质定位的BORIS过表达会促进癌细胞生长，并可抑制BORIS短干扰RNA、H_2O_2或5-FU诱导的细胞凋亡。此外，蛋白质亚细胞定位还可用于预测癌症患者对放化疗的反应。如Ku70在对新辅助放化疗（chemoradiation therapy，CRT）无应答的晚期直肠癌患者的细胞质中高表达，而在应答患者中为传统的核定位。由此可见，肿瘤相关蛋白质的亚细胞定位研究对于肿瘤的发生发展、治疗手段的有效性以及肿瘤患者的预后与生存期具有重要意义。

蛋白质亚细胞定位与心脑血管疾病也有着密切联系。研究人员发现了一种由神经球蛋白基因产生的circRNA（circNlgn），该基因在心脏超负荷的先天性心脏病中高表达，它通过转化为一种新的蛋白质进而与Lamin B1相互作用以促进其亚型Nlgn173的细胞核定位。Nlgn173通过与*ING4*和*SGK3*启动子结合，进而导致异常胶原沉积、心脏成纤维细胞增殖以及降低心肌细胞活力。根据长链非编码RNA（long non-coding RNA，lncRNA）的亚细胞定位以及其与DNA、RNA和蛋白质的相互作用，lncRNA可以通过调节染色质功能、无膜核体的组装和功能，进而改变细胞质mRNA的稳定性和翻译以及干扰信号通路，最终影响多种生物和生理病理过程中的基因表达，如神经分化、神经系统疾病、造血、免疫反应以及癌症等。

腺嘌呤–胸腺嘧啶（AT）丰富的相互作用域5a（Arid5a）是一种RNA结合蛋白，其亚细胞定位与免疫调节密切相关。该蛋白定位于细胞核可促进炎症反应，而定位于细胞质则会阻断炎症反应。在炎症信号刺激下，Arid5a从细胞核转运到细胞质中，从而发挥其mRNA稳定和转录调节的双重作用。PCSK9蛋白对血浆胆固醇代谢平衡具有重要作用，其亚细胞定位与低密度脂蛋白受体（LDLR）密切相关。在LDLR缺失的情况下，PCSK9主要定位于细胞质，而在LDLR存在时，PCSK9与LDLR共定位于细胞表面、内涵体和溶酶体。

（三）蛋白质亚细胞定位与药物筛选

蛋白质亚细胞定位对于药物的筛选与研发也具有重大意义。研究人员揭示了一个肿瘤转移的新的治疗靶点——p53/Bcl-2蛋白/复合物-Ⅰ通路。他们发现细胞质和细胞核定位的肿瘤抑制因子*p53*可以通过结合细胞质中的Bcl，促使Bax的释放和与呼吸复合物-Ⅰ亚基ND5的C端结合，进而抑制线粒体活性氧的产生，最终抑制细胞入侵。上海生命科学研究院基于分析NPC1L1蛋白亚细胞定位变化实现了降胆固醇新药的筛选。季勇团队发现了一种新的能发生巯基亚硝基化修饰的蛋白质以及一种治疗心肌肥厚的潜在药物新靶标。他们发现LIM结构域肌蛋白（muscle lim protein，MLP）通过发生巯基亚硝基化修饰，然后通过与TLR3和RIP3结合进而激活下游p65/NLRP3炎症小体信号通路，最终促进心肌肥厚。葛均波团队发现靶向组蛋白去乙酰化酶6（histone deacetylases 6，HDAC6）和线粒体中HDAC1的抑制剂将是减轻心肌缺血–再灌注损伤的潜在药物，而靶向sirtuin家族（Ⅲ型HDAC）的激动剂将有助于心肌梗死术后的恢复。以急性淋巴细胞白血病（acute lymphoblastic leukemia，ALL）细胞表面上调的蛋白质作为靶点的嵌合抗原受体（chimeric antigen receptor，CAR）是一种有效的治疗方法。研究人员发现BRD4780是治疗*MUC1*基因移码突变导致的肾病（MUC1 kidney disease，MKD）和其他毒性蛋白质病（如与*UMOD*突变相关的慢性肾病和视网膜色素变性等）的一个极具前景的候选药物，通过直接结合TMED9，BRD4780将滞留的突变蛋白MUC1从内质网和高尔基体之间的早期分泌通路中释放出来，并促进其进入溶酶体进行降解，进而逆转此类毒性蛋白质病。

蛋白质亚细胞定位的生物学意义总结见表5-1。

表5-1 蛋白质亚细胞定位的生物学意义

蛋白质功能研究	蛋白质的磷酸化、乙酰化和泛素化等翻译后修饰对维持细胞正常的生物学功能具有重要的意义。异常生理环境下，蛋白质翻译后修饰发生改变可影响蛋白质亚细胞定位，进而影响蛋白质的正常生物学功能

笔记栏

续表

增加对疾病复杂过程的理解	蛋白质亚细胞定位变化与癌症、心脑血管疾病、炎症等密切相关 （1）肿瘤相关蛋白质亚细胞定位的改变与肿瘤的早期发现、发生发展及患者预后密切相关 （2）Nlgn173 的亚细胞定位变化与心脏超负荷的先天性心脏病有关，lncRNA 的亚细胞定位与神经分化、神经系统疾病、造血功能、免疫反应及癌症等相关 （3）Arid5a 的亚细胞定位变化与炎症反应和免疫调节密切相关 （4）PCSK9 的亚细胞定位与胆固醇代谢平衡密切相关
促进药物筛选与研发	（1）p53/Bcl-2 蛋白/复合物-Ⅰ通路是肿瘤转移的潜在的治疗靶点 （2）NPC1L1 蛋白亚细胞定位变化可用于筛选降胆固醇新药 （3）MLP 是治疗心肌肥厚的潜在药物靶点 （4）HDAC6 和线粒体中 HDAC1 的抑制剂是减轻心肌缺血–再灌注损伤的潜在药物；sirtuin 家族（Ⅲ型 HDAC）的激动剂有助于心肌梗死术后的恢复 （5）CAR 是治疗急性淋巴细胞白血病的有效靶点 （6）BRD4780 是治疗毒性蛋白质病（如 *MUC1* 基因移码突变导致的肾病、与 *UMOD* 突变相关的慢性肾病和视网膜色素变性等）的潜在药物

三、蛋白质亚细胞定位相关的信息学问题

随着人类基因组计划的完成以及测序技术的发展，已知序列的蛋白质数量急剧增加。相比之下，它们的生物学功能方面的研究却进展缓慢。蛋白质序列和其生物学功能之间的不平衡促进了高通量自动化工具和计算方法的快速发展，以更加高效且精确地识别不同属性的非特征蛋白质。传统的蛋白质亚细胞定位方法通过各种生物化学实验验证实现，如融合绿色荧光蛋白（green fluorescent protein，GFP）、电子显微镜法、免疫荧光标记定位法等。这些方法精确度虽然较高，但耗时费力、成本昂贵且重复性较差，而基于蛋白质序列信息的生物信息学手段将有效改善上述弊端，进而缩小蛋白质序列的数量和其生物学功能之间的差距。虽然近年来基于机器学习的生物信息学方法在蛋白质亚细胞定位预测中得到了大量的应用与研究，但仍然存在许多亟待解决的问题。如图 5-1 所示，本小节分别从蛋白质基准数据集构建标准、蛋白质亚细胞定位的动态性与复杂性、蛋白质样本特征的提取和预测算法精度的评价四个方面进行阐述。

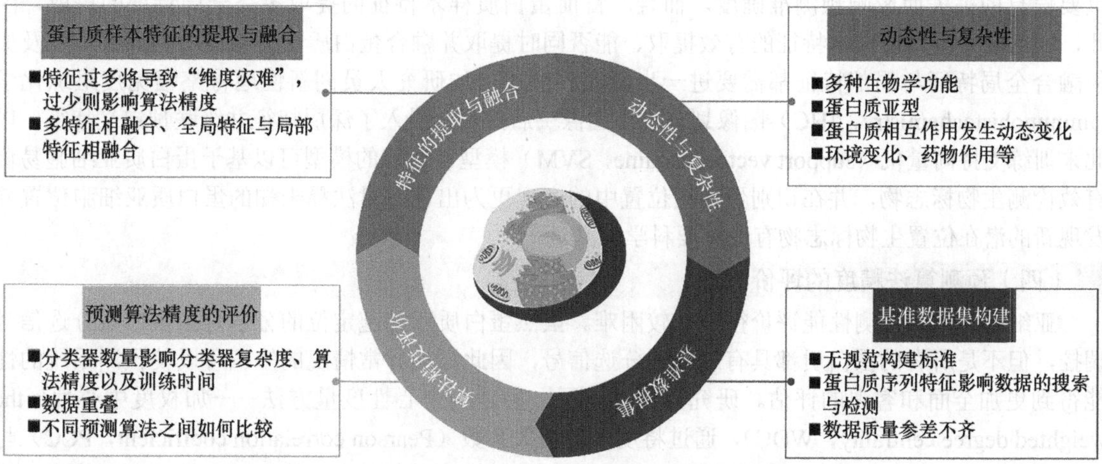

图 5-1　蛋白质亚细胞定位的信息学研究概述

图 5-1

（一）蛋白质基准数据集构建标准

目前蛋白质基准数据集的构建还不够规范，存在亚细胞定位样本不平衡等问题，这将导致机器学习分类结果出现偏差。蛋白质中的定位信息通常表示为一个称为蛋白质分选信号的短序列片段，这些信号中的一些被表示为定义明确的基序，而另一些则显示出相当模糊的序列特征，很难通过简单的同源搜索来检测。同时，高通量技术的发展以及快速增加的数据量导致数据质量参差不齐。因此需要对测序数据（如基因、基因组或转录组）进行质量评估和控制。通用单拷贝同源基因基准（benchmarking universal single-copy orthologs，BUSCO）方法通过与保守序列的比对来识别基因组序列中完整性、重复的、片段性的以及可能缺失的基因，且能实现不同数据集之间的质量比较。因此，可以采用 BUSCO 方法评估蛋白质组完整性、预期基因含量以及删除不完整和质量较差的蛋白质组。

笔记栏

UniProt 中还采用了一种内部算法——“完整蛋白质组检测器”（complete proteome detector，CPD），直接将每个蛋白质组与至少三个在分类学上密切相关的物种进行对比分析，然后从统计学上评估每个蛋白质组的完整性和质量。

（二）蛋白质亚细胞定位的动态性与复杂性

蛋白质结构的复杂性以及蛋白质亚细胞定位的动态性导致了蛋白质亚细胞定位的预测是一项繁重但精细的工作。越来越多的研究表明，同一种蛋白质在发挥不同的生物学功能时会出现在不同的细胞器中。2017 年，研究人员发布的蛋白质组亚细胞定位图的细胞图谱中显示大约一半的蛋白在一个以上的细胞区室中被发现。同时，不同的蛋白质亚型可能有着不同的亚细胞定位以及生物学功能。如哺乳动物 KAT 根据其亚细胞定位可分为核 KAT（A 型）和胞质 KAT（B 型），A 型 KAT 主要参与基因转录调控，B 型 KAT 用于乙酰化游离组蛋白和细胞质底物。在目前的生物信息学方法预测中，大多数研究往往只考虑了蛋白质在一个细胞器的情况。此外，除了上述动态蛋白质易位和同一蛋白质可能具有多个亚细胞定位位点外，单细胞变异以及变化的互作网络也是需要考虑的因素。因此，未来需要更多的可用于预测多标记蛋白质亚细胞定位的预测方法。目前，大多数蛋白质亚细胞定位预测方法多是通过比较刺激、遗传改变或干扰前后获得的图谱来推断，多是静态的，而不是蛋白质动态的连续信息。因此，未来的研究还需要以下内容：是否有多个蛋白质亚细胞定位位点？不同的蛋白质种群之间是静态的还是动态的？不同的种群是否有着不同的蛋白质形态？是否具有两种或者两种以上的细胞功能？细胞在对环境变化或者药物作用中的异质性变化等。

（三）蛋白质样本特征的提取与融合

决定蛋白质亚细胞定位位点的信息大多编码在其氨基酸序列中，根据蛋白质的氨基酸序列预测其亚细胞定位是生物信息学中具有挑战性的内容。目前，细胞中蛋白质亚细胞定位位点的预测方法主要有以下四种：仅使用基于序列的特征、使用从实验证据中获得的基于注释的特征、结合基于序列和基于注释的特征以及几种预测方法（元服务器）的集合（它通过收集几个预测器的预测得分，然后用机器学习技术对它们进行训练）。而这些蛋白质样本特征的提取直接影响了预测算法的设计和结果，提取的特征过多将造成“高维灾难”而降低算法效率，而特征太少又会导致某些重要信息的丢失而影响预测准确度。而且，目前蛋白质样本特征的提取多是全局特征的提取，因此，如何确保蛋白质样本特征的有效提取、能否同时提取并融合蛋白质全局特征与局部特征以及如何融合全局特征与局部特征都需要进一步研究和解决。如研究人员创新性地将整幅免疫组织化学（immunohistochemistry，IHC）图像划分成小图像块后处理，引入了深层特征并级联预定义特征，以此来训练支持向量机（support vector machine，SVM）模型。训练的模型可以基于蛋白质亚细胞易位有效检测生物标志物，并在识别蛋白质位置中的表现更为出色，对注释未知的蛋白质亚细胞位置并发现新的潜在位置生物标志物有着重要科学意义。

（四）预测算法精度的评价

亚细胞定位的预测性能评价往往比较困难。虽然蛋白质亚细胞定位的分选是由蛋白质分选信号调控，但不是所有的蛋白质都具有这样的分选信号，因此添加异常情况的知识可以使预测系统的性能得到更加全面和客观的评估。研究人员提出了一种新的中心性度量方法——加权度中心性（the weighted degree centrality，WDC），通过将皮尔逊相关系数（Pearson correlation coefficient，PCC）与边缘聚类系数（edge clustering coefficient，ECC）相结合，对边缘进行加权，进而提高预测精度。将蛋白质亚细胞定位信息与蛋白质互作网络拓扑结构、基因表达数据以及基因本体论注释信息相结合的算法也可在一定程度上提高算法预测精度。由此可见，目前蛋白质亚细胞定位预测方法中使用的分类器多为组合分类器，虽然精度得到了提高，但是分类器的复杂度以及训练时间也相应增加了。此外，不同研究者自身的训练数据与不同方法的测试数据之间存在重叠，而且不同预测方法之间的比较是不公平的，如基于序列的方法与基于注释的方法或基于序列与注释相结合的方法之间的比较。

第二节　蛋白质亚细胞定位的数据资源

在大数据时代，蛋白质组学、生物信息学及其他传统实验科学的技术进步，促进了蛋白质亚细胞定位的全面发展。然而，随着数据量爆炸性的增长，如何存储和利用这些数据成为一大挑战。从原始数据到以科学知识引导的个性化应用，实现数据的标准化、共享和集成是至关重要的，而集成

笔记栏

多方面数据且结构化完好的数据库或知识库则是数据标准化和共享的终极目标。在本节中，我们将总结概述与蛋白质亚细胞定位相关的一系列数据库和知识库。这些数据库可以为相关的研究提供数据参考。同时，我们还总结了一些基于基因本体的蛋白质亚细胞定位预测的平台与方法。

一、蛋白质亚细胞定位相关数据库

目前主要的蛋白质相关的公共数据库都含有大量的蛋白质亚细胞定位数据，如 UniProt、SWISS-PROT 等。除此之外，也有不少研究团队专门为蛋白质亚细胞定位开发整合了分析和可视化功能的蛋白质亚细胞定位数据库。这些数据库的概述和比较见表 5-2。

表 5-2　蛋白质亚细胞定位相关数据库概述和比较

数据库名称	简介	研究对象	数据量	数据类型	可视化	预测功能	PMID-Year
PSORTdb	细菌相关的蛋白质亚细胞定位数据库	细菌	将近 13 000 条实验验证数据和 3 700 000 条计算预测数据	蛋白质基本信息、定位数据、基因本体数据	有	有	33313828-2021
CYCLoPs	用于分析酵母中蛋白质丰度及亚细胞定位的综合数据库	酵母	约 330 000 条亚细胞定位图像数据	蛋白质基本信息、定位数据、蛋白质丰度数据、定位图像数据	有	有	26048563-2015
COMPARTMENTS	基于文本挖掘算法的蛋白质亚细胞定位数据库，并集成了数据可视化工具	人、模式生物	超过 500 万条定位数据	蛋白质基本信息、定位数据、基因本体数据、图像数据	有	无	24573882-2014
eSLDB	真核生物亚细胞定位数据库	人、小鼠、秀丽隐杆线虫、酵母和拟南芥	约 15 万条定位数据	蛋白质基本信息、定位数据	无	无	17108361-2007
Proteome Analyst	蛋白质组学综合分析平台，提供可解释的蛋白质亚细胞定位预测	人	约 11 万条数据	蛋白质基本信息、定位数据、基因本体数据	无	有	15215412-2004

（一）PSORTdb

PSORTdb，全名为 protein subcellular localization for bacteria database，最初由研究人员于 2005 年开发完成。目前已经更新至 4.0 版本。该数据库属于 PSORT 工具集。配合该工具集中其他工具，如 PSORTb 等，用户可进行一系列的蛋白质相关数据分析和亚细胞定位预测。PSORTdb 由 ePSORTdb 和 cPSORTdb 两部分组成。ePSORTdb 是一个手工整理的实验验证的蛋白质亚细胞定位的数据库，其中包括 12 000 多条细菌蛋白质和 800 多条古细菌蛋白质亚细胞定位数据。cPSORTdb 是开发人员基于 NCBI 的 RefSeq，通过 PSORTb 工具预测的细菌和古细菌的蛋白质亚细胞定位的数据库，其中包含了将近 3 700 000 条计算预测的亚细胞定位数据。PSORTdb 目前已被整合至 NCBI BLAST 中。同时用户也可以直接下载整个数据库本地使用，数据库中的每个术语都与基因本体中的标识符相关联，以便与其他生物信息学资源进行整合。

（二）CYCLoPs

CYCLoPs，全称是 collection of yeast cells localization patterns，是一个专注于酵母菌的蛋白质亚细胞定位数据收集和分析的数据库。该数据库于 2015 年开发完成，包含了将近 330 000 条图像数据，用户通过该数据库可以检索并可视化酵母细胞图像，同时可查询该团队相关研究中的每一个遗传或化学干扰的酵母蛋白质组的亚细胞定位和丰度概况。与其他蛋白质组学数据库相比，该数据库的优势可总结为以下几点：①除了提供酵母细胞的蛋白质亚细胞定位外，CYCLoPs 中还包含计算得到的定位量化结果和丰度概况；② CYCLoPs 为用户提供了可搜索的网络图形界面，方便用户查看感兴趣的蛋白质的定位或丰度情况。在搜索结果内该数据库还会反映蛋白质对不同环境和遗传背景的不同响应；③ CYCLoPs 中的亚细胞定位数据直接根据细胞的形态特征确定，可实现多种蛋白质定位到多

笔记栏

个位置；④ CYCLoPs 还能提供单个细胞的定位和丰度的分析，从而能从单细胞层面更深入地对感兴趣的蛋白质进行探索。

（三）COMPARTMENTS

一些大型的公共数据库如 UniProtKB、MGD、SGD，以及上述的 PSORTdb 等包含了海量的蛋白质亚细胞定位的知识。其中一些数据库同时整合了 cDNA 标签项目、蛋白质组学的实验及基于显微镜的高通量定位数据。然而，由于数据量的爆炸增长，仅仅靠手动的数据收集和处理远远无法跟上数据增长的步伐。近些年，科研人员基于文本挖掘算法，开发了一些用于自动从生物医学文献中提取蛋白质亚细胞定位信息的方法和工具，为相关的数据收集提供了有力的帮助。COMPARTMENTS 是由研究人员结合已有的定位信息挖掘方法，将多个包含蛋白质亚细胞定位信息数据库中的定位数据与其他文献中报道的数据整合而成的数据库。该数据库自动与源数据库保持同步更新，所有的定位数据除了与对应的蛋白质做连接以外，也会映射至相应的基因本体术语。此外，该数据库还引入了置信分数系统，根据定位数据的类型和来源进行打分，以方便不同类型和来源的数据进行比较。该数据库也内置了可视化系统为置信分数高的蛋白质的亚细胞位置提供一个简单的图形概述。

（四）eSLDB

eSLDB，全称是 eukaryotic subcellular localization database，是一个真核细胞蛋白质亚细胞定位数据库，该数据库包含了超过 15 万条的定位数据，除了收集的实验验证的定位数据以外，该数据库的开发者基于其内部开发的定位预测算法，产生了超过 11 万条的计算预测的定位信息。值得一提的是，eSLDB 也是第一个包含实验验证的和计算预测的真核细胞蛋白质亚细胞定位数据的数据库。

（五）Proteome Analyst

Proteome Analyst 是一个综合的蛋白质组学分析平台。其内置的蛋白质亚细胞定位数据库包含了近 11 万条蛋白质序列及其相应的基因本体功能注释和亚细胞定位数据。该平台通过内置的朴素贝叶斯等机器学习算法，基于其数据库中的蛋白质序列信息及生化性质对每个蛋白质进行了定位预测。该数据库在先前的其他数据库基础上有效地扩大了亚细胞定位和基因本体功能注释的覆盖范围，同时其内置的预测算法相较于已报道的几种算法也有了一定的提升。用户可通过三种方式来使用该数据库：①研究人员可以通过注释或文本过滤器浏览每个蛋白质相应的预先计算的 PA-GOSUB 注释；②用户可以对 PA-GOSUB 数据库进行 BLAST 搜索，并使用同源词的注释作为新序列的简单预测器；③用户也可以将整个数据库中的数据以 CSV 或 FASTA 格式进行打包下载。

（六）总结

虽然在最近 20 年内涌现了多个相关的数据库，且在诸如 UniProt 等大型综合数据库中也提供了海量亚定位数据和分析工具供用户使用，但目前这些数据库仍然存在一些问题。如不同数据库的关注点和数据结构各异，当用户需要对其中的数据进行数据整合时会非常麻烦。此外，除了上述几种数据库，还有诸如 DBSubLoc、LOCATE、CoBaltDB 和 PathLocdb 等多个专注于蛋白质亚细胞定位的数据库，但都因为年代久远而无法访问。同时，上述数据库如 eSLDB 和 Proteome Analyst 则存在数据更新不及时或已经停止更新的现象。值得注意的是，在 2017 年由研究人员首次绘制了人类的蛋白质亚细胞定位图谱，并在该项研究中解释了不同定位与各种疾病之间的联系。但与疾病相关的蛋白质定位数据库却十分匮乏。总而言之，目前在蛋白质亚细胞定位领域亟须整合来自不同研究的非结构化和孤立的小数据集，将数据进行统一标准化，从而提高基于该数据集的定位预测等模型的鲁棒性。同时整合先前研究证据，构建疾病特异的蛋白质亚细胞定位数据库。

二、蛋白质亚细胞定位与基因本体功能注解

（一）基于基因本体的蛋白质亚细胞定位预测

迄今为止，许多由大规模基因组测序项目产生的蛋白质仍未被具体描述。了解蛋白质亚细胞定位是阐明蛋白质功能的关键。然而这仍然是一项十分艰巨的任务。例如，如何确定多位点蛋白质在不同亚细胞位置的功能变化？如果一个未知的蛋白质没有功能已知的同源蛋白质，该如何确定它在某个亚细胞位置的功能？随着人工智能技术的发展，机器学习或深度学习的方法使得对蛋白质亚细胞定位及其功能的探索成本大大降低，同时也提供了更合理准确的结果。为了解决亚细胞定位的问题，人们提出了基于与亚细胞定位有关的不同蛋白质序列特征的各种各样的预测模型。然而，很多预

笔记栏

测模型都侧重于单个定位，且覆盖细胞位置非常有限。预测方法的开发思路也基本建立在信号分选、氨基酸组成、同源性等方面。为了提高预测的质量，已经有多项研究着重于从注释数据库中提取知识信息，如蛋白质相互作用和基因本体功能域注释——这是近年来被广泛采用的预测模型必不可少的信息。这其中已经有多个成熟的算法发表且部分已经被整合成综合的网络云平台供用户进行分析。

由于基因本体术语包含高度抽象的领域知识，因此当有足够的注释可用时，它们通常会比基于残基或多肽特征的方法有更高的准确性。然而，海量的注释数据也给算法带来了新的挑战。基于基因本体方法往往会导致一个极其高维的特征空间，其中包含数万个基因本体因子，而且随着基因本体数据库的扩展和定期更新，维度将随着我们对蛋白质知识的扩展而不断增加。高维特征向量增加了后续学习过程的复杂性，同时考虑到注释数据库中潜在的噪声，影响了预测性能。尽管整个基因本体数据库非常庞大，但每个蛋白质实际上只包含了几个术语。例如，在SWISS-PROT数据库中平均每个蛋白质只有6个基因本体术语的注释，即一个蛋白质对应一个上千维度的稀疏矩阵，但其中大约只有6个有用的特征。针对这样的规律，人们提出了不同的方法来处理这种高维但非常稀疏的特征向量。例如，YLoc只选择特定亚细胞位置的基因本体术语和蛋白质功能位点数据库（PROSITE）中的数据作为特征。因此，它大大降低了特征矩阵的维度，使结果更具有可解释性。研究人员为每个基因本体术语分配权重，并对权重高的术语突出显示。有研究团队开发的HybridGO-Loc和mGOASVM是通过对由N个蛋白质组成的集合进行BLAST同源搜索，获取这些同源蛋白质的所有基因本体术语。以此为基础构成N维欧氏空间构建分类器，而在Hum-mPLoc，作者则不以基因本体术语存在与否或频率作为特征，而是将基因本体的三个类型，即生物过程、细胞组成和分子功能之间的隐藏关系进行编码作为特征向量，利用该特征构建了一种新的方法，并通过统计残差特征解决了因基因本体数据库不完整导致的某些蛋白质注释缺失的问题。

除了上述平台，还有不少其他团队开发的预测算法。研究人员将蛋白质亚细胞定位预测视为一个多标记学习问题，试图通过使用蛋白质同源物的基因本体术语和PSI-BLAST谱挖掘蛋白质的同源关系，对单个位点和多个位点未注释的细菌蛋白质序列进行标记。在基准数据集上进行了5倍交叉验证试验。其提出的一致性多标记预测模型在区分6个革兰氏阴性细菌蛋白质和5个革兰氏阳性细菌蛋白质的基础上取得了显著的改进。研究人员提出了一种从基因本体图的内在结构中获取信息的方法，构建特征向量。实验结果表明，该方法可以提高真核生物和人类亚细胞定位预测的准确率，比之前使用基于基因本体特征的研究提高了1.1%，总体准确率超过87%。有的研究人员针对基于直接同源性的基因本体迁移容易给目标蛋白引入噪声和异常值的问题，设计了一种显式加权核学习系统（称为基于基因本体的迁移学习模型，GO- tlm）。该模型将相关同源蛋白质的已知知识迁移到目标蛋白中降低离群值的风险，并在同源蛋白质之间共享知识，从而实现更好的蛋白质亚细胞定位预测性能。有的研究人员提出了一种新的基于卡方对数变换的项加权方法，使得每个基因本体术语的权重与其对预测算法的贡献相对应，显著降低了预测的假阳性以及提高了预测效率。

（二）总结

蛋白质亚细胞定位是了解蛋白质功能、调控机制和蛋白质相互作用的关键。然而，传统的基于生物学实验方法来识别蛋白质的亚细胞位置是非常费时费力的，因此，基于计算方法对蛋白质的亚细胞位置进行预测是非常重要的。一般来说，蛋白质亚细胞定位识别的计算方法可分为基于同源搜索和基于机器学习的两类方法。基于同源搜索的方法可以被认为是一个最近邻预测器，其中两个蛋白质之间的距离通常是通过它们的序列一致性来衡量的。该方法通过在大量注释序列中搜索查询蛋白质，找到最接近的K个蛋白质，并将它们的注释转移到查询蛋白质中。这是一种相当简单的策略，但基于该策略开发出来的预测方法非常依赖于同源蛋白质，且没有考虑一些虽然两个蛋白质高度同源但结构却非常不同的情况。基于机器学习的方法则需要训练指定规则的数据集，通过统计学习算法学习分类规则。因此，基于该策略的预测精度和效率与训练数据的质量、学习的统计规则的质量密切相关。在目前主流的基于机器学习的策略中，结合基因本体信息的方法通常被认为是精度相对较高的策略。上文所总结的一些方法由于其较高的精度和效率受到了相关研究人员的青睐，但该策略也存在一些问题。例如，由于基因本体标注数据库的不完备性和本体特征向量的稀疏性，牺牲了相关模型的一定的效率和准确度。因此，基于该策略的模型可能还要结合其他特征，如保守区结构域等。此外，目前开发的绝大部分预测方法仍然存在细胞覆盖率偏低的现象，随着一些新的定位数据的补充，相应的模型和算法也应进行实时更新。同时，随着计算技术和数据的日趋完整，未来的

笔记栏

研究可以进一步挖掘蛋白质在细胞中的角色，如探索蛋白质亚细胞的位置和功能。除了利用基因本体对蛋白质进行亚细胞定位和功能注解外，还有一些算法将蛋白质亚细胞定位信息结合功能注解结果，再加上其他如表达谱、互作网络等信息来探索特定生物过程中的关键蛋白。以上则是关于未来蛋白质亚细胞定位相关研究的潜在方向的探讨。

第三节　蛋白质亚细胞定位预测的算法、工具和应用

进入21世纪以来，随着测序技术和计算生物学的快速发展，推动了基因组学和蛋白质组学的井喷，如现在的UniProt数据库积累的蛋白质条目已经达到2亿多，但是经过人工标注的才50多万条。蛋白质的亚细胞定位对于蛋白质的功能注释、一些疾病的产生机制以及药物的靶向等都有着至关重要的意义。传统的实验验证蛋白质亚细胞定位的方法主要有X射线衍射、荧光蛋白标记、电子显微镜等，但是这些方法实际操作起来很缓慢、花费高，需要花费大量的人力、物力、财力。不同于传统的实验方法，现代生物信息学通过计算的方法预测蛋白质的亚细胞定位，能够在兼顾准确的情况下较短时间内快速而又经济实惠地实现（图5-2）。

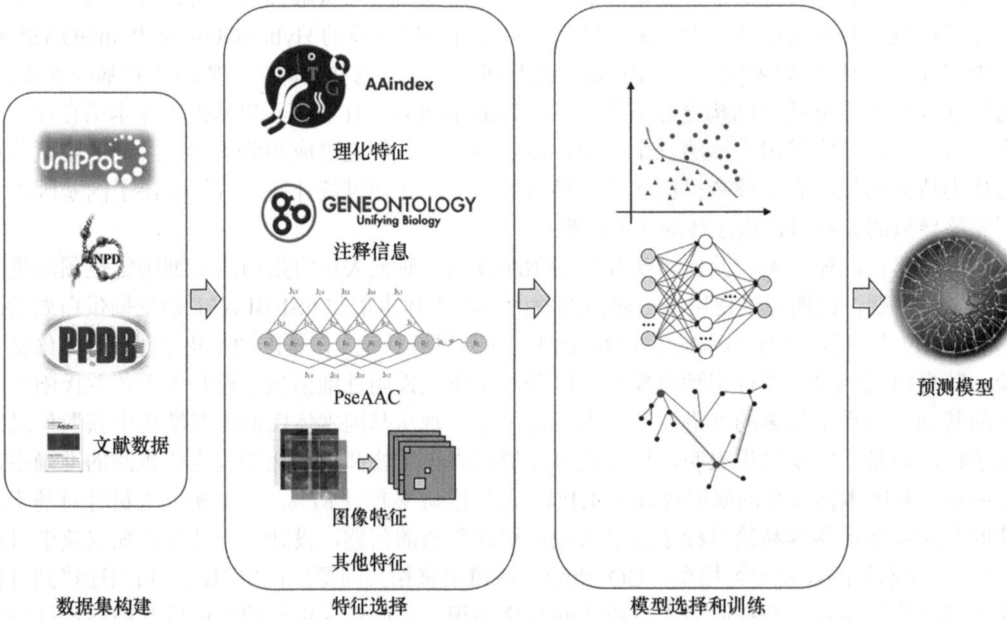

图5-2

图5-2　生物信息学预测蛋白质亚细胞定位的模式

一、蛋白质亚细胞定位预测的算法简介

应用机器学习的算法预测蛋白质亚细胞定位流程分为四个步骤。①构建标准的、科学的数据集；②特征集的构建与特征选择，提高精度的同时减少冗余；③根据数据、特征选择合适的机器学习模型并训练和调参；④对模型进行评估。

生物信息学预测蛋白质亚细胞定位的核心是提炼和总结已有明确蛋白质亚细胞定位信息的蛋白质的理化特征、序列特征、图像特征等，然后来构建机器学习的模型和方法，通过大量的数据训练让模型学习蛋白质的亚细胞定位方面的属性和知识，从而让人工智能的模型获得蛋白质亚细胞定位的能力。

（一）数据集构建

丰富且全面的蛋白质数据集是亚细胞定位的基础，数据集中必须要均衡地包含蛋白质亚细胞定位的各个方面的信息而又不能有过多的冗余，因为它直接涉及蛋白质特征的提取以及模型的训练。从蛋白质数据的来源可以将数据集构建的方法分为三种，分别是：①直接使用已发表文献中整理的数据集，如真核蛋白亚细胞定位预测工具pLoc-mEuk就直接使用了来自工具Euk-mPLoc构建的数据集；②对已构建好的数据集进行整合和加工，如研究人员在已有的CAFA（the critical assessment of protein function annotation algorithms——蛋白质功能注释算法关键评估，是一项实验，旨在提供大规模评估用于预测蛋白质功能的计算方法）数据集的基础上添加UniprotKB/SWISS-PROT中部分

笔记栏

革兰氏阳性细菌蛋白质来创建自己的数据集；③自己构建全新的数据集，有研究人员从UniprotKB/SWISS-PROT下载了由7859个物种组成的189 819个蛋白质的数据集，经过自己的筛选和整理形成自己的训练和预测数据集。

（二）蛋白质特征选择

机器学习使用数学来拟合数据。特征作为机器学习的输入，是原始数据某一特性的数值表示，正确的特征能够减轻建模的难度，使得机器学习模型输出更准确的结果。

1. 氨基酸的理化特征　组成蛋白质的氨基酸具有大量的物理、化学特征，其中包括氨基酸的极性、疏水性、分子量等，这些性质在一定程度上影响蛋白质的结构和功能特性，也同样影响蛋白质的亚细胞定位。氨基酸指数数据库收集了迄今为止已发表的表示氨基酸和氨基酸对的各种物理化学和生化特征，均以数值表示（AAIndex）。研究人员将氨基酸的疏水性和亲水性作为蛋白质的部分特征输入到SVM，提出蛋白质亚细胞定位算法pSLIP。

2. 蛋白质分选信号　蛋白质分选或者蛋白质寻靶正是将相应的蛋白质转运至特定的细胞部位发挥作用的生物过程。目前细胞内已知的蛋白质分选信号至少有两种，分别是信号序列（signal sequence）和信号斑（signal patch）。蛋白质信号序列以一级序列的形式存在于N端的靶向序列以及蛋白质内部序列的模体中，信号斑则存在于三维的蛋白质结构中。细胞器上有特异性分选信号识别受体，靶向对应的蛋白质。德国图宾根大学的研究人员建立的预测工具MultiLoc以及研究人员构建的YLoc等都使用了蛋白质分选信号作为其模型的一部分特征。但是在蛋白质的N端序列质量不高或者缺失的情况下，会使得过分依赖分选信号作为特征的工具预测精度下降。

3. 图像特征　随着荧光显微技术以及IHC等图像方法的发展，产生了大量与蛋白质亚细胞定位相关的图像学数据，基于图像的方法预测蛋白质亚细胞定位成为重要的方法之一。常见的图像特征为颜色、几何特征、纹理特征等。颜色特征只需将图像中像素变换成数值即可；几何特征须对图像进行分割，然后寻找关键的角或者拐点；纹理特征体现图像的整体，在局部又有不同的重复，纹理特征通常用能量、惯量、熵和相关性等表示。研究人员首先利用细胞图像的155个几何特征和500个纹理特征构建了基于图像的特征集合，然后通过反向逐步判别分析选取其中的134个作为最终特征。ImPLoc是基于深度卷积神经网络来提取免疫组化图像的特征，首先抽取了纹理、颜色、边缘等底层的图像特征，然后用ResNet_18模型构建了更高维度的抽象特征。研究人员使用了常见的5种深度神经网络来建立特征集，然后使用最小冗余、最大相关性以及向后特征消除算法来减少特征的冗余，选取性能最好的特征子集作为最终的特征集。

（三）模型选择和训练

1. 支持向量机模型　是蛋白质亚细胞定位预测最常用的分类器。原理上，SVM是一个二分类的模型，通过在特征向量建立的多维空间中找到一个最优的支持平面来最大化地区分正负样本。细胞中分布有蛋白质的位置往往不止2个，这时我们需要构建多个SVM来实现蛋白质亚细胞定位预测的多分类问题。我国最早用SVM模型解决蛋白质亚细胞定位预测的是清华大学孙之荣教授团队建立的SubLoc系统，该系统在原核生物中的预测精度能达到91.4%。后来的BaCelLo、mGOASVM、Hum-mPLoc 3.0等工具都使用到SVM作为分类器。支持向量机在特征维度以及数据量不大的情况下其分类效果显著，但是特征过多和数据量过大会导致维度灾难以及过拟合状况。

2. *k*最近邻（KNN）算法　是一种常用的监督学习方法，顾名思义，当我们要决定某个样本的所属分类时，选取离其最近的*k*个样本的分类信息中最多的作为结果。*k*的取值通常是不大于20的整数，KNN中的距离一般选择欧氏距离或者曼哈顿距离，也可根据需要选择其他。上海交通大学沈红斌教授构建的蛋白质亚细胞定位预测工具Cell-PLoc 2.0系列均以OET-KNN（Optimized Evidence Theoretic-KNN）作为分类器，OET-KNN与传统的KNN不同的是，在OET-KNN中要分类的模式的每个邻居都有支持关于该模式的类成员的某些假设的证据，也就是所谓的“一致同意”，而不是传统KNN的“多数表决”，这样增加了模型的准确性和可信度。

3. 深度学习方法　随着测序技术的发展以及知识库扩充，使得蛋白质亚细胞定位预测的可用数据量以及数据的特征维度得到显著的提升。传统的机器学习模型已经不适用了，特别是对于图像数据的处理。DeepLoc、ImPLoc和DULoc方法都使用卷积神经网络（convolutional neural network，CNN）来提取图像的特征，其中DeepLoc提取模体图片的特征，ImPLoc和DULoc分别提取免疫组

笔记栏

化图像以及免疫荧光图像的特征。研究人员用深度神经网络来预测人类蛋白的亚细胞定位，其采用的特征维度将近 10 000 个。

（四）系统的评估

传统机器学习通常以准确性（accuracy）、灵敏性（sensitivity）、特异性（specificity）和马修斯相关系数（Matthews correlation coefficient，MCC）等作为模型的评价指标。这些指标通过以下四个基本值计算：真阳性（true positive，TP，表示预测结果为正的样本）；真阴性（true negative，TN，表示预测结果为负的负样本）；假阳性（false positive，FP，表示预测结果为正的负样本）；假阴性（false negative，FN，表示预测结果为负的正样本）。其相关表示如图 5-3 所示：

真实值 / 预测值	P	N
P′	TP	FP
N′	FN	TN

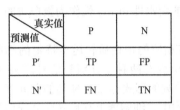

$$\text{Accuracy(Acc)} = \frac{TP + TN}{TP + TN + FP + FN} \quad (1)$$

$$\text{Sensitivity (Sen)} = \frac{TP}{TP + FN} \quad (2)$$

$$\text{Specifity (Spe)} = \frac{TN}{TN + FP} \quad (3)$$

$$\text{MCC} = \frac{(TP \times TN) - (FP \times FN)}{\sqrt{(TP + FN) \times (TP + FP) \times (TN + FN) \times (TN + FP)}} \quad (4)$$

图 5-3 机器学习算法评估

图 5-3

二、蛋白质亚细胞定位预测的工具介绍

经过 20 多年的发展，蛋白质的亚细胞定位涌现了许多的方法和工具。从最初的基于氨基酸组成的方法到基于基因本体论以及以蛋白质相互作用的网络计算方法，从朴素贝叶斯分类模型到基于深度神经网络的深度学习模型，从简单的蛋白质一级序列到免疫组化和免疫荧光为代表的图像数据。伴随着人工智能的发展，蛋白质亚细胞定位的计算方法学也从数据、特征和方法上有着相对应的发展。到目前为止，蛋白质亚细胞定位预测的方法和工具不下 100 种，本文仅对其中有代表性的工具进行介绍，详见表 5-3。

表 5-3 蛋白质亚细胞定位预测的工具列表

	工具	特征	分类器	应用对象	PMID
PSORT 系列	PSORT	氨基酸组成和经验规则	专家系统	细菌、酵母、动物、植物	1946347
	PSORT Ⅱ	氨基酸组成、分选信号、模体等	K-NN	酵母、动物	10087920
	WoLF PSORT	氨基酸组成、分选信号、模体等	K-NN	真菌、动物、植物	17517783
	PSORTb(v3.0)	序列特征、模体等	BLAST+SVM+贝叶斯网络	细菌、古菌	20472543
	PSORTm	序列特征、模体等	BLAST+SVM+HMM	宏基因组	32108861
Cell-PLoc 系列	Euk-mPLoc 2.0	GO、FunD、进化信息	OET-KNN	真核生物	20368981
	Hum-mPLoc 2.0			人类	19651102
	Plant-mPLoc			植物	20596258
	Gpos-mPLoc			革兰氏阳性菌	20001911
	Gneg-mPLoc			革兰氏阴性菌	20093124
	Virus-mPLoc			病毒	20645651
	Hum-mPLoc 3.0	氨基酸组成、GO、FunD	KNN+SVM	人类	27993784
Kohlbacher 实验室	MultiLoc2	序列特征、GO 等	SVM+集成	动物、真菌、植物	19723330
	SherLoc2	序列特征、GO 等	SVM+集成	动物、真菌、植物	19764776
	YLoc	氨基酸组成、理化特征、GO 等	朴素贝叶斯	动物、真菌、植物	20507917
PolyU-Loc 系列	GOASVM	序列特征、GO	BLAST+SVM	人类	23376577
	mGOASVM	序列特征、GO	BLAST+SVM	病毒、植物	23130999
	HybridGO-Loc	序列特征、GO、语义相似度	SVM	病毒、植物	24647341

笔记栏

续表

工具		特征	分类器	应用对象	PMID
PolyU-Loc 系列	R3P-Loc	序列特征、GO	随机投影+岭回归	真核、植物	24997236
	mPLR-Loc	序列特征、GO	惩罚逻辑回归+自适应决策	病毒、植物	25449328
	SpaPredictor	GO	LASSO/EN（弹性网络）	多种	26911432
	EnTrans-Cho	序列特征、氨基酸组成	转导学习	叶绿体	26887009
	mLASSO-Hum	序列特征、GO	LASSO	人类	26164062
	FUEL-mLoc	GO	EN	真核、人、植物、细菌、病毒	28011780
其他方法	BaCelLo	序列组成、分选信号	SVM+决策树	动物、真菌、植物	16873501
	BUSCA	序列组成、分选信号、GO 等	集成方法	动物、真菌、植物、细菌	29718411
	CellWhere	GO、PPI network	网络方法	人类、鼠、拟南芥、大肠杆菌等	25883154
	ImPLoc	免疫组化图像特征	CNN+注意力机制	免疫组化图像	31804670
	DULoc	免疫荧光图像特征	CNN+混合模型	免疫荧光图像	34694372

（一）PSORT 系列

PSORT 系列包含 PSORT、PSORT Ⅱ、WoLF PSORT、PSORTb（v3.0）及 PSORTm。最初的 PSORT 是由“if-then”语法构建的基于规则专家系统，也是最早用算法来计算蛋白质亚细胞定位的程序，用来预测革兰氏阴性菌的蛋白质亚细胞定位，其算法只使用蛋白质的氨基酸序列信息，且大多数的规则是从实验观察而来。PSORT Ⅱ是使用 *k* 最近邻算法开发的可以预测革兰氏阳性菌、革兰氏阴性菌、酵母、动物及植物蛋白的亚细胞定位程序，其特征也是基于蛋白质氨基酸序列而来，主要有蛋白质链长度、氨基酸组成、蛋白质分选信号、一些可识别的模体等（如 RNA-binding 模体、酰基化位点、双亮氨酸模体等）。WoLF PSORT 是前两个方法的扩展，能够预测 10 个定位位点，对于细胞核、线粒体、细胞质膜、细胞外和叶绿体（植物）等敏感性和特异性较高，对于过氧化物酶体、高尔基体等敏感性较低。PSORTb（v3.0）是专门针对原核生物开发的亚细胞定位工具，对细菌和古菌的蛋白质预测准确性在一些数据集上能达到 97% 左右，其采用模块化的封装，其中有用到蛋白质二级结构预测的模块，对于膜蛋白的预测则使用了支持向量机，所有模块之间用贝叶斯网络连接。微生物宏基因组学的发展极大地丰富了蛋白质序列，PSORTm 提供了从宏基因组数据中预测蛋白质亚细胞定位的方法，其模型大多延续 PSORTb 而来，但是额外添加了宏基因组 reads 到蛋白质序列的非组装方法。PSORT 系列预测工具都是以 FASTA 格式输入的蛋白质氨基酸序列。

（二）Cell-PLoc 系列

Cell-PLoc 系列由 6 个不同的工具构成（目前有 1.0 和 2.0 两个版本，本文介绍 2.0 版本），分别预测不同生物蛋白的亚细胞定位，Euk-mPLoc 2.0 应用于真核蛋白、Hum-mPLoc 2.0 预测人类蛋白、Plant-mPLoc 预测植物蛋白、Gpos-mPLoc 预测革兰氏阳性菌蛋白、Gneg-mPLoc 预测革兰氏阴性菌蛋白、Virus-mPLoc 预测病毒蛋白在感染宿主细胞后的亚细胞定位。Euk-mPLoc 2.0 通过三种不同的 PseAAC 组成模式，将基因本体信息、功能域信息和序列进化信息进行结合，能够预测真核细胞中蛋白质的 22 个亚细胞定位。Hum-mPLoc 2.0 采用了蛋白质的注释信息和 PseAAC 特征结合的策略，其中注释信息包含了基因本体信息和蛋白质功能域（functional domain，FunD）信息，预测模型为集成多个基于 OET-KNN 算法的融合分类器，针对人类蛋白 14 个亚细胞位置进行预测。由于基因本体等知识库的方法会导致特征冗余以及特征空间的高维化，Hum-mPLoc 3.0 提出了一种隐性的相关性建模（hidden correlation modeling，HCM），可生成更紧凑、鲜明的特征向量，同时应用多个支持向量机来进行分类。

（三）Kohlbacher 实验室工具

德国图宾根大学的科尔巴赫实验室于 2010 年前后开发的在线服务器 MultiLoc2、SherLoc2 和 YLoc 是现在常用的蛋白质亚细胞定位工具。其中 MultiLoc2 融合了种系发生和基因本体论等信息，

笔记栏

其算法模型选择了多重支持向量机。SherLoc2 适用于动物、真菌和植物蛋白的亚细胞定位，其涵盖了所有主要的真核亚细胞的位置，算法准确度在五重交叉验证中达到了 93%。结构上 MultiLoc2 采用了双层结构，第一层由 6 个分类器组成，分别由如下信息构建模型：N 端信号、信号锚（signal anchor，SA）、氨基酸组成、模体特征、种系发生、基因本体论，第二层由一个多分类的支持向量机将第一层的结果作为输入进行最终预测。SherLoc2 结构与 MultiLoc2 的模型结构类似，同样采用双层的支持向量机，不同之处是第一层增加了一个基于文本的分类器 EpiLoc 用于文本描述（用术语向量表示与蛋白质的 SWISS-PROT 相连的 PubMed 摘要信息）。YLoc 是一个可解释的蛋白质亚细胞定位服务器，为提高可解释性，尽量地减少了特征的数量且用生物学术语对所选的特征进行人工注释，机器学习模型为朴素贝叶斯。

（四）PolyU-Loc 系列

PolyU-Loc 是一套由香港理工大学麦文伟实验室开发的网络服务器，用于预测不同物种的单位置和多位置蛋白质的亚细胞定位，如人、病毒植物、真核生物和病毒。它由多个网络服务器组成，分别是 GOASVM、mGOASVM、HybridGO-Loc、R3P-Loc 和 mPLR-Loc。后来又整合了两个服务器 mLASSO-Hum 和 SpaPredictor。GOASVM 和 mGOASVM 是基于基因本体和支持向量机的多标记蛋白质亚细胞定位的服务器，对于给定的蛋白质该工具先通过 BLAST 搜索其同源序列，然后从基因本体（GO）数据库中搜索同源序列相对应的注释信息并以 GO 术语的出现频率作为特征表示。单纯的利用 GO 术语出现频率作为特征会对模型的准确度造成一定干扰，因为术语之间的语义距离不同。HybridGO-Loc 结合了蛋白质的 GO 术语特征以及术语之间的语义相似性，构成杂交的特征向量输入到多标记的多分类 SVM 中来预测蛋白质的亚细胞位置。鉴于知识库中提取的特征数量远大于真实数据的标签，R3P-Loc 应用随机投影（random projection，RP）来降低岭回归（ridge regression，RR）分类器特征维度，实验结果显示 R3P-Loc 可以在与其他模型性能相近的情况下将特征维度降低 1/7。En Trcms-Chlo 是一种预测叶绿体蛋白质多位点定位的集成转导学习方法（ensemble transductive learning method），通过提取蛋白质的序列特征和氨基酸组成特征，用转导学习方法在当前数据集中找最佳解决方法来提高预测的精度。FUEL-mLoc 可以预测来自所有常见的单标记和多标记蛋白，还能提供具体的解释信息，通过构建两个蛋白质数据库 ProSeq 和 PreSeq-GO 来增加数据的可解释性，使用基于弹性网（elastic-net，EN）的多标签分类器来预测蛋白质的亚细胞定位。

（五）其他工具

BaCelLo 系统利用序列比对获取蛋白质的进化信息，同时考虑整个系列的氨基酸组成以及 N 端和 C 端的组成信息，架构上通过将支持向量机嵌入到决策树模型中来构建整体的分类器。BaCelLo 支持动物、植物及真菌中的蛋白质的五类亚细胞定位，分别是分泌途径、细胞质、细胞核、线粒体及叶绿体。BUSCA 与 BaCelLo 一样来自意大利博洛尼亚大学计算生物组，是一个集成了多个蛋白质预测方法的综合服务器。BUSCA 集成了两类工具，第一类工具用于从蛋白质的一级序列计算相关的特征，包括信号肽、转运肽、跨膜结构域等；第二类方法为从序列预测亚细胞定位的方法；通过将这两类共 8 种工具的合理布局整合成能预测 5 类物种的蛋白质亚细胞定位服务器。

蛋白质互作网络（protein-protein interaction network，PPI network）从系统的角度提供了不同蛋白质间的相互作用，有助于探讨生理过程和疾病起源中的分子机制、药物发现等。研究人员建立了基于细胞中蛋白质互作网络的预测蛋白质亚细胞位置的可视化方法 CellWhere。CellWhere 主要分为两个部分，分别是基于 GO 和 UniProt 术语的蛋白质亚细胞定位，以及基于 Mentha（一个整合蛋白质互作网络的资源浏览器，提供用户在线交互查询接口）的蛋白质互作网络查询及显示工具。

人类蛋白质图谱（human protein atlas，HPA）的组织图谱包含大量蛋白质免疫组化图像及免疫荧光图像，这些高质量的蛋白质亚细胞定位的图像数据为研究人类空间蛋白质组提供了重要的资源。ImPLoc 通过构造基于深度卷积神经网络的特征提取器及多头的自适应编码器来进行后续的基于 IHC 图像的蛋白质亚细胞定位预测。对于免疫荧光图像，研究人员在真实数据集和合成数据集的基础上开发了定量预测蛋白质空间分布的工具 DULoc。DULoc 分为两个部分，第一部分采用深度卷积神经网络对图像进行模块处理提取亚细胞模式的特征，然后将特征输入到多个亚细胞定位的混合模型中集成获取蛋白质在各个细胞位置的评分；第二部分将带有注释的免疫荧光图像输入到第一部分的模型，评估模型的准确性。

笔记栏

三、蛋白质亚细胞定位预测的应用实例

蛋白质亚细胞定位预测对于理解蛋白质在细胞中的功能、蛋白质在疾病发生发展过程中的作用以及蛋白质相关药物的开发等具有重要意义。在表5-4中，我们总结了蛋白质亚细胞定位预测的实际运用，主要分为：①疾病发生发展的关键蛋白质/基因，由于一些基因突变或者通路的变化导致关键蛋白质分子亚细胞定位出错，从而促使了疾病的发生和发展；②作为疾病诊断、预后的生物标志物，在疾病中蛋白质分子的亚细胞位置改变预示着疾病的发展；③药物的开发和筛选，蛋白质类药物或者以细胞内蛋白质为靶向的药物开发研究须获取药物作用所在的亚细胞位置。

表5-4　蛋白质亚细胞定位的应用举例

分类	研究对象	简介	PMID
疾病发生、发展的关键蛋白质/基因	糖尿病	运用蛋白质亚细胞定位和PPI方法预测、筛选糖尿病发生、发展的重要基因	27535125
	帕金森病	*LRRK2*和*RAB7L1*基因突变导致细胞内亚细胞定位出错，从溶酶体降解反转到高尔基体	23395371
	心血管和代谢疾病	VPS10P蛋白的功能失常导致心血管组织及代谢的关键蛋白质亚细胞定位错乱，促进心血管疾病的发生	26724530
	阿尔茨海默病	融合了CNN和XGBoost的模型识别阿尔茨海默病中蛋白质的亚细胞定位	30713552
生物标志物的发现	黑色素瘤	与黑色素瘤相关的ATF2蛋白在不同细胞位置的功能差异使得其可能作为早期黑色素瘤的一个有用的预后标志物	14678960
	卵巢癌	P27蛋白的细胞核表达水平是卵巢癌的重要预后标记物	16322299
		周期蛋白依赖性激酶抑制剂$P27^{kip1}$的细胞质定位表明卵巢癌预后较差	15701850
		活化白细胞黏附分子ALCAM的亚细胞定位是卵巢癌患者生存的预测因子	18347173
	乳腺癌	6种连接蛋白在导管乳腺癌细胞中的亚细胞定位有助于评估肿瘤的进展	19787450
	口腔癌	FOXP3在$CD4^{+}T$的亚细胞定位可预测口腔鳞状细胞癌复发	23977174
	多种癌症	通过算法比较乳腺癌、肺癌等7种癌症的图像数据，识别出NSDHL、GOLGA5等8个蛋白质在癌症和正常组织样本中亚细胞定位差异明显，可能是潜在标志物	23740749
	结肠癌	基于IHC图像的蛋白质亚细胞定位模型可有效地识别结肠癌中的蛋白质标志物	32907537
药物的开发和筛选	药物靶点定位	调查药物–蛋白质在特定细胞室的作用，探索蛋白质靶点在细胞的分布以及进化保守性	23749117
	药物筛选工具	开发了一个基于基因本体的药物发现工具，帮助用户发现药物作用蛋白质的分子功能、亚细胞位置等信息	27678076
	药物筛选	以多标记蛋白质的药物开发为目标，概述了以计算为基础的可靶向蛋白质的药物筛选方法	31060481

生命活动中的蛋白质只有在恰当的细胞时空位置才能发挥正常的功能，了解蛋白质的亚细胞定位不仅有助于我们探讨蛋白质的生物学作用，而且有利于系统性地理解细胞中各种物质的动态变化。蛋白质在时空的分布紊乱会导致一些疾病的发生和发展，研究人员总结了与人类疾病相关的定位错误的蛋白质，并描述了这些蛋白质促使疾病发生的相关分子机制。为了研究在阿尔茨海默病的发生发展中关键蛋白质的亚细胞定位，研究人员提出了一个融合卷积神经网络和极限梯度增强的模型。部分以癌症为代表的复杂疾病的发展过程中，存在一些蛋白质分子的亚细胞位置的改变或者多标记蛋白质的亚细胞表达量的改变，这一类的变化对于疾病的进展有着指示的作用。ATF2蛋白存在于黑色素瘤的细胞核中时具有转录活性，当它在细胞质中又是另外一种形式，预测ATF2在细胞中的空间位置将有助于我们了解黑色素瘤的进展。了解疾病过程中关键蛋白质的亚细胞定位属性是确定药物靶点以及开发新药的重要前提。研究人员综述了多标记蛋白质亚细胞定位预测在药物开发过程中的重要意义。研究人员通过调查分析，研究了人类细胞中可药物靶向的1632个蛋白质靶点信息，根据这些蛋白质靶点的亚细胞位置将其分成了6类，其中细胞膜相关的药物靶标占总量的1/3，该研究为药物筛选的最佳靶向以及临床前实验提供了重要的帮助。

笔记栏

第四节　蛋白质亚细胞定位信息学未来发展

一、蛋白质亚细胞定位与时空组学

蛋白质亚细胞定位信息学未来发展主要有以下三个方向，一个是基于时空转录组学和生物信息学预测的方向，一个是基于高时空分辨的活细胞成像技术的动态预测，还有一个是基于人工智能的预测与运用，见图 5-4。

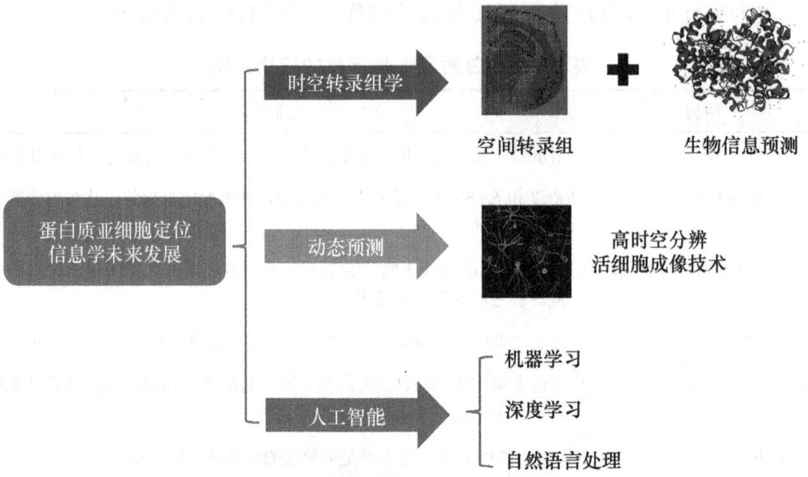

图 5-4

图 5-4　蛋白质亚细胞定位信息学发展方向

时空组学一般是指基于时间序列的空间转录组学，它可以解析时间和空间两个维度上单个细胞内所有基因的表达模式，以及细胞类群的空间位置和生物学特征之间的关系。蛋白质亚细胞定位主要使用绿色荧光蛋白、显微镜检测和定位蛋白质组学等实验方法。然而，这些实验方法不仅费时费力，而且只能确定某一时刻蛋白质在亚细胞中的位置。时空组学在时间维度上可以随着时间的推移动态展示不同时间点单个细胞内基因的表达情况，了解基因表达量的动态变化。在空间维度上，传统的单细胞测序不可避免地会丢失细胞在器官中的空间位置信息，时空组学中的空间转录组测序可保留单个细胞在组织中的位置信息，与组织的形态学特征进行比较分析后，可以知道单个细胞中基因表达的变化对生物的形态学特征产生的影响。掌握不同时间和空间维度下单个细胞中基因表达模式的变化特征，是了解细胞、蛋白质功能和调控机制的关键，不仅有助于确定疾病药物潜在的分子靶点，还可以促进人类对蛋白质机制和功能的探索。

在 2017 年，瑞典的 Cell Atlas 项目首次在亚细胞水平上解析了人类蛋白质组的空间分布。他们通过整合转录组学、基于抗体的免疫荧光显微镜分析和质谱法构建了基于图像的蛋白质亚细胞定位图，将 12 003 种人类蛋白质在单细胞水平上原位映射出 30 种亚细胞结构，确定了 13 种主要细胞器的蛋白质组。这项研究详细地描述了蛋白质在多个细胞器和亚细胞结构中的分布，为研究蛋白质的功能起到了巨大的推动作用。然而，这项研究确定的是某一时刻蛋白质的亚细胞定位，该研究发现同种蛋白质会分布在同一细胞的不同亚细胞结构上，但是并没有很好地解释这一现象。这些研究缺乏时间和空间维度上蛋白质亚细胞定位的动态定位特征，之后越来越多的研究开始关注如何从时间和空间的维度上对蛋白质的亚细胞定位进行动态的描述，更好地了解蛋白质在细胞内所执行的完整的生物学功能。研究人员开发了一种可以在任何时间揭示细胞中所有蛋白质亚细胞定位的技术，并且还可以定量地描述每种蛋白质的拷贝数目，从而生成特定时间下细胞的结构模型。在这项技术的基础上，通过比较不同时间点下同一种细胞的结构模型，可以揭示蛋白质位置随着时间的推移，在细胞内动态变化的情况。然而，这项技术可以分析的细胞通量不够高，无法大规模地对蛋白质亚细胞的定位进行分析。了解蛋白质亚细胞定位的时空变化，在具体的社会生产实践中可以创造巨大的利益和价值。研究人员通过整合 RT-qPCR、蛋白质组学和显微镜研究技术，揭示了大麦发育过程中 HIN（hordoindolines）蛋白的不同表达和定位模式，发现时空调控 HIN 蛋白对于改善大麦品质形状具有重要的作用，可以改善大麦的品质，创造更大的经济价值。

笔记栏

空间转录组技术可以测定组织样本中所有基因的表达情况，并定位该基因表达发生在组织上的具体位置，获得单个细胞中所有基因表达的空间图谱。在此基础上，通过测量同一组织或者器官在不同时间点的空间转录组，可以进一步了解时间的推移，细胞内基因表达情况的动态变化。目前，时空组学可以从单细胞的尺度上获得基因的表达情况，从而在单细胞的尺度上进行蛋白质的定位。但是，正常真核细胞的亚细胞定位，需要定位到细胞核、核孔、核纤层、核仁、细胞质、内质网外膜、内质网内膜、线粒体基质、线粒体外膜等具体的亚细胞位置上。此时，可以借助生物信息学相关的工具和方法进行蛋白质亚细胞定位的预测。最近，研究人员通过比较各种人类蛋白质亚细胞定位的预测工具后，推荐了 mLASSO-Hum 和 PLoc-mHum 作为预测蛋白质亚细胞定位的主要选择工具。通过高通量的时空转录组学可以大规模地了解在时空维度上基因表达的动态变化，从而推断出细胞中蛋白质定位的动态变化情况，再结合生物信息学手段可以从亚细胞的水平上更加详细地获取蛋白质亚细胞定位的时间和空间信息，从而了解蛋白质在细胞中的工作机制和执行的完整生物学功能。从时间和空间维度上对蛋白质亚细胞进行动态定位会是未来蛋白质领域发展的一个重要方向。

二、蛋白质亚细胞定位的动态预测

由于真核生物的细胞是一个复杂而精巧的系统，细胞内部的各个细胞器与细胞基质、细胞核有明确的分工和合作，合理有序的配合和协调才能使生命活动在复杂多变的环境中高度有序地进行。了解蛋白质的完整生物学功能有助于更加详细地理解细胞工作的机制，甚至生物体生长发育的规律。蛋白质是执行生命功能的基本单位，每个细胞器完成自身功能都需要大量不同类型的蛋白质，一个正常细胞需要数千种不同类型的蛋白质才能完成正常的生命活动。因此，了解蛋白质在细胞内的分布和转移规律能够更好地理解蛋白质在细胞中执行的功能。蛋白质在细胞内是动态变化的，会从一个细胞器转到其他的细胞器，甚至从一个细胞移动到另一个细胞，而且蛋白质的位置变化会改变其活性，静态地获取蛋白质的亚细胞定位往往只能从一个角度去阐释蛋白质的功能特性，无法全面地掌控蛋白质完整的特征和功能。因此，动态地描述蛋白质亚细胞定位对于深入了解蛋白质的功能、药物的开发研制、遗传疾病或者传染疾病的防治及癌症、神经退行性疾病和心血管疾病等的治疗都具有重大的意义。

蛋白质亚细胞定位的动态预测是指随着时间变化，能够预测蛋白质在不同时间点的不同亚细胞定位。目前，绝大多数关于蛋白质亚细胞定位的研究都是基于固定组织中的细胞，蛋白质亚细胞定位的动态研究并不多。细胞内的生化反应过程每时每刻都在发生，动态过程的研究需要对细胞内的分子进行标记定位，并且能够在显微镜下记录它们的变化过程。这不仅需要保持细胞基本的生理状态，还需要使用荧光染料或者荧光蛋白对标记物进行染色处理，在这种严格的条件下还要对活细胞进行长期的动力学检测和保证荧光标记一直存在是很困难的。活细胞成像技术是一种通过整合多维成像、延时摄影、荧光共定位技术等手段，专门用于研究活细胞结构和功能的方法。它不仅可以实时显示细胞的动态变化，还可以进行细胞迁移检测、活细胞实时成像和功能分析及亚细胞研究等。它通过实时监测细胞内的动力学过程，如胞内信号转导、蛋白质转运、自噬等，在自动成像系统和荧光标记手段的帮助下，可以动态检测标记蛋白在细胞内的运动过程和动态变化。

起初研究人员推测单 ADP-核基转移酶（ARTD10）可能在细胞核和细胞质之间穿梭，并且在不同亚细胞结构中执行不同的功能，但是没有具体的证据来证明这一推测。2012 年，研究人员采用活细胞成像技术对单 ADP-核基转移酶进行了亚细胞定位的动态研究分析，该研究发现单 ADP-核基转移酶不仅可以在细胞质内起到催化和转运的作用，还可以和 Myc 类的蛋白质相互作用，通过核输出序列 Crm1 进行核质穿梭，进入到细胞质后参与泛素化相互作用。同样，细胞外信号调节激酶（ERK）在未受到外界刺激的情况下，细胞外信号调节激酶位于细胞质中；在受到外界刺激以后，细胞外信号调节激酶会转移到细胞器或者靶底物。了解细胞外信号调节激酶的动态运动特征，对于掌握它完整的生物学功能具有很大的意义。研究人员总结了细胞外信号调节激酶易位到细胞核、线粒体和高尔基体的机制，发现细胞外信号调节激酶在不同的亚细胞结构中发挥着不同的功能。此外，该综述还提及 ERK1/2 易位到细胞核是一个有用的抗癌靶点，理解细胞外信号调节激酶在细胞中动态运动特征，可以更加深入地了解细胞外信号调节激酶信号转导的机制，并且可以为抗癌治疗提供一种新的策略。最近，随着激光扫描显微技术的不断发展，多光子激光扫描显微镜也开始被应用到活细胞成像技术中，它是一种建立在激光扫描显微镜技术基础上的实验方法，能够在三维观察上提供更好的光学切片，使用红外光或近红外光能够采集标本高分辨率荧光图像，并且对活性标本的杀伤力极小。

笔记栏

不仅可以改善三维成像的质量，还可以对组织和器官的厚切片等进行成像，具有非常大的应用价值。研究人员采用活多光子细胞成像的方法对Yorkie-Venus蛋白进行动态分析和研究，它们发现大多数Yorkie-Venus蛋白在细胞质和细胞核之间快速移动，而不是静态地定位于某个位置。同时，研究人员还发现Yorkie-Venus蛋白的分布与细胞的周期密切相关，能够随着细胞的分裂发生变化，这表明它可能在有丝分裂中发挥着作用。

蛋白质在细胞内的分布是一个动态过程，受细胞微环境变化的影响很大，这个高度动态过程对细胞命运至关重要，对于蛋白质亚细胞定位的动态预测具有重要的意义。活细胞动态成像能够随着时间的推移对活细胞甚至亚细胞结构中的分子进行监控，不仅可以提供细胞内特定分子的生化变化，还可以了解蛋白质在整个细胞周期中可能发挥的功能，对于人类深入了解和认知蛋白质功能具有重大的意义。然而，活细胞成像技术只能对单一组织切片中的细胞进行动态研究，未来如何利用信息学的手段对蛋白质亚细胞定位进行高通量的动态分析对于理解细胞内各种蛋白质相互协调、有序执行功能，理解疾病的发病机制具有重大的意义。

三、蛋白质亚细胞定位的智能预测与应用

随着人工智能技术的飞速发展，机器学习、深度学习、强化学习等人工智能方法已经被广泛应用到了社会生产的各个领域。人工智能在蛋白质三维结构预测、药物靶点预测、医学影像识别等各个应用领域都做出了重要的贡献。蛋白质的亚细胞定位起初主要基于统计学推断的模型来进行预测，伴随着人工智能技术浪潮的来临，基于人工智能的蛋白质亚细胞定位方法日益增加。基于机器学习、深度神经网络和自然语言处理等方法已经被广泛应用到蛋白质亚细胞定位的预测与应用中。起初，科研人员主要通过数学建模的方式来预测蛋白质的亚细胞定位，其中最为出名的是Cell-PLoc，这是一款融合了Euk-mPLoc、Hum-mPLoc、Plant-PLoc、Gpos-PLoc、Gneg-PLoc和Virus-PLoc，能够对真核生物、人类、植物、革兰氏阳性菌、革兰氏阴性菌和病毒进行蛋白质亚细胞定位的最常用的一款工具，它主要通过归纳所有蛋白质可能的亚细胞位置，通过统计分类模型来将这些不同生物中的蛋白质进行亚细胞定位分析。

机器学习的飞速发展为信息学的发展起到了极大的推进作用，从已有数据中获取一定的规律并利用该规律对未知数据进行预测的机器学习方法已经被广泛应用到了生物信息学领域。蛋白质亚细胞定位的机器学习算法主要是通过从已经标记的数据中，获取蛋白质的氨基酸序列以及该蛋白质的亚细胞定位，从这些数据中学习到一定的规律，并用于预测未知蛋白质的亚细胞定位。大多数用于预测蛋白质亚细胞定位的机器学习方法，主要是通过学习序列同源性和蛋白质总氨基酸组成之间的相关性等来训练模型。研究人员在考虑氨基酸组成的基础上，添加了氨基酸对之间的相关性来预测蛋白质亚细胞定位。它们首先从SWISS-PROT中获取蛋白质的序列和亚细胞位置数据，并将这些数据按照亚细胞定位的位置分为12类。采用支持向量机的方法，根据氨基酸组成和氨基酸对组成这两组特征来预测蛋白质的亚细胞定位，结果发现以氨基酸组成和氨基酸对组成为特征的支持向量机模型总预测精度分别为71.8%和77.0%。此外，研究人员在模型中引入了蛋白质拷贝数量特征后，进一步将预测的总准确度提高到79.9%和85.66%。这项研究表明与蛋白质分布相关的特征数据可以在很大程度上提高机器学习模型的准确性。研究人员最近开发了一种名为Mps-mvRBRL的算法来对蛋白质的亚细胞定位进行预测。该方法主要利用蛋白质不同特征的数据，在融合不同的数据特征以后，采用加权线性判别分析进行筛选，使用支持向量机对最佳的数据特征进行分类运算。该算法在革兰氏阳性菌训练集上的准确率为99.81%，在植物、病毒和革兰氏阴性菌数据测试集上的准确率97.24%、98.55%和98.20%，具有很好的蛋白质亚细胞定位预测的效果。由此可见，合理地融合和筛选蛋白质的数据特征，可以在很大程度上提高蛋白质亚细胞定位预测的精度。

深度学习是一种以人工神经网络为框架，对数据进行表征学习的算法。目前已经有很多种深度学习的框架，如深度神经网络（deep neural network，DNN）、卷积神经网络和循环神经网络（recurrent neural network，RNN）等已经被广泛应用于图像识别、语音识别和文本处理等各个领域。尽管深度神经网络在许多任务中有着出色的性能，但是它在蛋白质亚细胞定位预测中的应用尚未得到充分探索。许多机器学习的方法已经被成功地应用到了蛋白质亚细胞定位的预测中，深度学习也逐渐被应用到这一领域。研究人员利用基于循环神经网络开发了DeepLoc模型来对蛋白质亚细胞定位进行预测，该模型利用UniProt的13 858个蛋白质的亚细胞定位和蛋白质拷贝数作为数据集进行

笔记栏

测试训练之后，可以达到 78% 的总体准确率，对于可溶性蛋白和膜结合蛋白亚细胞定位的准确率甚至可以达到 92%。

人类蛋白质图谱的组织图谱包含免疫组织化学图像，包含了从组织水平到细胞水平的蛋白质分布的数据，包含了人类蛋白质空间分布数据。这些图像对于揭示蛋白质的亚细胞定位模式和蛋白质的功能分析具有重大的意义。研究人员通过比较图像中正常组织和病变组织的差异，可以定位分析获得与该疾病相关的蛋白质亚细胞定位的变化情况，从而推断该蛋白质在疾病发生过程中可能起到的作用。由于免疫组织化学图像中检测的目标对象相对较小，并且不同图像之间的质量差异很大，研究人员在深度神经网络的基础上增加多头自注意力编码器来聚合多个向量特征的模型，被命名为 ImPLoc。研究人员将该模型与 iLoctor 比对，结果表明 ImPLoc 在准确率、精确率和召回率等多项指标上均优于 iLoctor，对目标蛋白亚细胞定位的准确率可以达到 86.1%。最近，有研究团队开发了一种基于深度神经网络来定位亚细胞水平的蛋白质。该方法利用卷积神经网络从图像中提取特征来预测蛋白质的亚细胞位置，首先利用一种标准的学习策略来获取标签之间属性的相关性，然后比较了 AlexNet、VggNet、Xception、ResNet 和 DenseNet 这五种经典的卷积神经网络模型，这些模型的准确率分别为 99.09%、99.35%、99.18%、95.68% 和 99.12%，这些结果表明 Xception 和 VggNet 模型在蛋白质亚细胞定位中具有很好的作用。前人的研究结果表明，深度学习在蛋白质的亚细胞定位中扮演着越来越重要的角色，是未来蛋白质亚细胞定位智能预测的主要方向之一。

自然语言处理是一门探索如何使用人工智能技术对文本语言进行处理和运用的技术，包含了自然语言理解、自然语言生成等多个分支。研究人员采用基于知识的方法对真核生物进行蛋白质亚细胞定位预测。基于文本知识开发的一种名为 $\text{KnowPred}_{\text{site}}$ 的算法，能够用于对蛋白质进行单个或者多个亚细胞定位。研究人员构建了一个知识库来记录蛋白质的亚细胞定位和可能的序列变异，在预测查询蛋白质的定位注释时，该算法会搜索知识库并使用评分机制来确定预测的位点。该算法使用了来自 1923 个物种的十个不同的亚细胞器组成的数据集。$\text{KnowPred}_{\text{site}}$ 在单一定位的蛋白质的整体准确率为 91.7%。对于多定位蛋白，$\text{KnowPred}_{\text{site}}$ 位点的整体准确率为 72.1%。基于知识库的 $\text{KnowPred}_{\text{site}}$ 对于单定位和多定位蛋白质都是一种高度准确的预测方法。近来，文本处理的技术也开始逐步应用到蛋白质的亚细胞定位的信息学中。研究人员采用远程监督学习的方法，根据 UniProtKB 知识库中现有的蛋白质和对应的亚细胞定位关系，对生物化学杂志（*Journal of Biological Chemistry*）中的 43 000 篇文章中 1150 万个句子进行分析，来挖掘出更多有关蛋白质亚细胞定位的文本信息，一共获得了 339 352 种蛋白质和对应的位置关系，通过训练以后得到一个精确度为 81% 的模型。该模型对生物化学杂志中的句子进行分析处理后一共获取了 8210 个新的关系，通过人工检测后发现 82% 的预测是有效的。该研究从文本挖掘的角度出发，探索前人的科学研究论文，从而获取新的蛋白质亚细胞定位信息。我们将上面所有智能预测算法和准确率做了总结，如表 5-5 所示。

表 5-5 蛋白质亚细胞预测人工智能算法及准确性总结

采用的模型或算法	数据集	准确率
SVM	SWISS-PROT 中的部分数据	85.66%
Mps-mvRBRL	植物、病毒和革兰氏阴性菌数据集	97.24%、98.55% 和 98.20%
CNN（AlexNet、VggNet、Xception、ResNet 和 DenseNet）	人类蛋白质图谱的 IHC 图像	99.09%、99.35%、99.18%、95.68% 和 99.12%
ImPLoc	人类蛋白质图谱的 IHC 图像	86.1%
DeePLoc	UniProt 中的部分数据	78%
$\text{KnowPred}_{\text{site}}$	1923 个物种 10 个不同亚细胞器数据集	91.7%
远程监督学习	UniProt 中蛋白质与位置的关系	82%

（沈百荣）

笔记栏

PPT

第六章 分泌蛋白质和膜蛋白的信息学

分泌蛋白质（secretory protein）是指在细胞内合成后分泌到细胞外发挥作用的蛋白质，狭义的分泌蛋白质仅指分泌到细胞外的蛋白质，广义的分泌蛋白质还包括膜结合蛋白。血液和细胞外基质中的众多细胞因子、补体、趋化因子、消化酶、免疫球蛋白、蛋白质类激素等都是常见的分泌蛋白质。分泌蛋白质是一类功能非常重要的蛋白，在生物的个体发育、生理功能发挥及病理过程演进中起着关键作用。因此，全面系统地研究分泌蛋白质将助于在蛋白质水平上深入认识生长、发育和代谢调控等生命活动的规律，为从分子水平上认识疾病的发病机制提供科学依据。分泌蛋白组是指一个基因组、细胞或组织所表达的全部分泌蛋白质，其数量约为整个蛋白质组的30%。分泌蛋白质组学则是以分泌蛋白质组为研究对象，利用蛋白质组学技术从整体水平上对分泌蛋白质的组成及其活动规律进行的研究。

第一节 分泌蛋白质概述

一、分泌蛋白质的合成与加工

组成生物体的蛋白质大多数是在细胞质中的核糖体上合成的，合成之后被分别运送到不同部位各自发挥功能。有的通过内质网膜进入内质网腔成为分泌蛋白质，有的则需要进入细胞器内构成细胞器蛋白。那么这些蛋白质分子究竟凭着什么找到自己的归属呢？

20世纪70年代初期，有研究发现细胞内合成的分泌蛋白质（免疫球蛋白IgG轻链）比体外合成的蛋白质N端少20个氨基酸残基，而胞质蛋白无论在体内还是体外合成，其长度都一致。这个观察结果表明，分泌蛋白质上的一些氨基酸片段在细胞内被切除了。为了解释这一现象，1975年，古特·布洛伯尔（Günter Blobel）等在一系列实验的基础上提出了“信号肽假说”，并因这项成就荣获了1999年诺贝尔生理学或医学奖。“信号肽假说”的要点是：

1. 位于初生多肽N端的氨基酸序列负责将蛋白质引导到内质网，称为“信号肽”。

2. 多肽转运穿越内质网膜的过程是一个“共翻译转运”的过程。

3. 在内质网内腔中，信号肽被“信号肽酶”翻译后剪切，并在分泌前被移除。

分泌蛋白质合成与加工的具体步骤如下：

1. 细胞质中蛋白质的合成。分泌蛋白质的合成起始于细胞质溶胶中的游离核糖体。编码分泌蛋白质的mRNA与游离的核糖体大小亚基结合形成翻译复合体，开始将mRNA翻译成蛋白质。从起始密码子开始，首先合成一段含15～30个氨基酸的信号肽，当翻译进行到50～70个氨基酸之后，信号肽开始从核糖体的大亚基上露出。

2. 信号序列与SRP结合。信号识别颗粒（signal recognition particle，SRP）的信号识别位点识别新生肽的信号序列并与之结合，同时，SRP上的翻译暂停结构域同核糖体的A位点作用，暂时停止核糖体的蛋白质合成，并将核糖体运送到内质网膜，准备进一步转运。SRP是一个由6种蛋白质与7S RNA组成的进化保守的核酸蛋白复合物。7S RNA提供SRP的结构骨架，单个蛋白装配到这个骨架上形成复合物。SRP有5个功能：与合成的分泌蛋白质中的信号肽结合、参加与内质网上受体结合的反应和延伸制动。

3. 核糖体附着到内质网上。SRP牵引着核糖体上的mRNA到达粗面内质网的表面，SRP通过它的第3个结合位点与其在内质网膜上的受体（停靠蛋白，docking protein，Dp）结合，将核糖体附着到内质网的蛋白质转运通道。SRP与其受体结合的同时释放出信号肽，然后核糖体被传递到膜上。

4. SRP释放与蛋白质转运通道的打开。SRP受体在蛋白质转运中作用短暂的，当SRP-信号序列-核糖体-mRNA复合物锚定到内质网膜后，SRP便与停靠蛋白解离，被释放回细胞质溶胶中循环使用。核糖体受体蛋白和核糖体接触后，在膜上聚集而形成转运通道。

5. 转运通道打开，合成中的蛋白质被塞入通道。信号序列与通道中的受体（或称信号结合蛋白）

笔记栏

结合，蛋白质的合成重新开始，并向内质网腔转运，直至合成完毕，在此过程不需要能量驱动。

6. 信号肽酶切除信号序列。一旦信号序列完成了引导蛋白质到达内质网和打开通道的使命，即被内质网内表面的信号肽酶水解切除，释放出可溶性的成熟蛋白，切下的信号序列则被降解。这就造成了细胞内合成的分泌蛋白质比体外合成的要短。翻译和转运完成后，大亚基与核糖体受体的相互作用消失，核糖体受体解聚，转运通道消失，内质网恢复成完整的脂双层结构，核糖体的大小亚基也将解聚。

膜蛋白可看作分泌蛋白质的一个特例，其合成、转运过程与分泌蛋白质类似又有所不同：在新生肽链中，除N端有信号肽使蛋白质开始转运外，蛋白质中间存在疏水性氨基酸序列可以终止肽链穿越内质网膜，这些肽段被称为终止转运序列，在某种意义上也是一种信号肽。如果蛋白质在转运结束前只部分穿过了内质网膜，蛋白质便整合到内质网膜中，成为跨膜蛋白。新生肽上是否含有终止转运序列及其数量决定了新生肽是否全部穿过内质网膜，成为内质网腔中的可溶性蛋白还是成为膜蛋白。

“信号肽假说”普遍适用于真核细胞（包括动物、植物和酵母细胞）。

二、共翻译转运和翻译后转运

分泌蛋白质的转运与翻译同时进行，故称为共翻译转运（cotranslational translocation）。

除了被运送到内质网外，蛋白质还可进入线粒体、叶绿体（在植物细胞中）和过氧化物酶体等。与分泌蛋白质不同的是，它们的合成与运送并非同步进行，而是先合成，待合成之后释放到细胞质溶胶后再跨膜运送到不同的部位，这种转运方式称为翻译后转运（post-translational translocation）。

共翻译转运和翻译后转运的区别在于前者在内质网转运的同时蛋白质还在合成，蛋白质穿过内质网就像线穿过针。与此相比，后者蛋白质在合成并折叠成三维形状后才穿过各类细胞器膜。

无论是共翻译转运还是翻译后转运，都需要特殊的信号序列引导蛋白质的定位。因此，可以说信号假说为理解所有这些跨膜转运模式开辟了道路。翻译后转运通过名为“导肽”的特异氨基酸序列，引导蛋白质并将其运送到目标细胞器。

在翻译后转运的蛋白质中，进入细胞核的蛋白质与定位到其他细胞器的蛋白的运输机制不同。进入细胞核的蛋白质通过核孔运输的特殊机制到达细胞核内。蛋白质穿越核膜的通道被称为核孔复合体（nuclear pore complex，NPC）。不同于内质网转运通道，NPC总是微微张开。因此，较小的蛋白质可自由出入核膜，而体积较大的蛋白质则需要依赖特异的氨基酸序列，这些序列被NPC识别后，蛋白质才能从核膜的一端转运到另一端。引导蛋白质从细胞质进入细胞核的特异氨基酸序列被称为核定位序列（nuclear location sequence，NLS）。引导蛋白质运送出核的特异氨基酸序列则被称为核输出信号。在核膜的细胞质侧，NPC将含有核定位序列的蛋白质组织起来并选择性地将它们输送到细胞核中。在核膜的内侧，NPC识别含有核输出信号的蛋白质，选择性地将它们运出细胞核。

三、分泌的过程

进入内质网腔的多肽链还要经过一系列加工，如糖基化、羟基化、酰基化和二硫键的形成等修饰，其中糖基化是内质网中最常见的多肽链加工方式。多肽经过内质网的加工、修饰、折叠后，内质网腔膨大、出芽形成具膜的小泡，小泡包裹着蛋白质转运到高尔基体进行进一步的加工：一是对糖蛋白上的寡糖链进行进一步的修饰与调整，不同定位的蛋白质将具有不同的碳水化合物“标签”；二是将各种多肽进行分拣。经过高尔基体的加工和分拣，从高尔基体上出芽形成转运泡，转运泡运输蛋白质并将其送往溶酶体、分泌粒和质膜等功能目的地。小泡表面的蛋白质与目的地表面的受体相互作用，小泡与膜融合，把蛋白质释放出来。

四、分泌蛋白质发现计划

分泌蛋白质发现计划（secretory protein discovery initiative，SPDI）是致力于鉴定新的人类分泌蛋白质和跨膜蛋白的大规模项目。由于分泌蛋白在生物发育和生理功能的发挥及病理过程中起着重要作用，SPDI将有助于更好地理解细胞内通信，探索人类疾病的发病机制，并为新药物的开发提供可能。SPDI的总策略是采用生物实验筛选及计算机预测两种方法，从多个DNA序列数据库中寻找和鉴定新的分泌蛋白质和跨膜蛋白（图6-1）。

笔记栏

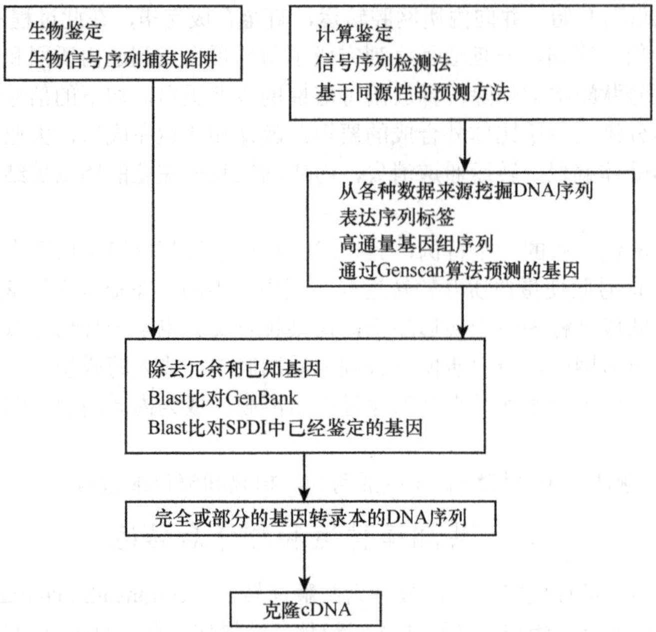

图 6-1

图 6-1 SPDI 流程图

（一）生物信号序列捕获陷阱

SPDI 鉴定新分泌蛋白质的第一个手段是生物筛选法，这是一种常用的大规模实验筛选方法，利用信号肽可以驱动下游融合表达的异源蛋白肽链的分泌这一特性，从随机插于多克隆位点的 cDNA 文库中筛选编码信号肽的基因片段，获得人类cDNA文库中的表达序列标签（expressed sequence tag，EST）编码的分泌蛋白质。具体步骤如下：

1. 构建重组 cDNA 文库。将待筛选文库中的 cDNA 片段插入筛选载体的启动子与报告基因（去除了信号肽编码序列）之间的多克隆位点，来取代报告基因编码的信号肽，获得用于文库筛选的表达载体。

2. 借助重组 cDNA 文库编码的融合蛋白来引导报告蛋白的分泌。酵母细胞是一个操作简单的系统，所以常用于分泌蛋白质的筛选。用基因破坏法对酵母基因组中的编码分泌蛋白质的基因（也就是报告基因）进行定位突变，获得基因缺陷的酵母突变株，并用重组的表达载体转染酵母细胞。如果某 cDNA 片段编码信号肽，则其表达的融合蛋白可以被克隆的酵母细胞菌落所分泌，然后可以鉴定出分泌融合报告蛋白的阳性酵母菌落。常用的报告蛋白包括碱性磷酸酶、β-内酰胺酶、淀粉酶、核酸酶、蔗糖转换酶和酵母酶 BAR1 等，它们具有在细菌细胞内失活而分泌到细胞外后具有活性的特点。

3. 对插入阳性酵母菌落的 cDNA 进行 PCR 扩增，然后这些可能编码包含信号序列基序开放阅读框的 cDNA 片段所对应的全长 cDNA 克隆被进一步分离。接下来，对编码功能分泌蛋白质序列的 cDNA 进行鉴定。

不同实验室对生物信号序列捕获陷阱进行了改进和优化，分别选用不同的基因报告系统建立了不同的信号肽捕获系统，目前比较成熟的有 IL-2R 系统、u-PA 系统、Beta-Gal 系统、suc2 信号肽捕获系统和 MPL 系统等，其中以酵母蔗糖转换酶（由酵母 *suc*2 基因编码）作为报告基因的 suc2 信号肽捕获系统具有简单、快速、高效的特点，最为常用。

生物信号序列捕获陷阱可以快速大量地克隆真核细胞编码分泌性蛋白的基因序列，具有较大的理论意义和应用价值。目前用该系统已经获得了大量编码分泌蛋白质的基因。

（二）计算方法筛选信号肽

单纯地以生物筛选法去捕获信号肽产出效率日益低下。相比较，在序列信息已知的情况下，通过生物信息学手段的计算方法可以高通量地获悉生物中某一类型的重要蛋白，并在此基础上进一步分选以获得感兴趣的蛋白，因此更为快速有效。

SPDI 采用了信号序列检测法和基于同源性的预测算法来挖掘基因序列，鉴定人类基因组范围内的基因单个外显子所编码的分泌蛋白质。

笔记栏

1. 信号序列检测法 利用各种算法来识别蛋白质的特征（如信号序列的疏水特性）来鉴定EST编码的蛋白。随着大量EST数据的积累，信号序列检测法已具有可行性。SPDI开发和利用了两种探测信号肽的算法——Signal Sensor和Sighmm算法，这两种算法都通过检测DNA翻译产物N端疏水区域来鉴定蛋白质的N端信号肽。Signal Sensor和Sighmm算法在鉴定信号肽方面具有较高的灵敏性和特异性。然而，信号序列检测法本身也存在缺陷。例如，一些非经典的分泌蛋白质或膜结合蛋白不具有信号肽，此外，该方法依赖于EST数据，而EST来源的数据本身具有局限性，一些表达水平极低的基因并不为EST所覆盖。

2. 基于同源性的预测算法 具有同源性的蛋白质可能具有相同的功能和亚细胞定位，因此，基于同源性的筛选方法是一个鉴定潜在分泌和跨膜蛋白的有力工具。该方法利用一系列具有感兴趣生理功能的基因对应的已知跨膜或分泌蛋白质作为检索序列，采用BLAST算法，在EST、基因组或预测蛋白质数据库中筛选同源性蛋白质。该方法中所用到的检索蛋白家族都在细胞通信中起关键作用，如生长因子、细胞因子、趋化因子及其受体。

（三）计算方法筛选的序列数据来源

1. EST文库中的cDNA克隆，购于私人或公共数据库。由于cDNA文库是从mRNA出发构建的，一些表达水平极低的基因不包含在EST内，无法从EST中鉴定，只能在基因组序列中检测到。

2. 随着人类基因组测序的完成，大规模基因组序列为鉴定cDNA文库和EST数据库中中低丰度的稀少基因提供了契机。因此，人类全基因组序列成为SPDI的另一个重要的数据挖掘来源，人类高通量序列可直接从GenBank数据库获取。

3. 由于基因组序列中存在内含子，因此SPDI采用了一个基因预测算法Genscan来进行基因鉴定，并构建了一个内部编译的蛋白数据库，库中蛋白都通过Genscan算法从高通量序列预测得来。

（四）SPDI项目成果

通过SPDI发现并鉴定了众多新的分泌蛋白质，其中很多属于同源性相关的基因家族，包括关键生理过程中重要的调节因子，如细胞因子、趋化因子、生长因子及其受体。研究结果发现，在所有被鉴定的蛋白质中，10%具有免疫球蛋白结构域或富含亮氨酸重复区域，还有10%的蛋白与已知的酶家族明确相关。一些蛋白定位于分泌通路中的亚细胞器，在调节蛋白质翻译后修饰（如糖基化）中起作用。令人惊讶的是，SPDI还从已知的主要分泌蛋白质家族中鉴定出了新成员，如鉴定出了新的干扰素。

通过对蛋白质的结构域预测、亚细胞定位和功能角色进行生物信息学分析后，证明SPDI这种大规模的分泌蛋白质方法是正确而且成功的。SPDI将有助于更好地理解细胞内通信和人类疾病，为开发新的疗法提供理论依据。

（五）SPDI在疫苗中的应用

在非洲东部和中部，每年约有100万头牛死于东海岸热，对当地畜牧业产生了破坏性的影响。东海岸热由牛泰勒原虫引起，随着牛泰勒原虫基因组的破译，研究者提出了开发针对东海岸热的疫苗的思路。

首先，针对东海岸热的免疫反应来自免疫系统的杀伤性T细胞。其次，牛泰勒原虫（*T. parva*）为胞内病原体——它感染牛后在牛的白细胞中分泌蛋白质，白细胞错误地将一些寄生虫分泌的蛋白片段和白细胞自身的分泌蛋白质的连接物转运到细胞表面，这将导致恶性结果。如果在宿主细胞表面找到由*T. parva*分泌的蛋白质，则该蛋白作为疫苗应该可以引发牛的免疫反应，接种疫苗的牛应该能够免于此病。

西蒙·P.格拉汉姆（Simon P. Graham）等对位于1号染色体上的*T. parva*基因编码的蛋白质进行分析，用SIGNALP寻找是否存在信号肽，用TMHMM寻找是否存在跨膜结构域，获得了55个候选的抗原基因用于进一步克隆和筛选。利用免疫杀伤T细胞作为筛选试剂，鉴定了5个疫苗靶点或可以作为东海岸热亚单位疫苗的候选蛋白质。通过实验测定和生物信息学分析证明这些蛋白质可以有效地引发针对东海岸热的免疫反应。这是第一个利用基因组技术，采用免疫杀伤T细胞作为筛选试剂，建立了的东海岸热试验疫苗。该工作只用了3年时间，却完成了过去几十年没有解决的难题，标志着疫苗的研发向前迈进了一大步。

笔记栏

第二节 分泌蛋白质预测

随着蛋白质数据库中序列的急剧增加，单纯采用实验的方式识别信号肽需要高昂的资金和大量时间。而基于生物信息学的计算方法能够自动识别蛋白质中的信号肽，可以为实验室进一步研究提供最有可能的候选物，从而降低了实验筛选盲目性。因此，为了加速发现新的药物，采用大规模的计算方法对新的分泌蛋白质和膜蛋白进行鉴定、分类和自动注释将成为必然。

目前已开发了一些基于机器学习方法如神经网络、隐马尔可夫模型（hidden Markov model，HMM）和支持向量机的软件，用于从头预测信号肽。

描述分泌蛋白质的术语模糊常在预测或讨论中造成困惑，为消除混淆，在本章中我们把具有N端信号序列且通过内质网进入经典分泌通路的蛋白质称为共翻译转运（cotranslational translocation，CTT）蛋白。通过任何机制被运出细胞的蛋白质称为胞外蛋白，经共翻译转运输出细胞的蛋白称为经典胞外蛋白（classical extracellular protein），经其他通路输出细胞的蛋白称为非经典胞外蛋白（non-classical extracellular protein）。

一、信号肽的结构和功能/信号序列的一般特征

信号肽具有引导蛋白从合成位点输出和精确定位的特殊功能。虽然各种蛋白质中信号肽不具有同源性，但研究人员发现信号序列的结构框架和氨基酸残基类型有一定的规律：信号肽位于蛋白质的N端，长度一般为15～35个氨基酸残基。信号肽通常分为3个结构域：N-区、H-区和C-区。N-区位于N端，含有1个或多个带正电荷的氨基酸（精氨酸R或赖氨酸K），因此也称为碱性氨基末端，N-区是信号肽变异的主要位置；其后是H-区，其包含6～12个连续的疏水残基，以中性氨基酸如亮氨酸、异亮氨酸为主，它是信号肽的主要功能区；在H-区之后的C-区含信号肽酶切位点，也称加工区（C-区）。C-区靠近切割位点处常由极性、小分子氨基酸如甘氨酸、丙氨酸和丝氨酸组成。

信号肽的这些特征为计算机软件在全基因组范围内分析各蛋白的信号肽，预测分泌蛋白质提供了前提。

二、N端信号肽预测存在的问题

现有的根据N端信号肽预测分泌蛋白质的方法还存在一些不足之处。

1. N端跨膜区域会造成假阳性。虽然膜蛋白也有信号肽序列，但其在信号肽之外还有疏水跨膜区，使得膜蛋白停留在细胞膜中。内在的跨膜区域如果位于N端，则会造成预测假阳性。因此，目前对分泌蛋白质的预测主要涉及两个方面：首先通过对信号肽序列的识别，将分泌蛋白质和膜蛋白从其他蛋白质组中区分开来；其次通过对蛋白质疏水跨膜区的识别，将分泌蛋白质与膜蛋白区别开来。

2. 该预测体系建立在经典分泌途径的理论基础之上。虽然大多数蛋白质的分泌途径遵守信号肽假说，但实际上蛋白质的分泌过程却不止这一种途径，有些蛋白质的分泌并不需要信号肽的存在，这类蛋白质无法通过N端信号肽预测检测出来。

3. 信号肽预测程序必须采用N端完整的序列。当数据库中的待测序列并非完整序列时，N端可能缺失，这样将会造成预测结果的假阴性。尤其是信号肽预测程序分析EST数据库来源的数据时，由于EST数据库序列质量不高，预测准确度通常较低。

EST是从一个随机选择的cDNA克隆进行5′端和3′端单次测序获得的短核苷酸序列片段，由于是一轮测序结果，序列的精确度较低，存在较多错误，估计错误率为2%。相比而言，人类基因组计划（HGP）错误率标准仅为＜0.01%。而且EST很短，没有给出完整的表达序列，通常从3′端开始，5′端被剪切而不完整，而恰恰是5′端被翻译成蛋白质的N端；此外，EST中通常不包含低丰度表达的基因。EST共有序列包括多个重叠的EST，使序列质量有所提高。

三、用于预测CTT蛋白的程序

分泌蛋白质不同于细胞质蛋白的特征就是氨基末端信号肽序列，因此近年来开发了若干基于信号肽的分泌蛋白质的预测方法（表6-1）。20世纪80年代中期，研究人员引入了第一个基于权重矩阵的信号肽预测方法，该方法至今还在使用。随着计算能力的增强，不同的机器学习方法进入预测领域，如Chou-Fasman法、GOR法、神经网络（neural network，NN）法、最近邻（nearest neighbor）

笔记栏

法、HMM 等，并在此基础上开发了许多软件，如在 NN 法基础上开发的有 SignalP-NN、PHDhtm 等；基于 HMM 的 SignalP-HMM、THHMM 等。这些方法的预测途径不同，其准确性也不同。

表 6-1　分泌蛋白质的预测程序

预测程序	预测对象	适用范围
SignalPV3.0	N 端信号肽	细菌和真核生物
TargetP	线粒体或其他定位序列	真核生物（除植物外）
PrediSi	信号肽序列和剪切位点	细菌和真核生物
Phobius	信号肽和跨膜区域拓扑	细菌和真核生物
ProtComp 6.0	定位序列（细胞外、质膜、线粒体、高尔基体）	真核生物（动物/真菌–植物）

现有的大多数 CTT 蛋白预测程序是通过分析待测序列中的 N 端信号序列和（或）信号序列剪切位点来进行预测的。近来还出现了一些新的方法，尝试从别的角度进行预测。例如，有的对程序的训练数据进行精练，有的则致力于开发新的预测算法，有的鉴定局部特异的蛋白质结构域，还有的与注释蛋白质数据库进行同源性比对，以及挖掘部分蛋白质注释以寻找关键词，通过基因本体（GO）对基因产物的注解来预测分泌蛋白质。为了提高预测准确性，在实际应用中通常将多种软件联合使用。尽管以上生物信息学工具软件可以方便地预测出分泌蛋白质，但结果还需要生物学实验来验证。

四、SignalP

SignalP 通过分析蛋白质序列的 N 端来预测革兰氏阳性原核生物、革兰氏阴性原核生物和真核生物中信号肽的存在及剪切位点。该软件综合了神经网络法和 HMM 两种预测方法，可得到较高的准确性，是现有预测信号肽和剪切位点较有效的方法。针对真核和原核生物的预测原理一样，训练数据有所不同。

1996 年，基于神经网络的 SignalP V1.1 面世，此后 SignalP V2.0 则在 SignalP V1.1 的基础上增加了基于 HMM 的预测方法 SignalP-HMM。用户可以选择运行神经网络法和 HMM 两个方法中的任意一个或两个同时使用。SignalP V4.0 利用了 SWISS-PROT V40.0 的数据，用不同的方法彻底清洗现有数据组，除去了训练数据中剪切位点附近不合理的残基，以及一些明显错误注释的信号肽序列，进一步提高了预测准确性。

1. SignalP-NN　该方法神经网络的输出层只包含一个神经元，对序列进行二元分类。剪切位点或非剪切位点，信号肽或非信号肽。利用从 SWISS-PROT V35.0 选出的 1137 个真核 CTT 蛋白的 N 端 30 个氨基酸残基，以及 1451 个真核非 CTT 蛋白的 N 端 70 个氨基酸残基来训练神经网络。

针对 SignalP 的每个生物，包括真核生物及革兰氏阴性菌、革兰氏阳性菌，采用了 2 个不同的神经网络，一个用于预测信号肽，另一个预测信号肽酶Ⅰ（SPase Ⅰ）的剪切位点。

SignalP-NN 以图像的形式输出 3 个不同的分数：C-分数（C-score）、S-分数（S-score）和 Y-分数（Y-score）。在 SignalP3-NN 输出报告中还以数值形式输出另外两个分数 S-平均值（S-mean）和 D-分数（D-score）。

（1）S-score：在提交序列的每一个氨基酸位置都会报告一个 S-score，高分对应的氨基酸属于信号肽，低分表明该氨基酸是成熟蛋白质的一部分。最大值 S-score$_{max}$ 给出了最可能属于信号肽的残基的位置和概率。

（2）C-score：是“剪切位点”评分。在提交序列的每个氨基酸位置都会报告一个 C-score，该分值仅在剪切位点处显著升高。最大值 C-score$_{max}$ 给出了最可能是成熟肽链 N 端第一个氨基酸残基的位置和概率。

（3）Y-score：是 C-score 与 S-score 结合的产物，比单独的 C-score 预测得更准确。这是因为在一个序列中可以找到多个 C-score 的高分位点，但只有一个是真正的剪切位点。最大值 Y-score$_{max}$ 的判断标准是 S-score 坡度陡峭，且 C-score 显著的位点是剪切位点。也就是说，信号肽剪切位点位于 Y 曲线的最大值 Y-score$_{max}$ 处。

（4）S-mean：是指 S-score 在 N 端第一个氨基酸到 Y-score$_{max}$ 最大值对应的氨基酸之间的平均值，表示所有被分析的残基属于信号肽的平均概率。因而 S-mean 用于计算预测的信号肽的长度，并被用

笔记栏

作区别分泌蛋白质和非分泌蛋白质的标准，如果 S-mean 大于 0.5，预测序列为信号肽。

（5）D-score：在 SignalP V3.0 引入了 D-score，它是 S-mean 和 Y-score$_{max}$ 的简单平均数。与 S-mean 相比，D-score 在区分分泌蛋白质和非分泌蛋白质的时候更具优越性。对于非分泌蛋白质，在理想状态下 SignalP-NN 输出的所有分值应该是非常低的。

2. SignalP-HMM SignalP V2.0 引入了 HMM 作为第二个机器学习算法方法。除信号肽预测之外，HMM 还能对信号锚点进行预测，从而能够区别被剪切的 N 端信号肽和不被剪切的 N 端信号锚点，但预测剪切位点精确性较弱。

信号锚点属于Ⅱ类跨膜蛋白的 N 端部分，没有信号肽酶识别位点，不被切割，也称作不被剪切的信号肽。然而，它们在疏水（跨膜）区域后也有类似信号肽剪切位点的位点。因此，预测方法很可能将信号锚点误认为信号肽。在 SWISS-PROT 特征表（FT）区域中检索“SIGNAL-ANCHOR（TYPE-Ⅱ MEMBRANE PROTEIN）”可以找到此类蛋白。

SignalP 采用了两个 HMM：一个是模拟信号肽，另一个是模拟信号锚点。

N 端信号肽平均长度为 20～25 个氨基酸，没有高度保守的序列基序，但是具有 3 个独特的序列区域：N-区、H-区和 C-区。信号肽模型包含分别描述这 3 个区域的子模型。对于已知的信号肽，SignalP-HMM 可以在信号肽内划分这 3 个区域的边界，结果以图像输出，给出了每个位点处于这 3 个区域的概率。在信号肽模型中，H-区长度被限定在 6～20 个氨基酸，N-区至少含有一个残基（以甲硫氨酸开始），C-区至少含有 3 个残基。

模拟信号锚点的模型包含两个子模型，代表了 N-区和 H-区。

HMM 计算并提交序列是否包含信号肽的概率。真核 HMM 还报告信号锚点的概率。此外，如果有信号肽的话，会给剪切位点、N-区、H-区和 C-区分配一个概率分数。

图 6-2 显示了 3 种不同的蛋白质种类（信号肽、非分泌蛋白质和信号锚点）的 S-mean 分布。信号锚点和信号肽的 S-mean 分布有部分重叠（50% 的真核生物信号锚点序列 S-mean 大于 0.5）。然而，信号锚点的长度通常显著大于信号肽。训练数据组中大多数信号肽长度大于 35 个 aa，通过排除长度超过 35aa 的信号肽，可以正确区分 72% 的真核信号锚点。

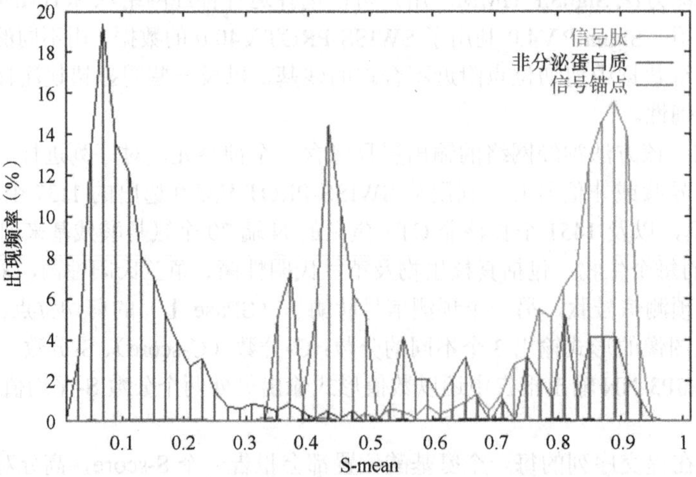

图 6-2 信号肽、非分泌蛋白质和信号锚点的 S-mean 分布

图 6-2

3. SignalP V3.0

（1）SignalP V3.0 拥有升级的神经网络结构，考虑到剪切位点位置和信号肽的氨基酸组成之间的关联性，神经网络加入了一些新的序列氨基酸组成特征作为对神经网络的输入节点。

（2）SignalP V3.0 采用经彻底错误校正的新的数据集。利用 SWISS-PROT V40.0 中的蛋白质序列重新训练网络，SWISS-PROT V40.0 已经过滤去除了可能被错误注释的序列。新的过滤过程将真核训练数据限定于那些在注释的剪切位点上游第一位包含一个甘氨酸、半胱氨酸、丙氨酸、亮氨酸、脯氨酸、谷氨酰胺、丝氨酸或丝氨酸的序列。

（3）最后，对训练序列采用新的选择标准，引入了一个新的区别分数 D-score，从而将剪切位点预测包含入了信号肽预测，提高了准确率。

笔记栏

这些改进显著提高了预测性能。利用五倍交叉验证对 SignalP V2.0 和 SignalP V3.0 进行评价和比较后发现，总体来说，SignalP V3.0 在剪切位点预测和信号肽存在预测方面优于 SignalP V2.0。SignalP V3.0 剪切位点预测的准确性比老版本提高了 6%～17%。假阳性预测的清除及 D-score 的引入使信号肽区别能力也有所改进。SignalP V3.0 NN 区分 CTT 蛋白和非 CTT 蛋白的准确率为 98%，而 SignalP V2.0 NN 的区分准确率为 97%。

4. 数据集　获得干净和准确的数据组用于训练和测试是机器学习的重要任务，数据组中的偏好和噪声常会导致错误的预测。SignalP V3.0 的数据来自 SWISS-PROT V40.0，提取了 SWISS-PROT 中特征数据栏（Feature Table，FT）有“SIGNAL”的条目，仅使用了有实验验证的序列，去除了标有“HYPOTHETICAL”“POTENTIAL”“PROBABLE”的信号肽条目。此外，还进一步去除了含有多个剪切位点的条目。数据组中的序列包含了分泌蛋白质的信号肽序列和成熟蛋白的前 30 个氨基酸，对于胞质蛋白和胞核蛋白（真核细胞），选用每个序列的前 70 个氨基酸。此外，还提取了一系列真核信号锚点序列，如Ⅱ型膜蛋白的 N 端部分。通过排除功能上同源的序列对，防止了数据组的冗余。

5. 使用说明

（1）指定输入序列：所有输入序列必须用单字母氨基酸编码。允许使用的字母（不区分大小写）如下：

A C D E F G H I K L M N P Q R S T V W Y 和 X（未知）

所有不在上述字母表内的字母或符号将在运行前被转换成 X。所有非字母的符号，包括空格和数字将被忽略。

序列可以用下列两种方式输入：

1）以 FASTA 格式粘贴一个或多个的序列到服务器主页上部的窗口。

2）在主页下部窗口键入文件名或通过浏览选择本地盘上的 FASTA 文件。

SignalP 服务器对单次提交的数据有数量限制，不能超过 2000 个序列或 200 000 个氨基酸。

（2）自定义运行参数

1）物种（organism group）：选择待测序列的生物来源，即真核、革兰氏阴性细菌或者革兰氏阳性细菌。

2）方法（method）：神经网络、HMM 或两者兼选。

3）图像（graphics）：选择图像输出方式。

4）输出格式（output format）：选择文本输出格式，即标准、全长或短输出格式。

5）切割（truncation）：序列切割，由于信号肽出现在 N 端，很少长于 45 个氨基酸，因此，没有必要提交超过 60～70 个氨基酸长度的序列。默认的切割长度设为 70 个氨基酸。

选项设置完毕后，点击“提交”按钮。

（3）输出格式：缺省状态下服务器的输出格式如下。

例 1：分泌蛋白质。图 6-3 是 SWISS-PROT 条目 TXN4_HUMAN 的输出结果，图 6-4 是 SignalP-HMM 信号肽预测结果，与数据库注释一致。

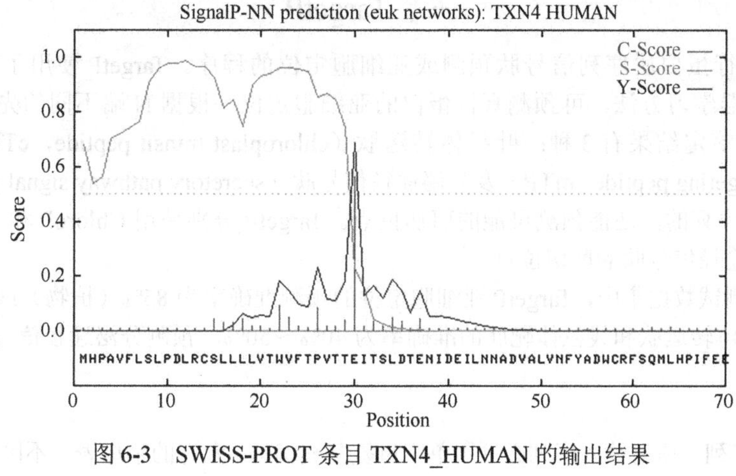

图 6-3　SWISS-PROT 条目 TXN4_HUMAN 的输出结果

图 6-3

SignalP-NN 结果：

data

>Sequence length=70

# Measure	Position	Value	Cutoff	signal peptide?
max. C	30	0.565	0.32	YES
max. Y	30	0.690	0.33	YES
max. S	12	0.989	0.87	YES
mean S	1-29	0.852	0.48	YES
D	1-29	0.771	0.43	YES

Most likely cleavage site between pos. 29 and 30: VTT-EI

每个预测将返回一个 Boolean flag，对蛋白质是否含有信号肽做出判断，同时返回一个复合的神经网络预测，随后给出一个预测的剪切位点。

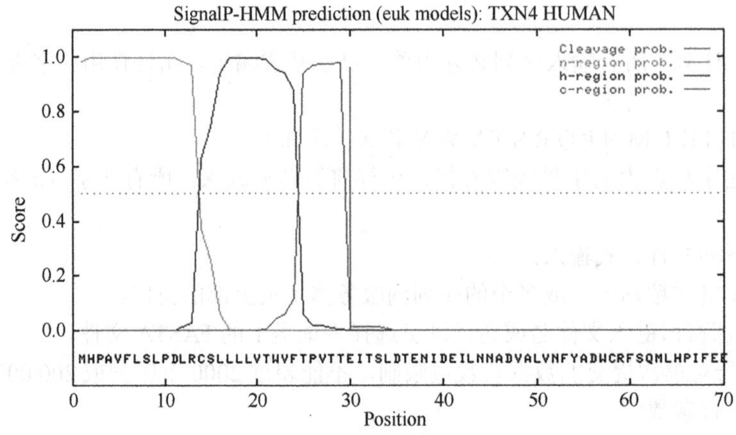

图 6-4

图 6-4 SignalP-HMM 结果

data

>TXN4_HUMAN

Prediction: Signal peptide

Signal peptide probability: 0.984

Signal anchor probability: 0.015

Max cleavage site probability: 0.962 between pos. 29 and 30

gnuplot script

for making the plot(s)

五、TargetP

TargetP 是进行蛋白质序列信号肽预测或亚细胞定位的程序。TargetP 使用了神经网络与支持向量机这两种机器学习方法，可预测真核蛋白的亚细胞定位。根据 N 端不同的先导序列，TargetP 对信号肽预测的鉴定结果有 3 种：叶绿体转运肽（chloroplast transit peptide，cTP）、线粒体靶肽（mitochondrial targeting peptide，mTP）及分泌途径信号肽（secretory pathway signal peptide）。对于预测含有 N 端先导序列的，还能预测可能的剪切位点。TargetP 分别使用 ChloroP 和 SignalP 预测叶绿体转运肽和分泌途径信号肽的剪切位点。

在低冗余的测试数据集中，TargetP 亚细胞定位的预测准确率为 85%（植物）或 90%（非植物）。TargetP 预测叶绿体转运肽和线粒体靶肽的准确率为 40%～50%，预测分泌途径信号肽的准确率可达 70%。

使用说明：

1. 指定输入序列 所有输入序列必须用单字母氨基酸编码。允许的字母表（不区分大小写）如下：

笔记栏

A C D E F G H I K L M N P Q R S T V W Y 和 X（未知）

所有不在上述范围内的字母符号将在运行前被转换成 X。

序列可用下列两种方式输入：

（1）以 FASTA 格式粘贴一个或多个序列到服务器主页上部的窗口。

（2）在主页下部窗口键入文件名或通过浏览选择本地盘上的 FASTA 文件。

TargetP 根据每个输入序列的 N 端的前 130 个残基进行预测，因此所有序列必须包括完整的 N 端，否则缺少 N 端残基将增加预测的难度并且降低预测可靠性。

2. 自定义运行参数

（1）物种（organism group）：根据数据的生物来源选择相应的 TargetP 版本。非植物版本预测的定位仅限于线粒体、分泌途径和其他。植物版本则将叶绿体也纳入了定位目的地。

（2）预测范围（prediction scope）：如果预测某一序列 N 端含有导肽，则可进一步预测其潜在的剪切位点。如需要预测剪切位点，则点击“Perform cleavage site predictions”。

（3）阈值（cutoffs）：默认情况下不使用阈值，最高分就是预测结果。但是为了增加特异性，可以用阈值对预测加以限制，要求预测的评分在输出评分之中不只是最高，而且必须在阈值之上。

3. 提交　点击“提交”按钮。

4. 输出格式　以纯文本表格的格式输出。

下例为 Uniprot 中 12 个植物序列的预测输出结果。启用了剪切位点预测，未设置阈值。

targetp v1.1 prediction results

Number of query sequences: 12

Cleavage site predictions included.

Using PLANT networks.

Name	Len	cTP	mTP	SP	other	Loc	RC	TPlen
P11043_has_a_very_ve	516	0.873	0.012	0.004	0.320	C	3	65
P07505	266	0.330	0.047	0.004	0.444	_	5	-
P12360	246	0.580	0.119	0.210	0.089	C	4	42
P12352	97	0.397	0.555	0.014	0.150	M	5	40
Q01289	399	0.733	0.017	0.031	0.462	C	4	62
P08817	129	0.844	0.092	0.089	0.015	C	2	47
P07263	546	0.400	0.380	0.075	0.020	C	5	41
P07597	117	0.005	0.095	0.967	0.006	S	1	26
P48786	1088	0.199	0.070	0.067	0.822	_	2	-
Q01238	102	0.420	0.277	0.033	0.164	C	5	41
P35334	342	0.055	0.010	0.968	0.041	S	1	29
P13086	333	0.053	0.905	0.045	0.034	M	1	21
cutoff		0.000	0.000	0.000	0.000			

六、PrediSi

PrediSi 是一个预测细菌和真核生物信号肽序列和剪切位点的新工具。PrediSi 通过位置权重矩阵分析 N 端序列数据预测 CTT 蛋白。PrediSi 为信号肽的 3 个区域 N-区、H-区和 C-区开发了矩阵，并用频率校正的方法进行改进，考虑了蛋白质中存在的氨基酸使用偏好。

训练所用序列从最新版 SWISS-PROT V42.9 提取。PrediSi 输出一个单一的数值分数，预测的剪切位点，同时输出一个布尔（Boolean）标记信号肽存在与否。

在真核生物和革兰氏阴性细菌预测中，PrediSi 不如 SignalP-NN 和 SignalP-HMM，但其在革兰氏阳性细菌的表现较好。与已有预测工具相比，PrediSi 的优点在于分析极为快速，适用于高通量处理大量的数据组，可用于分析基因组计划和蛋白质组实验积累的大量全蛋白质组数据，然而高通量的代价是准确率有所降低。PrediSi 可从其官网免费获取，还设计了一个额外的 Java 包，可将 PrediSi 整合入其他软件。

笔记栏

七、Phobius

Phobius 利用 HMM 分析全长蛋白序列，预测 CTT 蛋白。程序还能预测跨膜区域，可用于区分 N 端跨膜区域和 CTT 信号肽。

Phobius 所选用的训练数据组中，146 个序列来自 TMHMM 的数据组，140 个来源于 TMPDB、2 个来源于 Moller、4 个来源于 SWISS-PROT 的跨膜序列。训练数据组中的序列被分为 TM-only 和 TM-and-SP 两组。此外，还利用 SWISS-PROT V41.0 蛋白质建立了 SP-only 和 not-TM-not-SP 序列组。

Phobius 输出结果包含一个 Boolean 标记，判断 CTT 信号肽存在与否，还提供预测的跨膜域数量，以及一个标记了位置的蛋白质方位图。在十倍交叉验证测试中，Phobius 能正确预测 91.1% 的 TM-and-SP 序列、63.6% 的 TM-only 序列、96.1% 的 SP-only 序列和 98.2% 的 not-TM-not-SP 序列。

与其他程序对比，Phobius 在预测 TM-and-SP 序列方面胜过 TMHMM、HMMTOP、TMHMM-SignalP 组合和 HMMTOP-SignalP 组合。但在预测 TM-only 序列方面不如 HMMTOP 和 TMHMM。Phobius 还提供一些功能选项，这些选项可以让用户根据已知的 CTT 信号肽和跨膜区域信息来对预测进行限定，或利用同源建模对 NCBInr 数据库进行 BLAST 比对。

八、ProtComp

ProtComp.V6.0 由 Softberry 公司开发，用于对真核细胞（动物/真菌植物）蛋白进行亚细胞定位，它可将蛋白按以下归属进行划分：细胞核、质膜、胞外分泌、细胞质、线粒体、内质网、过氧物酶体、溶酶体和高尔基体。

ProtComp V6.0 结合了数种蛋白质亚细胞定位预测的方法：基于神经网络的预测、与注释数据库中已知定位的同源蛋白进行比较以及与同源数据库的五聚体分布（pentamer distribution）比较。

ProtComp.V6.0 包括若干个识别器，这些识别器被单独训练用于识别动物/真菌植物蛋白质，这大大提高了识别准确率。据 Softberry 公司报道，用 200 个胞外蛋白对 ProtComp 的神经网络预测进行测评，结果显示 ProtComp V6.0 总体预测准确率＞90%。

九、分泌蛋白质预测方法评价

预测程序的准确率很大程度上依赖于程序使用的方法，以及用于开发程序的训练数据的真实性和完整性。此外，有些程序作者经常夸大程序的预测性能。因此，十分有必要利用一个独立的测试组对程序进行公正的比较和评价。

1. 单个预测子评价 研究人员针对单个预测分数，对信号肽预测的准确性进行了评价。根据马修斯相关系数（MCC）评价，SignalP V3.0 的 D-score 是最准确的预测子，紧随其后是 SignalP V3.0 S-$score_{max}$ 和 TargetP 预测子。最灵敏的预测子是 SignalP-NN 的 S-mean 和 SignalP V2.0-HMM 的 S-probability。SignalP V2.0-HMM 的 C-$score_{max}$ 具有最大的预测特异性。

2 组合预测方法评价 组合预测评价方法检查了 14 892 个独特的预测子组合，并计算了所有组合的预测表现。其中 58 个分数组合获得最大 MCC 值 0.97，该值对应的 t 值=76.8，对应的显著水平明显低于 0.05%。费布尔 Z 转换检验了组合 MCC 值（0.97）和从单个 MCC 值（0.91）获得的最佳相关性之间的显著性，返回的 p≤1.72e–14，这些结果都支持报道发现的显著性。

在 MCC 值达到 0.97 的组合中，至少包含 4 个预测子，共出现了 5 个这样的组合。在这 5 个组合中，都包含 TargetP、SignalP V2.0 Y-$score_{max}$ 和 SignalP V3.0 S-$score_{max}$。第四个预测子是 SignalP V2.0 S-mean、SignalP V2.0-HMM S-probability，SignalP V3.0 S-mean，SignalP V3.0-D-score 或 SignalP V3.0-HMM S-probability 中的一个。在两两组合的预测子对中，最准确的 MCC 值高达 0.95，都包括 TargetP，另一个预测子为 SignalP V2.0 Y-$score_{max}$、SignalP V2.0 S-mean、SignalP V3.0 S-$score_{max}$ 或 SignalP V3.0 D-score 中的任意一个。

43 个组合的预测特异性达到 98%。达到该特异水平至少需要 4 个分数的组合，共有 5 个这样的组合。这 5 个组合都包括 SignalP V2.0 Y-$score_{max}$ 和 SignalP V3.0 C-$score_{max}$。在组合分析中获得的最高灵敏度分数组合包含了单独预测最高灵敏度的分数（combination set size 1）、SignalP V2.0-NN S-mean 和 SignalP V2.0-HMM S-probability。

笔记栏

利用 TargetP、SignalP V2.0 和 SignalP V3.0 可分析脊椎动物分泌组和 CTT-ome 数据库中的

序列。可采用两套不同的组合：TargetP，SignalP V2.0 Y-score$_{max}$ 和 SignalP V3.0 S-score$_{max}$（灵敏度 0.96，特异性 0.96，MCC 值 0.96）或 TargetP 和 SignalP V3.0 D-score（灵敏度 0.96，特异性 0.87，MCC 值 0.90）。

十、分泌蛋白质研究展望

尽管分泌蛋白质的研究发展十分迅速，但仍存在许多问题。目前已有的生物学软件虽然可以预测出大量可能的分泌蛋白质，但仍存在较高的假阳性。如何提高准确率，挑选出有意义的目标蛋白并对其进行功能测定，是亟待解决的另一问题。在基因组或 cDNA 文库数据尚不完备的情况下，单纯通过生物信息学工具从中大规模筛查分泌性蛋白尚有一定的难度，存在着翻译后修饰等问题，其结果不能完全反映活化的蛋白质，仍需要生物学实验来验证其可靠性。

第三节　信号肽剪切位点预测

构建重组的分泌蛋白质或受体时，需要将信号肽准确连接到成熟蛋白质的 N 端，因此，准确地定位信号肽剪切位点，真实地评价剪切位点预测方法的准确率十分关键。剪切位点的信息通常可从两个渠道获得：检索蛋白质序列数据库中的注释，或通过计算机程序进行预测。为此，研究者开发了多种预测信号剪切位点的计算方法，包括 SigCleave、SignalP V2.0-NN、SignalP V2.0-HMM、SigPfam、SignalP V3.0-NN、SignalP V3.0-HMM 等。其中 SignalP 已在上节中介绍，这里不再赘述，其余方法介绍如下。

一、SigCleave

SigCleave 利用了基于权重矩阵的方法 EMBOSS，基于 SigPep 数据组，原理和 SigSeq 程序类似。对于 von Heijne 矩阵，SigCleave 采用了 sigweightprok.dat 或 sigweighteuk.dat 中的信号文件，这些文件在原文中以表格的形式给出，还可以对这些表格进行编辑（例如加入额外的信号序列）。输入文件格式为 GCG 蛋白序列文件。

SigCleave 可以预测信号肽和成熟蛋白之间的剪切位点，该方法区分信号肽/非信号肽的准确率为 95%，原核和真核生物的信号肽剪切位点预测准确率都在 75%～80%。SigCleave 将某一阈值以上的所有匹配都报告出来，缺省阈值为 3.5，最高分被认为是正确的预测。

二、SigPfam

SigPfam 可预测蛋白质含有信号肽的概率及最可能的剪切位点。SigPfam 的预测基于 HMM，利用 HMMER package 中的 hmmpfam 程序来评价 N 端的前 70 个氨基酸区域。将 −0.5 设定为判断是否为信号肽的阈值分数，通过比对坐标获得剪切位点。SigPfam 是一个有用的工具，可以简单地实现、配置和调试。

三、各种剪切位点预测方法的评价和改进

尽管很多计算机程序在区分信号肽和非信号肽的时候特别有用，但是这些方法定位剪切位点的能力各不相同，通常不尽如人意。SigCleave、SignalP V2.0-NN、SignalP V2.0-HMM、SigPfam、SignalP V3.0-NN、SignalP V3.0-HMM 这 6 个程序探测信号肽的灵敏度都很高，其中 SignalP V2.0-HMM 和 SignalP V3.0-NN 最高，均达 98.5%。然而，其在预测剪切位点时准确率出现分化。现有最好的信号序列预测程序 SignalP V2.0-NN，其定位信号剪切位点的准确率仅为 78.1%。相比而言，SigCleave 和 SigPfam 准确率较低。

1. 剪切位点预测方法现状　现有的信号肽剪切位点预测方法大都依赖于从公共数据库中获得的蛋白质注释。SWISS-PROT 数据库是最常用的也是注释最好的蛋白质序列数据库。但是，SWISS-PROT 中注释的准确率并不尽如人意。经实验验证的数据组与 SWISS-PROT 数据库中计算机生成的剪切位点注释存在较高比例的不一致。实际上蛋白质序列数据库如 SWISS-PROT 中大多数注释的剪切位点是基于序列相似性或计算机预测而非实验数据。尽管 SWISS-PROT 提供了一些注释来源的参考文献，但文献本身并不包含实验数据来证实这些注释的正确性。

笔记栏

2. 剪切位点预测方法的改进

（1）需要更可靠的训练数据：经评估，计算机预测的剪切位点超过1/3是不正确的，很重要的原因是缺乏足够的实验数据为剪切位点建模，因此我们迫切需要更可靠的训练数据。为了提高预测准确率，必须不断积累实验验证的剪切位点数据，改进蛋白质序列数据库中的剪切位点注释。此外，证实的信号剪切位点也将帮助改进现有的预测程序：通过去除错误比对的信号肽序列，加入新的被实验证实的序列，可以改进基于同源比对的信号肽预测模型。

（2）考虑氨基酸的使用偏好：成熟蛋白质N端区域的氨基酸的使用偏好也有助于信号肽剪切位点的精确定位。研究人员早在1983年就已描述了该区域的氨基酸使用模式（偏好），但是大多数预测程序并没有注重这个方面。实验证实的蛋白质数据组的氨基酸使用模式可以为开发新的、表现更好的剪切位点预测程序提供参考。

研究信号肽切割位点后的氨基酸使用偏好需要经验证的成熟蛋白N端序列作为可靠的数据来源。氨基酸使用偏好的计算方法如下：首先，取样整个成熟蛋白获得氨基酸使用的期望频率；其次，将剪切位点后的每个位点的氨基酸使用频率（观察频率）和期望频率进行比较。将观察频率和期望频率的对数比作为纵坐标，氨基酸的位置作为横坐标作图，就可揭示氨基酸使用的偏好程度。

信号肽切割位点预测工具的开发应该是一个持续过程，应不断地利用新的可靠数据和成熟蛋白质N端氨基酸利用形式对预测方法进行改进，提高预测准确率。

第四节　分泌蛋白质数据库

随着分泌蛋白质预测方法的改进和各种综合数据库数据的积累，已采用生物信息学和手工检验的方法建立了人类、大鼠和小鼠的分泌蛋白质数据库（secretory protein database，SPD）。

最新版的SPD核心数据包括了来源于SWISS-PROT、Tremb、Ensembl和Refseq的序列。所有条目按照预测可信度排序和注释，并分为14个不同的功能目录，包括阿朴脂蛋白、细胞因子、蛋白酶、细胞毒素等。为了使数据组更全面，还拓展收录9个相关数据库的数据。

SPD核心数据组收集的分泌蛋白质数据比较全面。SPD human覆盖了约80%的SPDI分泌蛋白质。Riken鼠分泌蛋白质组中75%的条目被SPD mouse所覆盖。

为了尽可能多地收集分泌蛋白质，SPD保留了所有不同的序列，包括序列相似性＞90%的序列。另外，9个参考数据库的引入也增加了SPD的覆盖面。

用户可以从检索页和浏览页进入蛋白的页面，页面中显示了蛋白的总体信息如功能、序列等。

核心数据组的数据区域被设计成4个主要的部分：总体信息、SPD注释、SPD交叉引用和蛋白质家族。

SPD数据库对蛋白进行功能分类的流程如下：

1. 首先从SWISS-PROT数据库提取所有脊椎动物分泌蛋白质，然后将它们分为12类：抗生素蛋白、阿朴脂蛋白、酪蛋白、细胞因子、激素、免疫系统蛋白、神经肽、防御肽、蛋白酶、蛋白酶抑制剂、毒素、wnt蛋白和其他分泌蛋白质。在下面的步骤中，新的分泌蛋白质将归入上述的前11类分泌蛋白质。

2. 根据SWISS-PROT中的交叉关联信息，获取PROSITE、PFAM、SMART、PRINTS中的分泌蛋白质条目。

3. 将PROSITE、PFAM、SMART、PRINTS获取的条目划归到上述前11类分泌蛋白质中。

4. 利用BLAST把预测的新的分泌蛋白质和上述11类进行比较。如果新蛋白和已知蛋白的相似（相似度≥50%且覆盖长度≥80%），而已知蛋白属于A类（11类种的一类），则把新蛋白也归为A类。

5. 未能在第4步中分类的新蛋白则和第3步中获得的PROSITE、PFAM、SMART、PRINTS条目进行比较。如果新蛋白包含一个为A类所特有的域或基序，则将其归为A类。

6. 经过上述5步，新蛋白被分为11类。然而，还有很多蛋白不能准确分类，这些蛋白又分为3部分：第一部分（ONLY12），包括一些已知分泌蛋白质代表性的基序/域；第二部分（ONLY13），可以被PROSITE、PFAM、SMART、PRINTS和COG中的其他条目所注释；第三部分（ONLY14），不能被任何PROSITE、PFAM、SMART、PRINTS和COG中的条目注释。

笔记栏

由于分泌蛋白质中并没有很多代表性的结构域，大多数蛋白被归为ONLY12、ONLY13和ONLY14。

SPD的优缺点：

1. 保留了所有不同的序列，同时引入9个参考数据组，增加了SPD的覆盖面。

2. 具有分辨真阳性和假阳性的能力，SPD引入了4个模块帮助用户判断条目是否为假阳性：

（1）评级系统：根据置信度将蛋白质归为不同的数据库，Rank0或Rank1比Rank2和Rank3更可信。

（2）功能目录：划分到相关功能组的蛋白质通常更可靠。

（3）聚类信息：一个分泌蛋白质如果被划分到一个聚类，其中包含很多GO中的分泌蛋白质或Riken小鼠分泌蛋白质组，则较为可靠。

（4）GO assignment：如果蛋白的GO assignment为“extracellular space”或“extracellular matrix”，有可能是真阳性。相比而言，“integral to membrane”可能是假阳性。

3. SPD有助于生物学家寻找新的分泌蛋白质。“cross-reference”中给出了分泌蛋白质相应的mRNA或cDNA序列“description”给出了描述该蛋白的相关参考文献的数量，生物学家可据此判断该蛋白质是否为新发现的分泌蛋白质。

SPD的缺点在于，其预测流程是为经典分泌通路设计的，当蛋白质没有N端信号肽的时候就无法工作。然而，到目前为止，通过非经典通路分泌的蛋白质数量十分有限，主要为成纤维生长因子、白介素和半乳糖凝集素。目前，在分泌蛋白质中也已经寻找到了一些依赖于通路的共同特征，并以此建立了一种基于序列的方法SecretomeP，其可预测哺乳动物非经典分泌通路的分泌蛋白质。并通过扫描人类全蛋白质组，鉴定了可能经过非经典分泌通路的蛋白质。

现在的SPD数据仅来源于3种模式动物，随着其他生物的基因组序列的不断破译，SPD还将加入其他生物的分泌蛋白质组，并用进化分析构建直系同源组为生物实验提供有用的信息，此外，在数据库中加入分泌通路中的相互作用蛋白信息也是将来改进的目标。

第五节　膜蛋白概述

膜蛋白是指能够结合或整合到细胞膜上的蛋白质的总称，是一类具有重要生物功能的蛋白质。据估计，全序列基因组中20%～25%的开放阅读框编码膜蛋白。不同生物的膜蛋白所占比例差异不大，SWISS-PROT和TrEMBL中1/4的蛋白质被预测为跨膜蛋白。

作为最重要的基因产物之一，膜蛋白在细胞间接触、表面识别、信号转导、物质运输、能量转换方面发挥各种重要功能。膜蛋白种类多样，包括离子通道蛋白、转运蛋白、受体蛋白、ATP酶、孔蛋白、马达蛋白和一系列在能量产生中的相关蛋白，正是膜蛋白的种类决定了细胞膜的功能。

膜蛋白功能的多样性使之成为理想的药物靶点，据估计，膜蛋白中至少有一半是潜在的药物靶标。在药物研发过程中，膜蛋白偶联受体是绝大多数药物的作用靶点，最为典型的例子是G蛋白偶联受体（G-protein coupled receptor，GPCR）。据统计，超过50%的处方药作用于GPCR。

基于结构的药物设计是目前药物研发的主要方法，因此，分析预测膜蛋白结构对进一步认识其功能和开发靶向药物都具有重要的意义。然而，膜蛋白的过量表达、纯化、生化分析和结构鉴定都比可溶性蛋白困难，研究进展一直都很缓慢，获得结构解析的膜蛋白数量和可溶蛋白相比微乎其微。蛋白质数据库（PDB）成功解析的三维结构中，膜蛋白只占1%。这与膜蛋白占总蛋白的1/3的总量仍相差甚远，这制约了对膜蛋白功能的深入研究，也说明了跨膜蛋白质结构鉴定颇具挑战性。

一、膜蛋白的分类

细胞膜是一个由蛋白质、脂类及碳水化合物等组成的超分子体系。经典的细胞膜流动镶嵌模型认为，膜蛋白分子以各种镶嵌形式与磷脂双分子层相结合。根据膜蛋白与磷脂双分子层之间的相互作用模式和结合强度，膜蛋白可以分为两类：外周膜蛋白和内在膜蛋白（图6-5）。

外周膜蛋白的本质是可溶性球蛋白，它们缺乏疏水区域，主要通过静电、氢键或其他非共价相互作用与内在膜蛋白暂时结合，从而与脂双层的亲水表面相连接。外周膜蛋白完全外露在脂双分子层的内外两侧，加入极性试剂如高pH或高盐溶液可以破坏这种结合。此类膜蛋白没有特定的序列特性来表征同其他蛋白之间的区别，并且公共数据库中已有序列相对较少，所以不是本章讨论的重点。

笔记栏

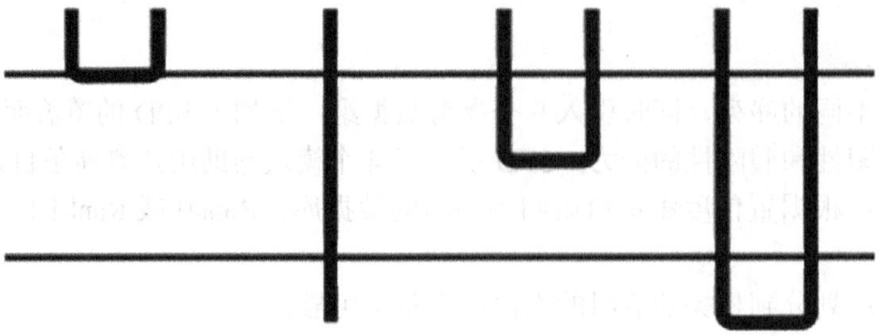

图6-5

图6-5 膜蛋白示意图

水平线表示膜，加粗线表示蛋白

内在膜蛋白是整合于膜上的蛋白质，含有较高比例的疏水氨基酸。它们通过疏水区同磷脂双分子层的非极性疏水区相互作用而结合在质膜上，有的贯穿整个磷脂双分子层，亲水部分暴露于膜的内外两侧表面，有的则完全嵌入包埋在磷脂双分子层中。这类蛋白与磷脂双分子层缔合牢固，需要通过人工加入去垢剂（如SDS或Triton X-100）或其他非极性溶剂才能够从膜中分离出来。70%～80%的膜蛋白为内在膜蛋白，它们在不同细胞和组织中起着重要作用，因此目前膜内在蛋白成为主要膜蛋白的研究对象。

内在膜蛋白还可以根据与双分子膜之间的结合程度细分为：

（1）单向内在膜蛋白（monotopic）：只从一个方向（膜外或膜内）与膜结合，虽然部分插入膜中，但不跨膜。前列腺素H合成酶和脂肪酸酰胺水解酶属于此类。

（2）单次跨膜蛋白（bitopic）：只含有一段跨膜区，两端的亲水区域露出磷脂双分子层。

（3）多次跨膜蛋白（polytopic）：含有多段跨膜区，像蛇一样蜿蜒多次跨膜。

二、跨膜蛋白的拓扑和结构

尽管目前鉴定的内在膜蛋白结构多样，但根据跨膜区片段二级结构和折叠类型的不同，其可以分为两大类：α螺旋跨膜蛋白和β桶状跨膜蛋白。α螺旋跨膜蛋白存在于所有类型的细胞膜中，占所有开放阅读框的20%～25%。而β桶状跨膜蛋白质仅出现在革兰氏阴性细菌质膜的外膜和线粒体、叶绿体的外膜中，而且通过序列对他们进行鉴定比较困难，因此它们的在蛋白质组中所占的比例还不确定。

（一）α螺旋跨膜区

α螺旋跨膜蛋白的跨膜区为强疏水性的残基构成的螺旋段，可单次跨膜也可多次跨膜。多次跨膜蛋白的螺旋区被环状的亲水区域所分隔，这些亲水环状区域或露出细胞外（外周环）或进入细胞质（胞质环）。

（二）β桶状跨膜区

由于β折叠片无法像螺旋结构一样沿螺旋方向形成链内氢键，只能在2个相邻的β折叠片之间形成链间氢键，因此每个β折叠片必须有2个相邻的β折叠片才能满足分子内氢键的需要，从而形成稳定的构象，只有封闭的桶状结构能满足这样的条件。因此，β桶状跨膜蛋白由8～22条β折叠链通过反平行排列构成类似于桶状的跨膜结构，外表面（非极性）与疏水核相互作用，表面内侧极性并且亲水。

β桶状跨膜蛋白也具有重要的生物功能。例如，在原核生物中非特异性调节亲水小分子（<6kDa）的被动运输、参与构成离子和小分子的运输通道、选择性地将分子（如麦芽糖、蔗糖）运出外膜。又如，在真核生物中参与构成电压依赖性阴离子通道等。这些广泛的功能源自蛋白多样的结构。β桶状跨膜蛋白的“桶”大小各异：小的由8条β折叠链组成，大的则多达22条，而且拓扑结构各异。在所有β桶状跨膜蛋白中，孔蛋白是研究得最透彻的。孔蛋白是一种膜上的通道蛋白，含有一个中心通道，通道被一个向内部折叠的环部分堵住，该环和桶的内壁相连接。这样通道内部就形成了一个“针眼”，可以控制通过通道的分子的尺寸。

笔记栏

（三）膜蛋白的拓扑

膜蛋白的拓扑可定义为膜蛋白来回穿膜的方式，即跨膜片段在氨基酸序列中的定位及蛋白质在膜上的方向。拓扑代表了膜蛋白的二级结构，是预测膜蛋白三维结构的出发点。在缺乏高分辨率三维结构的情况下，膜蛋白功能分析需要一个能准确描述蛋白质跨膜次数和相对于磷脂双分子层方向的拓扑模型。

无论是单次跨膜还是多次跨膜，膜蛋白的拓扑都是在初生肽链穿越转运通道的过程中建立起来的。膜蛋白的转运及整合入膜的过程与蛋白的分泌过程有很多共同之处，跨膜蛋白可看作未完成的分泌蛋白质。蛋白质N端和内部的信号序列都可作为起始转运信号，但N端的信号序列是可切除的，而内部信号序列无法切除，因此膜蛋白的跨膜次数是由其内含信号序列和停止转移信号序列的数目决定的。

单次跨膜蛋白拓扑可能是N端在细胞内、C端在细胞外（Ncyt/Cexo）或相反（Nexo/Ccyt）。然而，从膜蛋白插入膜的机制考虑的话，根据N端位置及信号是否切割，可将单次跨膜蛋白定义为3种拓扑类型：

Ⅰ型：先通过N端信号序列靶向内质网，然后通过后续的一个停止转运序列充当跨膜的锚点将蛋白锚定在膜上，同时停止多肽的进一步转运，而N端信号序列被剪切。

Ⅱ型：一个信号锚点序列同时负责插入和锚定。因为信号锚定序列穿越膜形成跨膜螺旋，所以通常比被剪切的N端信号肽长。然而和剪切信号不同，他们引导蛋白质的C端穿越膜。

Ⅲ型蛋白：Ⅲ型蛋白则相反，其锚点称为反向信号锚点，将N端转运穿过膜。

这3类膜蛋白插入膜的机制类似，都涉及SRP、SRP受体和Sec61转运通道。

三、传统的膜蛋白结构解析方法

传统的解析膜蛋白结构的实验手段包括X-射线晶体衍射、核磁共振和电子晶体结构解析法以及近年来开发的一些新方法，如免疫抗体法、化学修饰法和融合蛋白法。在目前的技术水平上，利用常规实验手段仅可测定出少量膜蛋白的三维结构且相当耗时。

X-射线结晶法是受到普遍认同的蛋白质结构研究方法，这种方法成功的关键在于获得合适的三维晶体。获得晶体的关键是在高浓度的条件下获得均一、稳定的纯化蛋白质。但是，由于膜蛋白需要与生物膜结合才能形成稳定的天然构象，且在高浓度下溶解性较差，难以产生高质量的衍射结晶，目前对膜蛋白晶体培养缺少有效方法和模型，所以通过X-射线晶体衍射获得膜蛋白的三维数据十分困难。

膜蛋白不溶于水溶剂，因此只有少数适用于蛋白质溶液核磁共振。针对膜蛋白的新的技术固态核磁共振已开发出来。1997年，PDB收录了第一个利用固态核磁共振法解析的蛋白质结构，此后又有多个蛋白质结构陆续进入数据库，但是鉴定的通量不尽如人意。

电子晶体学是生物三维电子显微学的主要组成部分，其结构解析对象的尺度范围介于X-射线晶体学与光学显微镜之间，适合蛋白质分子结构解析，代表了生物电子显微学的前沿，已成为解析大分子量的蛋白质高分辨结构的有效技术。

电子晶体结构解析法要求膜蛋白在脂双层环境中结晶后形成二维薄层状晶体，只有一层细胞的厚度。获得二维膜蛋白晶体的主要方法是，将溶于去污剂的蛋白与极少量脂类混合，然后通过透析、聚苯乙烯珠子吸附或稀释法降低去污剂的浓度，使膜蛋白重新溶解入磷脂双分子层，在空气–水界面或预制的脂试管中沿着磷脂单分子层结晶。在一定条件下蛋白质和脂类就形成了一个具有高密度蛋白质的膜，形成晶体状阵列。晶体的质量取决于一些参数，如脂类的选择、蛋白质的浓度、蛋白质脂类的比例、去污剂的种类、去污剂清除的比例、温度、pH和离子强度等在三维结晶中的重要参数。电子晶体结构解析法的优点在于实验所需蛋白质的浓度大大低于X-射线结晶和NMR，仅需要1mg/ml。

随着功能基因组学和蛋白质组学研究的开展，有待分析的膜蛋白序列急速增加，面对传统实验结构鉴定的问题，从20世纪90年代中期开始，人们开始用生物信息学的方法从膜蛋白序列中提取相应的结构信息，设计准确、高效的算法来预测膜蛋白的跨膜区域和跨膜方向，以指导跨膜蛋白的研究。

第六节　跨膜螺旋拓扑预测

据估计，人类基因组至少编码10000个膜蛋白，具有高分辨率解析结构的螺旋膜蛋白却只有500个，因此生物信息学家的任务便是弥补这一差距。所幸，由于膜蛋白肽链疏水区域与磷脂双分子层碳氢核心之间的相互作用，跨膜蛋白受到磷脂双分子层环境的约束，其自由度较低，这样使三维结

笔记栏

构几乎变成了二维的问题，大大简化了跨膜区域的预测，这无疑是个好消息。

一、跨膜螺旋的特征

已知跨膜螺旋的特殊模式识别信息是预测膜蛋白的前提。根据实验结果，α 跨膜螺旋具有以下特征：

1. 跨膜螺旋由疏水氨基酸片段形成，长度通常为 20～30 个氨基酸残基，这是由磷脂双分子层的厚度决定的。

2. 芳香族氨基酸和色氨酸（Trp）和酪氨酸（Tyr）经常聚集在跨膜片段的末端。

3. 跨膜螺旋区之间的环状区域通常较短，一般不超过 60 个氨基酸残基。

4. 内部正电法则 1986 年，研究人员在对细菌跨膜蛋白的统计分析中发现，大多数跨膜螺旋蛋白的正电氨基酸精氨酸和赖氨酸都具有特殊的分布——在外周环上极其稀少（0～5%），而在胞质环中却非常丰富（0～15%），这就导致胞质环比外周环带的正电荷多，研究人员将这种正电荷多端面向细胞质的现象命名为内部正电法则。随后的研究发现，在真核生物质膜蛋白、叶绿体和线粒体内膜蛋白中也有同样的倾向，因此，内部正电法则适用于所有生物。

正电荷富集于膜内现象的产生主要归因于跨膜电势。由于带负电的阴性磷脂在胞质侧富集并和带正电的氨基酸产生静电相互作用，对膜蛋白的方向产生影响。经过对大肠杆菌（*E.Coli*）导肽酶跨膜方向的分析发现，跨膜螺旋的方向依赖于膜中的阴离子磷脂含量。带负电的磷脂可以阻止带正电区域的转运，从而控制膜蛋白拓扑。若降低阴性磷脂含量则带正电的氨基酸容易穿过环。另外，若提高磷脂的含量，则带正电氨基酸转运难度增加。此外，如果把带正电的残基放在紧邻跨膜螺旋的下游可以阻止大的蛋白结构域的转运。

然而，电荷因素并不是决定跨膜螺旋拓扑的唯一因素，其他信号序列片段的特征如长度和疏水性也会对拓扑形成产生影响。N 端区域的折叠会影响膜蛋白转运的能力，折叠的多肽链更容易留在细胞质内，需要去折叠才能转运。研究人员还观察到信号非极性序列中的疏水梯度和信号方向有相关性，越疏水越容易转运。此外，蛋白质的糖基化也会影响信号在转运通道中的方向。在多次跨膜蛋白中，拓扑决定因素分布于序列各处，甚至相互竞争。在拓扑产生的过程中，长度超过 60 个氨基酸的片段就会在转运通道中往返形成复杂的动态拓扑。

如果内部正电法则成立的话，应该可以预言：在指定的位点插入或删除带正电的氨基酸可以改变螺旋在转运通道中的方向，从而改变跨膜蛋白的拓扑。已有人通过实验在Ⅲ型细胞色素 P450 的 N 端插入带正电的残基，成功将其转化成Ⅱ型蛋白；通过对肝脏去唾液酸糖蛋白（asialoglycoprotein，ASGP）受体 H1 和副黏病毒血凝素神经氨酸苷酶的带电荷氨基酸进行突变，这两个Ⅱ型蛋白的一部分多肽调转方向以Ⅲ型拓扑的方式插入细胞膜中。

大肠杆菌导肽酶（Lep）是一个多次跨膜的大肠杆菌的内膜蛋白。Lep 的跨膜机制和跨膜拓扑方向已经研究得比较透彻，因此常被用作膜蛋白拓扑学的研究模型。野生型的 Lep 有两个跨膜螺旋（H1 和 H2），被一个带正电的胞内环 P1 和一个很大的 C 端外周结构域 P2 分开。Lep 的转运依赖于 SecA、SecY 和膜电位，高度带电的结构域转运必须依赖 Sec 机制。野生型 Lep 的跨膜拓扑为 Nout-Cout，插入膜的过程依赖于 Sec 机制；通过在野生型 Lep 的 N 端添加 4 个带正电的 Lys，其拓扑转变为 Nin-Cin，由于转运的片段较小，不需要 Sec 机制就能转运。

内部正电法则仅为较短的环（≤60 残基）所遵守，长度＞60 氨基酸的胞质环和外周环（简称长环）的氨基酸组成与短环不同，和可溶性蛋白类似。由此推测，长环和短环的转运机制是不同的，短环比长环受到更多的氨基酸组成方面的限制。

最近还有研究发现跨膜片段经常出现较高频率的序列基序如 GxxxG-motif，还有其他一些序列特征模式可供预测作为参考。

上述跨膜蛋白的这些结构特征使得其拓扑结构的预测较水溶性球状蛋白更为容易，上述特点也形成了预测膜蛋白拓扑学的基础。

二、跨膜螺旋预测服务器

笔记栏

现有的各种预测膜蛋白跨膜螺旋区段和跨膜方向的算法如表 6-2 所示，其中有的利用了蛋白质的一级序列特征（如氨基酸组成）以及物理化学性质，有的基于对已知蛋白质序列氨基酸组成的统计分析，或者基于机器学习方法如神经网络、HMM 及支持向量机等。

表 6-2 膜蛋白结构预测方法

预测方法	原理
ALOM	预测蛋白质亚细胞定位
DAS	根据疏水性预测跨膜螺旋的位置预测原核细胞跨膜区域，利用 Dense Alignment Surface method
HMMTOP	预测蛋白质的跨膜螺旋和拓扑学
MEMSAT	HMM 统计
OrienTM	新的预测跨膜蛋白拓扑的工具，基于对 SWISS-PROT 数据库的统计分析
PHDhtm	内正、同源和神经网络
Phobius	Phobius A 结合的跨膜拓扑学和信号肽预测
PredictProtein	预测跨膜螺旋的定位和拓扑学
SOSUI	预测跨膜区域
TMAP	基于多序列比对的跨膜检测
TMHMM	基于 HMM 预测蛋白质中的跨膜螺旋
TMpred	基于对 Tmpred 数据库的统计分析预测跨膜区域和蛋白质的方向

（一）基于疏水标度和内部正电法则的预测法

基于疏水标度的方法是最早也是最简单的跨膜区域预测算法。1982 年，研究人员开发了第一个根据氨基酸序列评价蛋白质亲水性和疏水性的方法。他们根据各氨基酸在有机溶剂和水中的分布系数及在蛋白质结构中的分布，定义了一套氨基酸疏水标度值。然后根据疏水标度值，通过一个滑动窗口把序列中长度为 w 的相邻序列的疏水值相加，把蛋白质序列转化为疏水图谱，并定义了一个阈值 T 来判定可能的跨膜区：如果疏水值总和超过 T，该片段预测为跨膜螺旋。此后许多的跨膜蛋白预测算法都是根据其疏水特性来进行的。

随后，内部正电法则进一步提高了预测的准确性。内部正电法则显示：正电残基更倾向于出现在膜的胞质侧，基于该原理的方法将序列片段分为 3 类：内部、跨膜和外部片段。TopPred 和 PHDhtm 都是基于内部正电法则的预测方法。

（二）基于膜蛋白的氨基酸偏好的预测法

早期的跨膜结构预测方法把最疏水的残基簇鉴定为可能的跨膜片段所在，缺点是不能准确区别跨膜区域和球蛋白的疏水区域。除了基于疏水标度值的预测方法，研究者们又对内部正电法则进行了扩充，除了考虑带正电荷氨基酸分布的偏好性外，还将考虑了其他各种氨基酸分布的偏好性。例如，对已知跨膜蛋白质序列的统计分析表明，跨膜螺旋的两个末端也有特征性的氨基酸分布，Pred-TMR 收集了跨膜螺旋末端的氨基酸使用偏好，对每个螺旋片段的末端打分进行预测。Tmpred 针对一个跨膜蛋白家族从多序列比对信息进行统计和预测，它利用了 12 种氨基酸在膜内、膜外分布的差异，使用一个专家汇编的膜蛋白数据库（Mptopo），结合了数种打分矩阵使用统计偏好来预测膜螺旋及其方向。

和基于疏水标度的预测法相比，基于膜蛋白的氨基酸偏好的预测法更为精确、分辨率更高、噪声更小。基于疏水标度的预测法常会遗漏一些短的、不稳定的或可移动的跨膜螺旋，而结合了基于膜蛋白的氨基酸偏好的预测法则避免了这一缺陷。例如，SPLIT 可正确预测电压门控性离子通道和谷氨酸受体的 N 端跨膜螺旋结构。

（三）基于神经网络的预测

该方法事先向神经网络输入已知分子结构的有关信息作为训练集，让网络“学习”，学会加工相关信息，寻找在特定条件下序列间所形成的微弱联系。例如，PHDhtm，首先通过神经网络来预测跨膜区，然后计算跨膜区段两侧正电荷的分布差异来预测跨膜区。

（四）基于 HMM 的方法

HMM 是一种概率统计模型，通过选取训练集对模型进行训练，得到模型参数，然后通过算法对

笔记栏

每一条学习序列遍历所有的状态集合，求出最优的状态遍历路径。其优点是能够完全搜集序列中所携带的全局信息，通过对待测序列进行全局性优化，得到待测序列的拓扑，预测结果的可靠性较高。目前，许多跨膜螺旋蛋白质的预测方法如 TMHMM、HMMTOP 等，都是基于 HMM 的改进，它们的差别在于模型状态定义不同。

（五）基于支持向量机的预测方法

基于疏水标度的预测法通过各种理化手段测量出来氨基酸的疏水性，然而从蛋白质结构形成的角度来看，从蛋白质序列数据库经统计获得的参数比基于疏水测量获得的参数更可靠。因此，基于支持向量机参数的跨膜片段预测比基于理化参数的方法更准确，DAS、MEMSAT 和 TMAP 都是以膜蛋白数据库为训练集的统计学方法。

三、TopPred（h-plot+PI-rule）

TopPred 是第一个结合了疏水标度分析和内部正电法则的拓扑预测方法。TopPred 通过疏水标度分析、自动生成可能的拓扑并通过内部正电法则为这些拓扑评级，预测出膜蛋白的完整拓扑。

首先，采用 GES-SCALE 疏水标度，并借助一个特殊的梯形滑动窗口将氨基酸序列转换成疏水图谱，计算待测序列的标准疏水模式，鉴定具有显著疏水性的片段。梯形滑动窗口由一个有利于降低噪声的三角形窗口和一个物理相关的矩形窗口相结合组成，代表了脂双层的中心非极性区域。

其次，TopPred 开发了基于内部正电法则的拓扑预测方法。TopPred 设定了一个阈值用于判断跨膜螺旋，得到确定的跨膜区和可能的跨膜区。内部和外部的带正电的氨基酸的净电荷差别超过某一阈值上限的峰值被认为是确实可信的跨膜区，在上下阈值之间的被认为有可能是跨膜区。

最后，对可能的跨膜区进一步判断。通过将可能的跨膜区进行组合构建出所有可能的拓扑结构。按照精氨酸+赖氨酸（Arg+Lys）在两侧短环中的分布倾向，从所有的拓扑组合中选出最佳拓扑结构：在膜两侧的带正电氨基酸数目差别最大的被认为是最佳拓扑。

TopPred 从整个蛋白的全局水平评价氨基酸序列的局部特征，因此预测准确率较高。

四、TMHMM2.0

TMHMM 是最早的利用 HMM 预测蛋白质序列中的跨膜螺旋及其拓扑学结构的方法。

TMHMM 采用了 7 个状态的模型（图 6-6），分别对应于跨膜蛋白的不同区域，即跨膜螺旋核心、跨膜区两边的跨膜末端、膜内的环、膜外的短环和长环、远离膜的区域。每种状态在 20 个氨基酸中都有一个概率分布。通过对已有实验拓扑的膜蛋白统计分析，获得了各种氨基酸在这 7 个区域中出现的频率和它们在整个跨膜蛋白序列中出现的频率。根据这两个频率的比值得到氨基酸出现的偏好性，最后根据所得到的偏好性进行结构预测，输出最可能的拓扑，显示哪一部分蛋白质在胞外、哪一部分蛋白质在胞内。在输出结果中，待测序列用 3 种标签标注：i（胞质区）、h（跨膜区）和 o（胞外区），这遵循了“生物语法”——螺旋必须跟随着环，而且内部环和外部环是交替出现的。计算了序列中每一个残基属于这 3 类的后验概率 p(i)，p(h) 和 p(o)。

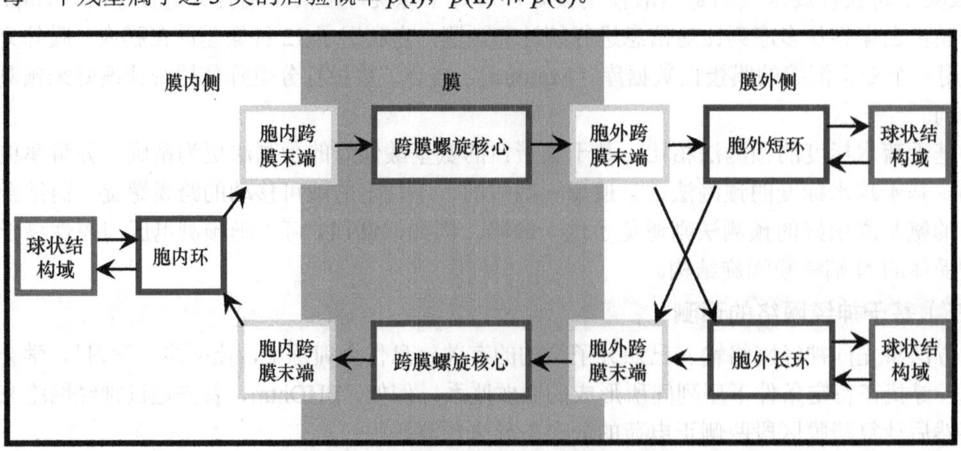

图 6-6 跨膜螺旋 HMM 的典型结构

图 6-6

笔记栏

TMHMM 对跨膜螺旋预测的准确率较高，区分球蛋白和膜蛋白的灵敏度和特异性＞98%，正确拓扑预测率为 55%～60%，跨膜螺旋预测的灵敏度为 96%，特异性为 98%。TMHMM 最大的优点是快，因为它基于单序列信息而非多序列信息。TMHMM 的文献已被引用逾 1200 次。

1. 运行说明 TMHMM 允许以 FASTA 格式输入蛋白，可以一次性提交多个蛋白质（上限 4000 个）。在浏览选择蛋白质序列所在本地文件的名称或直接将序列粘贴入检索窗口，点击“提交”即可。

2. 输出 输出结果中给出了最可能的跨膜螺旋定位及序列中跨膜螺旋的方向。

有长短两种输出格式：

（1）长输出格式：给出统计数字和一个预测的跨膜螺旋和环的位置列表。例如：

```
# COX2_BACSU Length: 278
# COX2_BACSU Number of predicted TMHs: 3
# COX2_BACSU Exp number of AAs in TMHs: 68.6888999999999
# COX2_BACSU Exp number, first 60 AAs: 39.8875
# COX2_BACSU Total prob of N-in: 0.99950
# COX2_BACSU POSSIBLE N-term signal sequence
COX2_BACSU    TMHMM2.0    inside     1     6
COX2_BACSU    TMHMM2.0    TMhelix    7     29
COX2_BACSU    TMHMM2.0    outside    30    43
COX2_BACSU    TMHMM2.0    TMhelix    44    66
COX2_BACSU    TMHMM2.0    inside     67    86
COX2_BACSU    TMHMM2.0    TMhelix    87    109
COX2_BACSU    TMHMM2.0    outside    110   278
```

如果整个序列被预测为在胞内（inside）或胞外（outside），代表预测该蛋白不包含跨膜螺旋。这是通过一个称作 N-best 的算法实现的，该算法将模型中具有相同螺旋位置和方向的所有路径相加。

（2）短输出格式：每个蛋白质输出一行，无图像。例如：

```
COX2_BACSU
len=278
ExpAA=68.69
First60=39.89
PredHel=3
Topology=i7-29o44-66i87-109o
```

拓扑给出了跨膜螺旋的位置，中间的 I 和 o 代表环，I 代表环在内侧，o 代表外侧。上例中的 i7-29o44-66i87-109o 代表该蛋白 N 端 1～6 位在细胞内侧，7～29 位是跨膜螺旋，然后是胞外区，然后 44～66 位又有跨膜螺旋等。

五、HMMTOP

HMMTOP 的预测思路是，跨膜蛋白的拓扑由序列氨基酸组成的最大差异决定。对于给定的序列，HMMTOP 通过模型找出最可能的途径，在原始输出结果中，给出了最佳路径的熵（如最可能的拓扑）及整个模型的熵的数目。HMMTOP 把跨膜核心、跨膜区两边的跨膜末端定义为一个状态，采用 5 个状态的模型（内环，内螺旋尾，螺旋，外螺旋和外环）。改良版的 HMMTOP 有两个重要改变，用户可以提交关于片段位置的额外信息来提高预测能力。该服务器可以处理多种文件格式：纯文本、Fasta 和 NBRF/PIR。

六、MEMSAT

MEMSAT 将氨基酸偏好性和动态规划算法结合来识别膜拓扑模型，取得了较好的预测效果。

MEMSAT 将氨基酸残基分为 5 种结构状态：Li（内环），Lo（外环），Hi（螺旋端内侧），Hm（螺旋中部）和 Ho（螺旋端外侧）。然后从实验证实的已知拓扑的膜蛋白数据中通过统计分析得到每个氨基酸处于这 5 种状态的倾向，构建一个 20 个氨基酸的频率统计表。利用这些倾向，MEMSAT 计算出一个分数，将给定序列和预测的拓扑及膜螺旋的排列相关联。

MEMSAT 的特色在于通过动态规划找到了最佳的分数，该算法计算所有以一个螺旋开始的可能

笔记栏

拓扑，然后每次增加一个螺旋直到分数变得很低。输出一个拓扑列表，包含所有可能的跨膜螺旋（两个方向）的数目及其分数，将最高分的拓扑作为最终预测结果。动态规划算法解决了为蛋白寻找最佳状态划定的问题，有较好的预测表现。

TMHMM、HMMTOP和MEMSAT均使用HMM进行预测。由于HMM能通过学习得到各个氨基酸的分布信息，并有完善的数学理论支撑，所以3种方法都有较高的预测准确度，优于仅在局部滑动计算窗口的预测方法。MEMSAT模型中未考虑连接跨膜区长度分布的信息，而TMHMM、HMMTOP中均考虑了这一因素，从预测结果可见，跨膜区长度和连接跨膜区的环的长度都对预测准确度有较大的影响。

七、TMAP（h-plot，多序列比对）

TMAP运用了跨膜蛋白家族信息，并通过多序列比对信息进行预测；在进行跨膜方向预测时，TMAP是较早将多序列比对应用到跨膜片段预测中的方法，它计算出12种氨基酸在膜内外分布的概率：Asn、Asp、Gly、Phe、Pro、Trp、Tyr和Val主要分布在膜外，Ala、Arg、Cys和Lys主要分布在膜内。

八、PHDhtm（神经网络，多序列比对）

PHDhtm是第一个将同源蛋白质的信息用于膜蛋白结构预测的方法。PHDhtm建立在蛋白质序列同源性的基础上，结合人工神经网络进行蛋白质结构预测。通过对蛋白质序列的多重比对，获取同源序列模式信息，再以此信息为单元输入PHD构建的神经网络做结构预测。蛋白质家族信息进一步提高了膜蛋白结构预测的准确性。在初始版本中，通过神经网络系统简单地预测膜螺旋的定位和拓扑。此后，PHDhtm又做了进一步修改，通过一个类似动态规划的算法对神经网络的输出结果进行后期处理。各种算法和多重比对信息的结合使其成为目前最准确的预测方法之一。PHD的预测过程如下：

1. 首先用预测序列PSI-BLAST检索SWISS-PROT数据库，筛选相似序列。

2. 用神经网络估计每个残基在跨膜螺旋或环中的偏好。最高分的跨膜片段被用于判断蛋白质是否为膜蛋白。

3. 利用一个动态规划算法，找出跨膜区域的最佳数量和定位。

4. 最后用内部正电法则预测蛋白质在膜中的取向。

第七节 β桶状跨膜蛋白拓扑预测

总体来说，疏水跨膜螺旋比疏水性较差的跨膜β桶状结构容易识别，因此现有的膜蛋白结构预测方法大多是针对的是α螺旋区。与α螺旋跨膜蛋白不同，目前尚无有效的实验方法可以获得大量的β桶状跨膜蛋白数据，训练数据的匮乏限制了预测程序的开发，因此β桶状跨膜蛋白结构的预测方法发展比较缓慢。

然而，目前从有限的已知结构中总结出了β桶状跨膜蛋白的一些结构特征。例如，很多β折叠含有交互的疏水和亲水氨基酸侧链；β折叠的数量是偶数；N端和C端位于桶靠近细胞周质的一端；β折叠的倾角约为45°；所有β折叠都是反平行，并与邻位的折叠相连；β桶状外表面与膜内部非极性部分接触，包含两亲性氨基酸；β桶状结构靠近细胞膜的两端多为芳香族氨基酸。上述特征为开发拓扑预测算法提供了基本框架。

在有实验信息的前提下，可采用基于理化特性的预测方法。所有早期的预测膜片层的方法都利用了β片层的两亲性和疏水性。研究人员预测和鉴定了导致多肽方向逆转的片段（转角鉴定），但是他们绕开了疏水参数。还有一个规则导向的方法：将β折叠的偏好与每个氨基酸周边的疏水环境相结合来预测β折叠。

1998年，研究人员提出用神经网络预测细菌外膜β片层蛋白质及确定膜孔中轴上的氨基酸位点。神经网络预测了α碳原子的Z坐标（X和Y轴构成的平面代表外膜），并且指出：较低的Z值代表该碳原子位于细胞周质中的蛋白转角，中等的Z值代表跨膜蛋白β折叠，高的Z值代表细胞外蛋白环状结构。

笔记栏

2001年，研究人员使用了一个方法，结合了神经网络和动态规划来预测膜片层的位置。神经网络以多重比对的信息作为输入，预测某一氨基酸是否为膜片层/β桶状跨膜蛋白的一部分；然后通过神经网络预测寻找最优途径，即氨基酸残基的最佳组合，与预测模螺旋方法类似。最后，根据外部最长环的位置给出拓扑。据研究人员估计，该系统能够正确预测 93% 所有已知的膜的 β 折叠。

用非冗余的已在原子水平结构被解析的 β 桶状跨膜蛋白数据组训练神经网络。神经网络以多重比对的进化信息作为输入值时，拓扑预测准确率高达 78%。正确预测了训练组中 93% 的 β 桶状跨膜蛋白。预测使用了动态规划算法来优化模型，并根据模型中最长环的位置给出拓扑，填补了桶状跨膜蛋白预测的空白。

尽管经过近 20 年的研究，β 桶状跨膜蛋白的构造原理已经清楚，但是现在还不能获得三维模型。这是因为虽然同属一个家族，但是 β 桶状跨膜蛋白之间的序列同源性很低。因此，基于同源性和线程的方法都很难成功，有必要在一个序列中正确定位跨膜区域，从而给出正确的拓扑最终基于已有模板构建的三维模型。

第八节　预测方法评价

为了使生物学家和生物信息学家更好地进行膜蛋白预测，理解各种不同的跨膜预测程序的优势和劣势十分必要。

一、跨膜区的预测准确度

总体来说，大部分方法对螺旋跨膜区的预测准确率较高，而对 β 桶状跨膜区预测效果很差，几乎没有理想的方法能正确预测出此类型的膜蛋白。然而，即便是螺旋跨膜区的预测准确率也存在着被严重高估的问题！目前，大多数预测方法的开发者都声称其方法预测螺旋跨膜区的准确率超过 90%，但实际上准确率只能达到 50%～60%。研究人员对预测准确率的上限进行了估计，结果表明，现有程序的准确率被高估了 15%～50%。因此，我们对预测准确率的估计都过于乐观，现有方法还需要不断改进才能达到理想的准确率。

现有的大多数预测方法普遍存在的问题是，在结果中有较多的假阳性片段和假阴性片段，主要原因是：

（一）漏报单个跨膜螺旋——假阴性

实际结构中的螺旋跨膜区数目和位置没有全部被预测到，这是因为有些跨膜蛋白中存在特殊的跨膜区未被预测出，如形成离子通道的具有两亲性的跨膜螺旋未被预测出。这就需要进一步提高具有特殊性质跨膜螺旋的预测准确度，可通过对已有螺旋进行聚类分析来实现。

（二）将信号肽和跨膜螺旋混淆——假阳性

分泌蛋白质的信号肽通常包含类似膜螺旋的疏水残基片段，预测跨膜螺旋时包含信号肽是很常见的错误。即便现在最好的预测方法还是难免将两者混淆。目前最准确的预测方法 TMHMM 和 PHDhtm 会将 30%～40% 的信号肽预测为跨膜螺旋。选择合适的疏水标度可在一定程度上解决信号肽混淆问题，如 Wolfenden 疏水标度具有惊人的排除信号肽的能力，相比而言，一般的疏水标度会将超过 90% 的信号肽预测为膜螺旋。此外，基于 HMM 的 Phobius 能同时预测信号肽和跨膜片段；ALOM2 通过将蛋白质分为不同的亚细胞定位，也能够有效地区分信号肽和跨膜螺旋。

（三）球蛋白中的膜螺旋——假阳性

由于疏水性是跨膜螺旋的主要序列特征，而在球形蛋白的疏水核心也可能存在长段疏水序列，这就会产生假阳性结果。很多方法无法很好地区分球蛋白和膜蛋白，仅依赖疏水性的预测方法误报率＞80%，假阳性率几乎 100%。而一些不完全基于疏水特性的高等预测方法误报率低于 10%。目前 SOSUI，TMHMM 和 PHDhtm 能够较好地区分膜和非膜蛋白，误测率低于 2%。

二、跨膜拓扑结构的预测准确度

拓扑结构的预测准确度远远低于跨膜区，这说明通过内部正电法则还不足以判定跨膜方向。因此，要提高拓扑结构的预测准确度，不仅要考虑氨基酸的分布差异，还要考虑疏水强弱、肽链的折叠及氨基酸的位置信息等多方面因素，同时还需要研究跨膜蛋白插入膜的机制，以将更多有意义的信息加入预测算法。

笔记栏

三、预测方法的改进

（一）一致预测法

所谓的“一致”就是通过“少数服从多数”的原理，结合多个现在常用的跨膜螺旋预测方法所获得的结果。如果预测的跨膜螺旋数及蛋白质N端的位置（胞内/胞外）和实验鉴定结果匹配，则认为该预测是正确的。同样，如果两个方法预测得到的跨膜螺旋数及蛋白质N端的位置（胞内/胞外）相同，则认为这两个方法是一致的。

一致预测法可用于评价膜蛋白拓扑预测结果可靠性。尼尔逊（Nilsson）等利用5个现有的拓扑预测方法（TMHMM、HMMTOP、MEMSAT、TopPred和PHD）进行一致性预测，测试组包含了60个大肠杆菌内膜蛋白，其跨膜拓扑都经过实验证实。在60个测试组数据中，正确预测的比例随着预测结果一致的方法的数量上升而上升，当4个或5个方法的预测结果都一致的时候，预测准确率接近1。只要不同的预测方法的结果一致，就证明该拓扑预测可靠性较高。在测试组中，有53%的蛋白的结果属于5/0或4/1。

5/0表示5个方法都认为该结果是正确的，全票通过。

4/1表示4个方法的预测结果一致。依此类推。

用一致预测法预测大肠杆菌中被TMHMM鉴定为内膜蛋白的764个蛋白质，其中46%的蛋白的结果为5/0或4/1，这说明通过一致预测法，近半数的大肠杆菌内膜蛋白的拓扑可以获得高度可靠性的预测（超过90%的准确率）。目前，最好的一致预测法预测全局拓扑的正确率为65%～70%，还有很大的提升空间。部分一致预测法对全局拓扑预测做出改进：将实验拓扑研究的重点放在那些预测可靠性较差的局部，而非整体，将预测对象拓展到那些只有部分拓扑获得一致的情况。局部拓扑的可靠预测简化了膜蛋白拓扑的实验鉴定过程。在测试组中，原核和真核生物的膜蛋白中约90%的部分一致拓扑预测是正确的。全基因组分析显示，在一个典型的细菌基因组中，≤70%的所有膜蛋白可以获得可靠的部分一致拓扑预测，真核生物≤55%。

ConPred Ⅱ就是根据一致性预测的原理所开发的服务器，结合了多种预测方法的结果，可预测跨膜拓扑，如跨膜片段数量、跨膜片段位置和N端位置。

（二）多序列比对法

利用蛋白质家族的进化信息，可进一步提高预测准确率。在前面介绍的预测方法中，PHDhtm和TMAP是根据多序列的信息进行预测，而HMMTOP、TMHMM、MEMSAT是根据单个蛋白质序列的特征进行预测。根据单序列信息进行预测时，信息量较少，因此训练集的选取对预测结果的影响也较大，而根据多序列的信息进行预测时，考虑了待测序列的所有同源序列，从而消除了单序列由于变异而带来的噪声，所以训练集的选取对测试结果的影响较小，因而使用多重比对信息可以大大提高预测准确率。

多序列比对法的预测准确率依赖于数据库中同源序列的个数，目前有20%～30%的蛋白质在现有的数据库中没有同源蛋白。如果预测一种目前知之甚少的跨膜蛋白，预测结果通常会因为蛋白数据库中该跨膜蛋白的同源序列较少而造成信息不充分，使得预测结果出错。随着已知的跨膜蛋白序列的增加，这种方法的预测准确率也将提高。

（三）利用实验信息改进预测表现

造成目前膜蛋白预测主要问题的原因是缺乏高分辨率的实验数据，无法支持具有统计显著性的分析。为了解决这一问题，开发者尝试数据组中使用一些低分辨率的实验数据和结构，通过实验确定的参数信息，如蛋白质的C端的位置等，对拓扑加以限制，从而大大改进拓扑预测。幸运的是，现已开发出多种低分辨率的实验方法，能比较可靠地给出蛋白的拓扑信息，这些方法包括融合蛋白法、蛋白质原位酶解、抗体结合和化学修饰等。

融合蛋白法目前广泛应用于原核生物膜蛋白的分析，在真核生物中也有应用。最常用的报告蛋白是碱性磷酸酯酶（PhoA）、β-内酰胺酶（Bla）、绿色荧光蛋白（GFP）和β-半乳糖苷酶（LacZ）。PhoA和Bla只在被转运到细胞外时才具有活性而在细胞内时不表现活性，LacZ和GFP则正好相反。通过观察膜蛋白的一系列融合方式的活性即可推测膜蛋白的拓扑学。

笔记栏

由于膜蛋白本身研究的困难性，细胞膜中的所有蛋白质——膜蛋白质组不适用标准的蛋白质组学的分析手段和结构研究方法，因此，膜蛋白质组研究一直进展缓慢。但是，通过蛋白质融合的手段可确定膜蛋白组的C端位置，将此作为拓扑预测的限定条件，可改进膜蛋白质组的预测表现。

当没有实验提供的数据时，TMHMM预测C端定位的准确率仅为78%，而通过实验提供的准确C端定位数据，拓扑模型的总体质量大大提高，该方法为将来膜蛋白质组的功能研究提供了基础。

总体看来，跨膜蛋白二级结构预测问题已基本得到解决：我们能够可靠地辨认跨膜螺旋，并预测其拓扑方向；我们也掌握了必要的实验手段来验证这些预测（主要是融合蛋白技术）；我们已开始尝试基因组水平的拓扑学鉴定；但我们对于膜蛋白折叠、转运和插入膜的分子机制还不完全了解，目前大多数预测程序都是基于机器学习的方法，这好比一个黑匣子，只有我们更深入地了解了分子机制，才能使预测方法实现质的飞跃。目前我们还不能直接预测膜蛋白的三维结构：从氨基酸一级序列预测膜蛋白结构是一个物理化学问题，影响膜蛋白结构的物理因素十分复杂，包括肽链和水、脂双层、碳氢核心，脂双层界面和各种辅因子的相互作用，因此膜蛋白三维结构的预测还有很多路要走！

目前，针对球蛋白的三维结构预测方法主要包括同源建模和从头折叠法。随着对膜蛋白折叠和插入膜机制的深入研究和高分辨率膜蛋白结构的不断积累，这些方法今后都会应用到膜蛋白三维结构的直接预测中去。

同源建模法可以构造和已知三维结构的蛋白质模板同源的蛋白质结构，该方法主要基于蛋白质折叠的保守性而非一级序列的同源性。由于缺乏高分辨率的跨膜蛋白三维结构作为模板，如果序列相似性低于20%～30%，同源方法就不适合应用。从头折叠法是一种知识导向的方法，该方法基于一个标准的模拟退火算法，将来自高分辨率蛋白结构数据库的超二级结构片段装配起来，鉴定膜蛋白及预测螺旋拓扑能够达到一定的准确率。

那么，究竟什么时候预测方法能达到其开发者声称的准确率呢？这首先取决于我们还能发现多少膜蛋白的非经典特征！跨膜蛋白预测算法的一个重要的应用就是注释基因组测序数据，可以准确地把螺旋跨膜蛋白从基因组序列中预测出来。而对预测结果的分析和总结又有助于从中发现新的跨膜蛋白模式识别信息，为开发新的预测方法提供思路。

要想从根本上提高预测的准确度，需要更多高分辨率的膜蛋白结构实验数据，膜蛋白的结构基因组学研究还是任重道远。膜蛋白研究的目标是了解所有的膜蛋白的拓扑特性、三维结构和功能，最终从蛋白质组学或结构基因组学的角度来研究膜蛋白。

第九节 膜蛋白数据库

随着基因组测序的完成，现有蛋白质序列数据库中的蛋白质数量正在爆炸式地增长。PIR数据库现在包含超过142 000个非冗余条目，SWISS-PROT的条目也已超过80 000。如果对这些数据库进行简单的膜蛋白检索，会返回一系列划分为膜蛋白的条目：PIR中12 000条，SWISS-PROT中9000条。这些膜蛋白条目提供了跨膜片段的分布，但对于跨膜序列的位置注释并不十分可靠。最近一个对SWISS-PROT的调查表明，几乎94%的跨膜区域被注释为potential、possible或probable（潜在可能），这说明这些片段是通过预测算法鉴定的，而不是基于实验解析的三维结构信息，因此这些信息中并不包含完整的远距离进化关系信息（如the SCOP class，fold，and superfamily levels）。蛋白质数据库（PDB）是一个特别有用和完全的资源，然而它的重点是蛋白质的结构，而非蛋白质的相似性或种类。因此，其现有的约31 000个条目记录覆盖了各种蛋白，包括可溶性膜蛋白、膜蛋白、结构蛋白等。用户可在PDB中进行检索膜蛋白，但是由于PDB条目的注释描述十分有限，而PDB提供的检索工具本身分辨能力不强，造成检索结果可靠性很低。例如，通过文本检索“membrane”，可以得到近2000个匹配结果，远远超过了现有的膜蛋白结构数。这2000个蛋白质包括可溶性膜蛋白片段以及与膜蛋白相互作用但本身不是膜蛋白的其他蛋白种类。因此，这些公用数据库中的膜蛋白信息必须谨慎使用，十分有必要开发具有可靠膜蛋白跨膜区域信息的膜蛋白数据库。

表6-3所列的膜蛋白数据库收集的蛋白跨膜区域都已经过实验验证，避免产生现有数据库注释中已有的错误。由于膜蛋白数据库汇集了非冗余的可靠膜蛋白序列和结构，可用于蛋白质进化的统计研究；还作为折叠识别和结构预测算法的测试基准，用以评价现有的预测算法，并以此开发新的预测膜蛋白结构的计算工具，具有十分重要的应用价值。

笔记栏

表 6-3 经实验验证的膜蛋白数据库

数据库名称	数据库名称
Membrane protein with known 3D structure	OPM: Orientations of Proteins in Membranes database
MPDB: Membrane Protein Data Bank	TCDB: The Transporter Classification Database
PDBTM: Protein Data Bank of Transmembrane Proteins	ARAMEMNON
Mptopo: A database of membrane protein topology	

一、Membrane protein with known 3D structure

该数据库重点包含了 X 射线衍射方法鉴定的结构，同时也包含一些 NMR 结构。数据库中含有 197 个独特的蛋白质，531 个标度文件。所谓独特，是指其收集了不同物种来源的同类蛋白。数据库不收录已有蛋白的突变体、仅仅是结合底物或物理状态不同的蛋白质及被 PDB 废弃的结构。

二、MPDB：Membrane Protein Data Bank

MPDB 的数据来自 PDB。然而，MPDB 采用方便的形式把膜蛋白结构和功能与生物学家感兴趣的信息组织到一起，而这些信息无法从 PDB record 获中。MPDB 的核心是一个 MPDB record，每个 record 的标题都原字不动地来自 PDB record。MPDB record 下面给出 PDB identification code，还提供感兴趣的蛋白质的一系列相关信息到 PDB。record 的超链接（结构、序列、标度等）。现在数据库中有 539 个独特的条目。有一部分信息是根据 PDB 中的源数据脚本自动生成的。

MPDB 收集了典型的膜蛋白——多次跨膜蛋白及单次跨膜蛋白。为了保持数据库的完整性，数据库还收录了单向膜蛋白和周边膜蛋白。MPDB 的早期版本仅包括 X-射线晶体的结构，但是为了数据库的完整性，MPDB 也收录了其他方法鉴定的结构，如电子衍射、低温电镜和 NMR 等。MPDB 的空间分辨率下限为 10Å。

MPDB 检索页面提供了“Quick Search”选项，也能进行高级检索。可以根据蛋白质名称、来源生物、结晶的方法等一系列标准进行检索。MPDB 还提供了对数据进行统计分析的功能，该功能有助于寻找某一特定膜蛋白结晶的精确实验条件。

三、PDBTM：Protein Data Bank of Transmembrane Proteins

尽管 PDB 数据库中已有数百种已知三维结构膜蛋白，但没有提供这些蛋白质在磷脂双分子层中精确的定位，而这对于生物活性、分子间相互作用、稳定性和膜蛋白复合物折叠很重要。虽然已经有一系列实验方法用于研究蛋白质在磷脂双分子层中精确的定位，包括化学修饰、荧光、自旋标记法、X 射线衍射、中子衍射、NMR 或红外光谱，已有多种蛋白被解析。然而，实验数据数量毕竟有限，只有高通量的计算预测方法才能跟上 PDB 中不断扩张的数据流。膜中蛋白的方向可以理论的方法计算出来，即通过最小化一个蛋白质从水环境到膜碳氢核的转移能。转移可通过 Garlic、TMDET 和 IMPALA 等算法进行预测。

PDBTM 是第一个综合的已知结构的跨膜蛋白数据库，它通过扫描 PDB 条目，收集了所有 PDB 数据库中的跨膜蛋白，并利用 TMDET 算法对跨膜区域进行了鉴定。TMDET 算法只利用了蛋白质的结构信息来预测膜蛋白与脂双层的相对位置并区分膜蛋白和球蛋白。通过 TMDET 算法，PDB_TM 也可实现与 PDB 同步每周更新。然而，PDB_TM 的最大缺点是，数据库中计算出的膜蛋白与磷脂双分子层的相对位置未经实验验证。

四、Mptopo：A database of membrane protein topology

Mptopo 是一个膜蛋白跨膜序列数据库，其收录的拓扑结构均已通过结晶、基因融合、天冬酰胺糖基化或氨基酸删除等实验技术的验证。Mptopo 数据库用 MySQL 服务器以 SQL 形式维护，可通过基于 SQL 的检索引擎查询。Mptopo 还对数据库中的膜蛋白进行了跨膜片段的定位。其中，对已知三维结构的蛋白质，通过检验 PDB coordinate 文件进行定位，其余则从相关文献中获得跨膜片段信息。例如，查询关键词为“基因融合”的膜蛋白文献，就可获得与实验拓扑研究相关的膜蛋白信息，对文献发表的实验结果仔细评价后将它收录进数据库。Mptopo 现在包含 90 个蛋白质或亚基 534 个跨膜片段。

笔记栏

Mptopo 还收录了一些结合在膜表面的单向膜蛋白如前列腺素合成酶，有助于开发一些区别单向膜蛋白和跨膜蛋白的算法。

Mptopo 数据库中的条目被分为 3 个亚组：3D_helix、1D_helix 和 3D_other。3D_helix 指的是螺旋跨膜蛋白，1D_helix 指的是螺旋跨膜蛋白，3D_other 指的是 β 桶状结构及部分插入膜的膜蛋白。他们的三维结构均已经通过 X 射线衍射试验所验证。

Mptopo 还提供了一些网络工具：MPEx 是一个研究膜蛋白拓扑结构和特征的 Java 应用程序，其工具栏提供 Mptopo 数据库访问入口，从 Mptopo 中检索获得到的蛋白质可以直接加载到 MPEx 中进行亲水图谱绘制、疏水性尺度表征和跨膜区域鉴定。

五、OPM：Orientations of Proteins in Membranes database

OPM（膜蛋白方向数据库）是一个蛋白质三维结构数据库，收集了跨膜蛋白质、少量单向和周边膜蛋白以及一些具有细胞膜活性的肽，所有三维结构来自 PDB，都经过实验验证。

OPM 数据库有几个重要的特征。首先，将理论计算得到的跨膜蛋白在磷脂双分子层的空间排列和大量文献发表的实验数据进行比较，提供了膜蛋白相对于磷脂双分子层的碳氢核的疏水厚度和方向。通过将蛋白质从水转移到膜核心的能量最小化，每个蛋白质被定位在一个厚度可调的疏水层中。

OPM 现在包括一个小的初始数据组，包含 33 个内在单向和周边膜蛋白，未来还将进一步扩增。和 PDB_TM 一样，OPM 提供了一个最新的 TM 蛋白列表，还提供了它们的疏水边界。最新版本包含 126 个独特的 3D 结构，代表了 506 个 PDB 条目。

数据获取和可视化

OPM 将所有蛋白质复合体根据它们主要的膜结合区域进行分类。分类有 4 个水平：type（跨膜/周边/单向）、class（all-α，all-β，α+β，α/β）、superfamily（进化相关的蛋白）和 family（具有明显序列同源性的蛋白）。

OPM 可以通过蛋白质名称或 PDB ID 检索蛋白质，也可以根据结构分类（type、class、superfamily、family）或通过跨膜螺旋或亚基数量、二级结构数量、疏水厚度、相对于磷脂双分子层的倾斜角度、转移能量、结构家族、结合膜的种类或来源物种等条件进行检索。

OPM 为每个膜蛋白复合物生成一个独立网页，用 QUANTA 生成图像。所有蛋白质的标度文件和计算出的膜边界平面可以按每个蛋白质分别下载或整体下载。

六、TCBD：The Transporter Classification Database

TCBD 是一个经验证的膜蛋白数据库，其信息从 10 000 多篇文献中获取，具有较高的可靠性。现在数据库包含 3000 个蛋白质序列。TCDB 数据库提供了一个详尽的膜转运蛋白的分类系统，称为转运分类系统，基于转运分类系统将这些蛋白质分为超过 550 个转运蛋白家族。转运分类系统类似于酶分类的酶分类系统，但还包含了系统发生信息。

七、ARAMEMNON

ARAMEMNON 是一个植物膜蛋白的数据库。目前，该数据库提供了拟南芥等 9 种植物物种的数据。对于拟南芥，同时还收录了其非膜蛋白的数据作为对照。

分泌蛋白质是潜在的肿瘤标志物及药物靶标等的主要来源，已成为肿瘤研究中的热点和难点问题。目前，市场上几乎所有的蛋白质药物都是以分泌蛋白质和细胞表面膜蛋白为靶点的，或者药物本身就是分泌蛋白质。分泌蛋白质家族中包含众多潜在的治疗蛋白，如激素、细胞因子、生长因子、阿朴脂蛋白、酪蛋白、免疫球蛋白、神经肽、蛋白酶、蛋白酶抑制剂等，已成为蛋白药物疗法最重要的来源。

信号肽在外源蛋白质的表达中具有重要作用，在基因工程蛋白质药物生产中备受关注。若异源基因表达的目标蛋白质属非分泌性蛋白质，则基因表达产物只能局限在细胞内，这就增加了下游分离纯化的难度。此外，基因工程中最常用的大肠杆菌表达系统在表达外源蛋白时，常在细胞内产生包涵体，需要通过复性等步骤才能恢复部分活性。在这种情况下，可在目标基因的前面设计一段信号肽，利用信号肽来引导外源蛋白定位分泌到细胞特定区间，这样十分有利于表达蛋白的纯化，大大减少了下游工作的难度，更重要的是蛋白在分泌的过程中能获得正确折叠和二硫键化，从而提高

笔记栏

了蛋白质产品的活性。

分泌蛋白质也为研究微生物的致病机制和疫苗研制等提供了快速有效的方法。分泌蛋白质通常与病原微生物的致病性有关，参与了细菌黏附于宿主细胞、在宿主体内繁殖和侵袭以及抑制宿主细胞的防御机制等过程。对它们的深入研究可以为细菌性传染病的预防和控制提供线索，可以获取分泌蛋白质并将其作为靶抗原进行疫苗研制。这些分泌蛋白质不但与发病原因和发病机制密切相关，而且因其在宿主细胞胞外易与各种药物相互作用，因此，可能成为药靶的候选物。此外，通过对耐药菌分泌蛋白质大规模、高通量的研究，获得了其分泌蛋白质表达谱，从而可揭示耐药菌的耐药机制，继而进行有效抗生素的筛选。

（陈佳佳）

笔记栏

第七章　糖蛋白和糖修饰的生物信息学

PPT

第一节　蛋白糖基化

一、蛋白糖基化概论

（一）蛋白及其转录后修饰

作为生命活动的主要承担者，蛋白质提供了细胞和生命组织生长和维护所需的氨基酸。已知的氨基酸共有20种，蛋白质是由这些氨基酸通过编码基因指定氨基酸序列，并以长链相互连接而成。氨基酸序列决定每种蛋白质的立体结构与生物功能。蛋白质可分为结构蛋白和功能蛋白。结构蛋白构成人体结构，多为纤维状蛋白，外形细长且分子量大，如胶原蛋白和角蛋白等。功能蛋白实现人体生理功能，多为球状蛋白，外形近似球体，多溶于水且具有活性，如肌球蛋白、酶蛋白、血红蛋白、抗体与激素等。蛋白质是一种分子量较大的复杂分子，在生命体内起着关键作用，负责协调几乎所有的细胞功能。蛋白质在细胞中完成大部分工作，是构成人体组织器官的支架和必需成分，也是人体组织器官结构、功能和调节所必需的成分，其在人体的生命活动中起着重要的作用。

蛋白质翻译后修饰（PTM）是通过共价键结合不同官能团到特定氨基酸残基上。根据所添加的功能团和连接的氨基酸，蛋白质翻译后修饰通常分为磷酸化、糖基化、泛素化、亚硝基化、甲基化、乙酰化和脂质化等。翻译后修饰改变了蛋白质的理化性质，而异常翻译后修饰势必影响正常细胞结构与功能，这与大多数疾病的发生与发展密不可分。研究和探明蛋白质翻译后修饰对了解细胞功能、疾病产生机制、疾病预防和治疗等方面都起着至关重要作用。蛋白质糖基化是其中重要的一类翻译后修饰，其主要发生在细胞质、内质网、高尔基体和肌膜中。一些研究表明，许多疾病的产生和发展归因于蛋白质异常糖基化，包括糖基磷脂酰肌醇和脂质糖基化缺陷或异常表达。例如：I型先天性糖基化障碍（CDG）与*N*-糖基化前体多糖醇连接寡糖合成基因变异相关；肝癌与血液中甲胎蛋白聚糖改变相关；糖基化转移酶即β-1,6-*n*-乙酰葡糖胺基转移酶（GnT-V），在肺癌中低表达；心脏肥大疾病中的大量糖基化基因异常表达改变了心脏生物电信号；血凝素糖基化调控流感病毒对神经氨酸酶抑制剂敏感性；突刺蛋白糖基化与血管紧张素转换酶2（ACE2）在新型冠状病毒感染大流行中起着重要作用；人类免疫缺陷病毒（HIV）糖基化对抗原性的影响。因此，研究蛋白糖基化的功能对揭示这些疾病的机制具有重要意义。

（二）蛋白糖基化修饰与疾病

糖生物学（glycobiology）研究了在自然界中广泛分布聚糖及其衍生物的结构、生物合成和生物学功能。大多数聚糖存在于细胞和分泌大分子的表面，且种类多样。糖蛋白是糖缀合物的一种，在细胞核和细胞质中广泛存在，其聚糖结构复杂且高度动态，并在细胞中发挥调节作用。通过对先天性糖基化障碍疾病研究，人们确定了特定聚糖与疾病表型之间的关系，为糖基化在疾病中的调控机制提供了解释，即通过细胞表面分子的介导来驱动免疫细胞之间相互作用，从而调节膜结合聚糖的糖基化基序及其与聚糖特异性受体的结合。同样，癌症通常表现出癌胚胎表型，并反映在其聚糖结合物的性质上。糖基化的这些变化驱动了癌细胞转移、抑制凋亡和对化学疗法的抗性。许多自身免疫病的发病机制都涉及一种或多种糖蛋白的异常糖基化。例如，免疫球蛋白A（IgA）肾病、系统性红斑狼疮和炎症性肠病等的发病机制中都涉及。此外，2型糖尿病涉及异常氧连接的*N*-乙酰葡糖胺（*O*-GlcNAc）介导的信号转导增强和蛋白质糖基化的种类增多。调节免疫球蛋白糖基化可能会影响抗体的亲和力、特异性和稳定性等方面，从而影响其对目标抗原的识别和结合能力。这为通过人为干涉抗体糖基化的糖生物工程为疾病治疗带来了可能。

二、蛋白糖基化类型

（一）糖基化种类

笔记栏

与蛋白质结合的聚糖称为还原糖，因为它还原了它所结合的氨基酸，聚糖的结构从糖基化位点的还原端延至非还原端。氨基酸与聚糖连接的原子主要是C原子、N原子、O原子和S原子。聚糖与C原子、N原子和S原子相连的糖基化通常发生在内质网或高尔基体中，一般涉及细胞外蛋白或分泌蛋白质，而细胞内和细胞外蛋白均可被*O*-糖基化。根据聚糖与氨基酸连接的原子，蛋白质糖基化可以分为4类，即*N*-糖基化、*O*-糖基化、*C*-糖基化和*S*-糖基化。糖化是另一种基于非酶结合的蛋白修饰，通常是指葡萄糖、果糖及其衍生物与蛋白质结合。蛋白质糖化会导致糖尿病并发症，并与某些疾病和衰老有关。蛋白质糖基化常发生在N原子和O原子上，且*N*-糖基化和*O*-糖基化在不同类型的疾病中有着广泛的研究，是本章节中重点阐述的内容。

（二）蛋白*N*-糖基化

蛋白*N*-糖基化是指聚糖还原端与蛋白天冬酰胺残基第4号位置的N原子共价结合。*N*-糖基化具有特定共有序列即N-X-S/T（T是苏氨酸、S为丝氨酸），这里X可以是任何氨基酸，但通常不包括脯氨酸（P）。一般苏氨酸比丝氨酸更为常见，也有N-X-C序列（C是半胱氨酸）。*N*-糖基化发生在分泌蛋白质或膜蛋白上，主要在真核生物和古菌中存在，而大多数细菌由于不具备所需的糖基化转移酶和糖苷酶，因而细菌没有糖基化蛋白。在真核生物中，*N*-糖基化起始于内质网中的共翻译转运，先将含14个单糖的聚糖［包括2个*N*-乙酰葡糖胺、9个甘露糖（mannose）和3个葡萄糖（glucose）］结合到新生多肽的天冬酰胺残基，并经过一系列的糖苷酶切割，去除3个葡萄糖和1个甘露糖残基后，将带有聚糖的蛋白质被转移到高尔基体中。在此过程中，根据细胞中所含有与糖基化相关的糖苷酶反应的程度，聚糖可失去数量不定的甘露糖残基，进一步在聚糖末端与单糖通过糖基化转移酶反应添加单糖，从而形成复杂的聚糖结构。*N*-聚糖分为3种类型，即高甘露聚糖、杂合聚糖和复合聚糖。多数细胞中含有高表达的高甘露糖。复合物型*N*-聚糖是由甘露糖、*N*-乙酰葡糖胺、*N*-乙酰半乳糖胺［*N*-acetylga luctosamine，Ga(NAc)］、岩藻糖和唾液酸残基等组成，在哺乳动物中常见。值得一提的是，由于唾液酸转移酶的不同，唾液酸残基在不同哺乳动物结构各异。例如，人体中高表达*N*-乙酰神经氨酸（Neu5Ac），而鼠类动物中则高表达*N*-羟乙酰神经氨酸（NeuGc），这些信息有助于分析不同物种聚糖，避免结构解析中出错。

（三）蛋白*O*-糖基化

分泌蛋白质和膜结合蛋白的*O*-糖基化发生在高尔基体顺式面中，通常在*N*-糖基化和蛋白折叠完成之后。*O*-糖基化聚糖除了与丝氨酸或苏氨酸的氧原子结合，也偶尔与羟脯氨酸和羟赖氨酸相连。*O*-聚糖在蛋白质定位、转运、溶解性、抗原性和细胞间相互作用中起重要作用。复杂*O*-聚糖合成以逐步酶结合方式进行，逐一添加单糖。哺乳动物分泌蛋白质和膜蛋白最常见的是GalNAc的*O*-糖基化，这种类型的*O*-聚糖也称为黏蛋白型聚糖。GalNAc残基非还原末端与Gal或GlcNAc结合延伸，形成8个常见核心结构，在此基础上还可添加最多3个唾液酸残基形成更复杂的*O*-聚糖。除了黏蛋白型聚糖的*O*-聚糖外，哺乳动物中还存在可与甘露糖（Man）、岩藻糖（Fuc）、葡萄糖（Glc）、半乳糖（Gal）和木糖（Xyl）等聚糖与氨基酸残基结合所形成的糖蛋白。此外，一些细胞质和核蛋白具有简单的*O*-聚糖。例如，单个*N*-乙酰葡糖胺（*O*-GlcNAc）残基与丝氨酸或苏氨酸连接，形成*O*-GlcNAcylation，在许多真核生物中检测到此修饰，包括植物和丝状真菌。这种类型的*O*-糖基化在调节细胞内蛋白质的生物学活性中起重要作用。在某些蛋白质中，相同的残基可能会发生竞争性磷酸化和*O*-糖基化，影响调节细胞的功能。

（四）其他类型糖基化

其他糖基化包括*C*-糖基化、*S*-糖基化和糖化（glycation）。*C*-糖基化是甘露糖残基与细胞的胞外蛋白内色氨酸残基（W）的共价连接，有两种*C*-糖基化序列：W-X-X-W（第二个W残基也可被糖基化）和W-S/T-X-C（只有一个W位点）。蛋白*C*-糖基化被证实与糖尿病发展相关，在高血糖情况下特定组织或细胞中的表达增加。*S*-糖基化则是聚糖与半胱氨酸的硫原子连接，与其他糖基化相比，这种修饰极为罕见，仅在人和细菌多肽中发现。糖化是指还原糖与蛋白质的氮原子（与蛋白N端、赖氨酸和组氨酸侧链结合）的非酶转移连接，也称为美拉德反应。随着反应时间延长，蛋白糖化中的糖本身逐渐被修饰，形成晚期糖化终产物（AGE）。AGE中的一些产物与多种疾病有关，如参与2型糖尿病进程、促进胰腺癌细胞存活、可能造成动脉粥样硬化、导致神经元功能障碍和死亡而引起阿尔茨海默病和帕金森病等。

笔记栏

三、蛋白糖基化和聚糖在疾病中的作用

（一）糖基化是疾病的标志

蛋白质糖基化与细胞和组织的生理和病理状态有关，如糖蛋白异常糖基化定义了癌症的恶性程度。糖基化会在细胞表面产生大量、结构多样且受细胞微环境调节的聚糖，这些聚糖往往结合在蛋白质和脂质上。过去对聚糖功能的研究表明，参与糖基化的各种酶（糖基转移酶和糖苷酶）对生物体的发育和生理起到至关重要的作用。其与许多生物过程相关，如细胞黏附、分子运输、受体激活、信号转导和胞吞作用等。因此，对糖基化的分析有助于探明疾病发生、发展及监控治疗效果。

（二）聚糖在免疫和炎症中的作用

与其他细胞类似，免疫系统的细胞表面糖蛋白和糖脂与聚糖结合，并与其他分子一起感知环境信号的刺激。在先天和适应性免疫细胞上表达的许多免疫受体，可识别在微生物表面的聚糖，称为病原体相关分子模式。这种含聚糖分子的实例有细菌脂多糖、肽聚糖、磷壁酸、荚膜多糖和真菌甘露聚糖。免疫系统对这些微生物聚糖的识别模式已被用于开发疫苗。例如，肺炎球菌疫苗就是使用荚膜多糖的混合物配制而成。通过对HIV-1包膜（Env）糖蛋白及其聚糖成分分析以及糖基化对免疫反应和免疫逃逸的研究，推动了HIV-1疫苗开发的进程。此外，内皮细胞与白细胞之间的相互作用通过黏附分子控制，这些分子的黏附作用则通过细胞糖基化来调节。内皮细胞与白细胞相互作用，帮助白细胞运输并将其募集至组织损伤部位，有助于损伤的组织恢复。此外，促炎性细胞因子还可以诱导内皮细胞表面糖蛋白*N*-糖基化，由此形成的异常糖基化可能导致炎症性血管疾病。

在适应性免疫系统中，聚糖在B细胞和T细胞分化中同样起着至关重要的作用。这些功能涉及多种细胞表面膜蛋白和分泌蛋白质，如CD43、CD45、选择素（selectin）、半乳凝素（galectin）和唾液酸结合免疫球蛋白凝集素。细胞间相互作用和对含聚糖抗原的识别在免疫系统中起着关键的作用，从而帮助我们的身体应对感染和癌症等疾病。细胞通过多种机制控制对蛋白糖基化的调节，并影响在炎症反应期间充当配体和受体的分子。通过对多方面调控机制包括细胞外信号调节激酶（ERK）和核因子P65信号转导的了解有助于控制不同疾病状态下的慢性炎症反应，例如，免疫球蛋白是口腔免疫的重要组成部分，在慢性炎症、自身免疫和传染病（如类风湿关节炎、系统性红斑狼疮和HIV感染）中发现某些同类免疫球蛋白的糖基化模式也发生了改变。

第二节　聚糖制备和分析方法

一、聚糖分类

（一）*N*-聚糖分类和合成

如前所述，*N*-聚糖（*N*-glycan）通常与天冬酰胺（Asp=N）相连，且天冬酰胺与其后两个氨基酸形成特定N-X-S/T的三氨基酸序列，此处S即丝氨酸（Ser），T即苏氨酸（Thr）。X可以为任何一种氨基酸但一般不包含脯氨酸（Pro，P）。*N*-聚糖有一个五糖核心结构，即$GlcNAc_2MAN_3$，是由2个*N*-乙酰葡糖胺（GlcNAc）和3个甘露糖（MAN）组成。根据*N*-聚糖结构和其生物合成途径，将*N*-聚糖分为高甘露糖、杂合聚糖和复合聚糖（图7-1）。高甘露糖广泛存在于各种细胞和流感病毒中，而复合聚糖常发现于生物体液和组织中，特别是含有唾液酸的*N*-聚糖。通过调控图7-1中所列的糖基化转移酶或糖苷酶来改变最终合成的*N*-聚糖结构。例如，根据对肝癌和前列腺等癌症糖蛋白的分析表明，肿瘤细胞岩藻糖基转移酶8（FUT8）的高表达造成糖蛋白核心岩藻糖的增加。研究*N*-聚糖的生物合成途径，不但有助于聚糖结构分析，而且可通过关注每一种糖基转移酶合成途径中特定的单糖之间连接方式来确定是否存在所需的糖基化转移酶。

（二）*O*-聚糖分类和合成途径

O-聚糖主要有非GalNAc核心结构和黏蛋白类型（GalNAc核心）结构（图7-2）。非GalNAc核心*O*-糖基化是指包括*N*-乙酰葡糖胺、半乳糖、甘露糖、葡萄糖和岩藻糖等在内的糖型与S/T的羟基相连所形成的*O*-糖基化，其中以*O*-GlcNAcylation较为常见。越来越多的研究表明，有缺陷的*O*-GlcNAcylation与癌症、糖尿病、阿尔茨海默病和心血管疾病等发病密切相关。有研究报道，*O*-连接型*N*-乙酰葡糖胺化修饰（*O*-GlcNAcylation）信号的增强与人类肥胖和糖尿病是密切相关的，即

笔记栏

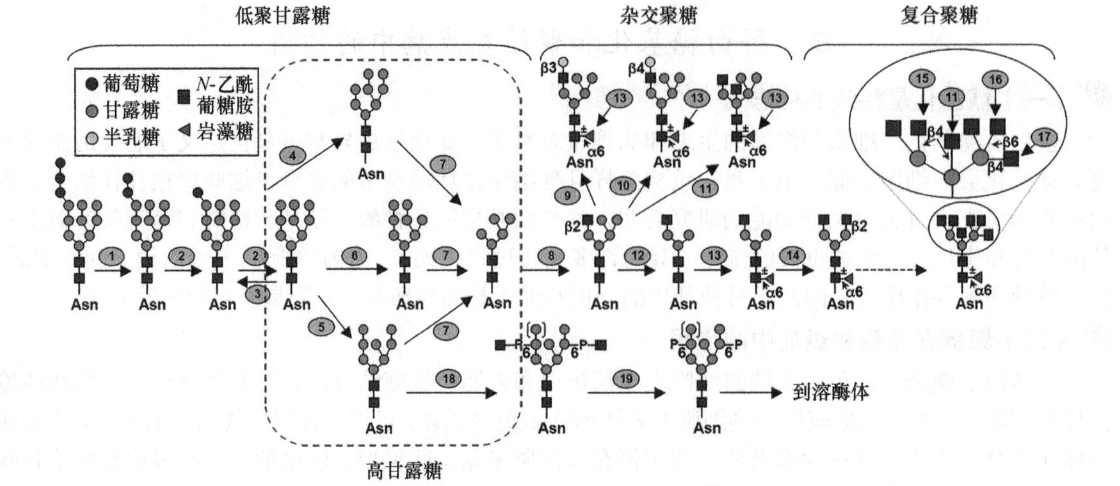

图 7-1

图 7-1 *N*-聚糖生物合成途径形成高甘露糖、杂合聚糖和复合聚糖

图中数字 1～19 代表聚糖合成酶：1=葡萄糖苷酸 1（GAPD1），2=葡萄糖苷酶 2（GAPD2），3=UDP 葡萄糖醛酸基转移酶（1 或 2）（UGCGL1 或 UGCGL2），4=甘露糖苷内切酶，5=甘露糖苷酶 α1B，6=甘露糖苷酶 α2C（MAN2C），7=甘露糖苷酶 1α（MAN1A）；甘露糖苷酶 1β（MAN1B）；甘露糖苷酶 α1C1（MAN1C1），8=甘露糖苷乙酰葡糖胺转移酶 1（MGAT1）；9=半乳糖-*β*-1,3-半乳糖基转移酶 1～6（B3GALT1～B3GALT6）；10=UDP-半乳糖 β-环糊精 1,4-半乳糖基转移酶 1～5（GALT1～5）；11=甘露糖苷乙酰葡糖胺基转移酶 3（MGAT3）；12=甘露糖苷酶 2α1 或 2（MAN2A1 或 MAN2A2）；13=岩藻糖基转移酶 8（FUT8）；14=甘露糖苷乙酰氨葡萄糖转移酶 2（MGAT2）；15=甘露糖苷乙酰氨基葡萄糖转移酶 4a 或 4b（MGAT4A 或 MGAT4B）；16=甘露糖苷乙酰氨基葡萄糖基转移酶 5B（MGAT5B）；17=甘露糖基 *α*-1,3-糖蛋白 *β*-1,4-*N*-乙酰氨基葡萄糖基转移酶 C（GnT-Ⅲ）；18=*N*-乙酰氨基葡糖-1-磷酸转移酶 α 和 β（GlcNAc-1-phosphotransferase，GNPT）；19=*N*-乙酰氨基葡萄糖-1-磷酸二酯 *α*-*N*-乙酰氨基葡萄糖苷酶（NAGPA）

O-GlcNAc 可通过减少脂肪 *O*-谷氨酸转移酶（OGT），从而降低蛋白 *O*-GlcNAcylation 表达水平来减少肥胖。同时 *O*-谷氨酸糖基化也可通过和同一位点磷酸化互相竞争增加脂滴相关蛋白 1（Perilipin 1）的磷酸化，促进内脏脂肪的脂解，而脂肪 OGT 的过表达增加了 *O*-GlcNAc 糖基化进而抑制脂肪组织的脂解，并促进饮食诱导的肥胖和全身性胰岛素抵抗。有研究也报道过由 Aβ 毒性和 2 型糖尿病诱导的大脑中葡萄糖代谢受损会导致大脑中蛋白 *O*-GlcNAc 糖基化水平降低。这表明大脑中 *O*-GlcNAc 保护机制的失败，从而促使阿尔茨海默病恶化。此外，葡萄糖含量的升高会增加通过哺乳动物己糖胺的生物合成途径（HBP）的通量，导致 UDP-GlcNAc 浓度增加和蛋白质 *O*-GlcNAcylation 增强。因此，异常的 *O*-GlcNAcylation 与糖尿病在内的许多代谢疾病直接相关。

黏蛋白型 *O*-GalNAc 是最常见的蛋白 *O*-糖基化修饰，是指 *O*-糖基化转移酶（GALNT1 等）将 GalNAc 连接到 S 或 T 的氧原子上（图 7-2）。参与 *O*-糖基化第一步的糖基化转移酶有大约 20 种，具体哪一种参与酶反应主要与生物体物种、细胞类型、组织种类中这些酶的表达水平，以及对蛋白底物的选择性有关。单糖通过糖基化转移酶被添加到 GalNAc 羟基形成不同 *O*-聚糖核心结构，即核心 1～核心 8。合成 *O*-聚糖核心 1、核心 2、核心 3、核心 4、核心 6、核心 8 的糖基化转移酶见图 7-2，但核心 5 和核心 7 尚待探明。*O*-聚糖结构有 Tn 抗原、T 抗原、A 抗原、B 抗原和 H 抗原以及由 T 抗原和 Tn 抗原结合唾液酸形成的 sT 抗原和 sTn 抗原。更复杂的 *O*-聚糖结构是通过其他糖基化转移酶的参与来实现。

在肿瘤细胞微环境中，形成大量只含单个 GalNAc 的糖蛋白即 Tn 抗原，以及相比其他与正常细胞截短的 *O*-聚糖（sTn）。这些截短 *O*-聚糖的增加与 *O*-GalNAc 信号转导途径的激活有关，即 Galactose（半乳糖）-binding Lectin（凝集素）Domain 信号转导激活。在没有 GALA 激活的正常细胞条件下，大多数分泌蛋白质或膜糖蛋白的 *O*-GalNAc 糖基化在高尔基体中起始，GalNAc 残基被下游半乳糖基转移酶 C1GALT1 迅速修饰，从而防止凝集素结构域结合以及由相同或不同 GALNT 进行的二次 GalNAc 结合。在癌细胞中 Src 激活或丢失 ERK8 的 GALA 激活后，ppGalNAcT 被转运到内质网，并将内质网驻留蛋白糖基化。定位在内质网的 GALNT 可以促进凝集素依赖性 GalNAc 在次级糖位上和高尔基体正常折叠蛋白质未暴露区域上，添加这些简单 *O*-聚糖。因此，形成截短和 Tn 抗原并非由于未完成的 *O*-糖基化过程，而是细胞对 GALA 调控转导激活所造成。因此，在肿瘤细胞中往往检测到大量 Tn 抗原和截短的 *O*-聚糖。

笔记栏

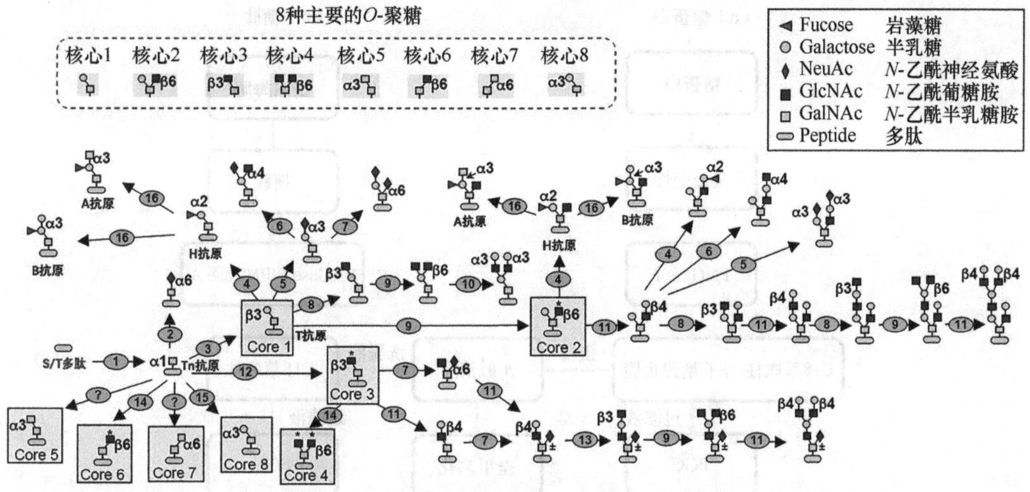

图 7-2　黏蛋白型 *O*-聚糖生物合成途径示意图

图 7-2

O-糖基化通常发生在丝氨酸（S）或苏氨酸（T），*O*-聚糖与氨基酸的羟基相连。*O*-糖基化的第一步通过近 20 种不同 *N*-乙酰-*β*-*D*-半乳糖氨基转移酶 1～19（GALNT1～GALNT19），将 *O*-GalNAc 转移到 S 或者 T 的羟基，在此基础上单糖通过糖基化转移酶将增加 *O*-聚糖成分，最终获得复杂的 *O*-聚糖。根据细胞中糖基化转移酶组成和合成路线，可形成 Tn 抗原、T 抗原、A 抗原、B 抗原和 H 抗原等 *O*-聚糖。图中 1～16 表示不同的糖基化转移酶，包括 1=UDP-*N*-乙酰基-*α*-*D*-多肽 *N*-乙酰半乳糖胺基转移酶 1～19（GALNT1～GALNT19）；2=唾液酸转移酶 7[(*α*-*N*-乙酰神经氨酸-2,3-*β*-半乳糖基 1,3)-*N*-乙酰半乳糖胺-*α*-2,6-唾液酸转移酶]A（SIAT7A～SIAT7E）；3=UDP-半乳糖 *N*-乙酰半乳糖胺-β-1,3-半乳糖基转移酶（C1GALT1）；4=岩藻糖基转移酶 1～2（FUT1～FUT22）；5=唾液酸转移酶 4A（*β*-半乳糖苷酶 *α*-2,3-唾液酸转移酶）(SIAT4A)；6=*α*-1,4-*N*-乙酰葡糖胺氨基转移酶（A4GNT）；7=唾液酸转移酶 7［(*α*-*N*-乙酰神经氨酸 2,3-*β*-半乳糖基 1,3) -*N*-乙酰半乳糖胺 *α*-2,6-唾液酸转移酶］A～B（SIAT7A～SIAT7B）；8=UDP-GlcNAc-*β*-Gal-*β*-1,3-*N*-乙酰葡糖胺氨基转移酶 3（B3GNT3）；9=葡糖胺（*N*-乙酰基）转移酶 1～3（GCNT1～GCNT3）；10=*α*-1,3-半乳糖基转移酶 2（A3GALT2）；11=UDP-半乳糖-*β*-*N*-乙酰葡糖胺-*β*-1,4-半乳糖基转移酶多肽 1～2（B4GALT1～B4GALT2）；12=UDP- *N*-乙酰葡糖胺-*β*-半乳糖-*β*-1,3-*N*-乙酰葡糖胺氨基转移酶 6 核心 3（B3GNT6）；13=UDP-GlcNAc-*β*-Gal-*β*-1,3-*N*-乙酰葡糖胺氨基转移酶 1～8（B3GNT1、B3GNT2、B3GNT4、B3GNT8）；14=黏蛋白型葡糖胺（*N*-乙酰基）转移酶 3（GCNT3）；15=糖蛋白半乳糖基转移酶 *α*-1,3（GGTA1）；16=ABO（转移酶 A，*α*-1-3-*N*-乙酰半乳糖基转移酶，转移酶 B，*α*-1-3-半乳糖基转移酶）(ABO)

二、*N*-聚糖制备和检测方法

（一）常用聚糖制备方法

N-聚糖制备通常在溶液中进行，并利用内切酶 *N*-糖酰胺酶 F 或 *N*-糖酰胺酶 A（PNGase F 或 PNGase A）。如图 7-3 所示，*N*-聚糖制备可直接使用糖蛋白（a）或先酶解成多肽（b）。前一种方法是在溶液中加热（90～100℃/10min）或还原/烷基取代，将糖蛋白变性，这一过程可增加酶水解效率。PNGase F 酶切糖肽后从 C18 萃取柱或分子量截止膜过滤液中收集，经 PGC 萃取柱纯化后得到 *N*-聚糖。这里使用 C18 萃取柱或分子量截止膜将 *N*-聚糖酶切后的蛋白分开，使用分子量截止膜可将蛋白回收后制备 *O*-聚糖。如果蛋白酶解糖蛋白成糖肽后，用 PNGase F 或 PNGase A 酶切 *N*-聚糖，从 C18 萃取柱过滤液收集 *N*-聚糖，并在有机溶液（如 50%～60% 乙腈）洗脱液中得到去除 *N*-聚糖的糖肽。*β*-碱消除将 *O*-聚糖从肽上分离，而全甲基化将所有羟基变成—OCH_3，增加 *O*-聚糖的疏水特性，也有利于定量和结构分析。

（二）固相上 *N*-聚糖制备

1. PVDF 膜富集　96-孔板聚二氟乙烯膜（PVDF 膜）可用来分析从糖蛋白释放的低含量 N-聚糖（10^{-15}mol），制备过程包括将糖蛋白固定在 96 孔板中，PNGase F 酶切，聚糖还原端用荧光标记。高效液相色谱法结合多种技术的组合使用，如红外光谱可测量单糖序列、确定单糖之间连接、所带电荷和中性支链 *N*-聚糖结构。最后通过与数据库（GlycoBase）中已知聚糖结构比较，对 HPLC 谱图峰自动分配待测聚糖结构，再结合软件（autoGU），逐步分析糖苷外切酶消化数据，得到最终聚糖结构的精确列表。采用 96-孔板 PVDF 介质，*N*-聚糖分析可以在 2～3 天完成，包括 PNGase 释放、萃取柱纯化、定量和结构分析。这种方法可用于鉴定和筛选疾病生物标志物以及监测治疗性糖蛋白的产生和变化。另一种类似方法，过滤辅助聚糖分离法（FANGS）使用孔径 0.2 微米的多孔膜，将 PNGase F 分离的游离 *N*-聚糖与糖蛋白分开。这种基于分子量大小的过滤膜，能有效快速制备 *N*-聚糖。

2. 固相化学酶　固相化学酶法是一种基于固相介质富集聚糖的技术。与溶液制备聚糖不同，所

笔记栏

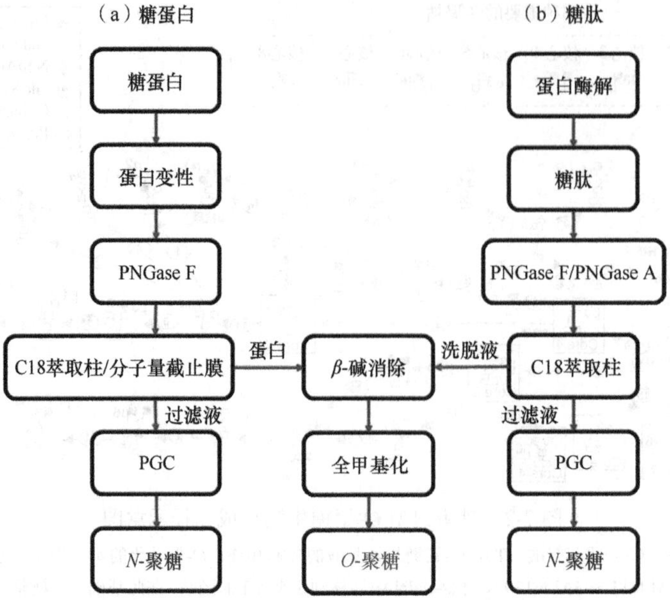

图 7-3

图 7-3　溶液中制备 *N*-聚糖和 *O*-聚糖流程示意图

（a）从糖蛋白提取 *N*-聚糖：通过加热或还原/烷基取代将糖蛋白变性，加入 *N*-糖酰胺酶 F（PNGase F）酶切 *N*-聚糖，使其与蛋白脱离，通过 C18 萃取柱保留蛋白在固定相上，而在过滤液中得到 *N*-聚糖，用多孔石墨化碳柱（PGC）纯化得到 *N*-聚糖。如使用分子量截止膜回收蛋白可分析 *O*-聚糖。（b）从糖肽中提取 *N*-聚糖和 *O*-聚糖：用蛋白酶酶解糖蛋白得到糖肽和多肽，加入 *N*-糖酰胺酶 F/*N*-糖酰胺酶 A（PNGase F 或 PNGase A）酶切，得到游离 *N*-聚糖，C18 萃取柱过滤液再用 PGC 纯化后得到 *N*-聚糖；C18 固定相上附着多肽通过有机溶液洗脱液，通过 *β*-碱消除将 *O*-聚糖从多肽上分离，即全甲基化 *O*-聚糖。最后用 C18 萃取柱纯化得到 *O*-聚糖。聚糖可用质谱仪结构分析

有制备过程均在固相介质表面进行。首先将糖蛋白或糖肽耦合到固相介质表面，可方便灵活在固相上对氨基酸、唾液酸或单糖采取化学酶反应。图 7-4 为糖蛋白糖基化分析流程。选用蛋白酶是分析糖基化的关键，蛋白酶选择可根据糖蛋白氨基酸序列来确定。 对于糖蛋白 *O*-糖肽分析，需要采取特殊的二级质谱碎片化方法，通常要求酶解得到 *O*-糖肽带有较高的电荷数（大于 2 价），质谱才能产生可精确定位 *O*-糖基化位点的谱图。因此，某些糖蛋白可使用胰蛋白酶之外的其他蛋白酶，以便保留赖氨酸（K）或精氨酸（R）而增加多肽电荷数。天冬氨酸内肽酶、半胱氨酸内肽酶、谷氨酸内肽酶、金属内肽酶、丝氨酸内肽酶和苏氨酸内肽酶等可在这种下情形使用。酶解的 *O*-糖肽含有组氨酸（H）、赖氨酸或精氨酸的正电荷，增加了糖肽总电荷数量，提高二级质谱碎片化谱图。酶解的糖肽可通过亲水作用液相色谱（hydrophilic interaction liquid chromatography，HILIC），分析 *N*-糖基化位点和 *N*-聚糖在每个位点的聚糖谱（图 7-4b1），或通过多肽 *N*-端固相耦合（图 7-4b2）。固相上可键合醛基或羟基琥珀酰亚胺酯（NHS），与多肽 *N*-端氨基反应，还原后形成稳定的共价结合。糖肽在固相上具有优势，其能有效降低样品处理中的损失，避免酸性条件的多肽沉淀，可分两步对氨基酸或唾液酸修饰，并且反应试剂是通过溶液洗脱实现。例如，通过乙酯化首先对 *α*-2,6-连接唾液酸反应衍生修饰，反应中使用的试剂包括乙醇、EDC［1-(3-二甲基氨基丙基)-3-乙基碳二亚胺］、HBot（1-羟基苯并三唑一水物）等可通过氯化钠和去离子水（DI）洗脱达成。

在固相上处理的糖肽可分析 *N*-聚糖（图 7-4e）、*O*-聚糖（图 7-4f2）和 *O*-糖肽（图 7-4f1）。多样化的酶和化学方法可满足这些要求。采用 PNGase F 或 PNGase A 将 *N*-聚糖从糖肽上酶切，OpeRATOR 则从 S/T 的 *N*-端将带有 *O*-聚糖的糖肽酶切，并富集 *O*-糖肽，或用 *β* 碱消除还原化学脱离得到 *O*-聚糖（图 7-4）。由于 *O*-聚糖分子量通常远小于 *N*-聚糖，全甲基化可增加其疏水性和分子量，同时有利于后期纯化、质谱结构和定量分析。

3. *N*-聚糖生物信息学　*N*-聚糖结构、种类和含量与疾病密切相关，定量和定性 *N*-聚糖是分析蛋白糖基化中不可缺少的。定量分析可通过荧光标记和同位素标志物与 *N*-聚糖还原端反应获得。标记后的聚糖可用高效液相色谱法–荧光检测（HPLC-FD）分析。常用荧光标记化合物有 2-氨基苯甲酰胺（2-AB）、2-氨基苯甲酸（2-AA）、2-氨基吡啶（PA）、2-氨基萘三磺酸（ANTS）和 8-氨基芘-1,3,6-三磺酸（APTS）。2-AB 是一种不带负电荷的标签，在 *N*-聚糖色谱分析中广泛使用。2-AB 标记聚糖数据库记录了在亲水相互作用液相色谱中，2-AB 标记聚糖的标准化洗脱时间并通过荧光

笔记栏

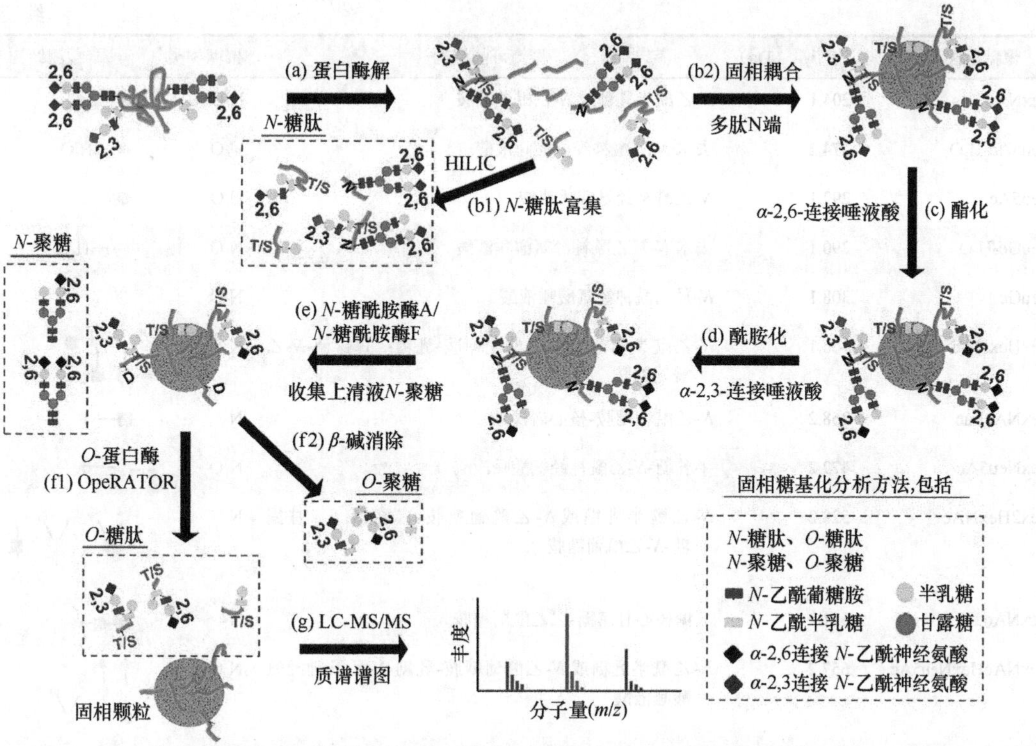

图 7-4　固相化学酶方法分析糖蛋白糖基化示意图

固相糖蛋白糖基化分析包括 N-聚糖、O-聚糖、完整 N-糖基化和完整 O-糖基化位点和丰度。(a) 蛋白酶解：糖蛋白使用消化酶得到多肽和糖肽，某些蛋白中的聚糖可含有 α-2,3-连接唾液酸和 α-2,6-连接唾液酸；(b1) N-糖肽富集：使用亲水结合萃取柱将 N-糖肽富集，液相质谱则可确定 N-糖肽位点、N-聚糖组成及丰度；(b2) 固相耦合：多肽和糖肽 N 端氨基通过还原胺化与固相上醛基结合，形成稳定键合；(c) 酯化：带有 α-2,3-连接唾液酸和 α-2,6-连接唾液酸的糖肽，并只与 α-2,6-连接唾液酸发生酯化反应得到稳定脂化合物，而 α-2,3-连接唾液酸则得到保留；(d) 酰胺化：通过溶剂洗脱去除上一步反应中所使用的试剂和化合物，加入带有氨基的化合物，在 pH 4～6 条件下反应得到稳定 α-2,3-连接唾液酸；(e) N-糖酰胺酶 A/N-糖酰胺酶 F：N-聚糖通过酶解得到，收集上清液 N-聚糖；(f1) O-蛋白酶：从 N 端将带有 O-聚糖的 O-糖肽酶切，收集上清液并使用 OpeRATOR 酶切，进而分析 O-糖基化位点和聚糖在每个位点聚糖组成；(f2) β-碱消除：游离 O-聚糖则可使用碱性消除来分析聚糖结构、连接和丰度；(g) LC-MS/MS：液相色谱-质谱联用可分析糖肽，MALDI（基质辅助激光解析离子化）则用于聚糖结构分析

图 7-4

检测分配聚糖结构。PA 广泛用于高效液相色谱（HPLC）分析，目前已开发出基于标准化洗脱时间的结构分配数据库。2-AA 荧光标记带有一个负电荷，形成与前两种不同的用途。其可用于 HPLC 和毛细管电泳（CE）分离，也可用于正离子模式和负离子模式质谱分析，从而检测中性和唾液酸化 N-聚糖。APTS 有 3 个负电荷，负离子模式 MALDI 分析 APTS 标记 N-聚糖，再结合 CE 或毛细管凝胶电泳（CGE）可实现对 N-聚糖异构体分离和检测。

N-聚糖结构通过二级或多级质谱图来确定。多级质谱可获得不同的聚糖碎片离子如糖链碎片 B 离子、C 离子、Y 离子、Z 离子以及单糖开环碎片 A 离子和 X 离子。其得到的二级或多级质谱图可用聚糖测序软件解析其结构。常用测序软件包括 GlycoWorkBench 和 SimGlycan。以 MALDI-MS/MS 谱图为例，碎片可由表 7-1 中的一种或多种离子构成，通常检测到的离子分子量为 163.1Da、204.1Da 和 366.1Da 等的特征峰。不同聚糖结构产生的碎片离子不同。二级和多级质谱通过运用其碎片峰组成以及测序来得到最终的聚糖结构。将二级质谱的谱图用于 GlycoWorkBench，并与数据库中已有聚糖的二级质谱碎片结构相比较，找出数据库中最接近聚糖分子的结构。具体分析将在后面详细介绍。

表 7-1　常见串联质谱聚糖碎片氧鎓离子及其结构

聚糖破碎离子	分子量（Da）	聚糖可能结构	聚糖种类*	预测结构
HexNAc 内部碎片	138.1	N-乙酰半乳糖或 N-乙酰葡糖胺碎片	N/O	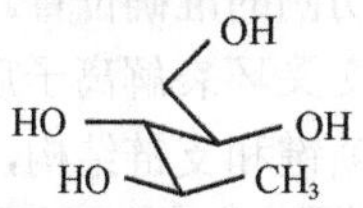
Hex	163.1	甘露糖或半乳糖	N/O	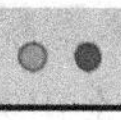

笔记栏

续表

聚糖破碎离子	分子量（Da）	聚糖可能结构	聚糖种类*	预测结构
HexNAc	204.1	*N*-乙酰半乳糖或*N*-乙酰葡糖胺	N/O	■ □
Neu5Ac-H_2O	274.2	去水*N*-乙酰神经氨酸唾液酸	N/O	◆—H_2O
Neu5Ac	292.1	*N*-乙酰神经氨酸唾液酸	N/O	◆
NeuGc-H_2O	290.1	去水*N*-羟乙酰神经氨酸唾液酸	N/O	◇—H_2O
NeuGc	308.1	*N*-羟乙酰神经氨酸唾液酸	N/O	◇
HexHexNAc	366.1	*N*-乙酰半乳糖或*N*-乙酰葡糖胺-乳糖；甘露糖-*N*-乙酰葡糖胺	N	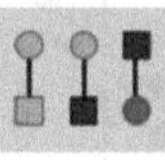
HexNAcFuc	368.2	*N*-乙酰葡糖胺-核心岩藻糖	N	
HexNeu5Ac	472.2	半乳糖-*N*-乙酰神经氨酸唾液酸	N/O	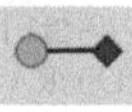
Hex2HexNAc	528.2	*N*-乙酰半乳糖或*N*-乙酰葡糖胺-二乳糖；二甘露糖-*N*-乙酰葡糖胺	N	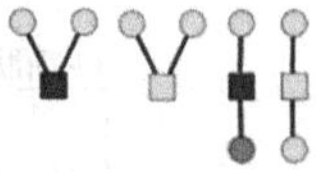
HexNAc2Hex	551.2	五糖核心甘露糖-二乙酰葡糖胺	N	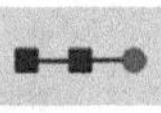
HexNAcHexNeu5Ac	657.2	*N*-乙酰半乳糖或*N*-乙酰葡糖胺-乳糖-*N*-乙酰神经氨酸唾液酸	N/O	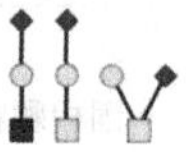
Hex3HexNAc	690.2	五糖核心三甘露糖-*N*-乙酰葡糖胺	N	

*N 表示 *N*-聚糖，*O* 表示 *O*-聚糖。

三、*O*-聚糖制备和分析

（一）*β*-碱性消除

对 *O*-GalNAc 糖基转移酶和基因敲除相关的研究表明，*O*-糖基化在调节生物功能中起着主要作用，因此分析 *O*-糖基化尤其重要。但与 *N*-糖基化相比，研究 *O*-糖基化的方法滞后。最主要难点在于难以切除 *O*-聚糖，同时还要能保持蛋白质和聚糖的完整性。例如，*N*-糖基化可以用 PNGase F、PNGase A、Endo H 等酶解 *N*-聚糖同时保留完整的 *N*-糖基化位点和 *N*-糖肽。对 *O*-糖基化而言，还未找到一种广泛适用的 *O*-内切酶，可将绝大多数 *O*-聚糖从氨基酸上去除。要想实现这一目标，目前只能使用化学方法，即利用氢氧化钠和硼氢化钠组合进行 *β*-碱消除。因 *O*-聚糖糖苷键很容易在碱性溶液中水解，使用硼氢化钠还原剂可以防止聚糖在释放后脱皮（peeling）。但是，使用这一方法会降解蛋白质和肽，因而只能分析 *O*-聚糖而得不到 *O*-糖肽信息。*β*-碱性消除主要步骤包括强碱 *O*-聚糖剥离、阳离子交换纯化、有机溶剂真空干燥除盐和萃取柱纯化等。

（二）*O*-聚糖全甲基化

因在解离过程中裂解的糖苷键不会留下分子瘢痕（scar），所以由天然（native）*N*-聚糖和还原胺化 *O*-聚糖的串联质谱产生的确定性结构信息较少。全甲基化分析是确定糖残基之间糖苷键位置的经典方法，其是通过质谱对 *N*-聚糖和 *O*-聚糖详细结构进行解析所必不可少的技术。在串联质谱中，全甲基化可保持残基完整性，并在交叉切割质谱碎片时能确定残基连接位点。使用串联质谱对聚糖分析时，甲基化提高聚糖电离效率、稳定聚糖结构中的唾液酸残基、提高测量灵敏度、增强通过反相高效液相色谱（RPLC）的聚糖分离，并产生更多可预测的质谱图。

聚糖全甲基化对于串联质谱结构分析具有优势，原因在于所有聚糖的羟基（OH）和亚氨基（NH）都是可以衍生化的。在串联质谱中发生的聚糖键断裂产生未修饰的位点瘢痕显示了糖基键被切割的准确位置。因此，对单糖的连接位置是由交叉环裂解离子的质量（A 离子或 X 离子）来确定。交叉环裂解离子质量可用于确定修饰支链单糖残基取代基的连接位点和质量。这些方法都可确定聚糖键和支链结构，形成易于分析的聚糖谱图包括聚糖解离多级质谱和气相中产生的二糖亚结构。

笔记栏

（三）*O*-聚糖分析

O-聚糖全甲基化后可使用多级质谱（MS^n）分析得到其结构。从一级质谱中可获得 *O*-聚糖分子

量及相对含量，但不能确定每个聚糖结构和单糖之间的连接方式，因此需要对每一个 *O*-聚糖做二级质谱以上的结构拆分。以图 7-5 中的核心-2 型 *O*-聚糖为例，全甲基化后有几个特征：还原端开环形成-OCH_3、GalNAc 或 GlcNAc 的-NH-CO-CH_3 亚胺基甲基化形成-NCH_3-CO-CH_3，所有-OH 被取代成-OCH_3。二级质谱图得到 A/X 和 C/Z 离子，确定了 *O*-聚糖 GalNAc-*β*-(1,3)Gal 和 GalNAc-*β*-(1,6) GlcNAc。接着，三级质谱图对 1157 母离子中的 921 子离子分析，得到 Fuc-Gal-GlcNAc 结构。四级质谱图则确定该三级分子的连接，从而得到最终核心核心-2 型 *O*-聚糖结构。理论上，经全甲基化后，通过 MS^n 可以解析聚糖的详细结构。

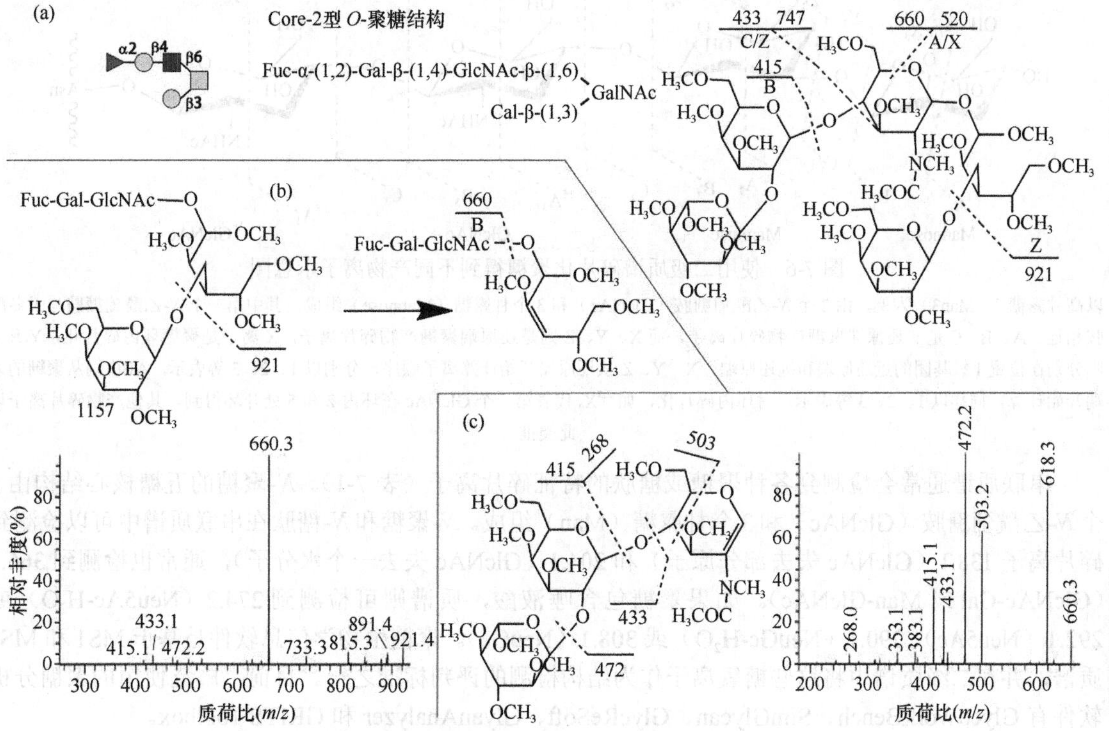

图 7-5　全甲基化 *O*-聚糖结构和多级质谱分子结构确定示意图

（a）卡通结构组成为核心-2 型 *O*-聚糖结构示意图，该 *O*-聚糖结构和连接根据多级质谱分析得到。首先二级质谱检测到 Z 离子 747 和 921、C 离子 433、B 离子 415、A 离子 660 和 X 离子 520；（b）三级质谱显示（*m/z* 1157 母离子产生的子离子 921）主要的碎片 B 离子 660.3（Fuc-Gal-GlcNAc），其他离子也在质谱谱图中检测到；（c）Fuc-Gal-GlcNAc（*m/z* 660.3）四级质谱谱图得到 Y 离子 472 和 268、B 离子 415、C 离子 433、A 离子 503，根据多级质谱谱图推测出 *O*-聚糖的分子结构 Fuc-*α*(1,2)-Gal-*β*(1,4)GlcNAc

图 7-5

四、聚糖结构和含量分析

（一）聚糖质谱分析

随着质谱仪器在分辨率及灵敏度方面的飞速发展，其被广泛应用于大分子和小分子定性和定量分析。质谱技术的优势在于可对微量样本进行详尽的聚糖结构分析和含量测定，结构分析中可采用不同裂解方式来打碎母离子。常见质谱裂解方式有碰撞诱导解离（collision induced dissociation，CID）、高能碰撞解离（high-energy collision dissociation，HCD）、电子俘获解离（electron capture dissociation，ECD）及电子转移解离（electron transfer dissociation，ETD）。CID 和 HCD 通常产生 B/C/Z/Y 离子（图 7-6）。采用 ECD 或 ETD 裂解方式，电喷雾电离（electrospray ionization，ESI）的离子源先产生的多质子肽离子 $[M+nH]^n$，再通过热能电子转换为奇电子 $[M+nH]^{(n-1)+}$ 离子，氢自由基随后转移到羰基上形成 C 和 Z 序列特异性的片段离子。当氢自由基迁移到链内酰胺氮时，也会产生 B 和 Y 离子，但浓度较小。这两个过程都诱导了更多的骨架裂解，并且相比于 CID，可以对分子量更大的糖肽进行测序。同时，由于减少了中性损失，并且多肽氨基酸序列对碎片的影响较小，因此 ECD/ETD 在检测磷酸化和糖基化方面更为有用。与其他裂解方式相比，ECD/ETD 产生的碎片离子的数量相对较低，通常只有 5%～20% 的母离子能裂解转化为产物离子，并且大于 20kDa 的蛋白质的片段通常会断裂。此外，母离子的信噪比（S/N）越高，所得的二级谱图质量越高。近年来，混合解离技术如 EThcD-sceHCD 的发展，为糖蛋白质组学研究带来了新的机遇。相较于 HCD 和 EThcD，EThcD-sceHCD 谱图信息更加丰富，完整糖肽位点指认更加准确及鉴定深度更高。

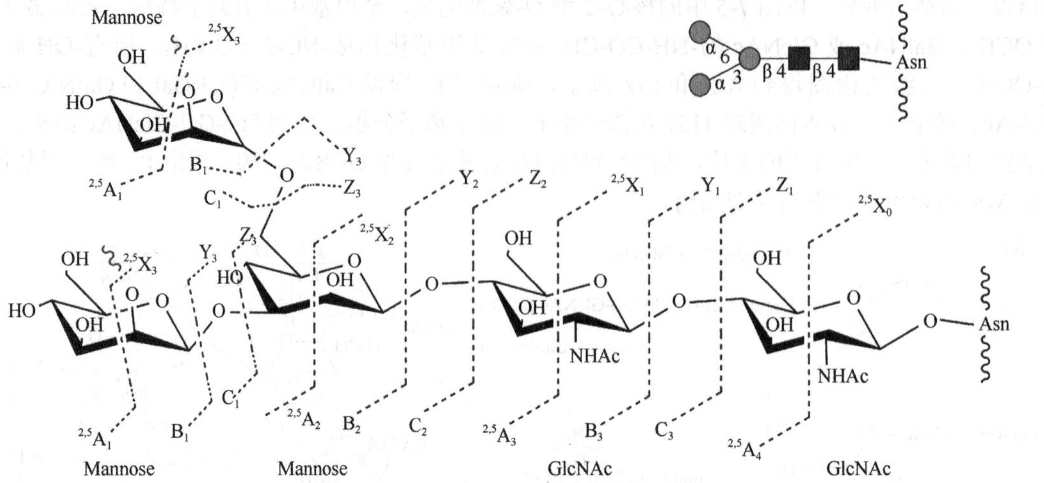

图 7-6

图 7-6 使用二级质谱碎片化聚糖得到不同产物离子示意图

以高甘露糖 3（Man3）为例，由 2 个 *N*-乙酰葡糖糖胺（GlcNAc）和 3 个甘露糖（Mannose）组成，其中第一个 *N*-乙酰葡糖糖胺与天冬酰胺相连。A、B、C 是非还原端聚糖产物碎片离子，而 X、Y、Z 则是还原端聚糖产物碎片离子，X 离子是聚糖环内碎片化，Y 和 Z 则分别在位置 1 氧基团的近还原端和远还原端。X、Y、Z 从还原端开始计算离子顺序，分别以 1、2、3 等表示，ABC 则从聚糖的末端开始计算，同样以 1、2、3 等表示。对环内碎片化，如 $^{2,5}X_0$ 代表第一个 GlcNAc 在环内 2 和 5 处开环得到。其他产物碎片离子以此类推

串联质谱通常会检测到各种聚糖或糖肽的特征碎片离子（表 7-1）。*N*-聚糖的五糖核心结构由 2 个 *N*-乙酰葡糖糖胺（GlcNAc）和 3 个甘露糖（Man）组成。*N*-聚糖和 *N*-糖肽在串联质谱中可以检测到碎片离子 138.1（GlcNAc 失去部分原子）和 204.1（GlcNAc 失去一个水分子），通常也检测到 366.1（GlcNAc-Gal 或 Man-GlcNAc）。如果聚糖包含唾液酸，质谱则可检测到 274.2（Neu5Ac-H_2O）或 292.1（Neu5Ac）、290.1（NeuGc-H_2O）或 308.1（NeuGc）。聚糖生物学信息软件是基于 MS1 和 MS2 质谱，并在二级质谱中将这些糖氧离子作为结构检测的评判标准之一。目前，广泛使用的聚糖分析软件有 GlycoWorkBench、SimGlycan、GlycReSoft、GlyanAnalyzer 和 GRITS Toolbox。

通常根据二级质谱产生的碎片离子来解析聚糖结构。串联质谱可得到 A、B、C、X、Y 和 Z 离子（图 7-6）。

基于聚糖数据库，将未分配的聚糖质谱图与已知聚糖结构产生的质谱数据匹配来识别未知聚糖序列。类似于 SEQUEST 蛋白质测序方法，GlycosidIQ 根据已知聚糖结构计算其所有可能的理论质谱碎片离子，并对每个组成生成质谱理论峰序列进行整合来得到理论碎片数据库，再使用评分函数评估得出理论峰列表与质谱图之间的最佳匹配。此外，也可通过将未分配的谱图与实测的碎片谱库进行匹配，建立聚糖碎片离子数据库。迄今，还没有通过测试得到所有聚糖序列即尚无所有聚糖 MS^n 质谱碎片离子的数据库，且缺乏可靠性，因此其可用性比较有限。

在已提出的众多解决方案中，不依赖于已知聚糖结构的聚糖测序工具，还没有一种方法可达到聚糖结构解析所需的准确性和灵活性。聚糖成分的分析软件，如 GlycoMod 和 Glyco-Peakfinder，使用单次质谱测量数据预测聚糖单糖数量和种类，与分子量匹配的聚糖数量以及组成单糖数量呈指数比例，需要借助生物分类和生物合成信息来排除不存在的聚糖结构。Cartoonist 工具正是基于这一原理而设计的软件，使用一组原型结构和一组用于修饰原型结构的规则，确保仅生成哺乳动物细胞糖基化酶可合成的 *N*-聚糖。聚糖原型及其修饰规则是由多方面专家制定而成，体现了哺乳动物细胞聚糖生物合成途径的最新知识。组成分析得到的多种可能聚糖，最后通过串联质谱分析加以验证。

从质谱检测 MS^n 碎片离子来获得聚糖结构，有多种聚糖测序方法可尝试。以符合分子量为前提，STAT 是根据用户选择而生成所有可能的聚糖结构，并将其与实验得到的聚糖谱图峰列表对照，再对每个可能结构进行排名，确定最可能的聚糖结构。类似 STAT 方法，Oscar 是从预测的组成中生成所有可能的聚糖，使用全甲基化聚糖的二级质谱图可减少不存在聚糖结构，同时聚糖必须含有五糖核心结构，即 $Man_3GlcNAc_2$。StrOligo 通过计算已知部分二级聚糖离子与未知结构碎片离子分子量的差异，去推算出母离子可能成分，再根据给定的组成及哺乳动物特定的 *N*-聚糖生物合成规则生成聚糖

笔记栏

结构。GLYCH 是借鉴聚合物二元分支结构的多肽测序程序衍生而来，该算法是从聚糖支链结构的末端单糖起始，生成一系列 B 离子来最大化分配碎片峰的数量，聚糖完整结构是由信号最强的 B 离子决定，并根据双分裂对得分高低进行了排名。

上述方法对识别聚糖类型是有限的，且还没有被证实是聚糖组学的权威工具。EUROCarbDB 开发的 GlycoWorkbench 可弥补这方面不足，GlycoWorkbench 是一种用于手动解析聚糖二级质谱数据的辅助工具。手动解析质谱数据包括大量烦琐和重复步骤，而自动化则可简单快速实现这些任务，节省结构测序所需的时间。与其他半自动测序工具一样，GlycoWorkbench 的主要任务是通过将相应聚糖碎片离子理论列表与二级质谱中得到的峰值相匹配来给出的最可能聚糖结构。与其他半自动工具不同，GlycoWorkbench 提供多功能集成界面，图形易于使用聚糖结构种类增加、碎片类型的全面及广泛的注释选项列表。

GlycoWorkbench 集成聚糖结构的直观可视化编辑器是 GlycanBuilder，该编辑器可以使用多样化的构件集来快速搭建结构模型，并以通用的单糖符号显示聚糖组成。生物信息学搜索引擎计算出理论二级碎片的完整列表，包括多种糖苷裂解和每种单糖类型的所有可能的糖环开环二级碎片。注释引擎考虑不同类型的实验技术（如荧光标记和全甲基化等）、各种类型和数量的离子加成物（如钠离子和氢离子等）以及中性交换，能自动将二级碎片离子分子量的理论值与实验值进行匹配。软件所给出的注释信息是采用全面且易于理解的方式呈现，这些报告通过比较潜在结构对象不同注释的分子量和覆盖范围，从而确定聚糖正确结构。GlycoWorkbench 为质谱数据的结构理论解释和分析提供了完善的支持，为全自动分配聚糖结构提供了有力的保证。

（二）聚糖色谱分析

聚糖上的羟基使其具有良好的亲水性能，可用亲水结合液相色谱纯化和分离。聚糖化学衍生可改变聚糖亲水/疏水属性，包括 *N*-聚糖还原端与荧光标记反应、疏水基团反应或聚糖全甲基化，其得到的聚糖产物可用反向高效液相色谱（RPLC）纯化和分离。GlycoBase 和 AutoGU 是基于液相色谱聚糖的分析软件。通过拟合 5 阶多项式分布曲线，依据保留时间分配葡萄糖单位（GU）值，使用 2-AB（2-氨基苯甲酰胺）标记的葡聚糖阶梯校正使用基于酰胺的 NP-HPLC 色谱柱聚糖谱，分配 GU 值。根据 GU 值数据库分配聚糖结构和成分，通过一系列外切糖苷酶消化进行确认。GlycoBase 有超过 350 个 2-AB 标记的 *N*-聚糖结构，其中人血清聚糖 117 个。聚糖的 GU 值与其组成单糖的数量和连接类型关联，GlycoBase 记录每个糖苷的 HPLC 洗脱位置（GU 值）以及糖苷外切酶消化产物，聚糖都有完整的注释包括描述单糖序列和连接结构的图形表示、NP-HPLC 保留时间 GU 值、标准偏差（根据该结构的所有列出的已发布数据计算得出）、单糖组合物相关参考资料、连接到已鉴定的糖苷外切酶消化产物以及可在其中找到聚糖的亚组列表。该亚组列表不包含未发现和不可能的聚糖结构，因此有助于聚糖搜索。

高效液相色谱–荧光检测（HPLC-FD）广泛用于聚糖含量测定和结构分析。尽管如此，与其他方法如 MALDI-TOF-MS 或 LC-ESI-MS 相比，用于 HPLC-FD 数据处理的定量软件工具相对滞后。GlycoDigest 和 GlycoStore 是两种可用于识别和注释 HPLC-FD 数据的软件，但不能满足定量分析要求。针对数据处理软件工具的不足，科研人员开发了称为 HappyTools 的模块化工具包。该软件工具可执行所有步骤全自动数据分析工作流程，包括自动峰检测、校准和峰定量。HappyTools 按照生物制药标准，并对临床样品进行了测试，结果表明与 Empower（沃特世）和 Chromeleon（赛默飞）得到的结果准确性相近。与后两种软件相比，HappyTools 提供了更高精度和高通量，为 HPLC 数据的高通量数据处理提供了一个完全开源且透明的工具包。

（三）糖苷酶水解分析聚糖结构

虽然质谱对聚糖组成分析非常通用，但对详细结构解析前需要处理聚糖，如全甲基化。另外，可用逐步糖苷酶水解方法详细解析聚糖结构，对确定糖苷键连接位置非常有用。大多数糖苷酶可水解特定的单糖与单糖之间的糖苷键链接。例如，α-2,3-唾液酸糖苷酶可水解 α-2,3 连接，但对 α-2,6 不起作用；β-1,4-半乳糖苷酶可水解 β-1,4 连接，但对 β-1-3 连接无作用；1-3,4,6-半乳糖苷酶和 1-3,6-半乳糖苷酶的差异在于后者对 1,4 连接没有水解作用，其他各种糖苷酶特性详见表 7-2。糖苷酶的特异性方便对聚糖结构进行分析。例如，*N*-乙酰葡糖胺酶对非还原端的 β-1,2、β-1,3、β-1,4、β-1,6 可水解，对还原端的 β-1,4 没有作用，因此使用该酶可得到聚糖支链上 *N*-乙酰葡糖胺的链接。同样可用甘

笔记栏

露糖苷酶分析五糖核心结构中甘露糖的连接方式。值得一提的是，岩藻糖苷酶能区分核心-2 型 *N*-乙酰葡糖胺（GlcNAc-GlcNAc）上的 *α*-1,6 和 *α*-1,3-岩藻糖结构，研究表明 AFP（*α*-甲胎蛋白）的核心 *α*-1,6-岩藻糖增加，而胰腺癌中发现 AGP（*α*-1-酸性糖蛋白）核心 *α*-1,3-岩藻糖高表达，因此可使用不同岩藻糖苷酶来鉴定。

表 7-2 聚糖解析中常用糖苷酶列表

英文名称	中文名称	特异性	糖种类*	EC 代码
α-1,2,3,4,6 *N*-acetylgalactosaminidase	*N*-乙酰半乳糖苷酶	*α*-1,2,3,4,6 连接	N 或 O	3.2.1.49
Endo-*β*-*N*-acetylglucosaminidase F1	*N*-乙酰葡糖胺苷酶 F1	*β* 连接	N	3.2.1.96
Endo-*β*-*N*-acetylglucosaminidase F3	*N*-乙酰葡糖胺苷酶 F3	*β* 连接	N	3.2.1.96
Endo-*β*-*N*-acetylglucosaminidase H	*N*-乙酰葡糖胺苷酶 H	*β* 连接	N	3.2.1.96
β-1,2,3,4,6 *N*-acetylglucosaminidase	*N*-乙酰葡糖胺苷酶	*β*-1,2,3,4,6 连接	N 或 O	3.2.1.30
α-*N*-acetylglucosaminidase	*N*-乙酰葡糖胺苷酶	*α* 连接	硫酸乙酰肝素和肝素，N 或 O	3.2.1.50
PNGase A	*N*-糖苷酶 A	*β* 连接	N	3.5.1.52
PNGase F	*N*-糖苷酶 F	*β* 连接	N	3.5.1.52
O-Glycosidase	*O*-糖苷酶	*α* 连接	O	3.2.1.97
O-GlcNAcase	*O*-葡糖基苷酶	*β* 连接	O	3.2.1.169
Heparanase	乙酰肝素酶	*β*-1,4 连接	肝素	3.2.1.166
Galactosylceramidase	半乳糖基神经酰胺酶	*α*/*β* 连接	神经酰胺	3.2.1.46
Endo-β-Galactosidase	半乳糖苷酶	*β* 连接	N 或 O	3.2.1.103
α-1,3,4,6-Galactosidase	半乳糖苷酶	*α*-1,3,4,6 连接	N 或 O	3.2.1.22
α-1,3,6-Galactosidase	半乳糖苷酶	*α*-1,3,6 连接	N 或 O	3.2.1.22
β-1,3-Galactosidase	半乳糖苷酶	*β*-1,3 连接	N 或 O	3.2.1.23
β-1,3,4-Galactosidase	半乳糖苷酶	*β*-1,3,4 连接	N 或 O	3.2.1.23
β-1,4-Galactosidase	半乳糖苷酶	*β*-1,4 连接	N 或 O	3.2.1.23
α-2,3-Neuraminidase	唾液酸酶	*α*-2,3 连接	N 或 O	3.2.1.18
α-2,3,6,8-Neuraminidase	唾液酸酶	*α*-2,3,6,8 连接	N 或 O	3.2.1.18
Chitotriosidase	壳三糖苷酶	*β*-1,4 连接	壳多糖和壳糊精	3.2.1.14
Chitobiase	壳聚糖酶	*β*-1,4 连接	二聚糖（GlcNAc-GlcNAc）	3.2.1.31
α-1,2-Fucosidase	岩藻糖苷酶	*α*-1,2 连接	N 或 O	3.2.1.51
α-1,2,3,4,6-Fucosidase	岩藻糖苷酶	*α*-1,2,3,4,6 连接	N 或 O	3.2.1.51
α-1,2,4,6-Fucosidase	岩藻糖苷酶	*α*-1,2,4,6 连接	N 或 O	3.2.1.51
α-1,3,4-Fucosidase	岩藻糖苷酶	*α*-1,3,4 连接	N 或 O	3.2.1.51
Hexosaminidase A	己糖胺酶 A	*β*-1,4 连接	*N*-乙酰氨基己糖	3.2.1.52
Hexosaminidase B	己糖胺酶 B	*β*-1,4 连接	*N*-乙酰氨基己糖	3.2.1.52
MAN1A2	甘露糖苷酶	*α*-1,2,6 连接	N	3.2.1.113
MAN1B1	甘露糖苷酶	*α*-1,3 连接	N	3.2.1.113
MAN2C1	甘露糖苷酶	*α*-1,6 连接	N	3.2.1.24
MAN2A1	甘露糖苷酶	*α*-1,3,6 连接	N	3.2.1.114
MAN2A2	甘露糖苷酶	*α*-1,3,6 连接	N	3.2.1.114
MAN2B1	甘露糖苷酶	*α*-1,2,3,6 连接	N	3.3.1.24
Heparinase Ⅰ	肝素酶Ⅰ	*α*-1,4 连接	肝素	4.2.2.7
Heparinase Ⅱ	肝素酶Ⅱ	*α*-1,4 连接	肝素	无
Heparinase Ⅲ	肝素酶Ⅲ	不详	肝素酸性多糖	4.2.2.8
Glucosylceramidase	葡萄糖基神经酰胺酶	*α*/*β* 连接	神经酰胺	3.2.1.62

笔记栏

续表

英文名称	中文名称	特异性	糖种类*	EC 代码
α-Glucosidase	葡萄糖苷酶	*α*-1,4 连接	N 或 O	3.2.1.20
β-Glucosidase	葡萄糖苷酶	*β* 连接	神经酰胺	3.2.1.21
β-Glucuronidase	葡萄糖醛酸酶	*β* 连接	皮肤素或硫酸角蛋白	3.2.1.31
Chondroitinase B	软骨素 B	*β*-1,3,4 连接	糖胺聚糖，硫酸皮肤素	4.2.2.19
Chondroitinase ABC	软骨素酶	不详	糖胺聚糖	4.2.2.21
Chondroitinase AC	软骨素酶	*β*-1,3,4 连接	己氨基二糖、葡萄糖醛酸二糖	4.2.2.5
Hyaluronan lyase	透明质酸裂解酶	*β* 连接	透明质酸	4.2.2.1
Hyaluronidase 1	透明质酸酶 1	*α*-1,4 连接	透明质酸	3.2.1.35
Hyaluronidase 4	透明质酸酶 4	*α*-1,4 连接	透明质酸	3.2.1.35
α-*L*-Iduronidase	鸟苷酸酶	*α* 连接	艾杜糖	3.2.1.76

注：EC 代表酶学委员会编号。

* 此列 O 表示 *O*-聚糖，N 表示 *N*-聚糖。

表 7-2 列出常用的几十种糖苷酶，包括用于 *N*-聚糖、*O*-聚糖、硫酸乙酰肝素、肝素、神经酰胺、壳多糖和环糊精、二聚糖、*N*-乙酰氨基己糖、硫酸角蛋白、糖胺聚糖、己氨基二糖、透明质酸和艾杜糖等水解酶。使用一系列糖苷酶，可测序聚糖组成和解析详细结构。以 *N*-聚糖 $NeuAc_2Gal_2GlcNAc_2Man_3GlcNAc_2Fuc_1$ 为例，解析糖苷键和每个单糖序列使用不同糖苷酶实现。如图 7-7 所示，首先通过 *α*-2,3-唾液酸苷酶可确定 *α*-2,3-连接唾液酸，再用 *α*-2,3,6,8-唾液酸苷酶可以确定另一个唾液酸连接，用 *β*-1,4 半乳糖苷酶确定半乳糖与 *N*-乙酰葡糖苷酶（d），*β*-1,2,3,4,6-*N*-乙酰葡糖苷酶则可水解该单糖（e）。五糖核心的 *α*-1,6可用 *α*-1,6-甘露糖苷酶测定，而 *α*-1,3 则用 *α*-1,2,3,6-甘露糖苷酶确认。依次类推确定该 *N*-聚糖的成分和结构。

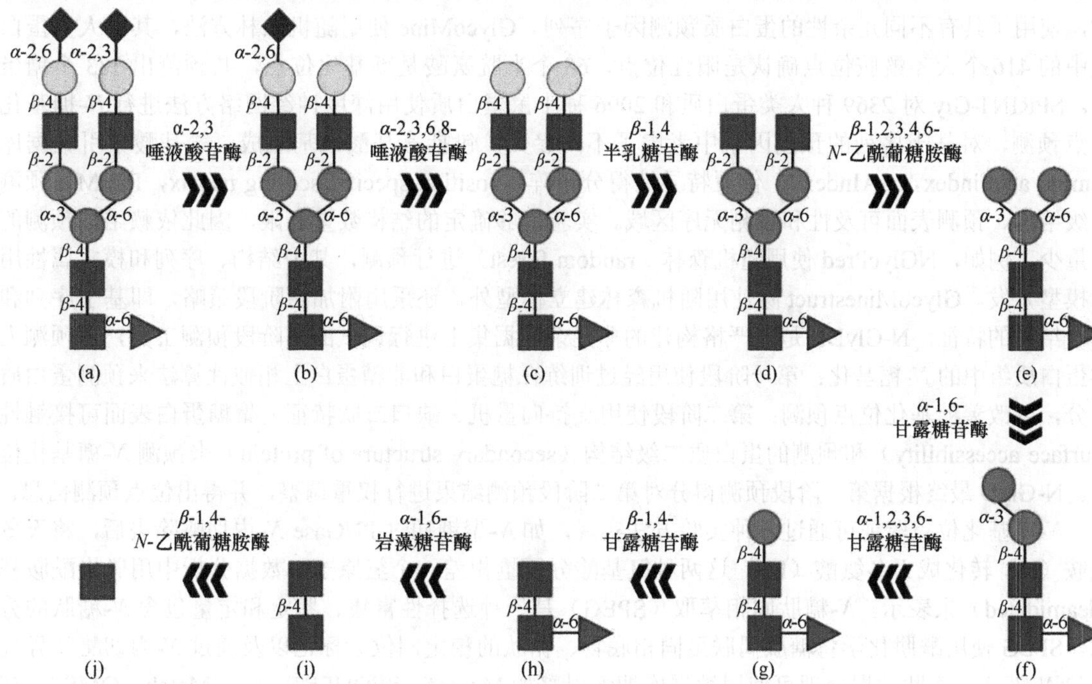

图 7-7　使用糖苷酶解析聚糖结构及其链接示意图

以 *N*-聚糖 $NeuAc_2Gal_2GlcNAc_2Man_3GlcNAc_2Fuc_1$（a）为例，该聚糖（a）首先通过 *α*-2,3-唾液酸苷酶确定其中一个 NeuAc 是 *α*-2,3 连接（b）、再用 *α*-2,3,6,8-唾液酸苷酶可以确定另一个唾液酸连接（c）。继续用 *β*-1,4-半乳糖苷酶可确定半乳糖与 *N*-乙酰葡糖苷酶（d），*β*-1,2,3,4,6-*N*-乙酰葡糖苷酶则可水解该单糖（e），这一步没有连接特异性的糖苷酶，因此无法确定其具体连接。五糖核心（e）的 *α*-1,6 可通过 *α*-1,6-甘露糖苷酶（f），而 1,3 连接的甘露糖残基可以通过 1-2,3,6 甘露糖苷酶（alpha-1,2,3,6-mannosidase）等确认。如果使用 *β*-1,4-甘露糖苷酶，则可确定 *β*-1,4-甘露糖与 *N*-乙酰葡糖苷酶连接（h）。用 *α*-1,6-岩藻糖苷酶可以确定核心 *N*-乙酰葡糖苷酶岩藻糖连接（i）。最后可用 *β*-1,4-*N*-乙酰葡糖胺酶得到连接结构（j）

图 7-7

笔记栏

（四）凝集素微芯片

凝集素是一种蛋白质，它具有特异性结合聚糖碳水化合物残基的能力。目前已从病毒、细菌到动植物等物种中发现了超过300种凝集素。凝集素微阵列则是将多种凝集素固定在底物上，对聚糖、糖蛋白和其他糖缀合物进行高通量分析的技术。凝集素聚糖微阵列数据库（glycan microarray database，GlyMDB）是基于网络版本的生物信息学软件，包括用于搜索聚糖微阵列样品的数据库、用于数据/结构分析的工具集。GlyMDB从糖生物学行业收集到超过5000个聚糖微阵列样品，鉴定与凝集素结合的聚糖碳水化合物类型。将GlyMDB微阵列得到的碳水化合物数据，结合蛋白质数据库（PDB）来分析其对应的结构。其还提供不同的数据库查询选项，并允许用户上传其微阵列数据进行分析，搜索或上传完成后，用户可以选择活页夹和非活页夹分类标准查看信号强度图，包括结合剂/非结合剂阈值及一系列聚糖结合基序。此外，还可以比较来自两个不同微阵列样品的荧光强度数据等。

第三节　糖基化位点预测及鉴定

一、*N*-糖基化位点

蛋白糖基化预测是糖基化测定分析中不可缺少的手段，通过预测可判断生物体系中的蛋白是否具有糖基化的可能性。*N*-糖基化预测相对成熟，最为常用的是NetNGlyc、EnsembleGly、GlycoEP、GlycoMine、SPRINT-Gly、NGlycPred等。NetNGlyc使用神经网络来预测整个人类蛋白质组中的糖基化及与蛋白质功能的相关性。其将蛋白氨基酸序列上传，根据*N*-糖基化特定三氨基酸残基序列和相邻氨基酸，计算每个潜在*N*-糖基化位点得分值（0～1），高于0.5认为该位点高概率糖基化。EnsembleGly使用在254个与*N*-连接的糖位点和1469个与*N*-连接的非糖位点开发的支持向量机分类器集成。糖基化预测程序（GPP）使用针对261个*N*-连接的糖位点和3247个*N*-连接的非糖位点开发的随机森林算法进行预测。无论EnsembleGly还是GPP预测模型，都使用相对较小的带注释糖蛋白数据库。GlycoEP采用支持向量机进行预测，从SWISS-PROT中提取实验确定的真核生物糖蛋白，并获得1797个*N*-连接的糖基化糖蛋白。此外，在开发两个标准数据集和一个高级数据集时，使用了具有不同冗余性的蛋白质预测因子序列。GlycoMine使用随机森林方法，其中人类蛋白组中的416个天冬酰胺位点确认是阳性位点，68个半胱氨酸是糖基化位点，共预测出183个糖蛋白。SPRINT-Gly对2369种人类蛋白质和2096种小鼠蛋白质使用深度神经网络方法进行*N*-糖基化位点预测，对基于序列的预测因子中考虑了不同参数，包括氨基酸残基组成、氨基酸索引数据库（amino acid index，AAIndex）、位置特异性得分矩阵（position specific scoring matrix，PSSM）预测二级结构、预测表面可及性和预测无序区域。实验能够确定的结构数量有限，因此依赖结构预测的变量少。例如，NGlycPred使用随机森林（random forest）进行预测，其中结构、序列和模式属性用于模型开发。GlycoMinestruct除使用随机森林建立模型外，还采用附加两阶段策略，即基于序列和基于结构的特征。N-GlyDE是在严格构建的非冗余数据集上进行调试的两阶段预测工具，可预测人类蛋白质组中的*N*-糖基化：第一阶段使用经过训练在糖蛋白和非糖蛋白上相似性算法来预测蛋白质得分，以改善糖基化位点预测；第二阶段使用支持向量机、缺口二肽特征、聚糖蛋白表面可接触性（surface accessibility）和预测的蛋白质二级结构（secondary structure of protein）来预测*N*-糖基化位点。N-GlyD最终根据第一阶段预测得分对第二阶段预测结果进行权重调整，并得出位点预测信息。

N-糖基化位点验证可通过各种实验方法实现，如*N*-聚糖通过PNGase *N*-内切酶除去后，将天冬酰胺（N）转化成天冬氨酸（D），这两种氨基酸分子量相差一个氢原子，数据分析中用脱去酰胺基（deamidated）来表示。*N*-糖肽固相萃取（SPEG）是一种选择性富集、鉴定和定量包含*N*-糖肽的方法。SPEG使用酰肼化学将糖肽偶联至固相底物、糖肽的稳定同位素标记以及通过*N*-内切酶特异性释放*N*-糖肽。多肽数据处理可使用数据库搜索引擎如Mascot、SEQUEST、MyriMatch、OMSSA和X!Tandem，此过程要结合多肽碎片可能性评分系统。Andromeda同时考虑多肽评分和MaxQuant数据结果，可提高多肽的鉴定数量。这些方法均可用于验证*N*-糖基化位点。

二、*O*-糖基化位点

O-糖基化预测比*N*-糖基化预测复杂得多：其一，没有类似*N*-糖基化的特定三氨基酸残基序列结构；其二，*O*-糖基化位点不如*N*-糖基化进化保守；其三，*O*-糖基位点多，*O*-聚糖呈现多样性。

笔记栏

O-糖基化预测包括对 *O*-GalNAc 和 *O*-GlcNAc 的预测。根据氨基酸序列和单糖或糖基化转移酶表面可及性，NetOGlyc 预测黏蛋白 *O*-糖基化位点，通过人工神经网络和权重矩阵算法，从一级序列确定 *O*-GalNAc 糖基化丝氨酸和苏氨酸残基的确切位置。异构形式的 *O*-糖基化预测（IsoGlyP）采用基于 GalNAc-T 对氨基酸选择性产生的位置特异性增强值，预测某个位点被 *O*-糖基化转移酶糖反应的概率。此软件是目前用于预测 *O*-GalNAc 糖基化最常用的方法。*O*-GlcNAcylation 糖基化预测通过 *O*-GlcNAcPRED-Ⅱ识别潜在的位点，提出了均值组成分析过采样技术（KPCA：k-means principal component analysis）和模糊欠采样方法（fuzzy undersampling），以减少原始正负训练样本的比例。再采用旋转森林的分类器集成系统，使用 4 个子分类器将 8 种特征空间划分为多子集：随机森林、*k* 最近邻、朴素贝叶斯和支持向量机。*O*-GlcNAcylated 蛋白和位点的数据库 dbOGAP收集了自 1984 年以来发表的文献，含约 800 种实验证明的 *O*-GlcNAcylated 蛋白质（约 61% 是人类），并从 172 个蛋白质中鉴定到约 400 个位点。OGTSite 是近年来出现另一种用于识别 *O*-GlcNAc 转移酶底物基序的蛋白 *O*-糖基化位点的在线服务器。

第四节　带有聚糖完整糖肽分析

一、糖肽富集方法概述

（一）凝集素种类

凝集素在细胞和分子水平上具有识别作用，在涉及细胞、糖类和蛋白质的生物识别现象中发挥许多作用。凝集素是在大多数植物中发现的天然存在的蛋白质，含大量凝集素的食物包括豆类、花生、小扁豆、番茄、马铃薯、茄子、水果、小麦和其他谷物。凝集素调控细菌、病毒和真菌与其作用受体目标的附着和结合。凝集素亲和色谱法是研究糖蛋白组学的重要手段。利用凝集素对不同糖型的特异性吸附这一特征可用于识别并研究不同的糖蛋白。现今，人们通常将凝集素固定在固相介质上，再通过亲和色谱柱富集并洗脱糖蛋白，最后通过质谱分析找到所需糖蛋白。表 7-3 列出了常用植物凝集素，可用于富集带有岩藻糖、唾液酸、Tn 抗原、半乳糖、*N*-乙酰葡糖胺、甘露糖、葡萄糖等糖蛋白或糖肽。

表 7-3　糖蛋白富集常用植物凝集素和对单糖/多糖的特异性结合

缩写	凝集素名称	特异性结合单糖和多糖
UEA Ⅰ	木犀凝集素Ⅰ（Ulex Europaeus Agglutinin Ⅰ）	*α*-1,2-岩藻糖
AAL	橙黄网胞盘菌凝集素（Aleuria Aurantia Lectin）	*α*-1,6-或 *α*-1,3-岩藻糖
ALL，JAC	木菠萝凝集素（Artocarpus integrifolia/Jacalin）	*α*-1,3-半乳糖，*N*-乙酰半乳糖或 *α*-1,6-半乳糖
ABL	双孢蘑菇凝集素（Agarius bisporous）	*β*-1,3-半乳糖，*N*-乙酰半乳糖
AlloA	日本犀牛甲虫（Allomyrina dichotoma）	*α*-2,3-唾液酸，半乳糖-*β*-1,4-*N*-乙酰葡糖
LTL	莲子凝集素（Lotus Tetragonolobus Lectin）	*α*-1,2-岩藻糖
EEA	欧卫矛（Euonymus europaeus）	*α*-1,3-半乳糖
SNA	黑接骨木凝集素（Sambucus Nigra Lectin）	*α*-2,6≫2,3-唾液酸
MAL Ⅱ	羊角豆凝集素Ⅱ（Maackia Amurensis Lectin Ⅱ）	*α*-2,3-唾液酸
PNA	花生凝集素（Peanut Agglutinin）	T 抗原（Galb1，3GalNAc）
GSL-Ⅰ	灰树花凝集素Ⅰ（Griffonia Simplicifolia Lectin Ⅰ）	半乳糖（Gal）
Jacalin	榴莲凝集素（Jacalin）	半乳糖（*O*-Galb1，3GalNAc），可识别带有单和双唾液酸结构
MAL Ⅰ	羊角豆凝集素Ⅰ（Maackia Amurensis Lectin Ⅰ）	带有 *α*-2,3-唾液酸的乳糖，半乳糖
ECL	刺桐凝集素（Erythrina Cristagalli Lectin）	乳糖，半乳糖，*N*-乙酰半乳糖，不识别带有唾液酸的聚糖
ConA	刀豆血球凝集素（Concanavalin A）	葡萄糖（Glu），*α*-甘露糖（MAN），核心五糖甘露糖
LCA	扁豆凝集素（Lens Culinaris Agglutinin）	葡萄糖，*α*-甘露糖（MAN），带有 *N*-乙酰壳二糖增加结合

笔记栏

续表

缩写	凝集素名称	特异性结合单糖和多糖
BanLec	香蕉凝集素（Banana Lectin）	*β*-1,3/*β*-1,6-葡萄糖，*α*-1,3-甘露糖
PSA	豌豆凝集素（Pisum Sativum Agglutinin）	*N*-聚糖带有核心 1,6 岩藻糖
GNL	雪莲凝集素（Galanthus Nivalis Lectin）	*α*-1,3-甘露糖
MAA Ⅱ	山毛莨凝集素Ⅱ（Maackia amurensis agglutinin Ⅱ）	*α*-2,3-唾液酸
NPL	假水仙凝集素（Narcissus Pseudonarcissus Lectin）	*α*/*β*,6-甘露糖
DBA	双花扁豆凝集素（Dolichos Biflorus Agglutinin）	*α*-1,3-*N*-乙酰葡糖或半乳糖
WFL	紫藤凝集素（Wisteria Floribunda Lectin）	*N*-乙酰半乳糖（bGalNAc-1,3/6Gal）
MPL	苹果凝集素（Maclura Pomifera Lectin）	*β*-*N*-乙酰半乳糖
BPL	紫菠萝凝集素（Bauhinia Purpurea Lectin）	*β*-1,3-*N*-乙酰半乳糖
VVL，VVA	蚕豆凝集素（Vicia Villosa Lectin）	β-*N*-乙酰半乳糖
WGA	麦胚凝集素（Wheat Germ Agglutinin）	*N*-乙酰葡糖胺
LEL	番茄凝集素（Lycopersicon Esculentum Lectin）	1,3-*N*-乙酰葡糖胺
GSL Ⅱ	灰树花凝集素Ⅱ（Griffonia Simplicifolia Lectin Ⅱ）	*α*/*β* *N*-乙酰葡糖胺
DSL	曼陀罗凝集素（Datura Stramonium Lectin）	*β*-1,4-*N*-乙酰葡糖胺（低聚物）
STL	马铃薯凝集素（Solanum Tuberosum Lectin）	*N*-乙酰葡糖胺（低聚物）
SBA	大豆凝集素（Soybean Agglutinin）	*β*-1,3-*N*-乙酰半乳糖，半乳糖
RCA Ⅰ	蓖麻凝集素Ⅰ（Ricinus Communis Agglutinin Ⅰ）	半乳糖
HPA	白玉蜗牛凝集素（Helix pomatia）	*N*-乙酰葡糖
LBA	金甲豆（Phaseolus lunatus）	*α*-1,2-岩藻糖（GalNAcα1-3(Fucα1-2)Galβ GalNAcα1-2Galβ）
GS-Ⅱ	西非单豆素Ⅱ（Griffonia simplicifolia Ⅱ）	GlcNAcα-1-4Galβ-1-4GlcNAc
GNA	雪花莲凝集素（Galanthus nivalis）	MAN α-1,3MAN
PHA-L	菜豆白细胞凝集素（Phaseolus Vulgaris Leucoagglutinin）	半乳糖，复杂糖结构（*N*-linked tritetraantennary）
PHA-E	菜豆红凝集素（Phaseolus Vulgaris Erythroagglutinin）	半乳糖，复杂糖结构（*N*-linked biantennary）
GSL Ⅰ	灰树花凝集素Ⅰ（Griffonia Simplicifolia Lectin Ⅰ）	半乳糖，*N*-乙酰半乳糖

（二）亲水结合和混合结合模式富集

糖肽富集主要使用亲水相互作用液相色谱或混合模式如静电排斥亲水作用液相色谱（ERLIC）。亲水作用液相色谱富集糖肽得益于糖肽上聚糖带有大量亲水羟基，可与固相表面基团如羟基、酰胺基（NH_2—CO—）和醚（—CH_2—O—CH_2—）形成氢键，并且聚糖极性分子与硫醇（R-SH）、酮（RCOR）、卤素化合物（R—Cl 或 R—Br）、脂（RCOOR）等也可形成极性结合。ERILIC 材料表面带有正电荷，可与带负电的唾液酸等形成离子键结合力，从而进一步增强带负电荷糖肽的富集效果。具体机制将在后面章节进一步阐述。

（三）同位素标记和化学酶富集

同位素靶向糖蛋白组学（IsoTaG）包括糖蛋白的代谢标记、糖肽的化学富集和同位素编码，使用定向质谱和完整糖肽的质量独立分配，选择用于靶向糖蛋白组学的肽。化学酶富集 *N*-聚糖和含糖位点肽的固相萃取（NGAG）结合了肽的化学和酶促修饰，可以对整个蛋白质组进行平行的糖位点和聚糖分析，从中可以进行后续的完整糖肽分析。基于硼酸和聚糖之间可逆的共价相互作用的化学方法具有富集糖肽的巨大潜力，其使用树枝状大分子结合的苯并硼唑，对分析糖蛋白非常有效，尤其是捕获低丰度的完整糖肽。糖蛋白组学 *N*-聚糖类型定量（glyco-TQ）则是另一种化学酶法即通过 *N*-聚糖类型对 *N*-糖蛋白组进行定量研究。此方法可评估每个位点 *N*-糖基化，并定量聚糖含量，为研究糖蛋白在癌症生物标志物、药物表征和抗聚糖疫苗开发等提供了新途径。

笔记栏

二、N-糖肽富集和质谱分析

（一）凝集素富集

如前所述（表 7-3），凝集素可通过特异性非共价结合游离或连接在蛋白上的单糖或多糖，从而富集特定糖蛋白。例如，岩藻糖可与 UEA Ⅰ、AAL 和 ITL 结合，唾液酸可与 SNA 和 MAL Ⅱ结合，Tn 抗原与花生凝集素（PNA）有特异性，半乳糖可用 GSL Ⅰ-B4、Jacalin、RCA Ⅰ等结合，乳糖可与 MAL Ⅰ和 ECL 结合，葡萄糖与 ConA、LCA 和 BanLec 结合，*N*-乙酰半乳糖与 DBA、WFL、MPL、BPL、VVL 结合，*N*-乙酰葡糖胺则与 WGA、LEL、GSL Ⅱ、DSL、STL 有很好的亲和力。基于凝集素的富集方法已被广泛应用于糖蛋白和糖肽的分析，其包括凝集素芯片（lectin microarray，LM）和凝集素亲和层析（lectin affinity chromatography，LAC）。凝集素微阵列可以使用双色凝集素微阵列方法快速评估哺乳动物样品糖基化的差异。凝集素微阵列是以高密度表面积将凝集素固定在介质支持物上，通过凝集素与糖蛋白的碳水化合物结合而得到富集，同时使用荧光标记的样品与凝集素阵列分子结合，获得糖蛋白碳水化合物结构，从而快速表征细菌或哺乳动物细胞糖蛋白的碳水化合物。研究表明，凝集素微阵列可用于生物学和技术上的重复分析以及细胞分化后糖基化动态变化的检查。凝集素亲和层析是糖蛋白最常用的特异性纯化方法，蛋白质通过其糖链与固定的凝集素结合，将未结合的蛋白质洗掉，并洗脱结合的蛋白质。多凝集素亲和色谱法使用特定的凝集素来捕获和洗脱特定类型的糖基化，可对从生物样品（如血液和组织）中提取的复杂混合物中的糖蛋白进行分离、表征和定量。此外，许多凝集素结合具有特异性，如 SNA 识别 α-2,3-连接唾液酸，MAL Ⅱ识别 α-2,6-连接唾液酸。因此，可通过凝集素判断聚糖连接结构和富集特殊连接糖蛋白。

（二）*N*-糖肽亲水结合富集

与 *O*-糖肽相比，*N*-糖肽更容易使用亲水填料富集。这是由于 *N*-糖肽所带有的 *N*-聚糖分子量大且单糖多，有更多的亲水基团，因此 *N*-聚糖上较多的羟基和亚胺基可与亲水填料基团形成稳定的非共价结合。*N*-糖肽往往带有生物学非常重要的唾液酸，未经化学衍生的唾液酸带有负电，富集带有唾液酸 *N*-糖肽也可采用带有正离子的固定相材料。目前主要使用的 *N*-糖肽富集材料种类见图 7-8，包括中性材料、正电基团材料和负电基团材料。

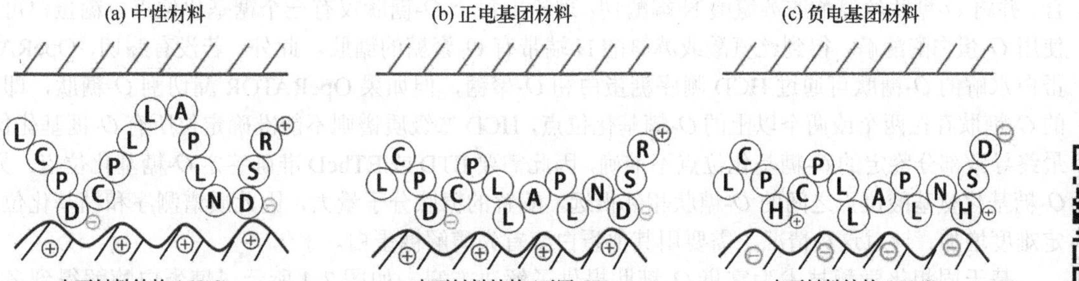

图 7-8　三种常用亲水结合 *N*-糖肽富集材料示意图

富集材料表面通过使用不同化学结构衍生，得到中性、带正电和负电固定相表面。图中使用理论多肽为例，字母代表氨基酸，其中正电荷氨基酸有 R 和 H，负电荷为 D。（a）中性材料：在非酸性条件下，固定相表面不带电荷，糖肽结合通过 *N*-聚糖上羟基和亚胺基与亲水富集材料形成非共价结合，如氢键、范德瓦耳斯力或极性吸附。这类材料中的代表有 TSKgel Amide-80；（b）正电基团材料：与中性材料不同的是，其固定相表面带正电荷，因此对带有负电荷的唾液酸糖肽有很好的富集作用。这类材料有 ZIC-HILIC、MAX 和 SAX；（c）负电基团材料：在 pH＜3 较强酸性条件下，固定相表面带负电，对带不同正电荷的分子结合力不同（SCX），其对带有多个正电荷的肽结合强，可应用于化学衍生化后带正电的 D-天冬氨酸和唾液酸，此外化学结构衍生 D、谷氨酸和唾液酸带正电，可增加对这些特殊糖肽的富集

图 7-8

这里的中性材料是指在 pH 偏中性或碱性条件下材料自身不带电荷，以 TSKgel Amide-80 为例，富集材料由酰胺基和线性脂肪族构成，该材料自身不带电荷。Amide-80 可作为萃取柱填料，纯化富集 *N*-糖肽，也可用作高效液相色谱柱填充料，广泛应用于 *N*-糖肽和其他极性分子的富集和分离。表面带正电的材料常在带有负离子的多肽、唾液酸糖肽、磷酸或硫酸化的多肽中富集纯化使用。通过富集包含唾液酸的糖肽，ZIC-HILIC 磁珠可提高中性和唾液酸糖肽的鉴定数量，并提高质谱二级图谱质量。ERLIC 是另一种带正电富集的材料，通过与带负电分子结合并选择性富集带负电荷多肽。此

笔记栏

外，在较强酸性条件下（pH=2.7），有研究表明SCX可分级分离多肽、糖肽、磷酸或硫酸多肽。具体选用哪一种材料富集柱，需要根据实际需求来确定。

三、*O*-糖肽富集和质谱分析

（一）*O*-糖肽有机溶剂富集

丙酮沉淀是一种快速、简单、低成本有效的方法，用于从糖蛋白酶消化物中选择性提取*O*-糖肽。加入有机溶剂例如6倍体积量的丙酮，可从糖蛋白酶解消化物中沉淀糖肽。性质不同的多肽、*N*-糖肽和*O*-糖肽可使用不同溶剂来沉淀并选择性富集*N*-糖肽和*O*-糖肽。通常将大量冷藏丙酮（体积比为5～9）添加到蛋白水解物中，并进行低温混合交换。由于*N*-糖肽和*O*-糖肽的理化参数和性质差异，不同体积丙酮可分别富集*N*-糖肽和*O*-糖肽。研究结果表示，5倍体积的丙酮主要沉淀*N*-糖肽，多肽则保留在上清液中，而使用9倍体积的丙酮则有利于*O*-糖肽的沉淀。虽然这种方法简单快速，但通过调节有机溶剂体积比来分相不利于富集特异性的*O*-糖肽。

（二）亲水相互作用液相色谱亲水和凝集素*O*-糖肽富集

亲水相互作用液相色谱可富集多重修饰的*O*-糖肽。某些*O*-糖基化的短肽序列（例如，由非特异性/广泛特异性蛋白酶产生的短肽序列）可以与*N*-糖肽分离。在对人体血浆研究中，研究人员在色谱前将样品与蛋白酶K一起消化的研究证实了这一点。另外，可以通过凝集素亲和层析富集*O*-糖肽，再使用亲水相互作用液相色谱富集*N*-糖肽。例如，用Jacalin对具有GalNAc C6-OH的Galβ-1,3GalNAc表现出特异性，因此对人体血清等主要为黏蛋白核心-1型*O*-糖基化的样品可用此方法分析。PNA可结合Galβ-1,3GalNAc结构，当聚糖上有唾液酸，唾液酸将抑制其与PNA结合，而蚕豆和大豆凝集素显示出其对GalNAc的特异性并且不受唾液酸影响，因而可从被抑制黏蛋白型*O*-糖基化延伸的样品中富集*O*-糖基化蛋白或肽。例如，先使用PNGase F将糖蛋白中*N*-聚糖去除，再通过蛋白酶消化糖蛋白，最后用亲水相互作用液相色谱富集糖蛋白水解肽，也可得到*O*-糖肽。

（三）固相化学酶*O*-糖肽富集

O-糖基化分析难点在于没有一种通用的内切酶可以将*O*-聚糖分离开来。近年来，新型*O*-蛋白酶的出现为实现分析*O*-糖基化提供了可能，包括OpeRATOR和StcE。这两种*O*-蛋白酶与*O*-聚糖亲合结合，并将*O*-糖肽丝氨酸或苏氨酸N端酶切，理论上每个*O*-糖肽仅有一个糖基化位点。糖蛋白可直接使用*O*-蛋白酶酶解，得到丝氨酸或苏氨酸N端带有*O*-聚糖的糖肽。此外，若没有漏切，OpeRATOR蛋白水解的*O*-糖肽可通过HCD测序糖蛋白和*O*-聚糖，但如果OpeRATOR漏切割*O*-糖肽，即酶解的*O*-糖肽存在两个或两个以上的*O*-糖基化位点，HCD二级质谱则不能准确定位所有*O*-糖基化位点，最终导致部分鉴定的*O*-糖基化位点不准确，因此需要ETD或EThcD准确鉴定*O*-糖基化位点。另外，*O*-糖基化氨基酸位点之间的*O*-糖肽相邻很远，酶解的糖肽分子量大，因此质谱测序和糖基化位点确定难度增加。针对这种情况，需要用其他蛋白酶首先酶解糖蛋白。

基于固相化学酶技术为富集*O*-糖肽提供了解决方案。如图7-4所示，糖蛋白酶解得到多肽和糖肽，使用哪一种蛋白酶应根据糖蛋白氨基酸残基序列、长度和所含氨基酸种类来确定。以MUC1为例，黏蛋白区域包含大量重复序列APDTRPAPGSTAPPAHGVTS，每一个序列中都有D（天冬氨酸）和R（精氨酸），如使用胰蛋白酶得到肽段PAPGSTAPPAHGVTSAPDT，使用天冬氨酸蛋白酶（Asp-N）得到肽段DTRPAPGSTAPPAHGVTSAP。这两种多肽的区别在于后者有R和H（组氨酸），酸性条件下这两个氨基酸残基带正电荷。酶解得到的多肽通过固相耦合（还原胺化）连接在固相介质上，而非偶联试剂和化合物洗脱并去除。固相方法的优势在于：如果糖蛋白中有唾液酸，可通过两步法（酯化和酰胺化）将α-2,6-连接唾液酸和α-2,3-连接唾液酸进行化学衍生修饰。除去这些反应过程中的试剂，在固相反应中非常方便并且多步洗脱也不会造成样本损失。另外，研究*O*-糖基化位点和*O*-聚糖在每个位点的组成中，首先用内切酶在固相上将*N*-聚糖分离，避免*O*-糖位点附近的天冬酰胺位点上的*N*-聚糖影响*O*-蛋白酶的酶切。固相化学酶的另一个特点是：非*O*-糖肽永久保留在固相上，只有带有*O*-糖基化位点的糖肽可酶切到溶液中。因而理论上溶液中得到的都是*O*-糖肽。遗憾的是，现有两种*O*-蛋白酶对*O*-糖基化若有1个或多个漏切位点，将给后续的分析带来挑战。

笔记栏

四、*N*-糖肽和 *O*-糖肽质谱数据分析

完整糖肽分析

分析完整糖肽比分析多肽要复杂得多，一是因为糖肽位点的不确定性，二是因为聚糖结构复杂多样，两者的结合增加了分析的难度。常用的完整糖肽搜索引擎和质谱数据解析软件有 MAGIC、pGlyco 和 Byonic。MAGIC 是依托网络的软件类型，可对糖蛋白质谱数据进行非靶向分析、鉴定 *N*-糖修饰位点和 *N*-聚糖；MAGIC +还可用于靶向分析。MAGIC 采用 y1-离子模式匹配，在未知蛋白质和聚糖中检测到足够多 y1-离子和 y0-离子，然后由计算机生成理论串联二级质谱图，将得到的理论谱图作为数据的数据库，实现大规模蛋白质序列的搜索。MAGIC +允许使用用户定义的蛋白质序列数据库来确定糖肽序列。该软件的 Reports Integrator 将 Mascot 蛋白质鉴定结果与 MAGIC 聚糖信息相结合，创建针对特定位点蛋白质-聚糖汇总完整报告。Glycan Search 可对具有特定数量结构和单糖种类的聚糖分析可能的聚糖结构。pGlyco 系列软件使用阶梯能量碎裂和专用搜索引擎，在蛋白质上确定完整 *N*-糖肽。pGlyco 对搜索结构质量全面控制，包括对聚糖、多肽和糖肽的错误发现率进行评估，这些策略可以提高完整糖肽鉴定的准确性。采用 pGlyco 对小鼠组织 *N*-糖蛋白组分析，从 1000 个糖蛋白中检测出近 2000 个糖基化位点和超过 10000 个不同的位点特异性 *N*-糖肽。

Byonic 是用于糖基化等蛋白翻译后修饰分析的商业化软件，其用于串联质谱鉴定多肽、糖肽和其他翻译后修饰肽段。同 SEQUEST 和 Mascot 搜索引擎相比，Byonic 提供了更大的搜索范围：允许用户定义数量不受限制的变量修饰类型，如磷酸化、特定氨基酸残修饰、N 端/C 端修饰等；允许用户对每种修饰类型的出现次数设置独立限制，搜索可针对 1～2 个修饰（如每个肽的氧化和脱酰胺作用），也可以进行 3 个或 3 个以上生物学修饰（如糖基化、磷酸化、乙酰化）。因此，Byonic 可以同时搜索多达上百种修饰类型，而不会因为庞大的修饰组合造成搜索瓶颈。借助 Byonic 的通配检索（Wildcard Search），用户还可以搜索多肽未知修饰。用户不需要先知道聚糖分子量或糖基化位点，通过搜索即可得到糖肽。Byonic 可对 HCD、CID、ETD 或 EThcD 二级质谱碎片数据搜索 *N*-糖肽和 *O*-糖肽。Byologic 利用一级质谱数据和 Byonic 搜索结果对糖肽定量，方便识别序列突变、翻译后修饰和降解物，对未修饰多肽相对丰度定量，快速过滤假阳性鉴定，可视化糖肽修饰和多肽的 MS1/MS2 谱图以及使用 XIC 对糖肽相对于多肽序列无标记定量，并创建各种格式导出图形和表格。使用 Byonic 和 Byologic 可满足大多数糖基化定性和定量分析。

第五节　糖蛋白位点的分析

一、完整糖蛋白分析

（一）完整糖蛋白质谱检测

自下而上的蛋白质组学（bottom-up proteomics）是最为经典的蛋白质测序技术，通过这种技术不但可以得到蛋白质氨基酸序列信息，而且可测定各个氨基酸修饰位点及修饰物结构。从细胞中提取的蛋白质需要进行样本前处理，如蛋白变性、蛋白酶解、多肽纯化或糖肽富集及其他多肽/糖肽处理。多步骤处理的多肽和糖肽会丢失原有蛋白质的三维结构，过程复杂的样本处理也会带来与原始信息的偏差。减少这些偏差对检测仪器精度和数据分析软件要求非常高，并且生物信息学分析的精确度也需要进一步提高。

自上而下的蛋白质组学（top-down proteomics）是另一种蛋白质鉴定方法，如使用离子阱质谱仪存储分离的蛋白质离子化进行质量测量和串联质谱分析。中下蛋白质组学（middle-down proteomics）是介于自上而下和自下而上之间的蛋白质组学方法。与自下而上的工作流程相比，自上而下的蛋白质组学提供了更多蛋白层面的信息，包括检测在肽样品制备过程中丢失的修饰（*S*-硫醇化）、阐明同一蛋白质分子上的翻译后修饰之间的功能关系（串扰）、表征药物与靶标的相互作用、观察生物药物上的重要修饰以及鉴定并量化可能被内蛋白酶旋绕的独特蛋白形式。与自下而上的方法相比，完整蛋白质质谱样品制备相对简单，且不需要化学修饰（例如还原和烷基化），从而减少了人为对实验结果的干扰。自上而下的蛋白质组学方法的优点还包括检测降解产物和序列变体，有助于解决推断问题（如同工型和蛋白形式），并确定蛋白质翻译后修饰的化学计量和动力学分析，降低了样品的复杂性，各种蛋白质之间的分离增加了质谱仪成功表征的可能性。自上而下的蛋白质组学方法实现了多

笔记栏

种蛋白质的高分辨率分析。与自下而上的多肽分析相比，每个完整蛋白质具有更高数量的电荷状态、同位素峰和共洗脱的不同修饰形式，因此自上而下的蛋白质组学对质谱检测提出更高的挑战，对仪器灵敏度和分辨率要求也更高。

（二）自上而下的蛋白质组学蛋白质分析

MALDI-MS 离子化中，通常分子带一个电荷，检测和数据分析相对容易。在蛋白质水平上进行的自上而下测序，MALDI-MS 方法基于完整糖蛋白的源内衰减（in-source decay，ISD）。ISD-MALDI 质谱是 1995 年应用于反射电子技术中。完整糖蛋白通过基质中氢自由基转移而断裂，即糖蛋白断裂是氢自由基从基质中转移到糖蛋白形成。其可从糖蛋白的两个末端（C 端或 N 端）进行梯形测序，并根据信号 C 离子、Y 离子和 Z 离子的强度来分配 *O*-糖基化位点。在 ISD-MALDI 质谱采集过程中，分子在离子源中自发产生碎片，在糖蛋白 N 端优先产生 C 离子、C 端优先产生 Y 离子和 Z 离子。根据合成 *O*-糖肽、重组 MUC1 串联重复结构域、天然牛糖蛋白去唾液酸铁蛋白和去唾液酸化的 κ-酪蛋白等实验证明了 ISD-MALDI 质谱可有效定位完整蛋白 *O*-糖基化位点。

许多研究推测，与人类疾病途径相关的蛋白质靶标通常不是与酶耦合的蛋白质作用，而可能是通过特定蛋白质与蛋白质相互作用和蛋白质构象来识别，但是 ISD-MALDI 分析这种蛋白质靶标比较困难。离子淌度质谱法（ion mobility mass spectrometry，IMMS）是一种强大的完整蛋白质检测技术，可用于评估蛋白质–配体复合物结合的结构作用，以发现和开发药物包括生物标志物。离子淌度在相对弱的电场中，通过在惰性中性条件下，气相离子的传输差异的分离来完成。由于在去溶剂化过程中表面基团可能会重新排列，离子淌度质谱法对蛋白质测量通常在水含量较少的条件下进行。离子淌度质谱法可以分析靶向蛋白质或复合物的特定构象体、特定的寡聚物、混合物中与疾病相关的复合物及膜蛋白系统中的配体结合。

与 MALDI 相比，ESI 会使每种蛋白质产生更多电荷，且能够在同一质谱中鉴别出数百种蛋白质。这样可使用质荷比上限适中（如 $m/z \leqslant 4000$）的质量分析仪对高分子量分子进行质量测定，并提供较好的分离能力。分子量较高的电荷还有助于气相裂解，因此有助于 MS^n 表征一级序列和蛋白翻译后修饰。由于具有出色的碎片化能力及与液相色谱系统连接的能力，ESI 更适合用于自上而下的糖蛋白鉴定。

（三）天然蛋白质质谱（Native-MS）分析

天然蛋白质质谱（Native-MS）研究包括生物学状态的完整蛋白质、非共价蛋白质–蛋白质和蛋白质–配体复合物。对于蛋白质复合物，需要进行高分辨率精确质量测量才能确认复合物的存在及其他信息包括各个亚基的化学计量和解离常数。对于单一蛋白质，Native-MS 还可用来检查预期的模式和翻译后修饰的程度以及提供相对丰富的翻译后修饰信息，如在特定位点存在的各种糖型。Native-MS 可以克服大型糖蛋白结合体固有的复杂性，从而揭示聚糖结构与功能之间的关系，因而 Native-MS 可以检测到其他方法无法获得的糖蛋白结构。

二、完整糖蛋白数据分析

（一）电喷雾电离质谱数据分析

电喷雾电离质谱（electrospray ionization mass spectrometer，ESI-MS）形成多电荷离子，可分析分子量超过 10kDa 的天然蛋白质。电喷雾形成的多电荷可有效降低蛋白质的质荷比（m/z），从而进入常规质谱分析仪器测量范围。典型的蛋白质质谱图由一系列峰组成，即所谓的峰包络（多电荷分析物离子的分布图）。图 7-9 显示了完整蛋白质的典型 ESI-MS 的质谱图。根据电荷包络中观察到的质荷比和峰间距，使用公式（7-1）和（7-2）确定每个峰的电荷状态 z 和蛋白质分子量（MW）：

$$z = \frac{M_2 - A}{M_1 - M_2} \tag{7-1}$$

$$\mathrm{MW} = \frac{(M_1 - A)(M_2 - A)}{M_1 - M_2} \tag{7-2}$$

式中，MW 是蛋白质分子质量，M_1 是第一个离子的质荷比值，z 是第一个离子的电荷状态，M_2 是较低第二离子的质荷比值，A 是加成离子的质量，通常是质子（H^+），也可是缓冲液中的钠（Na^+）或钾（K^+）离子。以图 7-9 为例，可计算出蛋白质的分子量为 16 951Da。

笔记栏

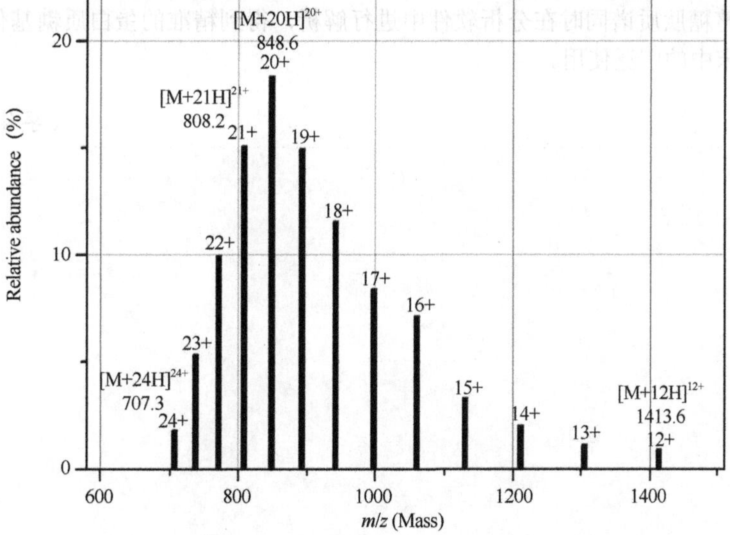

图 7-9　ESI-MS 大分子蛋白多价态峰包络质谱图示意图

质谱检测到该蛋白价态从 12～24 和氢离子结合。每一个峰值代表同位素峰质荷比和对应各个价态强度。峰值包络谱图代表多价态分析离子的分布

Relative abundance，相对丰度；Mass，质量

图 7-9

（二）完整糖蛋白分析软件

完整蛋白和蛋白翻译后修饰分析近几年开始兴起，主要得益于高通量自上而下的蛋白质组学质谱分析的发展，数据分析是该技术重要一环。目前，用于分析完整蛋白的软件陆续出现，这里列举几种比较常用的软件。赛默飞的 ProSightPD 适用于自上而下的蛋白质组学或中下蛋白质组学质谱数据，分析蛋白、多肽和已知翻译后修饰蛋白。利用多种模式搜索引擎，搜索质谱数据（MS1/MS2）或快速选择对特定 MS2 扫描分析完整和半消化蛋白质。软件采用 XML 格式数据库表征蛋白，并注释蛋白翻译后修饰、二硫键位点和信号肽，用于蛋白鉴定。作为 Protein Discoverer 的一个部分，ProSightPD 包含数据文件的大型数据集，可创建多步骤搜索，对完整蛋白（翻译后修饰和带注释的变体）绝对分子量搜索、蛋白质的子序列（翻译后修饰、变体和截短）生物标记搜索、对聚焦蛋白质数据库绝对质量或生物标记搜索等。

ProSight Lite 用单个候选序列与一组质谱观测值进行匹配，可添加氨基酸固定的或可变的修饰包括翻译后修饰和固定数目糖基化。该应用程序给出多种分数和匹配的片段列表。MASH Explorer 具有蛋白质鉴定、定量、质谱去卷积、视觉验证、图形输出和自动化等功能，可处理来自不同仪器（如 Thermo、Bruker、Waters、mzXML 或 mgf）的不同格式一级和二级质谱原始文件。TopPIC Suite 也可用来分析自上而下的蛋白质组学质谱数据，软件包括特征检测、数据库索引、蛋白形式鉴定和表征、蛋白形式识别和差异表达的蛋白形式。IMTBX-Grppr 是用于处理离子淌度质谱分析、自上而下的蛋白质组学质谱数据的软件，其包括一个二维峰提取器和一个数据可视化 GUI，可以显示单个处理步骤等。

第六节　糖蛋白技术发展和未来趋势

在糖蛋白分析相关的技术中，样本前处理、质谱检测方法和谱图解析都需要进一步发展，以满足蛋白质组学在临床应用中的要求。糖蛋白在细胞生物功能中的重要作用和与疾病紧密相关，使得分析糖蛋白在生物体系和临床检测中的应用中越来越重要。糖蛋白广泛存在于人体体液中，如血液、尿液、唾液等，因此大量研究都是采用人体体液来筛查糖蛋白疾病标志物。从大量临床样本中有效、可靠和高效地筛查标志物需要采用自动化仪器和人工智能来取代手动操作，因此自动化样本制备是今后发展方向。此外，某些与疾病相关的糖蛋白在体液中含量低，这对质谱仪器的检测灵敏度有更高的要求。由于糖蛋白糖基化的复杂性，需要高效的串联质谱碎片化测序技术产生更为全面的信息。

笔记栏

自动化生物信息学是实现糖蛋白作为生物标志物研究最重要的一环。目前从质谱谱图分析软件中得到的信息仍然需要手动验证其正确及准确性。将完整糖肽或糖蛋白的质谱数据包括聚糖质谱、多肽或蛋白质谱及完整糖肽质谱同时在分析软件中进行解析，得到精准的蛋白质糖基化信息，可极大地推动糖蛋白在临床中的广泛使用。

（李佳佳　杨　霜）

笔记栏

第八章 酰基化、甲基化和磷酸化等翻译后修饰的信息学分析

PPT

第一节 蛋白质翻译后修饰简介

随着人类基因组计划的实施与完成，生命科学研究的重心开始转向功能蛋白组学，如蛋白质组学和修饰蛋白质组学。我们知道生命现象的发生涉及众多蛋白质，它们之间的相互作用错综复杂，并且执行的功能是多种多样并且动态变化的。由于翻译后修饰的存在，蛋白质的结构才变得更为复杂，功能也更为完善，调节过程也更为精细，调控作用也更为专一。在细胞中，揭示时空特异分布的可逆翻译后修饰的发生规律，有助于我们理解蛋白质复杂多样的生物功能。因此，当今蛋白质的翻译后修饰多样性及其功能的研究成为生命科学领域的前沿和研究的热点之一。

目前，在蛋白质上已经检测到超过300种翻译后修饰（PTM）。然而只有少部分的PTM包括糖基化、磷酸化、甲基化、乙酰化、泛素化等被深入研究过。这些可逆的PTM在维持蛋白质的结构以及发挥功能过程中起着关键作用。例如，调节蛋白质活性、调控蛋白质与蛋白质之间的相互作用、改变蛋白质定位与降解等。其中，许多PTM的异常调节与疾病如癌症、心血管疾病等的发生发展密切相关，因此这些PTM可能作为疾病标志物或治疗靶点。但是由于翻译后修饰的肽段相对于非修饰肽段的含量更低，在质谱中离子化效率也比较低，且在生物信息学分析中PTM排列组合后产生匹配的数据库过大，导致PTM的分析非常具有挑战性。为了确保有效的翻译后修饰分析，通常可以使用富集策略提高翻译后修饰肽段的相对含量，从而实现高通量高灵敏鉴定。在本章中，我们主要介绍三种类型PTM（酰基化、甲基化和磷酸化）的基本概念、研究方法及生物信息学分析策略。

第二节 酰基化、甲基化和磷酸化等研究背景简介

一、酰基化研究简介

赖氨酸乙酰化是一种可逆且高度保守的蛋白质翻译后修饰，指在乙酰基转移酶作用下将一个乙酰基基团加入到赖氨酸上的反应，它可以通过消除赖氨酸的ε-氨基上的正电荷或通过引入空间位阻影响蛋白活性、定位与功能，导致蛋白质与核酸或其他蛋白质的相互作用发生改变（图8-1）。此外，赖氨酸的乙酰化修饰与生命的老化过程以及一些重大的疾病（如癌症、心血管疾病）存在着密切的联系，由此，蛋白质乙酰化修饰的研究具有重要的生物学意义并且受到广泛关注。

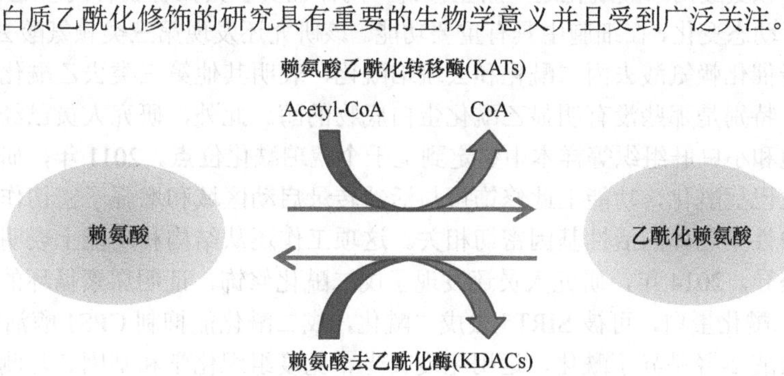

图 8-1 可逆的赖氨酸ε-氨基乙酰化修饰过程

蛋白质经赖氨酸乙酰化转移酶（KATs）催化可形成乙酰化蛋白质，乙酰化蛋白质可经赖氨酸去乙酰化酶（KDACs）催化发生去乙酰化，椭圆形代表蛋白质

图 8-1

回顾乙酰化修饰的发现历史，19世纪60年代，研究人员发现了组蛋白赖氨酸的ε-氨基可逆的乙酰化，这还要得益于组蛋白的修饰具有较高的完备性。然而，由于在鉴定乙酰化位点方面存在的技术挑战，非组蛋白乙酰化的研究一直举步维艰。直到1985年，第一个非组蛋白乙酰化靶标即微管蛋白才被勒诺等发现。此后又经过10年时间，人们才发现另外两个乙酰化靶标即肿瘤抑癌因子TP53蛋

笔记栏

白和 HIV-1 转录调控因子 TAT。而且，还有大量的非组蛋白乙酰化位点及其功能等待人们去挖掘。

目前已知的蛋白质乙酰化修饰主要包括调控蛋白质稳定性的蛋白质 N 端 α 氨基乙酰化修饰，具有修饰特异性和功能多样性的赖氨酸 ε-氨基乙酰化修饰以及许多功能未知的丝氨酸和苏氨酸侧链的羟基乙酰化修饰。目前研究热点主要是蛋白赖氨酸 ε-氨基乙酰化修饰。

乙酰化修饰研究中的一个重要发现是乙酰化修饰在代谢酶中普遍存在，并且乙酰化可以直接调节代谢酶活力并参与代谢网络调控。例如，研究人员在沙门菌和哺乳细胞中陆续发现乙酰辅酶 A 合成酶能够被乙酰化可逆修饰的活性位点，进而可以调节该酶的催化活力，表明乙酰化修饰对于代谢调节具有重要意义。随着国内外蛋白质组学技术的发展，包括生物质谱的改进和乙酰化肽段富集技术的成熟，从复杂生物样本中大规模鉴定乙酰化蛋白成为可能。很多科研团队在不同的细胞、组织和物种中均发现大量的蛋白质都会发生乙酰化。例如，研究人员白血病细胞中鉴定到 1750 个乙酰化蛋白质以及 3600 个乙酰化位点；研究人员在大肠杆菌中发现许多乙酰化蛋白，包括许多代谢酶，从而将乙酰化修饰与能量代谢联系起来，表明乙酰化修饰在能量代谢调控方面也起着至关重要的作用；研究人员在人肝组织发现几乎所有参与糖酵解、糖异生、三羧酸循环、尿素循环、脂肪酸代谢、糖原代谢过程中的代谢酶均能发生乙酰化。此外，在原核生物如大肠杆菌、沙门菌、枯草芽孢杆菌、弧菌等以及真核生物啤酒酵母、果蝇、拟南芥、小鼠、人类组织等都相继发现了大量的乙酰化蛋白（包括乙酰化代谢酶）。这些研究结果说明，乙酰化修饰是一种进化保守的蛋白质翻译后修饰和代谢调控机制。随着研究的深入，科学家们还会发现更多的乙酰化调控代谢的机制。

赖氨酸是最频繁被酰基修饰的氨基酸之一，赖氨酸除了能被乙酰化之外，还会发生丙酰化、丙二酰化、甲基丙二酸酰化、琥珀酰化、丁酰化、巴豆酰化、2-羟基异丁基酰化、戊二酰化等。这些不同的赖氨酸翻译后修饰以相互排斥的方式发生，产生特定的赖氨酸残基充当“集线器”以用于集成不同信号转导途径。

2007 年，研究人员发现并阐述了组蛋白赖氨酸的丙酰化和丁酰化这两种新型修饰，并且通过同位素标记法和质谱谱图匹配等方法，证实了两种乙酰化转移酶 P300 和 CRE 结合蛋白（cyclic-AMP response binding protein）在组蛋白中能催化赖氨酸丙酰化和丁酰化，阐明了这两种修饰的调控机制并证明它们具有调控基因转录的功能。2011 年，研究人员鉴定和证实了赖氨酸琥珀酰化这种新的蛋白质翻译后修饰，他们先通过鸟枪法与生物信息学的方法发现了这个新的修饰，然后通过合成肽段进行靶向质谱分析、HPLC 共洗脱实验、生物化学方法及同位素标记法证明了这种新修饰的存在。进一步实验还表明，琥珀酰化是进化上保守的修饰，在不同生理条件下是动态变化的，琥珀酰辅酶 A 可能是赖氨酸琥珀酰化的辅因子。该课题组相继又在 HeLa 细胞、小鼠胚胎成纤维细胞、果蝇 S2 细胞及啤酒酵母细胞中分别发现了多个组蛋白赖氨酸琥珀酰化位点。位点突变实验也表明，组蛋白琥珀酰化可能引起独特的功能后果，如降低酵母细胞活性。2011 年，研究人员在大肠杆菌和哺乳动物细胞中发现并证明了赖氨酸丙二酸酰化这一新型修饰，同样证实了其在各物种间普遍存在、进化保守，在不同生理条件下动态变化，在细胞中具有重要功能。该研究还发现第三类赖氨酸去乙酰化酶 SIRT5 在体内和体外均能催化赖氨酸去丙二酰化和去琥珀酰化，表明其他第三类去乙酰化酶也可能具有非去乙酰化的作用，特别是那些没有明显乙酰化蛋白底物的酶。此外，研究人员已经从大肠杆菌、啤酒酵母、人类细胞和小鼠肝组织等样本中鉴定到上千个琥珀酰化位点。2011 年，研究人员发现并证明了组蛋白能发生巴豆酰化，功能上此修饰可与活性转录启动区域和增强子密切作用，并与减数分裂后期精子细胞中性染色体的活性基因密切相关。这项工作还从结构和功能上表明了巴豆酰化与乙酰化具有明显的差异。2014 年，研究人员还发现了戊二酰化修饰，证明尿素循环的限速酶氨甲酰磷酸（CPS1）是戊二酰化蛋白，可被 SIRT5 去戊二酰化，戊二酰化能抑制 CPS1 酶活性。2014 年，研究人员发现了赖氨酸 2-羟基异丁酰化，运用免疫荧光、免疫组织化学和基因芯片测序技术对精子发育过程中组蛋白位点 H4K8 上的乙酰化和 2-羟基异丁酰化进行了研究，发现在减数分裂后期的圆形精细胞中，H4K8 上的 2-羟基异丁酰化比乙酰化对精子发育过程中的相关基因更具有调控功能，从而指出组蛋白 H4K8 上的 2-羟基异丁酰化对精子细胞的分化起到重要的调控作用。尽管大量新的修饰位点及修饰蛋白质不断被发现，这些蛋白及 PTMs 的功能还尚待进一步深入研究和阐明。

要研究酰基化修饰的蛋白质以及位点，样本制备主要依赖于特异性抗体的亲和富集，位点分析主要依靠生物质谱技术及生物信息分析方法。通过广泛使用特异性抗体富集蛋白或肽段的基于质谱的赖氨酸乙酰化分析流程，许多蛋白质中的乙酰化位点已经被鉴定出来，然而并不是所有的乙酰化

笔记栏

都有特定的功能。其他研究挑战包括一些研究发现组蛋白的各种酰基化和其他PTM（包括磷酸化和甲基化）之间的串扰，这表明PTM对组蛋白遗传基因的调控是一个非常复杂而精细的机制。但是想要深入研究这些PTM之间的串扰，仍然需要发展新的和更优化的基于生物质谱的方法。

二、甲基化研究简介

蛋白质的甲基化（methylation）是指在甲基转移酶作用下将甲基基团转移到蛋白质的某个氨基酸残基上，通常是赖氨酸或精氨酸，也包括组氨酸、半胱氨酸和天冬酰胺等（赖氨酸甲酰化过程见图8-2）。1959年，理查德·彭里·安布（Richard Penry Ambler）等发现细菌鞭毛蛋白中存在赖氨酸甲基化，之后，研究人员发现真核生物的组蛋白赖氨酸也能被甲基化。蛋白质的甲基化是一种普遍的可逆修饰，供体是*S*-腺苷甲硫氨酸（*S*-adenosylmethionine，SAM），受体通常是赖氨酸的ε-氨基和精氨酸的胍基。另外，在组氨酸的咪唑基、谷氨酰胺和天冬酰胺的酰胺基、半胱氨酸的巯基、半胱氨酸的羧基、谷氨酸和天冬氨酸的侧链羧基都可以发生甲基化反应。赖氨酸残基可以发生单、二或三甲基化修饰，而精氨酸可以发生单或二甲基化。目前在人类蛋白质组中发现超过4000个赖氨酸和精氨甲基化修饰位点，但是绝大多数的生物学功能尚未可知。

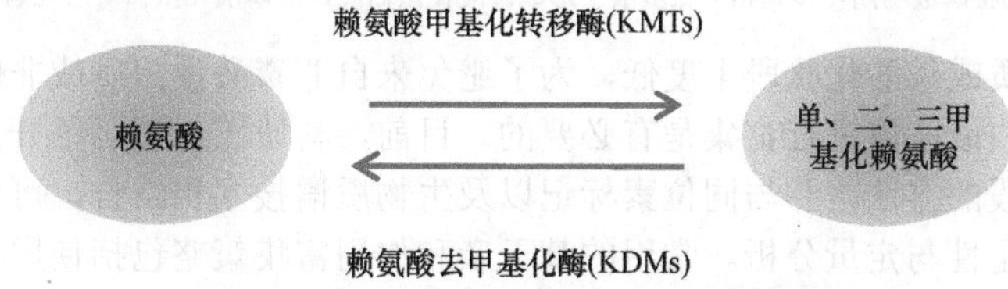

图8-2 可逆的赖氨酸ε-氨基甲基化修饰过程

蛋白质经赖氨酸甲基化转移酶（KMTs）催化可形成单、二或三甲基化蛋白质，甲基化蛋白质可经赖氨酸去甲基化酶（KDMs）催化去甲基化

图8-2

组蛋白赖氨酸的甲基化对转录起激活或抑制作用，参与异染色质的形成和X染色体的失活等过程。组蛋白甲基化的异常表达还可能导致癌症、炎症和其他疾病的发生。除组蛋白外，非组蛋白也能发生甲基化。在人类基因组中发现超过50种可能的赖氨酸甲基转移酶（lysine methyltransferases，KMTs）和约25种赖氨酸去甲基化酶（lysine demethylases，KDMs），所以非组蛋白赖氨酸甲基化蛋白还有待发现。这些蛋白质甲基化可能影响蛋白质–蛋白质相互作用、蛋白质-DNA或蛋白质-RNA相互作用、蛋白质稳定性、亚细胞定位或酶活性。不同于酰基化和磷酸化，甲基化不会影响残基的总电荷，但会影响其性质，如精氨酸甲基化会影响相分离过程。2007年，研究人员发现了一种赖氨酸和精氨酸甲基化的小分子抑制剂，进一步促使人们对甲基化修饰的生物学功能和药物靶标发现的理解有了许多突破。

由于没有很好地针对赖氨酸三种程度的甲基化（单、二和三甲基化）的泛特异性抗体，赖氨酸甲基化修饰的研究面临很多挑战。要解决这个问题，目前常用的方法还是利用亲和作用富集赖氨酸甲基化肽段或蛋白。例如，2013年，研究人员通过设计来源于恶性脑瘤样蛋白1 L3MBTL1（L3MBTL histone methyl-lysine binding protein 1）恶性脑瘤（malignant brain tumor，MBT）结构域重复序列作为一种亲和试剂，对甲基化的赖氨酸具有泛特异性，能够作为蛋白质组赖氨酸单甲基化和二甲基化检测、富集和鉴定的有力工具。2013年，有研究组采用泛特异性抗甲基化赖氨酸抗体进行甲基化肽段免疫沉淀，结合质谱法对人类细胞蛋白质赖氨酸甲基化位点进行了大规模的鉴定，总共552个甲基化修饰位点被确定。

三、磷酸化研究简介

蛋白质磷酸化是指在蛋白激酶作用下将腺苷三磷酸（adenosine triphosphate，ATP）的磷酸基团转移到蛋白质的多种氨基酸残基上，包括丝氨酸（serine，Ser）、苏氨酸（threonine，Thr）、酪氨酸（tyrosine，Tyr）以及组氨酸（histidine，His）等（图8-3）。目前已知，真核生物中超过1/3的蛋白质都是磷酸化（phosphorylation）的。蛋白质的磷酸化与去磷酸化这一可逆过程调控细胞增殖、发育、分化、凋亡、信号转导、肿瘤发生等过程在内的生命活动，是原核与真核细胞中最重要的调控修饰。蛋白质去磷酸化是指在磷酸化酶作用下将蛋白质氨基酸残基上的磷酸基团复原成羟基。这种可逆过程像开关一样调节蛋白质的激活与失活构象。在人类基因组中预估有500多种蛋白激酶和200多种

笔记栏

磷酸化酶，且约有90%磷酸化修饰在丝氨酸残基上发生磷酸化修饰。蛋白质的磷酸化修饰发生异常改变常与疾病如癌症的发生发展密切相关。目前，研究人员通过实验方法及生物信息学预测方法已经发现了大量磷酸化蛋白质及其修饰位点并建立了数据库。在PhosphoSitePlus数据库中，目前已经收录了近2万种磷酸化蛋白质以及25万个磷酸化位点。在Kinexus PhosphoNET数据库中，还预测了76万多个磷酸化位点。

图 8-3

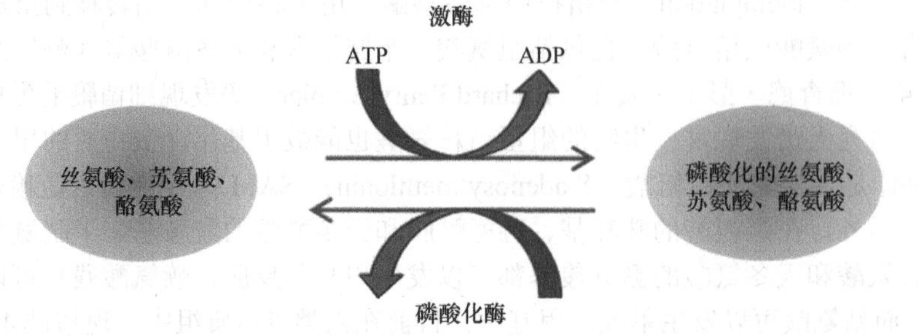

图 8-3 可逆的丝氨酸（Ser）、苏氨酸（Thr）和酪氨酸（Thr）磷酸化修饰过程

蛋白质经蛋白激酶催化将磷酸基团转移到相应氨基酸上形成磷酸化蛋白质，而磷酸化蛋白质可经磷酸化酶催化去磷酸化

由于磷酸化蛋白质或磷酸化肽段丰度低，为了避免来自非磷酸蛋白质或非磷酸化肽段对质谱分析的干扰，对目标蛋白或肽段进行富集是有必要的。目前，科研工作者已经开发了一系列富集磷酸化蛋白质或磷酸化肽段的方法，并与同位素标记以及生物质谱技术相结合，可以实现生物样本磷酸化蛋白质组的高通量定性与定量分析。常用的基于亲和作用富集策略包括使用特异性抗体（如单克隆抗酪氨酸磷酸化抗体）、固定化金属亲和色谱（immobilized metal affinity chromatography，IMAC）（如Ti^{4+}-IMAC）、金属氧化亲和色谱（metal oxide affinity chromatography，MOAC）（如TiO_2）进行免疫沉淀富集。此外，亲水作用液相色谱（HILIC）、静电斥力相互作用色谱（electrostatic repulsion interaction chromatography，ERLIC）、羟基磷灰石色谱、强阳离子交换色谱（strong cation-exchange chromatography）和强阴离子交换色谱（strong anion-exchange chromatography）等方法也被用于磷酸化肽段的富集。在复杂生物样本的磷酸化研究中，需要用多种方法互补组合使用来深度覆盖磷酸化位点。

第三节 酰基化、甲基化和磷酸化等位点分析

一、酰基化、甲基化和磷酸化等位点分析原理

酶解得到带有酰基化、甲基化或磷酸化等修饰肽段之后，可采用高通量的质谱技术去准确注释相应的位点信息。质谱技术用于酰基化、甲基化和磷酸化等位点的分析主要基于以下两个原理：一个是与没有发生修饰的肽段比发生了修饰的肽段在相对分子质量上会有所增加，如单乙酰化基团会增加42.010565，单甲基化基团会增加14.015650，单磷酸化基团会增加79.966331，精准的相对分子质量可在数据库查询；另一个是发生修饰的肽段在进入质谱后，会产生带修饰的碎片离子，这些离子通常被称为“特征离子”，其可以用于相应修饰位点的诊断分析。

后续介绍主要以磷酸化位点分析为例，如非磷酸化肽段VWSAK（图8-4），其在质谱中产生的碎片离子质荷比（mass to charge ratio，*m/z*）如左图绿色所示。若其丝氨酸上发生磷酸化修饰以后，肽段的质荷比会发生变化，且对应的碎片离子（如VWSp、VWSpA、VWSpAK等）的质荷比也会发生变化（橙色）。在进行磷酸化位点解析时，只要找到相应的可信特征离子碎片，即可对该位点进行打分判断。

基于此原理，2006年，史蒂文·喆（Steven Gygi）实验室率先尝试了利用质谱技术对大规模磷酸化位点的分析，并奠定了确定磷酸化位点的方法理论（图8-5）。其主要计算的逻辑是寻找可以区分磷酸化位点位置的特征离子，用二项分布公式进行计算位点存在的概率，并创建肽段的正反库，通过对正反库中的肽段进行打分，以准确估计其假阳性率。例如，图8-5A中，如何确定同一段肽段中哪一个位置上有磷酸化修饰，这就需要寻找对应的特征离子，从理论上来讲，这些离子主要有如图8-5C中所示的b_8、b_9、b_{10}、y_3、y_4、y_5及其相应的脱水、脱氨离子，如果不是随机因素造成的错误，这些离子中，只要发现了其中一个就可以区分这两个可能的位点到底是哪一个发生了磷酸

笔记栏

化。然后再根据图 8-5C 提到的二项式分布公式计算出对应的 $P(x)$ 值，计算出来后再折算成对数值，即$-10\times\log 10(P)$，两个可能位点的值之差被称为“Ascore 值”，这个值越大代表这个位点被修饰的可能性越大。在图 8-5B 中就详细讲述了在二项式中的 n 值、k 值、P 值是如何取得的，在对每一个值都比较的情况下，可以发现当 n=6 时，这时候肽段分数的差异是最明显的，所以就决定 n 值取为 6，P 值就为 0.06，然后再分别计算出来对应的 Ascore 值。

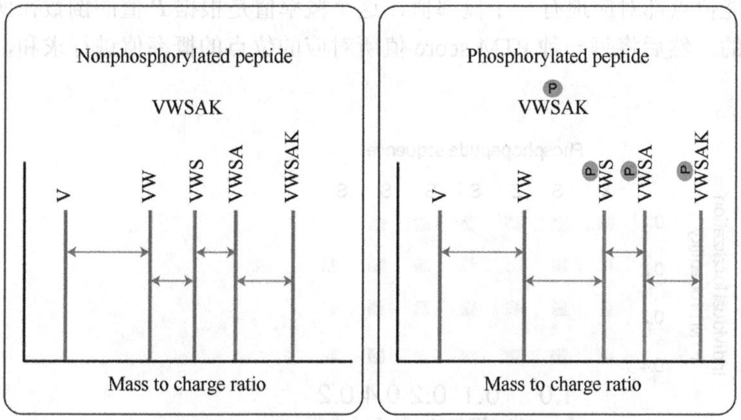

图 8-4　质谱用于鉴定磷酸化位点示意图

如非磷酸化肽段 VWSAK，其在质谱中产生的碎片离子信号如左图绿色所示。若其丝氨酸上发生磷酸化修饰以后，肽段的相对分子质量会发生变化，且对应的碎片离子的相对分子质量也会发生变化（橙色）

Nonphosphorylated peptide，非磷酸化肽段；Phosphorylated peptide，磷酸化肽段；Mass to charge ratio，质荷比

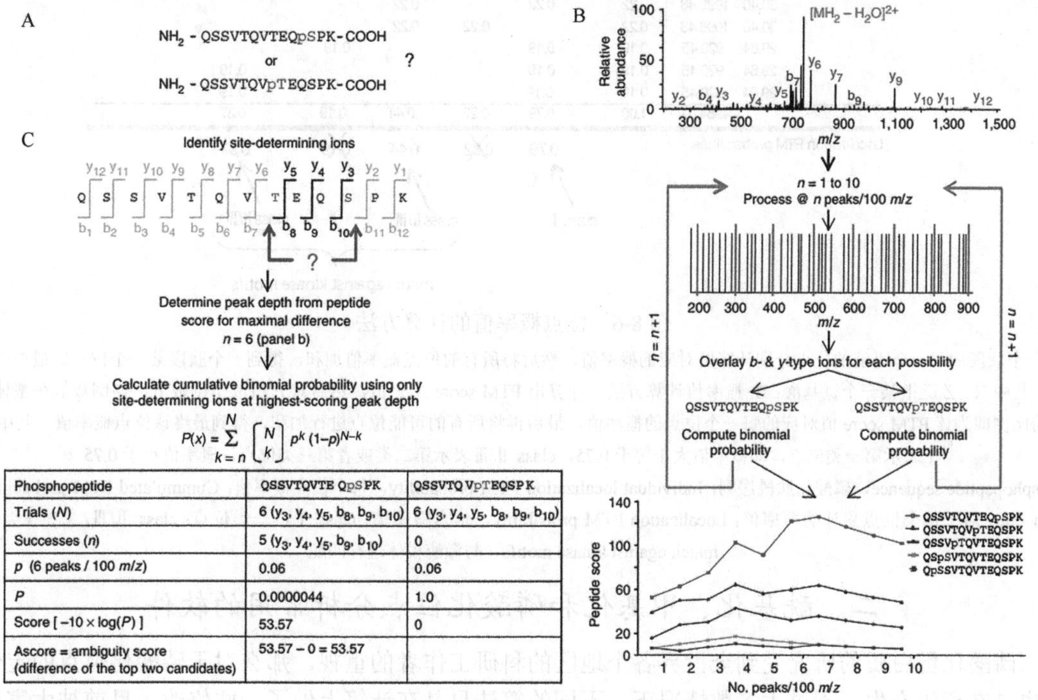

$$P(x)=\sum_{k=n}^{N}\binom{N}{k}p^k(1-p)^{N-k}$$

Phosphopeptide	QSSVTQVTE QpSPK	QSSVTQ VpTEQSP K
Trials (*N*)	6 ($y_3, y_4, y_5, b_8, b_9, b_{10}$)	6 ($y_3, y_4, y_5, b_8, b_9, b_{10}$)
Successes (*n*)	5 ($y_3, y_4, y_5, b_9, b_{10}$)	0
p (6 peaks / 100 *m/z*)	0.06	0.06
P	0.0000044	1.0
Score [$-10\times\log(P)$]	53.57	0
Ascore = ambiguity score (difference of the top two candidates)	53.57 − 0 = 53.57	

图 8-5　对磷酸化位点进行定位

A. 一个肽段有这样的两个可能的位点，那么怎样确定是哪个位点呢？ B. 谱图中，每 100 *m/z* 的窗口里强度前 n（此时计算 1～10 的值）峰在与理论特征离子匹配时求得的分数，最后比较确定，当 n 值为 6 的时候，这时差异最明显。C. 确定能区分这两个可能的磷酸化位点所对应的特征离子，然后在 n=6 时计算对应的累积二项式值之和，得出相应的 Ascore 值，以来确定哪一个位点更有可能被磷酸化

Identify site-determing ions，确定位点决定离子；Determine peak depth from peptide score for maximal difference，从最大差异的肽段得分中确定峰的深度；Calculate cumulative binomial probability using only site-determining ions at highest-scoring peak depth，仅使用最高得分峰深度的位点决定离子计算累积二项式概率；Relative abundance，相对丰度；Process @ n peaks/100 *m/z*，计算每 100 个质荷比的范围峰的个数 n；Overlay *b*- & *y*-type ions for each possibility，对每个目标位点的概率更新计算相应的 *b* 离子和 *y* 离子；Compute binomial probability，计算二项式概率

图 8-4

图 8-5

笔记栏

在该理论与计算的基础上，Mann 实验室做了一些改变，把前期计算 Ascore 值命名为计算“PTM

Score”。然后在此基础上，计算出每个潜在位点的概率值，并且将该位点的概率值分为 4 个层次：概率值大于等于 0.75 的被称为“一类位点（class Ⅰ）”，概率值小于 0.75 但是大于等于 0.25 的，并且至少匹配到一个激酶基序的被称为“二类位点（class Ⅱ）”，概率值小于 0.75 但是大于等于 0.25 的，并且没有匹配到一个激酶基序的被称为“三类位点（class Ⅲ）”，概率值小于 0.25 的被称为“四类位点（class Ⅳ）”。图 8-6 显示了 Mann 团队是如何计算位点的概率值，他们的方法认为，对于一条肽段上存在的每一个可能位点都对应地有一个概率值，这个概率值是根据 *P* 值的倒数在所有可能位点中所占的比例中求得的，然后将每一种 PTM score 值所对应的位点的概率值进行求和，得到最终的某个位点的概率值。

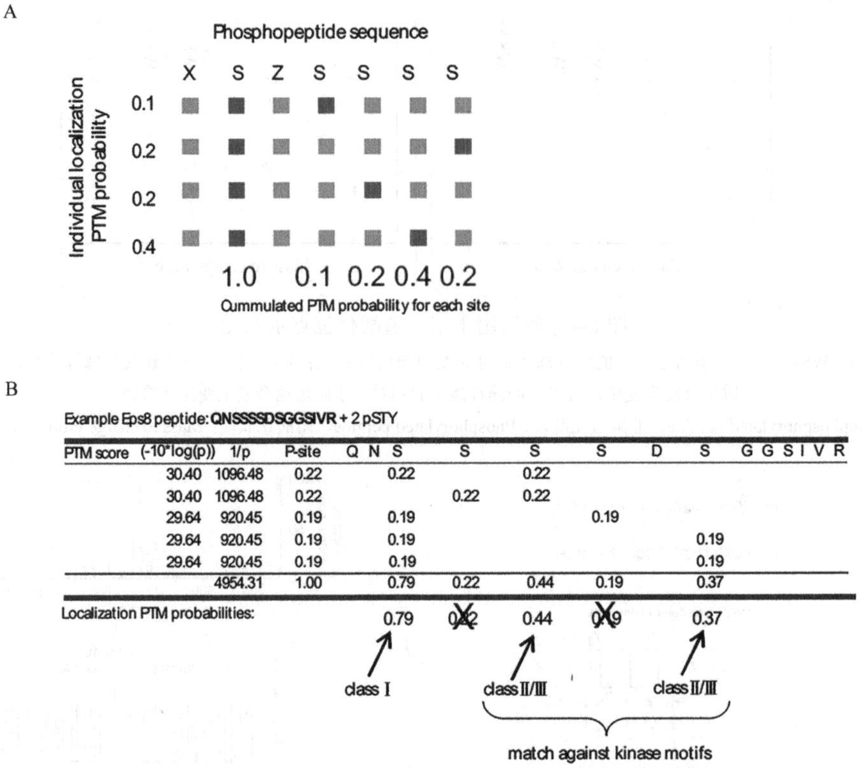

图 8-6

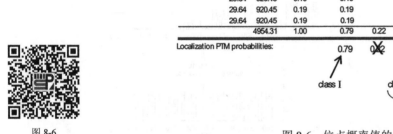

图 8-6 位点概率值的计算方法

A. 一个肽段的每一个可能的位点分别计算出对应的概率值，然后将所有的位点概率值加和，得到一个肽段某一个位点的最终的概率值；其中 X、Z 泛指某一个氨基酸；B. 概率值计算方法。计算出 PTM score 及 *P* 值，然后对 *P* 值取个倒数值，该倒数值在整体中所占的比例即为该 PTM score 值对应的每一个位点的概率值，最后再将所有的可能位点进行加和，得到最终该位点概率值；其中 class Ⅰ表示第一类位点，即概率值大于等于 0.75，class Ⅱ/Ⅲ表示第二类或者第三类位点，概率值小于 0.75

Phosphopeptide sequence，磷酸化肽段序列；Individual localization PTM probability，每个位点概率值；Cummulated PTM probability for each site，对于每个位点累计的概率值；Localization PTM probability，位点概率值；class Ⅰ，一类位点；class Ⅱ/Ⅲ，二/三类位点；match against kinase motifs，与激酶模体进行匹配

二、酰基化、甲基化和磷酸化位点分析常用的软件

磷酸化蛋白质的研究受到全世界各个地区的科研工作者的重视，那么对于磷酸化位点的定位算法也是在逐年产生，不过大多数情况下，不同的算法只是在计算上做了一些修改。目前被大家广为使用的计算软件为 MaxQuant、Proteome Discoverer Software 和 Mascot。每一套软件都有一个其核心的算法来计算磷酸化位点的概率值，通过计算位点存在的概率值来判断该段肽段或者蛋白质中哪一个位置的氨基酸很可能发生了修饰。了解了该段肽段或者蛋白质的某个位置可能发生了磷酸化修饰，为后续的生物学研究奠定了理论基础。

（一）MaxQuant 搜索软件对磷酸化位点的定位的分析研究

作为蛋白质组学领域中重要分析软件之一，MaxQuant 研发团队也在逐年对该软件进行改进与优化，其用户界面（version 1.5.2.8）大体如图 8-7 所示。早在 2008 年，马蒂亚斯·曼（Matthias Mann）实验室发表了一篇关于 MaxQuant 的文章。在该文章中他们介绍了 MaxQuant 软件是如何进行挖掘谱

笔记栏

图信息，如何得到可靠的信息。但是，该文章中并没有论述对磷酸化位点的确定进行怎样的分析。随着进一步发展，又一个相对来讲比较优秀的算法——Andromeda 被嵌套在 MaxQuant 搜索软件中进行使用，该算法介绍了如何进行肽段的精准确定，而且对带有磷酸化修饰的肽段也给予了一定的打分判断，并进行假阳性计算。此外，还在打分和假阳性上与另一个搜索软件 Mascot 进行了比较，显示出该算法的优越性。

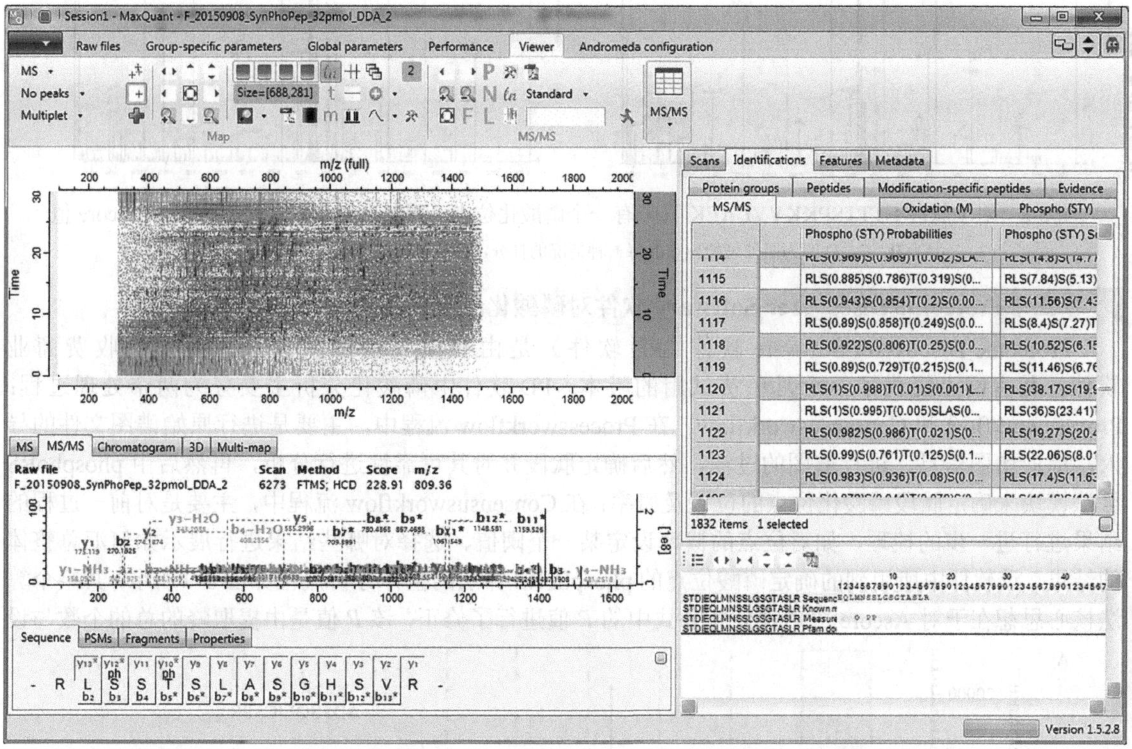

图 8-7　MaxQuant（version 1.5.2.8）搜索软件的用户界面

现展示的界面为搜索完成后，通过可视化窗口可以清楚地查询到每一段磷酸化的肽段哪个位置发生了修饰，以及其发生磷酸化修饰的概率是多少

图 8-7

（二）Mascot 搜索软件对磷酸化位点的定位分析

Mascot 软件研发团队也对该软件进行逐步优化，在对磷酸化肽段定位的问题上，研究人员提出了使用一种“差值”，MDscore（mascot delta score，MDscore）的方法来进行磷酸化位点的定位分析（图 8-8），这样可以显示出对位点定位更好的优势。该差值的定义为在相同的肽段骨架下，计算每一种可能位点下肽段所对应的 Mascot score 值，然后按大小排列，第一个和第二个之间的差值就为通过该分数值来确定某一个肽段的磷酸化位点。为验证该思路的正确性，该研究组对 180 个合成的磷酸化肽段进行了分析，并与 Ascore 的值进行了比较分析。通过分析可知，MDscore 在确定磷酸化位点上具有一定的优势，当两者结合起来后，对位点的定位更加准确，效果更加明显。

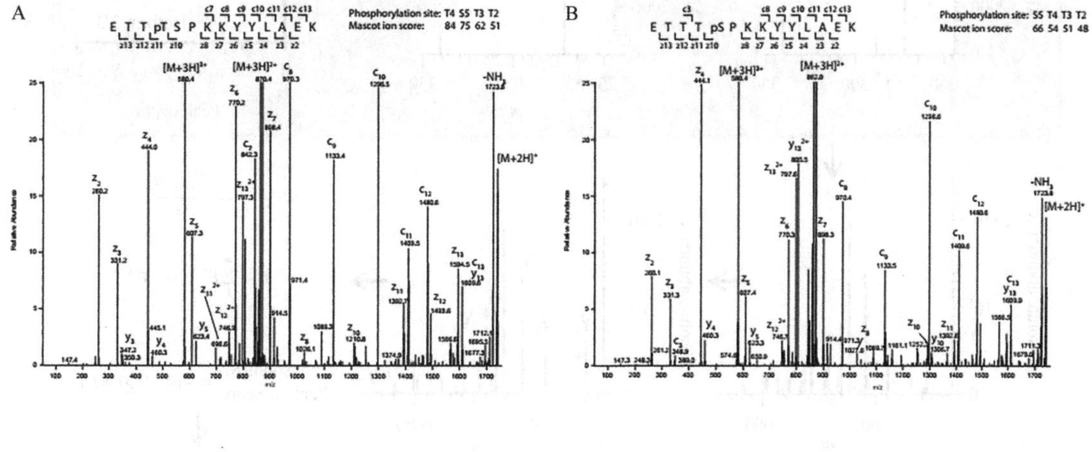

笔记栏

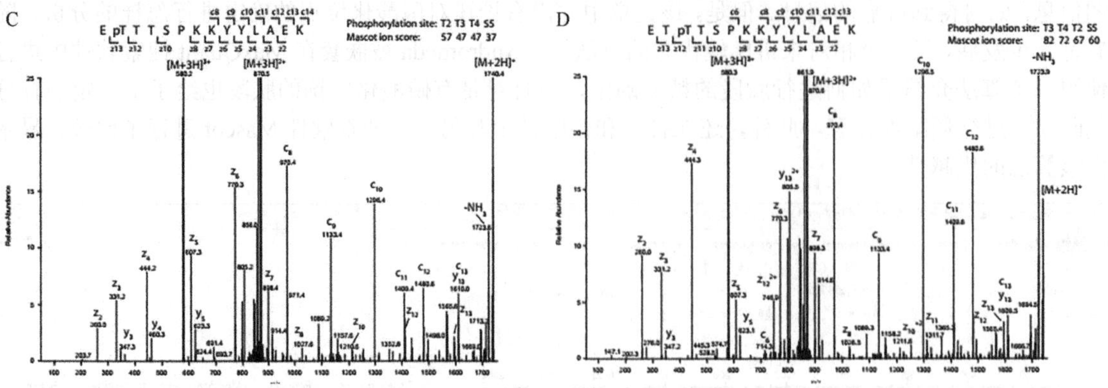

图 8-8

图 8-8　对于肽段 ETTTSPKKYYLAEK 只带有一个磷酸化位点，得其每种可能的位点下的 MDscore 值

A，B，C，D 即为四种可能位点的每一种情况的打分，然后可计算出相应的 MDscore 值

（三）Proteome Discoverer Software 软件对磷酸化肽段的定位分析

Proteome Discoverer Software 软件（PD 软件）是由赛默飞世尔科技公司开发的收费商业软件，其官网上提供了一个月免费试用的版本。PD 软件中磷酸化分析主要分为两个处理过程：Processworkflow 和 Consensusworkflow。在 Processworkflow 流程中，主要是进行原始谱图文件的导入，提取谱图信息，进行谱图的过滤，然后确定肽段并对其可靠性进行分析，再然后由 phosphoRS 算法模块来确定肽段磷酸化位点的位置及概率；在 Consensusworkflow 流程中，主要是对前一过程的结果进行进一步的梳理，如对位点的概率设定某一个阈值、选择对哪些结果进行展示如何汇总整体的结果。该软件中所用到的确定磷酸位点的 phosphoRS 算法的整体分析流程如图 8-9 所示，其整个算法核心思想在于对 Ascore 二项式分布公式中的 *P* 值进行了修正，该 *P* 值是由提取峰的总的个数与设

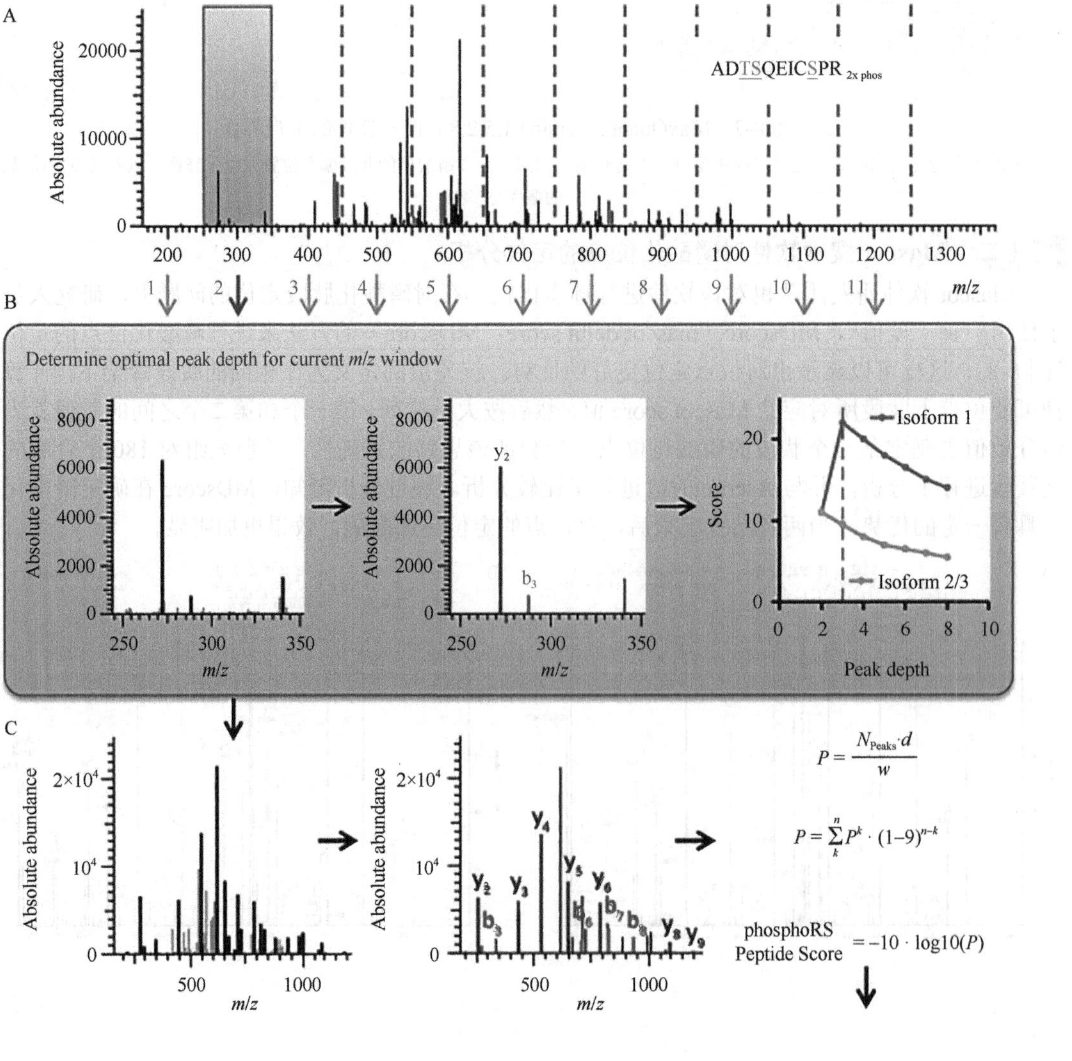

笔记栏

D

phosphoRS Peptide Score	1/P value	phosphoRS Sequence Probability	phosphoRS Site Probability Calculation					
121.7	$1.48 \cdot 10^{12}$	99.8%	AD	T	(pS)	QEIC	(pS)	PR
93.8	$2.40 \cdot 10^{9}$	0.2%	AD	(pT)	S	QEIC	(pS)	PR
24.8	$3.02 \cdot 10^{2}$	0.0%	AD	(pT)	(pS)	QEIC	S	PR
	$\Sigma = 1.48 \cdot 10^{12}$	$\Sigma = 100.0\%$		0.2%	99.8%		100.0%	

图 8-9

图 8-9　phosphoRS 算法处理数据步骤

A. 该段肽带有两个磷酸化修饰位点，那么将其匹配到的谱图按每 100 *m/z* 进行分割；B. 在每一个窗口中计算最优的峰深度；C. 确定匹配的子离子个数，计算出对应的累积二项式之和 *P* 值与相应的 phosphoRS Peptide Score；D. 根据计算的 *P* 值，求出相应的位点存在概率，然后对每一个相同的可能位点的概率值进行加和

Absolute abundance，绝对丰度；Determine optimal peak depth for current *m/z* window，对当前质荷比窗口确定理想的峰；Score，得分；Peak depth，峰的深度；phosphoRS Peptide Score，phosphoRS 得到的肽段得分；1/*P* value，*P* 值的倒数；phosphoRS Sequence Probability，phosphoRS 序列概率；phosphoRS Site Probability Calculation，phosphoRS 位点概率计算

定的子离子匹配的容忍度之积除以二级谱图整个质量范围，然后根据 *P* 值求出所有可能位点肽段的 phosphoRS peptide score，然后将所有相同的位点的概率值进行加和。其主要思想依然是继承了前面求 Ascore 和 PTMscore 的算法。那么对算法进行这样改进之后，最后也呈现出很好的结果（图 **8-10**），图 **8-10A** 呈现出该算法在大于等于 0.99 的概率的情况下确定位点的个数依然高于 Ascore 和 MDscore 算法下确定的位点个数；图 **8-10B** 的韦恩图展示了三种算法对位点确定的重复度还是比较高的，也说明 phosphoRS 算法的可靠性。

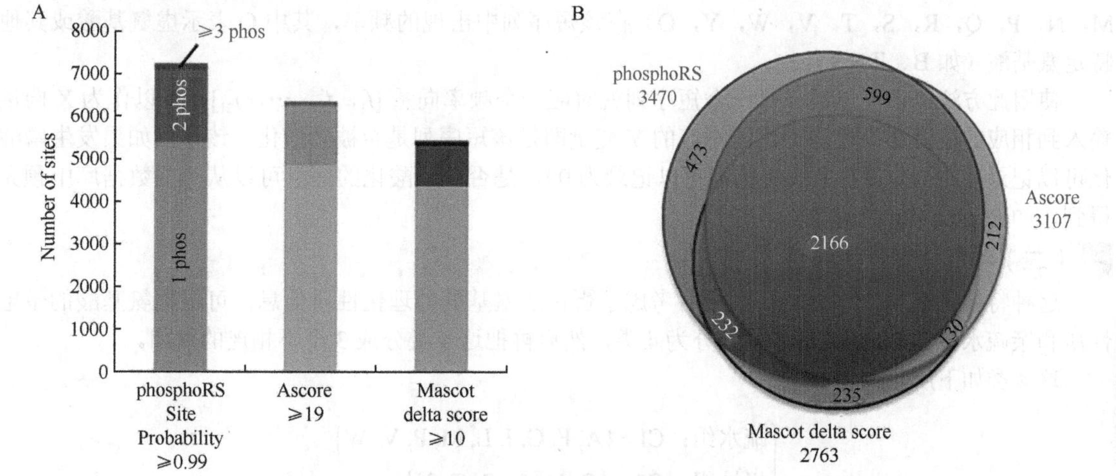

图 8-10

图 8-10　对 HeLa 细胞溶解产物的磷酸化位点的分析

A. 三种算法确定磷酸化位点的绝对数量；B. 三种算法确定非冗余的磷酸化位点的韦恩图

Number of sites，位点总数目；phosphoRS Site Probability，phosphoRS 位点得到的概率值；Ascore，得分；Mascot delta score，Mascot 得分

上述的是目前比较流行的，大家使用比较广泛的算法或者软件，但是很多实验室对磷酸化位点的确定都还是自己的独特见解，如 Phosphoscore 和 PhosCalc，不过这些算法也都是在某一些公式上做了一些优化，在这里就不再赘述，感兴趣的读者可以进一步查阅相关的文献。

第四节　酰基化、甲基化和磷酸化等位点预测

基于高分辨质谱仪技术可以系统性地检测到机体内的众多酰基化、甲基化、磷酸化等位点，但该方法对样本量要求较多，且实验操作比较复杂、耗时、价格昂贵，不适合较大规模的检测。因此，利用蛋白质序列的酰基化、甲基化、磷酸化等位点进行生物信息学预测就显得十分重要，而且相比较于基于质谱谱图的方法，这些基于序列的预测方法具有速度快、成本低等优点。以蛋白质磷酸化修饰位点预测为例，现已存在很多基于机器学习或者深度学习的方法可以用来预测。例如，研究团队通过支持向量机模型预测磷酸化位点以及作用于每个位点的激酶类型；研究团队使用曼哈顿距离来测量蛋白质的相似性，提出了一种用于预测磷酸化位点的改良 *k* 最近邻方法；研究团队将遗传算

笔记栏

法集成到神经网络中以优化网络内的权重值来提高准确度；研究团队开发了 PhosPred-RF 软件，其使用随机森林树模型对位置特异性得分矩阵特征进行分析，从而预测肽段的磷酸化位点。此外，研究团队基于深度学习的预测框架直接对蛋白质原始序列进行分析，避免引入额外的影响，提高了磷酸化位点的预测精度，同时减少了因特征提取过程产生的计算时间。

一、酰基化、甲基化和磷酸化位点预测的原理

对于蛋白质序列酰基化、甲基化、磷酸化等位点的预测，核心的步骤即是从蛋白质序列信息中提取特征数据，然后再用各种数学模型去识别和分析这些数值特征，实现各种位点的预测。常见的特征有序列特征、物理化学性质特征等。由于各种位点分析预测的逻辑类似，后续主要以磷酸化位点进行解释说明。

（一）序列特征

序列特征中最常用的是氨基酸组成的特征，因为蛋白质序列都是由单个氨基酸组成的，所以通过提取氨基酸组成的频率信息可以应用于磷酸化位点的预测。例如，预测一条蛋白质序列中的丝氨酸（Ser）是否会发生磷酸化，那么可以以 Ser 为中心，构造一系列的短序列：

$$\{AA_{-n}, AA_{-(n-1)}, \cdots, AA_{-1}, Ser, AA_1, \cdots, AA_{(n-1)}, AA_n\} \tag{8-1}$$

式中，AA 表示一个氨基酸残基，n 是一个整数，可以理解为想要查看序列窗口的宽度，AA_{-n} 表示中心 Ser 下游的氨基酸残基，AA_n 表示中心 Ser 上游的氨基酸采集。

构造完这些短序列以后，可以统计每一个序列中氨基酸出现的频率，即：

$$AAC=[f_1, f_2, \cdots, f_{21}] \tag{8-2}$$

式中，AAC 表示氨基酸组成特征，f_i 表示第 i 个氨基酸 AA_i（A，C，D，E，F，G，H，I，K，L，M，N，P，Q，R，S，T，V，W，Y，O）在该短序列中出现的频率，其中 O 表示虚氨基酸或其他特定氨基酸（如 B、Z、X）。

使用此方法构造完以后，每一个短序列就对应一个频率向量 $[f_1, f_2, \cdots, f_{21}]$，可以作为 X 向量输入到相应的机器学习模型中，而对应的 Y 变量即是该短序列是否被磷酸化（该序列如果发生磷酸化可以记录为 1，没有发生磷酸化则可以记录为 0），是否被磷酸化的信息可以从一些数据库中预先得到，如 PhosphoSitePlus。

（二）物理化学性质特征

这种特征是在构造序列特征向量时考虑了蛋白质氨基酸的理化性质信息，可根据氨基酸的带电性质和亲疏水性将 20 个氨基酸残基分为 4 类，然后再把这 4 类分成 3 个不相连的基团。

这 4 类如下所示：

$$\begin{cases}\text{疏水组：} C1=\{A, F, G, I, L, M, P, V, W\} \\ \text{极性组：} C2=\{C, N, Q, S, T, Y\} \\ \text{正电荷组：} C3=\{K, H, R\} \\ \text{负电荷组：} C4=\{D, E\}\end{cases}$$

然后把这些氨基酸残基分成 3 个不相连的基团：C1+C2 与 C3+C4，C1+C3 与 C2+C4，C1+C4 与 C2+C3。

对于一个给定的蛋白质 P，可以计算三个二进制序列：

$$H_1(p_j)=\begin{cases}1 & \text{if } p_j \in C1+C2 \\ 0 & \text{if } p_j \in C3+C4\end{cases}$$

$$H_2(p_j)=\begin{cases}1 & \text{if } p_j \in C1+C3 \\ 0 & \text{if } p_j \in C2+C4\end{cases}$$

$$H_3(p_j)=\begin{cases}1 & \text{if } p_j \in C1+C4 \\ 0 & \text{if } p_j \in C2+C3\end{cases}$$

式中 p_j 是指蛋白质 P 中第 j 个子序列。然后二进制序列的特征值可以被定义为，如 H_1 的第 j 个子序列的特征值为

笔记栏

$$X_1(j)=\frac{\mathrm{Sum}(j)}{D(j)}\qquad j=1,2,\cdots,J \tag{8-3}$$

式中，Sum(j) 指在第 j 个子序列中 1 出现的次数。$D(j)$=Int($j\times L/J$) 表示第 j 个子序列的长度，Int( ) 表示取整数，L 表示整个蛋白质 P 的长度。因此，按照上述方法，可以将一个蛋白质序列转换成 $3\times J$ 维向量：$X=[X_1, X_2, X_3]=[X_1(1), \cdots, X_1(J), X_2(1), \cdots, X_2(J), X_3(1), \cdots, X_3(J)]$。

（三）模型评估参数

对于预测磷酸化位点的问题属于二分类的问题，即肽段是否被磷酸化（磷酸化记为 1，未被磷酸化记为 0）。对于这种二分类的模型评估指标有：总体准确度（Acc）、灵敏度（S_n）、特异度（S_p）和马修斯相关系数（MCC），其定义公式如下：

$$S_n=\frac{\mathrm{TP}}{\mathrm{TP}+\mathrm{FN}} \tag{8-4}$$

$$S_p=\frac{\mathrm{TN}}{\mathrm{TP}+\mathrm{FP}} \tag{8-5}$$

$$\mathrm{Acc}=\frac{\mathrm{TP}+\mathrm{TN}}{\mathrm{TP}+\mathrm{FP}+\mathrm{TN}+\mathrm{FN}} \tag{8-6}$$

$$\mathrm{MCC}=\frac{\mathrm{TP}\times\mathrm{TN}-\mathrm{FP}\times\mathrm{FN}}{\sqrt{(\mathrm{TP}+\mathrm{FN})(\mathrm{FP}+\mathrm{TN})(\mathrm{TP}+\mathrm{FP})(\mathrm{TN}+\mathrm{FN})}} \tag{8-7}$$

式中，TP 是正确预测为磷酸化位点的磷酸化位点的数量，FP 是错误预测为磷酸化位点的非磷酸化位点的数量，FN 是错误预测为非磷酸化位点的磷酸化位点的数量，TN 是正确预测为非磷酸化位点的非磷酸化位点的数量。

此外，对于二分类模型的评估，受试者操作特征曲线（receiver operator characteristic curve，ROC 曲线），即 ROC 曲线也常被用作评价的指标。该曲线以 1-S_p 为横坐标，以 S_n 为纵坐标绘制，可以较为直观地展现出模型的预测能力。并且 ROC 曲线下面积（area under the curve，AUC）值越高表示预测的准确性越高，模型的预测能力也就越强。

二、酰基化、甲基化和磷酸化位点预测常用的工具

近些年，基于各种数据库或者机器学习方法而开发的工具，在蛋白质翻译后修饰位点的预测方面得到了广泛应用。其中，常用的数据库有 UniProt、dbPTM、PhosphoSitePlus 等，而常用的机器学习方法有人工神经网络、随机森林、遗传算法、支持向量机及深度学习等。现总结一些常用的蛋白质翻译后修饰位点预测工具（表 8-1），为相关研究人员提供参考。

表 8-1　常用的位点预测工具汇总

翻译后修饰类型	工具名称	方法	翻译后修饰类型	工具名称	方法
Acetylation（乙酰化）	PAIL	贝叶斯判别模型	Phosphorylation（磷酸化）	KinasePhos 2.0	支持向量机模型
	GPS-PAIL	基于组别预测系统		PhosPhortholog	序列比对
	N-Ace	支持向量机模型		Quokka	逻辑回归模型
	ASEB	富集分析		PhosphoNET	收集的数据库
	ProAcePred	弹性网络模型		NetPhos 3.1	神经网络模型
Methylation（甲基化）	MASA	支持向量机模型	Multi-types（多类型）	iPTM-mLys	随机森林树模型
	iMethyl-PseAAC	支持向量机模型		PTM-ssMP	支持向量机模型
	GPS-MSP	基于组别预测系统		MusiteDeep	深度神经网络模型
	PRmePRed	支持向量机模型			

注：Multi-types 是指所收集的工具可以预测多种修饰位点。截至本书收集这些工具时，部分链接已不可用，在链接后标注已失效，仅供读者参考。

蛋白质翻译后修饰是调控蛋白质功能的重要机制，深入研究蛋白质的翻译后修饰对研究蛋白质的结构和功能的挖掘具有重要的意义。用户可以根据自己的研究需求，参考上述总结的工具，选择合适的进行数据挖掘，尝试得到新的蛋白质翻译后修饰位点，为后续的生物学实验提供新的线索。

（张　勇　王诗盛）

笔记栏

PPT

第九章 新型组蛋白赖氨酸修饰的信息学

第一节 新型组蛋白赖氨酸修饰简介

一、新型组蛋白赖氨酸修饰的类型

蛋白质翻译后修饰通过对蛋白质上特定氨基酸残基进行共价修饰影响蛋白质的结构和功能状态，是调控蛋白质功能的重要机制之一，在蛋白质降解、基因表达、DNA 复制及损伤修复、自噬和细胞分化等多种生物过程中发挥着重要的作用。目前，已报道的蛋白质翻译后修饰超过 620 多种，其中赖氨酸是生物体内发生翻译后修饰频率最高的氨基酸位点。

组蛋白是核小体的重要组成部分，其序列中，尤其是 N 端富含赖氨酸、精氨酸等碱性氨基酸，可以进行多种类型的翻译后修饰，进而调控基因表达。有研究显示，组蛋白上可发生的蛋白质翻译后修饰类型已超过 80 种，其中以乙酰化、甲基化和磷酸化修饰最常见。多种组蛋白修饰可以进行组合形成“组蛋白密码（histone code）”，通过相互协同或拮抗作用共同调控生物过程。近 10 年来，随着高灵敏度质谱仪的应用，越来越多的新型组蛋白赖氨酸修饰类型被相继识别和鉴定，包括赖氨酸丙酰化（lysine propionylation，Kpr）、赖氨酸丁酰化（lysine butyrylation，Kbu）、赖氨酸 2-羟基异丁基酰化（lysine 2-hydroxyisobutyrylation，Khib）、赖氨酸琥珀酰化（lysine succinylation，Ksucc）、赖氨酸巴豆酰化（lysine crotonylation，Kcr）、赖氨酸丙二酰化（lysine malonylation，Kma）、赖氨酸戊二酰化（lysine glutarylation，Kglu）和赖氨酸 *β*-羟基丁酰化（lysine *β*-hydroxybutyrylation，Kbhb）等。有研究显示，这些新型组蛋白赖氨酸修饰在细胞代谢、转录调控、细胞信号转导和 DNA 损伤修复等多种生物过程发挥着重要的调控作用。

根据所带电荷的不同，新型组蛋白赖氨酸酰基化修饰可以分为 3 组：①疏水性酰基化修饰，包括丙酰化、丁酰化及巴豆酰化修饰，它们具有延伸的烃链，增加了赖氨酸残基的疏水性和体积；②极性酰基化修饰，包括 2-羟基异丁基酰化和 *β*-羟基丁酰化修饰，它们具有使修饰的赖氨酸与其他分子形成氢键的羟基；③酸性酰基化修饰，如琥珀酰化、丙二酰化和戊二酰化修饰，可在生理 pH 下将赖氨酸残基上的电荷从+1 变为–1（图 9-1A）。迄今，已经在组蛋白上鉴定出 246 个带有新型赖氨酸修饰的位点（图 9-1B）。这些结构多样的蛋白质翻译后修饰类型的发现极大地增加了组蛋白组合化学修饰的潜在复杂性。

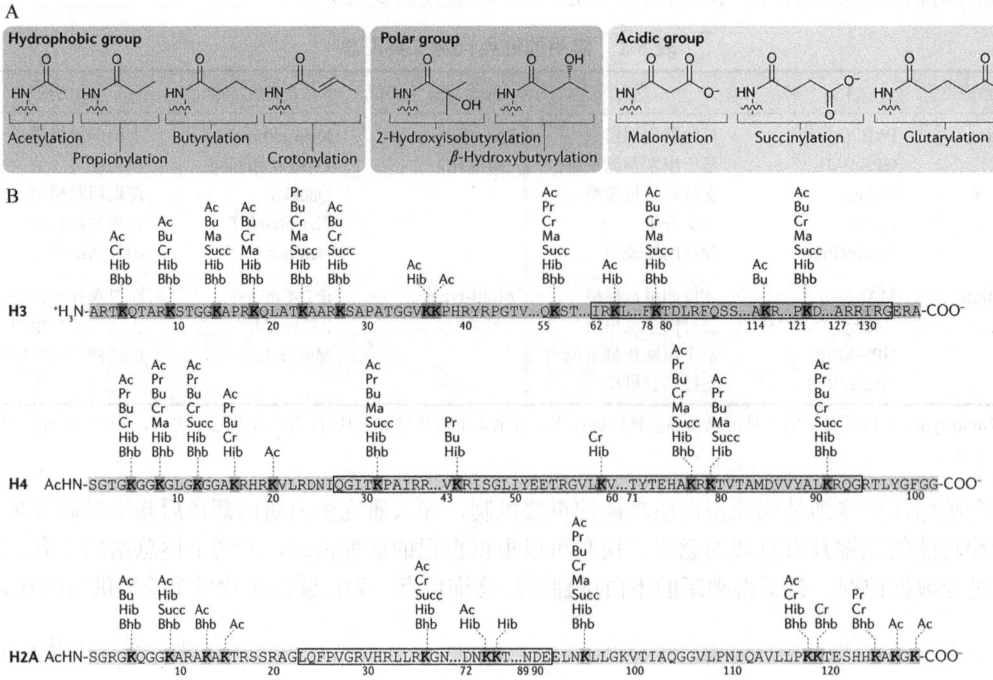

笔记栏

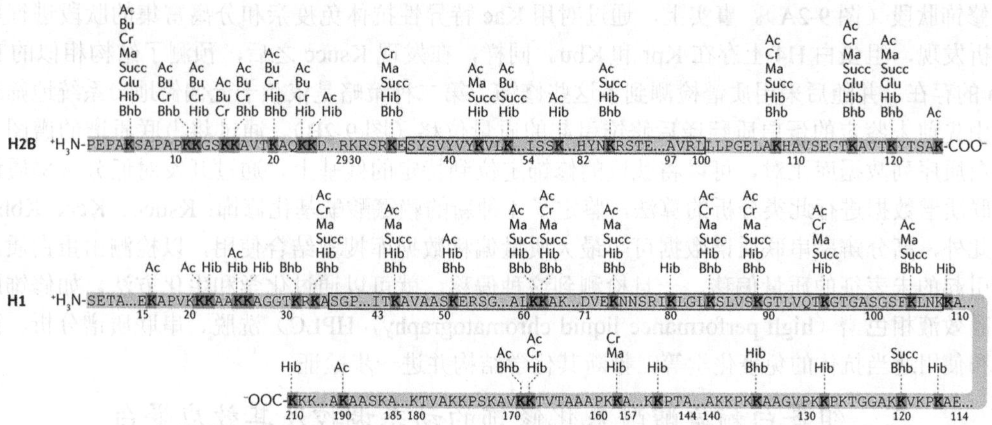

图 9-1　赖氨酸酰基化修饰的结构及其在组蛋白上的分布位点

Hydrophobic group，疏水基团；Polar group，极性基团；Acidic group，酸性基团；Acetylation（Ac），乙酰化；Propionylation（Pr），丙酰化；Butyrylation（Bu），丁酰化；2-Hydroxyisobutyrylation（Hib），2-羟基异丁基酰化；*β*-Hydroxybutyrylation（Bhb），β-羟基丁酰化；Succinylation（Succ），琥珀酰化；Crotonylation（Cr），巴豆酰化；Malonylation（Ma），丙二酰化；glutarylation（Glu），戊二酰化

图 9-1

二、新型赖氨酸修饰的鉴定方法

基于质谱的方法通过检测修饰引起的残基质量变化鉴定蛋白质翻译后修饰，已成为目前鉴定新型蛋白质翻译后修饰的主要方法，可分为两种策略（图 9-2）。第一种是基于酰基辅酶 A 之间高度结构相似性的候选方法。Kpr 和 Kbu 的结构被预测与赖氨酸乙酰化（lysine acetylation，Kac）非常相似，理论上用 Kac 特异性抗体进行免疫亲和分离，可以富集包含 Kpr 和 Kbu 修饰的肽段，以及预期

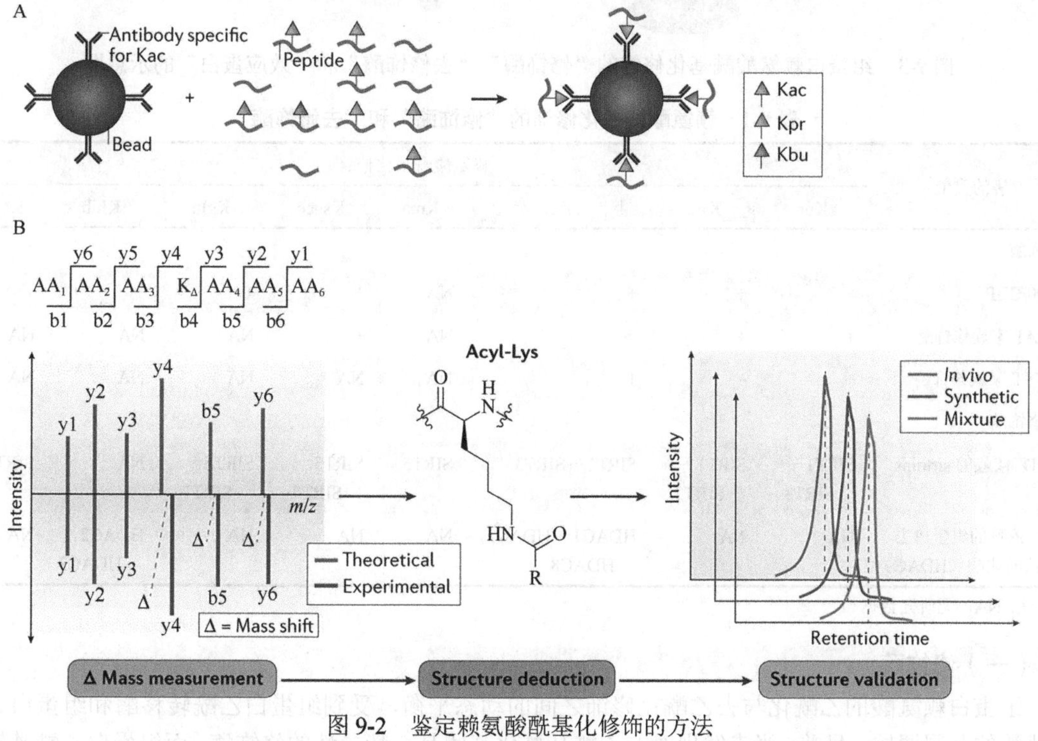

图 9-2　鉴定赖氨酸酰基化修饰的方法

图 9-2

A. 针对特定赖氨酸酰基化（如 Kac）的抗体，可用于采用免疫亲和的方法富集结构相似的酰基化多肽，如只有一个（Kpr）或两个（Kbu）烃基不同的肽段。B. 特异性酰化的鉴定始于裂解的肽骨架的串联质谱分析，该裂解的肽骨架包含修饰的赖氨酸（KΔ；左上图），其产生的光谱使用非限制性蛋白序列比对算法进行分析，以检测底物肽段中的质量偏移，进而在肽段中定位新型修饰。质量偏移（Δ）表示实验检测到的肽段（红色）的碎片峰与理论肽段（蓝色）的碎片峰之间的差（左下图）。*Y* 轴表示肽段碎片离子的相对丰度，*X* 轴表示肽段碎片离子的质荷比（*m/z*）。对修饰进行精确的分子量测定可用于推导其理论的化学结构（中间图）。利用具有候选修饰的合成肽段，通过 HPLC 共洗脱和串联质谱对体内来源的肽段进行验证（右图）。图中显示了来自体内来源的肽段（蓝色）、合成肽段（红色）以及两者的混合物（绿色）的 HPLC

Antibody specific for Kac，Kac 特异性抗体；Peptide，肽段；Bead，磁珠；Intensity，强度；Mass shift，质量位移；Thoretical，理论的；Experimental，实验的；In vivo，体内的；Synthetic，合成的；Mixture，混合的；Retention time，保留时间；Mass measurement，质量测量；Structure deduction，结构推导；Structure validation，结构验证

笔记栏

的 Kac 修饰肽段（图 9-2A）。事实上，通过对用 Kac 特异性抗体免疫亲和分离富集的肽段进行串联质谱分析发现，组蛋白 H4 上存在 Kpr 和 Kbu。同样，在发现 Ksucc 之后，预测了结构相似的 Kma 和 Kglu 的存在，并随后采用质谱检测到了这些修饰。第二种策略是依赖于无偏倚地、系统地筛选所有可能由先前未鉴定的蛋白质翻译后修饰引起的质量位移（图 9-2B）。通过将串联质谱的谱图与现有的蛋白质序列数据库比对，可以将肽段的修饰定位到特定的残基上。通过开发对低分辨率质谱来源的串联质谱数据进行此类分析的算法，鉴定了 4 种新的赖氨酸酰基化修饰：Ksucc、Kcr、Kbhb 和 Khib。此外，高分辨率串联质谱数据可与最大质量偏移数据库搜索结合使用，以检测由蛋白质翻译后修饰引起的未表征的质量偏移。一旦检测到这种偏移，就可以通过化学和生化方法，如修饰肽段合成、高效液相色谱（high performance liquid chromatography，HPLC）洗脱、串联质谱分析、同位素标记和使用适当抗体的免疫化学等，推断其化学结构并进一步验证。

三、组蛋白赖氨酸酰基化修饰的动态调控及其效应蛋白

组蛋白的赖氨酸酰基化修饰是一个动态调节的过程，可由酰基转移酶催化赖氨酸发生修饰，也可由去酰基化酶催化赖氨酸发生去修饰（图 9-3，表 9-1）。

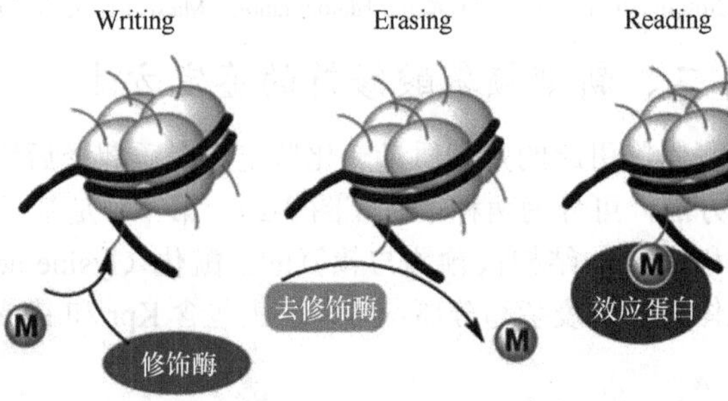

图 9-3

图 9-3　组蛋白赖氨酸酰基化修饰的"修饰酶"、"去修饰酶"和"效应蛋白"的示意图

表 9-1　赖氨酸酰基化修饰的"修饰酶"和"去修饰酶"

酶的类型	赖氨酸酰基化修饰							
	Kpr	Kbu	Kcr	Kma	Ksucc	Kglu	Khib	Kbhb
修饰酶								
p300/CBP	+	+	+	NA	+	+	+	+
GNAT 家族修饰酶	+	+		NA	+	NA	NA	NA
MYST 家族修饰酶	+	−	+	NA	NA	NA	NA	NA
去修饰酶								
NAD^+ 依赖的 sirtuins	SIRT1～SIRT3	SIRT1～SIRT3	SIRT1～SIRT3	SIRT5	SIRT5，SIRT7	SIRT5，SIRT7	NA	SIRT3
Zn^{2+} 依赖的组蛋白去乙酰化酶（HDAC）	NA	NA	HDAC1～HDAC3，HDAC8	NA	NA	NA	HDAC2，HDAC3	NA

注：NA，无研究数据

（一）修饰酶

组蛋白赖氨酸的乙酰化与去乙酰化修饰之间的动态平衡，受到组蛋白乙酰转移酶和组蛋白去乙酰化酶的共同调控。目前，尚未发现对非乙酰基酰化基团具有特异性的修饰酶，而组蛋白乙酰基转移酶兼具催化其他酰基化修饰反应的能力。根据序列和结构特征，组蛋白乙酰转移酶可分为 3 类：GNAT（Gcn5-related N-acetyltransferase）家族，MYST（Moz、Ybf2、Sas2 和 Tip60）家族和 p300/CBP（p300/CREB-binding protein）家族。

p300/CBP 能够催化广泛的酰基化修饰的发生。除了具有乙酰转移酶活性外，它还具有催化组蛋白 Kpr、Kbu、Kcr、Kbhb、Ksucc、Kglu、Khib 和 Kla 修饰的能力。对 p300 的 Kac、Kpr、Kbu 和 Kcr 催化活性的动力学分析证实，随着酰基侧链长度的增加，p300 对它们的催化反应效率逐渐降低。p300/CBP 是哺乳动物细胞中主要的巴豆酰基转移酶，MYST 家族蛋白 males absent on the first（MOF）

笔记栏

也能催化组蛋白 H3K4、H3K9、H3K18、H3K23、H4K8 和 H4K12 位点的巴豆酰化修饰；在催化非组蛋白 nucleophosmin（NPM1）发生巴豆酰化修饰方面，CBP 和 MOF 具有较强的活性，p300/CBP-associated factor（PCAF）的催化活性中等。但是，DEAD-box RNA 解旋酶 DDX5 的巴豆酰化修饰只能由 CBP 催化发生。

相比而言，GNAT 和 MYST 家族成员的非乙酰基酰化活性范围比较有限。GNAT 家族的组蛋白乙酰转移酶 GCN5（又称 KAT2A）、p300/CBP 相关因子 PCAF（又称 KAT2B）和酵母 MYST 家族的组蛋白乙酰转移酶 Esa1（哺乳动物中的 KAT5）在体外能够催化 Kpr 修饰。GCN5 和 PCAF 也能催化 Kbu，但与丙酰化相比其催化反应效率更低。另外，GCN5 能够发挥琥珀酸转移酶的作用，催化组蛋白 H3K79 位点的琥珀酰化修饰，并在基因转录起始位点附近发生该修饰的频率最高。抑制 GCN5 的表达能够降低基因表达并抑制肿瘤细胞的增殖和生长。MOF 和其他 MYST 家族成员在体外和细胞中都具有很强的 Kpr 催化活性。

（二）去修饰酶

组蛋白赖氨酸酰基化修饰的组蛋白去乙酰化酶主要可分为两类，一类为 Zn^{2+} 依赖的组蛋白去乙酰化酶，另一类为 NAD^{+} 依赖的 sirtuin（SIRT）家族蛋白。研究显示，SIRT5 具有较强的去琥珀酰化酶、去丙二酰化酶和去戊二酰化酶活性，但其去乙酰化酶活性较低；SIRT1、SIRT2 和 SIRT3 具有更广谱性的去酰基化酶活性，包括去丙酰化、去丁酰化和去巴豆酰化酶活。SIRT3 还具有去 β-羟基丁酰化的酶活，且对 H3K4、H3K9、H3K18、H3K23、H3K27 和 H4K16 位点具有偏好性；SIRT7 在 DNA 损伤过程中能够发挥组蛋白去琥珀酰化酶的作用。与 sirtuins 相比，人们对 Zn^{2+} 依赖的组蛋白去乙酰化酶的组蛋白去乙酰化酶活性的了解相对较少。对于组蛋白去巴豆酰化酶的研究显示，组蛋白去乙酰化酶 HDAC1、HDAC2、HDAC3、HDAC8、Sirt1、Sirt2 和 Sirt3 均具有组蛋白去巴豆酰化酶（histone decrotonylase，HDCR）的活性。Zn^{2+} 依赖性组蛋白去乙酰化酶对其他酰化反应的活性尚未报道。

（三）效应蛋白

组蛋白赖氨酸乙酰化修饰的效应蛋白主要包括三个家族：bromodomain 蛋白、YEATS（Yaf9、ENL、AF9、TAF14 和 Sas5）结构域蛋白和 PHD（double plant homeodomain）finger 结构域蛋白，它们具有各自的结构特性和作用机制。除了结合乙酰化修饰之外，含有上述结构域的效应蛋白也具有结合其他酰基化修饰的能力（表 9-2）。

表 9-2 组蛋白赖氨酸酰基化修饰的效应蛋白

蛋白	结构域	氨基酸残基	酰基化修饰的偏好性
BRD9	Bromo	H4 K5, K8	Pr＞Bu＞Ac
CECR2	Bromo	H4 K5, K8	Bu＞Ac＞Pr
TAF1	Bromo(2)	H4 K5, K8	Ac＞Pr＞Cr＞Bu
AF9	YEATS	H3 K9	Cr＞Pr＞Bu＞Ac
YEATS2	YEATS	H3 K27	Cr＞Bu＞Pr＞Ac
ENL	YEATS	H3 K9, 27	Cr＞Pr＞Bu＞Ac
GAS41	YEATS	H3 K9, 27	Cr＞Pr＞Bu＞Ac
TAF14	YEATS	H3 K9	Cr＞Pr＞Bu＞Ac
MOZ	DPF	H3 K14	Cr＞Bu＞Pr＞Ac
DPF2	DPF	H3 K14	Cr＞Bu＞Pr＞Ac
MORF	DPF	H3 K14	Bu＞Ac

注：Pr：丙酰化；Bu：丁酰化；Ac：乙酰化；Cr：巴豆酰化。

1. Bromodomain 蛋白 是一类典型的组蛋白赖氨酸乙酰化的效应蛋白。Bromodomain 蛋白可结合组蛋白赖氨酸上的乙酰化或丙酰化修饰，但除一些特例外，不能与丁酰化、巴豆酰化或任何酸性酰基化修饰结合。Bromodomain 蛋白对 Kac 和其他酰基化修饰组合的结合能力有待进一步研究。

笔记栏

2. YEATS 结构域蛋白 YEATS 结构域是从对人类 AF9（ALL1-fused gene from chromosome 9 protein）蛋白的研究中，首次鉴定的新型 Kac 效应蛋白，随后被转录起始因子亚基 14（transcription initiation factor subunit14）的研究证实。高度保守的 YEATS 结构域存在于与转录调控有关的蛋白质中。与 bromodomain 蛋白不同，YEATS 结构域蛋白对 Kpr、Kbu 和 Kcr 的结合亲和力高于 Kac，对 Kcr 的结合亲和力最高。

3. Double PHD finger（DPF）结构域蛋白 又称串联的 PHD finger 蛋白，能够结合 Kac。目前，单核细胞白血病锌指蛋白（MOZ，也称为 KAT6A）和 MOZ 相关因子（MORF，也称为 KAT6B）以及 BRG1 相关因子（BAF）染色质重塑复合物的亚基 DPF1、DPF2 和 DPF3 中的 DPF 结构域蛋白被鉴定为 Kac 的效应蛋白。通过对 MOZ 和 DPF2 中 DPF 结构域的研究显示，DPF 结构域对比乙酰基长的酰基链具有优先结合力，结合 Kcr 的亲和力最高。

四、特定修饰蛋白质底物的鉴定方法

表征蛋白质翻译后修饰的主要任务之一是鉴定其蛋白质底物。近年来，以质谱为基础的蛋白质组学在鉴定新型蛋白质翻译后修饰方面取得了很大的进展。蛋白质翻译后修饰通常是亚化学计量的，因此需要特异性富集来检测和表征相对含量较低的修饰。目前，基于抗体的免疫亲和力富集已广泛用于鉴定具有特定翻译后修饰的蛋白质底物（图 9-4）。为此，将具有化学修饰的肽段或蛋白质用作抗原来制备相应的抗体。然后将纯化后的抗体固定在树脂上，从复杂蛋白混合物中分离出目标蛋白以进行进一步的序列分析。利用翻译后修饰特异性抗体的研究有助于蛋白质磷酸化、乙酰化和甲基化的高识别覆盖率和定量分析。近年来，抗 malonyl/succinyl/glutaryllysine 抗体的应用促进了赖氨酸 malonylation、succinylation 或 glutarylation 修饰位点的识别、富集和鉴定。

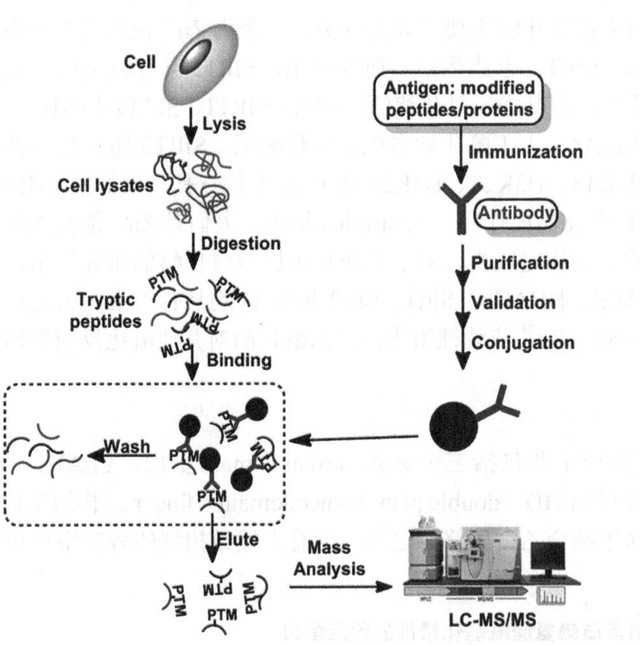

图 9-4

图 9-4 免疫亲和方法富集翻译后修饰肽以进行质谱分析的策略

Cell，细胞；Lysis：裂解；Cell lysates，细胞裂解物；Digestion，消化；Tryptic peptides，胰蛋白酶消化肽段；Binding，结合；Wash，清洗；Elute，洗脱；Antigen: modified peptides/proteins，抗原：修饰的肽或蛋白；Immunization，免疫；Antibody，抗体；Purification，纯化；Validation，验证；Conjugation，共轭；Mass Analysis，质量分析

第二节 琥珀酰化修饰

一、琥珀酰化修饰的结构特点

2011 年，有研究团队利用质谱技术首次在大肠杆菌的异柠檬酸脱氢酶中发现了赖氨酸残基 Lys242 位点质量偏移为 100.0186Da 的修饰。根据 Unimod 的注释，该质量偏移最可能的结构是琥珀酰基或其异构体甲基丙二酰基（图 9-5）。通过与人工合成的琥珀酰赖氨酸酰基肽段进行质谱比较分析，发现体内肽段的串联质谱（tanderm mass spectrometry，MS/MS）图与合成肽段的 MS/MS 图完全匹配。HPLC-MS/MS 的共洗脱实验表明，体内肽、合成的琥珀酰赖氨酸肽以及两者的混合物具有相似的保留时间，并且该混合物显示出单个共洗脱峰，而在反相 HPLC 共洗脱色谱图中，合成的甲基丙二酰赖氨酸肽的保留时间比其相应的赖氨酸-琥珀酰化肽的保留时间更长，表明检测到的 100.0186Da 的质量偏移确实是由琥珀酰化而不是甲基丙二酰化引起的。利用免疫印迹分析、体内用琥珀酸同位素标记、MS/MS 和 HPLC 共洗脱 4 种独立的方法对 3 种蛋白质（异柠檬酸脱氢酶、丝氨酸羟甲基转移酶和 3-磷酸甘油醛脱氢酶 A）中的 4 个琥珀酰化位点进行全面分析，进一步证实 100.0186Da 的质

笔记栏

量偏移是由琥珀酰化导致的。

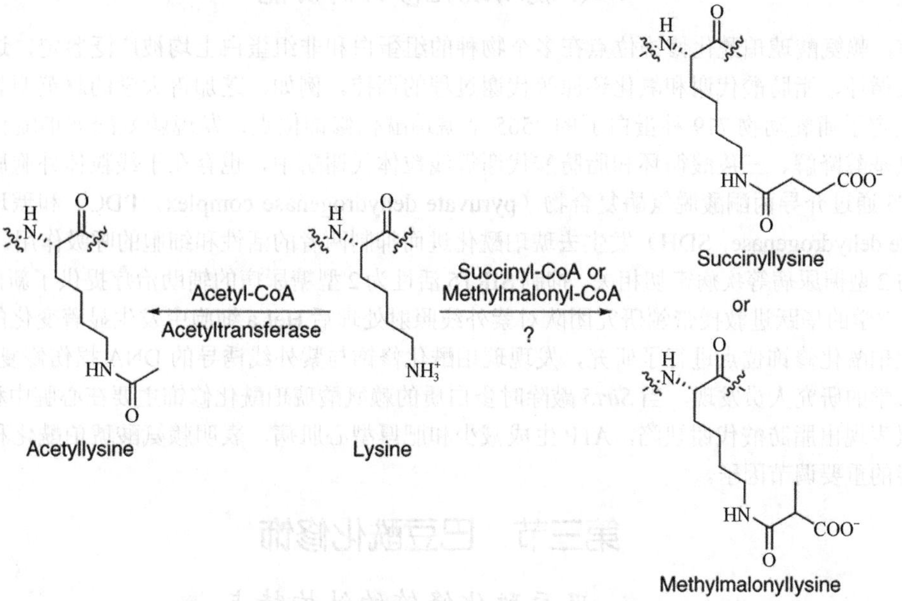

图 9-5　赖氨酸、乙酰赖氨酸、琥珀酰赖氨酸和甲基丙二酰赖氨酸残基的化学结构图

Acetyl-CoA，乙酰辅酶 A；Acetyltransferase，乙酰转移酶；Succinyl-CoA or Methylmalonyl-CoA，琥珀酰辅酶 A 或甲基丙二酰辅酶 A；Succinyllysine，琥珀酰赖氨酸；Acetyllsine，乙酰赖氨酸；Lysine，赖氨酸；Methylmalonyllysine，甲基丙二酰赖氨酸

图 9-5

相对于乙酰化，琥珀酰化修饰可以更大程度地导致蛋白质特征的改变。琥珀酰化是将一个带负电荷的四碳琥珀酰基转移到赖氨酸残基侧链伯胺的过程，会使赖氨酸的电荷状态从+1 改变为–1，比乙酰化（从+1 改变到 0）带来的电荷改变更剧烈。同时，琥珀酰化加入了一个更大的结构基团，对蛋白结构和功能可能影响更大（图 9-6）。对异柠檬酸脱氢酶的琥珀酰赖氨酸残基进行诱变分析表明，这些位点对于保持蛋白质的酶活性至关重要。通过使用抗琥珀酰赖氨酸抗体进行亲和纯化，发现 14 种大肠杆菌蛋白中存在 69 个琥珀酰赖氨酸位点，表明赖氨酸琥珀酰化是天然存在的赖氨酸修饰，在细胞功能中发挥着重要的作用。

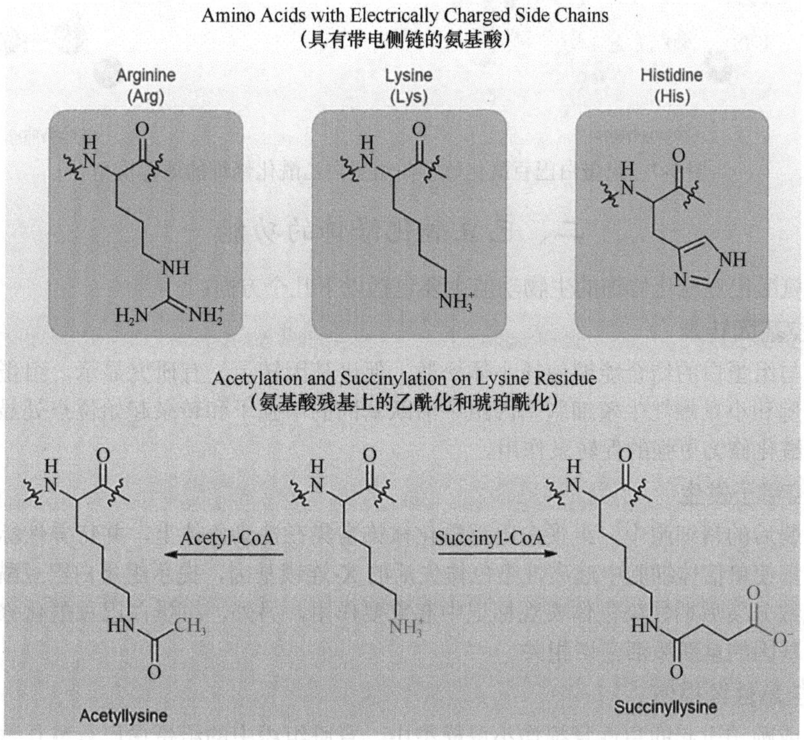

图 9-6　赖氨酸琥珀酰化修饰对蛋白分子量和电荷的影响

图 9-6

笔记栏

二、琥珀酰化修饰的功能

目前，赖氨酸琥珀酰化修饰位点在多个物种的组蛋白和非组蛋白上均被广泛鉴定，这些修饰参与三羧酸循环、脂肪酸代谢和氧化还原等代谢过程的调控。例如，芝加哥大学的赵英明教授带领研究团队鉴定了哺乳动物779种蛋白上的2565个琥珀酰化修饰位点，发现赖氨酸琥珀酰化修饰广泛存在于氨基酸降解、三羧酸循环和脂肪酸代谢等线粒体代谢酶中，也存在于线粒体外胞质和核蛋白上；SIRT5通过介导丙酮酸脱氢酶复合物（pyruvate dehydrogenase complex，PDC）和琥珀酸脱氢酶（succinate dehydrogenase，SDH）发生去琥珀酰化进而抑制两者的活性和细胞的呼吸作用。因PDC功能障碍与2型糖尿病等疾病密切相关，抑制SIRT5活性为2型糖尿病的辅助治疗提供了新的策略。此外，浙江大学的华跃进教授带领研究团队对紫外线照射处理后HeLa细胞中发生显著变化的赖氨酸乙酰化和琥珀酰化修饰位点进行了研究，发现琥珀酰化修饰与紫外线诱导的DNA损伤修复密切相关。康奈尔大学的研究人员发现，当*Sirt5*敲除时蛋白质的赖氨酸琥珀酰化修饰主要在心脏中积累，*Sirt5*缺陷小鼠表现出脂肪酸代谢缺陷，ATP生成减少和肥厚型心肌病，表明赖氨酸琥珀酰化和SIRT5是心脏功能的重要调节因子。

第三节　巴豆酰化修饰

一、巴豆酰化修饰的结构特点

巴豆酰化修饰是2011年由芝加哥大学的研究团队利用质谱技术在HeLa细胞和小鼠精子细胞中首次发现的新型组蛋白赖氨酸修饰，其是由组蛋白巴豆酰基转移酶（histone crotonyltransferase，HCT）以巴豆酰辅酶A为底物，将巴豆酰基团转移到赖氨酸残基而形成的，在结构上与组蛋白乙酰化修饰类似，但多了一个碳碳双键（图9-7），质量偏移为68.0230Da。结构和基因组定位研究显示，巴豆酰化修饰在进化上高度保守，且在基因的启动子区或增强子区显著富集，提示组蛋白巴豆酰化修饰在基因转录方面发挥着潜在的调控作用。在减数分裂后的精细胞中，Kcr富集在性染色体上，并特异性标记睾丸特异性基因。

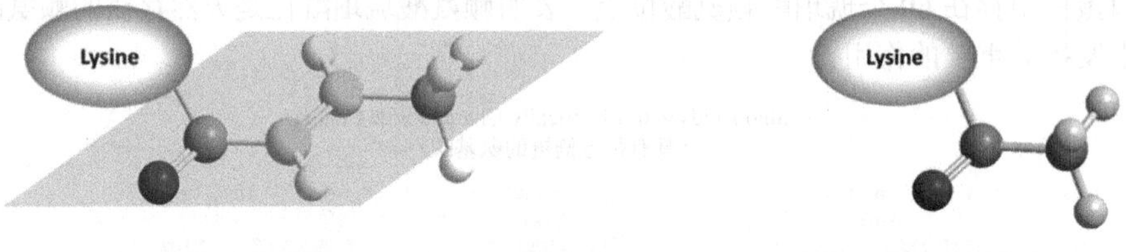

图9-7

图9-7　组蛋白巴豆酰化修饰与组蛋白乙酰化修饰的球棍模型

二、巴豆酰化修饰的功能

目前，赖氨酸巴豆酰化修饰的生物功能主要包括以下几个方面：

（一）调控基因转录

巴豆酰基与组蛋白的结合能够使核小体松散，促进基因转录。有研究显示，组蛋白巴豆酰化修饰在人类体细胞和小鼠雄性生殖细胞基因组中活跃基因的增强子和转录起始位点处显著富集，且具有比组蛋白乙酰化修饰更强的促转录作用。

（二）调控精子发生

在减数分裂后的精细胞中，组蛋白巴豆酰化修饰富集在性染色体上，并特异性标记睾丸特异性基因，包括大量使单倍体细胞中逃离性染色体失活的X-连锁基因，提示组蛋白巴豆酰化修饰可能在精子发生的减数分裂后期性染色体表观标记中起重要作用。另外，组蛋白巴豆酰化修饰与圆形精子性染色体连锁基因的重新激活密切相关。

（三）调控急性肾损伤

笔记栏

在由叶酸或顺铂引起的急性肾损伤小鼠模型中，肾脏组织中的组蛋白巴豆酰化修饰水平显著增加，起到保护肾脏的作用；而通过在小鼠中注射巴豆酸盐，可以增加整体巴豆酰化修饰水平，降低急性肾损伤的危害。

（四）调控抑郁

有研究显示，对压力敏感的啮齿动物在前额叶内侧皮质中组蛋白巴豆酰化水平较低；染色质区域Y样蛋白（chromodomain Y-like protein，CDYL）通过对神经肽*VGF*基因启动子区组蛋白巴豆酰化和H3K27me3的双重影响来抑制*VGF*基因转录，进而调节结构突触的可塑性；在前肢皮层中*CDYL*基因的表达量降低可防止慢性社会挫败压力诱发的抑郁症样行为，这些结果表明CDYL介导的组蛋白巴豆酰化可能在调节应激诱导的抑郁行为中起重要作用。

（五）调控同源重组介导的DNA修复

研究人员利用质谱技术对HeLa细胞中CDYL调控的巴豆酰化修饰组进行分析，发现CDYL能够负调控单链DNA结合蛋白复制蛋白A1（RPA1）的巴豆酰化修饰；RPA1中Kcr位点的突变会削弱其与单链DNA的相互作用，提示CDYL调控的RPA1的赖氨酸巴豆酰化修饰在同源重组介导的DNA修复过程中发挥着关键的作用。

第四节　丙二酰化修饰

一、丙二酰化修饰的结构特点

丙二酰化修饰是2011年由芝加哥大学的研究团队首次发现的新型赖氨酸修饰类型，其质量偏移为85.9988Da，在哺乳动物细胞和细菌细胞中动态变化且进化保守。它的发生依赖于丙二酰辅酶A将丙二酰基团添加到赖氨酸并将其电荷从+1更改为−1（图9-8）。这一变化有可能破坏赖氨酸与其他氨基酸的静电相互作用并改变蛋白质构象，甚至可能影响其与靶蛋白的结合。

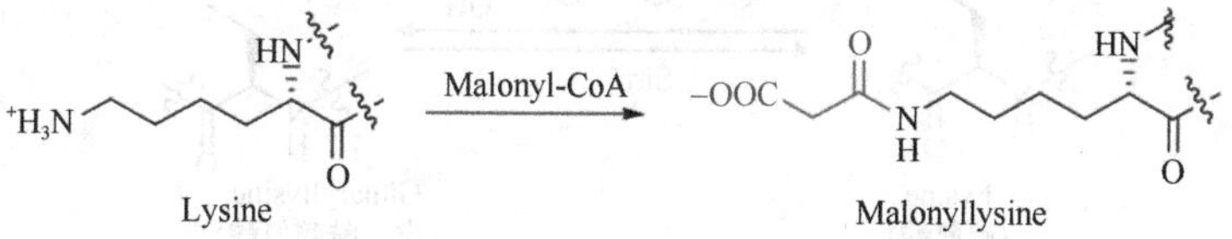

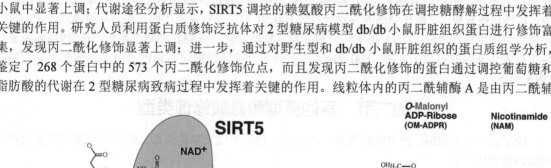

图9-8　丙二酰化修饰的化学结构

Malonyl-CoA：丙二酰辅酶A；Malonyllysine：丙二酰赖氨酸

图9-8

二、丙二酰化修饰的功能

SIRT5是NAD^+依赖性赖氨酸去酰基化酶，首先被证明在体内和体外具有催化赖氨酸去丙二酰化的活性（图9-9）。研究人员通过比较分析野生型（WT）和$Sirt5^{-/-}$小鼠肝脏中SIRT5调节的赖氨酸丙二酰化酶组，在430个蛋白中鉴定了1137个赖氨酸丙二酰化修饰位点，其中183个位点在$Sirt5^{-/-}$小鼠中显著上调；代谢途径分析显示，SIRT5调控的赖氨酸丙二酰化修饰在调控糖酵解过程中发挥着关键的作用。研究人员利用蛋白质修饰泛抗体对2型糖尿病模型db/db小鼠肝脏组织蛋白进行修饰富集，发现丙二酰化修饰显著上调；进一步，通过对野生型和db/db小鼠肝脏组织的蛋白质组学分析，鉴定了268个蛋白中的573个丙二酰化修饰位点，而且发现丙二酰化修饰的蛋白通过调控葡萄糖和脂肪酸的代谢在2型糖尿病致病过程中发挥着关键的作用。线粒体内的丙二酰辅酶A是由丙二酰辅

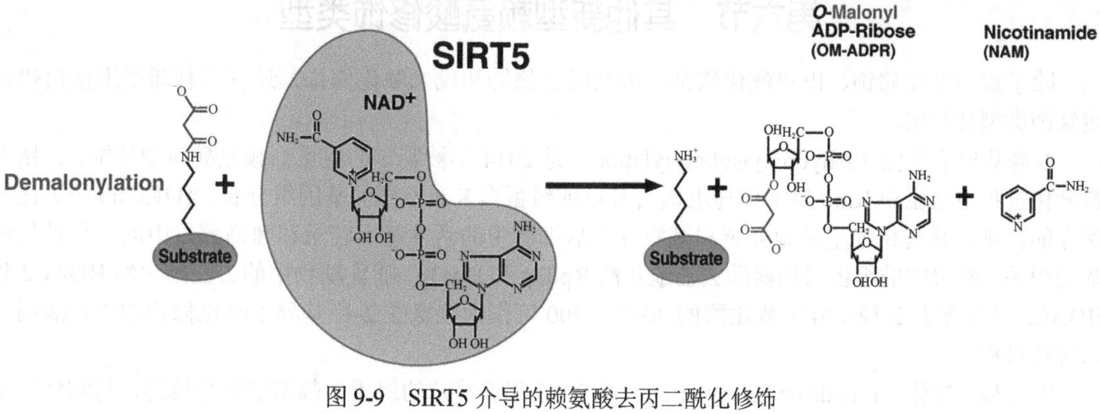

图9-9

图9-9　SIRT5介导的赖氨酸去丙二酰化修饰

Demalonylation：去丙二酰化；Substrate，底物；*O*-malonyl ADP-ribose，*O*-丙二酰ADP-核糖；Nicotinamide，烟酰胺

笔记栏

酶 A 合成酶家族成员 3 Acyl-CoA Synthetase Family Member 3（ACSF3）催化丙二酸产生的，研究人员采用 CRISPR 技术对人 HEK293T 细胞中的 *ACSF3* 进行敲减，发现 *ACSF3* 在调节线粒体蛋白的丙二酰化和代谢效率方面起着重要作用。另外，研究人员发现磷酸甘油醛脱氢酶（GAPDH）的丙二酰化修饰可作为巨噬细胞中的炎症信号。

第五节　戊二酰化修饰

一、戊二酰化修饰的结构特点和调控因子

2014 年，芝加哥大学的研究团队利用免疫印迹和质谱的方法，首次鉴定了赖氨酸戊二酰化修饰为新型的蛋白质翻译后修饰，其质量偏移为 114.0281Da。通过运用化学和生物化学等多种方法，研究人员证实了赖氨酸戊二酰化修饰存在于生物体内，且从原核生物到高等哺乳动物中普遍存在，在生命进化过程中呈现保守性，并发现戊二酰辅酶 A 为此修饰的供体（图 9-10）。另外，已报道的去乙酰化酶 SIRT5 也具有调控赖氨酸去戊二酰化修饰的活性；蛋白组学分析显示，赖氨酸戊二酰化修饰在代谢酶和线粒体蛋白上高度富集，SIRT5 可通过调节尿素循环中的限速酶氨甲酸磷酸合成酶 1（carbamoyl phosphate synthetase 1，CPS1）的去戊二酰化修饰来调节该酶的活性。Bao 等的研究结果显示，SIRT7 具有组蛋白去戊二酰化酶的活性，而组蛋白乙酰转移酶 GCN5（KAT2A）也能行使组蛋白戊二酰基转移酶的功能。

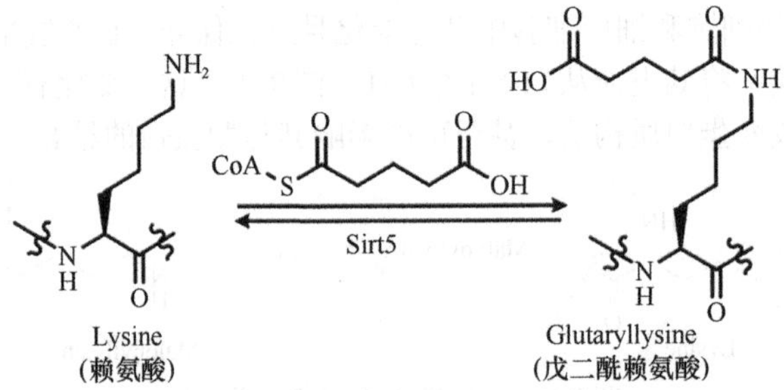

图 9-10

图 9-10　赖氨酸戊二酰化修饰

二、组蛋白赖氨酸戊二酰化修饰的功能

研究人员在 HeLa 核心组蛋白上鉴定了 27 个赖氨酸戊二酰化修饰位点，并将其映射到核小体核心颗粒的晶体结构，显示组蛋白戊二酸赖氨酸的分布不同于组蛋白乙酰化赖氨酸。与组蛋白 Kac 相比，大多数戊二酸赖氨酸位点位于组蛋白的球状结构域中，这表明它们直接影响染色质的动力学和结构。例如，组蛋白 H4K91 位于 H2A/H2B 二聚体和 H3/H4 四聚体之间的界面中。在啤酒酵母中，用模仿赖氨酸戊二酰化修饰的谷氨酸替代 H4K91 能够影响染色质的结构，从而导致转录的整体上调以及细胞周期进程、DNA 损伤修复和端粒沉默的缺陷。在哺乳动物细胞中，H4K91glu 主要富集于高表达基因的启动子区域。H4K91glu 的下调与有丝分裂期间的染色质凝缩紧密相关，并响应 DNA 损伤。

第六节　其他新型赖氨酸修饰类型

除了琥珀酰化修饰、巴豆酰化修饰、丙二酰化修饰和戊二酰化修饰，还有多种新型组蛋白赖氨酸修饰类型被鉴定。

2-羟基异丁酰化（2-hydroxyisobutyrylation）是 2014 年被鉴定的组蛋白赖氨酸新型修饰，在精细胞分化过程中组蛋白 Khib 显示出与组蛋白 Kac 或组蛋白 Kcr 不同的基因组分布。H4K8hib 是进化上保守的修饰，其与精细胞减数分裂和减数分裂后细胞中的活性基因转录和啤酒酵母中的葡萄糖代谢密切相关。酵母中的组蛋白赖氨酸去乙酰化酶 Rpd3p 和 Hos3p、哺乳动物中的去乙酰化酶 HDAC2 和 HDAC3 可发挥去 2-羟基异丁酰化酶的功能，p300 可作为赖氨酸 2-羟基异丁酰化修饰的修饰酶调控糖酵解过程。

笔记栏

β-羟基丁酰化（β-hydroxybutyrylation）是 2016 年被鉴定的组蛋白赖氨酸新型修饰，与酮体代谢密切相关。SIRT3 具有选择性的组蛋白去 β-羟基丁酰化的活性，对 H3K4、H3K9、H3K18、H3K23、

H3K27 和 H4K16 具有偏好性。p300/CBP 具有 β-羟基丁酰转移酶活性，通过介导 p53 的 β-羟基丁酰化修饰，参与调控 p53 介导的细胞生长和凋亡的生物过程。

苯甲酰化（benzoylation）修饰是 2018 年被鉴定的组蛋白赖氨酸新型修饰，在哺乳动物细胞组蛋白上存在 22 个修饰位点。苯甲酸钠可以刺激苯甲酰化修饰的发生，SIRT2 在体内和体外均具有去苯甲酰化酶的活性。苯甲酰化修饰主要发生在基因的启动子区，可参与调节磷脂酶 D 信号、甘油磷脂代谢、卵巢类固醇生成、血清素突触和胰岛素分泌等过程。

乳酸化（lactylation）修饰是 2019 年被鉴定的组蛋白赖氨酸新型修饰，其质量偏移为 72.021Da，在人类和小鼠细胞的核心组蛋白上存在 28 个乳酸化修饰位点。代谢过程中积累的乳酸可以作为前体物质导致组蛋白赖氨酸发生乳酸化修饰，并参与细菌感染后 M1 型巨噬细胞极化的调控。

第七节　新型组蛋白赖氨酸修饰的生物信息学方法

近年来，随着高通量测序技术的飞速发展和人类基因组计划的实施，生物信息学的学科优势逐渐显现，具有交叉性广和实践性强等特点，已成为当今生命科学和自然科学的前沿领域之一。目前，生命科学研究逐渐进入了后基因组时代，受益于高通量质谱技术和赖氨酸修饰特异性抗体的飞速发展，积累了大量高度复杂的蛋白质序列、结构、功能、互作及赖氨酸修饰数据。基于新型组蛋白赖氨酸修饰在调控蛋白质性质和功能方面的关键作用，对组蛋白赖氨酸修饰水平和修饰位点进行预测、鉴定和分析，已成为生物信息学蛋白质组学数据分析的重要内容。

一、新型组蛋白赖氨酸修饰位点数据库

目前，基于发生赖氨酸翻译后修饰的蛋白质丰度较低，通常需要利用赖氨酸修饰特异性抗体对修饰蛋白或肽段进行富集后，根据不同修饰类型的质量偏移，利用质谱技术鉴定发生翻译后修饰的位点。因此，建立存储包含不同研究报告的、标准化的修饰位点数据库可为蛋白质翻译后修饰的研究提供有力的分析和预测工具。

近年来，国内外研究人员建立了一系列收录赖氨酸修饰位点在内的蛋白质相关数据库。UniProt 整合了 SWISS-PROT、TrEMBL 和 PIR-PSD 三个数据库，是目前收录信息最全面、应用最广泛的蛋白质数据库。在 UniProt 数据的 PTM/processing 模块中能够显示蛋白质赖氨酸修饰位点（包括琥珀酰化、巴豆酰化修饰等新型组蛋白赖氨酸修饰位点）的注释信息及相关的报道文献，目前已包含 620 多种蛋白质翻译后修饰类型，为蛋白质翻译后修饰位点的系统分析提供了数据支持。

蛋白质赖氨酸修饰数据库（protein lysine modifications database，PLMD）是专门收录蛋白质赖氨酸修饰的在线数据库资源，其中最新版本 PLMD 3.0 是对 CPLA 1.0（Compendium of Protein Lysine Acetylation）数据库和 CPLM 2.0（Compendium of Protein Lysine Modifications）数据库进行扩展和改变而建立的。目前 PLMD 3.0 数据库包含了 20 种蛋白质赖氨酸修饰类型，共计 53 501 个蛋白质上的 284 780 个修饰位点信息。特别是，PLMD 3.0 除了收集赖氨酸泛素化、甲基化、乙酰化等修饰类型外，还添加了近几年新发现的赖氨酸修饰类型的信息，包括 6377 个蛋白上 18 593 个琥珀酰化修饰位点、3429 个蛋白上 9584 个丙二酰化修饰位点、192 个蛋白上 413 个丙酰化修饰位点和 15 个蛋白上 81 个 2-羟基异丁酰化修饰位点等。

dbPTM 数据库已维护了 10 年以上，旨在为蛋白质翻译后修饰研究提供功能和结构分析。在最新版本的 dbPTM 中，不仅集成了来自可用数据库的更多经过实验验证和通过人工文献整理的蛋白质翻译后修饰位点，还基于非同义单核苷酸多态性（nsSNP）提供了修饰位点与疾病之间的关联。目前，该数据库收录了 130 多种蛋白质翻译后修饰类型，包含了 908 917 个文献中报道的经实验验证的和 347 984 个预测的翻译后修饰位点，其中经实验验证的新型赖氨酸修饰位点中包括 17 596 个琥珀酰化修饰位点、8736 个丙二酰化修饰位点、767 个人戊二酰化修饰位点、368 个巴豆酰化修饰位点等。

CarbonylDB 数据库收录了文献中经实验验证的来自 21 个物种的 1495 个巴豆酰化蛋白和 3781 个巴豆酰化修饰位点。可以使用 UniProt ID、蛋白名称或其他特征来检索数据库。对于收录的每个蛋白质，该数据库会显示物种、位点的数量信息；而且对于每个修饰位点，会显示氨基酸的类型、位置、实验信息和参考文献的 PubMed 编号（图 9-11）。

笔记栏

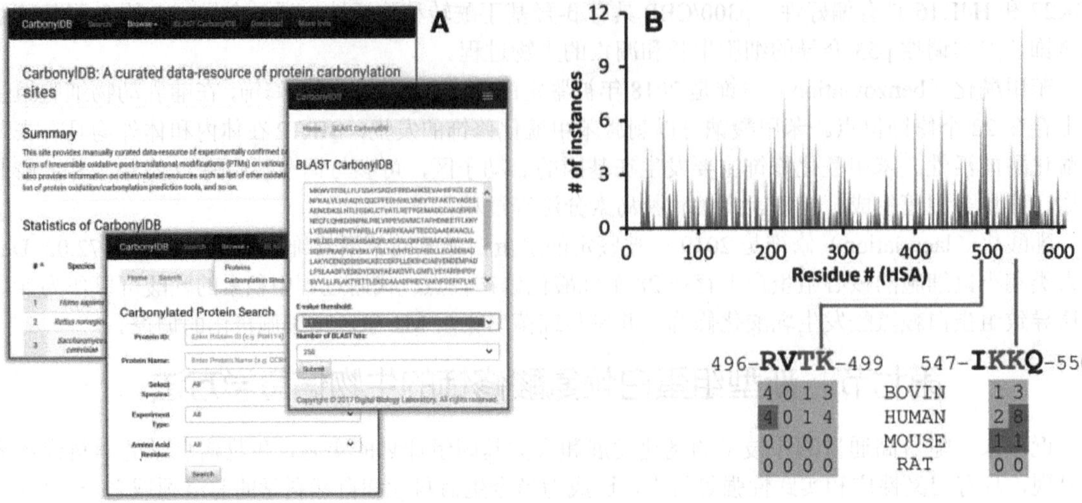

图 9-11

图 9-11 CarbonylDB 数据库网站的界面

二、新型组蛋白赖氨酸修饰位点的预测方法

鉴于蛋白质赖氨酸修饰位点的传统鉴定方法成本较高，在整合现有修饰位点信息资源的基础上，开发可预测赖氨酸修饰位点的算法和工具已成为蛋白质组学研究的热点问题。目前，研究人员基于编码赖氨酸修饰位点的序列、结构和理化性质特征，利用机器学习、深度学习等方法开发出了多种预测新型赖氨酸修饰位点的预测工具（表 9-3）。

表 9-3 预测新型赖氨酸修饰位点的生物信息工具

修饰类型	工具名称	方法
Succinylation（琥珀酰化）	iPTM-mLys	随机森林
	iSuc-PseAAC	支持向量机
	iSuc-PseOpt	随机森林
	SucStruct	*k* 最近邻
	pSuc-Lys	随机森林
	SuccFind	支持向量机
	SuccinSite	随机森林
	DeepSuccinylSite	深度学习
	Inspector	随机森林
	HybridSucc	深度学习
crotonylation（巴豆酰化）	CarSPred	支持向量机
	predCar-site	支持向量机
	iCar-PseCp	随机森林
	CarSite	支持向量机
malonylation（丙二酰化）	Mal-Lys	支持向量机
	DeepMal	深度神经网络
	Mal-Prec	支持向量机
	SEMal	旋转森林
	K_net	卷积神经网络
	RF-MaloSite	随机森林
	DL-MaloSite	深度学习

续表

修饰类型	工具名称	方法
glutarylation（戊二酰化）	GlutPred	支持向量机
	RF-GlutarySite	随机森林
	DeepGlut	卷积神经网络
	iGlu-Lys	支持向量机
	iGlu_AdaBoost	AdaBoost
2-hydroxyisobutyrylation（2-羟基异丁酰化）	iLys-Khib	支持向量机
	DeepKhib	卷积神经网络

（一）赖氨酸琥珀酰化修饰的预测方法

iPTM-mLys 是第一个建立的多标签 PTM 预测工具，其特征是将序列耦合效应整合到通常的 PseAAC（pseudo-amino acid composition）中，并将一系列基本的随机森林分类器融合到一个整体系统中，可对乙酰化、巴豆酰化、琥珀酸化和甲基化 4 种修饰类型进行预测（图 9-12）。

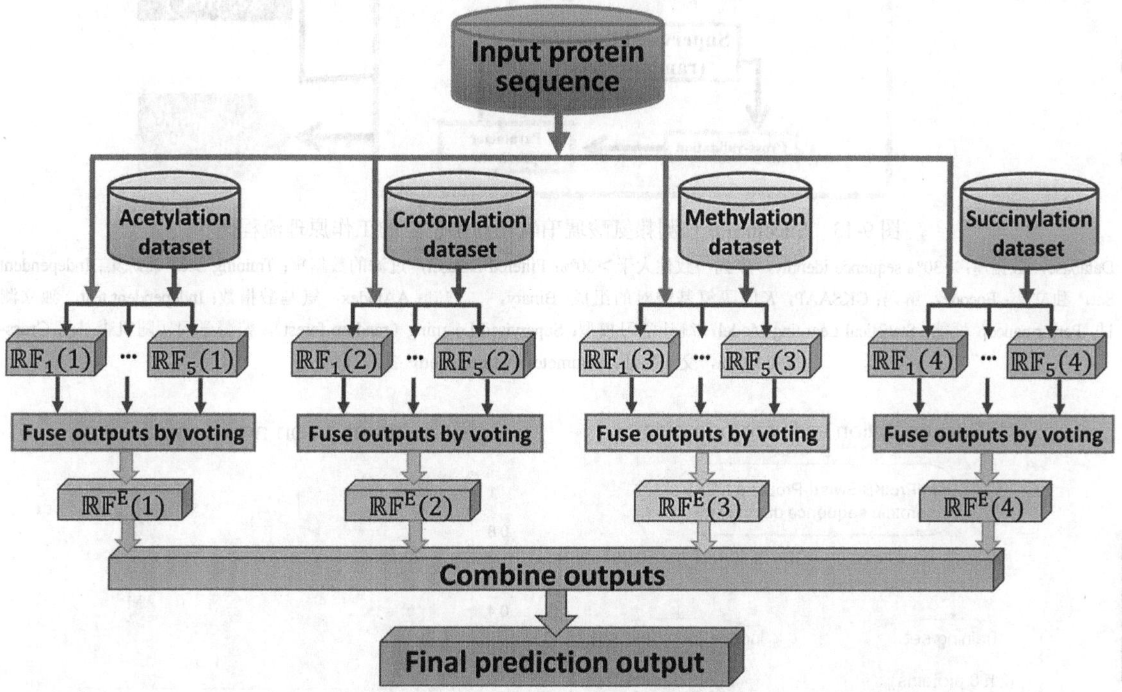

图 9-12　iPTM-mLys 预测赖氨酸琥珀酰化修饰位点的工作原理流程图

Input protein sequence，输入蛋白质序列；Acetylation dataset，乙酰化数据集；Crotonylation dataset，巴豆酰化数据集；Methylation dataset，甲基酰化数据集；Succinylation dataset，琥珀酰化数据集；Fuse outputs by voting，投票融合输出；Combine outputs，合并输出；Final prediction output，最终预测输出

图 9-12

SuccinSite 是一种通过利用氨基酸模式和特性来预测蛋白质琥珀酰化位点的计算工具，其通过整合 3 种编码方法，即基于 *K* 间隔氨基酸对组成（composition of *K*-spaced amino acid pairs，CKSAAP）的编码、二进制编码和基于氨基酸理化性质的编码，对蛋白质琥珀酰化位点进行预测（图 9-13）。

Inspector 是通过使用随机森林算法结合各种基于序列的特征编码方案而开发的赖氨酸琥珀酰化修饰的预测方法，其采用编辑最近邻欠采样方法和自适应综合过采样方法解决数据集不平衡问题，并采用两步特征选择策略对特征集进行优化，以训练预测模型的准确性（图 9-14）。

HybridSucc 是通过结合 10 种类型的信息功能，并且将深度学习和常规机器学习算法集成到一个框架中来实现混合学习架构建立的琥珀酰化位点预测工具，其在人类琥珀酰化位点的 ROC 曲线下方的面积值高达 0.952，而且该方法的准确性要比其他现有工具高 17.84%～50.62%（图 9-15）。

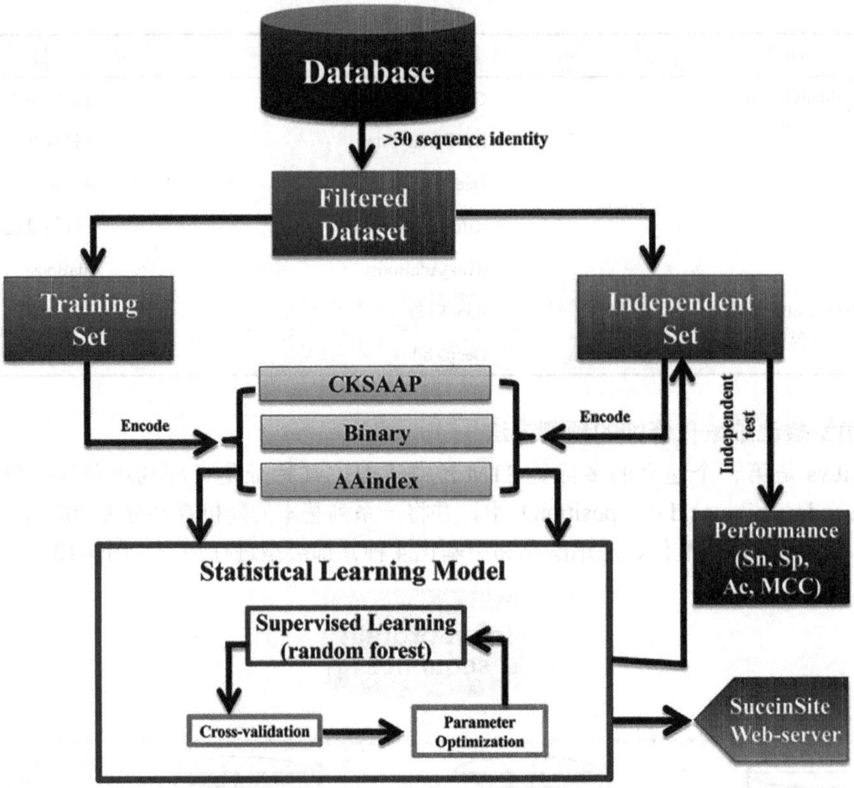

图 9-13

图 9-13 SuccinSite 预测赖氨酸琥珀酰化修饰位点的工作原理流程图

Database，数据库；>30% sequence identity，序列一致性大于>30%；Filtered Dataset，过滤的数据集；Training Set，训练集；Independent Set，独立集；Encode，解码；CKSAAP，*K* 间隔氨基酸对的组成；Binary，二进制；AAindex，氨基酸指数；Independent test，独立测试；Performance，性能；Statistical Learning Model，统计学习模型；Supervised Learning（random forest），监督学习（随机森林）；Cross-validation，交叉验证；Parameter Optimization，参数优化

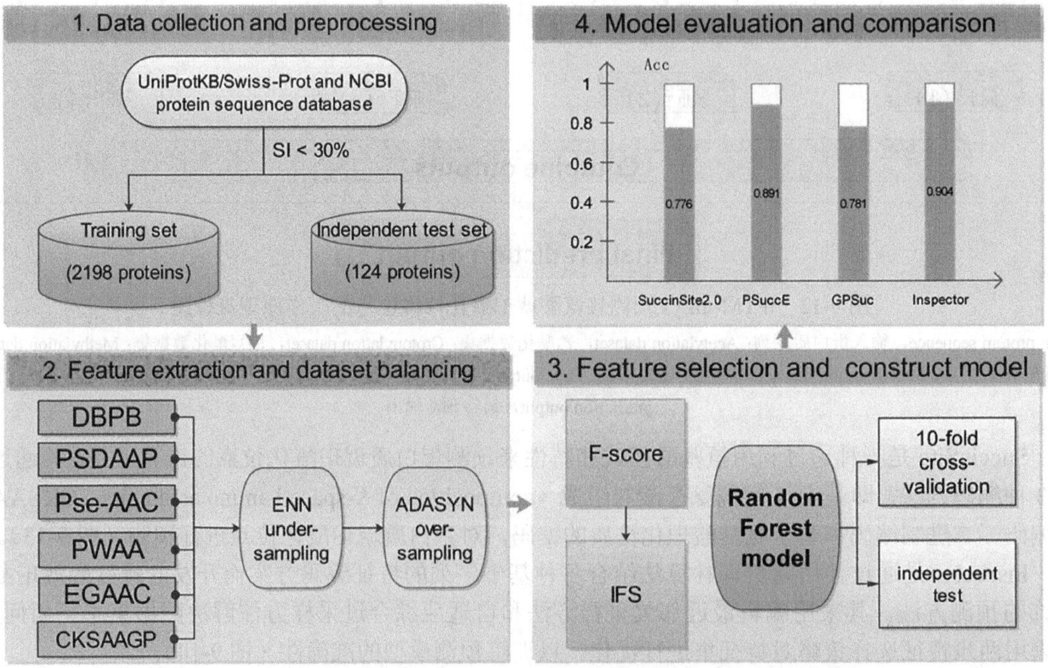

图 9-14

图 9-14 Inspector 预测赖氨酸琥珀酰化修饰位点的工作原理流程图

Data collection and preprocessing，数据收集和预处理；UniProtKB/Swiss-Prot and NCBI protein sequence database，UniProtKB/SWISS-PROT 和 NCBI 蛋白质系列指数；Training set，训练集；Independent test set，独立测试集；Feature extraction and databset balancing，特征提取和数据采集平衡；ENN under-sampling，ENN 欠采样；ADASYN over-sampling，ADASYN 过采样；Feature selection and construct model，特征提取和模型构建；Random Forest model，随机森林模型；10-fold cross-validation，10 倍交叉验证；Independent test，独立测试

笔记栏

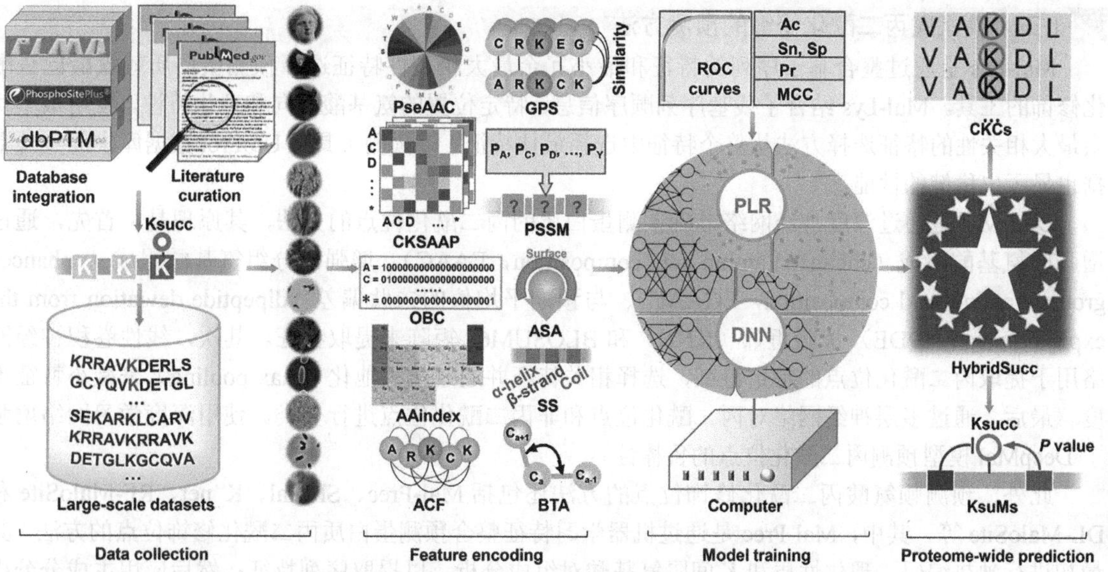

图 9-15 HybridSucc 预测赖氨酸琥珀酰化修饰位点的工作原理流程图

Database intergration，数据库整合；Literature curation，数据收集；Large-scale datasets，大规模数据集；ROC curves，受试者操作特征曲线（ROC 曲线）；Data collection，数据收集；Feature encoding，特征解码；Model training，模型训练；Proteome-wide prediction，全蛋白质范围内预测

图 9-15

此外，下列预测琥珀酰化位点的计算方法也有助于研究人员设计实验并了解琥珀酰化的分子机制。其中，iSuc-PseAAC 是利用肽段位置特异性倾向纳入 PseAAC 预测赖氨酸琥珀酰化修饰位点的方法。该方法使用支持向量机算法进行留一法交叉验证的准确性为 79.94%，灵敏度为 51.07%，特异性为 89.42%。iSuc-PseOpt 是通过将序列偶联效应整合到伪组分中并优化不平衡训练数据集来识别蛋白质中的赖氨酸琥珀酰化位点的方法，其准确性与 iSuc-PseAAC 相比较高。SucStruct 是一种利用氨基酸的结构特征（可及表面积、主链扭转角和局部结构构象等）来改善赖氨酸琥珀酰化预测的方法，其预测灵敏度、准确性和 Mathew 的相关系数分别为 0.7334～0.7946、0.7444～0.7608 和 0.4884～0.5240。pSuc-Lys 是使用 PseAAC 和整体随机森林方法预测蛋白质中的赖氨酸琥珀酰化位点的方法，其原理是：①将序列耦合信息整合到一般的伪氨基酸组成中；②通过随机采样平衡偏斜的训练数据集；③构造一个通过融合一系列单独的随机森林分类器来进行整体预测。通过 pSuc-Lys Web 服务器，用户不需要复杂的数学方程式即可轻松获得所需的结果。SuccFind 是利用支持向量机算法，根据序列衍生特征和序列进化信息开发，并通过增强特征进一步优化的琥珀酰化位点在线预测工具。DeepSuccinylSite 是基于深度学习的方法预测蛋白质琥珀酰化修饰位点的工具。

（二）赖氨酸巴豆酰化修饰的预测方法

CarSPred 是通过提取 4 种特征，并将最小冗余最大相关性（minimum redundancy maximum relevance，mRMR）特征选择准则与加权支持向量机（weighted support vector machine，WSVM）相结合开发的预测人类蛋白中巴豆酰化修饰位点的方法，其预测赖氨酸巴豆酰化修饰的准确性为 85.72%。

predCar-site 是使用支持向量机解决蛋白质不平衡问题的巴豆酰化修饰位点预测工具，其原理是：①将序列耦合信息整合到一般的 PseAAC 中；②通过不同的错误代价方法平衡倾斜训练数据集的影响；③使用支持向量机作为分类器构造预测方法。predCar-site 在预测赖氨酸巴豆酰化修饰位点的曲线下面积值高达 0.9959，而且可在其网站上获得 predCar-site 的用户友好型 Web 服务器。

iCar-PseCp 是通过 Monte Carlo 采样并将序列偶联效应整合到一般的 PseAAC 中，鉴定蛋白质中巴豆酰化修饰位点的方法。

此外，CarSite 是基于单面选择重采样方法识别人蛋白质巴豆酰化修饰位点的方法，并选择位置特异性氨基酸倾向（position-specific amino acid propensity，PSAAP）、*K* 间隔氨基酸对的组成、氨基酸组成（amino acid composition，AAC）及疏水性和亲水性氨基酸（composition of hydrophobic and hydrophilic amino acids，CHHAA）的混合组合进行优化预测器的性能。研究显示，CarSite 预测赖氨酸巴豆酰化修饰的敏感性比 iCar-PseCp 高 21%。

笔记栏

（三）赖氨酸丙二酰化修饰的预测方法

Mal-Lys是通过整合基于序列的特征和最小冗余最大相关性特征选择预测蛋白质赖氨酸巴豆酰化修饰的工具。Mal-Lys结合了残基序列顺序信息，特定位置的氨基酸倾向和理化特性，使用最小冗余最大相关性的特征选择方法从整个特征中选择最佳特征。该预测工具在UniProt数据库中的实验数据也显示出稳健的性能。

DeepMal是通过深度神经网络准确预测蛋白质的丙二酰化位点的方法，其原理是：首先，通过增强的氨基酸组成（enhanced amino acid composition，EAAC）、增强的分组氨基酸组成（enhanced grouped amino acid composition，EGAAC）、与预期平均值的二肽偏差（dipeptide deviation from the expected mean，DDE）、*k*最近邻（KNN）和BLOSUM62矩阵来提取特征。其次，线性卷积神经网络用于提取丙二酰化位点的特定特征，选择相关特征并通过最大池化（max pooling）来减小特征维度。最后，通过多层神经网络对丙二酰化位点和非丙二酰化位点进行分类。使用深度学习网络增强了DeepMal模型预测丙二酸化位点的鲁棒性。

此外，预测赖氨酸丙二酰化修饰位点的方法还包括Mal-Prec、SEMal、K_net、RF-MaloSite和DL-MaloSite等。其中，Mal-Prec是通过机器学习特征整合预测蛋白质丙二酰化修饰位点的方法，其最初进行独热编码、理化性质和*K*间隔氨基酸对组成分析，以提取序列特征；然后应用主成分分析（principal component analysis，PCA）选择最佳特征子集，同时采用支持向量机预测丙二酰化位点。SEMal基于结构和进化信息，使用旋转森林（rotation forest，RoF）的方法构建的丙二酰化位点预测模型；K_net是利用卷积神经网络构建的丙二酰化位点预测模型；RF-MaloSite和DL-MaloSite分别是基于随机森林和深度学习算法开发的新颖的丙二酰化位点预测计算方法，DL-MaloSite需要基本氨基酸序列作为输入，RF-MaloSite利用多种生化、物理化学和基于序列的特征。

（四）赖氨酸戊二酰化修饰的预测方法

目前，预测赖氨酸戊二酰化修饰位点的方法越来越多，在此简单介绍几种新开发的生物信息学工具。GlutPred是使用多特征提取和最小冗余最大相关特征选择来预测戊二酰化修饰位点的新型生物信息学工具，一方面，结合氨基酸因子、二进制编码和*K*间隔氨基酸对特征的组成来编码戊二酰化位点，采用最小冗余最大相关性法和增量特征选择算法去除冗余特征。另一方面，采用偏置支持向量机来处理戊二酰化位点训练数据集的不平衡问题。

RF-GlutarySite是使用随机森林机器学习策略来识别与戊二酰化修饰最相关的物理化学和序列的特征构建的预测赖氨酸戊二酰化修饰位点的方法。DeepGlut深度学习工具，可基于卷积神经网络来识别戊二酰化修饰位点。iGlu-Lys是基于氨基酸对有序特征预测赖氨酸戊二酰化修饰位点的方法，其采用支持向量机器学习算法，并且已经针对不同窗口长度的肽测量了其性能。iGlu-Lys的预测效果优于现有方法GlutPred。

iGlu_AdaBoost是使用AdaBoost分类器预测赖氨酸戊二酰化修饰位点的方法，其原理是：首先，提取188D特征，使用不同的非平衡策略和计算分类器进行大量的初步实验。通过对比评估的性能，选择混合采样技术SMOTE-Tomek来平衡训练数据集，选择算法AdaBoost来建立模型。其次，结合CKSAAP和EAAC两种特征表示方法，利用组合特征构建预测器；结合Chi2和IFS方法去除冗余特征，提高预测效率，得到性能最佳的模型。最后，前37个特征优于其他亚群，并应用于10倍交叉验证和独立检验对蛋白质戊二酰化进行分类（图9-16）。

（五）赖氨酸2-羟基异丁酰化修饰的预测方法

iLys-Khib是使用最小冗余最大相关性特征选择和模糊支持向量机算法识别赖氨酸2-羟基异丁酰化位点的方法，其结合氨基酸因子、二进制编码和*K*间隔氨基酸对3种有效特征的组成来编码2-羟基异丁酰化修饰位点，并采用最小冗余最大相关性特征选择算法去除冗余特征。此外，提出了一种模糊支持向量机算法来处理2-羟基异丁酰化修饰位点训练数据集中的噪声问题（图9-17）。

DeepKhib是使用单热编码方法CNNNH构建基于卷积神经网络的深度学习算法用以预测2-羟基异丁酰化修饰位点的在线工具。DeepKhib是基于来自多个物种的综合数据开发的通用模型，具有极大的通用性和有效性，曲线下面积为0.79～0.87（图9-18）。

笔记栏

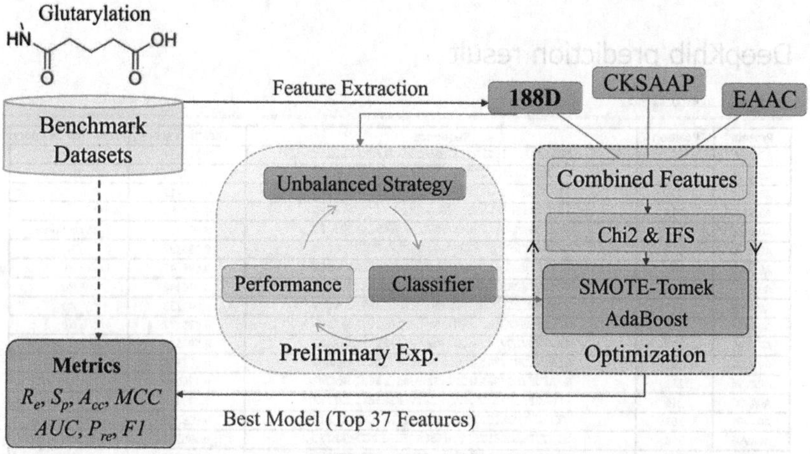

图 9-16

图 9-16　iGlu_AdaBoost 预测赖氨酸戊二酰化修饰位点的工作原理流程图

Glutarylation，戊二酰化；Feature Extraction，特征提取；Benchmark Datasets，基准数据集；Unbalanced Strategy，不平衡策略；Performance，性能；Classifier，分类器；Combined Features，合并特征；Chi2 & IFS，卡方分析和增量特征选择；SMOTE-Tomek AdaBoost，SMOTE-Tomek 是由 SMOTE 和 Tomek 组成的混合采样技术，其中 SMOTE 是合成少数过采样技术（Synthetic Minority Oversampling Technique），Tomek 是一种欠采样法，是以发明人的名字命名的，AdaBoost 是一种机器学习算法，英文全称为 Adaptive Boosting，可翻译为自适应增强；Optimization，优化；Preliminary Exp.，初步实验；Metrics，指标；Best Model（Top 37 Features），最优模型（前 37 特征）

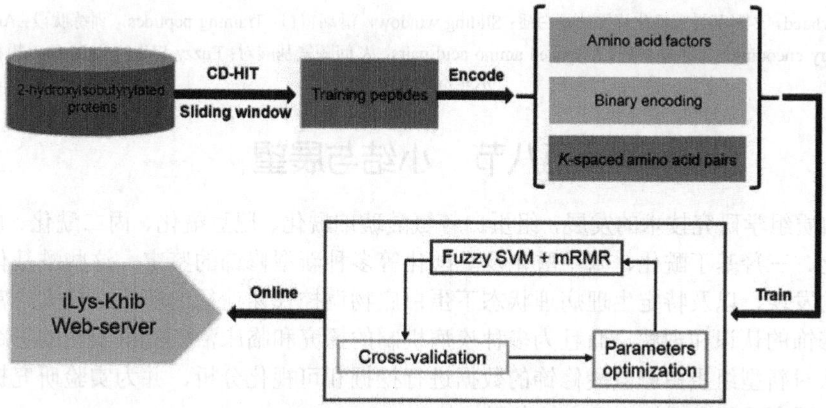

图 9-17

图 9-17　iLys-Khib 预测赖氨酸 2-羟基异丁酰化修饰位点的工作原理流程图

A

笔记栏

B

DeepKhib prediction result

Download predictions:

Protein	Position	Sequence	Prediction score	Prediction category
A0AV96	21	AEDSTAAMSSDSAAGSSAKVPEGVAGAPNEAALLALM	0.011984	No
A0AV96	54	LALMERTGYSMVQENGQRKYGGPPPGWEGPHPQRGCE	0.240550	No
A0AV96	77	PPGWEGPHPQRGCEVFVGKIPRDVYEDELVPVFEAVG	0.664412	Very high confidence
A0AV96	109	FEAVGRIYELRLMMDFDGKNRGYAFVMYCHKHEAKRA	0.924083	Very high confidence
A0AV96	121	MMDFDGKNRGYAFVMYCHKHEAKRAVRELNNYEIRPG	0.491399	High confidence
A0AV96	125	DGKNRGYAFVMYCHKHEAKRAVRELNNYEIRPGRLLG	0.084327	No
A0AV96	160	LGVCCSVDNCRLFIGGIPKMKKREEILEEIAKVTEGV	0.599747	High confidence
A0AV96	162	VCCSVDNCRLFIGGIPKMKKREEILEEIAKVTEGVLD	0.044440	No
A0AV96	163	CCSVDNCRLFIGGIPKMKKREEILEEIAKVTEGVLDV	0.043233	No
A0AV96	173	IGGIPKMKKREEILEEIAKVTEGVLDVIVYASAADKM	0.020177	No
A0AV96	190	AKVTEGVLDVIVYASAADKMKNRGFAFVEYESHRAAA	0.597568	High confidence
A0AV96	192	VTEGVLDVIVYASAADKMKNRGFAFVEYESHRAAAMA	0.093939	No
A0AV96	213	GFAFVEYESHRAAAMARRKLMPGRIQLWGHQIAVDWA	0.136066	No
A0AV96	246	VDWAEPEIDVDEDVMETVKILYVRNLMIETTEDTIKK	0.073464	No
A0AV96	263	VKILYVRNLMIETTEDTIKKSFGQFNPGCVERVKKIR	0.908789	Very high confidence
A0AV96	264	KILYVRNLMIETTEDTIKKSFGQFNPGCVERVKKIRD	0.596560	High confidence
A0AV96	278	DTIKKSFGQFNPGCVERVKKIRDYAFVHFTSREDAVH	0.004530	No
A0AV96	279	TIKKSFGQFNPGCVERVKKIRDYAFVHFISREDAVHA	0.016062	No

Legend:

Label	Score Range	Specificity
Very high confidence	(0.643 - 1)	>99%
High confidence	(0.441- 0.643)	95%-99%
Medium confidence	(0.32 - 0.441)	90%-95%
No	(0,0.32)	<90%

图 9-18

图 9-18　DeepKhib 在线预测赖氨酸 2-羟基异丁酰化修饰位点的工作界面

2-hydroxyisobutyrylated，2-羟基异丁酰化修饰的蛋白质；Sliding window，滑动窗口；Training peptides，训练肽段；Amino acid factors，氨基酸因子；Binary encoding，二进制解码；*K*-spaced amino acid pairs，*K* 间隔氨基酸对；Fuzzy SVM + mRMR，模糊支持向量机+最小冗余最大相关性

第八节　小结与展望

随着蛋白质组学研究技术的发展，组蛋白赖氨酸琥珀酰化、巴豆酰化、丙二酰化、戊二酰化、二羟基异丁酰化、三羟基丁酰化、苯甲酰化及乳酸化等多种新型修饰的鉴定，这些酰基化修饰调控酶和效应蛋白的发现，以及特定生理病理状态下蛋白底物调控代谢途径的解析，极大丰富了人们对蛋白质翻译后修饰的认识和理解，而且为多种疾病机制的探究和临床治疗提供了新的思路。利用生物信息学的方法对新型组蛋白赖氨酸修饰的数据进行挖掘和可视化分析，并为实验研究提供有价值的信息，已成为蛋白质翻译后修饰研究的发展趋势。

（齐　鑫　严文颖）

第三篇　蛋白质相互作用和演化

第十章　蛋白质相互作用的计算与分析

PPT

生物体中的蛋白质并不是孤立存在的，它们之间的复杂相互作用关系是影响细胞功能和行为的关键因素。因此，鉴定、分析蛋白质的相互作用是蛋白质组信息学领域的重要研究问题，对于理解蛋白质的功能多样性、寻找潜在的细胞信号转导途径及蛋白质层次上的生物信息学建模具有积极意义。本章主要从蛋白质相互作用的鉴定、蛋白质互作网络的构建与分析、蛋白质互作网络的生物信息学应用等方面进行阐述。

第一节　蛋白质相互作用的概念

蛋白质普遍存在于自然界中，它是生命活动的主要载体，各种功能的执行者，在细胞间的信号转导、新陈代谢、细胞分化等过程中发挥重要功能作用。值得注意的，生命体中蛋白质并不是静态孤立存在的，它们的功能体现需要依赖不同蛋白质之间的动态相互作用。具体而言，蛋白质–蛋白质相互作用（protein-protein interaction，PPI）指两个或两个以上的蛋白质分子通过非共价键形成蛋白质复合体的过程。生物体中的许多生命现象，如DNA复制、转录、翻译、剪切、细胞代谢、信号转导、免疫反应等都受到蛋白质相互作用的调控。从分子层面上准确且高效地识别蛋白质相互作用不仅有助于理解各种复杂的生命活动和生物过程，也能为众多现阶段尚未攻克的疾病提供理论根据，对生物标志物发现、新药研发及疾病发病机制探索都具有重要意义。此外，蛋白质相互作用不仅为未知蛋白质的生物学功能的注释提供了线索，同时也为进一步了解生命活动提供了必要的依据和途径。

传统的蛋白质相互作用研究主要基于低通量的生物化学实验进行筛选和验证。这些方法需要研究者事先精心设计，相应的时间和经济成本开销较大。虽然通过实验手段可以明确了解蛋白质的性质和功能，但是，整体研究的效率较为低下，并且缺乏系统生物学的研究思路。近年来，蛋白质互作用的实验预测方法得到了极大的发展，各种新兴生物技术被广泛应用，产生了海量的实验数据，也取得了一定的研究成果，推动了蛋白质组学的进步与发展。目前，常用的实验方法包括酵母双杂交系统、免疫共沉淀、蛋白质芯片、质谱及相关连用技术等。其中，高通量的实验技术可以一次性获得大量蛋白质相互作用信息。但是，由于实验条件和方法的限制，部分方法得到的蛋白质相互作用数据包含较多的噪声信号，结果的假阳性率和假阴性率较高。同时，实验技术仍然存在费时费力、覆盖范围小等不足。大数据和生物医学信息学时代，蛋白质相互作用研究开始从单纯的实验手段逐步转向计算机辅助预测，结合蛋白质的各种理化特征及功能注释，通过生物信息学建模寻找潜在的蛋白质相互作用位点，并开展系统生物学层次上的蛋白质互作网络建模和功能分析，从而有效识别网络背后潜藏的驱动信号及生物学机制问题。

相比较传统的生物学实验技术，生物信息学方法在蛋白质相互作用预测方面具有速度快、成本低、能够大规模准确预测未知蛋白质相互作用等优势。过去的十几年中，在数理统计、机器学习及人工智能的框架下，基于蛋白质序列信息、系统发育谱、基因本体、相关序列标签、序列共同进化和三维结构数据信息等的计算方法已被广泛应用于蛋白质相互作用预测。由于算法学习器在学习和训练的过程中依赖实验验证的蛋白质相互作用关系作为先验知识，相关预测结果具有一定的可信度和准确性。同时，整合不同来源的蛋白质相互作用关系构建人类蛋白质互作网络，并结合疾病发生发展过程中的分子信号变化特征重构疾病状态或阶段特异的子网络，通过网络拓扑结构和生物功能分析，有利于从整体水平上发现疾病演变过程中的关键蛋白质及其作用变化，从而推动疾病的发病机制研究和临床辅助决策。

笔记栏

第二节　蛋白质相互作用的鉴定

一、实验筛选

生物实验是筛选和鉴定蛋白质相互作用最传统、直接的方式，主要包括生物化学、生物物理学、遗传学等方法。随着实验技术的发展成熟以及实验平台的不断完善，酵母双杂交系统、免疫共沉淀、蛋白质芯片、表面等离子共振技术、荧光共振能量转移技术、噬菌体展示技术等先进方法为蛋白质相互作用及蛋白质组学的实验研究提供了技术保障。其中，酵母双杂交系统是研究蛋白质相互作用最为经典的方法。该方法基于真核生物转录调控起始过程的认识，采用一套依赖转录因子才能激活的报告基因表达体系，通过将待研究的两种蛋白质分别克隆到酵母表达质粒的转录激活因子的DNA结合结构域和转录激活域上，构建融合表达载体，从表达产物的角度分析两种蛋白质是否存在相互作用。免疫共沉淀法则是以抗原与抗体之间的专一性机制作为基础，它的基本原理是如果采用蛋白质A的抗体免疫沉淀蛋白质A，那么与蛋白质A在体内结合的蛋白质B也能够一起沉淀下来。据此，免疫共沉淀法被广泛应用于评估两种目标蛋白质在体内是否发生结合以及确定某种蛋白质新的作用对象等研究中。此外，随着近年来蛋白质质谱、芯片等方法的提出和普及，蛋白质相互作用的实验筛选效率和精度进一步提升，但是，这些方法仍然存在成本开销大、获得大量蛋白质相互作用数据的同时假阳性和假阴性结果较多等突出问题。因此，实际使用过程中应尽可能整合多种实验方法，从而弥补不同技术的缺陷，保证结果的准确可靠。

二、计算预测

虽然通过实验方法发现了大量的蛋白质相互作用数据，但是相关实验技术和方法存在一定的偏向性，导致得到了部分假阳性或假阴性的研究结果，从而影响下游分析的准确性。同时，实验设计和实施环节需要依赖较多的人力和经济开销。为了解决上述问题，研究人员总结已知蛋白质相互作用数据的特征规律，逐步探索通过计算方法预测潜在的蛋白质相互作用关系。目前，基于计算建模寻找新的蛋白质相互作用成为生物信息学领域研究的重要内容之一。相比较传统的实验模式，计算预测方法具有速度快、效率高、成本低等诸多优势。根据不同的预测原理，蛋白质相互作用的生物信息学识别方法主要包括基于基因组信息的方法、基于进化信息的方法及基于序列或结构信息的方法等。

（一）基于基因组信息的方法

基于基因组信息的方法主要包括邻接基因、基因融合和系统发育谱等。这些方法依据不同的原理假设，在预测结果的准确性和应用范围等方面也具有一定的差异。

邻接基因方法的原理假设：在原核生物基因组中，功能相关的基因承受相同的选择压力，它们更倾向于在基因组中连在一起，从而构成一个操纵子（operon）。因为操纵子编码的蛋白质在功能上具有相关性，所以，这种基因的邻接关系在物种的演化过程中具有保守性，可以用于指示基因产物之间的功能关系。但是，这种方法更适用于结构简单的原核生物基因组中蛋白质相互作用的预测，在真核生物基因组中的预测性能较为一般。

基因融合方法的原理假设：物种在演化过程中可能发生基因融合事件，即某物种中的两个或多个相互作用的蛋白质在另一物种中能够融合成一条肽链，则这种融合事件可以作为评估蛋白质是否发生相互作用或功能上是否具有相关性的依据。相比较邻接基因方法，基因融合方法可以应用至真核生物基因组中的蛋白质相互作用预测，但是，这种方法只能预测在进化过程中发生融合的蛋白质之间的功能关联，并不能直接判断这些融合蛋白在物理层次上是否发生了真正的接触作用。

系统发育谱方法的原理假设：在一个通路或结构复合体中共同起作用的蛋白质能够以相关的方式进化。在进化过程中，所有这些功能性连接的蛋白质往往在一个新物种中被同时保存或消除，这种模式被称为系统发育谱。通过比较不同蛋白质的系统发育谱，具有相同或相似谱型特征的蛋白质在功能上可能具有相关性。如图10-1所示，为了研究P1～P7这7个蛋白质之间的相互作用关系，研究人员分别选择啤酒酵母菌（*Saccharomyces cerevisiae*，SC）、大肠杆菌（*Escherichia coli*，EC）、枯草杆菌（*Bacillus subtilis*，BS）和流感嗜血杆菌（*Haemophilus influenzae*，HI）这4种菌的完全测序的基因组，针对大肠杆菌中的7个待研究蛋白质构建系统发育谱。其中，对应蛋白质在其他菌种中

笔记栏

出现则标记为“1”，否则标记为“0”。通过谱聚类分析，最终发现 P2 和 P7、P3 和 P6 具有一致的谱型，认为它们之间分别存在功能相关性。相比较基因融合方法，系统发育谱方法基于基因共出现或共缺失的原理预测蛋白质相互作用，虽然结果上具有一定的生物学意义，但是仍然不能判断待研究的蛋白质在物理上是否发生了直接接触，并且，预测结果的准确性在很大程度上依赖完成测序的基因组的数量及系统发育谱构建的完整性和可靠性。

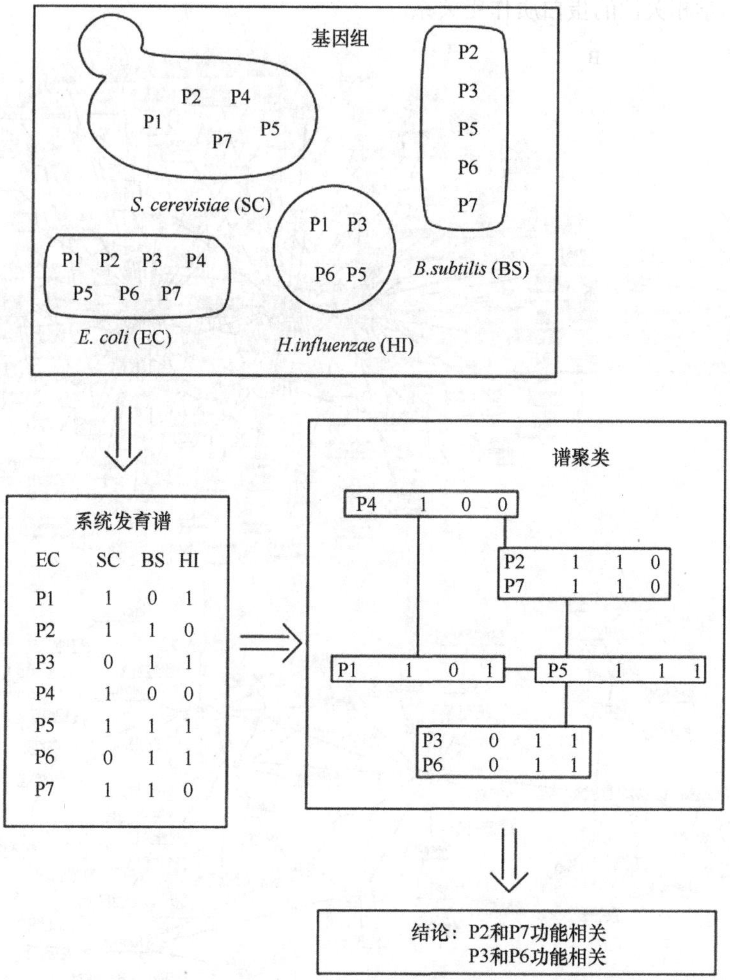

图 10-1 系统发育谱的构建和预测方法示意图

图 10-1

（二）基于进化信息的方法

如果两个蛋白质之间具有相互作用，那么它们存在一定的共同进化趋势。基于这种进化信息，由于相互作用的蛋白质受到功能的约束，相比较非相互作用的蛋白质，这些相互作用蛋白质的进化距离相似性更强，并且呈现出共同进化的特征。因此，可以通过构建镜像树的方法预测蛋白质之间是否存在相互作用。在系统发育分析的基础上，所谓“镜像”，则是分析两个蛋白质的系统发育树的拓扑结构是否具有相似性。方法上，首先将代表两个蛋白家族的进化树转化为距离矩阵，通过定义相关系数参数量化评价两个矩阵间的进化距离，若相关系数大于阈值范围，则认为两个蛋白质之间可能发生了相互作用关系。相比较系统发育谱，镜像树方法进一步关注蛋白质的进化信息，且结果更加定量化，但是，预测结果的准确性仍然受到蛋白质的家族来源、多序列比对信息的影响。

除了镜像树，相关变异、进化速率关联等方法也同样基于进化信息预测蛋白质之间的相互作用。这里，相关变异主要指物理上相互作用的两个蛋白质，其中一个蛋白质在进化过程中累积的残基变化可以通过在另一个蛋白质中发生相应的变化得到补偿。结合这种思想以及多序列比对方法，能够有效提高蛋白质接触点的预测精度，但是，该方法也依赖于完整、高质量的多序列比对信息。

（三）基于序列或结构信息的方法

笔记栏

氨基酸是构成蛋白质的基本单位，通过分析氨基酸中的序列信息能够预测蛋白质之间是否发生相互作用。由于大多数方法在蛋白质相互作用预测的过程中需要依靠蛋白质同源性信息作为先验知识，为了克服这一局限，研究人员提出了一种仅使用蛋白质序列信息的蛋白质相互作用预测方法。该方法基于支持向量机学习算法，结合核函数和三元组特征描述氨基酸的序列及其他物理化学属性。模型的训练数据包括超过16 000对实验验证的蛋白质相互作用关系。如图10-2所示，通过单核网络、多核网络及交叉网络的验证分析，结果表明，即使只有序列信息，该方法也可以用于探索任何新发现的具有未知生物学相关性的蛋白质作用关系。

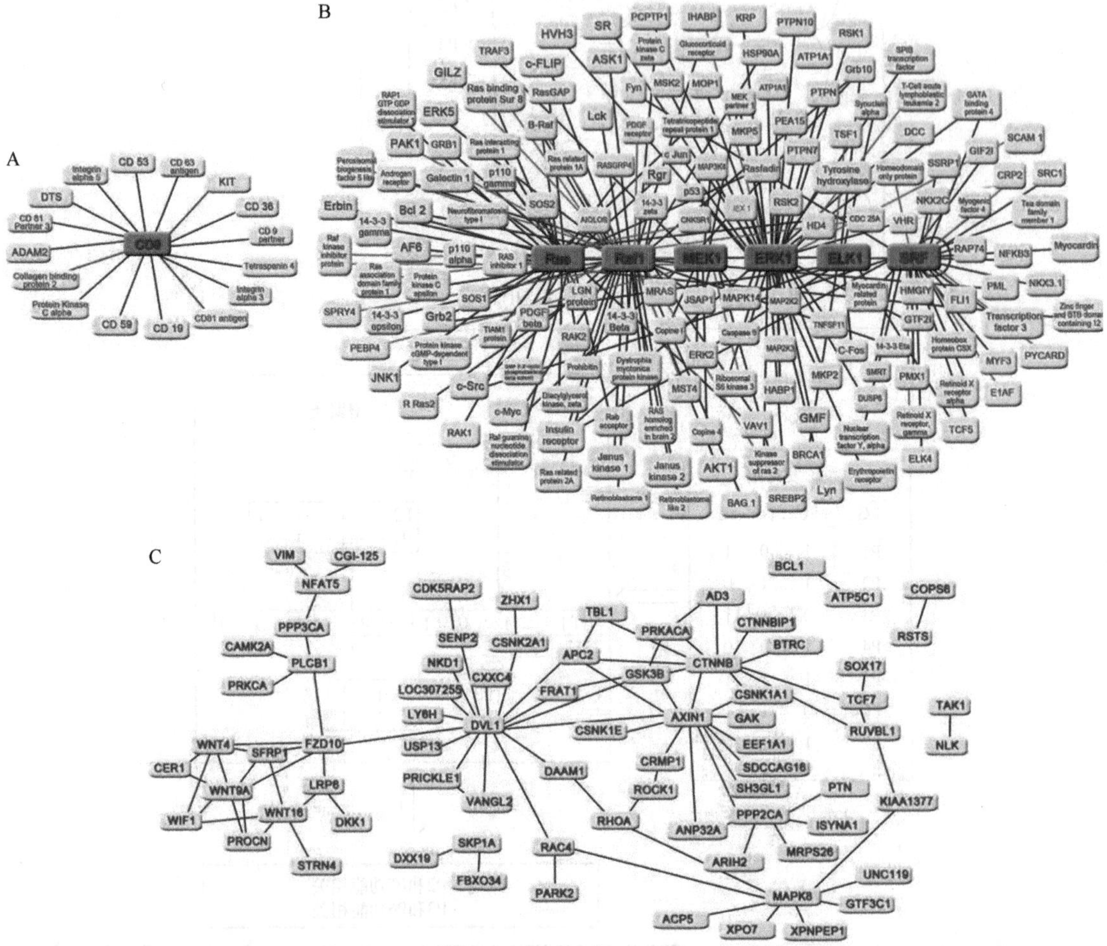

图 10-2

图 10-2　模型预测结果

A. CD9的单核网络；B. Ras-Raf-Mek-Erk-Elk-Srf通路的多核网络；C. Wnt相关通路的交叉网络。核心蛋白和卫星蛋白分别为靛蓝和浅蓝色。连接核心蛋白和卫星蛋白的作用也分为两类：深蓝色，正确预测；橙色，错误预测

同样基于支持向量机模型，研究人员在预测蛋白质相互作用时，特征提取方法选择氨基酸序列的自协方差编码方式。该方式考虑了氨基酸序列中相距一定距离的残基之间的相互作用，因此，相比较其他方法，该方法充分考虑了相邻效应，能够有效提高预测精度。通过支持向量机及独立的蛋白质相互作用数据验证，酵母菌数据集的预测准确率为88.09%。

近年来，随着机器学习理论和技术的飞速发展，深度神经网络（deep neural network，DNN）和深度学习（deep learning）在蛋白相互作用预测方面表现出较好的性能。研究人员提出一种基于蛋白质序列的“深度神经网络–局部三联体描述（local conjoint triad descriptor，LCTD）”模型DNN-LCTD。该模型以局部三联体描述作为特征提取方法，通过融合局部描述和联合三元体的优点，能够解释氨基酸序列中连续和不连续区域的残基之间的相互作用。由于深度神经网络不仅可以自己从数据中学习合适的特征，还可以学习和发现数据的层次化表示，因此，应用DNN-LCTD模型对啤酒酵母菌数据集进行处理具有预测精度高、时间短的双重优势。

笔记栏

整合深度学习和特征嵌入，研究人员设计了一种新的残基表示方法Res2vec用于蛋白质序列表示。如图10-3所示，该方法得到的残基表示更精确地描述了原始序列中的残基相互作用，为下游的深度学习模型提供了更有效的输入。结合特征嵌入和强大的深度学习技术，新的DeepFE-PPI模型能

够在蛋白质结构知识完全未知的情况下推断蛋白质相互作用。基于啤酒酵母菌和人类数据集的实验结果表明，该模型均表现出较高的准确率、召回率、精确率及 Matthew 相关系数，能够为蛋白质相互作用预测提供新的计算策略和计算框架。

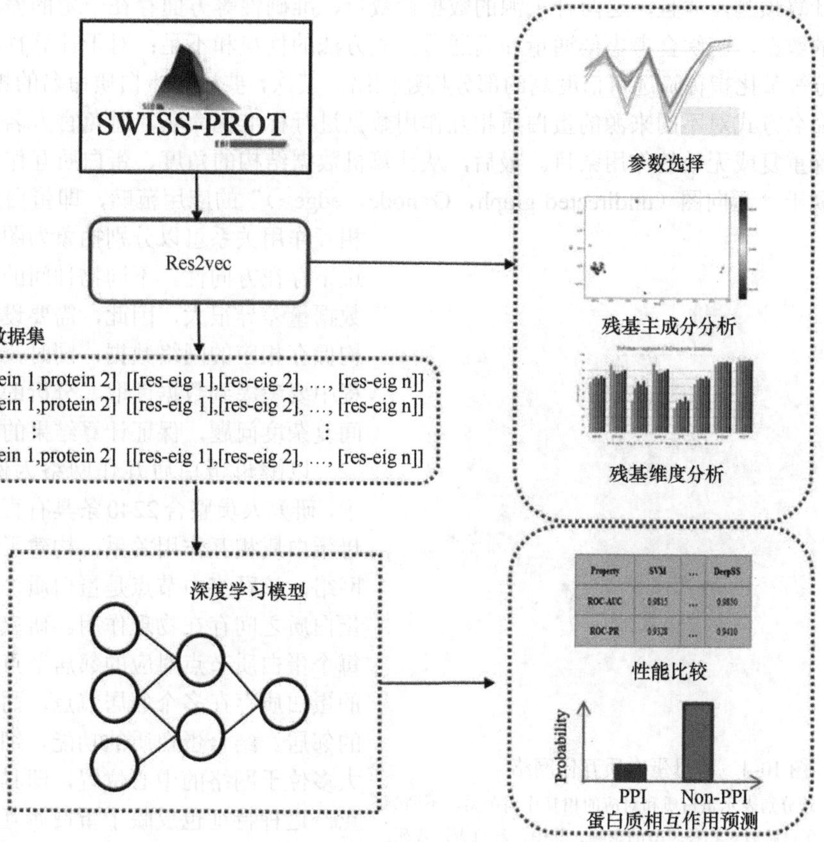

图 10-3　DeepFE-PPI 模型工作框架

图 10-3

由此可见，通过提取氨基酸、蛋白质的序列或结构特征信息，选择支持向量机、深度神经网络构建预测模型，能够揭示蛋白质相互作用的本质及潜在规律，从而确定两个蛋白质是否发生相互作用。除了上述两种机器学习方法，随机森林、贝叶斯模型等也被广泛应用于蛋白质相互作用预测。当然，不同的方法立足于不同的前提假设，具有不同的适用条件，在实际研究和应用的过程中，应该综合考虑这些方法的理论和技术优势，通过整合不同来源的计算框架或预测结果，得到更加准确可靠的研究结论，尽可能避免或减少预测的偏差和错误。

第三节　蛋白质互作网络的构建与分析

一、网络构建

近年来，随着大规模高通量实验技术的发展以及计算机模型普及应用，蛋白质相互作用数据呈现指数增长趋势，这使得蛋白质互作网络的构建成为可能。根据网络科学和系统生物学概念，生物体中的蛋白质并不是孤立存在的，它们的功能体现在很大程度上依赖于它们之间复杂的相互作用，这种相互作用能够影响下游的生物过程，从而造成各种各样的生物表型。因此，通过构建蛋白质互作网络，有利于从整体角度系统分析不同生物状态下蛋白质之间的作用模式，从而发现生物运作、进化、发展不同过程或不同阶段的分子机制，解析生命现象的本质问题。方法上，蛋白质互作网络的构建主要包括 3 个关键环节，即数据收集与整合、物种全局网络的构建及状态相关或状态特异子网络的提取。这里，重点介绍全局网络和状态相关/特异网络的一般构建方法。

（一）全局网络的构建

通过整合属于同一物种来源的蛋白质相互作用数据，可以在理论水平上构建对应物种的全局蛋白质互作网络。这里，“全局”的概念体现在所构建的网络包含了该物种已知的全部蛋白质，且忽略

笔记栏

具体生物过程和生物行为对该网络作用关系的影响。全局蛋白质网络的构建需要关注以下几个方面的问题：首先，应尽可能收集对应物种全部的已知蛋白质相互作用数据，同时，要注意这些相互作用数据的真实性和可靠性。根据本章第二节的相关介绍，目前，蛋白质相互作用数据主要来源于实验验证和计算预测，并且，这两种来源的数据在数量、准确性等方面存在一定的差异。因此，针对实验验证的数据，应综合考虑低通量和高通量实验方法的优势和不足；对于计算预测的数据，应根据预测评分等量化指标筛选可信度高的部分构建网络。其次，要注意蛋白质命名的规范性和统一性，使用官方命名方式对不同来源的蛋白质相互作用数据进行标准化命名，避免官方名称和别名混用的现象，删除重复或无效的作用条目。最后，从计算机数据结构的角度、蛋白质互作网络的存储和分析实质上属于“无向图（undirected graph，G<node，edge>）”的应用范畴，即蛋白质和它们之间的相互作用关系可以分别抽象为图的节点和边，且边不存在方向性。不同物种间的蛋白质相互作用数据量差异很大，因此，需要设计合理的存储结构保存相应的网络数据，同时，在算法设计的过程中要考虑到数据读取、分析的时间复杂度和空间复杂度问题，保证计算结果的准确高效。

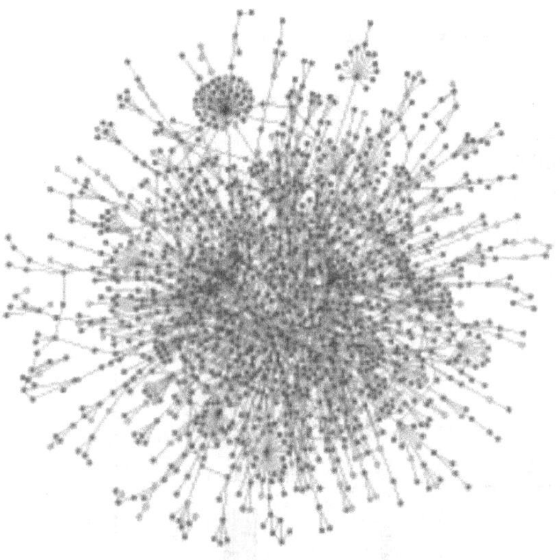

图 10-4

图 10-4　酵母蛋白质互作网络

网络中节点和边分别表示蛋白质和对应的相互作用关系。不同颜色表示敲除该蛋白质后对物种表型的影响。其中，红色表示致死，绿色表示非致死，橘红色表示缓慢生长，黄色表示功能未知

以酵母蛋白质互作网络为例，如图 10-4 所示，研究人员整合2240条具有直接物理作用的酵母蛋白质相互作用关系，构建了酵母蛋白质互作网络，该网络中节点是蛋白质，边表示对应两个蛋白质之间存在物理作用。研究发现，该网络中每个蛋白质节点对应的邻居节点数并不相同，有的蛋白质存在多个邻居节点，而有的却只有唯一的邻居。结合蛋白质的功能，细胞中的致死蛋白大多位于网络的中心位置，即具有更多的邻居节点。这种特征也反映了蛋白质互作网络可能存在某些特殊的性质，这些性质对于深度解析不同蛋白质在网络层次的生物学行为具有重要意义。

（二）状态相关/特异网络的构建

由于不能特异反映某一具体生物状态下网络性质的动态变化，全局蛋白质网络在分析特定生物问题上存在一定的局限性。因此，大多数科学研究中，通常将全局蛋白质网络作为参考网络（reference network）或背景网络（background network），结合能够反映待研究问题的具体蛋白基因提取状态相关或状态特异的蛋白质相互作用子网络，并在此基础上开展下游分析工作。

最常规的子网络构建方法是将问题相关的蛋白基因直接映射（mapping）到全局蛋白质互作网络上，然后将包含这些蛋白基因的相互作用关系提取出来。这里，问题相关的蛋白基因可以是在两类样本中显著差异表达的基因。例如，在疾病样本和正常样本中显著差异表达的基因，或者是从某些数据库、文献中收集的功能相关基因等。这种构建方法的优点是操作简单，不需要依赖复杂的算法模型，但缺点是不能定量描述网络各节点的重要性，并且无法反映不同状态网络变化的动态特征。

从蛋白质相互作用的静态特征以及基因表达的动态性等角度，研究人员整合基因表达谱数据和蛋白质互作网络挖掘前列腺癌发展相关的关键蛋白质作用子网络。如图 10-5 所示，首先从数据库中收集前列腺癌相关基因，并映射至人类全局蛋白质互作网络，重构前列腺癌相关的蛋白质互作网络。在此基础上，选择 8 组基因表达谱数据，定义 *Z*-score 函数将反映差异表达显著性的 *P* value 转换为蛋白质节点权重，使用贪婪算法分别提取 8 组数据集对应的最优蛋白质子网络，最后将 8 个子网络进行合并得到结果。该方法通过综合评价网络中各节点的权重和贡献提取子网络，但是，由于贪婪算法在问题求解的过程中仅做出在当前看来是最好的选择，并没有从整体最优上加以考虑，因此，该方法得到的结果往往只是局部最优解，而非全局最优解。

另一种从全局蛋白质互作网络提取子网络的方法是基于带重启的随机游走（random walk with restart）策略。如图 10-6 所示，这种方法首先构建初始的蛋白质互作网络，该网络中将功能已知的蛋白质作为“种子（seeds）”，同时考虑到不同蛋白基因之间相互作用的权重，通过设计带重启的随机

笔记栏

游走算法，从“种子”节点开始，逐步扩展到其他节点，不断计算评估加入新节点后子网络的得分变化，最终得到目标子网络。

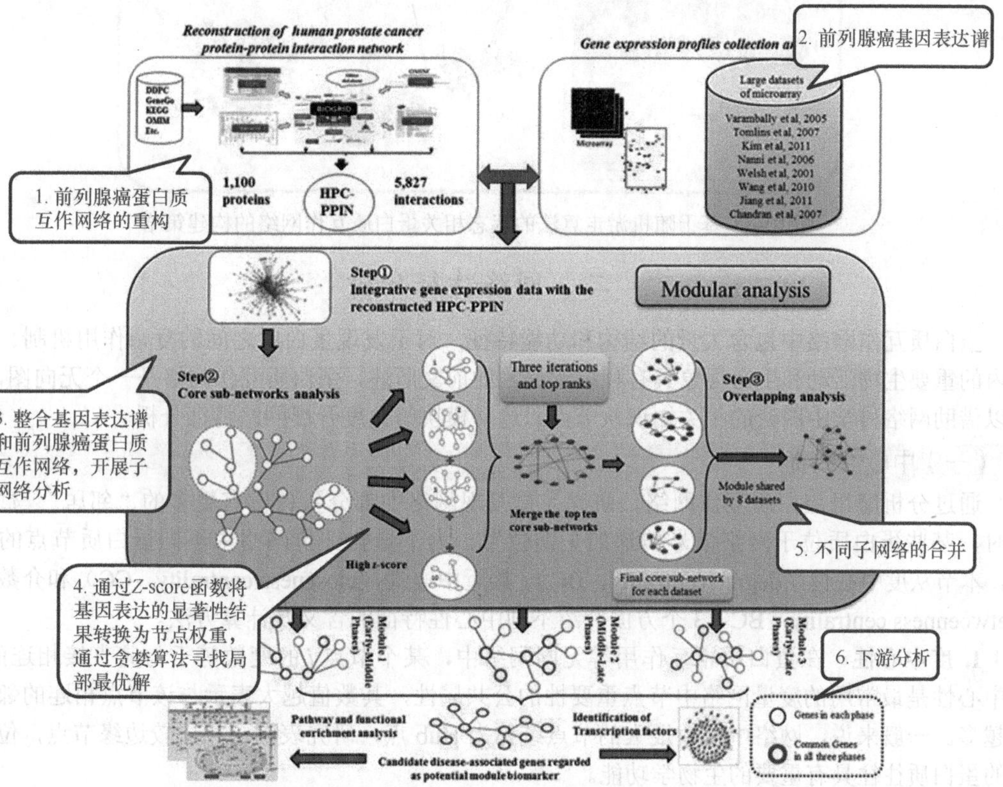

图 10-5　整合蛋白质互作网络和前列腺癌基因表达谱数据，通过贪婪算法寻找前列腺癌发展相关蛋白质作用子网络的研究框架和分析流程

图 10-5

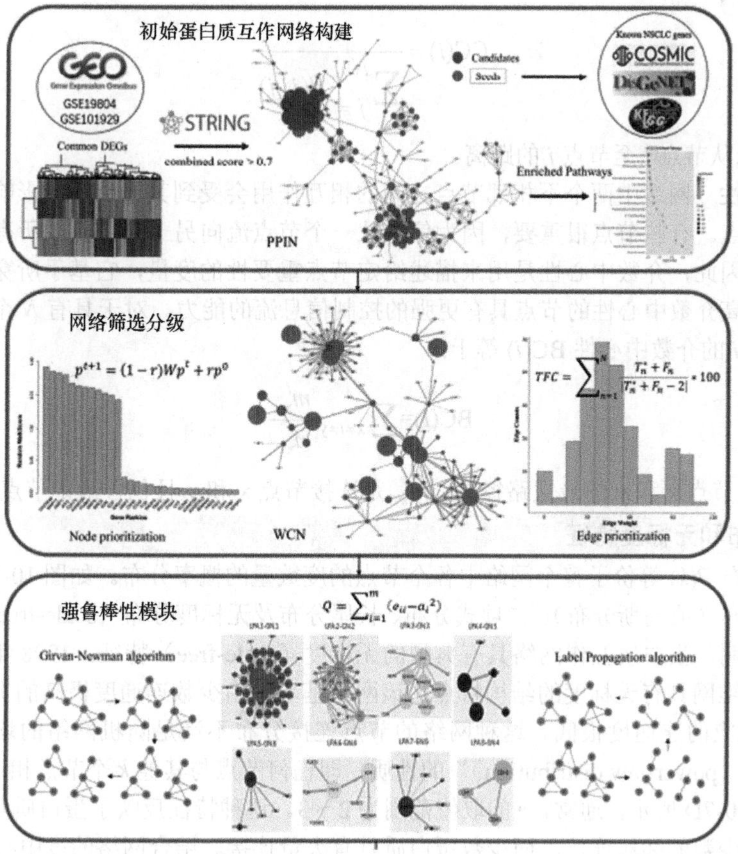

笔记栏

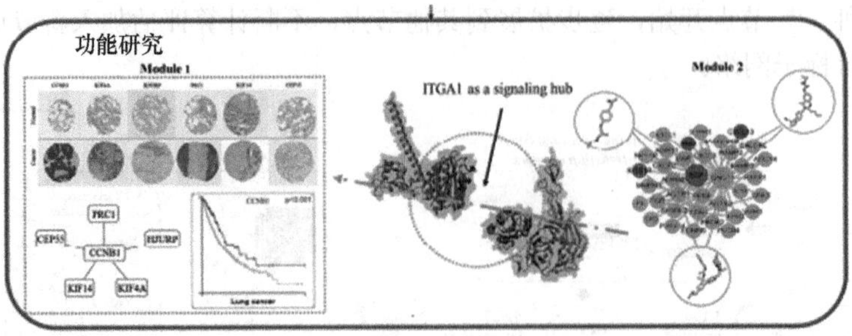

图 10-6

图 10-6　基于随机游走算法的状态相关蛋白质互作网络的构建策略

二、网络特征分析

蛋白质互作网络中包含大量的结构和功能特征，对于发现蛋白质之间的复杂作用机制、理解细胞内的重要生物活动和生命现象具有积极意义。如前文所述，蛋白质互作网络是一个无向图，因此，可以借助网络科学中图论的相关知识从节点、边、模块等角度开展网络特征分析。

（一）中心性特征

通过分析酵母蛋白质互作网络，研究人员发现网络中部分蛋白质有更多的“邻居”与之相连。同时，某些蛋白质位于网络信号传递的关键位置。为了量化评价网络中不同蛋白质节点的位置特征，本节从度中心性（degree centrality，DC）、接近中心性（closeness centrality，CC）和介数中心性（betweenness centrality，BC）3 个方面介绍不同中心性特征的含义及计算方法。

1. 度中心性　在蛋白质相互作用等无向网络中，某个节点 i 的度数等于与其直接相连的边数。度中心性是最常用的度量网络中节点重要性的公共属性，其数值越大表示与该节点相连的邻居节点数越多。一般来说，网络中度数很大的节点统称为 Hub 点，研究表明，相比较边缘节点，位于 Hub 点的蛋白质往往具有重要的生物学功能。

2. 接近中心性　该指标表示给定节点与网络中所有其他节点的距离。一般来说，具有最高接近中心度的节点位于观察信息流的最佳位置。对于具有 N 个节点的蛋白质互作网络，其节点 i 的接近中心性 CC(i) 等于：

$$\mathrm{CC}(i)=\frac{N}{\sum_{j=1}^{N} d(i,j)} \tag{9-1}$$

式中，$d(i,j)$ 表示从节点 i 至节点 j 的距离。

3. 介数中心性　网络中两个不相邻节点之间的相互作用会受到其他节点的影响，特别是那些位于它们之间的节点。有些节点很重要，因为信息从一个节点流向另一个节点的所有最短路径都必须经过这些节点，因此，介数中心性是用来描述给定节点重要性的度量，它基于所穿过该节点的最短路径数。具有较高介数中心性的节点具有更强的控制信息流的能力。对于具有 N 个节点的蛋白质互作网络，其节点 i 的介数中心性 BC(i) 等于：

$$\mathrm{BC}(i)=\sum_{\mathrm{x}\neq i\neq \mathrm{y}} \frac{m_{\mathrm{xy}}^{i}}{n_{\mathrm{xy}}} \tag{9-2}$$

式中，n_{xy} 是连接节点 x 和 y 的最短路径数，m_{xy}^{i} 是连接节点 x 和 y 且包含给定节点 i 的最短路径数。

（二）度分布和无标度特征

网络的度分布 $P(k)$ 等价于整个网络中各个节点的度数量的概率分布。如图 10-7 所示，常见的度分布包括正态分布（或高斯分布）、二项式分布、长尾分布及无标度分布（scale-free distribution）等。

大量研究表明，蛋白质互作网络具有典型的无标度（scale-free）特征。1998 年，研究人员无意中发现计算机万维网具有无标度的结构特点，该网络基本上由少数连通度极高的页面连接组成，而绝大多数页面相应的连通度很低。这种网络的节点连接分布不满足随机网络的均值特征，而是遵循“幂次分布律（power-law distribution）”的性质，即任何节点与其他 k 个节点相连接的概率满足 $P(k)\sim k^{-\gamma}$。如图 10-7D 所示，通常，γ 的取值范围为 2～3。这种特征反映了蛋白质互作网络中大多数蛋白质节点只有少数的邻居连接，而少数蛋白质具有大量连接。结合网络的度中心性，这些 Hub 蛋

笔记栏

白质节点对于稳定网络系统的状态具有积极作用。研究表明，如果一个蛋白质与之相互连接的其他蛋白质越多，那么它的功能越重要，进一步说，它对于细胞乃至生物体的生存也更加重要。无标度网络在一定程度上解释了网络系统的稳定性问题，即绝大部分节点仅有少量的连接，即使这些节点遭受攻击，理论上对网络系统整体的影响也相对较小，但是，如果针对 Hub 节点进行攻击，那么很有可能会导致整个网络的失调瘫痪。如图 10-8 所示，这种特殊的结构特征有利于发现疾病发生发展过程中的关键作用分子，对于疾病生物标志物及药物靶点发现和功能研究有着重要意义。

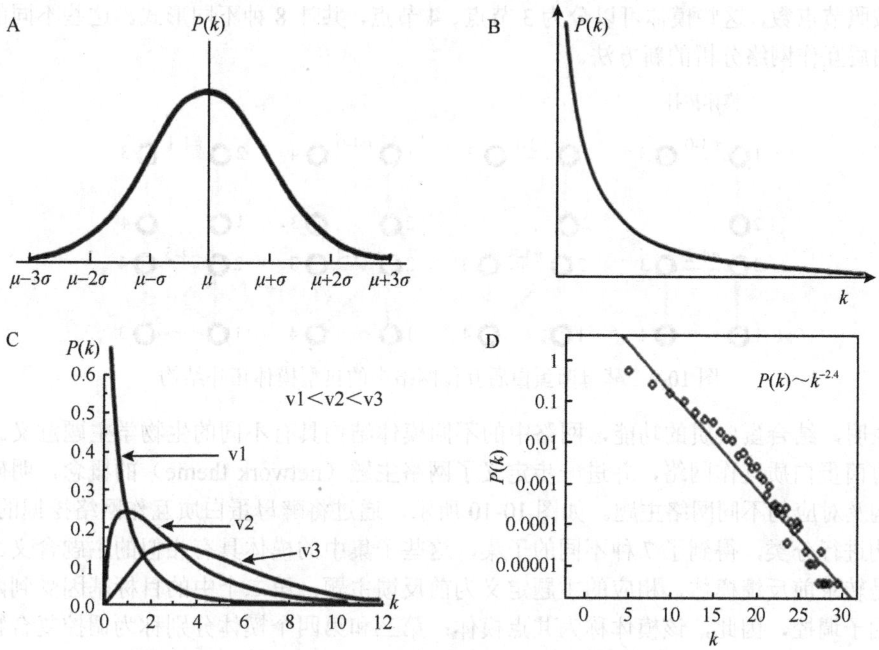

图 10-7　常见的网络节点度分布

A. 正态分布；B. 二项式分布；C. 长尾分布；D. 无标度分布

图 10-7

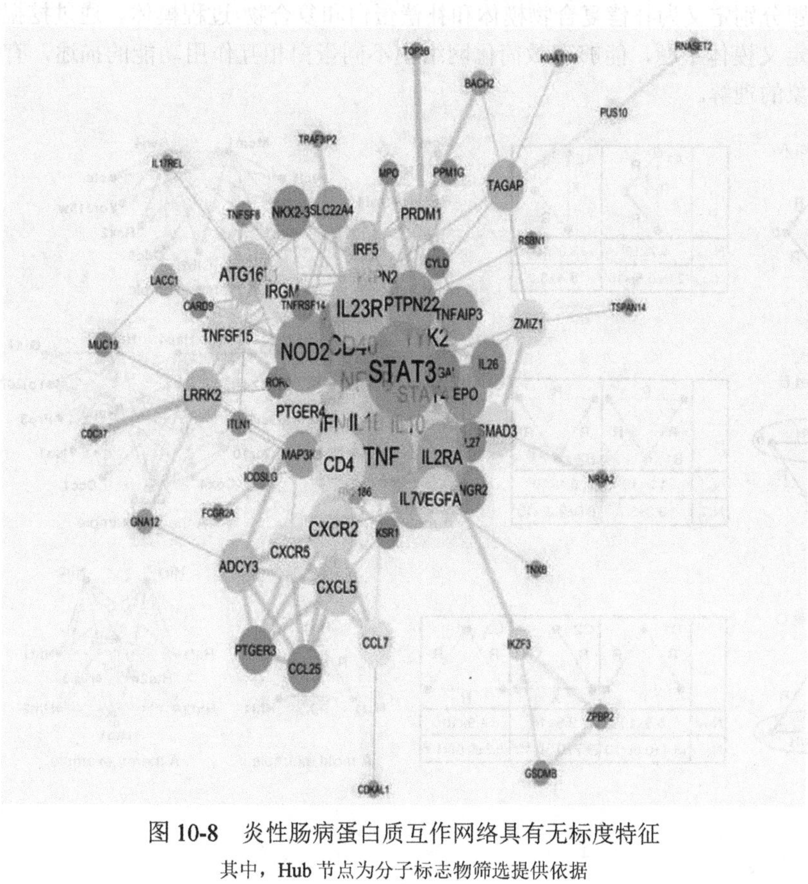

图 10-8　炎性肠病蛋白质互作网络具有无标度特征

其中，Hub 节点为分子标志物筛选提供依据

图 10-8

笔记栏

（三）模块特征

蛋白质互作网络中包含若干模块，因此，将网络分解为模块的形式有利于理解复杂的相互作用关系，从而发现重要的结构和功能特征。

模块分析中，模体（motif）结构的识别是常用的方法。这里，“模体”主要指网络模块中重复出现的部分。近年来，阐明不同模体结构中节点和边的作用机制、深度挖掘模体的生物学功能引起了研究者广泛关注。如图 10-9 所示，Lee 等通过研究酵母菌蛋白质互作网络，发现了网络中的保守模体结构。按照节点数，这些模体可以分为 3 节点、4 节点，共计 8 种不同形式。这些不同的模体结构开辟了蛋白质互作网络分析的新方法。

图 10-9

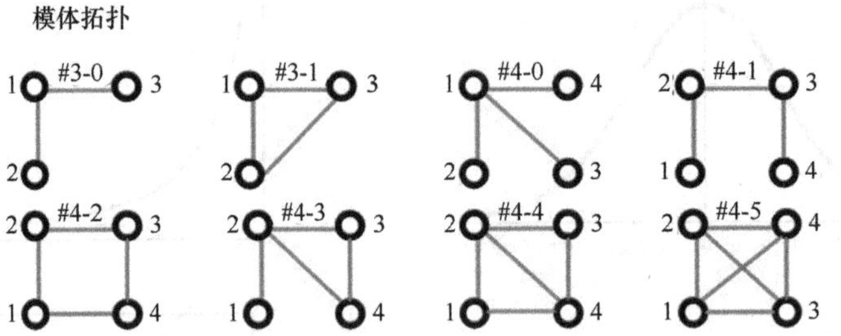

图 10-9　酵母菌蛋白质互作网络中的典型模体拓扑结构

研究表明，结合蛋白质的功能，网络中的不同模体结构具有不同的生物学主题意义。研究人员构建了酵母菌蛋白质互作网络，并进一步定义了网络主题（network theme）的概念，明确区分不同的模体结构及对应的不同网络主题。如图 10-10 所示，通过将酵母蛋白质互作网络挖掘的 50 个 3 节点模体结构进行分类，得到了 7 种不同的子集，这些子集中的模体具有相似的主题含义。例如，第一个模体是转录前反馈模体，相应的主题定义为前反馈主题；第二个中的目标基因受到两个相互作用的转录因子调控，因此，该模体称为共点模体；第三和第四个模体分别称为调控复合物模体和蛋白质复合物模体；第五至第七个模体与合成致病或致死（synthetic sick or lethal，SSL）及序列同源关系相关，其中，第五个模体包含 SSL 或序列同源相关的成分，称为整合 SSL/同源网络近邻模体，第六和第七个主题分别定义为补偿复合物模体和补偿蛋白和复合物/过程模体。通过挖掘网络中的关键模体结构，并定义模体主题，能够有效简化网络中不同蛋白相互作用功能的描述，有利于复杂生物过程和生物现象的理解。

A
B
C

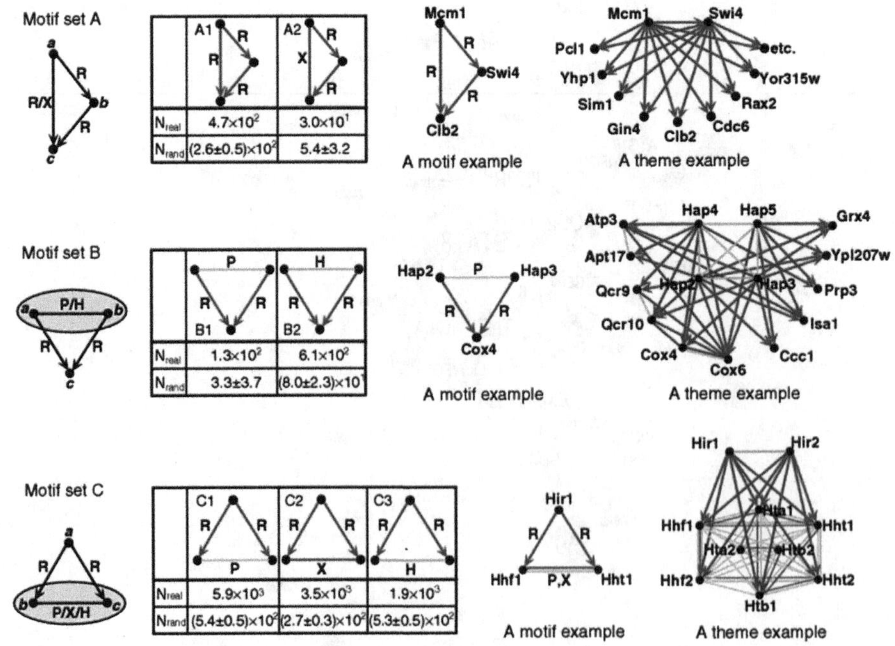

笔记栏

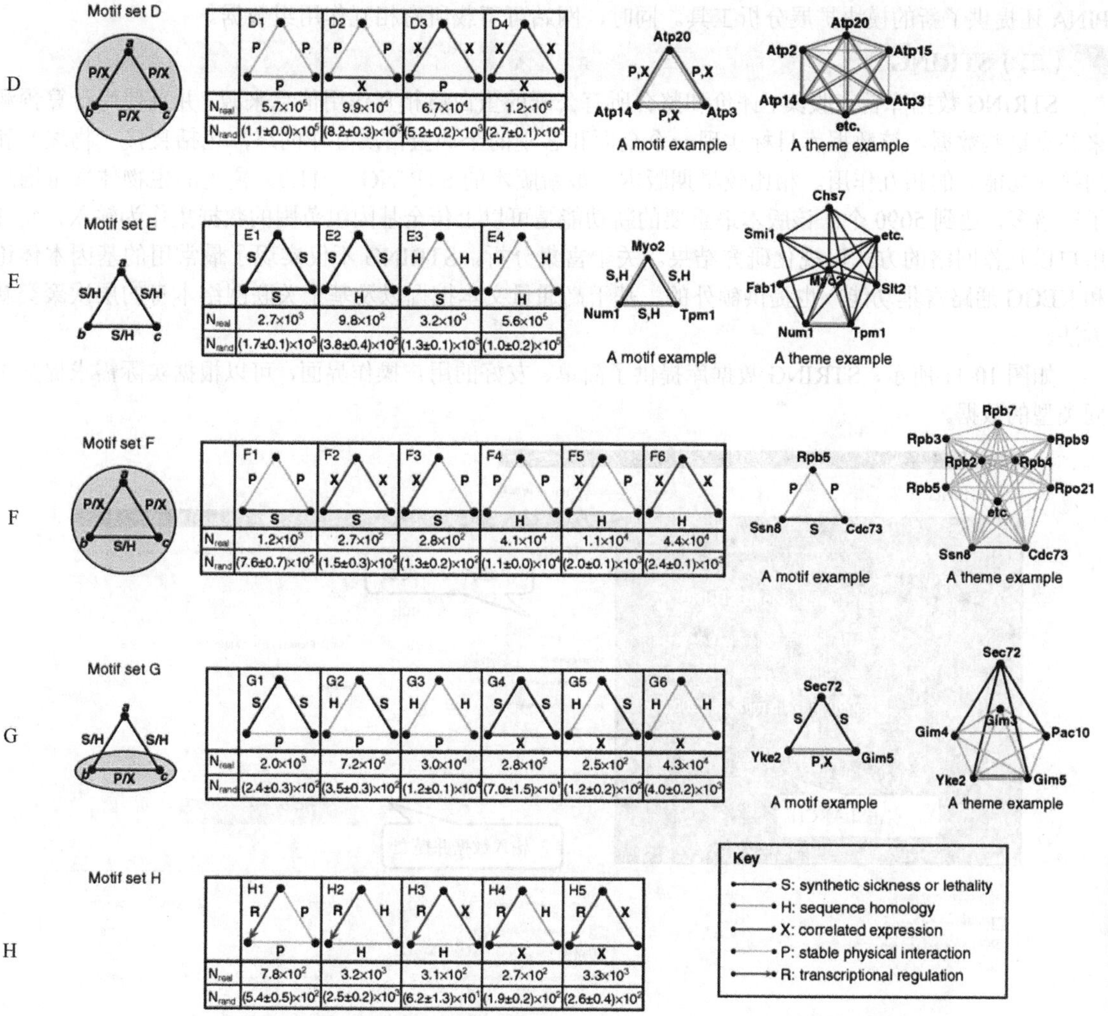

图 10-10　酵母菌蛋白质互作网络的重要 3 节点模体结构及对应的网络主题

其中，A～G 分别表示转录前反馈模体、共点模体、调控复合物模体、蛋白质复合物模体、整合 SSL/同源网络近邻模体、补偿复合物模体、补偿蛋白和复合物/过程模体以及其他模体

图 10-10

（四）其他特征

除了上述特征性质外，蛋白质互作网络还满足小世界（small world）性、度负关联性等特征，由于篇幅所限，相关内容不再展开讨论。虽然目前现有研究成果推动了蛋白质相互作用模式及网络特征的理解，但是，仍然需要通过大规模数据的学习和分析，寻找新的结构或功能特征，从而在整体水平上探究蛋白质之间的相互作用对具体生物过程和生物活动的影响。

第四节　蛋白质互作网络的生物信息学应用

一、数据库和软件工具

随着生物信息学研究的不断深入，已经有不少数据库和软件工具可以用于蛋白质互作网络的分析和处理，本节选择经典的几个进行介绍。

（一）PINA

蛋白质互作网络分析（protein interaction network analysis，PINA）平台是一个综合性的网络资源。该平台整合了 6 个公开数据库中的蛋白质相互作用数据，同时提供用于网络构建、过滤、分析和可视化的内置工具。

第二版 PINA 增强了它在网络水平上研究蛋白质相互作用的实用性，包含了从 6 种模式生物的全蛋白质互作网络（相互作用组）中通过不同聚类方法确定的相互作用模块集合，并且使用基因本体术语、KEGG 通路、Pfam 域等对所有已识别模块进行功能注释。此外，除了简单的查询功能外，

笔记栏

PINA 还提供了新的模块扩展分析工具。同时，网站可下载所有相互作用组数据。

（二）STRING

STRING 数据库旨在收集、评价和整合所有公开的蛋白质相互作用信息来源，并且使用计算预测来补充这些数据。该数据库目标实现一个全面和客观的全局蛋白质互作网络，包括直接（物理）和间接（功能）的相互作用。相比较早期版本，最新版本的 STRING（v11.0）覆盖的生物体数量增加了一倍多，达到 5090 个。该版本最重要的新功能是可以上传全基因组范围的数据集作为输入，允许用户以互作网络的方式可视化研究结果。关于富集分析，STRING 不仅实现了最常用的基因本体论和 KEGG 通路富集功能，也提供额外的、基于高通量文本挖掘以及基于关联网络本身的层次聚类新方法。

如图 10-11 所示，STRING 数据库提供了简单、友好的用户操作界面，可以根据实际需求提交不同类型的数据。

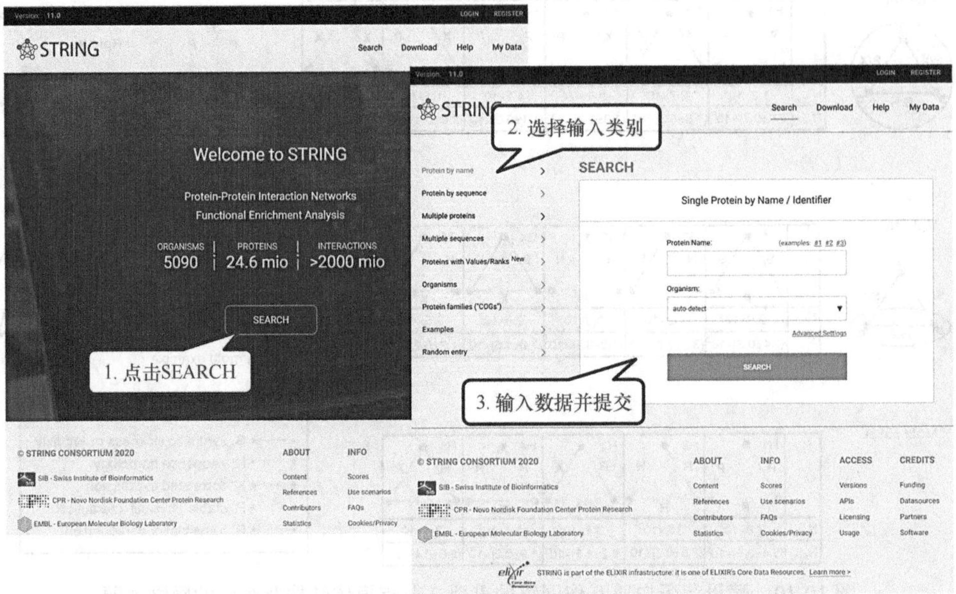

图 10-11

图 10-11　STRING 数据库的主页面和用户数据提交界面

数据提交后，STRING 将根据用户设置的阈值或默认阈值自动分析，包括子网络构建、模块挖掘及功能注释等。如图 10-12（A）所示，以酵母类朊蛋白 URE2 作为输入为例，STRING 能够生成与该蛋白相互作用的其他蛋白质，同时，标注对应蛋白质与输入蛋白相互作用的可信度得分以及数据来源，用户可根据实际需求调节阈值。在此基础上，如图 10-12（B）所示，STRING 可以开展基因组范围的功能富集分析，结果以表格等形式直观呈现。

A

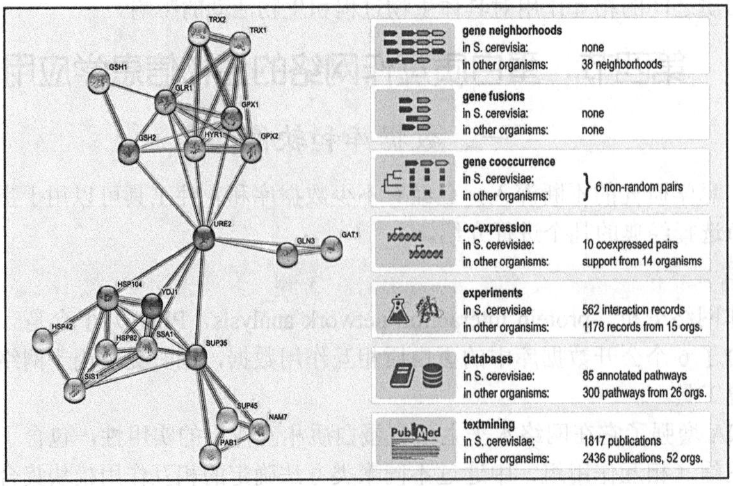

B

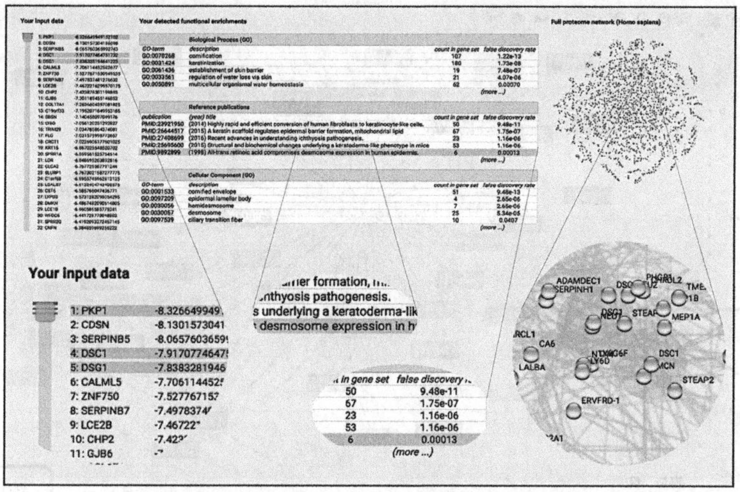

图 10-12　利用 STRING 数据库进行蛋白质互作网络分析及功能注释

A. STRING 中典型的关联网络；B. 功能富集分析模块

图 10-12

（三）Cytoscape

相比较 PINA 和 STRING，Cytoscape 本身不存储任何蛋白质相互作用数据，但是，它具备强大的网络可视化和分析功能。如图 10-13 所示，Cytoscape 是一个开源软件项目，用于将生物分子互作网络与高通量表达数据和其他分子状态集成到统一的概念框架中。该软件适用于任何分子组成和相互作用的系统，当与蛋白质–蛋白质、蛋白质-DNA 和基因相互作用的大型数据库结合使用时，Cytoscape 具有强大的适应功能。除了提供布局和查询网络的基本功能外，Cytoscape 能够将网络与表达谱、表型和其他分子状态进行可视化整合，并将网络连接到功能注释数据库。同时，该软件的内核通过简单的插件体系结构进行扩展，允许快速开发额外的计算分析和功能。

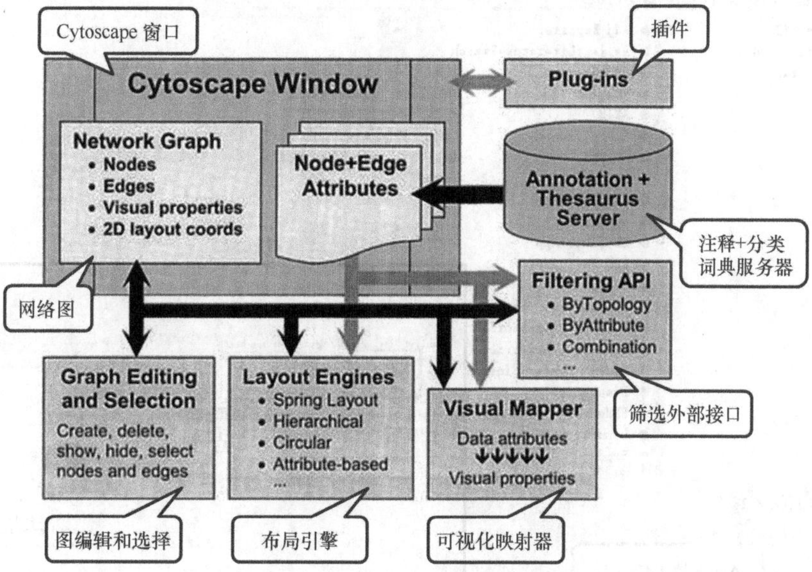

图 10-13　Cytoscape 软件核心架构

图 10-13

Cytoscape 软件以本地方式运行，使用前需要预先安装 Java 运行环境（Java running environment，JRE）。如图 10-14 所示，安装完成后，双击图标即可打开运行界面，相关操作细节可参见软件使用说明。

值得注意的是，Cytoscape 提供用户接口，允许用户开发、导入新的功能插件。其中，分子复合物检测（molecular complex detection，MCODE）使用图论聚类算法，能够检测大规模蛋白质互作网络中可能代表分子复合物的密集连接区域，从而实现蛋白质互作网络的模块化分析。如图 10-15 所示，可以通过点击“Apps”菜单导入该插件并进行后续分析。

笔记栏

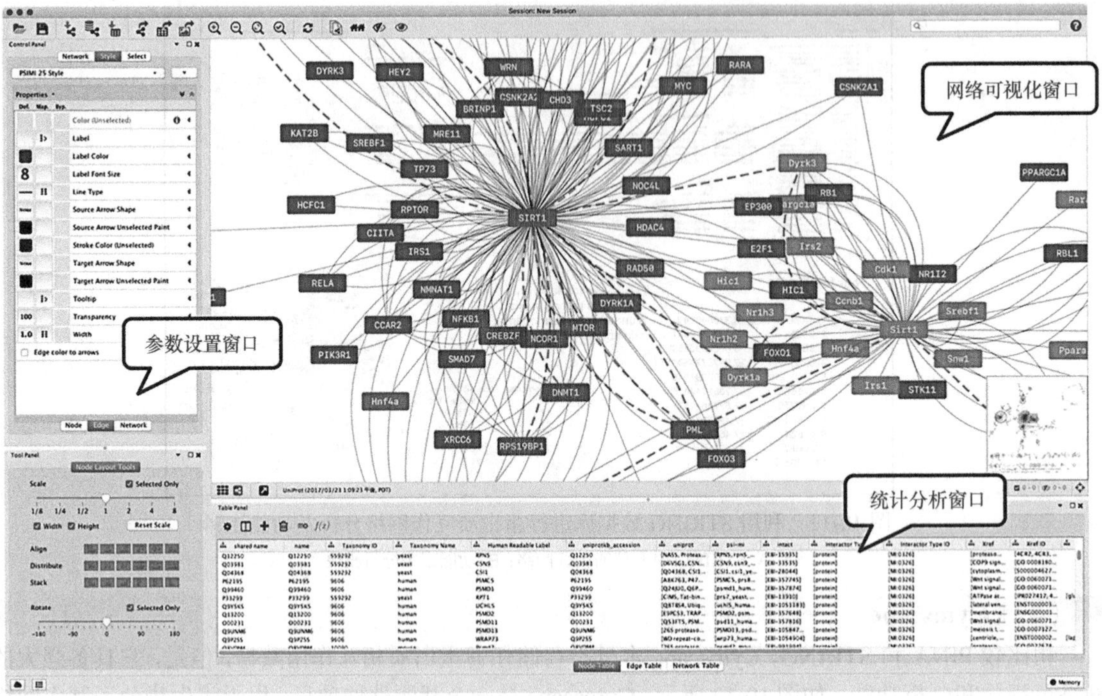

图 10-14

图 10-14　Cytoscape 运行界面

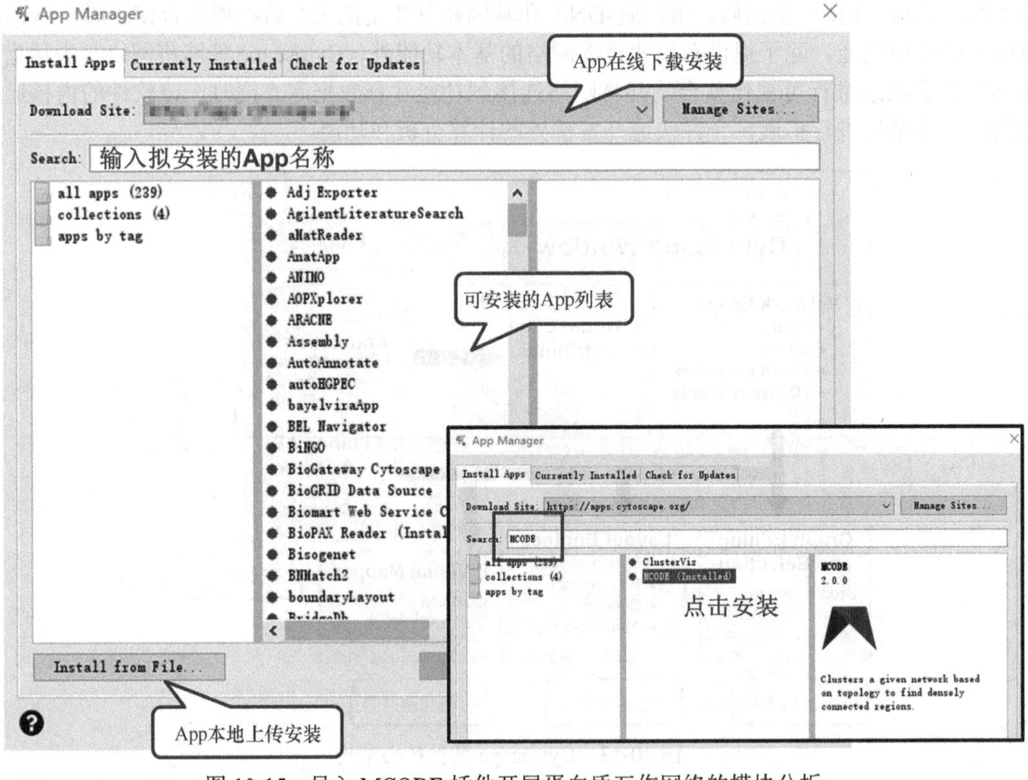

图 10-15

图 10-15　导入 MCODE 插件开展蛋白质互作网络的模块分析

（四）其他相关软件

除了以上几款软件，PIN、InterViewer 以及 R 工具中的 igraph 包等也能够实现蛋白质互作网络的分析工作，由于篇幅所限，详细内容和用户操作方法请参阅相关文献或网站说明。

二、生物信息学模型及应用实例

笔记栏

基于蛋白质互作网络和统计学、机器学习等方法，通过构建生物信息学模型发现特定生物活动或生物状态下的关键基因和蛋白质分子，对于解析复杂生命现象的内在机制问题具有重要价值。本节选择几种具有代表性的生物信息学模型，针对它们在生物医学领域的应用实例进行介绍，包括疾病生物标志物筛选、药物靶点预测、致病机制分析等。

（一）疾病生物标志物筛选

如图 10-16 所示，利用蛋白质互作网络筛选疾病生物标志物的一般研究步骤包括数据收集与整合、基因差异表达分析、网络构建与分析、信息学模型构建与应用、结果验证与机制分析等。

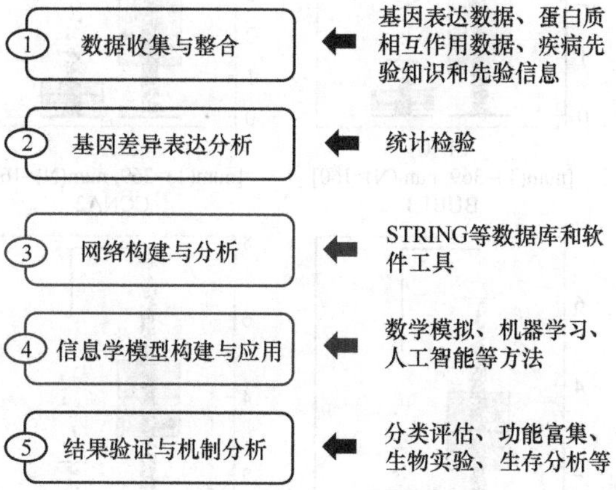

图 10-16　基于蛋白质互作网络的疾病生物标志物筛选流程

其中，网络构建与分析、信息学模型构建与应用是核心步骤

图 10-16

研究人员收集基因表达数据库（gene expression omnibus，GEO）和癌症基因组计划（the cancer genome atlas，TCGA）数据库中肝细胞癌基因表达谱数据，使用 R 工具中的 limma 和 edgeR 包筛选肝细胞癌和正常样本中显著差异表达的基因。如图 10-17 所示，通过蛋白质互作网络建模，发现网络中的 *Hub* 基因在肝细胞癌样本中显著上调，对肝细胞癌的诊断具有重要意义。

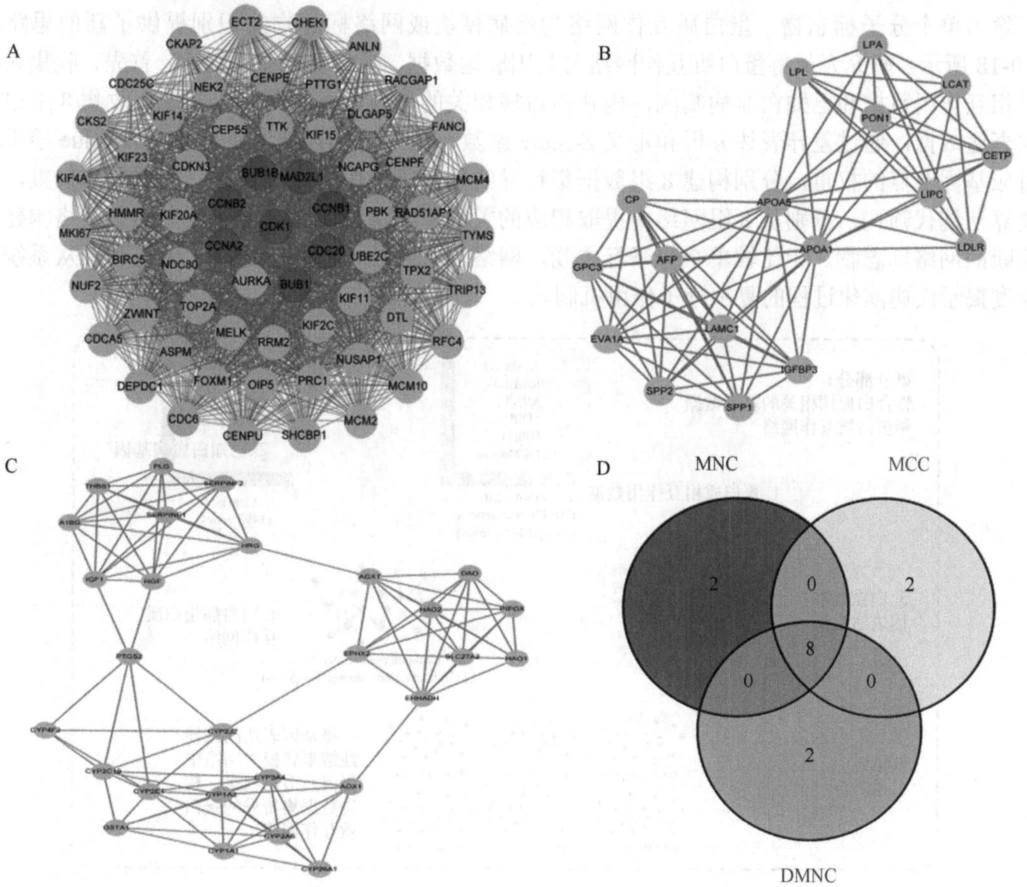

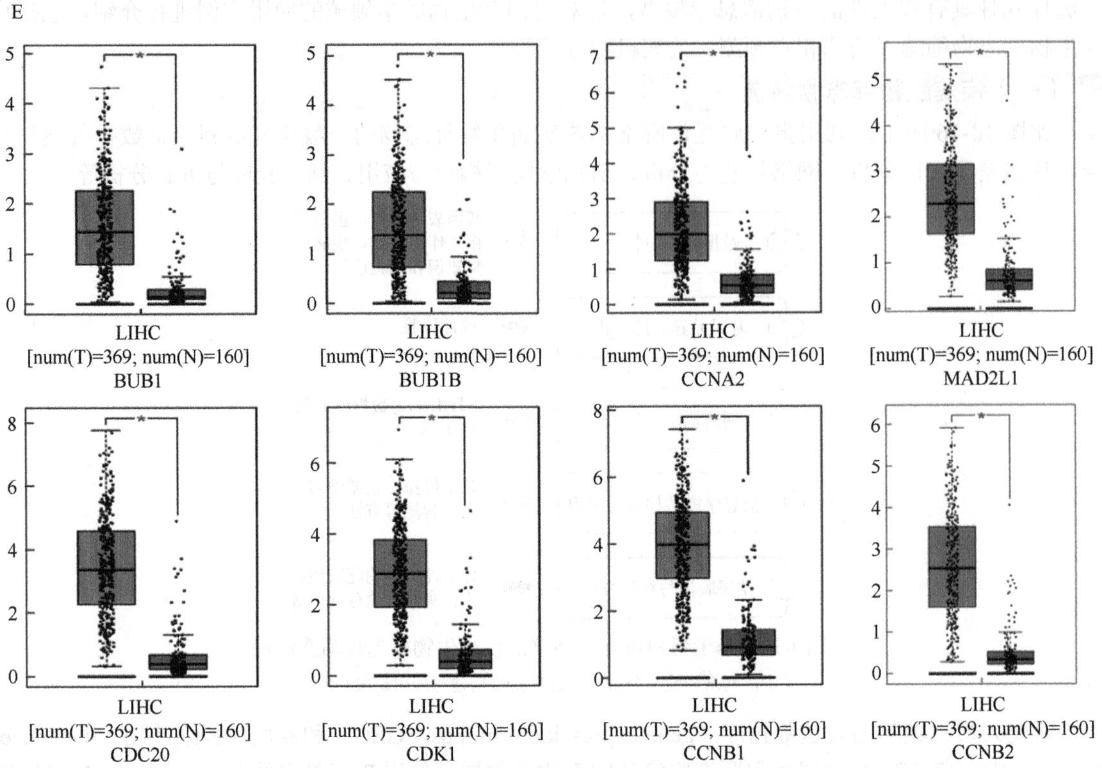

图 10-17

图 10-17 蛋白质互作网络在肝细胞癌诊断标志物发现的应用研究

A～C. 基于 MCODE 插件提取的 3 个关键相互作用模块，其中，红色代表对应模块中的 *Hub* 基因；D. 使用 3 种方法筛选到的 *Hub* 基因韦恩图；E. 基于 GEPIA 数据库的 *Hub* 基因表达水平验证

除了单个分子标志物，蛋白质互作网络为疾病模块或网络标志物的识别提供了新的思路。如图 10-18 所示，研究人员将蛋白质互作网络与基因表达数据、疾病先验知识整合：首先，收集人类蛋白质相互作用数据和已知白血病基因，构建白血病相关的蛋白质互作网络。其次，收集 8 组白血病基因表达数据，通过差异表达分析和定义 *Z*-score 函数，将评价差异表达显著性的 *P* value 结果转换为对应基因节点的权重，分别构建 8 组数据集特异的蛋白质互作网络。再次，根据节点权重，通过贪婪算法迭代筛选，分别从 8 组网络中提取相应的关键子网络。最后，合并所有的子网络构建白血病诊断的网络标志物。相比较单个分子标志物，网络标志物的预测精度更高，更有利于从系统生物学角度揭示疾病演化过程的复杂分子作用机制。

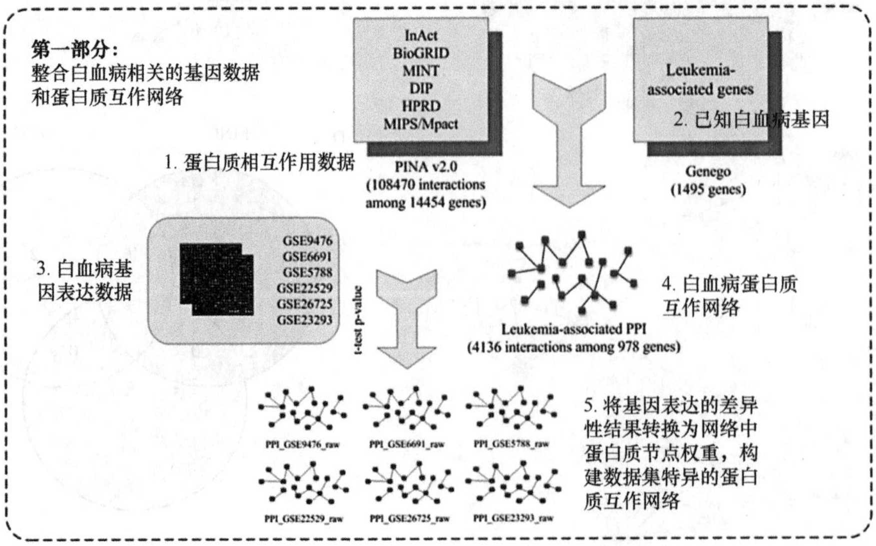

笔记栏

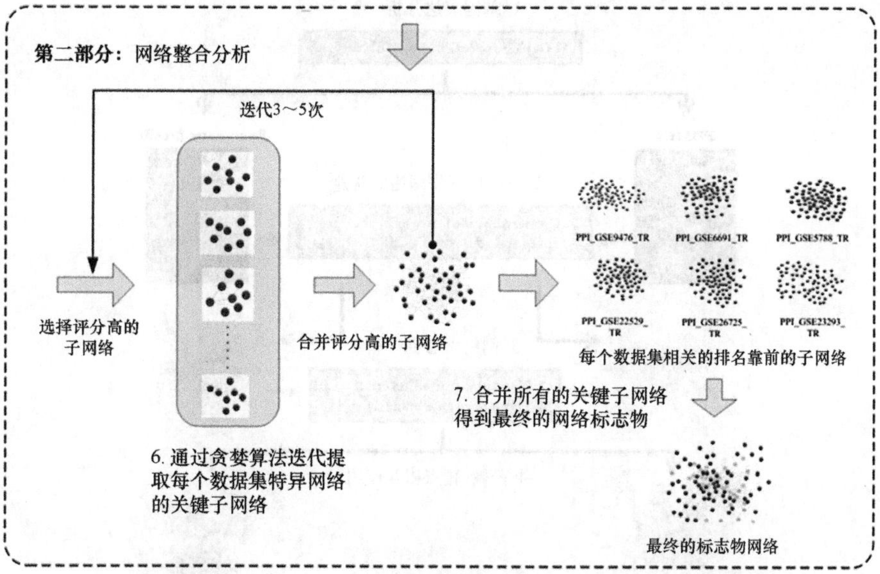

图 10-18　利用蛋白质互作网络构建白血病诊断的网络标志物

图 10-18

（二）药物靶点预测

与生物标志物筛选类似，蛋白质互作网络也可以应用于药物靶点的预测识别。基于蛋白质互作网络，研究人员提出了一种新的计算方法。如图 10-19 所示，首先，通过文本挖掘方式分别收集已报道的类风湿性滑膜炎（rheumatoid synovitis）和关节积液（joint effusion）相关的基因，然后，筛选共同的基因集，通过蛋白质互作网络建模，得到显著的基因模块，分析这些模块中的基因与类风湿性关节炎药物之间调控的关系。

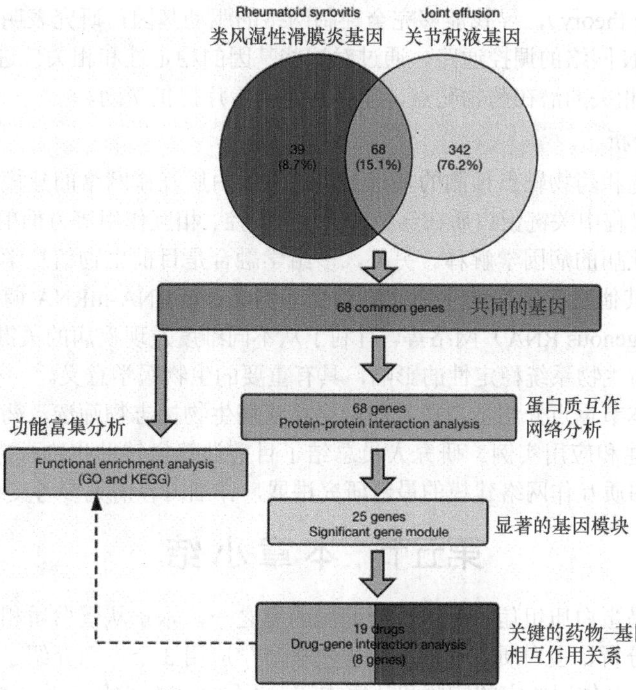

图 10-19　基于蛋白质互作网络分析预测类风湿性关节炎药物靶点

图 10-19

研究人员通过分析蛋白质互作网络的中心性，结合分子对接方法（molecular docking）寻找 1 型糖尿病潜在的药物靶点。如图 10-20 所示，首先，基于基因表达分析，整合差异基因和蛋白质互作网络，分析网络节点的拓扑中心性特征，并进一步通过分子对接技术预测药物与结合位点的相互作用，确定了 13 种靶向 8 个中心蛋白的药物，该研究成果有助于推动 1 型糖尿病相关的药物发现及靶向治疗。

笔记栏

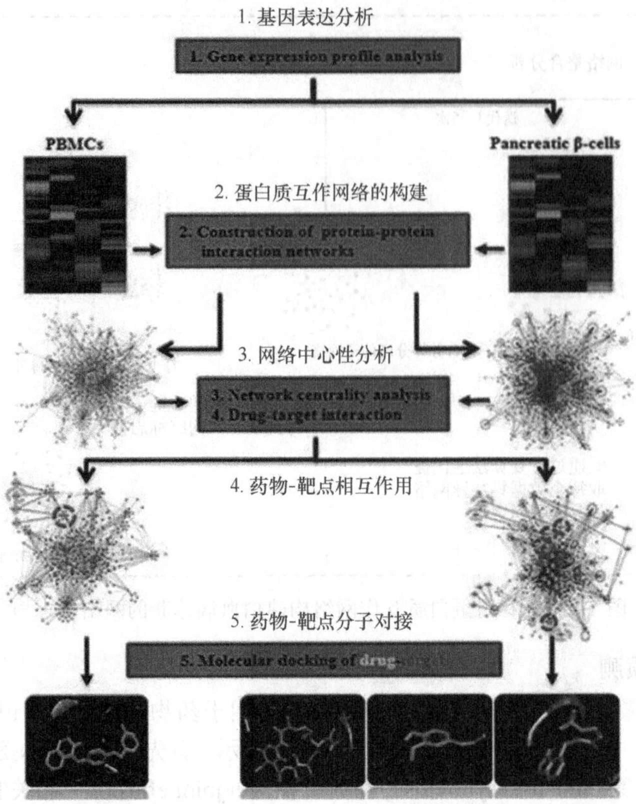

图 10-20

图 10-20 利用蛋白质互作网络和分子对接技术预测 1 型糖尿病药物作用靶点

此外，研究人员构建了与致癌转录因子 MYCN 相关的蛋白质互作网络，基于网络可控性理论（network controllability theory），寻找能够完全控制网络的驱动基因。研究表明，网络中的关键基因改变将显著影响 MYCN 网络的调控通路。通过对这些基因的稳定性和相关性进行分析，发现 EGFR 可能是与 MYCN 密切相关的潜在药物靶点，能够为癌症治疗提供帮助。

（三）致病机制分析

在生物标志物筛选和药物靶点预测的基础上，通过蛋白质互作网络的建模分析，有利于在计算水平上发现疾病演化过程中关键蛋白质在结构、表达、调控、相互作用等方面的状态和机制变化，从而在网络层次上提供疾病的病因学解释。另外，多组学融合是目前生物信息学领域的研究热点，因此，将蛋白质网络与其他组学层次的生物网络整合。例如，miRNA-mRNA 调控网络、竞争性内源 RNA（competing endogenous RNA）网络等，有利于从不同维度发现疾病的关键信号特征，特别是调控和作用机制的改变对生物系统稳定性的影响，具有重要的生物医学意义。

由于篇幅所限，本节重点介绍蛋白质互作网络在疾病生物标志物筛选、药物靶点预测及致病机制分析方面的模型构建和应用实例。研究人员总结了目前计算机辅助生物标志物识别的数据资源、模型和应用，包括蛋白质互作网络建模的最新研究进展，详细内容请见参考文献。

第五节 本章小结

蛋白质相互作用是蛋白质组信息学的重要研究内容之一，本章从蛋白质相互作用的鉴定、蛋白质互作网络的构建与分析、蛋白质互作网络的生物信息学应用 3 个方面介绍了目前的研究思路和前沿进展，包括蛋白质相互作用鉴定的实验和计算方法、不同类型蛋白质互作网络的构建和分析策略、蛋白质互作网络在生物标志物筛选、药物靶点预测及疾病致病机制分析方面的应用实例等。随着实验和计算机技术的不断发展，蛋白质相互作用数据的规模将进一步增加，这也推动了计算机存储、算法设计和分析流程的优化。同时，多学科交叉融合研究是近年来的主流范式，基于明确的生物科学问题，蛋白质相互作用分析需要协同计算机模拟、实验验证等不同方法优势，从而推动研究结果的系统理解和转化应用。

笔记栏

（林宇鑫　朱　斐）

第十一章　结构蛋白质组学：算法与模型

PPT

“观察”是科学研究尤其是生物学研究中最古老的方法。基因组测序计划的完成以及蛋白质结构解析技术的不断发展，为蛋白质组学的研究和发展提供了很多的蛋白质高级结构，可用于“观察”其生物学功能。当前蛋白质组学的研究迫切需要从蛋白质的高级结构出发来“观察”生物功能，结构蛋白质组学已经成为蛋白质组学研究的三大分支之一（其他两大分支为表达蛋白质组学和功能蛋白质组学）。尤其是2021年AlphaFold和RoseTTAFold技术为人类蛋白质组提供了最完整、最准确的图片，预示着结构蛋白质组学进入了一个新时代。本章主要阐述结构蛋白质组学的相关生物信息学研究，包括相关数据库、生物信息学算法和计算模型等。

第一节　结构蛋白质组学介绍

结构蛋白质组学（structural proteomics or structuromics）是一门利用蛋白质测量新技术研究整个生物体、整个细胞或整个基因组中所有蛋白质和相关蛋白质复合物的三维结构的学科。简单来说，结构蛋白质组学的整体研究目标为研究所有蛋白质折叠的三维（3D）结构。其主要目的是通过研究蛋白质与蛋白质之间、蛋白质与其他分子间的相互作用、蛋白质工程等，建立细胞内信号转导网络图谱并解释其生物学功能。蛋白质结构及动力学状态的大规模绘制，不仅能够揭示蛋白质的结构与功能之间的关系，还能在更高层次上帮助理解蛋白质组所调控的生物学功能。为了高通量地解析蛋白质的结构，一系列的实验技术迅猛发展，比如限制性蛋白水解–质谱技术（LiP MS）技术可以捕获蛋白质结构、蛋白质相互作用、翻译后修饰和构象变化等（图11-1）。

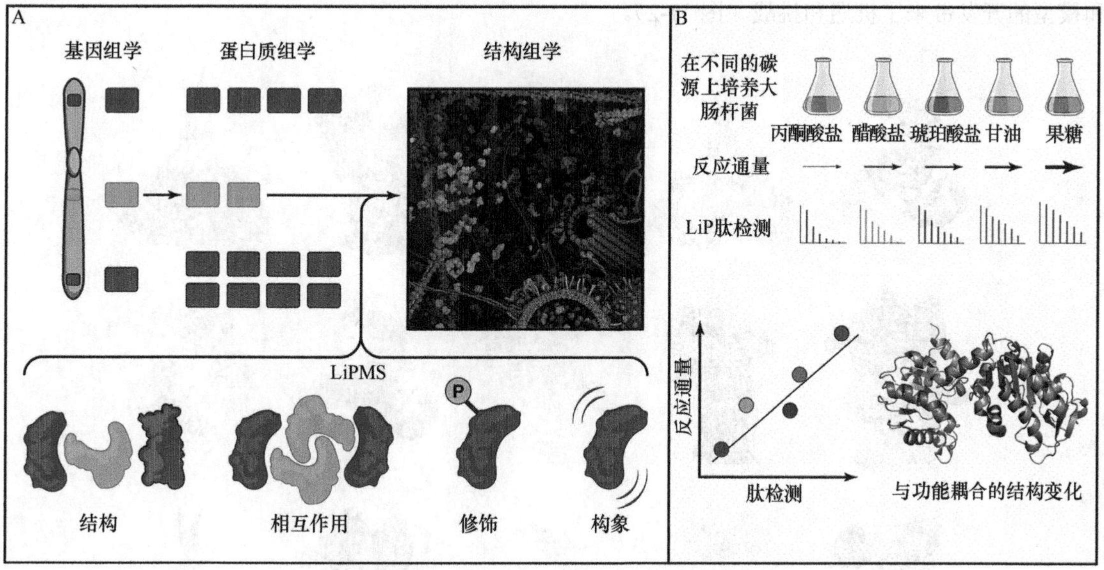

图11-1　LiP MS相关研究内容及技术手段示意图

图11-1

一、蛋白质结构测定的方法

经典的测定蛋白质三维结构的方法主要有三种，包括X射线晶体衍射、磁共振波谱、电子显微镜。每种方法都各有优缺点，在X射线晶体学中得到的是蛋白质晶体的X射线衍射图谱；磁共振波谱检测得到的是蛋白质在溶液中的局部构象信息；而电子显微镜可以得到蛋白质分子整体形状的图像。此外，一些新兴的质谱技术也能够捕获蛋白质的结构和构象变化信息。

（一）X射线晶体衍射

目前大部分的蛋白质结构都是由X射线晶体学（X-ray crystallography）测定的。在这种方法中，蛋白质首先经过纯化和结晶，然后受到强烈的X射线束照射。蛋白质晶体将X射线束衍射成一个或

笔记栏

另一个特征斑点图案，通过对其进行分析，可以确定蛋白质中电子的分布。之后，通过对电子密度图进行解析，就可以确定每个原子的位置。诺贝尔物理学奖在 1901 年的第一次颁发就是因为伦琴发现了 X 射线。一个多世纪以来，因研究 X 射线，以及使用 X 射线进行应用研究已经 25 次获得诺贝尔奖。

（二）磁共振波谱

磁共振波谱（magnetic resonance spectroscopy，MRS）、圆二色性光谱法、激光拉曼光谱法、荧光光谱法、紫外差光谱法和氢同位素交换法等方法可以测定溶液中的蛋白质构象。MRS 的一个主要优点是，提供了溶液中蛋白质分子的信息，是研究柔性蛋白质原子结构的首要方法。1985 年，库尔特 · 维特里希利用多维 MRS 的方法确定了第一个生物大分子的三维结构，明确了 MRS 可以作为测定生物大分子的主要手段，因此获得了 2002 年的诺贝尔化学奖。

（三）三维电子显微镜

三维电子显微镜（3D EM），主要用于确定大分子组装体的三维结构，该领域尤其得益于近年来冷冻电镜技术（cryo-EM）的迅猛发展。与传统方法相比，冷冻电镜单颗粒分析技术对蛋白质样品的数量和纯度要求大大降低，且可捕捉蛋白质在不同条件下的构象。2017 年诺贝尔化学奖就授予了瑞士、美国和英国三位科学家，以表彰他们“研发出冷冻电镜，用于测定溶液中生物分子的高分辨结构”。

最近基于冷冻电镜，加利福尼亚大学洛杉矶分校的研究人员提出一种自下而上（bottom-up）的高通量结构蛋白组研究方法。利用该方法，研究人员可直接从细胞匀浆富集多种内源性蛋白，并利用冷冻电镜单颗粒分析技术获得多个近原子分辨率电镜结构。研究人员开发的 cryoID 程序可准确、高效地从数万条候选序列中鉴别出未知电镜结构的蛋白质序列，并辅助原子模型搭建工作。同时，计算化学与化学信息学核心期刊 *Journal of Chemical Information and Modeling* 出版了一期关于冷冻电镜结构建模的专刊，认为冷冻电镜技术不仅为蛋白质复合物结构研究提供了新思路，也为针对其算法和模型的开发带来了机遇和挑战（图 11-2）。

图 11-2

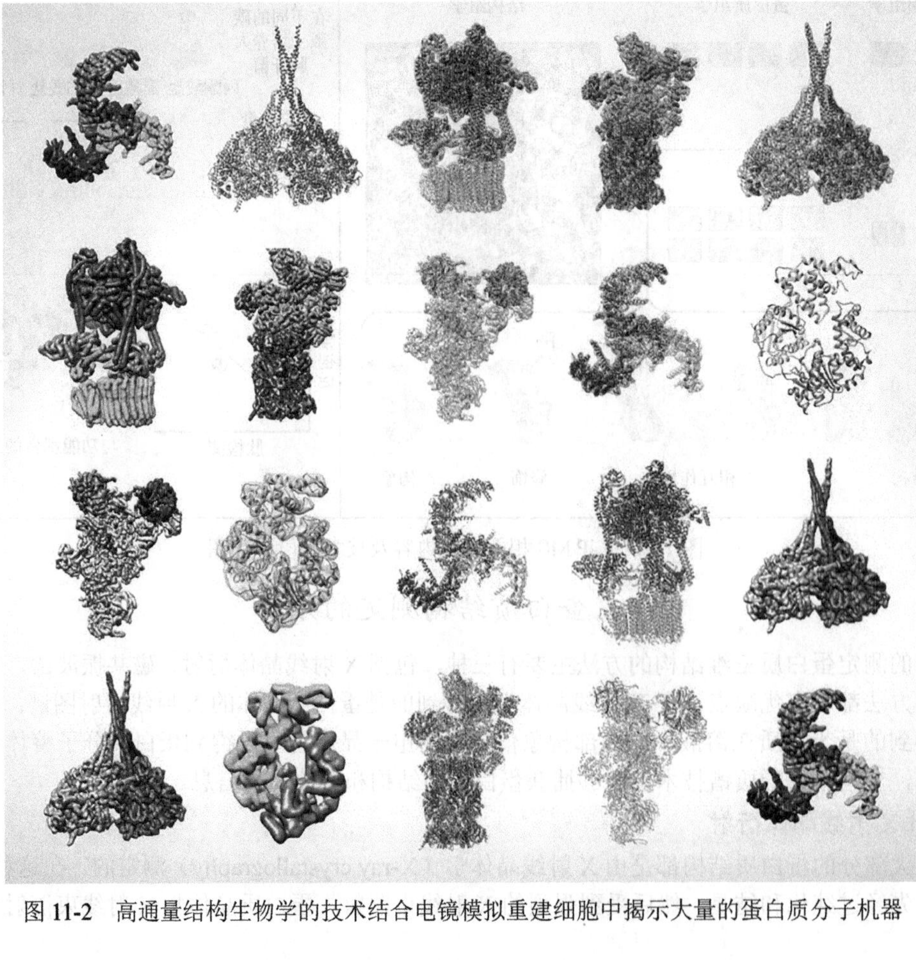

图 11-2　高通量结构生物学的技术结合电镜模拟重建细胞中揭示大量的蛋白质分子机器

笔记栏

（四）质谱

基于质谱的蛋白质结构测定方法主要包括三种：基于共价键的共价标记（covalent labeling，CL）质谱（CL-MS）和共价交联（crosslinking，XL）质谱（XL-MS），基于非共价键的氢氘交换质谱（hydrogen deuterium exchange mass spectrometry，HDX-MS）。CL-MS 是一种研究蛋白质结构的有力方法，具有操作简单、灵敏度高、结构分辨率高等优点。CL-MS 不仅用于结构测定，而且还可用于区分互变异构体。XL-MS 利用化学交联剂处理蛋白质样品，将空间距离足够接近、可以与交联剂反应的两个氨基酸以共价键连接起来，然后利用基于质谱技术的蛋白质组学手段分析交联产物。HDX-MS 的主要原理是将蛋白质置于重水溶液中，蛋白质表面的氢原子与重水里的氘原子发生互换，发生互换后的蛋白质经过酶切产生多肽片段，质谱鉴定肽段的质量：位于蛋白质表面的多肽相比位于蛋白质内部的多肽更容易发生氢氘原子交换，因而质量增加，由此来推测蛋白质表位构象。HDX-MS 不仅用于蛋白质结构测定，还可用于研究蛋白质结构动态变化、蛋白质间相互作用位点及鉴别蛋白质表面活性位点。

二、蛋白质结构数据库

（一）PDB

PDB 蛋白质结构数据库（Protein Data Bank，PDB）是美国 Brookhaven 国家实验室于 1971 年创建的，由结构生物信息学研究合作组织（Research Collaboratory for Structural Bioinformatics，RCSB）维护。PDB 是目前最主流的蛋白质结构数据库，可以供研究者通过网络直接向 PDB 提交或下载数据。如图 11-3 所示，每年有数以万计的蛋白质结构被测定出来而存于 PDB 中。截至 2020 年 2 月 20 日，一共有 174 826 个生物大分子的三维结构被测定。

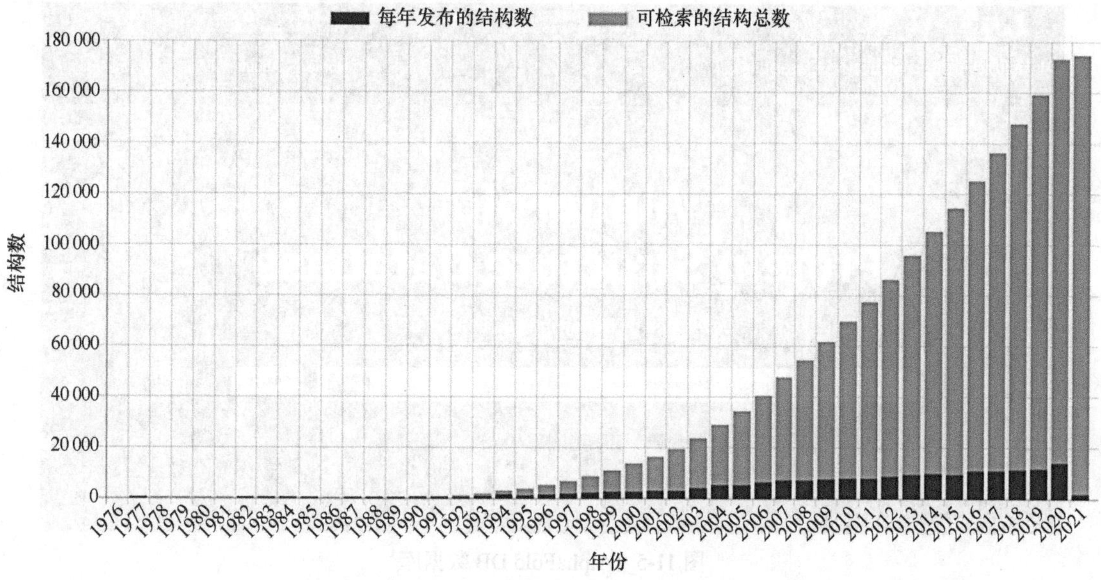

图 11-3　PDB 中蛋白质结构的增长趋势

截至 2020 年 2 月

图 11-3

值得关注的是，PDB 还提供了一个供教师、学生和公众学习的在线门户网站。学习生物大分子尤其是蛋白质的不同性质和功能将有助于科研人员了解生物医学的各个方面，涵盖蛋白质合成、健康和疾病，以及生物能源等领域。PDB-101 包括的学习资源由四部分组成（图 11-4），包括“健康与疾病”“生命分子”“生物技术与纳米技术”“结构和结构测定”。

（二）AlphaFold DB

随着 AlphaFold 将人类蛋白质组预测范围覆盖到了 98.5%，其中对 58% 氨基酸的结构位置做出可信预测（confident prediction），36% 氨基酸的结构预测达到了很高的置信度（very high confidence）。为了支持生物学和医学研究，DeepMind 与欧洲生物信息学研究所（EMBL-EBI）合作创建了第一个 AlphaFold DB（图 11-5），并免费向学术界开放。这是迄今为止人类蛋白质组最完整、最准确的高质量数据集，它比人类通过生物实验确定的蛋白质结构的数量还多 2 倍。数据库涵盖了人类蛋白质组

笔记栏

和其他 21 种关键生物的全蛋白质结构预测结果，包括大肠杆菌、果蝇、斑马鱼等，蛋白质种类达到了 35 万。

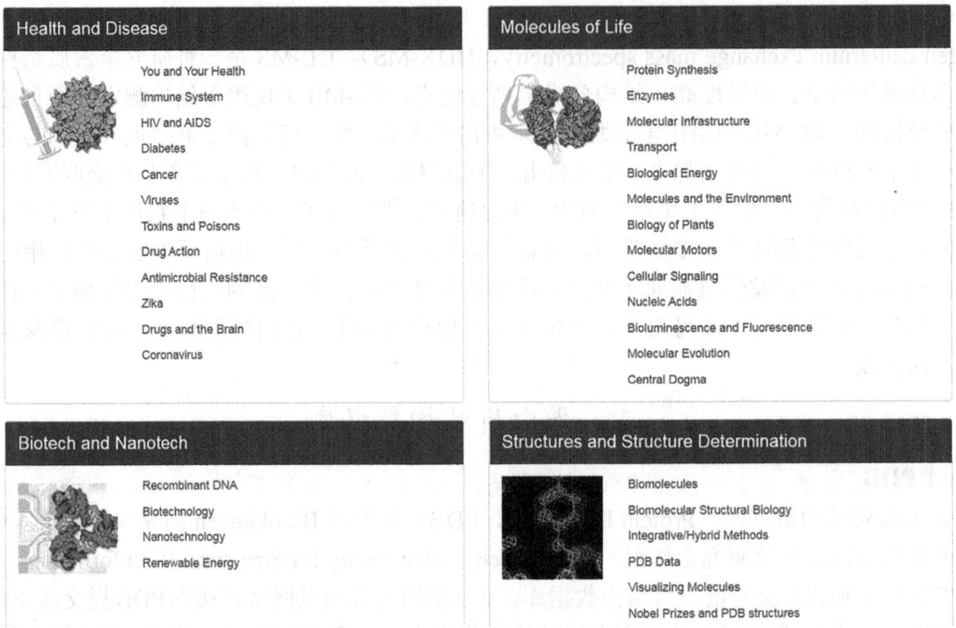

图 11-4

图 11-4　PDB-101 学习资源界面

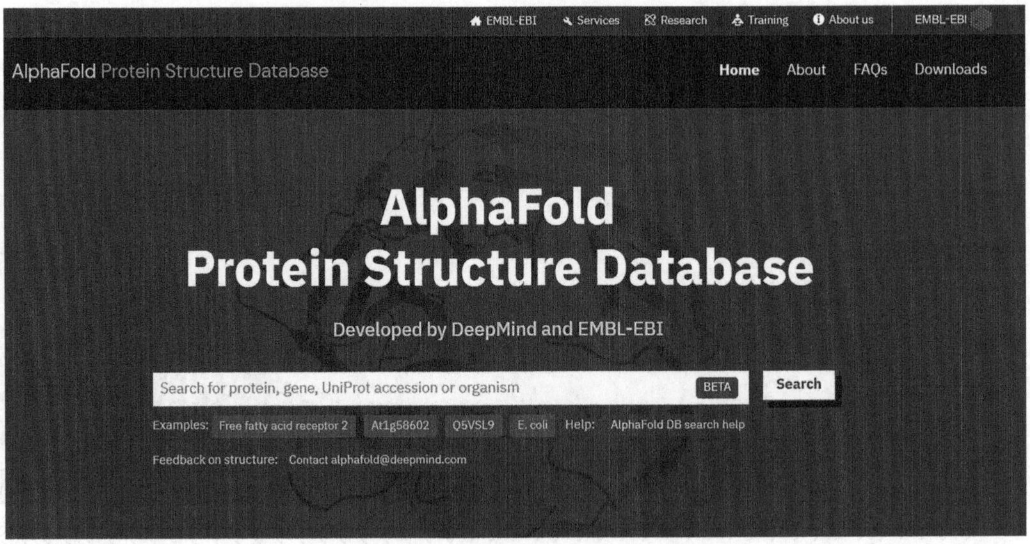

图 11-5

图 11-5　AlphaFold DB 数据库

三、结构蛋白质组学的挑战

在组学层次上，研究蛋白质复合物的结构比单个蛋白质的结构更加重要和迫切。随着越多越复杂的蛋白质复合物结构的发现，为基于结构层次的分析方法研究蛋白质之间的相互作用提供了重要的数据资源，如蛋白质相互作用界面信息在结构上，蛋白质复合物由两个或多个单体通过蛋白质之间的相互作用聚合形成独特的四级结构。根据这些四级结构的拓扑性质，来自牛津大学的研究人员设计了一个关于蛋白质复合物的元素周期表。目前已知的绝大多数蛋白质复合物都是异源二聚体（图 11-6A）。然而在细胞中更高聚合度的蛋白质复合物具有更重要的生物学功能，所以需要从计算的角度去预测它们的三维结构。

此外，与通过蛋白质组学和基因组学技术获得的海量蛋白质序列数据相比，实验测定的蛋白质尤其是蛋白质复合物的结构数据还远远不足。因此，计算的方法可帮助蛋白质结构数据的高通量预测。迄今为止，蛋白质结构技术在组学的发展中只起到很小的作用，但目前正在开发将其纳入大规

笔记栏

模分析的技术。这些发展将有助于为蛋白质组学在药物发现和疾病诊治的应用中提供有价值的额外线索。目前结构蛋白质组学中的计算方法主要集中在两块：生物信息学主要关注蛋白质组数据库的构建和相关工具软件的开发；计算生物学方法主要关注蛋白质结构建模，以及结构和相互作用的预测。结构蛋白质组学的理论和方法，尤其是蛋白质结构动力学和生物网络的方法将为理解蛋白质结构、蛋白质–蛋白质相互作用这些基本生命事件和蛋白质组复杂性提供新的发展契机，同时也为基于系统的药物设计和疾病治疗带来了新机遇和新挑战。

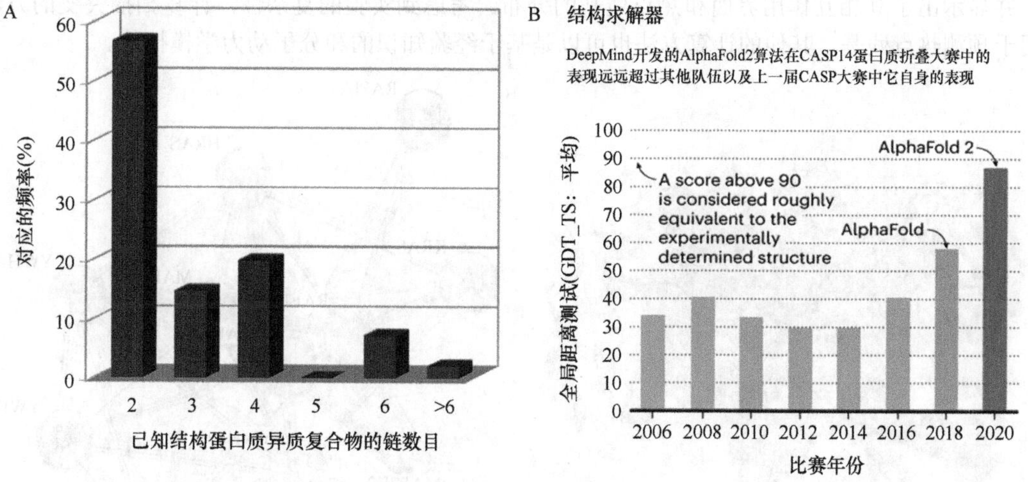

图 11-6

图 11-6　结构数据统计

A. PDB 中已知结构的蛋白质复合物的链数目分布；B. 蛋白质结构预测精度的发展情况

第二节　结构蛋白质组学数据库

大量的关于蛋白质组学的数据库，不管是上述蛋白质结构的 PDB 数据库，还是蛋白质相互界面数据库和蛋白质-核酸/配体数据库都为结构蛋白质组学的进一步研究提供了宝贵的资源。

一、蛋白质相互界面数据库

蛋白质相互作用是蛋白质组学的研究核心之一，其中蛋白质通过其界面发生结合互作。所以，对于蛋白质相互作用界面的结构、物理化学性质、亲和性和特异性的研究不仅可以区分不同类型的蛋白质相互作用界面，而且是结构蛋白质组学的重要研究内容。表 11-1 列出了一些可用的蛋白质界面数据库和检测蛋白质界面的工具。界面数据库为表征结合蛋白质相互作用表面提供了丰富的资源。这些数据库可以包括两种类型的界面：蛋白质–蛋白质界面或者结构域界面。其中一些数据库还可以通过基于序列和结构的相似性方法对界面进行聚类。

表 11-1　蛋白质界面数据库

名称	界面类型	界面聚类
ProtCID	蛋白质–蛋白质	是
PISITE	蛋白质–蛋白质	否
PISA	蛋白质–蛋白质	否
PSIBASE	蛋白质–蛋白质 结构域–结构域	否
2P2I Inspector	蛋白质–蛋白质	否
PiFace	蛋白质–蛋白质	是
PDBSum	蛋白质–蛋白质	否
3DID	结构域–结构域	是
iPFAM	结构域–结构域	否
IBIS	蛋白质–蛋白质	否
SCOPPI	结构域–结构域	是
SCOWLP	结构域–结构域	是
SPIN-PP	蛋白质–蛋白质	否
Dockground	蛋白质–蛋白质	是

通常使用两种估计来定义界面区域。第一种方法是计算共晶结构中两种蛋白质的氨基酸残基对之间的距离，如果两个氨基酸残基的距离在预定阈值内，则认为它们是相互作用的。第二种方法将蛋白质复合物整体的溶剂可及表面积（solvent accessible surface area，SASA）与单一组成成分的溶剂可及表面积进行比较，以评估复合物形成时被掩埋的区域或被暴露在溶剂中的区域（界面区域），如果氨基酸残基侧链的溶剂可及表面积大于 0～1Å^2，则可将该氨基酸残基视为界面的一部分。

蛋白质相互作用界面的物理化学性质可以帮助审查和理解复合物内各蛋白质分子间相互作用的本质。特别是基于结构和化学性质的参数包括界面大小、形状互补性质、突起性、分割性和二级结

笔记栏

构等，具体而言为，分子间相互作用的表面积及极性性质，界面处的氢键和盐桥，埋藏水分子，电荷分布和界面组成成分，残基保守性，相互作用强度，界面残基的柔性和具有显著结合能的热点残基（hot spots），结合界面的形状，结合位点的互补性质，以及结合位点的二级结构类型。

蛋白质结合主要取决于界面区的能量分布。蛋白质热点残基对于蛋白质–蛋白质相互作用至关重要，可以通过丙氨酸扫描突变实验进行鉴定。热点残基是界面处对结合能有着显著贡献的一小簇残基，其定义为丙氨酸突变后 $\Delta G \geq 2$kcal/mol 的那些界面残基。图 11-7A 表示 HRAS/RAF1 复合物的结构，并显示出了其相互作用界面和热点残基的分布。考虑到实验的复杂性，计算扫描突变的方法也可用于预测热点残基，其他的计算方法也可以是基于经验知识的和分子动力学模拟的。

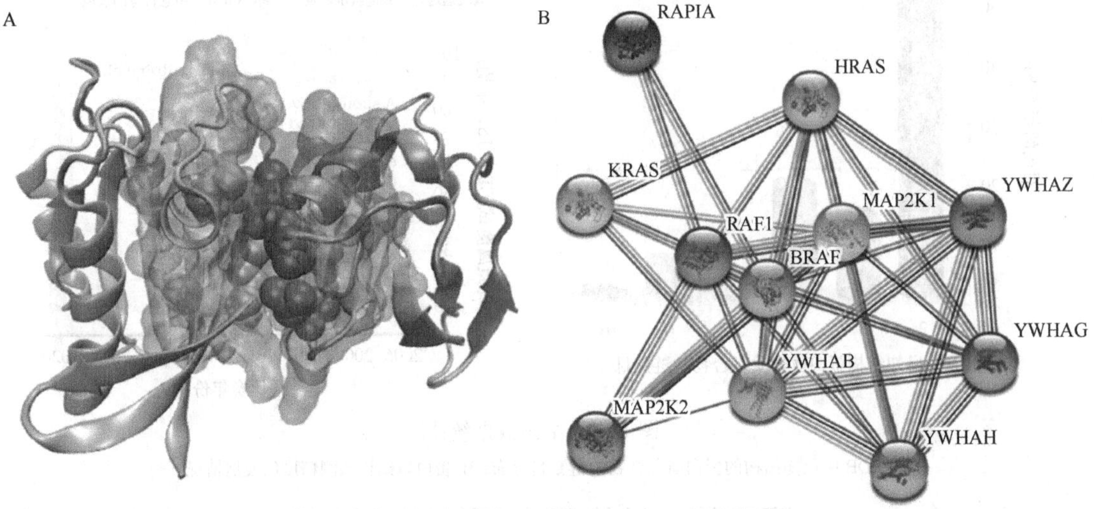

图 11-7

图 11-7　A. HRAS/RAF1 复合物的三维结构（PDB：4g0n）。表面显示了界面区域，而热点残基以范德瓦耳斯形式表现出来。B. STRING 数据库里包括 HRAS/RAF1 复合物的蛋白质互作网络表示图

二、蛋白质–核酸/配体相互作用数据库

在生命体中发挥生物功能时，蛋白质不仅与其他蛋白质发生相互作用，还与核酸包括 DNA 和 RNA、小分子配体结合。在蛋白质组尺度上鉴定蛋白质–配体相互作用对于解决许多的生物问题，如设计安全和有效的治疗药物，而对于蛋白质–核酸（DNA/RNA）的研究可以帮助深入了解基因表达和调控。同时，大量的蛋白质–配体和蛋白质-DNA/RNA 复合物提供了研究分子内相互作用的结构模型。表 11-2 列出了一些对于结构分类和预测结合位点的数据库。

表 11-2　蛋白质–核酸/配体复合物数据库

类型	名称
蛋白质–配体	Relibase
	PDBbind
	Allosteric Database
	PLD
	PLID
蛋白质–核酸	BIPA
	BindN
蛋白质-DNA	DnaProt
	PDIdb
	DNABindR
	DP-Bind
	PDIdb
	3D-Footprint
蛋白质-RNA	ENTANGLE
	RsiteDB
	PRIDB

按照表 11-2 中出现的顺序，依次对各个数据库做一简单介绍。Relibase 可以研究蛋白质–配体复合物的结合偏好和几何结构，以及预测未知的蛋白质–配体复合物。PDBbind 全面收集了 PDB 数据库中所有蛋白质–配体复合物的结合亲和力数据，Allosteric Database 则是收集了蛋白质的别构小分子数据，为研究蛋白质别构效应研究提供了一个多功能的结构、功能、疾病和相关注释资源。PLD 可以计算蛋白质复合物的各种性质，包括计算结合能、Tanimoto 配体相似性分数和蛋白质序列相似性。PLID 是迄今为止最全面的蛋白质–配体复合物数据库，包括其物理化学性质、量子力学描述符及蛋白质的活性位点残基。BIPA 提供了蛋白质–核酸复合物界面的物理化学性质，如大小、形状、残基偏好、二级结构组成和分子间相互作用。BindN 应用支持向量机（SVM）从序列特征中预测 DNA/RNA 的结合位点。DnaProt 利用 SWISS-PROT 数据库和蛋白质模式资源将蛋白质分为 33 个不同的 DNA 结合类的数据库，可以为蛋白质-DNA 复合物的进化和系统发育水平的分析提供简单的注释。PDIdb 数据库包括由三个层次构

笔记栏

成的蛋白质-DNA 复合物的简单功能分类。DNABindR 和 DP-Bind 是分别通过机器学习方法和 Nave Bayes 分类器预测和识别蛋白质序列中 DNA 结合残基的两个网络服务器。3D-Footprint 则绘制了蛋白质-DNA 复合物的界面的指纹图谱，以预测其结合特异性。ENTANGLE 是一个 Java 程序，它通过蛋白质-RNA 复合物的界面结合模式的研究来对蛋白质-RNA 相互作用进行分类。RsiteDB 是一个展示和分类蛋白质-RNA 复合物中蛋白质结合口袋的数据库，而 PRIDB 用于显示复合物中蛋白质与 RNA 相互作用界面处的原子和残基信息。其他的蛋白质-核酸复合物数据库还包括 NPIDB、PDIdb 等。

三、蛋白质结构倡议材料库

此外，目前已经成立多个公共结构蛋白质组学中心，旨在解决长期科学目标和产生可供公众使用的数据。第一个结构蛋白质组研究中心在日本建立，随后美国和欧洲也相继启动了结构蛋白质组计划，其中以 2000 年启动美国的蛋白质结构倡议（protein structure initiative，PSI）计划贡献最大。PSI 的研究目的包括对蛋白质的结构研究从而发现蛋白质的新功能，以及设计实验解决其他关键生物医学问题；更快地发现有应用前景的基于蛋白质结构的药物；更好地治疗遗传病和传染病；发展出更为快速的蛋白质纯化以及晶体学技术和方法。虽然这一计划于 2015 年终止，PSI 早期成功开发出的高通量实验结构测定的新范式技术依然延续至今，并为研究更为广泛的重要生物学和生物医学问题提供了宝贵的资源，包括近 7000 个蛋白质结构存于蛋白质结构数据库中，以及超过 2000 万个同源模型。PSI 的结构生物学知识库将持续提供 PSI 项目的结果，包括：

BioSync：X 射线光设备目录；

TargetTrack：TargetTrack 的“数据下载”网站，所有可用文件都存档在 Zenodo，即开放研究数据存储库中。这些数据被分配到 DOI：10.5281/zenodo.821654；

PSI 技术门户：450 多份技术报告将以 PDF 格式存档在 Zenodo 上；

PSI 出版物门户：2300 多份 PSI 出版物的最终书目已在 Zenodo 上以 CSV 和尾注格式存档。这些数据被分配到 DOI：10.5281/zenodo.821648；

Nature 研究重点和本月分子：由 David Goodsell 起草或者我们在自然出版社发表的 500 多篇文章以 PDF 格式存档在 Zenodo 上。

第三节　基于高通量数据的蛋白质相互作用结构预测算法

蛋白质相互作用的预测是分子生物学中的核心研究内容之一，对其相互作用的结构预测也越来越重要，见图 11-6B。目前蛋白质相互作用的结构预测已经从分子水平发展到了组学水平。完整的“相互作用组”的研究，即所有蛋白质复合体的三维结构研究，将阐明生物学的许多基本问题，并且对于蛋白质相互作用的结构和结合界面的深入认识能够为功能蛋白质组学和药物发现提供帮助。

一、基于能量的相互作用预测

传统的蛋白质相互作用的结构预测主要是依据物理学原理，计算蛋白质结合能量以确定其结合可能性和稳定性。分子对接是主要研究分子间（如配体和受体）相互作用，并预测其结合模式和亲合力的一种理论模拟方法。对接的第一阶段主要是通过全局或者局部搜索找到合适的结合取向，全部搜索需要完成对两个蛋白质在三维空间上所有可能取向的采样。因此，全局计算非常费时，需要考虑各种各样的移动和旋转构象。为了克服这一局限性，快速傅里叶变换（fast Fourier transform，FFT）被提出用于减少全局搜索的计算量。局部搜索只需要考虑蛋白质表面特征，如口袋平整度和溶剂化性质，然后利用这些局部性质使得界面达到良好的互补性。

另一种抽样方法是整合关于互作的先验知识，如将一些生物化学、生物物理、化学迁移、突变等信息整合到采样过程中，将会限制搜索空间和提高预测准确性。根据取样的方法，分子对接可以分为三类：

1. 刚性对接　在计算过程中，参与对接的分子构象不发生变化，仅改变分子的空间位置与姿态，刚性对接方法的简化程度最高，计算量相对较小，适合于处理大分子之间的对接。

2. 半柔性对接　对接过程中允许小分子构象发生一定程度的变化，但通常会固定大分子的构象，另外小分子构象的调整也可能受到一定程度的限制，如固定某些非关键部位的键长、键角等，半柔性对接方法兼顾计算量与模型的预测能力，是应用比较广泛的对接方法之一。

笔记栏

3. 柔性对接 在对接过程中允许研究体系的构象发生自由变化，由于变量随着体系的原子数呈几何级数增长，因此柔性对接方法的计算量非常大，消耗计算机时很多，适合精确考察分子间识别情况。

目前分子对接（蛋白质–蛋白质对接）软件主要包括 ZDOCK、AutoDock 和 FlexX。ZDOCK 应用半柔性对接方法，固定蛋白质分子的键长和键角，将蛋白质拆分成若干刚性片段，根据受体表面的几何性质，将蛋白质分子的刚性片段重新组合，进行构象搜索。在能量计算方面，ZDOCK 考虑了静电相互作用及范德瓦耳斯力等非键相互作用，在进行构象搜索的过程中搜索体系势能面。最终软件以能量评分和原子接触罚分之和作为对接结果的评价依据。AutoDock 应用半柔性对接方法，允许小分子的构象发生变化，以结合能作为评价对接结果的依据。自从更新 AutoDock3.0 版本以来，对能量的优化采用拉马克遗传算法（LGA），LGA 将遗传算法与局部搜索方法相结合，以遗传算法迅速搜索势能面，用局部搜索方法对势能面进行精细的优化。FlexX 是德国国家信息技术研究中心生物信息学算法和科学计算研究室开发的分子对接软件，目前已经作为分子设计软件包 BioSolveIT LeadIT 的一个模块实现商业化。FlexX 使用碎片生长的方法寻找最佳构象，根据对接结合能的数值选择最佳构象。FlexX 程序对接速度快、效率高，可以用于小分子数据库的虚拟筛选。

随着分子对接的技术的发展，各种各样的网络服务器也随之发展出来，比如著名的数据驱动的 HADDOCK 网络服务器（图 11-8）。越来越快速的网络服务器出现使得基于高通量的结构数据的分子对接成为可能，同时对接方法的发展也得益于蛋白质相互作用的新数据。

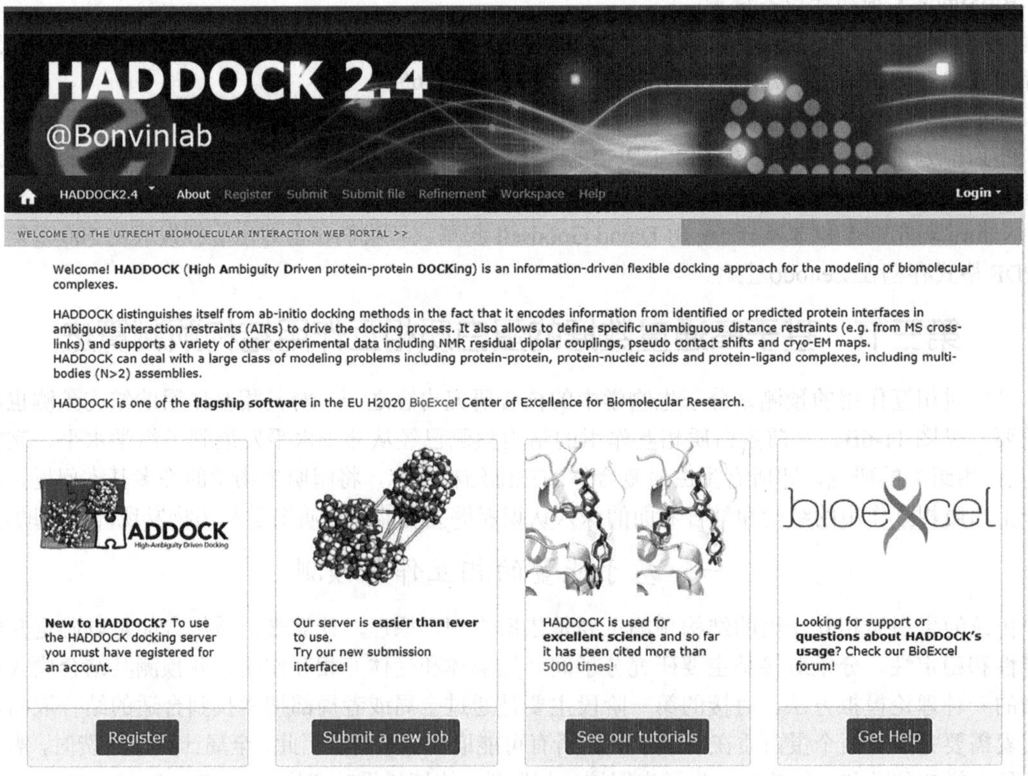

图 11-8

图 11-8 HADDOCK 网络服务器主页面

二、基于结构模板的相互作用预测

蛋白质具有的结构和物理化学性质使得可以借助蕴含在序列或者结构相似性的演化信息来预测未知的蛋白质复合物和相互作用。通常同源蛋白质倾向于使用相同的结合界面，这也意味着蛋白质对在界面区域的结构上是保守的。基于结构模板的方法原则是依赖实验已经测定的蛋白质复合物信息去预测新的目标蛋白复合物。基于模板的算法策略包括：模板库的准备，目标集的选择，目标与模板的相似性搜索，优化以及打分。其中最主要的是模板库的准备，因为模板的多样性很大程度上影响预测的性能。随着 PDB 数据库中蛋白质结构的数量呈指数性增长，基于模板的预测性能也随之大大提高。由于基于模板的计算方法的高效性，目标集可以仅包含两个蛋白质，也可以是一条生物

笔记栏

通路里的所有蛋白靶标，甚至整个蛋白质组。

完全不同的蛋白质对也可以采用相似的界面结构，这一现象也为蛋白质相互作用的建模开辟了新的途径。利用蛋白质相互作用界面作为结构模板，许多预测方法最近也相继提出（表 11-3）。PRISM 是基于界面模板的第一个预测方法，它利用蛋白质相互作用界面的集合模式和骨架几何相似性建立一个基于全基因组上的结构蛋白质互作网络，特别有利于在特定的功能通路上进行小标度的预测（图 11-9）。PRISM 方法包括两个步骤：①目标蛋白和已知蛋白界面模板的刚性结构比较；②利用对接能量函数进行优化。张强峰等发展出一种基于三维结构信息的全基因组蛋白质相互作用计算预测方法：PrePPI。对于给定的一对潜在交互作用的蛋白质，在 PDB 数据库或者同源数据库中提取具有代表性的结构单元。针对这些结构单元，检测它们的结构邻居并通过结构叠加构建互作结构模型。最后对结构模型建立五种基于经验结构的分数，通过使用贝叶斯组合这些分数对最后的 PrePPI 预测进行打分（图 11-10）。

表 11-3　基于界面结构模板预测蛋白质相互作用的算法和工具

工具名称	建模方法	优化和得分
Struct2Net	基于结构	Logistic 回归评估相互作用的概率
iWrap	仅集中在蛋白质交互界面	改良分类器用于计算交互的概率
Instruct	结构域同源性	无得分
InterPreTS	同源建模	经验概率和统计显著性
COTH	多线程	结合比对得分、溶剂可及性、疏水性、查询匹配、天然蛋白质界面
HOMCOS	同源建模	无得分
Interactome3D	全局结构同源性和结构域-结构域模板	无得分
PrePPI	基于模板	贝叶斯分类
PRISM	蛋白质界面的模板	灵活的细化和能量计算
MULTIPROSPECTOR	序列线程	总能量，界面能量和 Z 分数
M-Tasser	序列线程	迭代优化和聚类
ISearch	结构域-结构域界面的模板	无得分

下面简单给出一个 PRISM 应用实例：

目标：使用 PRISM 预测蛋白 A 和蛋白 B 相互作用的结合能、复合物结构及相互作用界面上的残基。

步骤一：获得蛋白 A 和蛋白 B 的 PDB 代码，分别为 2j5x 和 3a6pC（注意：这里‘C’表示蛋白 B，是 PDB 代码为 3a6p 的结构的 C 链，其他链不是蛋白 B 的结构）。

步骤二：将两个蛋白质的 PDB 代码分别填入“目标 1”和“目标 2”右侧空白框中（图 11-9A），填入联系邮箱后提交。

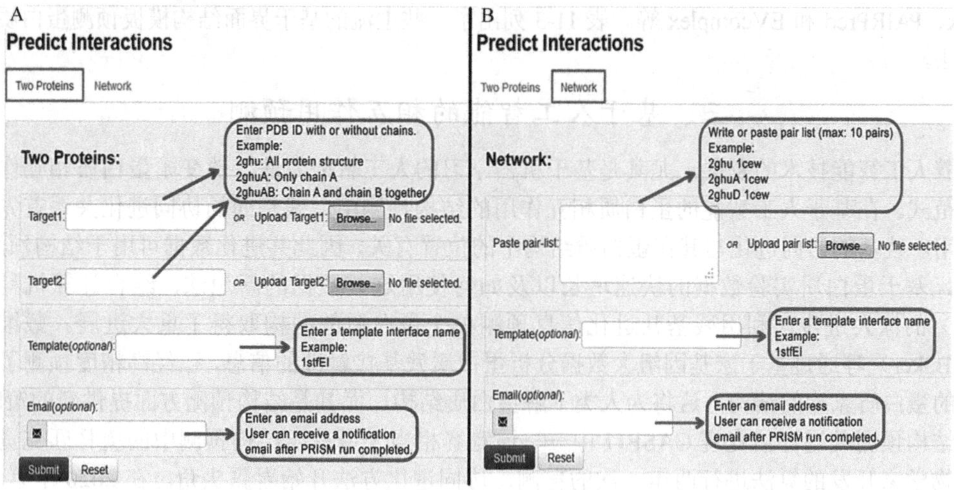

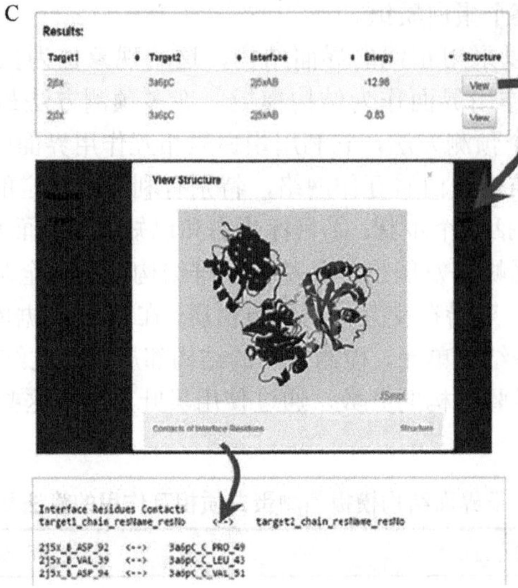

图 11-9

图 11-9 PRISM 主要计算步骤

A. 基于结构模板的蛋白质相互作用对的预测，“目标 1”和“目标 2”的 PDB 代码或 PDB 文件；B. 基于结构模板的蛋白质互作网络的预测，输入为具有 PDB 代码的蛋白质对列表；C. 预测结果

步骤三：结果如图 11-9C 所示，结果界面一共有三列主要信息：

1）Energy 列表示预测的相互作用结合能，能量越低代表蛋白质结合越稳定。

2）Structure 列中点击每一个结果的“View”按钮后，弹出一个 View Structure 视图框展示了预测的复合物结构，再点击该视图框右下角的“Structure”可以下载该结构的 pdb 格式文件。

3）View Structure 视图框的左下角“Contacts of Interface Residue”展示了蛋白 A 和 B 相互作用界面的残基。

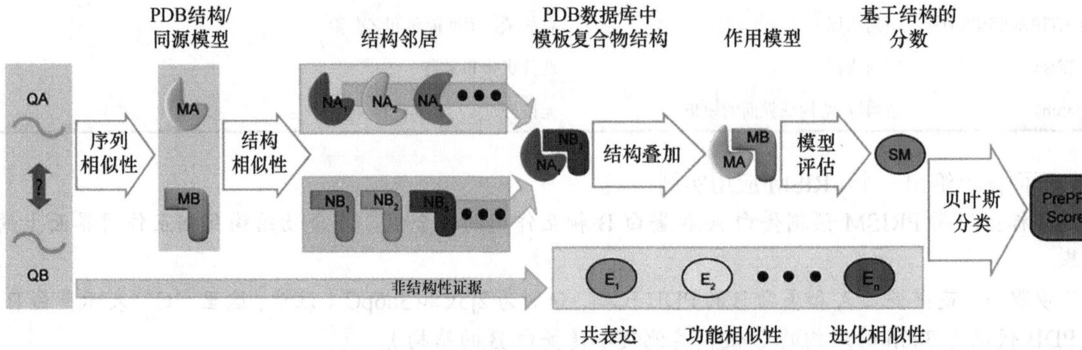

图 11-10

图 11-10 PrePPI 预测蛋白质–蛋白质相互作用的计算流程

随后更多的基于界面信息的方法被相继提出，如 ISEARCH、IWrap、PrePPI（图 11-10）、iLoops、KBDock、PAIRPred 和 EVcomplex 等。表 11-3 列出了一些主流的基于界面结构模板预测蛋白质相互作用的方法。

三、基于人工智能的相互作用预测

随着人工智能技术的发展，尤其是基于机器学习的人工智能方法，改变了蛋白质相互作用结构的预测范式。在基于人工智能的蛋白质相互作用的结构预测中，残基间的协同进化关系首先发挥了重要作用。残基的协同进化与其在蛋白质结构中的位置有关，因此共进化数据可用于结构预测算法。近年来，基于蛋白质实验数据的快速增长以及如何使用这些数据的新想法，结合计算机科学（深度学习）的惊人进步，利用残基共进化信息预测单个蛋白质的结构取得了重大进展。戴维·贝克（David Baker）等通过基于宏基因组大数据分析蛋白质残基接触性的信息，已经高精度预测了 12% 未知结构的蛋白质家族的结构，这将为人类了解蛋白质结构，尤其是结构预测方面提供新的策略。

笔记栏

在结构预测关键评估竞赛 CASP11 中——该竞赛相当于蛋白质结构预测中的奥林匹克竞赛，为计算生物学家开发的算法进行两年一次的盲测，协同进化方法开始崭露头角。在 2020 年第 14 届结构预测关键评估竞赛CASP14中，谷歌的AlphaFold 2利用人工智能技术无可争议地夺冠。AlphaFold 2的预测结果比其他的预测方法准确很多。AlphaFold 2构建了一个基于注意力的神经网络系统（图11-11），进一步训练了进化相关序列，多序列比对（multiple sequence alignment，MSA）和氨基酸残基对等数据，来改进蛋白质接触网络（protein contact map）的构建。该图对于理解蛋白质内的物理相互作用及其进化历史非常重要，可以直接反映蛋白质的拓扑和几何结构。利用该模型，通过训练PDB库中的约17万个蛋白质，在几天之内就能预测一个高精度的蛋白质结构。

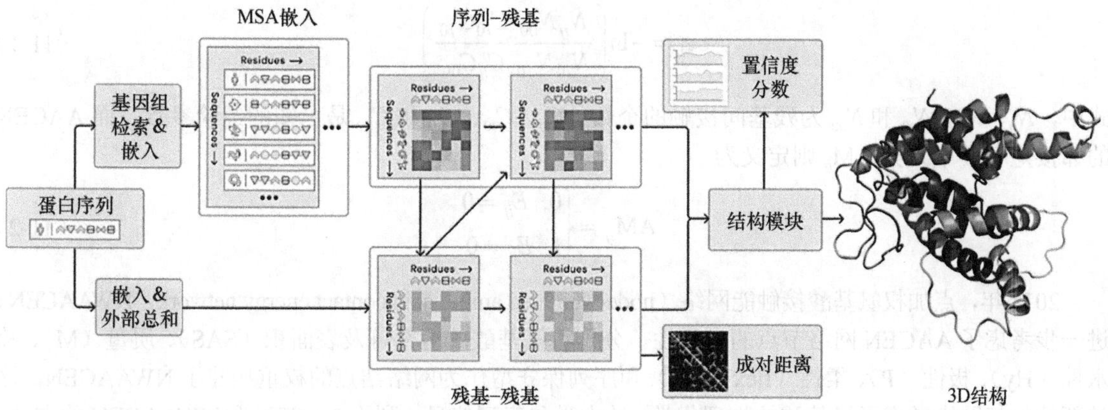

图 11-11　AlphaFold 2的模型架构图

图 11-11

在蛋白质相互作用的结构建模方面，类似的进展才刚刚开始，如贝克（Baker）等就结合使用AlphaFold和RoseTTAFold发现了700多个已知的相互作用蛋白的三维结构。目前将基于残基的协同进化这种方法应用于对接的障碍是，如何区分对接所需的分子间协同进化信息和与对接不直接相关的分子内协同进化信息尚不清楚。另一个问题是缺乏足够的蛋白质–蛋白质和（或）蛋白质–其他分子界面的序列数据来进行深度学习。不管怎么样，我们坚信人工智能的方法对蛋白质相互作用的当前和未来数据的更复杂的利用应该为解决这些问题提供一条途径。正如*Nature*发表的评论："It will change everything: DeepMind's AI makes gigantic leap in solving protein structures"。

第四节　蛋白质组的结构建模

2006年，研究人员就尝试将蛋白质结构引入到蛋白质组研究中，并提出了结构系统生物学（structural systems biology）的概念，其主要研究内容就是对蛋白质–蛋白质相互作用的结构进行建模。对蛋白质组的结构建模为蛋白质的调控机制提供了丰富的机械洞察视角，不仅表明了两种蛋白质是否存在相互作用，还能获悉这相互作用中所包含的重要残基。本节将从生物网络的角度介绍对蛋白质组的结构建模方面的研究进展，表11-4列出了部分针对蛋白质组的结构建模的算法和模型。

表 11-4　基于生物网络的结构蛋白质组学算法与工具模型

网络算法	工具模型
氨基酸连接网络	GraProStr
	NAPS
	Ring2.0
	MDN
	ANCA
结构蛋白质互作网络	Interactome3D
	Instruct
	SAPIN
	ssbio
	proteo3Dnet
弹性网络模型	ANM2.1
	elNémo
	iGNM 2.0
	NMSim
	NOMAD-Ref
	WEBnm@2.0

一、氨基酸连接网络

氨基酸连接网络（amino acid network，AAN）将复杂网络的方法引入了对蛋白质的结构和功能研究。对于蛋白质结构的AAN，是以氨基酸为节点，以残基间的相互作用为边而构成的复杂系统。早在2002年，诺贝尔化学奖得主马丁·卡普拉斯（Martin Karplus）就证实AAN具有小世界网络效应并通过其性质来寻找蛋白质折叠中的关键残基。近年来，AAN得到了极大的发展，包括成功地应用于研究蛋白质折叠、功能残基的识别及蛋白质的热稳定性。在国内，研究人员构造了能量加权的AAN，并分析了CI2小蛋白在去折叠路径中网络特征量的变化；研究人员采用蛋白质天然结构中全局近邻中心节点来预测蛋白质的折叠核残基；研究人员提出了用对数正态模型和多轮图去理解蛋白质的氨基酸网络。由于 AAN 的计算简单性，此方法可以处理批量蛋白质结构的网络构建，并通过计算各种网络指标来定量描述蛋白质结构和功能。所以，氨基酸接连网络为结构蛋白质学的定量描述提供了有益的计算工具。

2014 年，研究人员提出了一类新颖的氨基酸连接网络，即氨基酸接触能网络（amino acid contact energy network，AACEN）。AACEN 的构建是基于环境依赖接触能（environment-dependent residue contact energy，ERCE），定义为

$$e_{ij} = -\ln\left(\frac{N_{ij}N_{00}}{N_{i0}N_{j0}}\frac{C_{i0}C_{j0}}{C_{ij}C_{00}}\right) \tag{11-1}$$

式中，N_{ij}、N_{i0}、N_{j0} 和 N_{00} 为残基间接触的个数，C_{ij}、C_{i0}、C_{j0} 和 C_{00} 是已知的经验参数。而 AACEN 的邻接矩 AM 中元素 AM_{ij} 则定义为

$$\text{AM}_{ij} = \begin{cases} 0, & E_{ij} = 0 \\ 1, & E_{ij} \neq 0 \end{cases} \tag{11-2}$$

2018 年，点加权氨基酸接触能网络（node-weighted amino acid contact energy network，NWAACEN）进一步考虑了 AACEN 网络节点的异质性。分别将氨基酸的溶剂可及表面积（SAS）、质量（M）、疏水性（Hy）、极性（P）、柔性（flexibility）和序列保守型作为网络结点的权重构建了 NWAACEN。这种新的加权网络考虑了氨基酸的物理化学、动力学和序列信息。利用 AACEN 和 NWAACEN 的方法，可以研究基于蛋白质结构的各种生物功能，包括蛋白质的近天然结构的筛选、蛋白质的结构演化及各种功能位点的预测等。构建对于 AACEN 和 NWAACEN 的氨基酸连接网络的 R 包。

更多的用于构建氨基酸连接网络的工具还包括 GraProStr、NAPS、Ring2.0、MDN、ANCA 等（表 11-4）。其中 ANCA（图 11-12）就是用于构建点 NWAACEN 的网络服务器。

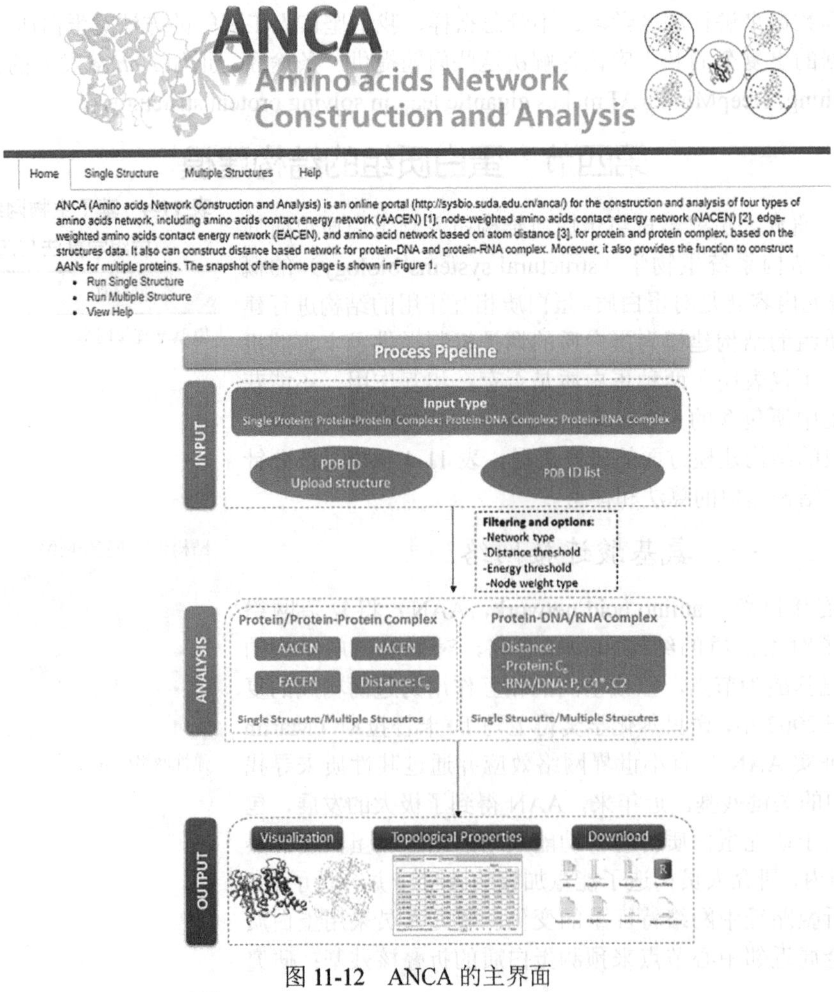

图 11-12 ANCA 的主界面

图 11-12

笔记栏

二、蛋白质互作网络的结构注释

蛋白质相互作用数据的产生，是基于高通量的实验技术，如酵母双杂交分析、亲和纯化和质谱联用技术。然而由这些技术生成的相互作用是假设生成，这些实验方法不能提供蛋白质-蛋白质相互作用在残基水平上的结构信息。随着越多越复杂的蛋白质尤其是复合物结构的测定，为基于结构层次的分析方法研究蛋白质之间的相互作用提供了重要的数据资源。

蛋白质相互作用组中的单个蛋白的结构研究能够帮助进一步揭示生物功能。其中对于蛋白质相互作用中的关键蛋白质，如网络中的中枢（HuB）蛋白的结构研究能够进一步揭示网络拓扑、蛋白质结构与功能之间的相互关系。对于中枢蛋白的研究主要有如下问题：中枢蛋白质具有特殊的生物学特性吗？它们是否比其他非中枢蛋白质更重要？它们在进化过程中是否更加保守？它们在蛋白质互作网络的模块化组织中也处于中心地位吗？中枢蛋白质是否具有特殊的结构性质？对于中枢蛋白质的结构性质，总结下来有如下主要几点：①大部分中枢蛋白含有更多的固有无序（disorder）残基。②中枢蛋白的界面处往往富集带有电荷的残基，如精氨酸（Arg）、酪氨酸（Tyr）、组氨酸（His）和甲硫氨酸（Met）。③中枢蛋白往往具有多个结构域。目前，中枢蛋白还有更多的结构性质有待研究，包括选择性剪切和翻译后修饰相关位点等。事实上几个著名的与疾病相关的蛋白质，如P53、P21、P27、BRCA1、Calyin、泛素、钙调蛋白等都对应于Hub节点。

研究人员开发了Interactome3D的网络服务器，可以对不同的相互作用组学数据库注释已有的结构信息（图11-13）。最初的研究只是针对模式生物酵母的相互作用组进行结构注释。随着蛋白质结构和相互作用数据的增长，包括人、小鼠、果蝇和细菌的结构蛋白质互作网络数据库已被成功构建。通过对蛋白质相互作用对结构细节的研究，他们发现了同源蛋白质对使用相同的结合界面并以

图11-13　Interactome3D网络服务器的主界面

图11-13

笔记栏

相同的方式结合。研究人员构建了 Instruct 数据库，对 6585 个人类，644 个拟南芥，120 个秀丽隐杆线虫，166 个黑腹果蝇，119 个小鼠，1273 个啤酒酵母和 37 个裂殖酵母相互作用对进行了结构注释。SAPIN 提供了一个用于蛋白质互作网络的结构注释和分析的框架，并将结果在 Cytoscape 网络版上进行显示。Ssbio 则提供了一个 python 工具去实验类似的功能。基于数据库 BioGRID 中蛋白质相互作用以及短线性基序相关信息，proteo3Dnet 引入了一个新的生物信息学协议用于蛋白质互作网络的结构注释。该协议包括基于蛋白质数据库（PDB）的同源结构模型搜索、互作网络的分析及短线性基序分析。

三、基于突变信息的结构蛋白质互作网络

近年来，全基因组关联研究、全基因组测序和外显子测序都显示了每一个人的基因组里包含数以千计的非同义单核苷酸变异（nsSNV）而导致残基水平的结构变化。这些变异有些是中性的，而另外一些则是疾病相关的。例如，癌症体细胞内的 DNA 变化可以导致癌症。然而，并非所有的基因变异都参与癌症的发生，有些甚至完全无关。这些变异或突变被称为乘客突变（passenger mutations），而那些对疾病有贡献的突变被定义为驱动突变（driver mutation）。对疾病相关的驱动突变的鉴定和描述是个性化医疗和基因组测序的重要任务。目前，大量的癌症相关的遗传变异和突变数据已经被鉴定出来并储存在各种公共数据库中，如人类孟德尔遗传数据库（Online Database of Mendelian Inheritance in Man，OMIM）、人类基因突变数据库（Human Gene Mutation Database，HGMD）、UniProt 的人类多态性和疾病数据库（Humsavar）、NCBI 突变与表现型数据库（ClinVar）、癌体细胞突变目录数据库（Catalogue of Somatic Mutations in Cancer，COSMIC）和从 TCGA 项目中提取 cBioPortal 数据库。这些数据库不仅提供了在基因核苷酸序列水平的变异信息，还提供了相应的蛋白质水平的变异信息。

这些在蛋白质水平上日益增长的癌症突变信息为蛋白质互作网络的结构建模提供了丰富的结构数据资源。PRISM 不仅可以用于的蛋白质复合物的结构预测，还可以将突变信息映射到蛋白质互作网络上用于构建结构蛋白质互作网络。首先，确定在模建蛋白质复合物界面区域上分布的突变信息；然后，利用计算机扫描突变的方法计算这些突变对于相互作用的影响；最后，重新运行 PRISM 得到突变体的蛋白质互作网络。这样，通过比较野生型和突变体的蛋白质互作网络可以预测关键的驱动突变，以及这些驱动单点突变对于相互作用的影响，从而加深对于疾病的基因型到表型的理解。

如表 11-5 所示，Structure-PPi 和 PinSnps 提供了另外两个可以构建基于突变信息的结构蛋白质互作网络的工具。Structure-PPi 可以把从 UniProt、InterPro、APPRIS、dbNSFP 和 COSMIC 数据库中提取得到的单核苷酸变异的特征映射到人类蛋白质的三维结构上。PinSnps 则可以进一步把变异信息映射到 PPI 网络上构建其结构蛋白质互作网络，最后得到 PPI 网络包括了从 OMIM 中得到的 2587 个遗传病相关突变、COSMIC 中得到的 5873 个癌症相关变异及从 dbSNP 得到的 1484 045 个单核苷酸变异。基于 Atom3D 发展出了 dSysMap，可以将疾病相关的突变映射到二元结构蛋白质相互作用上。

表 11-5　基于突变信息或翻译后修饰信息的结构蛋白质互作网络工具

名称		名称	
突变	PRISM	翻译后修饰	PTMapper
	Structure-PPi		PhosphoPath
	PinSnps		Omics Visualizer
	dSysMap		PTMOracle

四、基于翻译后修饰的结构蛋白质互作网络

翻译后修饰（PTM）可以发生在翻译后不久或在给定蛋白质生命周期的任何阶段，它们参与调控蛋白质的折叠、稳定性、细胞定位、活性或蛋白质与其他蛋白质或生物分子的相互作用。翻译后修饰的类型包括磷酸化、糖基化、乙酰化、甲基化及泛素化等。蛋白质翻译后修饰是蛋白质活性和蛋白质－蛋白质相互作用的关键调节因子。

笔记栏

目前已有许多公共数据库可用于搜索 PTM 注释信息，用于基于 PTM 的结构蛋白质互作网络的构建。其中 dbPTM、PTMD、Uniprot、PHOSIDA、PTMcode 是涵盖了多种 PTM 类型的数据库，其中 PTMD 收集了疾病相关的 PTM 位点信息；而有些则是特定类型的数据库，如包含磷酸化注释的 DEPOD 和 Phospo.ELM；有些只包括实验验证的 PTM 注释信息，如 PhospositePlus、PhospoGrid 和 UniCarbKB；有些包含 PTM 之间已知和预测的功能注释，如 iPTMnet。

目前高通量方法已被常规用于鉴定酵母和人类中的 PTM，这些翻译后修饰信息的数据为研究翻译后修饰背景下的 PPI 奠定了基础。许多现有的 PTM 分析工具提供了 PTM 数据可视化功能（表 11-5）。Cytoscape 是目前使用最广泛的网络分析可视化软件，其中最新发布的 Cytoscape app Omics Visualizer 对于磷酸化蛋白质组学的可视化尤为有用。研究人员在 2015 年开发了名为 PhosphoPath 的 Cytoscape 插件，可以导入公开数据，可视化分析定量蛋白质组和磷酸化蛋白质组数据集，并允许用户可视化特定的磷蛋白。然而，这个应用程序只能用于比较实验组，同时数据输入需要预先按照严格的应用程序指南准备。在接下来的几年里，Narushima 等开发了另一款 Cytoscape app PTMapper，将 PPI 数据与公开可用的激酶-底物相互作用结合起来，以解决磷酸化氨基酸残基。一年后，Tay 等发布了 PTMOracle，允许用户可视化和分析他们自己的 PTM 数据。

如图 11-14 所示，PTMOracle 插件可以将 Uniprot、dbPTM 及 PhosphoSitePlus 提供的 PTM 位点信息映射到 PPI 中，PTMOracle 可将网络的节点用饼图展示，说明了节点表示的蛋白质 PTM 的类型和每种类型的比例。如图 11-15 所示，收集了 Uniprot 和 dbPTM 中的酵母组蛋白质 PTM，采用 PTMOracle 将 PTM 位点映射到 SBI 酵母网络上。由此产生的网络包含 10 个组蛋白，包括每个核心组蛋白（H2A、H2B、H3 和 H4）的两个拷贝，一个连接蛋白（H1）和一个组蛋白变异蛋白（H2A.Z）。在用 PTMOracle 可视化网络时，可以发现不同的组蛋白携带不同的 PTM 类型和不同的比例。PTMOrcale 提供了研究 PTM 相关关系的一种方法，以更好地理解 PTM 调节 PPI 的过程。

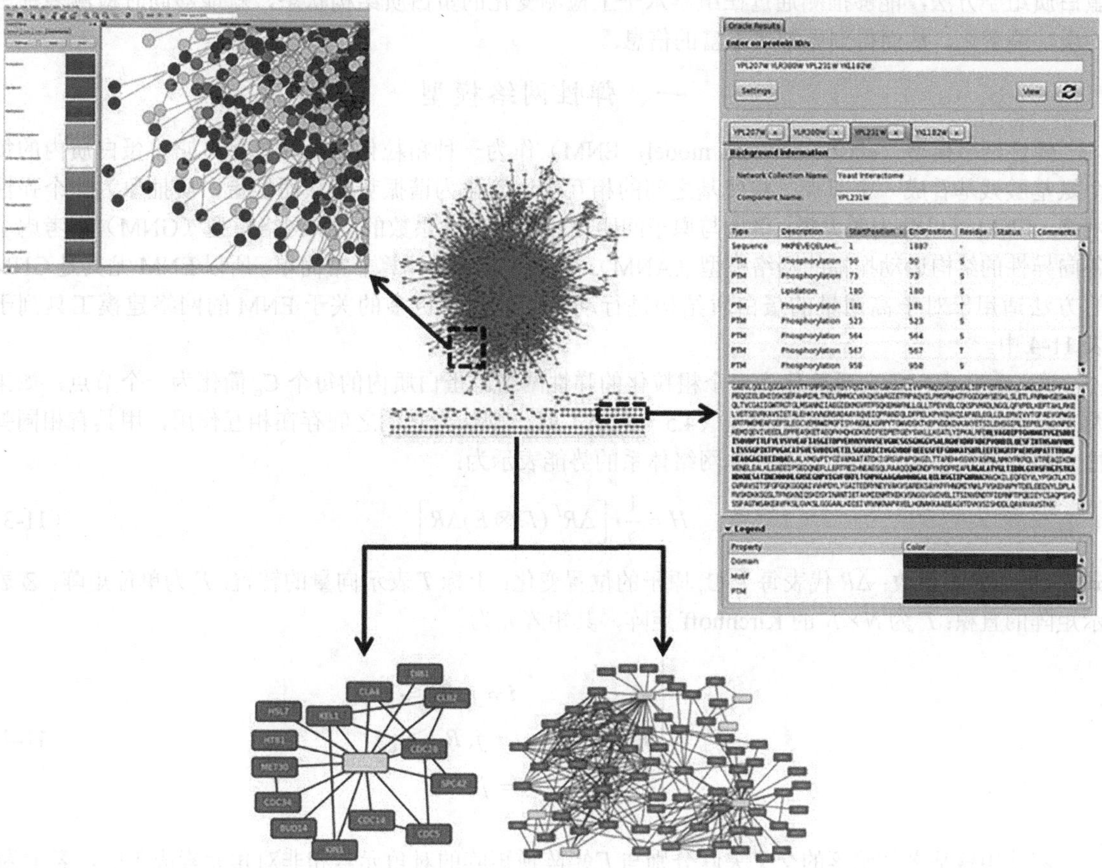

图 11-14　在 Cytoscape 中运行的 PTMOracle 应用程序图示

图 11-14

笔记栏

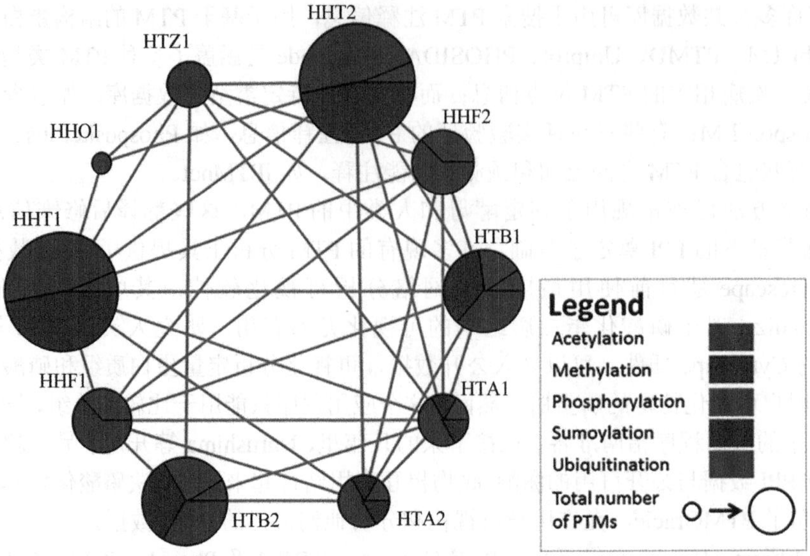

图 11-15

图 11-15 PTMOracle 构建结构互作网络实例

第五节 蛋白质组的动力学模型

传统的蛋白质动力学研究，如分子动力学（molecular dynamics，MD）模拟一般只是针对某一种或几种蛋白质，难以系统透彻地分析生命活动的基本机制。大规模全方位的蛋白质组的动力学研究势在必行！苏黎世联邦理工学院生物系分子系统生物学研究所的研究人员开发了一种最新的动态3D蛋白质组学方法，能够推测通过在组学水平上检测变化的蛋白质结构状态，就能够同时检测多种蛋白质功能变化，从而得到更细致丰富的信息。

一、弹性网络模型

弹性网络模型（elastic network model，ENM）作为一种粗粒化的计算模型，它将蛋白质内的每个氨基酸残基看成一个节点，将残基之间的相互作用简化为谐振势，从而把蛋白质抽象为一个弹性网络。ENM可以分为两大类：引入与原子间距离相关的弹性系数的高斯网络模型（GNM）和考虑了各向异性的结构运动振幅的网络模型（ANM）。由于ENM的计算非常简单，所以ENM尤其是GNM的方法适用于对于高通量的蛋白质结构进行动力学建模。更多的关于ENM的网络建模工具列于表11-4中。

在GNM中，蛋白质简化为一个粗粒化的弹性网络。蛋白质内的每个 C_α 简化为一个节点，如果两点之间的距离小于某一截断半径（4.5～8.5Å）时，则认为它们之间存在相互作用，用具有相同弹性系数的弹簧相连。这样，该弹性网络体系的势能表示为：

$$H=\frac{1}{2}r\left[\Delta R^{T}(\Gamma\otimes E)\Delta R\right] \tag{11-3}$$

式中，r 为弹性系数；ΔR 代表每个 C_α 原子的位置变化；上标 T 表示向量的转置；E 为单位矩阵；$\otimes$ 表示矩阵的直积；Γ 为 $N\times N$ 的 Kirchhoff 矩阵，其矩阵元为

$$\Gamma_{ij}=\begin{cases}-1 & i\neq j, R_{ij}\leqslant r_{\mathrm{c}}\\ 0 & i\neq j, R_{ij}>r_{\mathrm{c}}\\ -\sum\limits_{i,\, i\neq j}\Gamma_{ij} & i=j\end{cases} \tag{11-4}$$

网络中残基之间涨落的交叉关联分别与 Γ 矩阵逆矩阵的对角元素和非对角元素成正比，表示为

$$\left\langle\Delta R_i\cdot\Delta R_j\right\rangle=\frac{3K_BT}{r}\left[\Gamma^{-1}\right]_j \tag{11-5}$$

笔记栏

式中，K_B 为 BoltzmAAN 常数，T 为绝对温度。进一步，残基之间涨落可以得到它们之间的相关系数 C_{ij}

$$C_{ij}=\frac{\left\langle \Delta R_i \cdot \Delta R_j \right\rangle}{\left[\left\langle \Delta R_i^2 \right\rangle \cdot \left\langle \Delta R_j^2 \right\rangle\right]^{\frac{1}{2}}} \tag{11-6}$$

由于结构蛋白质组学中对于高通量蛋白质动力学的建模需求，李红春等构建了 iGNM2.0 数据库，其包含了＞120 000 个 PDB 结构，包括单个分子结构、大的复合物结构和生物组装体（biological assembloids，Bas）的 GNM 动力学数据。进一步将 GNM 与 ANM 整合构建一个基于 ENM 计算的平台，取名为动力组学（DynOmics）。此平台不仅可以用于研究蛋白质组中的运动相关性和网络波动性，还可以为蛋白质组预测功能位点，预测信号转导或变构通信机制，解析蛋白质–蛋白质或蛋白质-DNA 相互作用，以及刻画蛋白质的全局运动模式。图 11-16 显示了 DynOmics 的主界面。

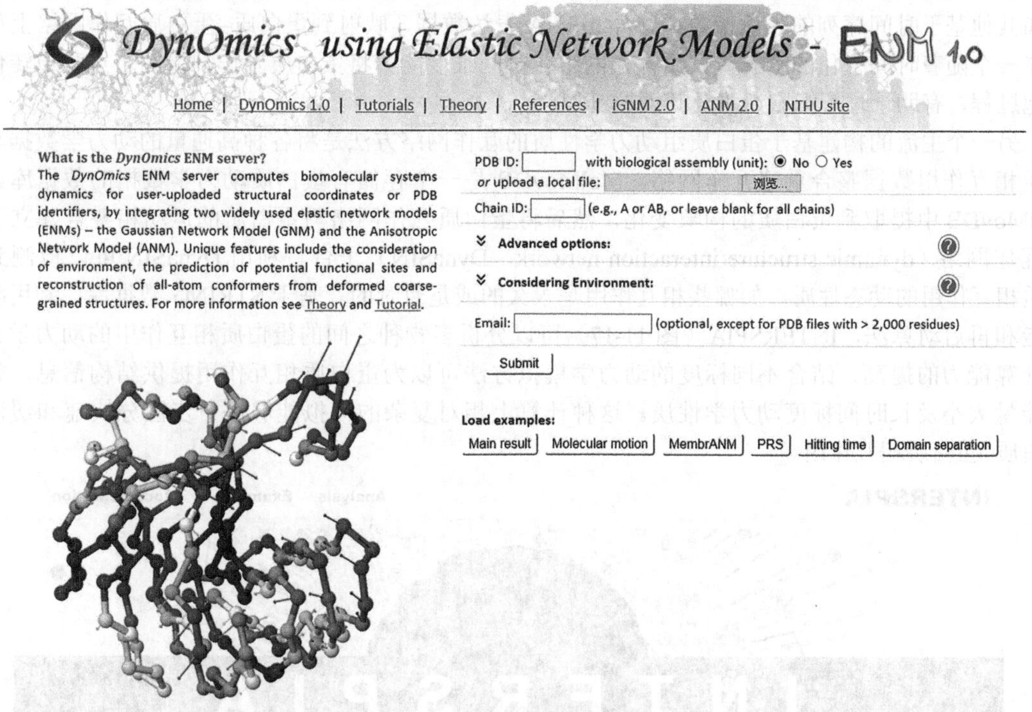

图 11-16 DynOmics 主界面

图 11-16

弹性网络模型算法的模块已经被整合到蛋白质结构模拟平台 ProDy 中。ProDy 是一个自由并且开源的 python 工具包，下面简单地给出了一个利用 python 进行弹性网络模型算法导入和计算实例。

GNM calculations are carried out with ProDy. Using T-Hb as an example，the calculation steps are listed as follows：

1. Import of all related content from ProDy:

*$from prody import **

*$from pylab import **

*$from numpy import **

$ion()

2. Defining the *T*-Hb structure by parsing the PDB file with only Ca atoms:

$THb=parsePDB('2dn2.pdb', subset='calpha')

3. Defining the class of GNM analysis:

$gnm_T=GNM('T-Hb')

4. Construction of Kirchhoff matrix of atomic coordinates:

$gnm_T.buildKirchhoff(T-Hb)

5. Calculation of GNM modes (20 modes by default) by diagonalization of Kirchhoff matrix:

$gnm_T.calcModes()

笔记栏

二、基于动力学的蛋白质互作网络分析

不管是蛋白质相互作用，还是包含了结构信息的蛋白质相互作用，都仅仅考虑蛋白质之间的静态相互作用。对于结构蛋白质复合物组进行全面的了解不仅要对大型静态蛋白质网络的拓扑结构有详细的认知，也要对蛋白质结构在大分子网络中进行时间和空间上的行为进行预测，来帮助表征蛋白质组动力学。

在蛋白质互作网络中，中枢蛋白的度数很高，可以与几十甚至上百的蛋白质发生相互作用。很显然，单一蛋白质不能同时与大量的蛋白质伙伴相连。这就为蛋白质互作网络提出一个挑战：如何找到哪些作用同时发生（即网络中边同时存在），而哪些是相互排斥的？回答这一问题，需要将时间或者蛋白质的动态构象变化作为第四个维度引入到蛋白质互作网络的研究中。同时将蛋白质结构数据和其他基于时间序列的表达谱数据，如 mRNA 表达数据，映射到蛋白质–蛋白质互作网络上可以建立一个随着时间变化的动态蛋白质互作网络。时间维度能够将蛋白质互作网络的节点和边转化为细胞过程，有助于理解细胞通路及其调控过程。

另一个主流的构建基于蛋白质组动力学性质的互作网络方法是将各种高通量的动力学数据与蛋白质相互作用数据整合重建互作网络。MolMovDB 是一个存储有蛋白质动力学数据的数据库。从 MolMovDB 中提取到蛋白质的构象变化，然后将蛋白质互作网络与蛋白质的运动相整合建立了动态互作网络（dynamic structure interaction network，DynaSIN）平台。利用 DynaSIN 可以检测到蛋白质相互作用的动态性质，如哪些相互作用是永久的或是暂时的。基于 STRING 数据库，利用随机游走和再启动算法，INTERSPIA（图 11-17）可以分析多物种之间的蛋白质相互作用的动力学。随着计算能力的提高，结合不同标度的动力学模拟方法可以为蛋白质相互作用提供结构信息，如结合能量大小及长时间标度动力学性质。这种计算上相对复杂的模拟能够进一步区分快速和缓慢的蛋白质–蛋白质相互作用。

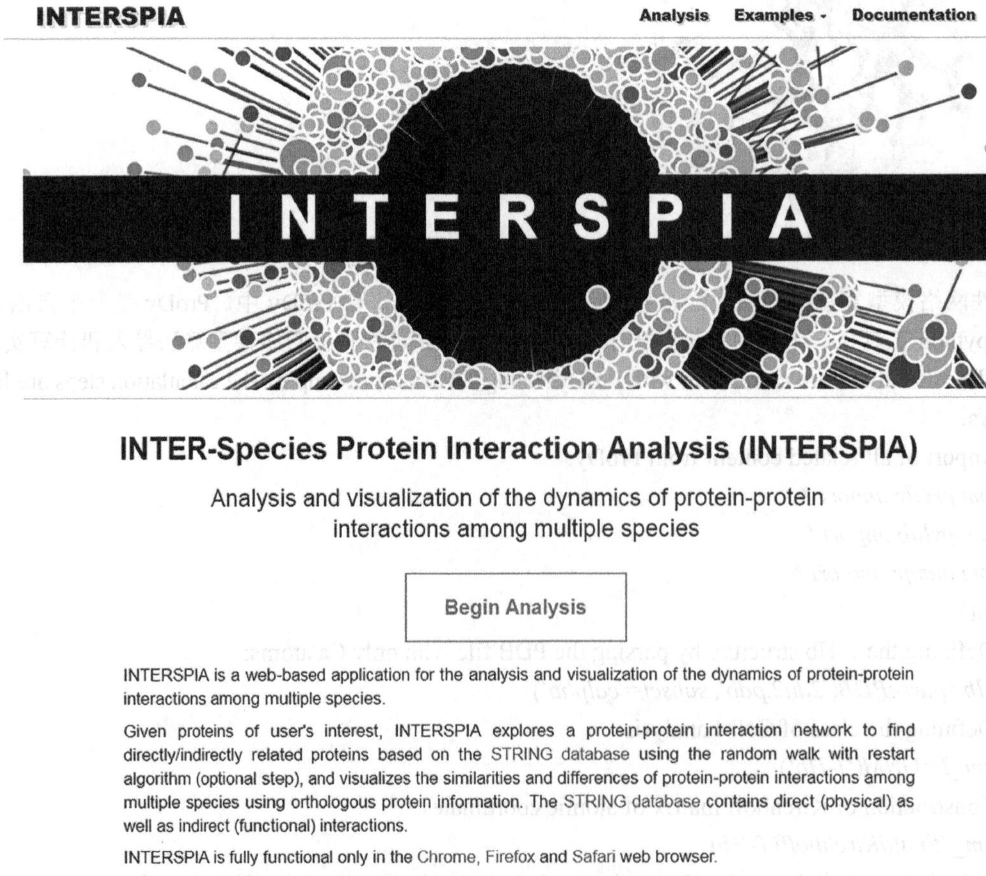
INTERSPIA
Analysis
Examples -
Documentation
INTERSPIA
INTER-Species Protein Interaction Analysis (INTERSPIA)
Analysis and visualization of the dynamics of protein-protein interactions among multiple species
Begin Analysis
INTERSPIA is a web-based application for the analysis and visualization of the dynamics of protein-protein interactions among multiple species.
Given proteins of user's interest, INTERSPIA explores a protein-protein interaction network to find directly/indirectly related proteins based on the STRING database using the random walk with restart algorithm (optional step), and visualizes the similarities and differences of protein-protein interactions among multiple species using orthologous protein information. The STRING database contains direct (physical) as well as indirect (functional) interactions.
INTERSPIA is fully functional only in the Chrome, Firefox and Safari web browser.

图 11-17 INTERSPIA 主界面

图 11-17

笔记栏

第六节　结　　语

蛋白质结构和蛋白质相互作用都可以作为复杂疾病的生物标志物及药物靶标。然而在组学水平上解析蛋白质结构，实验的方法不仅费钱而且费时，也遇到了很大的瓶颈。比如在 14 849 个不同的蛋白质家族中，仍然有 5211 个家族的蛋白质结构没有得到解析。所以生物信息学和计算生物学的算法和模型不仅为结构蛋白质组学这一领域探索了新的工具，而且帮助在分子水平上理解复杂疾病发生机制和指导个别药物设计。计算结构蛋白质组学研究内容包括各种蛋白质结构组学的数据库构建、蛋白质结构和相互作用的预测及蛋白质相互网络的结构注释。生物网络的方法，包括氨基酸连接网络、结构蛋白质互作网络及弹性网络模型，可以从不同的角度对结构蛋白质组学数据进行高通量的结构和动力学建模。然而如何进一步利用蛋白质的结构信息进行功能研究，挑战依然存在而且巨大！如何利用人工智能的算法，尤其是深度学习的算法在组学水平上构建预测蛋白质及相互作用的结构模型，将是结构蛋白质组学较有前景的发展方向之一。

（胡　广　严文颖）

笔记栏

PPT

第十二章　新基因起源与蛋白质组演化信息学

蛋白质组的演化是生物多样性的直接分子基础。自1994年澳大利亚遗传学家马克·威尔金斯（Marc Wilkins）提出蛋白质组学的概念以来，蛋白质的识别、结构和功能的大规模解析便成为蛋白质组学研究的重要内容。本章节主要基于演化的角度，探讨蛋白质的结构和功能是如何起源、演化和适应的。蛋白质组的结构、功能及网络具有复杂多样的演化模式。其中，结构演化的多样性是蛋白质组起源和构成的原材料，有机地构成了整个生物圈所有物种的蛋白质组系统。功能演化则主要涉及蛋白质分子在功能效应方面的多样化，决定了物种演化适应的方向和群体适合度。网络演化则是将信息互作和生化通路的蛋白质囊括为一个群体，来研究新的蛋白质如何在整个网络中起作用的。本章将从结构、功能及其网络、选择压力这三个层次，逐一讲述蛋白质组演化信息学的历史与现状、理论和实践。

第一节　蛋白质多样性的来源——新基因

一、新的蛋白质编码基因的演化：重复起源和从头起源

蛋白质组作为基因组信息的产物综合体，其序列演化是基因组演化的直接结果，因此对其演化的讨论需要回归到基因组演化这一基本水平上。由于生物演化是通过生殖系遗传信息变化来体现，因此蛋白质组的演化是生殖系在短期和长期演化过程中产生的蛋白编码基因的变化。具体来说，蛋白质组的分子来源是基因组信息的转录和翻译，其序列水平的演化取决于基因组DNA水平和RNA剪切水平的演化。因此，本节将基于“新基因—新蛋白—新功能”的基本规律，从DNA水平（基因重复和基因从头起源）和RNA水平（反转录转座基因，即retrogene）来说明蛋白质演化的遗传根源。

基因重复的发现起始于20世纪20～30年代。当时孟德尔遗传定律已经被科学界广泛证实和接受。基因重复研究的契机始于对基因与染色体关系的研究。当时美国著名遗传学家托马斯·摩尔根（Thomas Morgan）、赫尔曼·马勒（Hermann Muller）等利用“三点杂交”基因定位方法发现，黑腹果蝇的*Bar*位点的变异与眼睛的形态差异有关；同时进一步发现该位点变异产生的机制是：雌性减数分裂重组过程中的不等交换（unequal crossover）。野生型黑腹果蝇的X染色体存在一个*Bar*位点，其对应表型是圆形的眼睛；然而，随着线性排列的位点数量增加，黑腹果蝇的眼睛逐渐展现出狭缝状表型；同时在眼睛狭缝的狭窄程度方面，三份*Bar*重复的雌性杂合子果蝇比两份重复的雌性纯合子果蝇的狭窄表型更加明显。他们把这种现象称为“位置效应”（position effects），即基因的顺式或反式的排列会影响其表型的严重程度（图12-1）。1936年，卡尔文·布里奇斯（Calvin Bridges）及马勒重新解释了*Bar*基因位点变异的现象，发展出了基因重复及串联重复（tandem duplication）的重要概念和模型。值得说明的是，虽然当时人们普遍错误地认为基因的分子本质是蛋白质，而不是核糖核酸（DNA），但是这些早期基因重复的研究和概念萌芽，为后来新基因理论的完善打下了基础。

科学界一度认为蛋白质可能是生物演化的主体，即蛋白质才是遗传物质的分子基础。在20世纪30～60年代，随着孟德尔和摩尔根遗传规律的确立，科学界开始研究基因的分子本质问题，即遗传物质到底是什么。当时科学界主要抱持“蛋白质中心”的观点，认为生物演化的基础是蛋白质作为遗传物质而发生的。当时认为20多个字母的“氨基酸语言”和4个字母的“DNA语言”相比，显然蛋白质比DNA更有可能是基因功能的传递者和遗传物质。1936年温德尔·斯坦利（Wendell Stanley）发现烟草花叶病毒有活性的部分主要是蛋白质，进一步强化了蛋白质是遗传物质的观点，也获得了1946年的诺贝尔化学奖。虽然1944年奥斯瓦尔德·埃弗里（Oswald Avery）及同事发现肺炎球菌的遗传信息携带者是DNA而非蛋白质，但是科学界对于遗传演化的分子基础是什么依然没有定论。直到1953年詹姆斯·沃森（James Watson）和弗朗西斯·克里克（Francis Crick）在《自然》杂志发表DNA双螺旋结构，甚至直到1970年克里克在《自然》杂志重申性地表述“分子生物学中心法则”，这场争论才基本结束，科学界从根本上确立了蛋白质多样性的来源是DNA作为遗传信息的演化。根据“中心法则”，蛋白质组多样性的演化来源是DNA水平的演化；同时，值得注意的是，现代分子

笔记栏

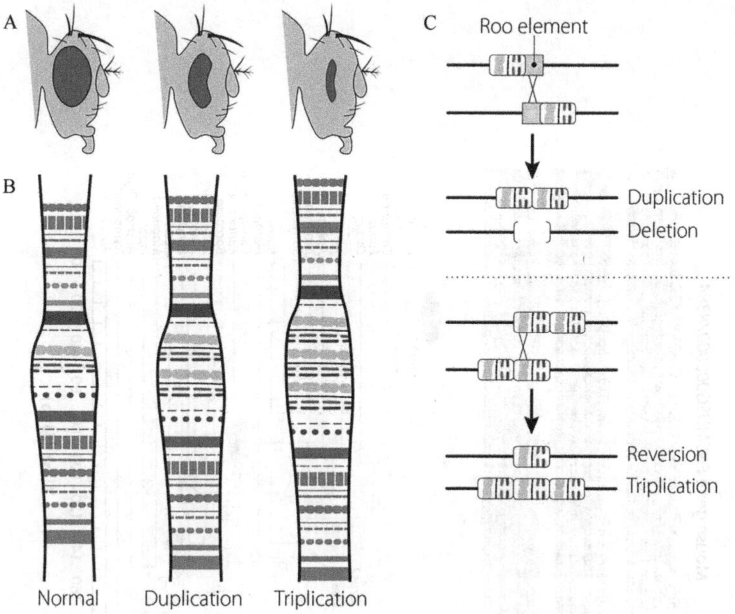

图 12-1　*Bar* 基因重复的机制及表型效应

A. 黑腹果蝇眼睛表型变异；B. 黑腹果蝇 *Bar* 基因变异的重复，从左到右依次为正常、重复 2 倍和 3 倍；C. *Bar* 基因重复的不等交换机制。现代分子生物学发现该位点附近存在 Roo 转座子元件（黄色），该元件的重组导致了串联重复

Roo element，Roo 元件；Deletion，删除；Reversion，逆转；Normal，正常；Duplication，重复；Triplication，三倍重复

图 12-1

生物学和生物信息学证明，反转录基因（即 retrogene）也可以增加基因组的遗传信息，这一发现进一步补充了"中心法则"，即 RNA 水平的演化会导致基因组信息的改变，进而导致蛋白质组的演化，这也是新基因持续贡献物种基因组多样性的重要方式之一。

20 世纪 70 年代，关于新基因序列起源方式的探讨和理论研究逐渐增加，但是依然与马勒等早期观点保持一致，即新基因起源的方式是基因重复，基因重复产生了功能差异的新基因，进而增加蛋白质功能、生理生化、物种适应等方面的多样性。遗传和演化生物学家大野·乾（Susumu Ohno）在经典著作《基因重复导致的演化》中认为，新功能的演化有赖于新基因序列的产生，而新基因的产生有赖于基因重复，即通过基因重复制造基因拷贝数的冗余，进而促进新基因和新性状的发生。但是由于 70 年代还没有出现大量基因序列证据，因此大野·乾低估了从头（*de novo*）起源基因的演化重要性。大野·乾认为"严格意义上来说，从头起源导致的演化是不存在的。每一个新基因必须从已经存在的基因中产生"。法国遗传学家弗朗索瓦·雅各布（François Jacob）则承袭了这一论述，进一步认为："自然界是修理工（tinker），不是发明家（inventor）"，"一个功能蛋白通过随机的氨基酸组合从头产生的可能性是 0"。有别于简单的基因重复机制，1978 年，沃特·吉尔伯特（Walter Gilbert）则提出了新基因起源外显子混编模型（exon shuffling），即不同基因可以通过组合和重排来产生序列不同的新基因，进而产生新功能蛋白质。值得注意的是，20 世纪 90 年代以后，随着分子生物学和基因测序技术的发展，新基因的结构起源模式得以更明确地解析。例如，近年来发现从头起源基因也是新基因的重要组成部分。

对新基因起源分子机制的探索，可以追溯到 20 世纪 30 年代斯特特文、摩尔根和马勒等的工作，但是此后半个世纪的时间里，基因结构尤其是新基因如何演化的细节一直缺乏突破性进展。1993 年，精卫基因（*jingwei*）的发现第一次使得新基因演化的分子细节得以详细地观测和分析。具体来说，精卫基因被发现于两种果蝇中（*Drosophila teissieri* 和 *Drosophila yakuba*），其演化时间不足 3 百万年。根据分子演化规律，在真核生物中，年龄低于 30 百万年的基因，还不足以累积较多的突变，可以保持新基因的原始特征，从而有助于研究新基因起源后经历的演化过程。对精卫基因的结构分析发现，该基因起源是通过重组嵌合机制保留了 *ymp* 基因和 *Adh* 基因的片段，其中 *Adh* 基因属于反转录转座基因。在基因功能方面，精卫基因起源后，其分子序列经历了正向自然选择而出现快速演化的现象，同时也获得了新的雄性特异性生化功能（图 12-2A）。精卫基因发现至今，已有大量新基因在各个物种中被鉴定和研究，促进了对功能基因，尤其是蛋白质编码基因以及相应蛋白质功能演化、蛋白质多样性等方面的研究。

笔记栏

笔记栏

图 12-2

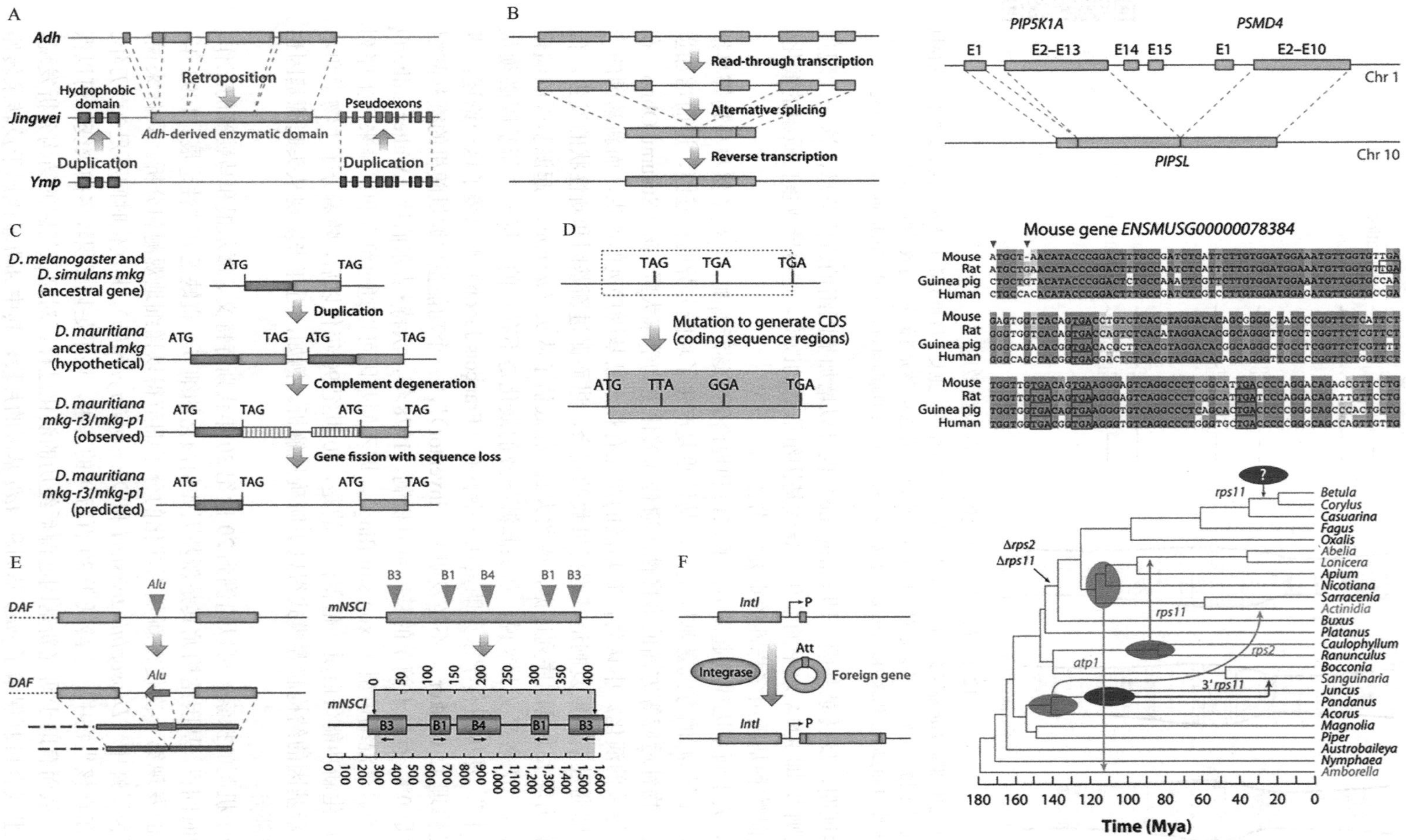

图 12-2　新基因序列起源的代表性模型

A. 精卫基因的起源机制；B. 人类 *PIPSL* 基因的产生是通过近邻基因的转录通读融合，进而经过共同反转录转座导致；C. *monkeyking* 基因祖先经过“裂变”产生两个不同的基因，新基因的形成经历了基因重复和互补性的片段降解；D. 小鼠基因组中的 *ENSMUSG00000078384* 基因是通过从头起源的方式产生；E. 人类新基因 *DAF* 和 *mNSCI*，是通过 Alu 和 SINES 转座元件驯化的方式而产生；F. 基因水平转移的方式来产生新的功能基因

Hydrophobic domain，疏水结构域；Retroposition，逆转座子；*Adh*-derived enzymatic domain，衍生酶结构域；Pseudoexons，假外显子；Duplication，重复；Read-through transcription，转录通读；Alternative splicing，可变剪切；Reverse transcription，反转录转座；*D. melanogaster* and *D. simulans* mkg (ancestral gene)，黑腹果蝇及拟果蝇的 monkeyking 基因（祖先基因）；*D. mauritiana* ancestral *mkg*(hypothetical)，毛里求斯果蝇的祖先 monkeyking 基因（假定的）；*D. mauritiana mkg-r3/mkg-p1*(observed)，毛里求斯果蝇的 monkeyking 基因（观测到的）；*D. mauritiana mkg-r3/mkg-p1*(predicted)，毛里求斯果蝇的 *monkeyking* 基因（预测的）；Complement degeneration，补体衰退；Gene fission with sequence loss，基因裂变的序列丢失；Mutation to generate CDS(coding sequence regions)，突变形成 CDS 区（编码序列的区域）；Mouse，小鼠；Rat 大鼠；Guinea pig，豚鼠；Human，人类

新基因结构起源方式多样，其中三种有较为详细的统计。人类和果蝇基因组中，约 80% 新基因是 DNA 水平重复的新基因，5%～10% 是通过从头起源的方式产生，另外约 10% 的新基因是 RNA 水平重复。20 世纪 90 年代至今，新基因被认为存在十余种结构演化模式：RNA 水平重复（反转录基因或 retrogene）、外显子重排、基因 DNA 水平重复、转座元件驯化、基因水平转移、基因融合、基因裂变、移码突变、选择性剪切、非编码 RNA 突变、假基因 RNA 调节子和从头起源新基因等（图 12-2）。目前研究最多的是 DNA 水平重复和 RNA 水平重复。精卫基因的结构起源属于 DNA 水平重复和 RNA 水平重复的组合形式。DNA 水平重复容易产生串联重复；而 RNA 水平重复往往通过转座子迁移到其他基因组区域。由于在不同的基因组区域容易获得新的调控元件，所以 RNA 水平重复更容易在不同的组织产生功能蛋白质来发挥不同的分子功能。由于 RNA 水平的反转录转座过程可以加速自然突变过程，类似精卫基因这种 RNA 与 DNA 水平结合的新基因起源方式具有更强的新功能演化潜力。不同的新基因结构形式并非互相排斥，而是往往互相组合或者互相影响。例如，基因裂变是以基因重复为中间过渡阶段而进一步演化而成的。

近年来二代、三代基因组测序技术的发展，促进了大量高质量参考基因组的出现；同时，生物信息学以及转录组和蛋白质组测序技术，也进一步便利了蛋白编码基因的注释。从头起源新基因的鉴定和研究得以开展起来。严格来说，从头起源新基因是从非编码的 DNA 区域经过逐步变异而产生的新基因。研究发现从头起源基因起源的通常模式是：随着演化时间的增加，祖先的非编码序列，经历一系列插入删除（indel）突变和点突变（SNP），逐步获得起始密码子和终止密码子等关键性的突变，逐渐获得了完整的编码阅读框，进而表达为 mRNA 以及翻译为新蛋白质（图 12-3）。这种逐步的演化方式促进了水稻蛋白质组的多样性，打破了大野・乾和雅各布等在“前基因组时代”对于从头起源基因起源方式和演化重要性的预期，因此属于生物学中挑战教条的重要发现之一。除了水稻，在人类、小鼠和果蝇中，也存在一系列具有重要功能的从头起源基因，说明了从头起源机制对于蛋白质多样性的演化是具有普遍意义的。与此同时，蛋白质三维结构的预测和解析，逐渐揭示了蛋白质结构演化的一般规律：与古老的蛋白质相比，新演化出来的蛋白质具有长度短、无序性强、更容易接触水、不容易聚集、螺旋更少、螺旋和股更短、少域多线圈等特征。

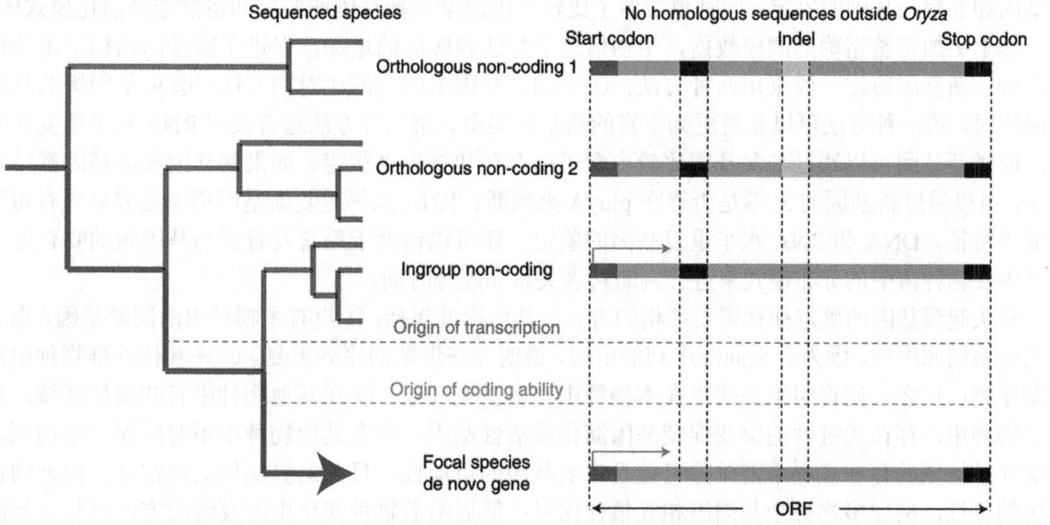

图 12-3　基于水稻基因组的从头起源基因起源的通常模式

经历插入删除（indel）突变、获得转录起始、删除提前终止等一系列突变，从头起源基因获得了完整的开放阅读框（ORF）
Sequenced species，测序的物种；Orthologous non-coding 1，直系同源非编码 1；Orthologous non-coding 2，直系同源非编码 2；Ingroup non-coding，内群非编码；Origin of transcription，转录的起源；Origin of coding ability，编码能力的起源；Focal species *de novo* gene，目标物种从头起源的新基因

图 12-3

二、基因起源及蛋白组产物研究的技术基础、理论和方法

蛋白质组的多样性取决于基因组遗传物质的多样性演化。随着多组学测序技术和算法的发展，大量物种基因组信息及其基因区域得到测定和注释。人们开始关注如何利用基因组测序数据，来研究终极基因产物即蛋白质的演化，包括基于基因组测序数据的新蛋白编码基因鉴定。同时，随着蛋白质组翻译相关技术的发展，从头起源基因的鉴定方法得以完善。

笔记栏

基因组测序技术发展历时30余年。1973～1975年，沃特·吉尔伯特（Walter Gilbert）和弗雷德里克·桑格（Frederick Sanger）分别开发完善了第一代基因测序技术，二人也因此获得了1980年诺贝尔化学奖。应用Sanger测序方法，人类基因组计划于1990年启动，耗时11年于2001年完成草图测定。Sanger测序法因其高准确度和低廉的价格，直到现在依然被广泛使用，尤其是在少量样本的医学检验领域。例如，通过基因组或外显子测序研究获得的医学致病变异，往往需要通过Sanger测序进行变异的家系验证。但是Sanger方法存在的巨大问题是，单次只能获得一条长度在700～1000碱基的序列，无法满足现代科学和商业化发展对基因序列快速大量获取的迫切需求。

2005年以后，一系列新的测序平台包括454、SOLiD、Illumina和BGISEQ-500等被投入科研和商业化应用，基因组测序进入"高通量测序"（high-throughput sequencing，HTS）时代。高通量测序是对传统Sanger测序的革命性变革，其解决了一代测序一次只能测定一条序列的限制，一次运行即可同时得到几十万到几百万条核酸分子的序列，因此也被称为新一代测序或二代测序（next-generation sequencing，NGS）。下一代测序平台极大提高了基因组测定的速度和数据量，能够快速、低成本地进行全基因组测序。人类基因组计划耗时10余年、耗资30亿美元才能完成的测序工作，高通量测序可以压缩到1天内完成。通过不同接头长度的混合建库方法，大量新的物种基因组参考序列得以完成。与此同时，对转录、翻译信息和分子的测定也飞速发展，包括芯片测序、转录组RNASEQ、蛋白质组质谱技术（MRM-MS）的发展等，人类基因组中的功能基因注释更加完善。这些技术进步和研究进展使得大规模鉴定和研究新基因、新蛋白成为可能。

新基因的研究往往需要完整准确地参考基因组，二代测序技术的优势是快速、价廉、高通量，但是其劣势是单条序列长度很短。想要得到准确的基因组信息，依赖于较高的测序覆盖度和准确的序列拼接技术。二代测序技术拼接组装的染色体共线性长度依然不够理想，会存在一定的错误组装信息。因此，第三代测序技术长读长技术应运而生，现在常用的平台包括Pacbio SMRT和Nanopore。第三代测序技术也被称为单分子测序技术，在测序时，不需要经过PCR扩增，实现了对每一条分子的单独测序。在保证测序通量的基础上，该技术可以对单条长序列进行从头测序，能够直接得到长度在数万个碱基的核酸序列信息。三代技术的发展促进很多非模式动物基因组的快速组装，蛋白质编码基因和非编码基因的鉴定，同时也方便了比较基因组学和新基因的鉴定和自然选择演化模式研究。

基于更加完整精确的测序数据，生物信息学算法和应用的增加，促进了新基因结构鉴定的精度和广度。新基因鉴定一般采用两种方法：①多物种基因组间同源比对的方法；②单基因组的基因间同源比对。第一种方法可以获得更为丰富的新基因类型。第二种方法适合发现RNA水平重复的新基因，此类新基因可以通过与父基因比较内含子的存在和缺失来鉴定。如果父基因和新基因都没有内含子，可以通过新基因的3′端是否存在ployA来判断。RNA水平重复新基因周围还容易含有短侧翼重复等特征。DNA和RNA水平重复基因的鉴定，还可以借助于系统发育树与基因树的吻合度，以及基因在物种树中的分布模式来进行判断新老关系和起源时间。

从头起源基因的鉴定往往需要严格的方式。具体标准包括：①没有本物种内的同源基因，也就是缺乏旁系同源序列，因为旁系同源序列的出现，说明存在近期的序列重复。②在其他外群物种中没有同源序列；反之，则说明祖先拷贝在本物种中存在丢失现象。③在其他物种中有共线性区域，说明在本物种中，存在关键性的突变促使基因演化成活性基因。④在其他物种中不对应保守结构域，因为保守结构域的存在表明不能排除可能是古老基因的可能性。目前的算法模式通常是：根据物种演化树的特征，构建多物种全基因组相互最佳比对；然后沿着物种演化由近及远的方向对从头起源基因的激活变异进行鉴定。

多物种全基因组比对算法的优势是可以更好地利用完整基因组的共线性信息。因此，该算法依赖于碎片率较低的基因组信息。共线性主要是用来描述同一染色体上基因的位置关系，指由同一祖先型分化而来的不同物种间基因群体及其排序的保守性。共线性信息可以更好地挖掘出基因组中的直系同源序列，便于基于物种树来观测基因演化的细节。全基因组比对的问题在于费时、费计算内存。此外，由于基因组复制事件广泛存在，尤其是植物基因组，可能无法很好地区分旁系同源基因，容易产生大量的假阳性比对结果，尤其是远缘物种。因此，选择合适的基因组以及良好的比对软件尤其重要。目前比较成熟的可以处理哺乳动物基因组级别数据的共线性比对工具包括：MUMmer、Mugsy、LAST、LASTZ、BLAT。

笔记栏

MUMmer是一种非常高效的基因组配对比对工具，人类和黑猩猩的全基因组比对可以在3～4个小时内完成。其原理是利用后缀树数据结构，来找到两个基因组之间的所有最大唯一匹配，从而提高了运行的速度。MUMmer 适用于非常近缘物种之间的基因组比对，尽管速度较快，但其灵敏度比 LAST/LASTZ 要低。Mugsy 比对速度快，效率高，而且比对的长度较长，但主要适用于近缘物种之间的比较，对演化距离较远物种的比对效果不太理想。LAST 的优势在于能够有效地处理含有重复序列的区域，因为它采用的是可变长度的种子序列，大大改善了比对的效率。同时该软件可以处理脊椎动物大基因组之间的比较，而且具有很快的比对速度。但是，其问题是目前还无法进行有 gap 的比对，导致其比对长度较短，数量较多。LASTZ 相比于 LAST 而言，它能够允许基因组中少量 gap 的存在，比对长度较长，适用远缘物种之间的全基因组比对（如脊椎动物），但是该软件灵敏度稍稍低于 LAST，速度也要比 LAST 慢一些。Cactus 主程序是将 LASTZ 进行了封装，由于该软件自身采用了无参比对的策略，因此可以直接重构祖先的染色体序列。BLAT 软件是另外一款高效的比对软件，其产生背景是，2002 年随着人类基因组项目不断推进，需要将大量 ESTs（300 万）及 mouse 基因组的 reads（130 万）比对到人类基因组来进行注释，而这项任务需要在 2 周内完成（90CPU 的 Linux 集群），因为 BLAST 工具速度相对偏慢，结果也不易处理，无法提供内含子的位置等信息，因此一款新的比对软件的开发迫在眉睫。为了完成这项任务，詹姆斯・肯特（James Kent）（UCSC）开发了一款生物信息学软件 BLAT，全称为 BLAST-Like Alignment Tool。BLAT 的速度大概是 BLAST 的 500 倍，且可以共线性输出结果，易解读。目前在从头起源基因鉴定领域较为严格的计算一般使用 LASTZ 或者 BLAT 的方法，来获得候选从头起源基因。

候选从头起源基因验证的重要证据是存在 DNA 转录成 mRNA 以及 RNA 翻译成蛋白质的过程。从头起源基因的转录证据可以利用高通量 RNASEQ 测序的数据来证明。分析的步骤包括，首先利用 Trinity 等转录组组装软件对转录组数据进行组装，获得转录本序列；然后将从头起源开放阅读框序列比对到该转录本组装序列中，如果鉴定到有效比对，便可以证明候选从头起源基因存在 RNA 的表达过程。蛋白质的翻译证据可以利用核糖体图谱分析和蛋白质组学质谱技术。

核糖体图谱分析（ribosome profiling），是翻译调控主要技术手段之一。这一方法可用于研究生物细胞基本过程中的一些重要方面，如基因表达调控、蛋白质合成机制、新蛋白质等，属于蛋白质编码区域实验注释的一个重要的系统化方法。该技术首先通过 RNA 酶来处理细胞裂解物，把不受核糖体保护的 RNA 降解掉。然后应用蔗糖离心的方法，分离被核糖体保护的 mRNA 片段。通过这一实验处理可得到 30 个核苷酸左右的“足迹”（footprints），可将其直接比对到原始的 mRNA，用于确定翻译中的核糖体的准确位置。这些核糖体足迹（ribosome footprints）用于构建链特异性文库并进行高通量测序，再将这些测序片段比对到合适的基因组上。通过对蛋白质合成的比率和 mRNA 的丰度进行比较，可使得检测每个 mRNA 的翻译效率成为可能；同时蛋白质翻译足迹可用于鉴定新基因的翻译信号，并对翻译的新蛋白质进行精确的定量，对翻译合成的启动和终止位置等信息进行捕获。蛋白质组学靶向质谱技术，在新基因蛋白质翻译的鉴定中起到了重要的作用。靶向蛋白质测序主要用于检测目标蛋白质或多肽来实现绝对定量。靶向蛋白质组学定量技术可用于信号转导通路检测、肿瘤标志物研究和翻译后修饰研究，是基于抗体的蛋白质定量技术以外的另一种蛋白质靶向定量技术。目前靶向蛋白质组学定量主要包括：多重反应监测技术（multiple reaction monitoring，MRM）和平行反应监测技术（parallel reaction monitoring，PRM）。

经过多组学方法鉴定获得蛋白质组信息之后，蛋白质组库在演化生物学中取得了广泛的成功。最为广泛的应用之一是基于蛋白质组序列的庞大信息库，来鉴定跨物种或物种内的同源序列，进而推断同源基因的存在和起源时间。目前有很多的数据库都存储了蛋白序列，如 NCBI Refseq、SWISS-PROT 等。但是在各个数据库之间以及在数据库内，蛋白质序列有大量冗余；为了方便使用，NCBI 构建了 NR 库，全称是 RefSeq non-redundant proteins。这些囊括了所有已测序物种的蛋白质组数据库，可以被用于鉴定基因家族的最初起源，该领域也被称作“系统地层学”（phylostratigraphy）。该方法对于鉴定古老且保守基因家族的起源比较准确，但是对于新近起源的蛋白质无法确定其准确时间。近年来，结合共线性信息和蛋白质同源性的方法缓解了这一问题，但是精确的鉴定基因的起源时间依然是演化遗传学的难点之一。

综上所述，多组学技术的发展以及生物信息学算法的完善，促进了人们对新蛋白质起源模式以及蛋白质基因的生物过程的解析。

笔记栏

第二节 蛋白质组功能演化和网络演化

一、功能演化模式

新蛋白质的演化起点是新基因。新蛋白质的功能相对于父基因蛋白质功能的分化是蛋白质多样性的重要来源。20 世纪 30 年代，斯特特文及摩尔根发现 *Bar* 基因变异及其表型效应之后，马勒（1936 年）、大野・乾（1970 年）、木村资生和太田朋子（1974 年）等相继通过新的概念，提出了新基因演化的模型：①在特殊情况下，新基因会出现新的功能，即新功能化；②在大部分情况下，新基因会通过累积有害突变而失去功能，即非功能化；③新基因还可以通过与父基因互作，共同完成更复杂的生理功能，即亚功能化。

这些经典的功能演化模型主要针对重复类新基因进行描述。例如，RNA 水平重复形成的逆转录反转座新基因不包括父基因的启动子序列，需要利用新整合区域的基因启动子来起始转录活动，所以导致很多新基因成为假基因。亚功能化又称 DDC 模型（Duplication-Degeneration-Compensation，重复-降解-互补），新基因的互补完成了祖先基因的功能。例如酵母基因 *GAL1* 和 *GAL3* 之间的互作关系。新功能化是一个拷贝获得新功能，另一个拷贝保留祖先功能。例如免疫系统中的主要组织相融复合体（MHC）的很多基因就起源自基因的重复，然后逐步演变出新功能。新功能化的另外一个重要来源是转座元件（transposable element，TE）的驯化。TE 序列可以通过外显子化，来产生新基因。例如 Alu 元件，一种组成了人类基因组 10% 的短散在核元件（short interspersed nuclear elements，SINE），会频繁地通过扩展适应来获得新功能（exaptation）在灵长类中产生新的外显子。该过程可能产生了至少 50% 的人类新外显子。因为存在很多伪剪切位点，Alu 元件可以通过累积突变而被激活。如源自转座子的 *RAG* 基因就是通过 TE 的外显子化形成。TE还可以在不同的真核生物中进行基因横向迁移。例如，果蝇的 p 元件（p element）可以在不同果蝇物种中水平转移。

新基因比其父基因更容易在睾丸里面表达，针对这一现象，亨瑞克・卡斯曼提出了“走出睾丸假说”（图 12-4）。在所有人体器官中，虽然大脑比睾丸有更多更复杂的细胞类型，但是超过 80% 的人类基因可以在睾丸表达，且睾丸表达的基因比大脑更多。睾丸中 90% 以上的细胞是生殖细胞，而减数分裂的精子细胞以及分裂后的圆形精子被认为是新基因产生的主要细胞类型。具体来说，由于 CpG 二核苷酸富集的启动子区域存在广泛的去甲基化以及其他组蛋白的修饰等过程，转录酶机器可以与 DNA 有更充分的接触。由于睾丸特异性的表达，所以往往单个突变就可以激活启动子，进而促进新基因的转录翻译过程。此时，具有优势产物蛋白质的拷贝可以在选择力量的驱动下，被选择性地保存，同时演化出更加有效的启动子在更多的组织中表达。根据达尔文性选择理论，睾丸中的性选择效力非常强，因此睾丸中的新基因可能会快速选择，进而随着群体的繁殖过程扩散甚至固定。

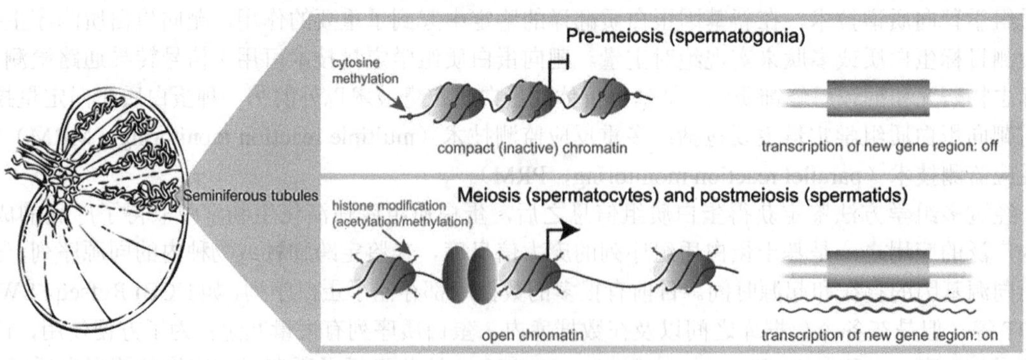

图 12-4

图 12-4 新基因起源的“走出睾丸假说”

该假说认为特定睾丸生殖细胞，如减数分裂的生殖细胞和分裂后的圆形精子细胞，可以促进新基因拷贝的转录。这些细胞内染色体的状态是开放的，存在转录允许和过表达的环境。图中红色是转录机器；蓝色是组蛋白

Cytosine methylation，胞嘧啶甲基化；Pre-meiosis (spermatogonia)，减数分裂前（精母细胞）；transcription of new gene region:off，新基因区域的转录：关闭；compact (inactive) chromatin，聚缩染色质；Seminiferous tubules，曲精小管；Meiosis (spermatocytes) and post-meiosis (spermatids)，减数分裂和减数分裂后期；histone modification，组蛋白修饰；open chromatin，开放染色质；transcription of new gene region: on，新基因区域的转录：开启

笔记栏

近年来单细胞 RNASEQ 研究对新基因表达过程进行了更细节的描述。果蝇睾丸组织中，大部分

新基因跟父基因表达的细胞类型不同，说明大部分新基因起源后基因表达调控的机制不一样。父基因主要是减数分裂早期和晚期表达，但是新基因表达模式在早中晚、早晚双表达模式都有，说明新基因在减数分裂过程中存在新功能化。果蝇的从头起源基因可以在多种生殖细胞类型中表达，同时在精母细胞中表达比例最高，可能是因为雄性生殖细胞在精子生成过程中存在修复过程。新基因存在睾丸偏好表达，且这种偏好表达的源头是精母细胞。

新基因的染色体分布偏好性并非随机，而是存在一种特殊的“基因漂移”(gene traffic）现象。例如，在果蝇中发现，新基因及其父基因在染色体中的分布存在不同的显著的偏好性。其中，X 染色体起源的常染色体新基因存在显著的统计过剩；相反，常染色体起源的 X 染色体新基因则存在显著的统计缺失。大部分的常染色体反转录基因与父基因位于同一条染色体，但是只有极少数的 X 染色体反转录基因来自 X 染色体。在蚊子、大量果蝇物种、哺乳动物中，新基因的迁徙是普遍存在的现象（图 12-5）。一系列理论尝试解释从 X 染色体到常染色体的基因漂移现象，包括性染色体减数分裂失活（meiotic sex chromosome inactivation，MSCI）、异配子性别的剂量补偿效应（dosage compensation in the heterogametic sex）、雌雄优势基因的性别对抗（sexual antagonism between male- and female-beneficial genes）、减数分裂驱动（meiotic drive）等。目前基因表达和分子实验结果更支持 MSCI 假说，即性染色体减数分裂失活现象驱动了雄性精子生殖重要的一些基因迁徙到常染色体来执行功能。典型的案例来自小鼠的 12 号染色体 *RPL10L* 基因，该基因源自 X 染色体的 *RPL10* 基因，属于丢失内含子的反转录基因。分子实验发现，新基因和父基因分别执行减数分裂粗线期后及粗线期前的减数分裂必需功能。

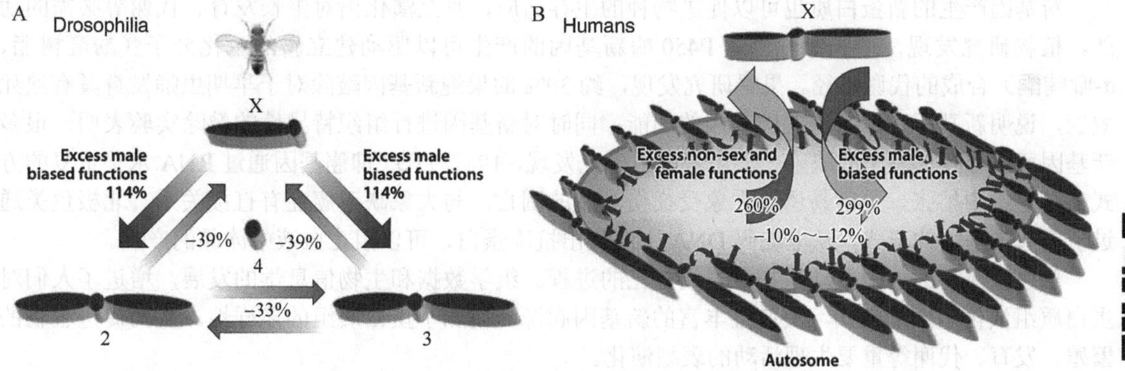

图 12-5　果蝇和人的新基因起源方向的非随机性

A. 果蝇中 retrogene 的迁徙；B. 人类 retrogene 的迁徙

Drosophilia，果蝇；Excess male biased functions，雄性生殖功能过剩；Excess non-sex and female functions，雌性和非性染色体功能过剩；Autosome，常染色体

图 12-5

新基因对物种繁殖生理活动有重要的影响。研究表明新基因可以通过控制有性繁殖和性别决定，来影响“性二态”（sexual dimorphism）现象。例如，果蝇中，绝大部分 Y 染色体基因都是从常染色体起源而来的新基因，该现象也被称为“基因漂移（gene traffic)”。这些基因由于对雄性生殖有重要影响，因而在果蝇的 Y 性染色体富集。在哺乳动物中，由于存在减数分裂的性染色体失活，因此也存在较多基因从 X 性染色体迁徙到常染色体，大部分的这些新基因都是与精子减数分裂活动有关。下面列举一些重要的案例性研究来说明新基因在有性繁殖和性别发育中的作用。真兽类动物睾丸下垂有关的基因 *RLN3* 也是通过基因重复产生的新基因。灵长类基因 *DPY19L2* 可能与灵长类精子发育和顶体结构的形成有关。动物 Y 染色体上的重复基因（如 *DAZ* 基因扩增）均表现出雄性生殖特异性的功能，可能决定了重要的雄性特异性的繁殖性状。小鼠研究中发现从头起源基因（如 *Gm13013*）也表现出繁殖系统相关的重要功能，可以决定雌性的怀孕周期。果蝇中仅 3 百万年的新基因 *nsr* 对于精子的分化具有关键性的功能。同时，新基因 *Sdic* 也被发现在精子竞争的生理过程中起到关键的作用。一些新基因可以解决或缓和两性生殖细胞发育过程中的“拮抗效应”。例如，果蝇研究中发现，雌性卵子发育必需的基因 *Artemis*，会降低雄性繁殖力；但是最近起源（～0.2 百万年）自该基因的新串联重复基因 *Apl*，具有精子发生必需的功能，同时会降低雌性繁殖力，说明单拷贝的祖先基因存在两性拮抗效应，也说明新基因的出现可以逐渐解决或缓和这种拮抗效应。

笔记栏

人类基因组中，有～1000 个灵长类特异性的基因，有～300 个人类特异性的基因。这些基因往往富集于大脑活动和繁殖发育等重要的生物过程和通路中。说明除了在睾丸组织的生殖细胞中发挥功能，新基因可能推动了人类大脑的新功能演化。人类不同民族的基因组数据，即“千人基因组”也证明，人类特异性的基因重复显著地富集了一些神经发育过程相关基因。一些从头起源基因在人类大脑中特异性表达，说明新基因可能影响了人类的认知过程。例如 *FLJ33706* 基因，该基因在 GWAS 和连锁分析中被发现跟尼古丁成瘾有关，同时该基因在阿尔茨海默病患者大脑中高表达。此外，猿类起源的灵长类基因 *SRGAP2*，分别在～3.4 百万年和～2.4 百万年的时间节点，重复出 *SRGAP2A*、*SRGAP2B* 和 *SRGAP2C* 三个基因，这些基因的蛋白质产物被发现与新大脑皮质的发育有关。在人类与黑猩猩分化之后（0.5 百万～4 百万年），另外 3 个新基因 *NOTCH2NLA*、*NOTCH2NLB*、*NOTCH2NLC* 也出现了类似的依次起源的现象，且基因功能都与胎儿发育时期的放射状胶质干细胞增殖的分化有关，这种干细胞的数量直接决定了哺乳动物大脑皮质的神经元数量。实验和人类脑部疾病研究发现，该基因重复的重复与脑部容量增加及孤独症有关，同时该基因重复的删除和脑部萎缩以及精神分裂症有关。说明新基因的起源可能与人类脑容量的增加有密切关系。一些人类新基因的转基因小鼠模型也支持新基因的大脑生物学功能。例如，新基因 *ARHGAP11B* 可以促进小鼠大脑新皮质祖细胞的增殖。基因表达的统计发现，人类特异性的新基因主要是在胎儿大脑中表达，且位于人类特异性的前额叶皮质和颞叶中，这些大脑区域正好是人类演化特异性的与认知活动密切相关的大脑结构，说明新基因对于大脑发育早期的正常生理活动密切相关。同时，多数大脑中表达的新基因是在新大脑皮质中表达，说明新基因参与了人类特异性的认知活动演化。此外，一些大脑疾病中也发现了异常的新基因作用。例如，人类和黑猩猩特异性的从头起源基因 *NYCM* 参与调控神经母细胞瘤的生成。

新基因产生的新蛋白质也可以促进物种的生存适应，甚至演化出对生长发育、代谢等必需的功能。植物研究发现，生物细胞色素 P450 酶新基因的产生可以驱动建立新的生化分子（酚醛树脂、α-吡喃酮）合成的代谢路径。果蝇研究发现，约 30% 的果蝇新基因敲除对于早期虫蛹发育具有致死效应，说明新基因迅速获得关键基因的功能；同时对新基因进行组织特异性的敲除实验表明，很多新基因可以导致形态学的缺陷。大象基因组研究发现，19 个 *TP53* 抑癌基因通过 RNA 水平重复的方式在基因组中扩张，更容易诱导大象受损伤细胞的凋亡，与大象缺乏癌症有直接关系。北极鱼类通过从头起源基因的形式，从非编码 DNA 中演化出抗冻蛋白，可以阻止血液中冰晶的产生。

总之，新基因可能驱动了物种表型演化的进程。组学数据和生物信息学的发展，增进了人们对蛋白质组演化本质的认知。快速且丰富的新基因起源，增加了蛋白质组的多样性，从而促进生物的繁殖、发育、代谢等重要生理活动的表型演化。

二、蛋白质组的网络演化

机体细胞中蛋白质不是独立以个体形式实现功能的，而是通过蛋白质–蛋白质相互作用（PPI）形成蛋白质互作网络，来参与复杂的细胞信号传递、基因表达调节、能量和物质代谢及细胞周期调控等生命过程的各个环节的。同一细胞的生化过程中所涉及的蛋白质群体，一般通过彼此之间的相互作用形成分子复合物后才能完成其生物学功能，如遗传物质复制、基因表达调控、细胞信号转导、新陈代谢、细胞增殖、细胞凋亡等过程和活动都依赖于蛋白质之间的相互作用。因此，理解蛋白质在生物系统中的相互作用关系，对了解生物系统中蛋白质的工作原理、疾病发生发展的生物信号和能量物质代谢反应机制、蛋白质之间的功能联系，甚至生物分子多样性的机制都有重要意义。

“网络”是数学中图论研究的一个重要领域，指的是由一群顶点以及它们之间所连的边构成的图。在网络理论术语中，“节点”指的是“顶点”，“连结”也指的是“边”。复杂网络的概念，是用来描述由大量节点以及这些节点之间错综复杂的联系所构成的网络。这样的网络会出现简单网络中没有的特殊拓扑特性。以网络拓扑结构的术语来说，蛋白质是网络的节点，蛋白质之间的相互作用是网络的边。蛋白质互作网络是生物学中分析得最为深入的网络。有许多 PPI 检测方法可以识别这种相互作用。

近年来，随着酵母双杂交、基于质谱的串联亲和纯化、蛋白质芯片等高通量生物实验方法的发展，以及生物信息学分析算法的实现，PPI 预测得到了广泛应用。PPI 的可用数据日益丰富，并促成了越来越多的蛋白质互作网络的鉴定及其演化规律的探索。PPI 网络是指一个生命有机体内的所有蛋白质之间相互作用组成的网络，在一个 PPI 网络中，不同时间和空间阶段通过相互作用完成某一特定分子进程的蛋白质集合称为蛋白质功能模块。例如，酵母双杂交系统是研究二元相互作用的常用实

笔记栏

验技术。研究表明，分子网络在长时间的演化过程中具有保守性。此外，网络中链接程度较高的蛋白质比较低的蛋白质对生物的生存更重要，说明网络的整体组成（不仅仅是蛋白质之间的相互作用）对生物体的整体功能是重要的。

新蛋白质是在新基因起源之后的微观分子过程中产生，进而会在机体细胞中经历一系列分子生化过程，这种分子网络互作的过程决定了新功能的实现。在果蝇、酵母和植物中均有研究表明，新基因产生的蛋白质产物可以通过整合到互作网络中来获得重要功能。随着演化时间的增加，新蛋白质甚至可以逐渐改变原来祖先基因的蛋白质网络来实现新功能。酵母研究发现，从头起源的新基因比重复基因的网络链接复杂度要低，同时起源时间相近的基因蛋白质产物更容易产生网络互作结构。

蛋白质组多样性是其编码基因长期演化的结果，因此不同蛋白质可能来自不同演化年龄的编码基因。研究发现，基因的演化年龄是一种不依赖于外界环境因素的基因组内在属性，可以影响基因的表达量和翻译水平。不同基因年龄的蛋白质产物在互作网络模式方面存在明显的差异。新蛋白质在互作网络整合方面并非一蹴而就，而是一个逐渐演化的过程。利用基因年龄与脊椎动物（人类、小鼠）蛋白质互作网络数据进行统计关联分析发现，蛋白质的基因年龄和蛋白质互作网络的基本属性都存在规律性的特征。

人类和小鼠的蛋白质互作网络大致符合无标度网络（scale free network）的拓扑结构特征。在复杂网络理论中，无标度网络是带有一类特性的复杂网络，其典型特征是在网络中的大部分节点只和很少节点连接，而有极少的节点与非常多的节点连接。新基因产生的蛋白质的连接度比较低，但是随着年龄的增加，蛋白质互作的连接度逐渐增加。除了网络连接度，网络中心度可用于度量一个节点连接其他节点的重要性。蛋白质在网络中心度方面也存在明显的演化规律，即新基因产生的蛋白质中心度比较低，而随着演化年龄的增加，蛋白质中心度逐渐增加。由于蛋白质翻译是基因表达的分子下游过程，因此，研究发现基因共表达的网络与基因年龄的关系，也表现出与上述蛋白质互作网络类似的年龄演化规律（图 12-6）。

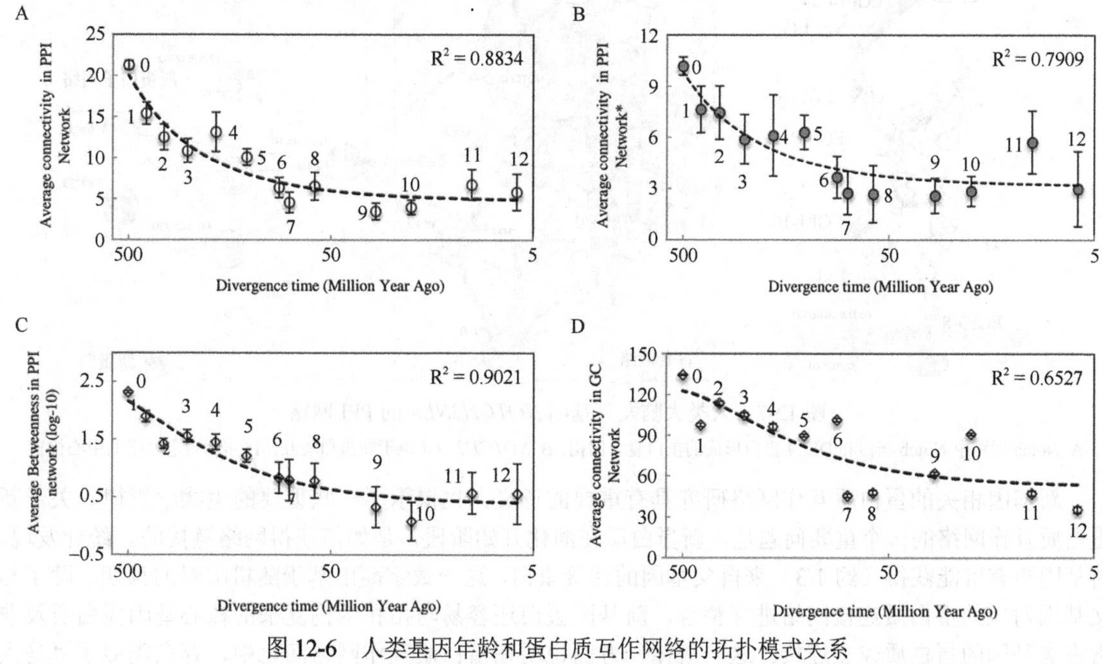

图 12-6　人类基因年龄和蛋白质互作网络的拓扑模式关系

A. 不同演化年龄的基因，其蛋白质互作网络的连接度；B. 更严格的参数阈值条件，依然发现与 A 图类似的演化关系；C. 蛋白质的基因年龄与平均中心度的关系；D. 基因共表达网络连接度和基因年龄之间的关系

Average connectivity in PPI Network，蛋白质互作网络平均连接度；Divergence time (Million Year Ago)，分歧时间（百万年前）；Average Betweenness in PPI network，蛋白质互作网络平均介数；Average connectivity in GC Network，基因共表达网络平均连接度

图 12-6

在互作网络的整合速率方面，蛋白质获得网络互作连接是一个时间依赖的过程，该过程的演化速度并非恒定。新基因起源之后的新蛋白质整合速度往往是最快的，然后很快会下降，最终至平台水平。新蛋白质在新基因早期演化过程中，便获得了生物学功能并整合至互作网络中，这个过程是非常迅速的。随着基因演化年龄的增加，其蛋白质获得新的网络互作连接的速度会迅速降低。无标

笔记栏

度网络的一个重要特征是存在少数中心节点，在蛋白质互作网络中，这种中心节点通常是被古老基因所占据，大部分新基因位于互作网络的边缘区域。随着演化时间的增加，新基因可以逐步地获得网络中心节点的地位，从而影响更多的蛋白质分子和生化通路。同时，随着一系列生物学关键基因被鉴定出来，基因的必需性和演化年龄的关系也逐渐明确。随着演化时间的增加，基因有更大的可能性成为必需基因。蛋白质互作网络的特征（如连接度、中心度和整合速度等）、mRNA 表达和蛋白质表达的宽度（即分布组织的多少）特征，都具有类似的规律：随着基因演化年龄的增加，基因的表达和互作复杂度在增加，这可能说明了基因“一因多效性”的演化学来源。

研究发现，一些新蛋白质的功能富集于大脑发育过程。虽然互作网络的核心位置通常被古老基因占据，仍有少部分新起源基因的新蛋白质具有核心的拓扑学位置。例如，人类特异性基因 *NOTCH2NLA* 的蛋白质位于古老蛋白和新蛋白网络的中心位置（图 12-7）。*NOTCH2NLA* 的功能是促进神经祖细胞增殖和新大脑皮质的演化扩展，其基因异常与脑部萎缩症等脑部疾病有关。该蛋白可能是通过图 12-7B 中的两个锚蛋白（*ANKRD20A4*、*ANKRD20A2*）介导的方式，先构成新基因蛋白质互作网络，进而连接到古老的 Notch 信号通路中。*NBPF9* 是神经母细胞瘤断点家族（*NBPF*）的成员，由数十个最近复制的基因组成，这些基因主要位于人类 1 号染色体上的串联重复中。相比灵长类，该基因家族在人类演化过程中经历了大规模的特异性串联重复。该基因家族的成员具有 *DUF1220* 蛋白域的串联重复拷贝特征，所在的人类染色体区域 1q21.1 中的很多基因拷贝数变异，也被发现与许多发育和神经遗传疾病有关，如小头畸形、大头畸形、孤独症、精神分裂症、认知障碍、先天性心脏病、神经母细胞瘤及先天性肾脏和尿道异常。一些基因家族成员表达的改变与几种类型的癌症有关。该基因家族包含许多假基因。此外，一般情况下，其他和核心基因连接的二级位置也富集了一些胎儿大脑发育的基因。这些处于重要位置的新基因，说明人类特异性大脑性状演化的特殊性。

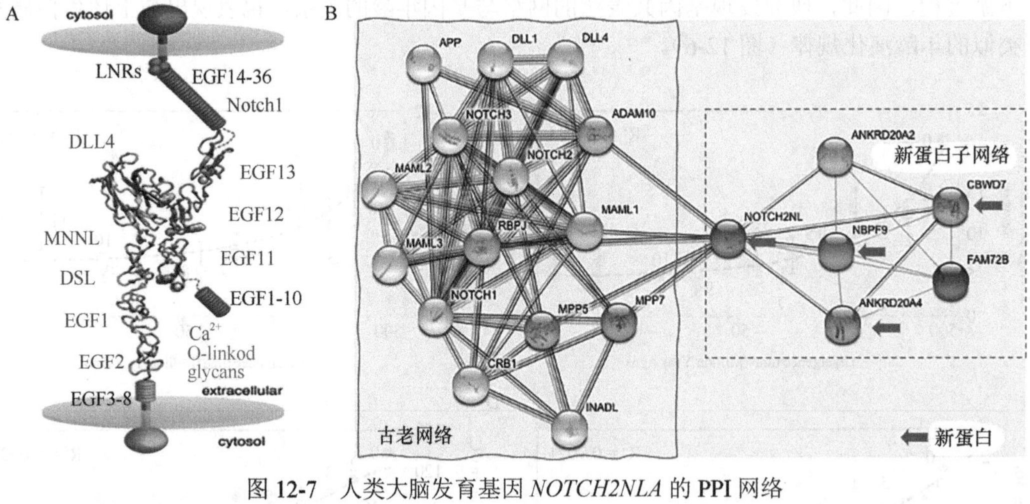

图 12-7

图 12-7 人类大脑发育基因 *NOTCH2NLA* 的 PPI 网络

A. Notch 通路中 Notch 蛋白和 DLL4 蛋白形成的蛋白复合结构；B. *NOTCH2NLA* 位于新蛋白质互作网络和古老网络的中心位置

新基因相关的蛋白质互作网络研究具有重要的意义，也揭示了一些重要的生物学规律。关于新蛋白质互作网络的一个重要问题是，新蛋白质在演化开始阶段，是如何获得网络链接的。统计发现，新基因更有可能获得（约 1/3）来自父基因的连接蛋白，这一数字高出基于随机配对的预期。除了与父基因对应的蛋白质连接网络进行整合，新基因蛋白还容易与拓扑结构复杂的核心基因蛋白质及非常古老基因的蛋白质建立连接。这一规律一方面说明在蛋白质互作网络演化中，存在类似于“马太效应”的规律；另一方面，也说明新基因的蛋白质如何与父基因蛋白质产生不一样的、分化的网络演化模式，对于新基因起源的“重复–分化”功能演化模型是一个重要的补充证据。

新蛋白质的一系列内在特征，可能部分决定了上述网络互作模式的出现。①新蛋白质的序列长度很短，因此新蛋白质无法提供足够复杂的互作表面来满足蛋白分子互动的空间需求，也部分导致了其网络互作的规模和复杂度的局限性。②新蛋白质对应的基因存在表达组织偏少的规律。新基因倾向于组织特异性表达，且普遍表达量偏低；而表达组织越广泛、表达量越高的基因越是容易获得更多的分子互作。因此新基因的表达特性说明，新基因的蛋白质产物由于在极少量的组织里面表达，因此相对于广泛表达的基因来说，缺乏同样的机会在更多的组织通过更高的蛋白质量来获得更为复

笔记栏

杂的分子互作。③由于蛋白质连接网络的获取是一个时间依赖的过程，因此演化的时间偏短，可能是新基因蛋白质互作网络低复杂性的主要原因。④少数核心位置的新基因往往具有一些相对于非核心蛋白的差异性特征，如低复杂度区域更长、内在不稳定区域多等。这些特征可能有助于这些核心新蛋白质获得更多的连接蛋白质对象。

在蛋白质组的框架下，蛋白质稳态网络的概念也被发展起来。蛋白质组作为一个整体，存在逐步产生稳态的演化历程。虽然一级结构基本上决定了蛋白质的主要功能，但是由于蛋白质会采用不同的折叠状态来应对环境，而某些折叠状态会对生命体有害，因此生命体都会逐渐演化出蛋白质稳态网络来适应复杂环境。蛋白质稳态网络包含一些空间复杂结构成分，如分子伴侣、折叠因子、降解元件、信号通路及细胞区室特化组件等，来管理蛋白质折叠状态，进而对复杂环境的刺激和生态位变化产生适应性应对。

总之，新基因蛋白质互作网络的演化，是蛋白质组功能演化的重要组成部分。随着越来越多物种的蛋白质互作数据的测定和解析，新蛋白质及其互作网络如何在复杂的生物蛋白质分子网络中获得重要功能和稳态这一问题，可能会越来越清晰。

第三节 演化的选择驱动力

一、选择压力计算的常用理论和应用

自然选择的普适性是演化生物学的核心问题之一。达尔文关于“物竞天择，适者生存”的自然选择演化理论，极大增加了人类对于自然界规律乃至自身社会发展规律的认知，被恩格斯誉为19世纪三大科学发现之一。但是20世纪60年代左右的一系列发现和理论进展，对达尔文自然选择理论的普适性带来了严重挑战。首先是分子钟理论的提出，1962年莱纳斯·鲍林（Linus Pauling）和埃米尔·朱克坎德（Emile Zuckerkandl）比较几种动物的血红蛋白、细胞色素c蛋白的序列后，注意到这些蛋白质的氨基酸取代速率在不同的种系间大致相同，即分子水平的演化存在近似恒速现象。1965年他们进一步将1962年提出的概念命名为分子钟，分子水平演化存在一个“时钟”，即演化速率是近似恒定的。其次是蛋白质电泳技术对物种遗传多样性的发现。克里克分子生物学“中心法则”的提出（1958年）、蛋白质遗传密码子的解析、蛋白质电泳技术的发展，人类得以在1966年第一次定量观测到蛋白质遗传多样性的变异水平。理查德·路温顿（Richard Lewontin）、约翰·哈比（John Hubby）及哈利·哈里斯（Harry Harris），在果蝇和人类的蛋白质电泳实验中同时发现，不同的蛋白质变异版本（即相同遗传座位的不同等位基因产物），具有非常高水平的遗传多态性，远超多数自然选择演化理论的预期，该发现进一步被路温顿解释为广泛的遗传变异并不一定是被自然选择所维持的。1968年，日本科学家木村（Kimura）提出“中性演化”理论，该理论认为基因的变异大多为中性的，即基因漂变、种群大小的变化和种群迁徙等随机事件是决定演化的关键性因素。虽然现在研究表明中性理论框架下的严格的分子钟几乎是不存在的，但是20世纪60年代的分子钟理论和蛋白质电泳实验结果，可以在分子演化中性理论的框架下得到很好的解释。这使得经典达尔文自然选择学说，即自然选择在演化过程中的主导作用，在当时受到了重大挑战，演化生物学此后被分为中性演化学派和选择学派。

虽然历经挑战，随着新技术的发展，自然选择理论依然表现出深远的影响。20世纪80年代，DNA测序技术被用于群体遗传学研究，并在DNA水平对自选选择理论进行检验。一些研究逐渐发现自然选择在DNA水平演化中起到很重要的作用。新基因如精卫（*jingwei*）、斯芬克斯（*sphinx*）的研究发现，新基因起源后便受到了正向达尔文选择的作用。随着测序数据的增加，对DNA水平数据进行自然选择检验的一系列方法被发展出来。这些方法大都是基于中性假说为零假设，在严格的统计学框架下，对DNA数据是否符合中性理论的预期进行检验。如果偏离中性理论的预期，便认为是受到了自然选择力量的影响。这些检验被统称为自然选择的“中性检验”。

具体来说，中性检验的数据来源包括两类，一是种内多态性数据（polymorphism），二是种间分歧数据（divergence）。实际统计检验过程中，考虑到统计框架的“检测强度（power）”，往往需要综合多个检验技术，同时结合生物学先验知识，来获得自然选择理论适用性的可信结果。现具体针对不同类型的数据，对一些常用的检验方法进行说明。值得注意的是，这些检验的理论起源虽然比较早，但是其应用一直沿用至今，现在仍多见于大量的组学数据研究中。

笔记栏

（一）依赖种内遗传多态性数据的检验

物种的种间分化和种内遗传多态性演化是相同演化过程中的不同阶段。最早遗传多态性的评估是基于蛋白质电泳技术，来获得的遗传位点等位基因多样性。但是基于蛋白质分子量差异的电泳分离技术，其分辨率无法区分一些相同分子量及同义突变的变异。相反，DNA 的多态性相比蛋白质则包含了更为丰富和本质性的遗传演化信息。所以，研究种内蛋白质的自然选择往往可以通过 DNA 遗传密码子多态性信息进行分析。同时，蛋白质演化的调控区域也可以通过 DNA 数据来获得是否受到自然选择的线索。

Tajima's *D* 检验是第一个基于物种内遗传多态性 DNA 序列数据的中性检验方法，由日本研究员田岛文雄（Fumio Tajima）创建。该方法预期基于不同方法计算的遗传多态性参数，在中性演化的情况下，应该是相等的。Tajima's *D* 值检验的作用原理是（Tajima，1989）：θ_T 和 θ_W 分别为两种不同的遗传多样性的估值，$\theta_W=K/a$（其中，K 是分离位点数，$a=\sum_{i=1}^{n-1}\frac{1}{i}$，$n$ 为样本数）；π 计算的是序列差异的平均值；D 为两者的差值（$D=\frac{\pi-\theta_W}{\sqrt{V(\pi-\theta_W)}}$，$V$ 是方差）。

在原有的中性平衡状态中（$\theta_T=\theta_W=4N_e\mu$），所以 $D=0$；其中 N_e 为有效种群大小，μ 为每一代的序列突变率。但是，如果群体中存在许多低频率的等位基因（稀有等位基因），可以期望 K/a 不断增大，而 $\theta_T=\prod$并未受到严重影响，因为后者主要是由高频率等位基因决定的。于是有 $\theta_T<\theta_W$，则 $D<0$。相反，当群体中是中等频率的等位基因占主导时，可以期望$\prod$增大，而 K/a 不受影响；这时 $\theta_T>\theta_W$，$D>0$。Tajima 后来把过多低频率等位基因的存在，通过定向选择来解释，具体为选择性清除（selective sweep）会削弱原有等位基因在群体中的频率，而使新等位基因以低频率补充进来成为稀有等位基因。相反，如果是中等频率的等位基因占主导，则可能是平衡选择的结果，或者是种群大小在经历瓶颈时，稀有等位基因丢失。因此，当 Tajima's *D* 显著大于 0 时，可用于推断瓶颈效应和平衡选择；当 Tajima's *D* 显著小于 0 时，可用于推断群体有效大小的扩张和定向选择。由于平衡选择与定向选择都属于正选择的范畴，因此，只要 *D* 值显著背离 0，就可能是自然选择的结果；而当 *D* 值不显著背离 0 时，则中性零假说则不能被排除。

之后，符云新和李文雄提出了与 Tajima's *D* 略为不同的方法来检验中性演化，即 Fu and Li's *D* & *F* test。他们考虑的是可以获得外类群的情况，因而对一组给定的等位基因序列可以构建一颗有根树。在这棵树上，总突变数为 y，内部分枝突变数为 y_i，外部分枝的突变数目为 y_e，则 $y=y_i+y_e$。这里 y 和 y_e 的数学期望值分别为 $E(y)=a*\theta$，$E(y_e)=\theta$，其中 $a=\sum_{i=1}^{n-1}\frac{1}{i}$。如果发生了选择作用，那么外部分枝突变数将会偏离期望值，而内部分枝突变数并未受到严重影响。因此，可根据与 Tajima's *D* 类似的策略，构建统计模型来验证中性零假说。此外，研究人员构建了 *H* 检验（Fay and Wu's *H* test），用以测试高频率变异与中等频率变异的差异。他们认为在中性占主流的状态下，并不期望会出现很多高频率的变异，因而仅仅根据少数存在的高频率的变异就可以推断“遗传搭载”（genetic hitchhiking）效应。在果蝇的一些低频重组的区域中，*H* 检验观察到了许多高频率变异，因此，Fay 和 Wu 推断果蝇中的这些高频变异可能是由于遗传搭载效应时，正选择保留了有利变异并使其以高频率在群体中存在。到目前为止，Tajima's *D*、Fu and Li's *D* & *F* test 和 Fay and Wu's *H* test，是应用最广泛的群体内等位基因频率中性模型检验方法。

（二）基于群体间比较 Fst 的方法

F-statistics 也可以被认为是在分层群体中不同亚群间基因相关性的度量，如比较生活在高原的高海拔人群和生活在平原的低海拔人群。这种相关性会受到演化事件的影响，如遗传漂变、瓶颈效应、遗传搭载效应、突变、基因交流、近亲繁殖、自然选择等。其中遗传搭载效应是指有利突变附近位点由于连锁随着主效应位点一起频率升高，并逐渐在群体中固定下来的过程。这些演化事件导致的改变都会反映在等位基因频率和单倍型频率上。群体的固定系数 *F* 反映了群体等位基因杂合性水平。固定系数 *F* 是 *F* 统计量（Fst）的一个特例。Fst 分析表示群体的分化程度，值越大，群体分化程度越高，可能受选择程度越高。

笔记栏

（三）基于单倍型的检验方法

长片段单倍型（long range haplotype，LRH）是通过对基因组上的核心单倍型（core haplotypes）的研究，而提出的一种可以进行全基因组扫描的检测正向选择的方法。所谓的核心单倍型就是指基因中存在的重组率较低的密集区域。计算它们的连锁不平衡度，如果某个核心单倍型的连锁不平衡程度高于具有其相同频率的一般单倍型，那么这个位置很有可能经历了正选择。假如要测量距离核心单倍型为 x 的区域，其连锁不平衡的衰减通过扩展单倍型纯合子（extended haplotype homozygosity，EHH）来计算。EEH 的定义是：两条随机选择的染色体从核心单倍型到距离为 x 之间的区域存在相同核心单倍型的概率。

单倍型综合评分（iHH score，iHS）也是一类类似于 EHH 的选择信号检测方法。iHS 是通过计算同一个 SNP 上祖先状态和新产生的等位基因的 iHH 比值并取对数得到的：

$$\mathrm{iHS}=\ln\left(\frac{\mathrm{iHH_A}}{\mathrm{iHH_D}}\right)$$

其中 iHH 指对 EHH 的积分（integrated EHH），A 指祖先的（ancestral）等位基因，D 指新产生的（drived）等位基因。iHS 的基本原理和 LRH 很相似。当 iHS 为较大的正值时，暗示长的单倍体型可能包含旧的等位基因，而 iHS 为较大的负值时，暗示长的单倍体型可能包含新的等位基因。

（四）基于种间分化的检验

基于系统发育的选择压力检验不需要群体内多态性数据，只是简单地对比同义突变位点和非同义突变位点的分歧度（Ka/Ks）。同义突变位点被视为中性选择，尽管它们也可能处于弱的选择之下。非同义突变通常被认为是受到更强的自然选择，其中大部分是净化选择，也称消极或负向自然选择，用以去除新的有害突变。这种净化选择的证据是很多的，当整个基因平均计算时，同义突变位点的替换率几乎总是比非同义突变的高得多。Ka/Ks 计算的模型假设是，相对于同义突变位点而言，较高比例的非同义突变位点的突变是有害的。然而，在某些情况下，对于基因中的一个特定区域，非同义突变位点的替换率超过了同义突变位点的替换率，这表明存在正选择的力量，即可能存在适应性的非同义突变固定。

氨基酸中的非同义突变可以改变氨基酸的序列构成，因此是蛋白质新功能位点的分子来源之一。Ka/Ks 通常包括两种类型的选择压力计算：①配对 Ka/Ks；②基于枝模型（即不同物种支系）的 Ka/Ks 计算。前者主要针对一对新老基因重复，可以获得平均的选择压力，是一种比较保守的度量方式。在枝模型中 Ka/Ks 显著小于 1 或者在重复基因配对比较中 Ka/Ks＜0.5，可以表明新基因的功能重要性，新基因正在经历功能限制，即自然选择力量会限制非同义突变的累积。如果 Ka/Ks 显著大于 1 则说明新基因偏离中性演化的预期，且正在经历正向自然选择，也就是适应性演化。当然，通过 Ka/Ks＞1 来评估正向自然选择压力是比较保守的方式，因为很多氨基酸残基可能会受到选择限制的影响，适应性演化仅仅影响少数几个位点，所以往往大部分新基因 Ka/Ks 值是小于 1 的。平均而言，一个受到正选择的基因只有低于 2% 的位点是受到选择的。理论上，强烈的净化选择对物种总体演化速率的贡献很小，因此蛋白质新功能的演化往往需要额外的双重力量：净化选择放松和正选择，因为前者可以逃避父基因功能受到的选择限制，后者则可以促进新基因产生正在适应性功能。

（五）结合群体变异和种间分化数据的检验

按照中性演化假说的假设，随机遗传漂变是演化的主要动力，因此种内 DNA 多态性与种间 DNA 分歧度的演化速率应该一致。如果种内多态性和种间分歧度之间存在显著的偏差，表明种群演化受到了其他因素的影响，暗示了选择作用的存在。以种群为基础的检验方法将种内多态性与种间分歧度两种模式进行比较，以确定它们是否符合中性演化假设。在中性模型及无限长等位基因模型（假定每次突变产生一种新的当前种群不存在的等位基因）下的两个标准多态性度量为 $4N_e\mu$（其中 μ 是每个位点的突变速率）：核苷酸多态性用 π 表示，分离位点总数用 S 表示，它们的期望值分别为 $E[\pi]=4N_e\mu$ 和 $E[S]=4N_e\mu a_n$，其中 a_n 是一个仅取决于样本大小的常数 n。在平衡中性模型的假设下，种内多态性（π）与种间差异（D）之间的关系为：

$$\pi_i=4N_e\mu_i,\ D_i=2t\mu_i$$

式中，N_e 是有效种群大小，t 是世代的分歧时间。因此，

笔记栏

$$\frac{\pi_i}{D_i}=\frac{4N_e\mu_i}{2t\mu_i}=\frac{2N_e}{t}$$

由于基因特异性突变率抵消，在平衡中性模型下，所有位点的 π/D 比值应大致相同，均为 $2N_e/t$（随机抽样条件下）。当多态性以分离位点的数目 S 来表示时，

$$\frac{S_i}{D_i}=\frac{2N_e a_n}{t}$$

因此，在实际数据中，如果 π/D 比值出现了显著的偏离，则说明该区域存在非中性力量的作用。

哈德森（Hudson）、克里特曼（Kreitman）和阿瓜达（Aguade）提出了第一种基于（种内）多态性和（种间）分歧度的方法，被称作 HKA 检验。与其他基于分歧度的检验方法不同的是，HKA 检验可以应用于任何类型的序列数据，不仅仅是非同义替换与同义替换的对比。目前已有很多工作利用 HKA 检验检测正向选择的信号，而且得到了许多可信的结果，表明 HKA 检验是一种比较有效的方法。基于多位点的 HKA 检验（multi-locus HKA test）增加了参照位点的数目，使受检验位点与参照位点的差异更能反映非随机的差异信息，检测结果更加可靠。McDonald 和 Kreitman 提出了最直接、最广泛的选择检验方法之一，他们对比了单个基因内两类位点之间的多态性和差异。通常，这些类别是同义替换和非同义替换位点，但是基本的逻辑可以扩展到其他比较。在中性理论下，假定会发生有害的突变，但随后通过选择迅速被清除，因此不会导致多态性或分歧差异。

（六）基于种间分歧和群体多态数据检验的差别

蛋白质基因演化的选择压力计算，往往可以根据数据类型分为两类，第一类是基于系统发育的分歧检验。如 Ka/Ks 计算，该检验往往是在系统发育背景下，对比多个物种中基因内不同位点的演化速率，同时也可以比较重复基因之间的平均选择压力。第二类是加入种群信息的分歧检验。该方法将参考种群内的多态性水平，对比到目标种群或物种之间的分歧水平。该方法目前有两种同一基因不同位点（McDonald-Kreitman，或 MK test）以及基因组区域的检验（Hudson-Kreitman-Aguade，或 HKA，test）。

基于种间分歧（divergence）的检验和加入群体数据（divergence vs polymorphism）的检验方法之间存在一系列差异。后者对序列类型没有限制，相反，前者方法仅针对蛋白质编码序列的分析，如沉默位点和替换位点之间的比较，或者系统发育过程中密码子（或一组密码子）的替换模式。前者方法几乎完全集中于检测结构适应，即氨基酸序列的适应性变化。但是至少在短期适应过程中，调控区域演化应该和蛋白质结构性变化一样重要。在分歧检验方法中，关注蛋白质编码区域的一个原因是，通常需要对同源序列进行比较。由于蛋白质编码区域的插入或缺失突变相对少，甚至在相当长的演化时间内，同源编码序列的长开放阅读框都能进行比对。相比之下，调控序列并非如此，由于序列演化差异较大，往往需要借助群体多态性数据进行分析。随着众多参考基因组组装信息的完善，分歧检验法已经被应用于高度保守的调控区域，这为比较蛋白质调控序列的演化提供了很好的实践。然而，这种基于保守区域的检验偏向于功能限制的区域。因此，蛋白质结构变化是否可能比长期适应的调控区域变化更重要这一问题，仅靠分歧检验数据就不能完全解决，因为无论是结构性的还是调节性的区域，这些数据都倾向于检测高度保守的序列。大部分分歧检测可能会完全忽略不太保守区域的广泛调节性变化。

在后生动物中，蛋白质编码 DNA（即编码 DNA）的数量通常只占总基因组的一小部分。人类中蛋白质编码基因仅占约 1% 的基因组含量。基因组中剩余的也是主要的组成部分是非编码区域，关于其演化作用和功能一直是充满争论的话题。但是，毫无疑问的是，细胞中蛋白质组的编码过程，无时无刻不受到启动子、增强子等一系列非编码序列的影响。因此基因组中究竟有多少部分的序列，正在或者历史上受到某种功能限制即自然选择的影响，是理解蛋白质演化的一个非常重要的问题。2003 年，研究人员用 α_{sel} 表示这个比例。估计 α_{sel} 的一个简单方法是领用两个不同物种之间共享保守序列的数量。例如，早期研究首先探索了老鼠、人类和狗共有的区域，后来又扩大到哺乳动物，该时间尺度上发现了人类基因组中 6% 左右的保守区域。这比人类基因组中编码蛋白质的 1% 多出 6 倍。2005 年研究人员在果蝇中估计了更高比例的受选择区域，据估计果蝇的 α_{sel} 值在 40%～70%，其中非编码区域的限制位点数量是编码区域的两倍。这种比较，特别是对于序列差异很大的物种间比较时，得出的可能仅仅是下限值，因为受功能限制的序列可以随着时间的推移而改变而没被检测出来。据估

笔记栏

计，通过序列保守性的方法，可能检测不到快速演化序列受到的自然选择压力，人类基因组的功能部分可能超过20%。

理解自然选择力量对蛋白质及蛋白质调控区域的影响范围大小，即 α_{sel} 值的变化，还可以通过加入演化时间信息的方法；也就是随着演化时间的增加，配对物种之间共享的保守序列数量变化。哺乳动物中共享的保守序列的比例随着时间的推移而减少，并利用这一下降率估计人类基因组中200～300MB（6.5%～10%）处于功能限制之下，在非编码区约88%（7/8）的位点受功能限制。使用同样的方法发现，果蝇 α_{sel} 值在47%～55%，且大约2/3的受限制位点是在非编码区域。

总之，利用中性理论的预期和其他群体遗传学理论，一系列的自然选择检测方法被开发出来。这些方法结合不断增加的组学大数据，生物学家可以更好地理解自然选择力量在蛋白质编码基因和非编码区域演化历史中的作用，从而更好地理解分子的基本生物学功能。

二、新基因选择模型概述

新蛋白质是新基因起源后的微观分子过程的结果。单个生殖细胞基因组，经由突变过程而产生最原始的新基因（原基因，protogene）。原基因要成为群体中固定的新基因，会经历多种多样的群体过程，如自然选择或遗传漂变。在群体演化过程中，原基因不断累积突变，促进新结构的产生和有利功能效应的出现，进而受到自然选择力量的作用成为新基因，发挥相应的适应性功能并逐渐整合到重要的功能网络中。整个蛋白质互作网络进一步通过协同演化的方式获得有机体功能。

20世纪30年代，马勒提出基因重复的演化优势模型，即新基因相对于父基因拷贝，可以累积一些有利的、不一样的突变，进而产生新的功能蛋白质，发挥其新功能。70年代，大野·乾进一步认为该模型可能是基因“新功能化”的主要方式。大野·乾同时补充了“去功能化”的演化模式，即新产生的基因可能因为敏感的剂量而丢失。但是由于新的有利突变较少，同时新基因产生之后其蛋白质产物可能会打破原有的分子剂量平衡，因此新基因重复如何在群体中长期保存和演化成为一个重要的演化理论问题。此后，针对这一问题，一些自然选择模型被提出来。例如，研究人员在2005年提出适应辐射（adaptive radiation，AR）模型。该模型认为基因重复本身就是受到自然选择偏好的，因为基因重复可以增加蛋白质产物的剂量，同时具有致突变效应，因而获得更多的靶蛋白结合位点。随着演化时间的增加，新突变逐渐产生新的功能分化。该模型预测新基因产生是一种快速、间断爆发的形式。与之对应的另外两种模型为创新–扩增–分化（innovation-amplification-divergence，IAD）模型和逃离适应冲突（escape adaptive conflict，EAC）模型。这两种模型则认为新的有利变异起源自重复事件之前。IAD模型认为新功能在重复之前出现，而后经历了持续的自然选择，进而老功能和新功能可以自由地优化。EAC模型则认为具有双向功能的祖先基因在基因重复之前便受到了自然选择；祖先功能和新功能之间的适应性冲突，会限制被选择功能的进一步优化；当重复发生之后，这种适应性的冲突因新基因功能的改进而获得解决。

选择力量在新基因中的作用，可以通过群体遗传学手段进行严格的检验。例如，一些基于核苷酸替换模型、等位基因频谱的经典群体遗传学统计检验，可以对新基因起源的选择力量提供统计框架。如McDonald-Kreitman检验（MK test）及Hudson-Kreitman-Aguade检验（HKA test）（图12-8）等，经常被用以评估新基因起源后的演化功能适应性。前者是检测氨基酸替换率的升高水平，后者用于研究位点有效群体大小的降低。果蝇新基因 *Apl* 研究表明，该基因起源自20万年前的祖先基因 *Arts*，根据HKA检验，该基因的多态性水平（遗传多样性，π）相对于种间分化水平（d）是显著降低的，说明该区域最近经历选择清扫（selective sweep）效应。

对精卫基因（*jingwei*）的自然选择压力研究表明，该基因受到中等程度的选择压力来驱动多态性直至固定的水平。对全基因组的拷贝数变异（CNV）研究表明，单基因重复相对于基因的部分删除或重复受到的负向自然选择压力（净化选择）更弱。retrogene的拷贝数变异发现，固定的retrogene CNV相对于处于多态性水平的CNV存在更显著的过剩，说明retrogene CNV过程是受到自然选择控制的（图12-8）。总之，新基因如何在群体中由低频扩散至固定的自然选择驱动力，可以借助于群体遗传学工具来进行严格的检验。

此外，新蛋白质受到的选择压力，也可以从其氨基酸密码子序列的非同义突变率和同义突变率相对比值中获得线索。同时，演化的选择压力可以作为一种预测功能的指标，对新基因产生的蛋白质是否具有潜在功能进行评估。这种预测和评估往往能提高功能验证的准确性。一些常用的指标包

笔记栏

括，蛋白质编码阅读框的长度、转录情况、非同义突变率和同义突变率之比值（Ka/Ks）以及分化与多态性的差异等。例如，精卫基因（*jingwei*）的研究发现，其非同义突变的多态性相对于同义突变的多态性显著过剩，说明氨基酸的替换在基因起源之后迅速发生（图 12-9）。

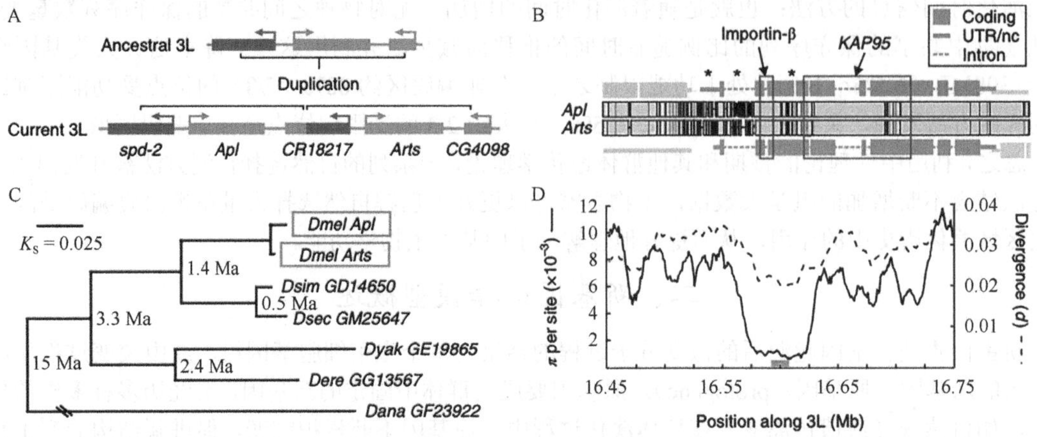

图 12-8

图 12-8 果蝇 *Apl* 基因及其父基因 *Arts* 基因的结构和演化时间及 HKA 类似检验

A. *Apl* 基因起源的串联重复形式；B. *Apl* 及 *Arts* 的精细结构；C. *Apl* 及其同源基因的基因树及分化时间；D. HKA 类似检验，证明 *Apl* 基因可能受到自然选择

Ancestral 3L，先 3L 染色体；Current 3L，现代 3L 染色体；Duplication，重复；Importin-β，核转运受体-β；Coding，编码区；UTR/nc，非翻译区/非编码；Intron，内含子区；Dmel Apl，果蝇 Apl；Dmel Arts，果蝇 Arts；Dsim GD14650，果蝇（sim）直系同源基因；Dsec GM25647，果蝇（sec）直系同源基因；Dyak GE19865，果蝇（dyak）直系同源基因；Dere GG13567，果蝇（dere）直系同源基因；Dana GF23922，果蝇（dana）直系同源基因；π per site，平均每个位点的 π 值；Position along 3L，3L 染色体上的位置；Divergence，分化值

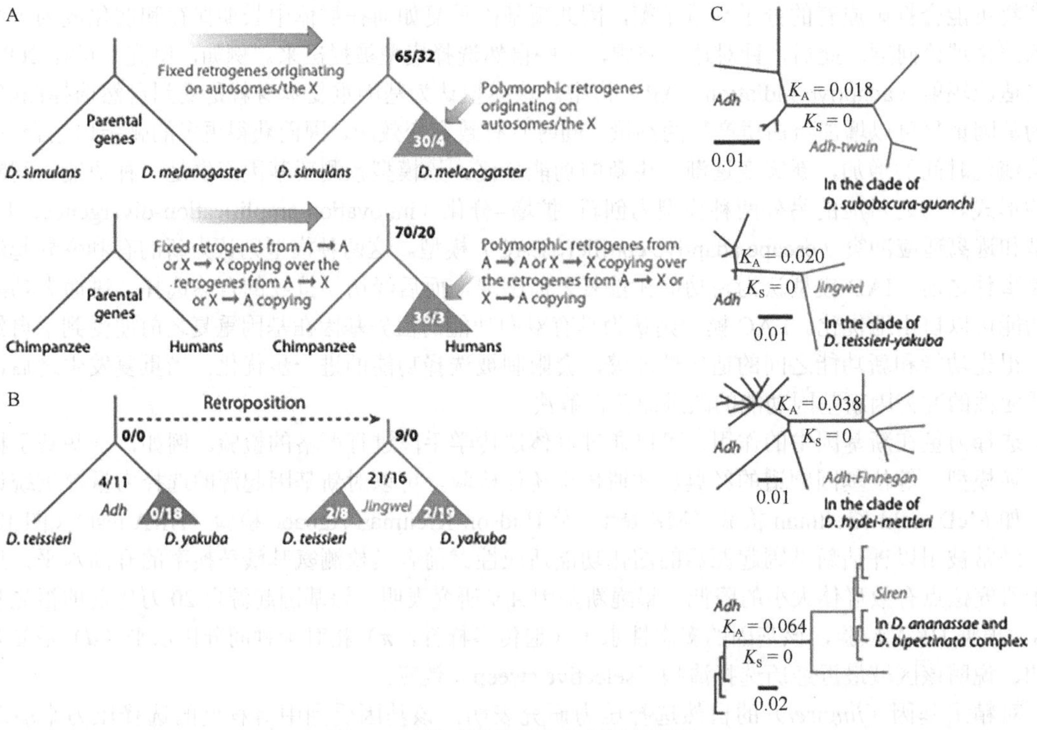

图 12-9

图 12-9 新基因的正向自然选择评估

A. 新 retrogene 在果蝇和人类中的固定过程。基于 MK 检验的框架表明源自 X 染色体的常染色体新基因在两个物种中都有明显的过剩。B. 果蝇中精卫基因的研究案例。枝上比值是非同义突变数量相对于同义突变的数量。三角形中的比值是种间分化数相对于种内多态性的比值。C. 在 *Adh* 起源嵌合基因的 Ka/Ks 比率

Parental genes，母基因；Fixed retrogenes originating on autosomes/the X，在常染色体/X 染色体上固定的反转录基因；*D. simulans*，果蝇（sim）；*D. melanogaster*，黑腹果蝇（dmel）；Polymorphic retrogenes originating on autosomes/the X，在常染色体/X 上的反转录基因多态性；Chimpanzee，黑猩猩；Fixed retrogenes from A→A or X→X copying over the retrogenes from A→X or X→A copying，染色体间固定的反转录基因；Humans，人；Polymorphic retrogenes from A→A or X→X copying over the retrogenes from A→X or X→A copying，染色体间的多态性；Retroposition，反转录转座；*D. teissierl*，果蝇（dtei）；*D. yakuba*，果蝇（dyak）；*D. subobscura-guonchl*，果蝇（dsub）；*D. teissieri-yakuba*，果蝇（dtei）；*D. hydei-mettleri*，果蝇（dtei）；*D. ananassae* and *D. bipectinata* complex，果蝇复合种（dana 和 dbip）

笔记栏

正如美国著名生物学家、现代综合演化论的奠基人摩尔根的合作者之一杜布赞斯基所言："如果没有演化之光芒，生物学的一切都将无法理解（Nothing in biology makes sense except in the light of evolution）"，演化生物学理论和方法，不仅促进了整个生物学的发展，也能为蛋白质组学领域的研究和应用工作提供独特的思路。

（陈俭海）

第四篇 蛋白质组学的应用

PPT

第十三章 噬菌体展示技术及其在蛋白质组学中的应用

第一节 噬菌体及其对生物医学领域的影响

噬菌体是感染细菌、古菌、螺旋体、衣原体、支原体等微生物的病毒的总称。科学家对噬菌体的相关基础研究推动了分子生物学与现代生物技术的产生，在生物医学领域产生了深远影响。其中，噬菌体展示技术不仅广泛用于疾病治疗、诊断、预防产品的研究开发之中，也在研究蛋白质互作网络、细胞信号转导通路、蛋白质互作位点、推断药靶、发现生物标志物等一系列蛋白质组学基础与应用研究中发挥着重要的作用。

一、噬菌体的发现

噬菌体（bacteriophage，或简写为 phage）是感染古菌、细菌等原核生物的病毒。1915 年 12 月 4 日，英国伦敦布朗研究所负责人细菌学家弗德里克·特沃特（Frederick Twort，图 13-1 左）在专业期刊《柳叶刀》上发表了题为“An investigation on the nature of ultra-microscopic viruses”的论文，描述了菌落透明转化现象，认为有可能存在一种能通过最精密陶瓷滤器的超微病毒。这是科学界关于可能存在感染细菌的病毒并能杀灭细菌的第一篇论文报道。

特沃特一直致力于体外培养微生物，曾经成功地实现了副结核分枝杆菌（又称约内氏杆菌 Johne’s bacillus）的体外培养。后来，他想在体外用琼脂、血清等各种无细胞人工培养基来培养病毒。他采集土壤、粪便、干草等样本，提取处理并用陶瓷滤器过滤除去细菌后接种到数百种人工培养基上培养，结果都失败了。他还用处理过滤后的样本做了感染兔子、豚鼠和狗的动物实验，也失败了。可能是想把已知的病毒作为阳性对照吧，当他把含甘油的牛痘样本接种到琼脂糖管中 37℃培养 24 小时后，牛痘病毒没有长，反倒长出了一些微球菌菌落。估计要么是不小心污染了，要么是因为用作阳性对照，样本就没有用陶瓷滤器过滤处理过。他发现这些微球菌菌落中经常有一些水样化区域（watery-looking areas），里面的菌落不能再培养，继续留下的话就会变成玻璃样透明。吉姆萨染色后显微镜检查，透明区域内没有细菌细胞，只有细小颗粒。进一步实验发现：纯培养的白色或黄色微球菌菌落只要接触一点玻璃化菌落就会从接触点开始变得透明并扩展开去，而且透明转化速度在新培养的微球菌中更快；在死的微球菌或经 60℃加热处理后的新培养微球菌中没有该现象；这些透明物质经陶瓷滤器过滤处理后仍然保持活力；微球菌的这种病可以无限传代，但透明物质本身却不能在任何人工培养基中生长；透明物质对其他细菌无作用，对豚鼠、家兔、牛、猴子、人类等动物都不致病，加热到 60℃ 1 小时后对微球菌也不再致病。可惜特沃特在写结论的时候，不敢断定这是一种感染细菌的病毒；尽管他论文的题目这样写了，但文中他又画蛇添足地说实验结果清楚表明透明物质含有一种在 60℃灭活的酶。

几乎在同一时期，一位传奇的细菌学家费利克斯·德赫雷尔（Felix d’Herelle，图 13-1 右）也发现了类似现象并将其用于疾病治疗。德赫雷尔在 1949 年出版的一本书中说他在 1910 年在墨西哥工作期间发现了噬菌体。当时尤卡坦州遭遇蝗灾，有印第安人向他报告有个地方蝗虫病死，堆积如山。他前往查看研究，发现蝗虫死于一种球杆菌感染。随后他使用这种细菌辗转南美洲及非洲各地治蝗。在这些研究中，他多次注意到，有时候培养的球杆菌菌落中会出现 2～3mm 的圆形亮斑。1915 年 3 月，德赫雷尔在突尼斯治蝗，取得巨大成功，其间再次遇到亮斑问题并在巴斯德研究所突尼斯分部进行了研究。他给查尔斯·尼柯尔（Charles Nicolle）进行了展示。尼柯尔告诉他，可能是球杆菌带的滤过性病毒，是真正的致病因素。于是他过滤了有亮斑的培养物用于直接感染蝗虫，但没成功。

笔记栏

Frederick Twort (1877～1950)　　Felix d'Herelle (1873～1949)

图 13-1　发现噬菌体的两位科学家

图 13-1

1915 年 8 月，德赫雷尔返回巴黎，调查法国一个骑兵中队爆发的痢疾。他从患者的粪便中培养痢疾杆菌时再次发现了亮斑。他继续开展实验，并于 1917 年发表了题为"Sur un microbe invisible antagonistic des bacilles dysentériques"的论文。加拿大拉瓦尔大学微生物学家阿克曼在 2011 年将该论文翻译为英文"On an invisible microbe antagonistic to dysentery bacilli"。在 1917 年的这篇报道中，德赫雷尔介绍了如何分离这些抗痢疾杆菌的微生物以及它们的杀菌作用，该抗菌微生物具有很强的特异性，对伤寒杆菌、副伤寒杆菌、葡萄球菌等无作用；德赫雷尔明确指出，没有痢疾杆菌该抗菌微生物在任何培养基中无法增殖，只要有痢疾杆菌，哪怕在生理盐水中都长得好，因此他把这种抗菌微生物称为 bacteriophage。遗憾的是，他在 1917 年的这篇报道的最后提到了在两例副伤寒热中观察到了类似现象，但却对蝗虫球杆菌及亮斑现象等只字未提。这也引起了后续关于到底是谁首先发现了噬菌体的诸多争议。就发表文献来看，特沃特无疑最先报道了噬菌体感染细菌导致的透明转化现象，而德赫雷尔最先创造了 bacteriophage 这一术语来描述抗菌微生物。

二、噬菌体对生物医学领域的影响

噬菌体的发现对生物医学领域的基础与应用研究产生了深远的影响。2015 年 12 月 2 日，美国加州圣地亚哥州立大学病毒信息研究所的福里斯特·罗书尔（Forest Rohwer）和安卡·西格尔（Anca Segall）两位学者在《自然》杂志上发表了题为"A century of phage lessons"的回顾，专门纪念人类发现噬菌体一百周年。虽然人类发现噬菌体迄今只有短暂的百年出头，但噬菌体已经在地球上生存了几十亿年。根据宏基因组学研究提示，噬菌体是世界上种类最多、数量最多的生物，主宰着人类皮肤、黏膜与胃肠道、岩石圈、土壤、淡水、海洋，甚至空气等各种生境。有研究者估计地球上有多达 4.80×10^{31} 数量级的噬菌体。有细菌与古菌的地方就有噬菌体，原核生物宿主与噬菌体之间的"战争与和平"已持续了几十亿年。两者之间的"军备竞赛"塑造了当今地球的生态系统，它们的恐怖平衡是地球生态平衡的基石。

（一）噬菌体对生物学领域的影响

早期发现的噬菌体大多结构简单、繁殖迅速，成为生物学研究的理想模式生物，促进了分子生物学的兴起与发展，相关基础与应用研究具有重要的科学意义与重大经济价值。在麦克斯·德尔布吕克（Max Delbrück）、萨尔瓦多·卢里亚（Salvador Luria）与阿尔弗雷德·赫尔希（Alfred Hershey）等一系列科学家的带领下，以噬菌体为材料的生物学研究推动了经典遗传学进入到分子遗传学的新阶段。例如，赫尔希等使用噬菌体 T2 与放射标记的经典实验证明了 DNA 而非蛋白质才是遗传物质。上述三位科学家因为噬菌体分子遗传学研究的重要贡献荣获 1969 年诺贝尔生理学或医学奖。

早在 1952 年，卢里亚就发现了细菌的"限制"和"修饰"等现象。后来，维尔纳·阿尔伯（Werner Arber）等科学家在此基础上进一步研究发现了限制性内切酶并开展应用研究。当前，细菌防御噬菌体感染的限制性核酸内切酶已开发成为分子生物学研究不可或缺的工具酶，铸就了以 DNA 重组为基础的现代基因工程。阿尔伯、丹尼尔·内森斯（Daniel Nathans）、汉密尔顿·史密斯

笔记栏

（Hamilton Smith）等三位科学家由于他们在核酸限制内切酶的发现和应用上所做出的卓越贡献，荣获1978年诺贝尔生理学或医学奖。保罗·伯格（Paul Berg）利用核酸限制内切酶实现DNA重组的首创性工作，与沃特·吉尔伯特（Walter Gilbert）、弗雷德里克·桑格（Frederick Sanger）分享了1980年的诺贝尔化学奖。后二者中，吉尔伯特的主要贡献是发明了DNA的化学测序法；桑格的主要贡献是开发应用包括双脱氧末端终止法在内的多种DNA测序方法，并于1977年成功测定了噬菌体 ΦX174的全基因组序列，这也是人类完成的一个全基因组测序。事实上，现在广为使用的DNA测序酶也是从T7噬菌体的DNA聚合酶改造而来的。总之，以噬菌体为材料的生物学研究不仅把经典遗传学推进到分子遗传学阶段，也推动传统生物学进入分子生物学阶段，噬菌体研究极大丰富了人类关于生命本质的认识，也极大丰富了分子生物学研究的工具箱，还推动了以基因组学为代表的各种组学研究，促进了合成生物学的兴起。例如，合成生物学肇始之作就是人工全合成了噬菌体 ΦX174的全基因组（5386bp），并具有感染活性。

在基于核酸限制内切酶的细菌抗噬菌体机制之外，噬菌体与细菌之间还有很多相互攻防的手段。日本微生物学家石野良纯等于1987年首先报道了大肠杆菌 *iap* 基因附近存在着规律间隔的短重复序列，但不清楚它的生物学功能。在该文发表后的十多年里，研究人员陆续在多种细菌和古菌基因组中也发现了类似的重复序列，但总的说来关注相关研究的人不多，进展缓慢。2000年，西班牙学者莫吉卡（Mojica）等发表了一篇较为系统的相关生物信息学论文。当时，他把这种重复序列称为短规律性间隔重复（short regularly spaced repeat，SRSR），并采用计算机程序搜索了当时所有已完成的及部分完成的微生物基因组，系统分析总结了这种重复序列的特征，但其功能仍是未解之谜。两年后，荷兰学者詹森（Jansen）等发表了一篇具有里程碑意义的生物信息学研究论文。他们通过数据库搜索、序列比对、基序匹配、理化性质计算等手段，系统研究了原核生物的上述重复序列及其周边序列。他们首先把这种重复序列命名为CRISPR（clustered regularly interspaced short palindromic repeats），并发现了四种CRISPR相关基因（CRISPR-associated genes，*Cas*）并命名为 *Cas*1、*Cas*2、*Cas*3、*Cas*4。他们对相应Cas蛋白的生物信息学研究还发现：Cas3具有7个螺旋酶的基序，Cas2具有RecB核酸外切酶特征，Cas1的等电点高度碱性，因而推测Cas蛋白可能结合DNA并发挥功能。2005年，莫吉卡（Mojica）、普塞尔（Pourcel）、博洛京（Bolotin）等相继通过生物信息学分析或结合实验推断CRISPR-Cas系统是一种细菌抗噬菌体感染的免疫机制。2010年，细菌CRISPR-Cas系统在细胞内切割噬菌体DNA得到了实验证实。然而，在自然界中，噬菌体似乎总能够克服或突破细菌抗噬菌体的各种机制。2013年，噬菌体对付细菌CRISPR-Cas系统的两种新机制在《自然》杂志上发表。有的噬菌体基因组中存在各种Anti-CRISPR（Acr）基因，编码Acr蛋白来灭活相应的CRISPR-Cas系统。有的噬菌体本身也有自己的CRISPR-Cas系统来对抗细菌的CRISPR-Cas系统。有自己CRISPR-Cas系统的噬菌体往往个头不小，可反过来阻断宿主基因的转录翻译，转为噬菌体增殖服务。最近发现的一个噬菌体基因组长达735kb，比噬菌体 ΦX174大了约136倍。最不可思议的是，有的噬菌体还会利用细菌CRISPR-Cas系统来对付与之竞争的其他噬菌体，真可谓大千世界，无奇不有。

可以说，噬菌体在近百余年来的生物学研究中发挥了不可或缺的重要作用。尤其是最近三十多年来，CRISPR系统与抗CRISPR系统的发现及基于相关系统开发的并正在改变世界的新一代基因组编辑工具，已经逐渐成为生物学研究领域最激动人心的前沿之一。法国科学家埃玛纽埃勒·沙尔庞捷（Emmanuelle Charpentier）与美国科学家珍妮弗·道德纳（Jennifer Doudna）将细菌CRISPR-Cas系统，尤其是化脓性链球菌Cas9（SpCas9），改造成为方便快捷高效可靠的基因组编辑工具，并在生命科学与医学各相关领域的基础与应用研究中得到广泛应用。她们因此分享了2020年的诺贝尔化学奖。

（二）噬菌体对医学及相关领域的影响

正如先前用感染蝗虫的球杆菌治理蝗灾一样，赫尔希在发现噬菌体后就一直致力应用推广噬菌体疗法（phage therapy），用于治疗各种细菌感染。随着青霉素等抗生素的发现与大规模商业化使用，噬菌体疗法跌入低谷。近年来，随着抗生素耐药及多耐药超级细菌菌株的产生与扩散，噬菌体疗法重新引起了生物医学界与公众的广泛关注。20世纪50年代，我国免疫学的奠基人之一的余濱教授采用噬菌体疗法成功治愈了钢水烫伤劳模邱财康的多黏菌素耐药绿脓杆菌败血症，以这一案例为原型的老电影《春满人间》让我国群众开始了解噬菌体疗法。2017年8月，上海噬菌体与耐药研究所在上海市公共卫生临床中心成立。2018年8月，该所采用噬菌体膀胱灌注等方法成功使一位超级肺炎

笔记栏

克雷伯菌复杂尿路感染患者痊愈出院。最近，他们采用导流管灌注（深部脓腔）+伤口湿敷（浅表感染面）的噬菌体治疗方案成功治愈一例泛耐药铜绿假单胞菌感染。这些案例得到了媒体的广泛报道。2019 年初，静脉注射噬菌体疗法获得美国食品药品监督管理局（FDA）批准进入临床试验；2021 年第二季度，PhageBank™ 治疗人工关节感染的 1/2 期新药临床试验在梅奥医学中心开展。虽然目前还没有任何噬菌体治疗产品获得美国 FDA 批准上市，但在食品领域已有好几款产品获批上市，如防止食品污染沙门氏菌的 SALMONELEX™ 和防止食品污染大肠杆菌 O157 毒株的 PhageGuard-E 等。在我国，已有十多款噬菌体产品成功上市，用于农业、畜牧、水产养殖、食品安全等领域。

除了直接将噬菌体研究开发成为生物药物或相关产品，用于医学治疗或相关领域外，在噬菌体基础与应用基础研究领域获得的重要成果与衍生的重要技术对医学研究与疾病临床治疗产生了重要影响。以限制性内切酶为基础的基因重组技术以及由此衍生的基因重组蛋白质药物及疫苗已经在全世界广泛使用。从细菌与噬菌体攻防大战衍生出来的新一代基因编辑技术不仅使人类能够更为便捷获得更为优良的动植物新品种，而且也使人类遗传疾病的治疗逐渐成为现实。尤其是美国科学家乔治·P. 史密斯（George P. Smith，图 13-2 左）和英国科学家格雷戈里·P. 温特爵士（Gregory P. Winter，图 13-2 右）先后用噬菌体展示随机多肽文库或高度多样性抗体文库实现体外筛选进化，极大地推动了多肽与抗体等生物药物的研究开发与临床应用。上述两位科学家与研究酶定向进化的弗朗西丝·H. 阿诺德（Frances H. Arnold）一起分享了 2018 年度诺贝尔化学奖。

George P. Smith
(1941～)

Gregory P. Winter
(1951～)

图 13-2　噬菌体展示多肽与抗体技术的两位先驱科学家

图 13-2

第二节　噬菌体展示技术及其应用

一、噬菌体展示技术

（一）噬菌体展示技术的发明

如上一小节所述，噬菌体是世界上种类与数量最多的生物。根据噬菌体在电子显微镜下的形态及其基因组核酸类别与拓扑结构，国际病毒分类委员会（International Committee on the Taxonomy of Viruses，ICTV）细菌与古菌病毒分委会（Bacterial and Archaeal Viruses Subcommittee，BAVS）将已知的噬菌体分为约 50 科（family）并不断更新增加。如图 13-3 所示，各科噬菌体千姿百态，尤其是 T4、T7 等，宛如影视作品中的外星机器人。目前已经发现的噬菌体绝大多数是有尾噬菌体，如 T2、T4、T7、λ 等噬菌体；有些是多面体或立方体状噬菌体，如噬菌体 *Φ*X174；还有一些是丝状噬菌体（filamentous phage），如噬菌体 M13、fd、f1 等；也还有一些多形性噬菌体。

根据噬菌体感染细菌后是否裂解细菌，可将其分为烈性噬菌体（virulent phage）和温和噬菌体（temperate phage）两大类。烈性噬菌体又称为毒性或溶解性噬菌体（lytic phage），如感染大肠杆菌的 T2、T4、T7 等大肠杆菌噬菌体；前述特沃特、德赫雷尔等发现的亮斑及随后倡导的噬菌体疗法均是烈性噬菌体的杰作。温和噬菌体又称为溶原性噬菌体（lysogenic phage），产生的子代噬菌体可分泌到细菌细胞外而不引起细菌裂解，如大肠杆菌噬菌体 λ、M13、fd、f1 等。事实上，不少温和噬菌体感染细菌后是溶解还是溶原，受到噬菌体与宿主菌自身及环境多种因素影响。

噬菌体展示技术之父乔治·P. 史密斯教授第一次接触噬菌体是在哈弗福德学院（Haverford College）读大学期间。他想挑战抗体产生的模板学说，证明抗体的抗原特异性取决于编码抗体的 mRNA。于是他用噬菌体 T4 免疫兔子，然后从兔子脾脏提取 RNA，加入无细胞蛋白合成系统，确定所生成的蛋白（包括抗体）能否中和 T4 噬菌体。1964 年，史密斯到哈佛医学院攻读博士学位，从事抗体测序设备研发与抗体 V 区基因进化的理论研究。1970 年，他获得哈佛医学院博士学位，并到威斯康星大学做博士后，合作导师是奥利弗·史密斯教授（因基因敲除小鼠研究的重要贡献获得 2007 诺贝尔生理学或医学奖）。1975 年，乔治·史密斯到密苏里大学工作，刚开始的研究仍然主要围绕抗

笔记栏

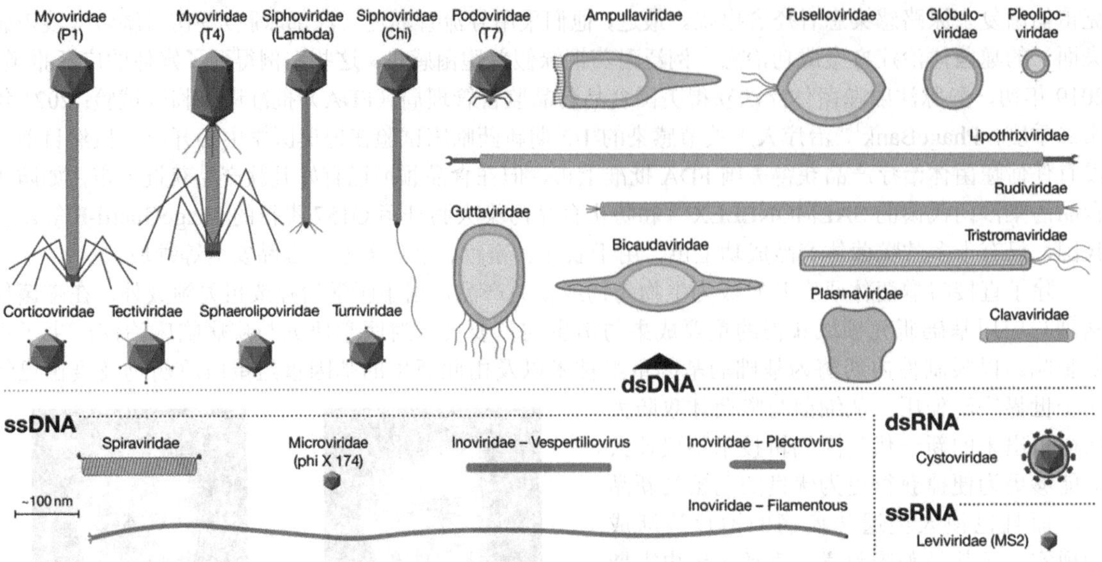

图 13-3

图 13-3 噬菌体大体分类及代表性噬菌体示意图

Myoviridae，肌尾噬菌体科；Siphoviridae，长尾噬菌体科；Podoviridae，短尾噬菌体科；Ampullaviridae，瓶状噬菌体科；Corticoviridae，覆盖噬菌体科；Tectiviridae，覆层噬菌体科；Sphaerolipoviridae，球脂噬菌体科；Turriviridae，塔螺噬菌体科；Podoviridae，短尾噬菌体科；Fuselloviridae，微小纺锤形噬菌体科；Globuloviridae，球状噬菌体科；Pleolipoviridae，嗜盐菌多形噬菌体科；Guttaviridae，滴状噬菌体科；Lipothrixviridae，脂毛噬菌体科；Rudiviridae，竿形噬菌体科；Bicaudaviridae，双尾噬菌体科；Tristromaviridae，三层噬菌体科；Plasmaviridae，原生质噬菌体科；Clavaviridae，棒状噬菌体科；Spiraviridae，螺旋噬菌体科；Microviridae，微小噬菌体科；Inoviridae，丝杆噬菌体科；Vespertiliovirus，蝙蝠噬菌体属；Plectrovirus，短杆状噬菌体属；Filamentous，丝状噬菌体属；Cystoviridae，囊状噬菌体科；Leviviridae，光滑噬菌体科

体 V 区基因展开。后来，在参加同事用秀丽线虫作为模式生物的一个发育生物学项目期间，他对噬菌体研究旧情复燃。只不过，这一次是丝状噬菌体。

顾名思义，丝状噬菌体外形很像一根长长的棒子、纤维或细丝。如图 13-4 所示，它的长度从 800nm 到 4μm 不等，而直径只有大概 6nm 左右。我们关于丝状噬菌体的主要知识源自 f1、fd、M13 等感染大肠杆菌的噬菌体。这三种噬菌体都是 1960 年从污水中分离出来的，它们的基因组都是单链环状 DNA。由于它们基因组的碱基序列 98% 都是相同的，都只能溶原性感染有性菌毛的大肠杆菌，因此它们一般也被统称为 Ff 噬菌体。

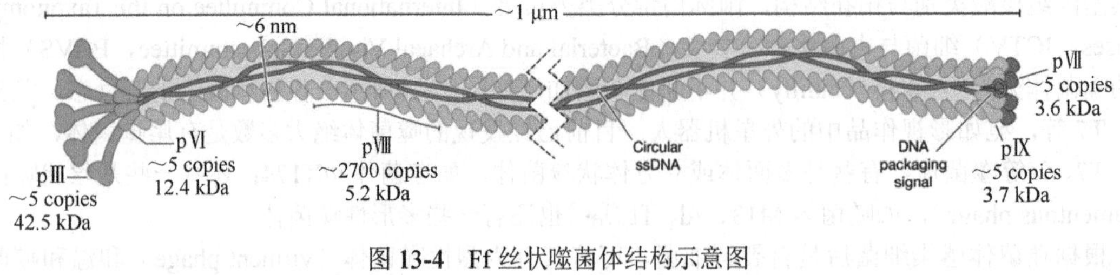

图 13-4

图 13-4 Ff 丝状噬菌体结构示意图

上述丝状噬菌体中，fd 的基因组序列最先被测定并在 1978 年发表；紧接着是 M13 噬菌体基因组（1980 年）和 f1 基因组（1981 年）。这三种噬菌体中，fd 基因组有 6406 个碱基，只比 M13 和 f1 基因组少 1 个碱基；fd 与 f1 相比，只有不到 200 个碱基不同，而在氨基酸残基水平只有 10 个氨基酸的差异；M13 和 f1 更为相似，两者只有 50 多个碱基的不同与 5 个氨基酸的差异。如图 13-5 所示，fd、M13、f1 等 Ff 丝状噬菌体结构较为简单，基因组也较小，共有 11 个基因。它们基因组有一个约 500bp 的基因间区，含有病毒复制起始点与病毒包装的信号；编码区域紧凑并按功能集中排列。基因 *g3*、*g6*、*g7*、*g8*、*g9* 分别编码了衣壳蛋白 P3、P6、P7、P8、P9；基因 *g2*、*g5*、*g10* 分别编码复制相关蛋白 P2、P5、P10；基因 *g1*、*g4*、*g11* 分别编码组装相关蛋白 P1、P4、P11。

在所有衣壳蛋白中，P8 数量最为丰富，因此又被称为主要衣壳蛋白。成熟的 P8 肽链有 50 个氨基酸残基。每个 Ff 噬菌体约有 2700 个 P8，螺旋形包裹基因组形成噬菌体长长的轴。P8 的拷贝数与 Ff 基因组大小相匹配。如果基因工程改造后 Ff 基因组变长，P8 拷贝数相应增加，噬菌体长度也

笔记栏

相应变长。在Ff两端还有几种次要衣壳蛋白。其中头端在电子显微镜下看起来似乎有一些像球形把手一样的结构，这就是P3，有5个拷贝，它的功能也的确像个门把手，与大肠杆菌性菌毛结合介导Ff进入大肠杆菌。P3之所以在电镜下能鼓出来构成不太规则球形把手的结构，是因为成熟的P3块头比较大，肽链有400多个氨基酸残基。头端还有P6，一个由112个氨基酸残基构成的次要衣壳蛋白，也与Ff进出大肠杆菌有关。另一端称为尾端，因为没有P3，在电镜下看起来较为平整，所以又被称为钝端，分别有5个拷贝的次要衣壳蛋白P7和P9，它们分别含33和32个氨基酸残基。钝端的这两种蛋白质都很小，无怪乎在电镜下看起来是钝钝的。P7和P9与组装好的噬菌体从大肠杆菌中芽出有关。

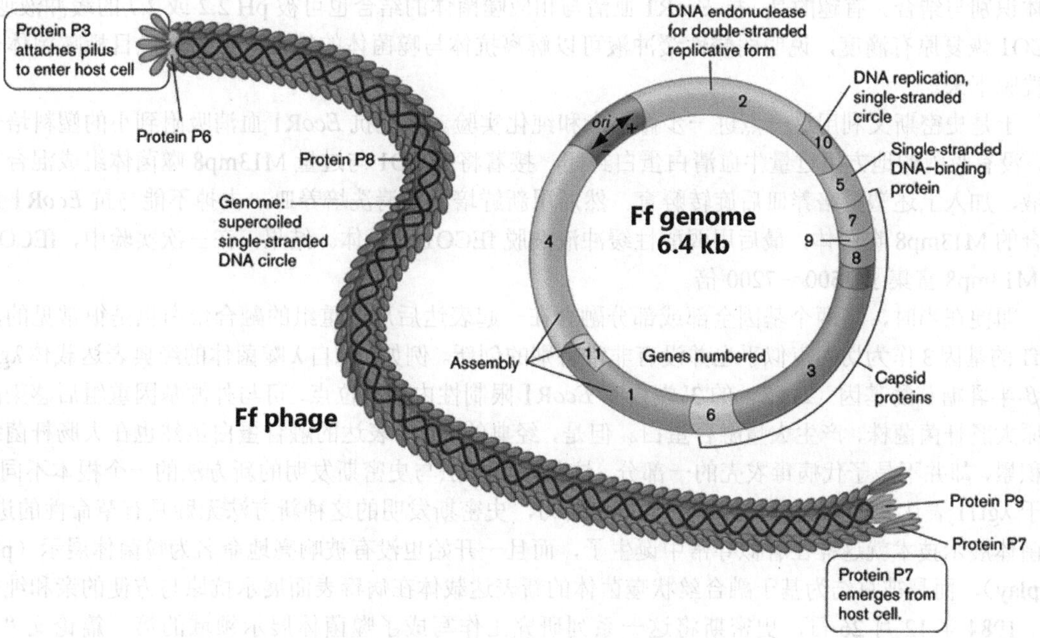

图 13-5

图 13-5　Ff 噬菌体及其基因组结构示意图

Protein P3 attaches pilus to enter host cell，蛋白3黏附性菌毛并进入宿主细胞；Protein P6，蛋白质6；Protein P8，蛋白质8；Genome，基因组；supercoiled single-stranded DNA circle，超螺旋的单链DNA环；Ff phage，Ff噬菌体；Assembly，编码组装蛋白质；DNA endonuclease for double-stranded replicative form，编码双链复制型DNA内切酶；DNA replication, single-stranded circle，编码促进单链DNA复制的蛋白质；Single-stranded DNA-binding protein，编码单链DNA结合蛋白；Capsid proteins，编码衣壳蛋白；Ff genome 6.4 kb，Ff基因组6.4kb；Genes numbered，基因编号；Protein P9，蛋白质9；Protein P7，蛋白质7；Protein P7 emerges from host cell，蛋白质7与噬菌体出宿主细胞有关

如前所述，史密斯教授到密苏里大学工作期间。丝状噬菌体fd的基因组正好已被测定，但这些丝状噬菌体能有什么用，相关基因的结构与功能，仍有不少未解之谜。史密斯课题组先在野生型fd基因组基础上加入了一段含有四环素抗性基因的Tn10转座子序列，构建了fd-tet噬菌体。被该噬菌体感染的F^+大肠杆菌产生了四环素抗性，fd-tet转染F^-大肠杆菌后也能增殖。因此，fd-tet可用作克隆载体，获得大量单链形式的目标DNA。紧接着，他们又构建了fKN16，后者在fd-tet的基础上，删除了基因3前半部分的507个碱基。这样一来，fKN16感染大肠杆菌的能力虽然比fd-tet降低了8个数量级，但作为克隆载体转染大肠杆菌后产出目标DNA的量大大提高。为了研究fd基因3的功能，他们进一步构建了删除了基因3更多碱基的fCA55并与fKN16进行了对比。结果发现，抗蛋白3的抗体能够与fKN16噬菌体颗粒反应，但不能和fCA55噬菌体颗粒反应；fCA55噬菌体颗粒的长度会变得很长，内有多个噬菌体基因组。因此，史密斯认为，fd基因3的蛋白产物可分为两个结构域，N端结构域游离在病毒衣壳外，决定噬菌体的感染力，C端结构域整合到病毒衣壳中，帮助封装出正常长度的病毒颗粒。

1983年7月到1984年8月，史密斯在韦伯斯特实验室工作期间想开展的项目研究是把外源蛋白整合到P3形成一个融合蛋白，希望既不影响P3的功能，又能方便用抗体等来检测暴露或者说展示在噬菌体表面的外源蛋白。也就是说，他想在之前基于丝状噬菌体的克隆载体基础上，开发出便于检测与筛选的表达载体。在韦伯斯特实验室旁边的保罗·莫德里奇（Paul Modrich，因DNA修复的细胞机制研究荣获2015年诺贝尔化学奖）实验室当时正在研究大肠杆菌限制性内切酶Ⅰ（*Eco*RⅠ），

笔记栏

有现成的纯化好的 *Eco*RⅠ蛋白、编码 *Eco*RⅠ基因的质粒 pAN4、抗 *Eco*RⅠ的血清（抗体）。于是史密斯就去借用来开展自己的项目研究。他用限制酶 Sau3A 消化 pAN4，用限制酶 *Bam*HⅠ消化噬菌体 f1，体外混合后得到多种候选的重组噬菌体。他进一步研究了其中一种命名为 fECO1 的重组噬菌体 DNA，其基因 3 中插入了编码 *Eco*RⅠ的 171bp 的外源 DNA。

用 fECO1 转染大肠杆菌后，细菌产生了具有感染力 fECO1 病毒颗粒。用抗 *Eco*RⅠ的血清可显著降低 fECO1 的滴度（阻断了融合丝状噬菌体 fECO1 感染大肠杆菌）而对野生型 f1 滴度无影响，用过量 *Eco*RⅠ与其抗血清孵育，可阻断抗血清降低 fECO1 滴度的作用，说明 *Eco*RⅠ基因的部分片段整合到 f1 基因 3 后，通过产生的融合蛋白把相应外源 *Eco*RⅠ蛋白展示在了噬菌体表面，能够被相应抗体识别与结合。有趣的是，抗 *Eco*RⅠ血清与相应噬菌体的结合也可被 pH 2.2 或 2.7 的缓冲液逆转，fECO1 恢复原有滴度，说明弱酸性缓冲液可以解离抗体与噬菌体的结合，也就是说目标噬菌体也可以洗脱下来。

于是史密斯又利用这一点进一步做了亲和纯化实验。他把抗 *Eco*RⅠ血清吸附到小的塑料培养皿上，没有吸附的地方用过量牛血清白蛋白封闭。接着将 fECO1 与过量 M13mp8 噬菌体组成混合文库悬液，加入上述塑料培养皿后旋转孵育。然后用新鲜培养基清洗培养皿，去掉不能与抗 *Eco*RⅠ血清结合的 M13mp8 噬菌体，最后用弱酸性缓冲液洗脱 fECO1 噬菌体。结果，在三次实验中，fECO1 均比 M13mp8 富集了 1500～7200 倍。

即便在当时，将两个基因全部或部分融合在一起表达后形成重组的融合蛋白也是很常见的，选择 f1 的基因 3 作为切入点似乎也并没有非常特别的创新。例如，源自 λ 噬菌体的经典表达载体 λgt11，其 *β*-半乳糖苷酶基因（*LacZ*）的 3′ 端内有 *Eco*RⅠ限制性内切酶位点，可与外源基因重组后感染高频溶原大肠杆菌菌株，产生大量融合蛋白。但是，经典的 λgt11 表达的融合蛋白虽然也在大肠杆菌细胞内积累，却并不是子代病毒衣壳的一部分。这是经典方法与史密斯发明的新方法的一个根本不同。相较于 λgt11 表达文库筛选的各种繁杂与耗时费力，史密斯发明的这种新方法无疑具有革命性的进步。噬菌体展示技术就这样在看似寻常中诞生了，而且一开始也没有被响亮地命名为噬菌体展示（phage display），而是被总结为基于融合丝状噬菌体的新表达载体在病毒表面展示抗原与方便的亲和纯化。

1984 年 12 月 26 日，史密斯将这一系列研究工作写成了噬菌体展示领域的第一篇论文“Filamentous fusion phage: novel expression vectors that display cloned antigens on the virion surface”并投稿到《科学》杂志；该论文于 1985 年 3 月 4 日被接受，1985 年 6 月 14 日正式出版。史密斯在该论文中展望：可用同样的办法从随机插入 DNA 构成的文库中富集特定噬菌体，单轮亲和纯化就可富集数千倍，第二轮可能富集程度更高，富集的噬菌体可以帮助制备针对隐蔽表位的抗体，甚至也可能开发成为疫苗，对医学与兽医领域具有意义。因为这一开创性的工作，乔治 · P. 史密斯教授荣获 2018 年诺贝尔化学奖。

（二）噬菌体展示技术的发展

如前所述，史密斯教授于 1985 年发表在《科学》杂志的论文中，并没有直接提出一个诸如“噬菌体展示”这样的响亮术语，而以融合噬菌体与亲和纯化予以概括，但该论文实质上已勾勒出噬菌体展示技术的框架，已经发明并分享了噬菌体展示技术。他的这篇论文发表后很快引起很多学者的兴趣、关注、跟踪与进一步发展。经过史密斯教授及全球学术界及工业界随后 30 多年来的发展完善，噬菌体展示已经成为一种常用的高通量、高内涵淘选具有特定结合能力的多肽或抗体的现代分子生物学技术，广泛用于生物医药、新材料、新能源及环保相关的基础与应用研究中。我们从噬菌体展示文库内容、亲和选择方法、系统硬件平台、克隆测序方法等四个方面，简略概括噬菌体展示技术的发展。

1. 噬菌体展示文库的发展

（1）噬菌体展示随机多肽文库：史密斯教授于 1985 年发表在《科学》杂志的论文中，只构建了 fECO1 并展示了 *Eco*RⅠ的一段多肽；用抗 *Eco*RⅠ血清可从 fECO1 与过量 M13mp8 噬菌体组成的混合文库悬液中亲和纯化并富集到展示了 *Eco*RⅠ部分肽段的 fECO1。在这篇论文中，史密斯教授也指出了基于 f1 噬菌体的 fECO1 载体仍然存在不少问题。因此，1984 年 8 月史密斯教授结束在杜克大学的学术年假回到密苏里大学后重点关注了三件事：①更有效的噬菌体展示载体；②更有效的亲和选择流程；③创建大型噬菌体展示文库的方法。

笔记栏

史密斯教授的研究生史迪夫 · 帕姆利（Steve Parmley）通过学位论文项目研究，很好地完成了前两项任务，相关成果于1988年发表在《基因》杂志。史迪夫通过位点特异性突变在fd-tet克隆载体基础上，开发出fUSE1和fUSE2表达载体。基于f1噬菌体的fECO1载体展示的外源多肽在P3两个结构域之间，位于P3蛋白质中间；而fUSE1和fUSE2载体展示的外源多肽位于P3氨基端，信号肽下游2～3个氨基酸残基之后，不仅具有更好的可及性，对P3功能的影响也更小。史密斯教授实验室开发的fUSE系列载体，尤其是fUSE5载体已免费扩散到世界各地；基于fUSE5载体的相关随机多肽文库已成为最受欢迎的学术性噬菌体展示文库，迄今仍然广为使用，对整个领域产生了巨大影响。

1988年1月，史密斯到美国国立卫生研究院变态反应与感染性疾病研究所访问了维达尔·德拉科鲁兹（Vidal de la Cruz）和汤姆·麦卡钦（Tom McCutchan）。这两位学者将恶性疟原虫环子孢子蛋白（circumsporozoite protein）重复区域的基因片段克隆到f1噬菌体g3中，融合噬菌体头端的P3展示了恶性疟原虫抗原并具有免疫原性与抗原性，可望用于定位表位。他们的成果在1988年3月正式发表，在其论文摘要中首次出现了phage display两个词直接放在一起用的情况。尽管仍然是两个单词，一个是名词主语，一个是动词谓语，尽管还没有融合成一个术语，但相比史密斯教授1985年的论文还是前进了一步，那篇论文尽管标题中就分别有phage和display两个单词，但中间还隔着4个单词呢。

在交流中，麦卡钦还告诉史密斯说，可以用噬菌体击败马里奥·盖森（Mario Geysen）。盖森在1986年发表了他们关于化学合成方法获取模拟表位（mimotope）的论文。这里我们稍微补充一点基础免疫学知识。抗体表面能与抗原特异性结合的部位（antigen combining site）被称为对位（paratope）；抗原表面能与抗体特异性结合的部位（antibody combining site）被称为表位（epitope）。盖森等引入了模拟表位这一新的专业术语，用以称谓模拟了抗原表位且能与抗原竞争性地结合相应抗体的多肽。盖森通过组合化学方法，逐步合成简并混合多肽并通过结合测试来筛选模拟表位的多肽。这种化学合成多肽文库费时费力费钱，步骤烦琐，且多样性有限。比如，一个完备的六肽文库理论上有6400万种独特的多肽，化学合成显然是难以达成的。相较直接合成随机多肽而言，通过简并寡核苷酸一次性合成大量随机DNA不仅更为容易与便宜，而且当时已经商业化并在分子生物学研究中广泛使用。

合成随机DNA最为常用的简并编码方式之一是NNK；其中N代表所有四种核苷酸的均等混合物，K代表G和T的均等混合物；NNK的组合包含32个密码子（含TAG终止密码子），可翻译为20种氨基酸残基。如果要构建一个随机六肽文库，通过NNK编码，理论上随机DNA的序列需要32^6=10.74亿条，其中包括31^6=8.88亿条不含终止密码子能够翻译成为六肽的序列，涵盖了6400万种独特六肽。史迪夫和史密斯在1988年发表的论文中，展望了他们称之为“表位文库”（epitope library）的噬菌体展示随机多肽文库的应用前景，讨论了构建大容量融合噬菌体文库面临的问题。

1988～1989学年，在史密斯实验室开展本科项目研究的香农·弗林（Shannon Flynn）首次尝试了构建噬菌体展示随机肽库。转染是构建文库的必要步骤，但他遇到了一个严重的问题是无法将大量裸DNA转染细菌。1988年7月，美国伯乐（Bio-Rad）公司的威廉·多尔（William Dower）及其同事报道了一种高效转染大肠杆菌的高压电穿孔方法。之后，史密斯教授实验室的博士后杰米·斯科特（Jamie Scott）在fd-tet克隆载体基础上构建了fUSE5表达载体，利用威廉·多尔等报道的高压电穿孔方法，成功构建了史密斯教授实验室的第一个大型随机肽库：f3-6mer（GeneBank登录号AF246446）。该文库具有2亿个克隆，展示随机六肽；杰米使用A2和M33等两种已知表位的单克隆抗体筛选该文库，获得了与表位相似的多肽。1990年7月，上述研究结果发表在《科学》杂志上。在同一期上，也发表了Cetus公司帕翠莎·德夫林（Patricia Devlin）等关于噬菌体展示随机肽库的论文，她们构建了基于M13噬菌体的M13LP67表达载体，在此基础上开发了基于NNS编码方式展示的约2000万种十五肽的随机肽库。1990年8月，已转到Affymax公司的威廉·多尔等在美国科学院院刊上报道了他们的研究工作。他们在fd-tet克隆载体基础上，构建了fAFF1表达载体，开发了具有3亿克隆的随机六肽文库。一时之间，噬菌体展示随机肽库成为相关大学与生物技术公司的研究热点。

1997年，瓦列里·彼得连科（Valery Petrenko）与史密斯教授对噬菌体展示技术进行了系统综述，包括噬菌体展示载体与文库系统。噬菌体展示随机多肽文库主要利用源自M13、fd、f1等丝状噬菌体的表达载体进行构建，也有用T7、T4、λ等噬菌体的。根据展示多肽的长度，主要有四肽、五肽、六肽、七肽、九肽、十肽、十二肽、十五肽等各种不同长度的随机多肽文库；根据展示多肽的拓扑学结构，可分为线性随机肽库与含有两个半胱氨酸可形成二硫键的随机肽库；根据外源插入DNA的编码方式，可分为NNK、NNM、NNS、NNN等。对于源自丝状噬菌体的随机多肽文库，根据外源DNA插入的基因位置及数目，可以分为3型、33型、3+3型，8型、88型、8+8型，6型、66型、6+6型等。下面举例说明其含义。3型文库指外源DNA插入位点在丝状噬菌体的基因3，整个噬菌体只有一个拷贝的含有外源插入序列的基因3，因此噬菌体头端5个蛋白3都是展示了外源多肽的融合蛋白，噬菌体感染细菌的能力可能受到较大影响。33型文库中，外源DNA插入位点也在基因3，但整个噬菌体除了有一个拷贝的含有外源插入序列的基因3外，还有一个拷贝的野生型的基因3，因此噬菌体头端5个蛋白3只有部分是展示了外源多肽的融合蛋白，对噬菌体感染细菌的能力影响较小。3+3型文库包括了野生型的辅助噬菌体和含有外源插入序列的基因3的噬菌粒。基于基因8或基因6的文库，以此类推。

在学术界，史密斯教授课题组免费向全世界的研究者甚至商业企业提供噬菌体展示载体、大肠杆菌宿主菌株和10余种噬菌体展示随机多肽文库。他们也容许大家把从史密斯实验室获得的任何材料自由地传递给任何其他用户，颇有与自由软件类似的开源免费之风范。此外，全世界不少相关研究组也自行构建了多种多样的噬菌体展示随机肽库。在商业界，经过市场洗礼，美国马萨诸塞州新英格兰生物实验室（New England Biolabs，NEB）基于M13噬菌体的Ph.D. ™系列噬菌体展示随机多肽文库成为最受欢迎的商业文库。

（2）噬菌体展示抗体文库：1987年3月2日，美国的罗伯特·拉德纳（Robert Ladner）等申请了题为“制备结合分子的方法”（Method for the Preparation of Binding Molecules）的发明专利。在该专利中，他们以噬菌体λ基因5为例，提出了一种构建噬菌体展示单链抗体文库的蓝图。1988年10月21日，拉德纳在《科学》杂志上发表了他们关于单链抗体的论文，通过不同连接段成功将抗体轻链可变区（VL）的羧基端与抗体重链可变区（VH）的氨基端在基因水平上连接并在大肠杆菌中成功表达，但并没有能把抗体展示在噬菌体表面。

1989年5月，格雷格·温特（Greg Winter）研究组通过比较许多不同抗体的核苷酸序列，确定了重链和轻链基因末端的保守区域。他们设计了一套简单的PCR引物，成功从5种小鼠杂交瘤细胞重排后的VH和VL基因的mRNA扩增了相应cDNA并克隆到基于M13噬菌体的载体中。他们还将其中一株抗体可变区与人源抗体恒定区嵌合并重新克隆到一种pSV载体中，转染NS0细胞后成功分泌了相应的人鼠嵌合抗体。他们在论文中还指出，同样的引物也从脾细胞基因组DNA中克隆抗体可变区，因此该技术最激动人心的应用可能是从免疫后的外周血或脾脏构建抗体表达文库，可望成为自杂交瘤技术之后的另一种获得特异性单克隆抗体的方法。

1989年12月8日，美国斯克利普斯研究所的理查德·勒纳（Richard Lerner）研究组在《科学》杂志上报道了他们使用新型λ噬菌体载体系统在大肠杆菌中表达小鼠抗体Fab片段的组合文库。他们从半抗原免疫的小鼠脾细胞中分别创建了容量达130万的重链文库和250万的轻链文库，随机配对获得了容量达2500万的Fab表达文库。他们筛选了约100万个克隆，获得了100个半抗原结合抗体。在这篇论文中，他们还讨论了无须免疫的通用噬菌体抗体文库。然而，勒纳研究组的噬菌体抗体表达文库并没有真正把抗体展示在噬菌体表面，筛选的是细菌分泌的可溶性抗体片段而不是噬菌体，效率低，不方便。

温特研究组借鉴了史密斯教授课题组1985年发表在《科学》杂志上那篇论文的思路，在fd-tet载体的基础上构建了fdCAT1载体，然后将PCR扩增出来的抗体轻链与重链可变区片段通过连接段做成单链的抗体可变区片段（single chain fragment variable，scFv）并与蛋白3融合展示在fd噬菌体表面。他们发现：展示了D1.3单抗的噬菌体能与其相应抗原，即鸡卵溶菌酶（hen egg lysozyme，HEL）特异性地结合；把D1.3单抗与大量野生型fdCAT1混合后，使用HEL亲和柱进行一轮筛选，D1.3噬菌体可富集1000倍，经过两轮筛选，D1.3噬菌体可富集100万倍，简单高效。

温特研究组的上述研究证明了抗体可被展示到噬菌体表面并保留特异性与活性，但上述研究亲和筛选的是展示了D1.3单抗的噬菌体与野生型fdCAT1混合的噬菌体库，还不是真正的噬菌体展示抗体文库。1991年1月，温特和杂交瘤技术的发明者之一米尔斯坦博士一起在《自然》杂志上发表了题为“人造抗体”的综述，从多个角度前瞻性地探讨诸多抗体工程问题，从杂交瘤到抗体人源化改造，也包括如何模拟免疫系统从而绕过动物免疫与杂交瘤获得抗体等。随后，温特研究组用半抗

笔记栏

原苯噁唑酮（phenyloxazolone，phOx）免疫小鼠后取其脾细胞的 IgG mRNA 构建了容量约为 2×10^5 的随机组合噬菌体展示抗体库。亲和选择后，温特研究组确定了多个 phOx 结合抗体；再经重链轻链配对优化后，获得的抗体的亲和力（Kd=10nmol/L）与传统杂交瘤技术得到的相当。

随后，温特研究组采用未免疫的人类志愿者外周血淋巴细胞构建了容量达 10^7 的抗体文库，并使用 phOx、火鸡卵白溶菌酶及几种人类自身抗原进行淘选，获得了相应的特异性抗体。尽管获得的初始抗体亲和力不高，例如，抗 phOx 人抗体初始亲和力 320nmol/L，但经过多轮淘选或不同技术优化后，亲和力可提升到 3.2nmol/L 甚至 1nmol/L。无论是从免疫后还是未免疫的动物或人类的 B 细胞来建库，展示的都是基因重排后的天然抗体。温特及其他研究组还开发了没有经过自然重排的人工合成噬菌体展示抗体库。总之，通过噬菌体展示抗体库，可以绕过免疫动物的环节，克服自身耐受，获得天然的或人工的，动物或人源的单克隆抗体。

（3）噬菌体展示人类多肽组文库：2001 年，作为蛋白质组学的一部分，多肽组学（peptidomics）也开始纷纷见诸文献。迈克尔·施雷德（Michael Schrader）综述了人类体液多肽组学研究的技术方法，并把机体或其组成部分的全部多肽或小蛋白统称为多肽组（peptidome）。本杰明·拉尔曼（Benjamin Larman）等试图创建一个合成表征的人类蛋白质组。他们根据人类基因组 35.1 版中的数据，提取了其中全部 24 239 个开放阅读框（open reading frame，ORF），根据限制性内切酶特征与大肠杆菌密码子偏好优化序列后，使用 T7Select 10-3b 噬菌体展示载体，构建了展示了 413 611 条多肽的人类多肽组文库。这些多肽序列覆盖了整个人类基因组的所有编码序列。其中每条多肽的长度为 36 个氨基酸残基，每条多肽序列与其相邻多肽有七肽的重叠。噬菌体展示人类多肽组文库已成功用于确定自身免疫病自身抗原及多肽与蛋白质相互作用。

2. 噬菌体展示文库亲和选择方法的发展　史密斯教授发明噬菌体展示技术之初，把抗体固定后与噬菌体展示文库孵育，接着用磷酸盐缓冲液清洗掉不结合噬菌体，然后用酸性更强一点的磷酸盐缓冲液洗脱结合噬菌体，他将此过程称为亲和选择。该领域学者借鉴免疫学上抗体纯化淋巴细胞的术语，把上述亲和选择过程称为淘选（panning）或生物淘选（biopanning）。所谓生物淘选，就是从大容量的生物文库中筛选富集所需克隆的过程。其中，用于筛选文库的抗体或其他分子被称为靶标（target）；与抗体对应的特异性抗原或其他分子的天然配体被称为模板（template）；筛选得到的多肽能与靶标竞争性地结合相应模板，则被称为模拟肽（mimotope）。根据淘选方法的不同，噬菌体展示技术可大致分为以下三类：

（1）体外噬菌体展示：噬菌体展示文库就好比一个有着各种各样鱼儿的鱼塘，用来筛选文库的靶标就好比鱼饵（bait）。特定的鱼儿喜欢特定的鱼饵，而生物淘选就好比钓鱼，可快速获得就好这一口的多肽或抗体。最初的生物淘选一般在体外进行。例如，把靶标抗体固定在平皿或者 96 孔板里并封闭未被抗体覆盖的区域，再加入初始噬菌体展示文库孵育一段时间，让其充分结合（bind）；接着扣干 96 孔板并加入磷酸盐缓冲液清洗（wash）几次，除去不结合的噬菌体；然后加入酸性更强一点的磷酸盐缓冲液，洗脱（elute）结合噬菌体；后者可加入大肠杆菌中增殖到特定滴度形成次级噬菌体展示文库；重复上述过程 3～6 轮后，挑选部分洗脱的噬菌体克隆，与靶标抗体进行结合测试并测定其插入的 DNA 序列，从而推断出相应多肽序列。以上都是在体外进行的，所以这种噬菌体展示实验范式被称为体外噬菌体展示（in vitro phage display）。2002 年，Smothers 等将其总结如图 13-6 所示。

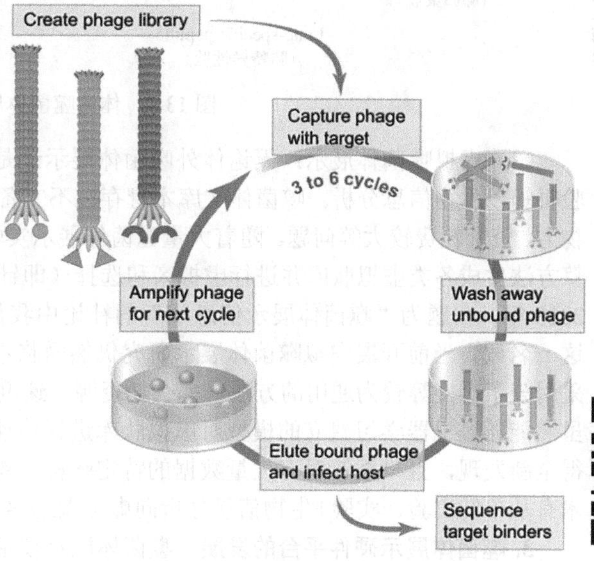

图 13-6　体外噬菌体展示技术示意图

Create phage library，构建噬菌体文库；Capture phage with target，使用靶标捕获菌体；3 to 6 cycles，3～6 个循环；Amplify phage for next cycle，扩增噬菌体并进入下一个循环；Wash away unbound phage，冲走不结合的噬菌体；Elute bound phage and infect host，洗脱结合的噬菌体并感染宿主；Sequence target binders，测序与靶标结合的噬菌体

图 13-6

在上述噬菌体展示的示例实验中，如果在亲和选择前就预先使用淘选系统中存在的

笔记栏

非特异无关靶标如塑料板、抗体 Fc 段等与初始噬菌体展示文库孵育，预先除去与塑料结合的噬菌体、与抗体 Fc 段结合的噬菌体，随后再进行特异性的亲和选择，这种生物淘选又被称为消减淘选（substractive panning）。如果亲和选择的洗脱环节不单单是通常的弱酸性磷酸缓冲液，还加了相应抗原或抗体做竞争性洗脱，这样的淘选又被称为竞争淘选（competitive panning）。尽管在亲和选择环节有上述衍生，但仍然都是体外噬菌体展示。

（2）体内噬菌体展示：1996 年，帕斯奎里尼（Pasqualini）博士独辟蹊径，设法将亲和选择从平皿、96 孔板等体外设施转移到了动物体内进行，开创了体内噬菌体展示（in vivo phage display）这一新范式。

如图 13-7 所示，可将噬菌体展示的初始多肽文库从尾静脉注射到小鼠体内，噬菌体随着血液循环遍布机体。在特定器官或组织，如肺脏或实验模型肿瘤，因为局部微血管分子表达的差异，可能会结合富集一些表面具有特定多肽序列的噬菌体。分离相应器官组织，将其中噬菌体在大肠杆菌中扩增到一定滴度，形成次级文库。重复上述体内亲和选择过程几轮之后，挑选相应器官组织中的噬菌体克隆进行测序，确定其展示多肽的序列。体内噬菌体展示不仅已在动物体内开展，2002 年以来也有多篇在人体内开展的研究报道。通过体内噬菌体展示，往往能获得具有肿瘤或器官靶向特性的多肽，可进一步开发为靶向治疗药物或诊断试剂。

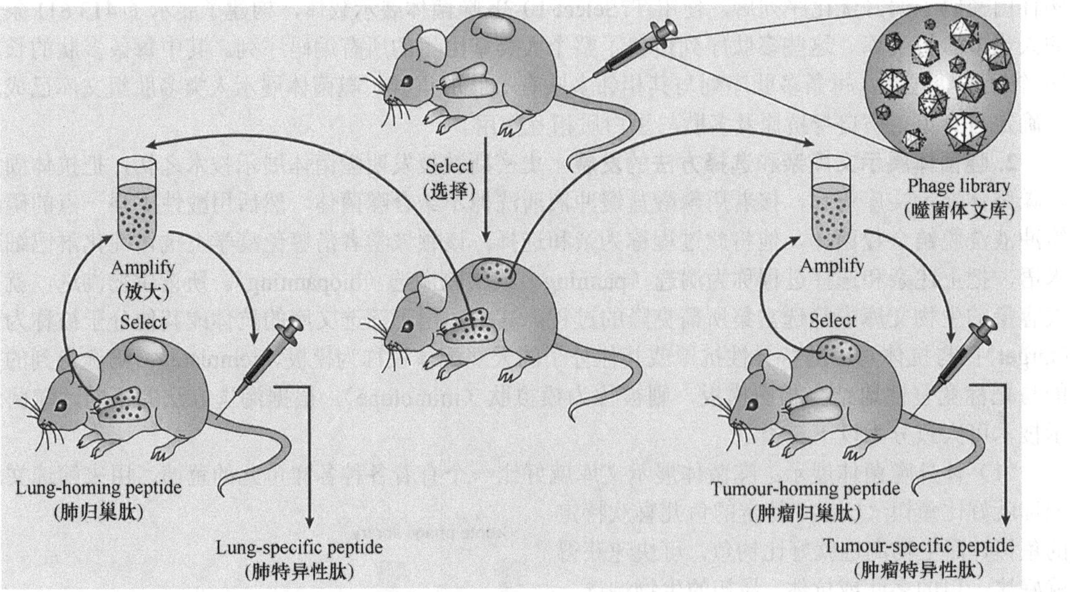

图 13-7

图 13-7 体内噬菌体展示技术示意图

（3）虚拟噬菌体展示：无论体外噬菌体展示还是体内噬菌体展示，大多是纯实验，或者先做实验再辅以生物信息分析。噬菌体文库本身存在不完备与较严重偏倚问题；实验存在周期较长，人力、物力、资金耗费较大等问题。随着大量噬菌体展示实验数据的积累与生物信息学方法的发展，通过计算方法生成各类虚拟肽库并进行虚拟亲和选择（即针对特定靶标，进行结合性预测）已经成为可能。2013 年，在题为“噬菌体展示信息学”的社论中我们提出虚拟噬菌体展示（in silico phage display）这一名词。当前开展虚拟噬菌体展示研究仍然面临不少难题。比如，使用靶标淘选虚拟肽库，如果采用分子对接等较为通用的方法，那么耗资源、速度慢、费时间；如果有针对特定靶标的大量数据，虽然能通过机器学习建立的模型对虚拟肽库进行快速淘选，但所得结果大多类似训练数据，难以获得全新发现，且只能针对有大量数据的特定靶标，难以泛化。虽然存在各种困难，但噬菌体展示技术有从单纯实验、实验+生物信息分析向虚拟淘选+实验验证的这一新研究范式转变的趋势。

3. 噬菌体展示硬件平台的发展 噬菌体展示技术发明之初，淘选主要在平皿、96 孔板、磁珠等传统硬件设备上开展，结合、清洗、洗脱、增殖各环节一般也是传统手工操作。近十年来，噬菌体展示硬件设备也有较大发展。如图 13-8 所示，普林斯顿的几位科学家设计了多通道微流控噬菌体展示（microfluidic phage display）设备，省略增殖环节，用裂解噬菌体获得 DNA 来替代洗脱环节，只需要一轮淘选即可确定与多个靶标特异性结合的多肽，与传统噬菌体展示相比，非常节省时间。

笔记栏

我国台湾省的几位学者设计了名为连续微流控互作配体归类（continuous microfluidic assortment of interactive ligand，CMAIL）的微流控设备，通过二维凝胶电泳替代清洗与洗脱环节，可高效淘选噬菌体展示单链抗体库。我国台湾省另几位学者也设计了集成的微流控系统，从噬菌体展示多肽文库中成功淘选靶向肿瘤细胞或组织的多肽。

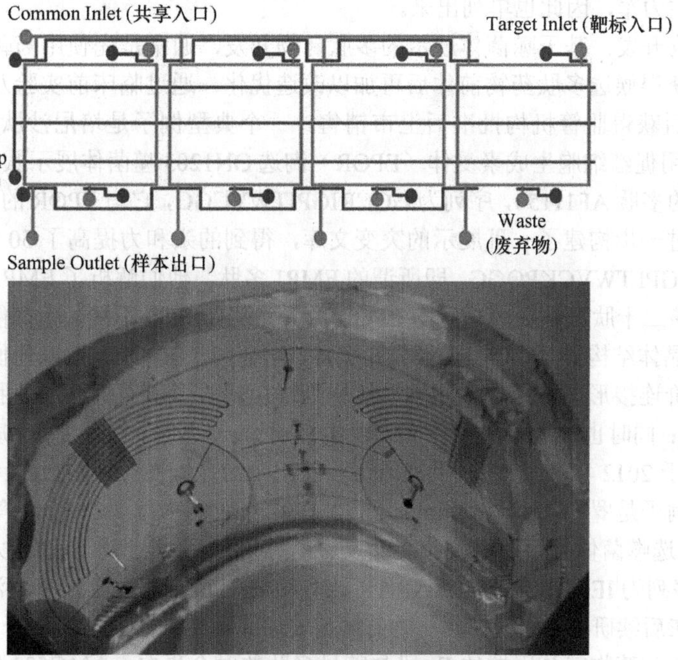

图 13-8　一种多通道微流控噬菌体展示设备

图 13-8

4. 噬菌体展示测序方法进展　传统噬菌体展示在每轮淘选之后都需要用洗脱的噬菌体在大肠杆菌中增殖到特定滴度形成次级文库；最终还要从淘选到的噬菌体克隆中随机挑选部分克隆，增殖后通过噬菌体酶联免疫吸附（phage-ELISA）等实验方法测定亲和力；对于高亲和力噬菌体克隆，进一步采用 Sanger 测序法确定插入 DNA 的序列，进而推导出该克隆展示的多肽序列或抗体序列。随着分子生物学实验技术尤其是 DNA 测序技术的飞速发展，下一代测序技术与噬菌体展示结合形成了所谓的下一代噬菌体展示（next-generation phage display）技术。

美国得克萨斯州大学 MD 安德森癌症中心的 Wadih Arap 研究组分析认为，每轮淘选后增殖测滴度及最后阶段挑选部分克隆增殖 Sanger 法测序是传统噬菌体展示技术通量、时间、人力、成本的瓶颈所在。因此，他们提出用实时定量 PCR 替代测滴度，用焦磷酸测序替代 Sanger 测序的下一代噬菌体展示实验范式。他们的结果显示，新范式淘选多肽的速度比传统方法快上千倍，获得百万级多肽序列的成本只有传统方法的 1/250。莱顿大学的学者们用二代测序对比了每轮淘选前后 Ph.D.-7 M13 噬菌体展示多肽文库序列的变化，发现每轮的增殖环节对多肽文库的多样性有极大影响，而用二代测序法仅需要一轮淘选就足以确定阳性噬菌体，还能规避增殖环节混入的具有增殖优势的非特异噬菌体。

下一代测序不仅已用于噬菌体展示多肽文库的淘选，在噬菌体展示抗体文库淘选中也广为应用。通过对高通量测序，可监控文库多样性的变化，发现富集的克隆，也可将 phage-ELISA 的角色从筛选变为验证。传统范式是先 phage-ELISA 再测序，而现在可以是先测序，再数据分析，最后再亲和力测试验证。目前，将三代测序技术与噬菌体展示结合的实验范式也越来越多，例如，将电流体动力学、MinION 纳米孔测序结合起来，快速淘选单链抗体的 PhageXpress 流程。

二、噬菌体展示技术的应用

史密斯教授在发明噬菌体展示技术的第一篇论文中就展望该技术对医学与兽医学领域具有意义。经过三十多年发展，各种噬菌体展示技术已经广泛用于疾病治疗、诊断、预防产品的研究与开发中。除此之外，噬菌体展示与材料科学相结合后，也在环境保护、新能源等领域崭露头角。下面我们分别简要介绍。

（一）生物医药应用

1. 生物技术新药开发　在生物技术新药开发领域，通常将 2～50 个氨基酸残基长的生物药称为

笔记栏

多肽药物；50个氨基酸残基以上的生物药称为蛋白药物，包括各种重组蛋白、融合蛋白及抗体药物等。在这里，我们更关注与强调结合药靶的特异性多肽部分，因此不仅将小肽作为多肽药物，对于从特异小肽基础上设计的超过50个氨基酸残基的融合蛋白也放在了多肽药物部分。抗体药物已发展成为生物药的主力军，因此也单列出来。

（1）多肽药物开发：基于噬菌体展示的多肽药物开发，通常是先使用药靶蛋白淘选噬菌体展示随机多肽文库，获得候选多肽药物前体后再加以改造优化，通过临床前实验及临床试验证明其安全性与有效性，最后获得监管机构批准后上市销售。一个典型例子是培尼沙肽（peginesatide）。赖顿（Wrighton）等使用促红细胞生成素受体（EPOR）淘选ON1203噬菌体展示肽库（pⅧ展示），获得了能与EPOR结合的多肽AF11154，序列为GGCRIGPITWVCGG，它与EPOR的亲和力约为10μM。在此基础上，他们进一步构建了pⅢ展示的突变文库，得到的亲和力提高了50倍，Kd约为0.2μM的多肽GGTYSCHFGPLTWVCKPQGG，即所谓的EMP1多肽。他们解析了EMP1与EPOR复合物的晶体结构，证实了该二十肽虽然在序列上与EPOR的天然配体EPO不同，但却能够模拟166个氨基酸长的EPO。由于晶体结构显示，EMP1形成二聚体，结合两个EPOR，所以他们尝试在将EMP1聚乙二醇化的同时共价连接形成EMP1二聚体。这样处理后就成了所谓的培尼沙肽，其体内外生物学活性提高了1000倍；同时也极大地改善了EMP1半衰期等一系列药代动力学性质。经过一系列成功的临床试验，FDA于2012年3月27日批准培尼沙肽用于治疗慢性肾性贫血。

另一个典型例子是罗米司亭（romiplostim）。1997年，瑟韦拉（Cwirla）等采用促血小板生成素受体（TPOR）淘选噬菌体展示随机多肽文库及后续突变文库，得到了高亲和力与较好生物学活性的多肽AF12505，序列为IEGPTLRQWLAARA。该多肽与TPO在序列上没有同源性，但能够发挥TPO样生物学效应。在后续研究中，该多肽药物前体被安进公司纳入其肽体药物平台，代号AMG531。所谓肽体（peptibody）药物就是用抗体Fc段与特异多肽的融合蛋白。AMG531实际上就是IgG1 Fc段的两条肽链羧基端通过5G和8G两个连接段分别连接了两个AF12505多肽序列，这样整个AMG531分子合计共融合了4条AF12505多肽。这种多拷贝特异多肽与抗体Fc段融合的设计，保留甚至增强了特异多肽的药效动力学，又极大改善了多肽药物的药代动力学特性。在一系列成功的临床试验之后，FDA于2008年8月批准罗米司亭用于治疗血小板减少性紫癜。

基于噬菌体展示的多肽药物开发获得的多肽药物前体往往是机体本身不存在的全新分子。这在新药开发及专利保护上自然新意十足，但同时往往存在免疫原性问题。前述培尼沙肽上市不到一年就因为存在严重免疫不良反应（致死率0.02%）而退市。因为抗体Fc段的免疫调节作用，肽体药物范式得到了不少研究者青睐与一批相关临床前及临床研究的追随。尽管如此，免疫原性问题在肽体药物研发中依然存在。AMG819就是一个典型例子。该药特异性多肽是一个二十肽，是用人神经生长因子（NGF）淘选噬菌体展示随机多肽文库获得的。AMG819在动物实验中非常成功，可阻断NGF，缓解疼痛。但在一期临床试验中，因37%的受试者产生了抗该药的抗体而终止。后期分析发现，其特异性多肽序列中存在一个高效的泛Th表位。

通过噬菌体展示淘选得到的多肽，不仅可以直接作用于药靶，成为多肽药物前体。有的多肽，因其具有器官靶向、肿瘤靶向、特异细胞靶向特性，或具有可穿透细胞膜、可穿透血脑屏障等特性而成为靶向给药系统的重要组成部分。鉴于篇幅，这里不再赘述。

（2）蛋白药物开发：噬菌体展示技术不仅可以展示随机多肽，也能展示蛋白质和抗体。因此，噬菌体展示也可用于开发非抗体类蛋白药物。一个典型的例子是相关公司开发的艾卡拉肽（ecallantide），代号为DX-88。艾卡拉肽虽然名中有个肽字，但却有60个氨基酸残基长。科研人员根据人类组织因子途径抑制因子的第一个Kunitz结构域设计构建了一个噬菌体展示的突变文库；使用人血浆激肽释放酶淘选该文库，获得了高亲和力高特异性的DX-88。艾卡拉肽特异性抑制激肽释放酶活性，从而抑制缓激肽产生，临床治疗遗传性血管水肿发作有效，已被美国及欧洲批准上市。

（3）抗体药物开发：噬菌体展示技术可绕过免疫接种环节，克服自身耐受，高效获得全人源化抗体。2018年诺贝尔化学奖获得者之一的格雷格·温特教授，在他的获奖演讲中对基于噬菌体展示的抗体药物开发做了很好的回顾。当前，通过噬菌体展示技术筛选到的大量治疗性抗体已处于临床前及各临床试验阶段，成功开发上市的抗体药物已经超过14种。其中，温特教授开发的靶向抗肿瘤坏死因子的阿达木单抗（adalimumab）广泛用于类风湿性关节炎、强直性脊柱炎、银屑病等自身免疫病的治疗。阿达木单抗虽然不能治愈上述疾病，但能显著改善症状，很受欢迎。近几年来，该药

笔记栏

单个年度的全球销售额都接近200亿美元。

2. 新诊断试剂开发 通过噬菌体展示技术淘选到的多肽与抗体可直接或经过优化修饰标记后，通过ELISA、侧流层析试纸条、荧光编码微球、流式细胞术、邻近连接、脱氧核酶、荧光成像、核磁共振、近红外成像、表面等离子共振、微流控等技术平台用于基础研究、临床诊断，甚至辅助指导手术治疗。包括COVID-19在内的感染性疾病及各类肿瘤相关诊断试剂是研发的热点。

这里简介两个肿瘤相关研究的例子。斯坦福大学医学院的一个课题组采用新鲜的结肠腺癌组织淘选Ph.D.-7噬菌体展示随机多肽文库，得到一条七肽VRPMPLQ。它与HT-29人结肠腺癌细胞的亲和力要比它和Hs738.st/int人成纤维细胞的亲和力高20倍。随后，他们将荧光标记的VRPMPLQ喷洒到结肠镜检发现的结肠息肉上，冲洗后通过荧光共聚焦内镜成像，图像分析结果显示，荧光标记的多肽与非典型增生结肠细胞而不是其邻近正常细胞紧密结合，检测的敏感度81%，特异度82%。哈尔滨医科大学附属第四医院泌尿外科徐万海课题组用RT112人膀胱癌细胞构建了皮下荷瘤小鼠模型，接着通过体内噬菌体展示技术淘选Ph.D.-C7C随机多肽文库，得到的多肽CSDRIMRGC经IRDye800CW标记后用于小鼠模型及人类患者的光声成像诊断与近红外成像指导手术切除试验，结果显示该多肽探针具有很好的选择性与特异性，有助于检测3mm以下的肿瘤，近红外指导的手术切除可90%降低复发率，提高生存率。

3. 新疫苗开发 史密斯教授在发明噬菌体展示技术的第一篇论文中就认为该技术可望用于疫苗开发。当前，基于噬菌体的疫苗研究主要针对感染性疾病与肿瘤，包括以噬菌体为表达载体的噬菌体DNA疫苗、基于噬菌体展示多肽或蛋白的传统疫苗以及上述两种技术的混合疫苗。这里简介一个基于噬菌体展示的肿瘤疫苗开发的例子。西妥昔单抗（cetuximab）是一种靶向表皮生长因子受体的嵌合型IgG1单克隆抗体，被批准用于治疗结直肠癌转移。由于单抗药物价格昂贵，奥地利维也纳医科大学的研究人员采用西妥昔单抗淘选CL10噬菌体展示随机多肽文库，获得了4条多肽；其中QYNLSSRALK多肽构建疫苗免疫小鼠后获得的抗体可显著抑制A431人皮肤鳞癌细胞的生长。尽管噬菌体展示疫苗研发有不少研究报道，但迄今尚未有批准上市的产品。

（二）节能环保应用

噬菌体展示技术与材料科学结合后，不仅在功能性生物材料开发领域大放异彩，也在新能源材料、环境保护材料等领域崭露头角。这里简述几个典型例子。麻省理工学院的安吉拉·贝尔彻（Angela Belcher）课题组用噬菌体展示技术淘选新的锂电池电极材料，极大改进了锂电池的容量与充放电性能；她们还把噬菌体展示技术用于新的氢能源材料开发，在实验室里实现了光解水。噬菌体展示也被用工业废水处理，或土壤与水中铅、镓等重金属离子污染治理相关研究，展示了可喜的前景。

第三节　噬菌体展示技术的蛋白质组学应用

在上一节中，我们介绍了噬菌体展示技术的发明、发展与应用等内容。事实上，噬菌体展示技术不仅广泛用于各种生物技术药物、诊断试剂、疫苗等产品的开发中，也在新材料、新能源、环境科学等领域小试牛刀，还在蛋白质组学的基础与应用基础研究中大展身手。

一、研究蛋白互作关系与网络

蛋白质组学是在较大规模乃至一个细胞、一种组织、一个物种全套蛋白质的水平上研究蛋白质的组成、表达水平、翻译后修饰、蛋白互作关系与网络，由此获得各生命过程的较为系统、整体而全面的认识。蛋白互作关系与网络是蛋白质组学研究的重要内容。

蛋白互作网络是以蛋白为节点，蛋白彼此间的相互作用为边构成的网络。蛋白互作网络是在蛋白质组层面研究生物信号传递、基因表达调节、能量和物质代谢及细胞周期调控等重要生命过程的重要手段。蛋白互作关系与网络可通过免疫共沉淀、酵母双杂交、串联亲和纯化–质谱分析等实验手段予以确定。噬菌体展示实验技术与生物信息学方法相结合，也能较为有效地研究分析蛋白互作关系与网络。以下我们根据研究中使用的文库类型分别介绍。

（一）基于噬菌体展示自身文库的蛋白互作关系与网络研究

我们把噬菌体展示的cDNA文库（cDNA Library）、基因组文库（genomic Library）、蛋白质组文

笔记栏

库（proteomic Library）等统称为自身文库。这些文库的共同特点是插入噬菌体基因组 DNA 的，或者说展示在噬菌体表面的多肽或蛋白质片段是相应物种自身基因组、表达组、蛋白质组本身就有的。因此，用待研究的靶标蛋白或结构域亲和淘选相应文库，就能较高通量地从全基因组、表达组、蛋白质组水平找到可能存在互作的一系列蛋白质。

1. 基于噬菌体展示 cDNA 文库的蛋白互作关系与网络研究 噬菌体展示 cDNA 文库在生物医学领域应用广泛。前已述及的噬菌体展示抗体文库就是一类特殊的 cDNA 文库。相较而言，噬菌体展示普通 cDNA 文库研究相对滞后，主要挑战是需要保证 cDNA 与编码衣壳蛋白的基因在同一读码框内且不含终止密码子。然而，通过 mRNA 多聚腺苷酸逆转录得到 cDNA 在 3′UTR 区域有终止密码子。不同研究者采取了不同策略来应对该问题。

一种策略为间接展示。1993 年，克莱默里（Crameri）等在噬菌体展示抗体文库中使用的 pComb3 噬菌粒载体基础上，利用亮氨酸拉链 Jun-Fos 间高亲和力的相互作用，开发了基于 M13 噬菌体的 pJuFo 噬菌粒克隆系统。随后，他们用此系统构建了烟曲霉（*Aspergillus fumigatus*）的 cDNA 文库，并使用人血清 IgE 淘选相应 cDNA 文库，在蛋白质组水平确定了烟曲霉中一系列可能的变应原。另一种策略是将 cDNA 用 DNA 酶消化后构建 cDNA 片段文库。2000 年，科克伦（Cochrane）等报道，采用 pCANTAB-6 噬菌粒构建了基于 M13 噬菌体的容量上亿克隆的人白细胞 cDNA 片段文库；并成功使用该文库研究了 SH2 结构域的天然配体。也有研究者另辟蹊径，开发基于 M13 噬菌体基因 6（g6）展示系统及特定应用的 cDNA 文库。2011 年，格奥尔基耶娃（Georgieva）等系统综述了基于 M13 噬菌体的 cDNA 文库设计与筛选研究。

还有一种策略是绕开 M13 噬菌体，使用 T7、λ 等噬菌体构建 cDNA 文库。Sugen 公司的佐祖利亚（Zozulya）等在 1999 年发表在《自然 · 生物技术》的论文中，就采用 EGFR、Shc 等一系列相关多肽及 Grb2 融合蛋白淘选 T7 噬菌体展示的源自 MCF7、NIH 3T3 等细胞系的 cDNA 文库，成功确定了从 EGFR 到 Ras/MAP 激酶的信号转导通路，发现了一些新的蛋白质相互作用。2001 年，祖科尼（Zucconi）等报道构建了 λ 噬菌体展示的大脑 cDNA 文库；用突触小泡磷酸酶（synaptojanin）蛋白富含脯氨酸的结构域（1058-1119）淘选该文库后，不仅成功发现吞蛋白 1、吞蛋白 3、Grb2、突触缢断相关蛋白（syndapin）等已知配体，还找到了 ArgBP2、FISH、FB30 等可能的新配体。2013 年，郭正光（Guo）等报道用泛素连接酶 E3 淘选 T7 噬菌体展示的人类大脑 cDNA 文库，发现了一系列互作的底物蛋白；其中有的已见于一些独立研究报道，而他们发现的 DDX42、TP53RK、RPL36a 等三个新的底物蛋白也在体外实验中得到证实。

上面的研究案例，或用血清 IgE，或用一系列多肽或蛋白质淘选各种 cDNA 文库，发现了一系列变应原、信号转导通路中新的蛋白互作、新的配体或酶底物。由于上述 cDNA 文库从某种意义上讲，代表了特定物种、特定组织、特定细胞、特定状态下的蛋白质组，所以，也可以说是用特定靶标在蛋白组水平进行蛋白互作关系的研究，当然也较以往的方法高效。

但是，对于有的任务，上述淘选仍然不够高效。斯克利普斯研究所的鲍利（Bowley）等提出这样一个问题：人类基因组计划已基本勾画出了人类蛋白质组，如何从抗体文库中为基因组编码的每个人类蛋白质找到相应的抗体。显然，要完成这个任务，以前用单个或几个抗原筛选抗体文库的范式是难以胜任的。为此，Bowley 等提出了库对库筛选的策略（图 13-9）。简单地讲，该策略就是先构建一个噬菌体展示的抗原库或抗体库，再构建一个酵母展示的抗体库或抗原库；然后将两个文库混合孵育，清洗掉不与酵母结合的噬菌体，荧光标记与酵母结合的噬菌体，通过流式细胞术收集结合了噬菌体的酵母；接着分离酵母和噬菌体分别扩增成次级文库后重复上述过程直到抗体–抗原对显著富集；最后通过流式细胞术按单细胞水平分拣结合了噬菌体的酵母到 96 孔板中，每孔洗脱噬菌体与剩下的酵母分别收集到另两个 96 孔板的对应空以保留结对信息，分别测序，确定相应的抗体与对应的抗原。他们用噬菌体展示抗原库与酵母展示抗体库对该策略进行了初步验证，效果较好。他们认为酵母展示抗原库与噬菌体展示抗体库效果可能更好，因为噬菌体展示抗体库具有更大的容量。该策略能在抗体文库这种特殊的 cDNA 文库中成功应用，相信也能适用于其他噬菌体展示文库。

2. 基于噬菌体展示基因组文库的蛋白互作关系与网络研究 从 polyA 得到 mRNA 后再逆转录构建噬菌体展示 cDNA 文库存在着不少问题与挑战，前面已提到了一些应对策略。将基因组 DNA 通过物理或生化方法打成片段后再构建噬菌体展示的基因组文库无疑也是一种直截了当的策略。

笔记栏

1995 年，雅各布森（Jacobsson）等报道，他们将金黄色葡萄球菌 8325-4 菌株的染色体 DNA 用

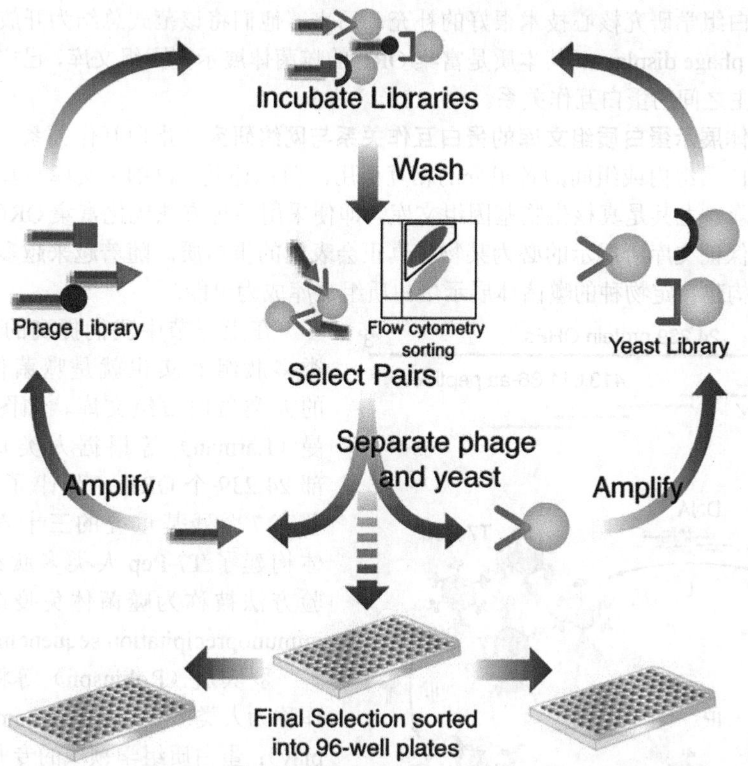

图 13-9 抗体–抗原对的库对库筛选策略示意图

Incubate Libraries，孵育文库；Wash，清洗；Phage Library，噬菌体文库；Flow cytometry sorting，流式细胞分选；Select Pairs，成对选择；Yeast Library，酵母文库；Amplify，扩增；Separate phage and yeast，噬菌体与酵母分离；Final Selection sorted into 96-well plates，最终淘选结果分选到 96 孔板

图 13-9

超声随机打断后再用 pHEN1 噬菌粒构建了基于 M13 噬菌体 g3 的基因组文库。使用人类 IgG 淘选该基因组文库，结果不仅如期得到了编码金黄色葡萄球菌 A 蛋白的大量克隆，还发现了另一种此前未见报道的能与 IgG 结合的新蛋白，后证实为 Sbi。他们还在 pHEN1 噬菌粒基础上构建 pG8H6 噬菌粒与基于 M13 噬菌体 g8 的金黄色葡萄球菌基因组文库，并使用人类 IgG、牛纤连蛋白、牛纤维蛋白原等靶标淘选验证了该噬菌体展示基因组文库的有效性。1998 年，帕尔兹基尔（Palzkill）等报道，改进前述 pJuFo 系统，创建了大肠杆菌 MG1655 菌株的基因组文库。用抗大肠杆菌 recA 蛋白血清淘选该文库，富集了大量表达 recA 蛋白的克隆。2003 年，赫特维尔特（Hertveldt）等报道构建了含有 7700 万个克隆的 M13 噬菌体展示的酵母基因组文库；使用 Gal80p 淘选该基因组文库，除了找到了已知的配体 Gal4p 外，还发现了 Ubr1p、YCL045c、Prp8p 等三个新配体，且它们之间的相互作用得到 ELISA 实验证实。

无论是 cDNA 文库还是基因组文库，由于 DNA 片段的方向、长度及读码框衔接等因素，DNA 片段随机成功克隆并展示的比例理论上只有 1/18 左右。同时，在两种文库中本身还存在大量非编码片段，尤其是真核生物基因组文库。已有研究通过在载体中引入选择标记 β-内酰胺酶基因，然后在该基因上游克隆抗体 cDNA 片段；如果克隆的 DNA 含终止密码子或读码框错位，那么就不能表达 β-内酰胺酶，也就不能在含氨苄西林的培养基中生长。该策略也成功用于富集其他 cDNA 文库中展示 ORF 的克隆。但该方法用于研究蛋白互作相当烦琐，需要把富集的 ORF 再次亚克隆以构建噬菌体展示文库，或通过环腺苷酸应答元件介导的重组除去 β-内酰胺酶基因。另外一种方法是在系统中引入特殊的辅助性噬菌体，如超噬菌体（hyperphage）。该辅助性噬菌体具有功能性 p3，因此能感染大肠杆菌；但同时其 g3 缺陷，感染大肠杆菌后不能产生 p3。这就要求同时感染大肠杆菌的噬菌粒一定要正确克隆 DNA，把外源多肽或蛋白展示在 p3 的氨基端后才能包装释放。因此，无须亚克隆，也无须除 β-内酰胺酶基因，简单快捷完成 ORF 富集与建库。1996 年，赫斯特（Hust）等报道，成功用该方法构建富集了 ORF 的基因片段文库与 cDNA 文库。他们随后又用该方法，构建 ORF 富集的 M13 噬菌体展示的猪肺炎支原体基因组文库；使用恢复期血清淘选该文库，成功确定多个主要免疫原性蛋白抗原，其中两个已见报道，三个为新发现。他们认为该方法在确定病原体主要免疫原性蛋白上是

笔记栏

对双向电泳等蛋白组学研究核心技术很好的补充。后来，他们将该范式总结为开放阅读框组噬菌体展示（ORFeome phage display），其本质是富集 ORF 的噬菌体展示基因组文库，已广泛用于研究各种病原微生物与宿主之间的蛋白互作关系。

3. 基于噬菌体展示蛋白质组文库的蛋白互作关系与网络研究 蛋白互作关系与网络研究，首要考虑的当然是蛋白质组内或组间的各组分的相互作用。前已述及，cDNA 文库与基因组文库中存在大量非编码区克隆，尤其是真核生物基因组文库。即便采用各种方法优化富集 ORF，也主要是提高建库效率，不能保证文库所展示的必为某物种真正会表达的蛋白质。随着越来越多物种基因组测序的完成，设计并构建特定物种的噬菌体展示蛋白质组文库成为可能。

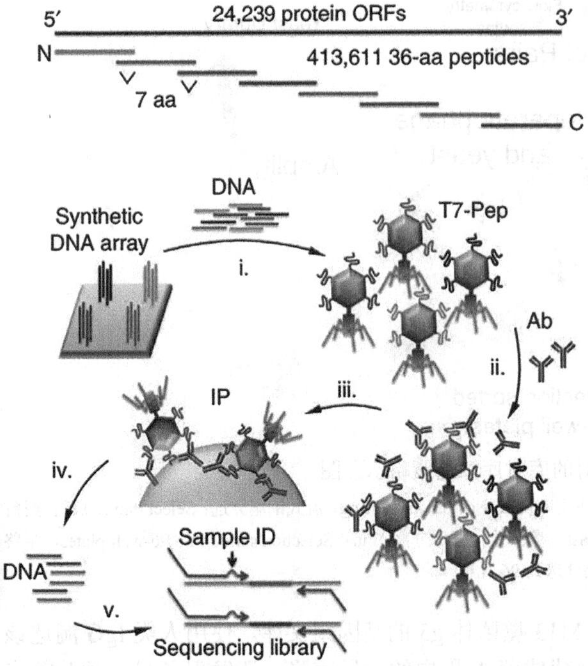

图 13-10

图 13-10 人类多肽组文库构建及 PhIP-Seq 方法示意图

24 239 protein ORFs，24 239 个蛋白质开放阅读框；413 611 36-aa peptides，413 611 个三十六肽；Synthetic DNA array，合成DNA阵列；T7-Pep，T7 噬菌体展示多肽；IP，免疫沉淀；Ab，抗体；Sample ID，样本标签；Sequencing library，测序文库

在上一节中我们提到的噬菌体展示的人类多肽组其实也就是噬菌体展示的片段化的人类蛋白质组文库。如图 13-10 所示，拉曼（Larman）等根据人类基因组 35.1 版全部 24 239 个 ORF，设计了 413 611 条两端各有 7 个残基重叠的三十六肽，用 T7 噬菌体构建了 T7-Pep 人类多肽组文库；相应实验方法被称为噬菌体免疫沉淀测序（phage immunoprecipitation sequencing，PhIP-Seq）。

罗宾逊（Robinson）等将 Larman 等的工作称为人类多肽组展示（human peptidome display）；蛋白质组学领域的专业公司 CDI LABS 已将 Larman 等基于噬菌体展示的人类多肽组文库商业化，相关产品名称为 HuScan^{TM}。上述人类多肽组文库及 PhIP-Seq 方法已在自身抗体与自身抗原互作关系研究中广泛应用。

随后 Larman 等根据 UniProt 数据库中全部 206 种嗜人病毒共 1000 多个毒株的所有蛋白序列，设计了 93 904 条五十六肽，每条肽与其前后多肽两端各有 28 个氨基酸残基的重叠，构建了 T7 噬菌体展示的人类病毒组文库，如同噬菌体展示了 1000 多个毒株的蛋白质组。他们采用 PhIP-Seq 方法，分析四大洲 569 位受试者高达 10^8 级别的抗体–病毒多肽相互作用，发现人均有抗 10 种病毒的抗体，至少两人有抗 84 种病毒的抗体；对于每种病毒，人群对病毒保守的共同表位有强烈抗体应答。CDI LABS 也将基于噬菌体展示的人类病毒组文库商业化，产品名称为 VirScan^{TM}，是研究免疫系统与病毒组互作的重要工具与方法。

2014 年，伊瓦森（Ivarsson）等报道了他们的蛋白质组多肽的噬菌体展示（proteomic peptide-phage display，ProP-PD）研究。受 Larman 等工作的启发，他们设计构建了一个 M13 噬菌体展示的人类蛋白质羧基端的七肽文库，含有 50 549 条七肽，对应 75797 种蛋白质（含各种可变剪接及异构体）；还设计了一个 M13 噬菌体展示的病毒蛋白质羧基端的七肽文库，含有 10 394 条七肽，对应 15 995 种病毒蛋白质。接着，他们用四种蛋白的九个 PDZ 结构域淘选这两个文库，确定了已知及可能新发现的一系列与相关信号转导通路相关的蛋白互作；其中，人全长 Scribble 蛋白与 β-PIX、血小板亲和蛋白 4（plakophilin-4）、鸟苷酸环化酶 α2 亚基之间的相互作用得到了共定位与免疫共沉淀实验的证实。此外，他们还证实了多个已知的宿主与病毒之间的蛋白互作，发现了人 T 细胞白血病病毒的 Tax-1 能与人 Scribble 蛋白结合。

枢纽蛋白（hub protein）在蛋白互作网络中发挥重要作用。枢纽蛋白 LC8 与超过 100 个的蛋白发生可逆的相互作用。2019 年，叶斯帕森（Jespersen）等报道，通过蛋白质组多肽的噬菌体展示研究了枢纽蛋白 LC8 的多样性；29 条多肽与 LC8 的结合得到了等温滴定量热法的证实，其中 19 条多肽是全新的，都含有经典的 TQT 基序。值得注意的是，很多含 TQT 基序的多肽并不能与 LC8 结合，

笔记栏

于是他们利用该实验数据开发了 LC8Pred 这一预测工具。

2017 年，戴维（Davey）等报道了他们新开展的 ProP-PD 研究。他们根据 UniProt 数据库中大约 21 000 条经人工注释确认的人类蛋白质序列，针对蛋白质无规区域（disordered regions）设计了 M13 噬菌体展示的代表人类蛋白质组无规区域的多肽文库，含有来自 18 684 个蛋白质相应区域的 479 846 条十六肽，每条多肽之间有 7 个氨基酸残基的重叠。人类蛋白质组中约 30% 区域属于无规区域，包含的主要功能模块是短线性基序（short linear motif，SLiM）。SLiM 介导的蛋白质互作通常只涉及 3～4 个氨基酸残基，亲和力低，作用时间短，但驱动细胞信号转导等动态网络的作用很大，具有重要的生理与病理意义。因此，在研究 SLiM 介导的蛋白互作关系与网络中，该文库非常有用。Davey 等使用了 8 种蛋白质的不同结构域来淘选该文库，所得多肽通过 SLiMFinder 程序确定相应基序。结果不仅发现了此前已证实的蛋白互作关系，还发现了很多新的互作关系。在 SHANK1 蛋白 PDZ 结构域淘选的结果中，他们发现其非羧基末端配体，序列含有 TxF 这样一个新基序。对于 GGA1 蛋白 VHS 结构域淘选结果，他们用等温滴定量热法测定了其与 3 个多肽间的亲和力为 40～130μM，其与对应 AP3B1、MYOCD、TRERF1 等 3 个全长蛋白的互作也被免疫共沉淀实验证实。2020 年，维辛顿（Wigington）等利用上述方法阐明了钙调磷酸酶（calcineurin）调节网络。总之，这些研究显示了蛋白质组多肽的噬菌体展示是发现基于 SLiM 的蛋白互作关系与网络的利器。

上述噬菌体展示的 cDNA 文库、基因组文库、蛋白质组文库，无论全长抑或片段，都来自一个物种、一种组织或一个细胞自身存在的序列。因此，在对特定蛋白互作关系与网络的研究中，效率较高，结果较准，直截了当，对生物信息学分析的需求也不大。但是存在一个突出的问题是，这些文库在通用性上较为欠缺，往往需要针对特定物种、组织、细胞去定制特定的文库。

（二）基于噬菌体展示随机多肽文库的蛋白互作关系与网络研究

噬菌体展示随机多肽文库与噬菌体展示自身文库相比，一个最大的不同点在于文库中插入的 DNA 序列是各种方法产生的随机 DNA，所展示的随机多肽序列往往并不存在于机体中。因此，利用噬菌体展示随机多肽文库来研究蛋白互作关系与网络具有普适性，以随机应万变，但淘选实验结果则更依赖于生物信息学方法的分析。

研究人员将噬菌体展示技术与生物信息学方法结合起来，用于研究多肽识别模块介导的蛋白互作网络；相关成果在 2002 年发表于《科学》杂志，成为本领域的经典论文。他们的研究策略分为以下四个步骤：①用多肽识别模块淘选噬菌体展示的随机多肽文库，确定富集多肽配体的共同序列；②根据这些共同序列，通过计算方法确定多肽识别模块能够识别的配体蛋白，推导蛋白互作网络；③通过酵母双杂交技术实验确定特定多肽识别模块的蛋白互作网络；④对通过噬菌体展示推导出的网络与酵母双杂交实验确定的网络取交集，体内实验确定其中关键互作的生物学意义。

他们按照上述策略，以酵母 SH3 结构域为例进行了测试。他们首先以 Src 蛋白激酶 SH3 结构域对应的序列作为查询序列，通过 PSI-BLAST 在酵母预测的蛋白质组中找到了 24 个含有 SH3 结构域的蛋白质。其中 Fus1 等 16 个蛋白质已研究过并有明确生物学功能；剩下的 Bbc1 等 8 个含有 SH3 结构域的蛋白质尚未研究。他们尝试克隆表达上述 24 个蛋白的 GST 融合蛋白，但 Bem1-2 等 4 个融合蛋白无法在大肠杆菌中表达。他们用 20 个成功表达的 SH3 蛋白淘选噬菌体展示随机九肽文库，并将淘选到的序列进行比对，推导一致序列。Bud14 等 4 个蛋白未能成功淘选到结合多肽。接着，他们用上述一致序列特征，搜索酵母蛋白质组，找到含有一致序列特征的蛋白质配体；他们根据每个 SH3 蛋白质淘选到的多肽，构建了位置特异性打分矩阵（position-specific scoring matrix，PSSM）来评估上述找到的蛋白质配体，并设定分数排在前 20% 的为该 SH3 蛋白的潜在配体。他们将结果导入 BIND 数据库，用数据库配套工具格式化后导出，用 Pajek 软件进行可视化。如图 13-11 所示，通过噬菌体展示实验和生物信息学辅助分析，他们在酵母蛋白质组中确定了 206 个蛋白质通过 SH3 结构域的 394 个相互作用，包括一些已知的相互作用。

随后，他们进行了一系列酵母双杂交实验，也构建了一个 SH3 结构域介导的酵母蛋白互作网络。这个网络中有 145 个蛋白质通过 SH3 结构域发生了 233 个相互作用。最后，作者通过图论分析确定了 59 个噬菌体展示与酵母双杂交共同的相互作用，并通过免疫共沉淀实验验证了部分相互作用。

Landgraf 等认为上述方法的准确性与覆盖度受预测为配体的分数排名阈值（如前 20%）影响较大，且需要酵母双杂交方法辅助，需要改进。于是，他们提出了如图 13-12 所示的所谓全互作组扫描实验（whole interactome scanning experiment，WISE）。

笔记栏

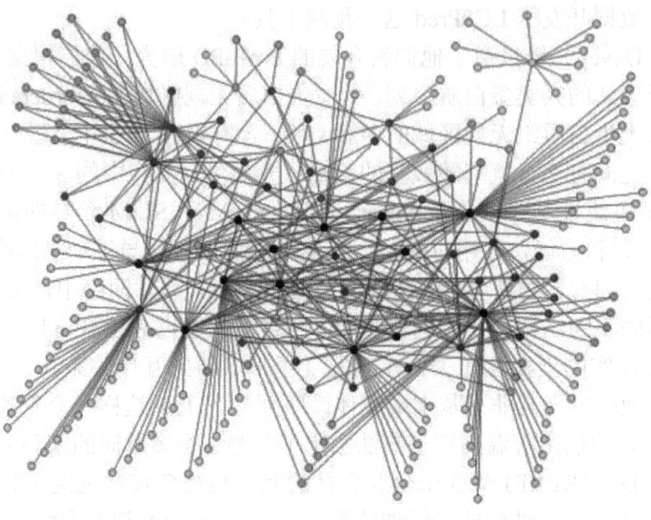

图 13-11

图 13-11 基于噬菌体展示预测的 SH3 结构域介导的酵母蛋白互作网络

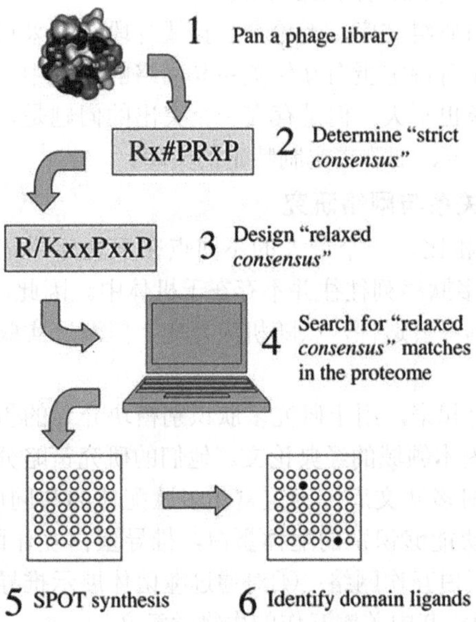

图 13-12

图 13-12 全互作组扫描实验示意图

Pan a phage library，淘选噬菌体文库；Determine“strict *consensus*”，确定严格一致序列；Design“relaxed *consensus*”，设计放宽一致序列；Search for“relaxed *consensus*” matches in the proteome，搜索蛋白组中与放宽一致序列匹配的序列；SPOT synthesis，SPOT 合成；Identify domain ligands，确定结构域配体

Landgraf 等的做法实际上就是放宽噬菌体展示实验得到的一致性序列特征，以扩充蛋白质组中具有该特征的配体数量，从而提高了覆盖度；同时采用基于纤维膜的多肽斑点合成（SPOT synthesis）与多肽芯片半定量检测技术进行验证。他们用 8 种含 SH3 结构域的酵母蛋白淘选噬菌体展示随机多肽文库，得到严格的一致序列特征。接着放宽特征（如将特征 RxFPxPP 放宽为 R/KxxPxxP），用酵母基因组数据库 SGD 网站所提供的 PatMatch 程序搜索酵母蛋白质组，最终每个 SH3 结构域结合多肽放宽特征匹配了酵母蛋白质组中约 1500 个肽段。于是，他们采用 SPOT 方法合成并测试了这些多肽与相应 SH3 结构域的结合情况。最终，他们发现与 Yfr024c 蛋白 SH3 结构域结合且解离常数低于 100μM 的多肽到达 50～80 条，而与 Abp1 蛋白 SH3 结构域结合且亲和力类似的多肽只有 6 条；免疫共沉淀实验证实这 6 条多肽对应的蛋白确与 Abp1 蛋白 SH3 结构域结合。他们还使用人双载蛋白（amphiphysin）、人吞蛋白（endophilin）淘选噬菌体展示随机肽库的数据，按 WISE 策略进行研究，重现了此前已见报道的互作对象缢断蛋白（dynamin）、突触小泡磷酸酶（synaptojanin）。

卡杜奇（Carducci）所在课题组还曾开发过一个人类蛋白质组与病毒蛋白质组间相互作用的数据库 VirusMINT，但广泛存在的 SH3 介导的互作在该数据库中却不多。于是，他们采用 WISE 范式研究了 15 种人 SH3 结构域与人乳头瘤病毒 16 型、12 型蛋白质组存在的可能相互作用，发现了 114 个新的潜在互作关系。Carducci 等后续还拓展 WISE 范式，结合文本挖掘、多肽芯片等生物信息与实验方法，进一步研究了人类 SH3 结构域介导的蛋白互作网络。

总之，这些研究显示，基于噬菌体展示随机文库淘选实验与生物信息学方法相结合也是在蛋白质组水平研究蛋白互作关系与网络的有效工具。

二、解析蛋白互作位点

笔记栏

噬菌体展示技术不仅能在蛋白质组水平辅助蛋白互作关系与网络研究，对于单个互作关系也有助于在氨基酸残基水平解析蛋白互作位点，包括抗体识别蛋白抗原的表位，受体识别配体的位点，酶抑制剂、酶激活剂识别酶，或酶识别蛋白底物的位点等。现分别举例简述。

（一）基于噬菌体展示的抗体–抗原互作位点解析

在噬菌体展示技术发明之前，就有研究通过 DNA 酶 I 消化抗原基因，构建基于 λ 噬菌体的 GST 融合蛋白表达文库来分析单克隆抗体识别的表位。例如，1984 年那伯格（Nunberg）等报道，用上述方法确定了中和性单抗 cl.25 识别的表位主要位于猫白血病病毒膜蛋白 gp70 氨基端那半部分的含 14 个残基的肽段（213MGPNLVLPDQKPPS226）。作为具有厚重免疫学背景的分子生物学家，史密斯教授发明噬菌体展示技术后首先想到的应用就是表位定位，他们刚开始甚至把所创建的噬菌体展示随机多肽文库称为表位文库（epitope library）。很快，他们就用 A2 和 M33 等两种单抗淘选所谓的表位文库 f3-6mer，大致确定了相应的表位。例如，抗蠕虫肌红蛋白单抗 A2 是用相应抗原中的肽段 EVVPHKKMHKDFLEKIGGL(69-87) 免疫获得的；淘选 f3-6mer 文库两轮后获得了一批与其中 DFLEKI 非常相似的多肽如 DFLEYI，说明该单抗识别的表位主要在 DFLEKI 段。类似的例子还不少。例如，Affymax 的道尔（Dower）报道，用一个抗人 TNF-α 的单抗淘选一个噬菌体展示随机八肽文库，测序的 23 个克隆中 22 个的多肽序列都含有 PEGXE 这样的特征，其中超过一半的序列 X 为丙氨酸，而人 TNF-α 序列 106～110 正好是 PEGAE，这应该就是该单抗识别表位的主要位置。又如，莱恩（Lane）等报道，使用抗 P53 单抗 Pab240 淘选 f3-6mer 噬菌体展示随机多肽文库，所有阳性克隆的序列都含有 RHSVV 或 RHSVI 序列。人、小鼠、鸡的 P53 都含有 RHSVV 序列，Pab240 也能和这三个物种的 P53 结合；非洲爪蟾 P53 对应位点为 RHSVC，正好也不能结合 Pab240。因此，Pab240 识别 P53 的表位就明确了。

随着基于下一代测序的噬菌体展示技术的发展，低成本、高通量确定抗体识别的抗原表位已经实现。最近，上海交通大学陶生策课题组开发了 AbMap 流程（图 13-13）。

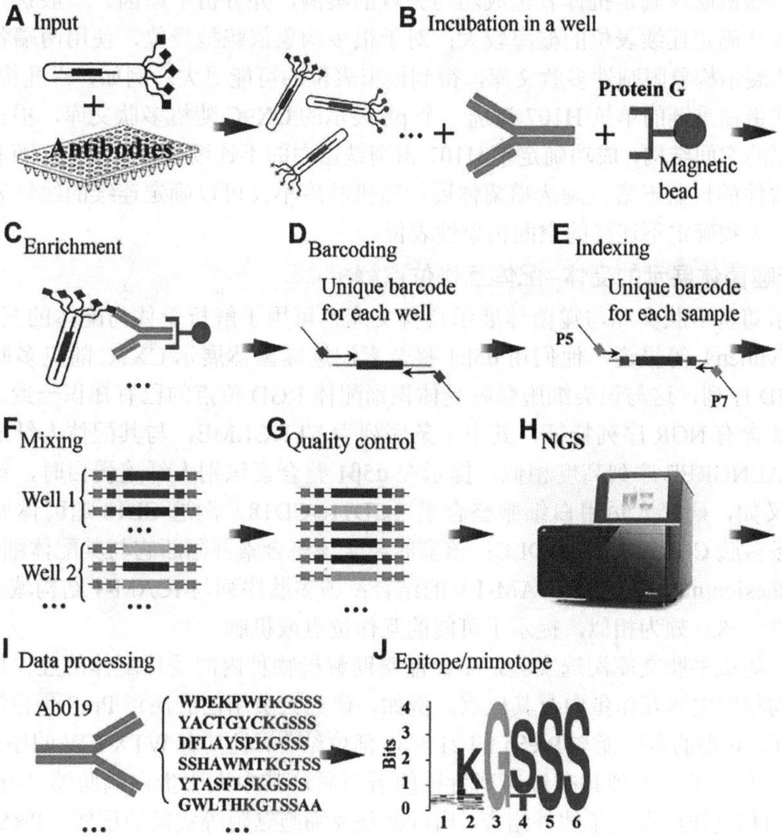

图 13-13 AbMap 流程示意图

Input，输入；Antibodies，抗体；Incubation in well，孔内孵育；Protein G，蛋白质 G；Magnetic bead，磁珠；Enrichment，富集；Barcoding，编码；Unique barcode for each well，每孔一个独特条码；Indexing，索引；Unique barcode for each sample，每个样本一个独特条码；Mixing，混合；Well 1，孔 1；Well 2，孔 2；Quality control，质量控制；Data processing，数据处理；Epitope/mimotope，表位/模拟表位

图 13-13

笔记栏

图 13-13 中，96 孔板中每一孔为一种抗体或对照，该流程刚开始与传统的抗体淘选噬菌体展示随机多肽文库类似，但后续则有几个重要不同。首先，只进行了一轮淘选。其次，在准备测序文库时，

采用双重条形码策略（dual-barcoded strategy），从而能够从数以百万计的二代测序读段中确定其孔源与样本来源。第三是非常全面地对照质控与生物信息学方法去除假阳性序列。最后，是基于 MEME 程序的信号解析。他们使用商品化的 Ph.D.-12 噬菌体展示多肽文库进行了 AbMap 流程测试，一次性对 202 个单抗进行表位定位，成功确定 55% 以上的线性表位。相比单个或几个抗体的传统淘选与一代测序模式，AbMap 所需时间、精力、经费要低至少一个数量级。随后，他们用 AbMap 流程成功确定了单克隆抗体药物信迪利单抗（sintilimab）识别 PD-1 上的表位；还勾画出 1051 位 COVID-19 患者多克隆 IgG 抗体识别 SARS-CoV-2 病毒突蛋白的线性表位谱。

噬菌体展示 cDNA 片段文库或基因片段文库也可用于解析抗体-抗原互作位点。在知道抗原的情况下，用抗体淘选相应抗原 cDNA 片段或基因片段构建的噬菌体展示文库来定位所识别的表位比淘选噬菌体展示随机多肽文库效率更高。法克（Fack）等采用了多种策略来研究抗 RNA 聚合酶Ⅱ大亚基单抗 mAb215、抗 p53 单抗 mAbBp53-11、抗汉坦病毒糖蛋白 G2 单抗 mAbGDO5、抗汉坦病毒核衣壳蛋白单抗 mAbL13F3 等四种抗体识别的表位。策略之一是用 DNA 酶Ⅰ消化抗原基因构建 fd 噬菌体展示的基因片段文库并用抗体进行淘选。策略之二是使用四种抗体淘选 f3-6mer 和 f3-15mer 等两种噬菌体展示随机多肽文库。结果显示：使用噬菌体展示基因片段文库经一轮淘选即可大致确定所有抗体的表位；淘选随机六肽库 3 轮左右能大致确定 mAbBp53-11、mAbGDO5 识别的表位，淘选随机十五肽库 3 轮左右仅能大致确定 mAbBp53-11 识别的表位。这项研究显示了噬菌体展示基因片段文库的效率与精准，但前提是需要确切知道对应的抗原与基因。噬菌体展示基因片段文库需要为每个抗体定制相应的抗原基因片段文库，相较而言，噬菌体展示随机多肽文库更为通用、普适、方便。

上述研究中，使用 mAb215、mAbL13F3 淘选 f3-6mer 和 f3-15mer 文库未能获得阳性克隆。类似的失败例子不在少数，如使用 AbMap 流程有 1/3 以上的表位不能成功确定。莱恩（Lane）等综述了淘选噬菌体展示随机肽库确定抗体表位成功与失败的案例，并分析了原因。一般认为，淘选线性随机多肽文库，成功确定连续表位的概率较大；对于很多构象依赖型表位，使用两端各有一个半胱氨酸残基的噬菌体展示构象限制性多肽文库，得到模拟表位的可能更大。例如，卢孔构（Luzzago）等报道，使用抗铁蛋白重链的单抗 H107 淘选一个 p8 展示的 CX9C 随机多肽文库，根据所得多肽序列特征与相应抗原的空间结构，成功确定了 H107 识别铁蛋白的不连续表位。总之，随着相关生物信息学方法与相应软件的日益丰富，淘选噬菌体展示随机肽库不仅可以确定连续的线性表位，也能够在氨基酸残基水平大致确定不连续的空间构象性表位。

（二）基于噬菌体展示的受体–配体互作位点解析

噬菌体展示随机多肽文库与噬菌体展示自身文库也可用于解析受体与配体的互作位点。例如，科伊武宁（Koivunen）等报道，他们用 α5β1 整合素淘选噬菌体展示 CX7C 随机多肽文库，所获多肽多数都有 RGD 序列，这与该类细胞黏附受体识别配体 RGD 位点的已有知识一致。他们的实验结果中有 8 条多肽含有 NGR 序列特征，其中 1 条序列为 VLNGRME，与其配体人纤连蛋白第 9 个三型结构域内的 ALNGREE 序列高度相似，提示在 α5β1 整合素识别人纤连蛋白时，该位点可能也参与发挥作用。又如，研究人员用白细胞整合素（CD11c/CD18）淘选 CL10 噬菌体展示随机多肽文库，获得了 1 条多肽 CGRWSGWPADLC；该多肽结合该整合素并阻断它与其配体细胞间黏附分子 1（intercellular adhesion molecule-1，ICAM-1）的结合；该多肽序列与 ICAM-1 结构域 5 中的一段序列 PGNWTWP(377～383) 颇为相似，提示了可能的互作位点或机制。

噬菌体展示随机多肽文库淘选实验，不仅能帮助解析物种内的受体配体的互作位点，还能帮助确定病原微生物与宿主间互作蛋白及其位点。例如，研究人员用乙肝病毒 PreS 蛋白淘选噬菌体展示随机十二肽文库，获得的多肽能与 PreS1 的 21～47 部位结合，且具有 WTXWW 的序列特征；BLAST 人类蛋白质组，发现了一系列具有该序列特征的蛋白质，其中人脂蛋白脂肪酶（lipoprotein lipase，LPL）与 PreS 的相互作用得到了体外结合、病毒捕获及细胞黏附等实验的证实。PreS 识别人 LPL 的大致位点为 SWSDWWS（416～422）。

（三）基于噬菌体展示的酶相关互作位点解析

噬菌体展示技术已广泛用于酶抑制剂、酶激活剂、酶底物与酶之间互作关系的研究，既能淘选到更好的抑制剂、激活剂、底物，或得到更优化的酶，也能确定大致互作位点或特征。1993 年，马修斯（Matthews）等报道了他们发明的底物噬菌体展示（substrate phage display）技术。他们在 M13

笔记栏

噬菌体表面展示了单个拷贝的 p3 融合蛋白，其氨基端是人生长激素，然后是随机多肽序列和 p3。这样，他们构建了多样性达 10^7 的多肽底物文库，可通过人生长激素受体将整个文库固定。接着就可用感兴趣的蛋白酶处理（筛选）多肽底物文库，稍后清洗下来的噬菌体的随机多肽部分应是该蛋白酶的较好底物。然后再用酸性更强的缓冲液洗脱对该蛋白酶不敏感的噬菌体。将这两类噬菌体分别在大肠杆菌里增殖形成次级文库，并重复上述淘选过程，就能快速高通量获得该蛋白酶的底物，进而分析该蛋白酶与底物互作的特异性和特征。

Matthews 等使用 H64A 枯草杆菌蛋白酶突变体 BPN' 淘选噬菌体展示 GPGG(X)5GGPG 随机多肽底物文库，结果 BPN' 敏感克隆的五肽随机序列都有一个组氨酸，要么在五肽的第二位要么在倒数第二位，揭示了底物的酶切位点特征。他们接着用弗林蛋白酶（furin）淘选了随机五肽底物文库 6 轮，发现该蛋白酶识别的底物在序列上具有 RXXR 特征，在第二个 R 之前多为 K、R、P 残基。选了 9 条多肽做实验证实，酶切位点都在 RXXR 后。此后，不少研究组采用各种技术路线的底物噬菌体展示纷纷登台，已至少用于 20 多种酶与底物的互作特征研究。

实际上通常的噬菌体展示随机多肽文库也可用于研究酶相关研究。史密斯教授就曾用噬菌体展示技术淘选过酶拮抗剂。1993 年，他们报道使用牛胰腺核糖核酸酶含 104 个氨基酸残基的片段 S 蛋白（S-protein）淘选噬菌体展示 f3-6mer 随机多肽文库。获得的多肽与 S 蛋白的天然配体即源自 S 蛋白前 20 个氨基酸残基的 S 肽（S-peptide）在序列上没有相似性。他们合成了其中一条多肽 YNFEVL，等温滴定量热法测定其与 S 蛋白的解离平衡常数为 5.5μM，和此前研究的 S 肽突变体相当。该多肽可拮抗 S 肽结合 S 蛋白所复活的核糖核酸酶活性，因此推测该模拟多肽和 S 蛋白的互作位点与 S 肽和 S 蛋白互作位点重叠。遗憾的是，当时该领域生物信息学方法手段还没有得到足够发展，序列不相似就没能作进一步分析探究。

构象限制性的环状随机多肽文库也在酶相关研究中广为应用。例如，汉森（Hansen）等使用尿激酶型纤溶酶原激活物（urokinase-type plasminogen activator，uPA）淘选 X7、CX7C、CX10C、CX3CX3CX3C 等四个噬菌体展示随机多肽文库。4 轮淘选之后，28 个克隆经 ELISA 实验显示能与 uPA 结合，其中 19 个克隆的序列为 CSWRGLENHRMC。进一步的实验显示，该多肽是较特异的 uPA 酶抑制剂，其两端半胱氨酸通过二硫键形成的环状构象不可或缺，互作位点主要涉及该多肽的 5 个残基与 uPA 的 37、60、97 等位置的环（loop）。从目前的生物信息手段来看，基于 CSWRGLENHRMC 序列与 uPA 空间结构，也可能预测出其大致互作位点。

三、推断药物作用靶点

一方面，用已知的药靶淘选噬菌体展示随机肽库或抗体库，相应多肽或抗体可望进一步开发成新的生物药物。另一方面，通过噬菌体展示研究蛋白互作关系与网络，解析信号转导通路或互作位点等基础性工作，有助于明确关键节点，发现潜在的新药靶。还有一种情况是不少中药复方或单味中药，有几千年临床应用效验，或不少天然药物小分子与化学药物，经严格的动物实验、临床试验确认安全有效，获批上市，但迄今完全不清楚或不完全清楚其作用的靶点。即便是已知靶点的老药，研究其可能的新靶点，不仅有助于更好地解释其作用或副作用机制，还能推动老药新用研究。这里，我们简要介绍噬菌体展示技术在推断小分子药物作用靶点研究中的应用。

如图 13-14 所示，推断小分子药物作用靶点的噬菌体展示实验采用了体外噬菌体展示范式，只不过最为常用的文库是 T7 噬菌体展示的各种 cDNA 文库，当然 T7 或 M13 噬菌体展示的随机多肽文库也有使用。用于淘选文库的小分子通常需要生物素化，然后通过亲和素包被的固相表面固定下来。淘选的平台包括图 13-13 中经典的 96 孔板，也包括琼脂糖或树脂珠子、生物传感器等。如图 13-15 所示，东京理科大学高草木洋一博士将推断小分子药物作用靶点的噬菌体展示实验总结为基于微板的传统方法，基于珠子的亲和色谱（affinity chromatography）、牵出实验（pull-down experiment）等方法，基于生物传感器的方法如表面等离子体共振（surface plasmon resonance，SPR）或石英晶体微天平（quartz crystal microbalance，QCM）。

最早使用药物小分子来淘选噬菌体展示多肽文库的应该是波普科夫（Popkov）等在 1998 年报道使用多柔比星（doxorubicin）淘选 fd 噬菌体展示的随机十肽文库。在实验中，他们将多柔比星结合到牛血清白蛋白（bovine serum albumin，BSA）后再高浓度地吸附到塑料板上，与随机十肽文库孵育后分别用维拉帕米或传统弱酸性缓冲液洗脱，经过 4～5 轮淘选后，所获得的克隆多肽序列

笔记栏

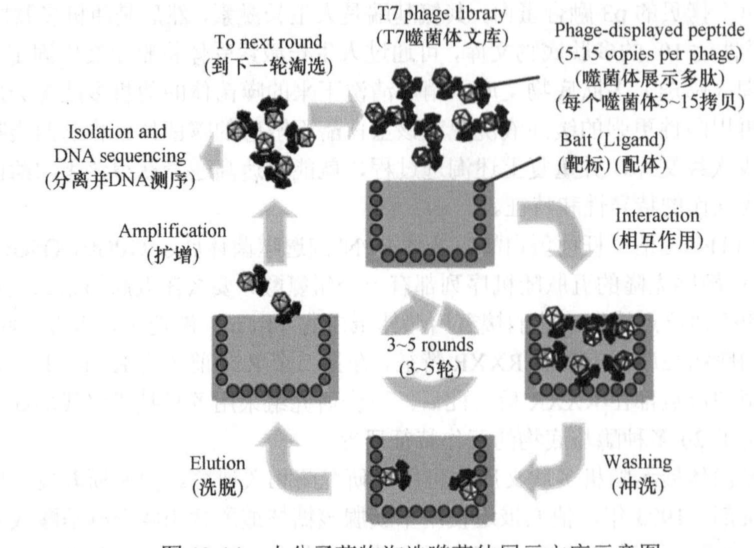

图 13-14

图 13-14　小分子药物淘选噬菌体展示文库示意图

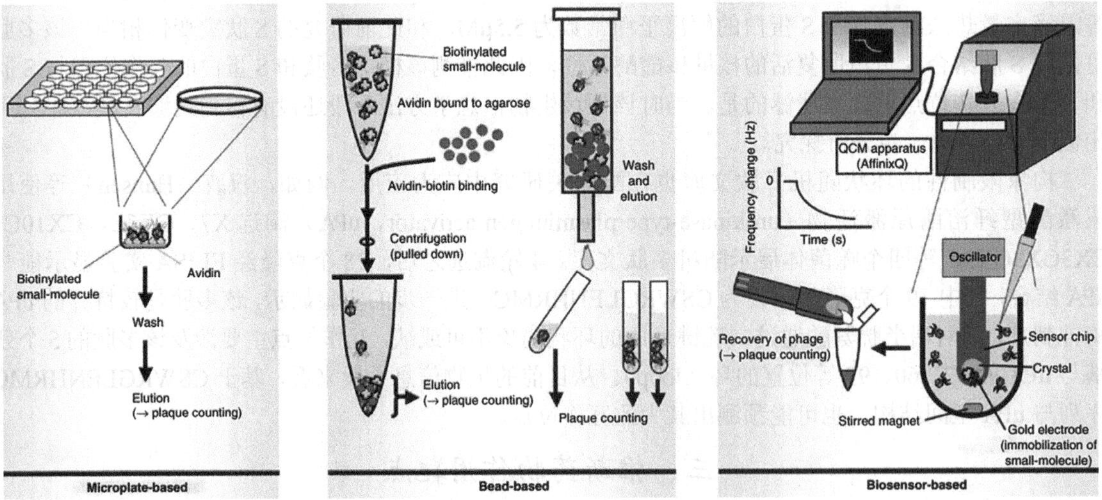

图 13-15

图 13-15　推断小分子药物作用靶点的三类噬菌体展示实验平台与方法

Biotinylated small-molecule，生物素化的小分子；Avidin，亲和力；Wash，清洗；Elution，洗脱；plaque counting，空斑计数；Microplate-based，基于微板；Avidin bound to agarose，结合在琼脂糖上的亲和素；Avidin-biotin binding，亲和素-生物素结合；Centrifugation，离心；pulled down，拉下来；Wash and olution，清洗与洗脱；Bead-based，基于珠子；QCM apparatus (AffinixQ)，石英晶体微天平设备；Frequency change，频率变化；Time(s)，时间（秒）；Recovery of phage，收获噬菌体；Sensor chip，传感器芯片；Crystal，晶体；Stirred magnet，搅拌磁铁；Gold electrode，金电极；immobilization of small-molecule，固相化小分子；Biosensor-based，基于生物传感器

大多有 WXXW 这样的特征。虽然这样的序列特征，很多塑料结合肽及白蛋白结合肽也具有，但置换实验显示，展示这些多肽的噬菌体克隆不仅结合多柔比星，也结合具有同样多耐药型的长春碱（vinblastine）、维拉帕米、金雀异黄素（genistein）等，而不能结合具有不同 P 糖蛋白选择性的阿糖胞苷（arabinosylcytosine）、美法仑（melphalan）等药物。其中展示了 VCDWWGWGIC 多肽序列的 fd 噬菌体克隆（V6）具有最高的药物结合能力，用该克隆免疫动物再除去其中抗 fd 噬菌体的抗体后获得的单特异性抗 VCDWWGWGIC 抗体可识别 MCF-7ADR 多耐药性细胞株胞膜中 170KD 的蛋白，而该蛋白也特异地被抗 P 糖蛋白的 C-219 单抗识别。有趣的是，当免疫印迹实验中使用变性去污剂十二烷基硫酸钠（sodium dodecyl sulfate，SDS）时，抗 V6 的抗体不能识别 P 糖蛋白；而使用能够较大程度保持蛋白天然构象的十二-十四烷基二甲基甜菜碱（Empigen BB）时就能检测到。从 V6 展示的多肽序列看，其中的 2 个半胱氨酸残基提示它所模拟的互作位点具有特定的空间构象要求。总之，该研究的初衷虽然并非为多柔比星搜寻新的作用靶点，但通过噬菌体展示及后续的实验研究提示多柔比星可被 P 糖蛋白结合从而导致耐药，而其结合具有空间构象依赖性。

笔记栏

随后罗迪（Rodi）等在 1999 年报道，使用紫杉醇淘选 M13 噬菌体展示随机十二肽文库，将获得的多肽与人类蛋白质组中蛋白质进行相似性比较分析，发现其中部分多肽与人 Bcl-2 蛋白的 50～75 区段高度相似。ELISA 实验证实紫杉醇结合 Bcl-2，圆二色谱显示紫杉醇结合后会引起 Bcl-2 构象显著改变。Rodi 等后续又使用紫杉醇淘选 Ph.D.-12^{TM} 和 Ph.D.-C7C^{TM} 噬菌体展示随机多肽文库，得到的多肽与紫杉醇已知的药靶 β-微管蛋白的配体结合位点在空间结构上是高度相似的。噬菌体展示随机多肽文库虽然较为通用，但对小分子淘选结果的解读较为困难。为此，马科夫斯基（Makowski）课题组开发了一套名为 RELIC 的生物信息软件，大大方便了评估淘选结果与推测可能的药靶。

与噬菌体展示随机多肽文库相比，噬菌体展示 cDNA 文库虽然需要定制，通用性不强，但淘选结果较为简洁明了，只需简单 BLAST 搜索即可确定潜在药靶。茜（Sche）等在 1999 年报道了首次使用 T7 噬菌体展示 cDNA 文库研究天然产物的可能药靶。他们将生物素化的 FK506 固定到单价亲和素柱子上来淘选 T7 噬菌体展示的源自人脑的 cDNA 文库，2 轮淘选后所有克隆都是插入 FKBP12 基因的，表面展示的是 FK506 结合蛋白。对于已知药靶是 DNA 及 DNA 拓扑异构酶的前述抗癌药物多柔比星，研究人员用多柔比星淘选 T7 噬菌体展示的人类肝脏 cDNA 文库，发现多柔比星还能与 hNopp140 的羧基端区域结合，随后一系列实验也证实 hNopp140 也是多柔比星的药靶。由于，使用噬菌体展示 cDNA 文库无须复杂的生物信息学工具辅助分析，且有着更高的成功率，因此，已经成为小分子药靶研究使用的主流文库。根据高草木洋一博士对近 20 年来相关文献的两次综述，相关学者已通过淘选噬菌体展示随机多肽文库与 cDNA 文库来研究了 50 多种小分子的作用靶点。

第四节　噬菌体展示相关生物信息学研究

噬菌体展示技术诞生之初是纯实验研究。随着生物信息学的兴起与发展，一些学者针对噬菌体展示实验数据的收集、整理、存储、挖掘开展理论与计算研究。该领域一系列专业算法、数据库与应用软件的开发问世，让噬菌体展示技术如虎添翼，进一步提升了它在推导蛋白互作关系与网络、解析蛋白互作位点、推导药物作用靶点等基础与应用研究领域的能力。接下来我们从噬菌体展示数据编审、噪声检测、信号解析等三个方面对噬菌体展示相关生物信息学研究进行简要介绍。

一、噬菌体展示数据编审

（一）噬菌体展示多肽数据

自 1985 年噬菌体展示技术问世以来，国内外各领域学者采用体外或体内淘选噬菌体展示随机多肽文库，获取了大量生物淘选的多肽数据。但是，由于这些多肽数据的非天然属性，GenBank、EMBL、UniProt 等核心的生物核酸数据库、蛋白质序列数据库都没有收录这些数据。所以，在相当长一个时期，大量噬菌体展示多肽数据一直散布于各种原始文献与其他的数据库中。到了近 20 年，噬菌体展示多肽数据编审工作有了不少进展。

1. 专门的噬菌体展示多肽数据库与数据集　2000 年，俄罗斯的一个研究组发布了世界上首个噬菌体展示多肽淘选数据库 ASPD。遗憾的是，该数据库仅有 195 套数据，20 余年来没有更新。2004 年，马科夫斯基（Makowski）课题组开发了一套名为 RELIC 的生物信息软件，其中在 RELIC-多肽内包含了 5000 多条化学小分子淘选实验结果及初始文库的多肽数据集。2006 年，巴托里（Batori）等收集了 1502 条通过噬菌体展示得到的 IgE 和 IgG 结合多肽，即他们所谓的 MOTIF 数据库，并应用于他们开发的表位预测工具 EMT（epitope mapping tool）中。

电子科技大学的一个研究组在 2010 年设计构建了 MimoDB 数据库，收集全球各研究组淘选随机多肽文库的实验结果。该数据库 5.0 版之后更名为生物淘选数据银行（biopanning data bank，BDB）。目前，BDB 数据库收录了来自 1700 篇多肽随机文库生物淘选实验文献的 3562 套数据，共计 33 097 条多肽序列，绝大多数是噬菌体展示淘选数据。最新版本的 BDB 数据库也已经开始收录一些二代噬菌体展示实验数据，但目前收录的大多是经过后续深入研究与实验验证的几条、几十条或上百条的小数据，其数据规模与传统淘选的 Sanger 测序相当。对于已经出现并逐渐增多、散布在文献补充资料与数据或动辄几百万、几千万读段与序列、占用数百兆到几个 G 空间的生物淘选二代测序原始数据，尚未能有效收录与整合。

在 BDB 数据库基础上，研究组还摘取了既有靶标-模板复合物（如抗原抗体、受体配体、蛋白酶与底物、蛋白酶与酶抑制剂等复合物）空间结构，又有相应靶标淘选噬菌体展示随机多肽文库数据的条目，构建了 MimoBench 数据集，助力基于噬菌体展示的蛋白质相互作用位点解析算法研究。此外，研究组还收集了这些实验中的噪声多肽序列，构建了专门的靶标无关多肽数据库 TUPDB，有助于噬菌体展示噪声检索与相关预测算法研究。

2. 含有噬菌体展示多肽数据的其他数据库 2007 年，哈佛医学院分子影像研究中心构建了一个名为 PepBank 的多肽数据库，其中有一些噬菌体展示多肽实验数据。伴随该数据库的开发，他们还发布了 Peptide::Pubmed，一个从 PubMed 摘要中提取多肽的 Perl 模块。2012 年，印度拉加瓦（Raghava）课题组构建了肿瘤归巢多肽数据库 TumorHoPe，其中有 116 条多肽来自淘选噬菌体展示多肽文库。随着二代测序噬菌体展示技术的兴起，在 NCBI SRA 数据库中有越来越多大规模测序的噬菌体展示实验数据，其中也包括相当多的噬菌体展示多肽数据。

（二）噬菌体展示抗体数据

抗体在科学研究、临床诊断与疾病治疗领域扮演着非常重要的角色。早在 1970 年，免疫学家卡巴拉（Kabat）就开风气之先，构建了世界上第一个抗体数据库。随着杂交瘤、抗体噬菌体展示、全人抗体转基因小鼠、单个 B 细胞等技术的迅速发展，人类已经实现了无须免疫、突破耐受获得任意抗体的能力。目前，全世界商业的、学术的抗体数据库已有几十个。美国 FDA 批准上市的抗体药已超过 100 种，约有 1/3 的全人抗体药物是通过噬菌体展示技术开发的。遗憾的是，除了在 NCBI SRA 数据库中散在着部分高通量噬菌体展示抗体数据外，出于商业原因等诸多因素，大量的噬菌体展示抗体数据并未公开，未见可免费访问的专门的噬菌体展示抗体数据库。由于数据原因，专门为噬菌体展示抗体实验数据分析开发的方法与软件也少有研究报道。

二、噬菌体展示噪声检测

噬菌体展示多肽技术因其能高效、快速地淘选出具有特定亲和力的多肽而被誉为“生物淘金”的利器。国内学者常以大浪淘沙、大海捞针等成语来赞誉这一技术；而国外学者也形象地将其称为“草堆捞针”（finding a needle in a vast molecular haystack，从广阔的分子干草堆中找到针）。但是，噬菌体展示实验的结果实际上往往是泥沙俱下，“草针混杂”。如果不对噬菌体展示数据进行噪声检测与预处理，那结果很可能会像国外学者沃德尼克（Vodnik）等所说，不是从干草堆里捞到针而是捞到草（selecting straws instead of a needle from a haystack），甚至指鹿为马，把草当作针。这将严重干扰、误导后续研究，造成时间、资金、人力、物力的浪费，得出不准确甚至是错误的研究结论。

（一）靶标无关多肽

如前所述，用来筛选文库的分子被称为靶标；该分子的天然配体被称为模板；如果筛选得到的是多肽且能与靶标竞争性地结合模板，那么相应的多肽被称为模拟肽，其中蕴含了模板上被靶标识别位点的信号。但是，由于噬菌体展示技术本身固有的原因，在得到模拟肽时也会不可避免地混入噪声，即所谓的靶标无关多肽（target-unrelated peptide，TUP）。淘选噬菌体展示多肽文库的实验结果，往往是信号（模拟肽）与噪声（靶位无关多肽）的混合物。这些噪声序列可分为以下两类。

1. 选择相关的靶标无关多肽 选择相关的靶标无关多肽（selection-related TUP，SrTUP），或者说选择相关噪声，是发生在淘选的结合选择环节，是能与靶标位点之外的淘选体系成分结合的噬菌体展示多肽，如与淘选体系中的固相基质（如塑料、磁珠、硅膜）、固着分子（如链亲和素）、封闭分子（如牛血清白蛋白）等结合的多肽；或者是靶标位点之外的部位，例如不是抗体结合抗原的可变区，而是抗体的 Fc 段。

2. 增殖相关的靶标无关多肽 增殖相关的靶标无关多肽（propagation-related TUP，PrTUP），或者说增殖相关噪声，是发生在噬菌体扩增环节，因有具有更快、更强的增殖能力而混入了实验结果的噬菌体展示多肽。与选择相关 TUP 一样，增殖相关 TUP 也极其常见，尤其多见于最为常用的基于 M13 噬菌体的 Ph.D. 系列商业化文库。基于 fd-tet 噬菌体的文库增加了抵抗增殖相关噪声的设计；即便如此，增殖相关噪声序列仍不时出现在噬菌体展示实验结果中。实验结果显示，增殖相关 TUP 不仅可能混入噬菌体展示的结果中，有的时候甚至会主宰噬菌体展示数据。计算机模拟结果显示，噬菌体增殖能力的差异即便微小到 10%，经过几轮增殖后也能引起噬菌体文库克隆丰度的极显著差异。

如果把噬菌体展示实验结果中的靶标无关多肽当作模拟肽，也就是将噪声作为信号，不言而喻，其结果往往是误导的和悲剧的。令人震惊的是，这种情况相当常见。例如，有几十个研究组先后报

笔记栏

道过一种序列为 SVSVGMKPSPRP 的神奇“模拟肽”，汇总各研究组的实验结果提示：它可能与多种器官与组织（如头发、皮肤、小鼠肿瘤血管、小鼠胚胎）、多种细胞（如神经元、前列腺癌细胞、肝癌细胞、小鼠卵细胞、金黄色葡萄球菌）、RNA、DNA、多种抗体、多种酶（如葡萄糖氧化酶、乙酰胆碱酯酶）、多种蛋白（如神经生长因子、艾滋病毒 Vif 蛋白）、多种多肽及各种材料（如磷脂酰丝氨酸脂质体、脑膜炎球菌脂多糖、羟基磷灰石、聚四氟乙烯、墨水染料、单壁碳纳米管、钴纳米颗粒、铁铂合金及磷化铟、砷化镓、氮化镓等半导体材料）结合。SVSVGMKPSPRP 似乎是无所不能的万能胶水！但实际上，在绝大多数情况下，它可能只是一条非特异性的靶标无关多肽。因此，得到噬菌体展示实验数据后，当务之急是检测噪声，清洗数据。

（二）靶标无关多肽检测与预测

通过增加对照、消减淘选、提高靶位结合选择的严谨度、降低淘选轮数等实验手段，可以减少实验结果中的噪声序列，或者确定出一些噪声序列。但由于噬菌体及其实验体系本身的原因，仅靠实验本身的改进并不能彻底消除靶标无关多肽。近年来，通过生物信息学方法来检测或预测靶标无关多肽成为噬菌体展示生物信息学研究的一个热点。相关生物信息学方法可以分为以下四类。

1. 基于基序的检测方法 大量实验数据的积累，科学家已经总结出一些常见靶标无关多肽的序列特征。如果用户实验所得多肽序列数据中含有相应特征，即可警示其为相应类型的靶标无关多肽的可能，相应程序如电子科技大学黄健研究小组开发的 TUPScan。研究结果显示，给噬菌体展示实验数据增加一个简单的基于已知噪声序列特征的前处理环节，就能极大地提高 PepSurf、Mapitope 等程序预测蛋白质相互作用位点的性能，还有助于基于噬菌体展示的候选疫苗筛选。这种方法的缺点是只能检测到已知序列特征的靶标无关多肽。由于多数基序与是否为靶标无关多肽之间的关系既不充分也不必要，所以这种方法出现假阳性与假阴性都较为常见。

为此，电子科技大学黄健研究小组还开发了 MimoScan 程序，可检测 BDB 数据库中有多少多肽能匹配用户提交的基序特征。如果用户提交的是自己总结的靶标无关多肽的序列特征，那么 MimoScan 程序有助于用户评估该基序的特异性，以便后续进一步改进；如果用户提交的是从自己实验结果中总结出来的多肽的共同特征，那么 MimoScan 的结果也有助于用户判断实验结果的特异性。如特异性低，则是靶标无关多肽的可能性就大。

2. 基于数据库搜索比对的方法 很多靶位无关多肽并不具有任何已知的噪声序列特征，如何检测它们？电子科技大学黄健研究小组构建 BDB 数据库收集了全世界各研究组利用噬菌体展示随机肽库进行淘选实验的结果。搜索 BDB 数据库，用户可以查看自己实验得到的多肽序列是否与其他已发表的结果相同。如果多个研究组在淘选实验中使用不同的靶标却又得到了相同的多肽序列，那么相应多肽极可能是噪声序列，即便它很可能不具备任何已知的噪声序列特征。在发现很多实验研究者将 BDB 数据库用于此目的后，该研究小组开发了专门的搜索工具 MimoSearch。为了帮助用户在 BDB 数据库中找出与其所提交序列不完全相同却又高度相似的多肽序列，该研究小组还开发了 MimoBlast。以上两个工具通过对 BDB 数据库序列的搜索或比对，从其结果可判断用户提交多肽序列的特异性，有助于判断其是否为非特异的噪声序列。

3. 基于信息含量分析的方法 2004 年，曼达瓦（Mandava）等根据香农的信息论提出了用信息含量（information content）这一指标来衡量噬菌体展示实验结果中每条多肽是信号还是噪声。对于噬菌体展示实验结果中任意一条多肽序列 $X_1X_2\cdots X_N$，其出现在初始文库中的概率 $P=P_1\times P_2\times\cdots\times P_N$，其中 P_N 代表着初始文库中某种氨基酸出现在第 N 位的频率。多肽的信息含量 $\text{INFO}=-\ln(P)$。所谓的信息含量，类似于信息论中的信息熵（information entropy）。Mandava 等认为，初始文库中越罕见的多肽，信息含量越高，经过几轮淘选还能出现在结果中，这就越不可能是随机事件，这样的多肽应该是有意义的信号；反之，越是具有增殖优势的噬菌体，在初始库中就越常见，信息含量也就越低，如果出现在结果中，则很可能是噪声序列。根据上述假设，他们开发了 INFO 程序。

但是，INFO 程序的前提假设很可能是错误的。2009 年，迪亚斯-涅特（Dias-Neto）等对一种基于 fd 噬菌体的 CX7C 文库进行了大规模测序。分析其测序结果发现，在初始文库抽样最终确认的 44 606 条非冗余多肽序列中，40 913 条多肽仅出现 1 次，其余 3693 条多次出现，最多的达到了 15 次。研究人员根据采样测序结果，采用 Mandava 等的方法，计算了初始文库位点特异性氨基酸频率和每条多肽的信息含量，结果显示多肽的信息含量与其在初始库中出现的次数并无确定的对应关系。例如，多肽 RVWWYHV 的信息含量高达 21.47，根据 INFO 程序的前提假设，该多肽在初始文库中应当是

笔记栏

罕见的，但实际上这条多肽仅在初始库抽样中就已出现了 9 次；而信息含量只有 18.30 的 WRATCSL，预期在文库中应相对常见，但这条多肽在初始库抽样中仅出现了 1 次。这些与预期不符的结果，究竟是什么原因导致的呢？是基于信息论方法的前提假设不成立还是抽样的样本太小，抑或其他未知因素？INFO 程序对抽样样本大小的最低要求是 50 条多肽，而本样本为 4 万多条多肽。当然，这个抽样样本与初始文库多样性（10^9）及滴度（10^{13}）的数量级相比仍有巨大差距，所以上述对应关系看似不成立，但也还不能排除有抽样误差的因素。无论如何，基于信息含量分析的噪声检测方法还值得进一步探究。

4. 基于机器学习的方法 上述三类方法都不是真正意义上的靶标无关多肽的预测工具，只能算是噪声序列的辅助分析与提示工具。目前已确定的噪声序列特征数目有限，因此基于基序的方法容易出现漏报（假阴性）；同时有的 TUP 序列特征过于简单或常见，所以也容易出现误报（假阳性）。常见噬菌体展示多肽文库的多样性的数量级一般可达 10^9，而 BDB 作为本领域最大的数据库，目前已知的多肽序列数目只有 10^5 这样的数量级，因此，用户提交查询的序列，多数会是未见于其他研究者报道的全新多肽。对于这样的多肽，数据库搜索比对的阴性结果并不能排除其是噪声序列的可能性。加上前述基于信息含量的方法可能存在的问题，该领域迫切需要真正的靶标无关多肽预测工具。

随着 BDB、TUPDB 等数据库的建立与数据的积累，基于机器学习的方法成为可能。电子科技大学研究组先后开发了 PhD7Faster 和 PhD7Faster 2.0，可从使用 Ph.D.-7 文库进行淘选的实验结果中预测增殖相关 TUP。我们还开发了两个选择相关 TUP 的预测工具。SABinder 可预测与淘选体系中链亲和素结合的多肽；PSBinder 可预测与淘选体系中塑料表面结合的多肽。由于当前的数据仍然不够丰富，上述机器学习所用样本较少，采用的方法均为支持向量机。二代测序噬菌体展示能产出大规模数据，未来可望采用深度学习的方法开展进一步的研究。此外，该领域已有的预测软件仍远远满足不了生物淘选实验工作者的需求，不仅急需针对生物素、白蛋白、抗体 Fc 段等淘选系统最为常见分子或其片段的选择相关噪声预测软件，还急需针对 Ph.D.-12、Ph.D.-C7C、f3-6mer、f3-15mer 等最常用文库的增殖相关噪声的预测软件。

三、噬菌体展示信号解析

经过对噬菌体展示多肽数据进行噪声检测与预处理后，剩下的模拟肽包含有大量宝贵的信号。进一步分析这些多肽，例如一套模拟肽序列自身的比对与聚类，模拟肽或其共同特征序列与蛋白质组序列或蛋白质数据库进行搜索比对，映射到靶标天然配体的空间结构上等，可帮助推断蛋白质互作关系与网络、信号转导通路、蛋白质互作位点、确定新的药靶蛋白或临床疾病的生物标志物等。我们将噬菌体展示模拟肽信号解析的生物信息学方法分为基于模板序列与基于模板结构等两大类。

（一）基于模板序列的信号解析

如图 13-16 所示，对于一套用特定靶标筛选出来的模拟肽，如果其天然配体已知，那么可逐一将其与其天然配体序列比对，或者用从模拟肽多序列比对结果中得出特征基序或共同序列与其天然配体序列比对，天然配体上与模拟肽匹配的片段可能就是靶标识别模板的位点，有时候可将天然配体

图 13-16

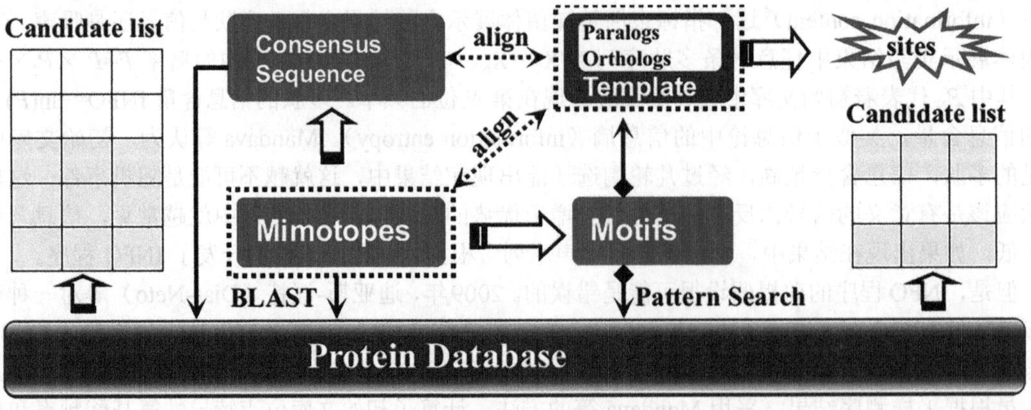

图 13-16 基于模板序列的信号解析流程示意图

Candidate list，候选列表；Consensus Sequence，一致序列；Mimotopes，模拟肽；BLAST，BLAST 比对搜索；Paralogs，旁系同源序列；Orthologs，直系同源序列；Template，模板；sites，位点；Motifs，基序；Pattern Search，模式匹配搜索；Protein Database，蛋白质数据库

笔记栏

序列的直系同源或者旁系同源蛋白序列纳入，辅助比对。如果将搜索比对的范围扩大到整个蛋白序列数据库或特定蛋白质组，那么匹配上的蛋白质可能是靶标的新配体。可据此构建与完善靶标的蛋白质互作网络。如果特定靶标的天然配体是未知的，那么可确定出新的配体，根据实际情况，这可能是新的药靶或新的生物标志物。

上述信号解析流程涉及多序列比对、共同序列或基序推导、蛋白质组或宏蛋白质组数据库搜索比对等。有的早期研究，甚至靠肉眼查看。随后各种通用的序列分析工具，如多序列比对用的CLUSTALW、数据库局部比对搜索的BLAST、模式匹配搜索的ScanProsite等广泛使用。近20年来，一批较为适用的专门软件也相继开发并应用。例如，基于短序列基序在蛋白质组水平预测细胞信号转导相互作用的Scansite；主要基于序列比对，用于推断小分子药物作用药靶的软件套件RELIC；声称能够不依赖模板空间结构，仅仅根据模拟肽与模板序列的比对就能确定不连续表位的程序FINDMAP及其改进版本EPIMAP等。遗憾的是，RELIC、FINDMAP等相当多的专门工具，如今已无法获取与使用。

（二）基于模板结构的信号解析

基于模板结构的信号解析主要用于靶标的天然配体空间结构已知，但靶标–配体复合物空间结构未知的情况。如何根据淘选获得的模拟肽序列与模板的空间结构，在氨基酸残基水平上预测配体（如抗原）被靶标（如抗体）识别的空间构象性位点（如表位），这是一个很有挑战性的问题。意大利特拉蒙塔诺（Tramontano）研究组早在1995年率先提出了一套模拟肽的信号解析方案。然而，他们提出的方案过分依赖于昂贵的商业软件及专门的工作站，过程繁复、计算量大、耗时费钱，极大限制了它的推广应用。随后的20年来，全世界的计算生物学研究者先后开发了基于基序或共同序列、基于表面片区、基于图、基于氨基酸对等一系列的方法，相关软件超过20种。这里分别简介如下。

1. 基于基序或共同序列的方法　这类方法包括GuiTope、3DEX、MimCons、MIMOX、MEPS等。这些方法大同小异。这里以MIMOX为例，它先将用户提供一套模拟肽序列进行多序列比对，推导出相应的基序（共同特征）或共同序列，然后再将基序、共同序列或其片段匹配到在模板空间结构中找出空间距离关系一致的氨基酸残基相同或相似的一系列残基簇，并按候选残基簇表面的可及性从大到小排序。在实际操作中，用户也可以直接使用单个模拟肽在模板空间结构上进行搜索匹配。MIMOX存在的主要问题是，如果基序或共同序列过短，则得到的匹配太多，让人无所适从；但长度过长又很难找到匹配，只得使用共同序列的片段来得到一些结果作为启示。这类方法存在的共同问题是几乎没有考虑真正表位通常应有的大小，只是根据输入的共同序列给出空间结构上一致或保守的匹配。

2. 基于表面片区的方法　这类方法包括SiteLight、EpiSearch等。这里以EpiSearch为例简要说明。该程序首先根据模板空间结构计算出液相可及的表面氨基酸残基，再按一定的空间约束条件将模板表面划分成一系列部分重叠的表面片区，可以说每一个表面片区就是一个候选的表位。接着该程序评估每一个表面片区与用户输入的一套模拟肽序列的相似残基在组成频率上的相似性并排序。EpiSearch计算时间短、效率高，在较多的数据集中表现出较为出色的预测性能，值得进一步去探究、完善、提高。

3. 基于图的方法　这类方法包括PepSurf、Pep-3D-Search等。这里以PepSurf为例简述。该程序先将模板的表面氨基酸残基转化成图，然后根据每条模拟肽序列在图中搜索相似度最高的路径，最后再将选出的路径合并构成预测的表位。PepSurf处理十肽及以下的短模拟肽效率尚可，对于长度达14～15个残基的模拟肽效率很低，需要数个小时的时间。

4. 基于氨基酸对的方法　这类方法的代表是Mapitope程序。它首先将用户输入的一套模拟肽序列转化成一套氨基酸对（amino acids pairs，AAP）的集合，并计算每种AAP出现的次数；接着计算出具有统计学显著性的氨基酸对（statistically significant pairs，SSP）；然后在模板的表面氨基酸残基中搜索空间上邻近的SSP并合并；最后将具有最多氨基酸对匹配的最大的簇作为预测表位。

一些研究者将上述方法综合或集成起来。例如，MimoPro综合了表面片区与图的方法；也有研究综合了氨基酸对与表面片区的方法；国外的Pepitope集成了PepSurf和Mapitope；国内PepMapper集成了MimoPro与Pep-3D-Search。总的说来，这些方法在不同的案例中都有过出色表现，但也都有自己的滑铁卢。因此，必要时需尝试多个程序与方法。

总之，噬菌体展示相关生物信息学研究涵盖了专业数据库与数据集的构建，各种噪声检测与数

笔记栏

据预处理的方法与工具，各类模拟肽信号的合理解析或预测等众多内容。在信号解析研究中，可大致分为基于序列与基于结构等两大类方法。前者既可研究单个靶标分子与模板蛋白之间的关系，又很容易上升到蛋白质组乃至宏蛋白质组层面；后者则往往只能在氨基酸残基水平推断靶标分子与模板蛋白之间的互作位点。此外，随着二代测序噬菌体展示技术的兴起与应用，越来越多的噬菌体展示二代测序数据分析方法与工具也被开发出来，由于篇幅等原因，这里不再赘述。

第五节 小 结

从噬菌体到噬菌体疗法，从噬菌体展示到多肽、蛋白、抗体药物及新诊断试剂与新疫苗开发，噬菌体相关基础与应用研究已经并仍在对生物医学领域产生重大推动与影响。其中，通过噬菌体展示的 cDNA 文库、基因组文库、多肽组文库、蛋白质组文库等自身文库，或者通过噬菌体展示随机多肽文库，也为在信号通路水平乃至整个蛋白质组水平研究蛋白的互作关系与网络提供了强有力的实验手段。一系列通用的或专门的数据库、噪声检测、信号解析等相关生物信息学资源或工具，使得噬菌体展示技术在研究单个蛋白质之间乃至整个蛋白质组内互作位点与关系时如虎添翼。希望通过本章的学习，能对同学们未来的职业生涯，无论是学术的还是产业的，有所启发。

（宁 琳 蒋立旭 黄 健）

笔记栏

PPT

第十四章　基于蛋白质组学的药物设计

第一节　药物发现

人类基因组计划（HGP）被誉为20世纪的三大科技工程之一。其划时代的研究成果——人类基因组草图的完成宣告了一个新的纪元——“后基因组时代”的到来。其中，功能基因组学成为研究的重心，蛋白质组学则是其中的“中流砥柱”。蛋白质组学研究是对细胞或组织的全蛋白质表达谱的系统分析，是目前发展最迅速的组学研究之一。

现代药物的发现是基于细胞表型筛选或者是针对特定疾病的药物靶标的筛选。在过去的30多年中，得益于分子生物学和基因组学的进步，基于靶标筛选的药物发现策略一直占主导地位。但是近年来的研究表明，通过细胞表型筛选发现新药的成功率要高于靶标筛选。这是因为表型筛选获得的生物活性化合物是建立在病理相关的细胞模型之上，而不限于单一的基因或蛋白质。因此表型筛选又重新受到制药界的重视。但是，基于表型的筛选无法提供活性化合物作用机制的信息，因此需要回溯鉴定那些因与小分子药物直接发生作用而引起功能改变的蛋白质。这一过程被称为药物靶标去卷积（drug target deconvolution）。药物靶标的鉴定不仅可以建立药物活性与细胞表型之间的联系，阐明药物的作用机制；还可以发现药物的脱靶效应和耐药性机制，发现治疗药物的新靶点；并在药物发现的早期阶段预测潜在的副作用和毒性，从而降低研发失败的风险。靶标鉴定不仅是现代药物发现的工作重点，也是蛋白质组学研究中的重点工作。虽然目前在科学发现和技术进步上取得了飞速发展，但是鉴定药物靶标却依然是个难解的问题。

蛋白质是生物细胞赖以生存的各种代谢和调控途径的主要执行者，因此蛋白质不仅是多种致病因子对机体作用最重要的靶分子，而且也成为大多数药物的靶标。蛋白质组学可以提供一种发现和鉴定在疾病作用下表达与功能异常蛋白质的方法。这种蛋白质可以作为药物筛选的靶点，还可以对疾病发生的不同阶段蛋白质的变化进行分析，发现一些疾病不同时期的蛋白质标志物，这不仅对药物发现具有指导意义，而且还可以形成未来诊断学、治疗学的理论基础。在探索揭示引起癌症特征的生化变化过程中，蛋白质组学已经成为一种宝贵的工具。蛋白质组学及蛋白质组信息学等技术的发展，从系统的层面揭示了蛋白质的活动规律，为发现新药提供了新的靶点，也提高了药物发现的效率。药物蛋白质组学是蛋白质组学技术在药物发现和药物开发过程中的应用。以药物发现为起点，基因组学与蛋白质组学间的相互协调运作，将有助于阐明疾病的发生、发展机制，鉴定新的生物标志物以及新的药靶，并用于指导临床试验。蛋白质组学的一系列分支可以用于药物发现研究的各个阶段。

第二节　蛋白质组学与药物发现

功能蛋白质组学、化学蛋白质组学和临床蛋白质组学在现代药物发现过程中可以整合发挥协同作用（图14-1）。功能蛋白质组学专注于生成有关蛋白质的信息，如表达水平、相互作用、翻译后修饰及蛋白质酶活性。功能蛋白质组学不仅用于分析特定蛋白质形成的相互作用以及分析这些相互作用如何导致大分子蛋白质复合物的组装，并能够分析翻译后修饰受对相互作用的调节及如何影响通路的功能。生物信号通路依赖于蛋白质的相互作用，但这种相互作用通常不是线性事件，而是复杂的生物网络。通过蛋白质组学绘制蛋白质互作网络和通路，使我们对生物系统有了更深刻的认识。

一、功能蛋白质组学与药物发现

功能蛋白质组学探索和阐明通路的组成部分以及它们之间的相互作用与疾病关系。利用这些知识可以设计通路特异性药物的联合用药，通过靶向多条通路增加药物发现的机会，减少耐药性的发生。实际上，在通过蛋白质组学绘制蛋白质互作网络和通路时，人们很快意识到，不同级别的通路和网络在许多地方也相互关联。一方面，这种串扰关联具有重要的生物学意义，因为它能够产生功能冗余、通路多样性和补偿机制。另一方面，这些发现对于制药行业具有重要意义。因为他们预测

笔记栏

很难通过对网络单个蛋白质的干预来打断信号通路。通过针对单一靶标的药物对癌症产生治疗功效的例子非常有限。这种情况还暗示了一种多靶点药物的发现方法，如图 14-1 所示。

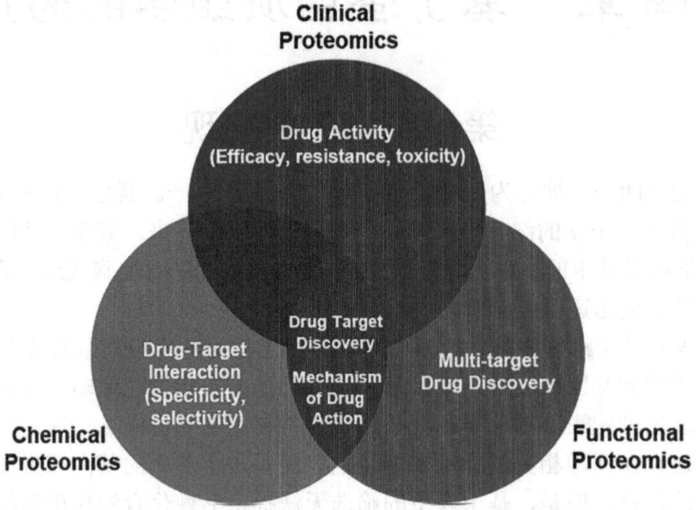

图 14-1

图 14-1 功能蛋白质组学、化学蛋白质组学及临床蛋白质组学在药物发现中的应用

Clinical Proteomics，临床蛋白质组学；Drug Activity（Efficacy，resistance，toxicity），药物活性（有效性、耐药性、毒性）；Chemical Proteomics，化学蛋白质组学；Drug-Target Interaction（Specificity selectivity），药物靶标相互作用（特异性、选择性）；Drug Target Discovery，药物靶标发现；Mechanism of Drug Action，药物作用机制；Multi-target Drug Discovery，多靶标药物发现；Functional Proteomics，功能蛋白质组学

二、化学蛋白质组学与药物发现

通过调节酶的活性水平来研究蛋白质的功能促进了化学蛋白质组学的产生。化学蛋白质组学的主要任务是开发有生物活性的小分子靶向探针，用于复杂的蛋白质组中的特异性酶家族的功能研究。一方面，这些化学探针可与目标酶特异性结合，便于对特异性酶进行鉴定和（或）纯化；另一方面，又可共价修饰目标酶家族或亚家族，寻找机能或功能差异的酶。化学蛋白质组学通过分析药物–蛋白质相互作用，有助于加速全新药物靶标的发现。同时，化学蛋白质组学可以对小分子物质与蛋白质直接相互作用进行鉴定和表征，可以用于药物筛选和新药发现。在药物发现阶段，大量的有机化合物和分离得到的天然产物有效成分，在有效的药理模型上利用自动化的筛选技术进行随机筛选，发现具有进一步开发价值的化合物，称为先导化合物。药物发现阶段对创新药物的研究具有决定性的意义，筛选效率的提高将大大缩短新药发现的周期。随着化学蛋白质组学的进一步发展，化学探针在蛋白质组学领域的应用正在逐步凸显，在全新药物靶标发现、验证和新药开发的进程中显示出巨大的潜力。

化学蛋白质组学目前最常用的方法是由库斯特（Kuster）教授等开发的多重抑制剂珠（Kinobeads）。Kinobeads 技术是将一组容易修饰的非特异性激酶抑制剂共价键合在葡聚糖树脂颗粒上，用于无差异化地富集细胞裂解液中的激酶组。需要鉴定靶标的激酶抑制剂与 Kinobeads 一同在细胞裂解液中孵育。如果通过亲和竞争使 Kinobeads 富集到的蛋白激酶组中缺失那些与待测化合物结合的蛋白激酶，通过定量蛋白组学分析就可以从上百个内源性蛋白激酶中鉴定到抑制剂药物的靶标。2017 年，Kuster 教授使用该方法在《科学》上发表文章，采用改进的方法全面研究了 243 个激酶抑制剂药物的靶标谱、脱靶效应、选择性以及剂量响应特征（图 14-2）。

三、临床蛋白质组学与药物发现

在临床蛋白质组学研究中，对人体体液（血浆、血清和尿液等）以及组织和细胞的蛋白质组及肽组的质谱分析，是发现疾病诊断生物标志物和识别新靶标的有力工具。通过蛋白质表达谱的差异和表达量的变化，将健康和疾病的体液、细胞或组织的蛋白质图谱进行比较，找出有差异的蛋白质，用于寻找疾病诊断的生物标志物和全新的药物靶点，并且对新发现的靶点进行验证，确定它们在疾病发展中起作用。靶点蛋白质在信号转导中的地位常常通过蛋白质组学来评价，我们可以通过它得知靶点蛋白质如何干扰信号途径的信息，并为新药物的设计提供依据。

笔记栏

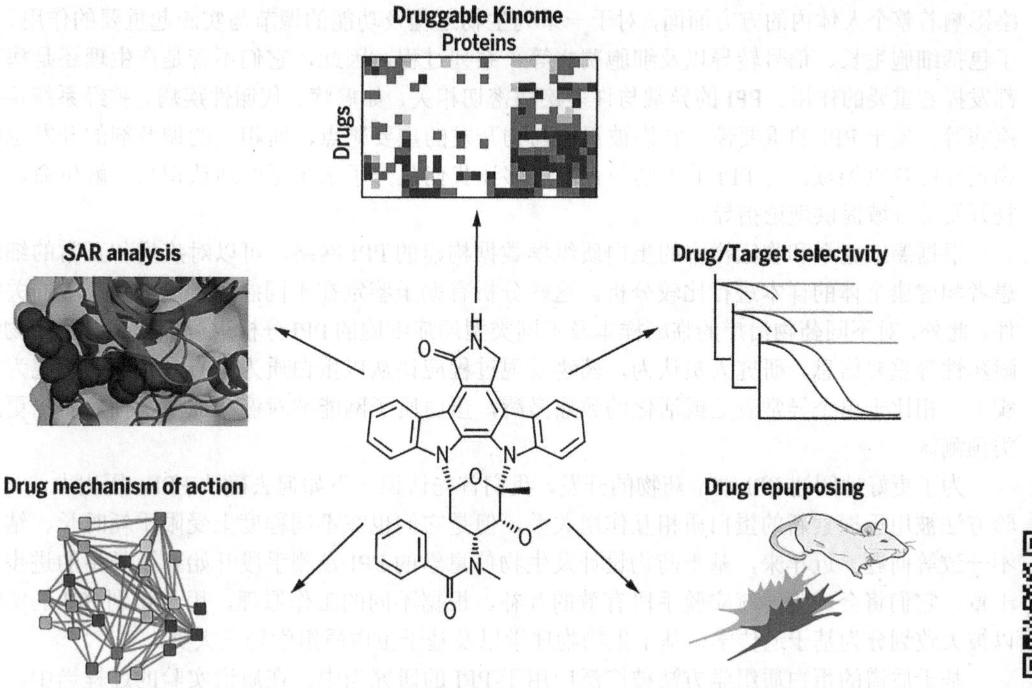

图 14-2　可靶激酶组的研究示意图

化学蛋白质组学揭示 243 种小分子抑制剂与激酶的相互作用谱图，为药物发现和临床决策提供依据

Druggable Kinome Proteins，可靶向的激酶谱蛋白质；Drugs，药物；SAR analysis，构效关系分析；Drug mechanism of action，药物作用机制；Drug repurposing，药物重定位；Drug/Target selectivity，药物/靶标选择性

图 14-2

阐明药物作用机制是新药开发的基础一环。就目前而言，很多药物的作用机制还不甚清楚。运用蛋白质组学的技术，分析一些活性化合物处理过的体液、细胞或组织中所表达的蛋白质组，然后再构建差异蛋白质表达的图谱，分析图谱检测用药前后蛋白质表达的改变情况，便可清楚阐明药物作用机制，对药物的毒理作用和安全性进行评价，并对耐药性机制的产生做出解释。现今大多数抗癌药物都伴随着严重的不良反应，特别是对晚期癌症进行单一化疗或联合放疗、过热疗法时，经常伴随着癌细胞对细胞抑制剂产生耐药性。如果能发现耐药细胞体系中表达异常蛋白或者与细胞密切相关的蛋白质，就可以此蛋白为靶点设计出用于联合使用的药物，也可以此信息为参考，设计避免耐药性或毒副作用的药物。另外，造成癌症患者死亡率极高的另一个原因是肿瘤细胞的转移。现在国内一些实验室已经开始采用蛋白质组学技术，通过对高低转移细胞株中蛋白的比较，来寻找与肿瘤转移相关的蛋白质。同样也可以以高转移株中特异表达的蛋白为靶点，开发抑制肿瘤转移的新药。

图 14-1 展示了功能蛋白质组学、化学蛋白质组学及临床蛋白质组学在药物发现中的主要贡献。在药物发现流程中，各种基于质谱的蛋白质组学方法都可以用于全新药物靶标的发现研究，而通过研究药物–靶点相互作用可以对化合物的选择性和特异性进行评估，并对药物的作用机制，如功效、耐药性及毒性机制进行阐述。接下来我们对蛋白质组学在靶标发现与验证研究、小分子筛选和先导化合物优化研究及药物作用机制研究中的作用做进一步的探讨。

四、蛋白质–蛋白质互作组学与药物靶标发现研究

蛋白质是生命活动的最终执行者，细胞及整个生物体的代谢都受到蛋白质的调控作用。虽然人类基因组编码有限的基因（2.5 万），但是蛋白质存在可变剪接、数百种翻译后修饰以及近 65 万种的蛋白质–蛋白质相互作用（PPI），最终能够从容不迫地参与繁复的生命活动。蛋白质的功能依赖于它的相互作用，通过一系列相互作用形成的通路导致特有的细胞功能。

互作组学中的相互作用组是指整个细胞中相互作用的集合。术语“互作组”最初是由法国科学家伯纳德（Bernard）于 1999 年提出的，并且经常被描述成生物网络。分子相互作用可以发生在不同分子之间，如蛋白质、核酸、脂质和碳水化合物等分子。互作组可以描述为生物网络，最常见的互作组是指蛋白质–蛋白质相互作用（PPI）网络和蛋白质 DNA 互作网络（也称为基因调控网络）。其中，PPI 广泛存在于一系列的生物现象当中，在生物体内构建起一个庞大而复杂的网络。这一复杂网

笔记栏

络影响着整个人体内的方方面面，对于一系列生物过程及功能的调节与实施起重要的作用。PPI 介导了包括细胞生长、信号转导以及细胞凋亡等一系列过程，因此，它们不管是在生理还是病理状态下都发挥着重要的作用。PPI 的异常与许多疾病密切相关，如癌症、代谢性疾病、神经系统疾病和其他疾病等。鉴于 PPI 的重要性，它们被视作药物开发的重要靶点，而相关的调节剂的开发也成为了药物设计的热点领域。对 PPI 的识别与预测能够让我们从分子水平更好地认识与了解生命，并且为药物开发等领域提供理论指导。

根据癌细胞系和临床样本的蛋白质组学数据构建的 PPI 网络，可以对疾病和正常的细胞及来自患者和健康个体的样本进行比较分析。这些分析有助于鉴定在不同癌症类型的 PPI 中的关键分子事件。此外，对不同药物治疗的临床样本及不同类型癌症细胞的 PPI 分析也可以提供关于药物的药效和耐药性等重要信息。研究人员认为，药物发现过程应该从以蛋白质为中心到以通路研究为中心。事实上，相比于单个异常表达或活化的致癌激酶，蛋白质子网能够对癌症亚型及预后做出更准确的分类预测。

为了更好地阐述 PPI 调节药物的开发，我们首先认识一下如何去确认 PPI。历史上，一系列的实验方法被用于探索新的蛋白质相互作用关系，但是它们也在不同程度上受限于耗时长、结果准确性不一致等问题。近年来，基于药物设计及生物信息学的 PPI 预测手段开始有了长足的进步，详见第十章，它们将会成为传统实验手段有效的互补。根据不同的工作原理，用于识别 PPI 的实验手段可以被大致划分为基于遗传学、基于生物物理学以及基于蛋白质组学等三大类。

基于质谱的蛋白质组学方法被广泛应用于 PPI 的研究当中。在质谱实验的过程当中，待研究的蛋白会被红细胞凝集素标记（HA-tag），该蛋白也被认为是“诱饵蛋白”。随后，利用针对该标记的纯化系统、诱饵蛋白以及能够与其结合发生相互作用的蛋白会被分离纯化。然后，利用包括高效液相色谱等方法，不同的蛋白会被分离并进行质谱检测，最终获取能够和诱饵蛋白发生相互作用的蛋白质。基于质谱的蛋白质相互作用识别方法具有很高的特异性与准确性，并且还能够识别短暂形成的蛋白质复合物体系。因此它也衍生出一系列优化与提高的方法。质谱手段被广泛应用在蛋白质组以及蛋白质相互作用组的研究当中，但是它也存在着对于输入样本数量要求大等不便之处。

传统研究蛋白质相互作用都是着眼于和某一个蛋白质相互作用的蛋白质，常见方法有酵母双杂交、亲和层析-蛋白质质谱技术。但这些技术通量不高，没有覆盖所有的蛋白质。2015 年，哈佛医学院的研究人员利用 BioPlex（ORFEOME 衍生复合物的生物物理学相互作用）技术，流程如图 14-3 所示，在 *Cell* 杂志上报道 23 000 种蛋白相互作用。他们将 13 000 个 FLAG-HA-tagged ORFs 慢病毒文库转入 293T 细胞中，通过亲和层析–蛋白质质谱技术鉴定到 7668 个蛋白质间 23 744 种相互作用。2017 年，他们在《自然》杂志上报道了 BioPlex 2.0 的结果，公布了迄今为止最大规模的人类蛋白质相互作用组，发现超过 56 000 种蛋白质相互作用。很多人类疾病并不是单基因变化造成的，如某一生命过程中蛋白相互作用发生较大变化，而我们对蛋白质相互作用和疾病间的联系却知之甚少。通过将 BioPlex 2.0 的数据和 DisGeNET 疾病数据库进行整合，鉴定到 442 种和疾病相关的蛋白互作团簇。以大肠癌为例，有 65 个蛋白和癌症相关。上述结果表明癌症的发生是一个非常复杂的过程，涉及众多蛋白的变化：除了蛋白含量的异常外，蛋白质相互作用的变化也是非常值得关注。

五、蛋白质修饰组学与药物设计

蛋白质的翻译后修饰（PTM）是指生命体内的修饰酶通过化学反应在蛋白质上引入共价修饰的现象。大家熟知的表观遗传学中的甲基化、乙酰化、泛素化等都是典型的 PTM。PTM 是促成蛋白质多样性的两个关键因素之一。目前，已有报道的 PTM 为 670 余种，修饰位点约为 900 000 个。一个氨基酸或者多个氨基酸可以被相同或者不同的 PTM 酶修饰。除此之外，共价修饰的程度也会不同，如组蛋白 H3 或者 H4 的赖氨酸可以被单甲基化、双甲基化或者三甲基化，引发后续不同的生物学效应。蛋白质的 PTM 在生物体内广泛存在，促成了蛋白质结构与功能的多样性与复杂性，也影响着蛋白质相互作用。PTM 参与多种生物过程，包括凋亡、细胞生长与分化、信号转导、DNA 复制等。与此同时，蛋白质的 PTM 修饰酶也与多种疾病的发生密切相关，是非常重要的治疗靶标，已成为药物研发的热点领域（图 14-4）。

笔记栏

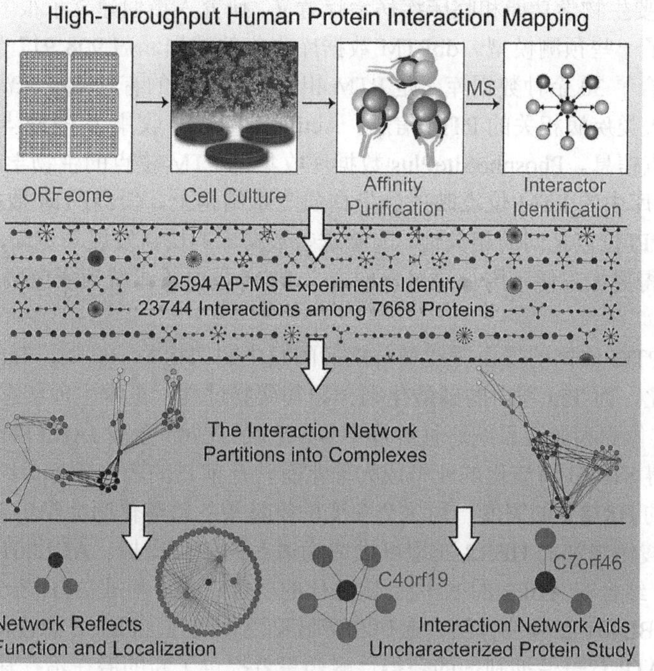

图 14-3　BioPlex 实验流程

将 FLAG-HA-tagged ORFs 慢病毒文库转入 293T 细胞中，筛选阳性克隆，进行亲和层析富集，蛋白质质谱分析相互作用蛋白，最后生物信息学分析 PPI 网络

High-Throughput Human Protein Interaction Mapping，高通量人类蛋白质互作映射；Cell-Culture，细胞培养；Affinity Purification，亲和纯化；Interactor Identification，互作发现；2594 AP-MS Experiments Identify 23744 Interactions among 7668 Proteins，2594 次亲和层析–蛋白质质谱技术（AP-MS）实验发现 7668 个蛋白质中存在 23744 种相互作用；The Interaction Network Partitions into Complexes，相互作用网络划分成复合物；Network Reflects Function and Localization，网络反应功能和定位；Interaction Network Aids Uncharacterized Protein Study，互作网络有助于未知蛋白质研究

图 14-3

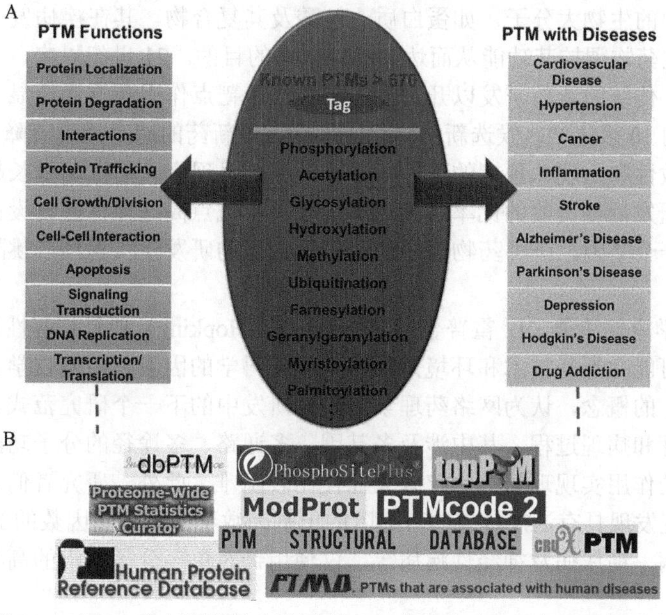

图 14-4　PTM 参与调控的生物过程、与疾病关系以及相关的数据库

A. PTM 的生物学功能以及其病理学角色；B. PTM 相关的数据库

PTM Functions，翻译后修饰功能；Protein Localization，蛋白质定位；Protein Degradation，蛋白质降解；Interactions，相互作用；Protein Trafficking，蛋白质运输；Cell Growth/Division，细胞生长/分裂；Cell-Cell Interaction，细胞间相互作用；Apoptosis，细胞凋亡；Signaling Transduction，信号转导；DNA Replication，DNA 复制；Transcription/Translation，转录/翻译；Phosphorylation，磷酸化；Acetylation，乙酰化；Glycosylation，糖基化；Hydroxylation，羟基化；Methylation，甲基化；Ubiquitination，泛素化；Farnesylation，法尼基化；Geranylgeranylation，戊二烯基化；Myristoylation，肉豆蔻酰化；Palmitoylation，棕榈酰化；PTM with Diseases，翻译后修饰相关疾病；Cardiovascular Disease，心血管疾病；Hypertension，高血压；Cancer，癌症；Inflammation，炎症；Stroke，中风；Alzheimer's Disease，阿尔茨海默病；Parkinson's Disease，帕金森病；Depression，抑郁症；Hodgkin's Disease，霍奇金病；Drug Addiction，药物成瘾

图 14-4

笔记栏

基于PTM的重要生物学功能和临床疾病治疗意义，研究人员们建立了很多不同的PTM数据库，并在此基础上建立了一些预测模型。dbPTM数据库收集的数据涵盖908 917个反应位点、130余种PTM类型，并且融合了30余种数据库，是PTM相关计算研究的有利数据来源。PTMD数据库通过文献检索收集了与人类疾病相关的PTM信息。ActiveDriverDB收集了PTM与错义单核苷酸突变及疾病相关突变的位点信息。PhosphoSitePlus数据库收集了PTM位点的生物学功能及疾病相关信息。通过将dbPTM数据库中的PTM位点映射到蛋白质三维结构上，CruxPTM数据库描绘了PTM位点与配体结合位点或PPI位点之间的相关性。随着这些数据库的快速发展与更新，各种计算模型也使得PTM相关的预测变得更加方便可用。这里我们定义PTM蛋白质亚型为蛋白质在经历PTM后对应的结构。

研究已经表明PTM修饰的蛋白质亚型与疾病的发生密切相关。例如，Tau蛋白的聚集是阿尔茨海默病的病理性变化，而Tau蛋白的磷酸化则介导其聚集过程。正常生理状态下STAT3的活化是短暂的，但是在多种实体瘤和血液系统恶性肿瘤中STAT3的Y705会被JAK3磷酸化，并使其处在持续激活的状态。这使得STAT3磷酸化的亚型成为非常有治疗前景的药物靶标。约11%的肝细胞癌的患者体内会有HER2的H878Y的突变，而这个突变的氨基酸的磷酸化则会稳定HER2的活性构象，增强其酶活。提示磷酸化修饰的HER2亚型可以成为潜在的治疗靶标。ABL001（asciminib）是BCR-Abl的变构调节剂，结合在ABL1的N-肉豆蔻酰化的反应口袋，而非ATP结合口袋。最近的Ⅲ期临床实验数据表明，ABL001在慢性骨髓白血病和费城染色体阳性（Ph+）急性淋巴细胞白血病的患者体内安全有效，为ATP竞争性抑制剂的获得性耐药患者提供了新的潜在治疗途径。因此，PTM修饰的蛋白质亚型的作为疾病的治疗靶标用于药物研究，尤其是对患者的个性治疗具有重要意义。此外，靶向PTM修饰酶也是靶向PTM行之有效的药物设计策略。

第三节 基于蛋白质组学数据的网络药理学

一、组学技术与网络药理学发展

药物设计首先要明确的是药物靶标。所谓药物靶标，是指生命体（人体或存在于人体的病原体如细菌、病毒等）中的生物大分子，如蛋白质、核酸及其复合物，其在疾病发生发展过程中起着关键的作用，可以通过药物调控其功能从而达到治疗疾病的目的。21世纪以来，新药研发中出现了越来越多的瓶颈问题。传统的新药研发以开发高选择性的单靶点作用药物已经显示出发展的局限及应用的缺陷。在过去的10多年中，候选新药转化成临床有效新药的速率显著下降，而在Ⅱ期和Ⅲ期临床试验中因缺乏有效性和出现非预期的毒性所导致的损耗呈现令人担忧的增长趋势，约占研发失败原因的60%。新药研发后期失败的比率增高与疾病相关单靶点高选择性药物设计的主导思想密切相关。因此，基于"一个基因，一种药物，一种疾病"的药物研发模式遇到了挑战，已经显示出其发展的局限性。

2007英国药理学家安德鲁·L.霍普金斯（Andrew L. Hopkins）独具见解性地指出，造成药物研发失败的主要原因可能并不是技术和环境条件，也不是科学的因素，而是哲学上的原因。他率先提出了"网络药理学"的概念，认为网络药理学是药物研发中的下一个研究范式。由于生命和疾病是一个非常复杂的生理和病理过程，其中涉及多基因、多通路、多途径的分子功能网络相互作用的过程，通过单一靶标的作用实现理想的治疗效果往往比较困难。此外，研究者们采用模式生物及大规模的功能基因组研究发现具有治疗价值的可敲除的单基因数不超过总基因数的10%。对于复杂疾病，如肿瘤、心血管疾病、糖尿病及神经性疾病等，仅使用针对单一分子靶点的高特异性化合物来治疗很难获得好的疗效。

随着基因组学、蛋白质组学、高通量技术、分子相互作用等系统生物学技术的发展，网络药理学作为新的药物研发思路逐渐被大家认可。网络药理学将生物学网络与药物作用网络进行整合，通过分析药物在网络中与节点或网络模块的关系，由寻找单一靶点转向综合网络分析。通过网络分析来观察药物对整体的系统病理网络的干预与影响，提高药物的治疗效果并降低其毒副作用，从而提高新药临床试验的成功率，节省药物的研发费用。基于网络药理学形成药物是发展创新药物的重要途径，是突破当今药物研发瓶颈的新思路，将为复杂疾病的诊治带来重大突破。

笔记栏

二、基于网络的药物发现方法

网络是一组对象（节点）和它们之间发生的关系（边）的自然抽象。网络已被广泛用于经过实验验证或计算预测的基因、蛋白质和代谢物之间的调节和功能的相互作用，这种相互作用被视为相应节点之间的边。大规模基因组学、转录组学和蛋白质组学实验数据使得能够在相对短的时间内识别数千种相互作用，即使它们的功能意义并不是立即显现的。基于网络的药物发现和系统药学旨在利用网络的力量来研究小分子对分子网络的影响，以阐明其作用机制并识别创新治疗方法。这些创新方法可用于：①网络中的疾病模块的发现，优化靶标发现及靶标组合；②药物靶标关系预测，从而有助于优化药物发现过程；③基于网络的药物联用；④基于网络的个性化治疗。

随着现代基因组学、蛋白质组学、代谢组学等组学的发展，以及系统生物学视角的引入、创新的生物信息学工具的研究开发，极大地促进了对于药物作用机制的研究，并发展出一系列标志性的、创新的研究范式。现代化学生物学的发展，积累了海量的关于小分子化合物的细胞学筛选结果，其对细胞的作用机制的刻画达到了前所未有的水平。例如，由美国麻省理工学院和哈佛大学完成的 Connectivity Map 项目，利用基因芯片技术测量了药物作用于人类细胞后引起的基因表达变化图谱，并建立统一的 CMap 数据库。最近，更大规模的药物诱导基因表达谱数据库 Lincscloud 已正式对学术界开放使用，目前版本含有 1 万多个药物或类药活性分子对 20 000 个基因有超过 100 万条的诱导基因的表达谱数据。这些海量的药物诱导基因表达谱数据库为药物靶标预测提供了丰富的数据来源，但是也给基于大数据的计算方法带来了挑战。

（一）网络中的疾病模块

研究表明，与复杂疾病相关的蛋白质倾向于形成相互作用，从而参与共同的生物通路。在 PPI 中，细胞功能大多以高度模块化的方式进行，负责特定细胞功能的蛋白质高度互连形成模块化的细胞网络。对 PPI 网络模块化结构的分析有助于进一步探索驱动人类疾病的潜在分子网络机制的研究。网络模型为疾病研究提供了一个系统的视角，用于发现人类疾病的潜在原因，并更好地了解每种疾病与其分子功能群体之间的相关性。这些互作网络可用于预测基因功能、新的疾病相关基因以及疾病表型之间的关系。所以，PPI 网络中特定蛋白质功能群体的扰动就能导致疾病表型的出现。疾病基因的相应蛋白质产物更可能参与相同的功能模块，并且与相同疾病相关的蛋白质增加了共享相似生物学功能的可能性。因此，可以通过网络拓扑分析从 PPI 网络中鉴定疾病模块，发现具有与特定表型相关的紧密连接蛋白的特定领域。

控制疾病表型的功能蛋白质在 PPI 网络中能够形成疾病模块。通常，疾病模块具有以下特征：①在 PPI 网络中具有明显增加的交互作用；②倾向于在特定的组织中表达；③显示出高的共表达特性；④具有相似的基因本体（GO）术语。这些发现支持基于网络的疾病模块的模型。疾病代表疾病模块的变异引起的扰动，造成发育和生理病理的异常。如表 14-1 所示，本书提供了从人类 PPI 组中构建疾病模块的代表性生物信息学资源。

表 14-1　基于人类 PPI 构建疾病模块的代表性生物信息学资源

数据库	描述
ClinVar	序列变异与各种人类表型之间关系的公共数据库
CTD	数据库包含化合物、基因和疾病的相互作用
DisGeNET	通过组合专家系统和文本挖掘数据创建的疾病基因数据库
GWAS Catalog	包含全基因组的无偏 SNP 特征关联的数据
OMIM	包含文献挖掘实验验证的人类疾病基因

迄今为止，大多数疾病模块检测算法都是建立在拓扑结构的基础上，将模块作为特定疾病的功能模块。通过团簇识别方法识别蛋白质族群，发现大多数拓扑模块对应于功能模块。因此，一般认为拓扑、功能和疾病模块是相互重叠的且功能模块对应于拓扑模块。最近的研究表明，在肺腺癌中（图 14-5A），与低突变频率的基因相比，几个显著突变基因（如 *EGFR*、*TP53* 及 *NF1*）具有较高的连通度。此外，随机选择与显著突变基因数目相同且具有相似连通度的基因，83.1% 的突变基因能够显著形成最大的链接模块（$P=1.6\times10^{-62}$ 置换检验，图 14-5B）。从 15 种癌症的大规模基因组测序中

笔记栏

鉴定出的显著突变基因更容易形成模块（图 14-5C）。具有高突变频率的基因的显著模块化特性推动了新的基于网络方法的发展。通过将个体患者 DNA 测序数据映射到人类 PPI 网络模型有助于识别患者特异性的疾病模块。

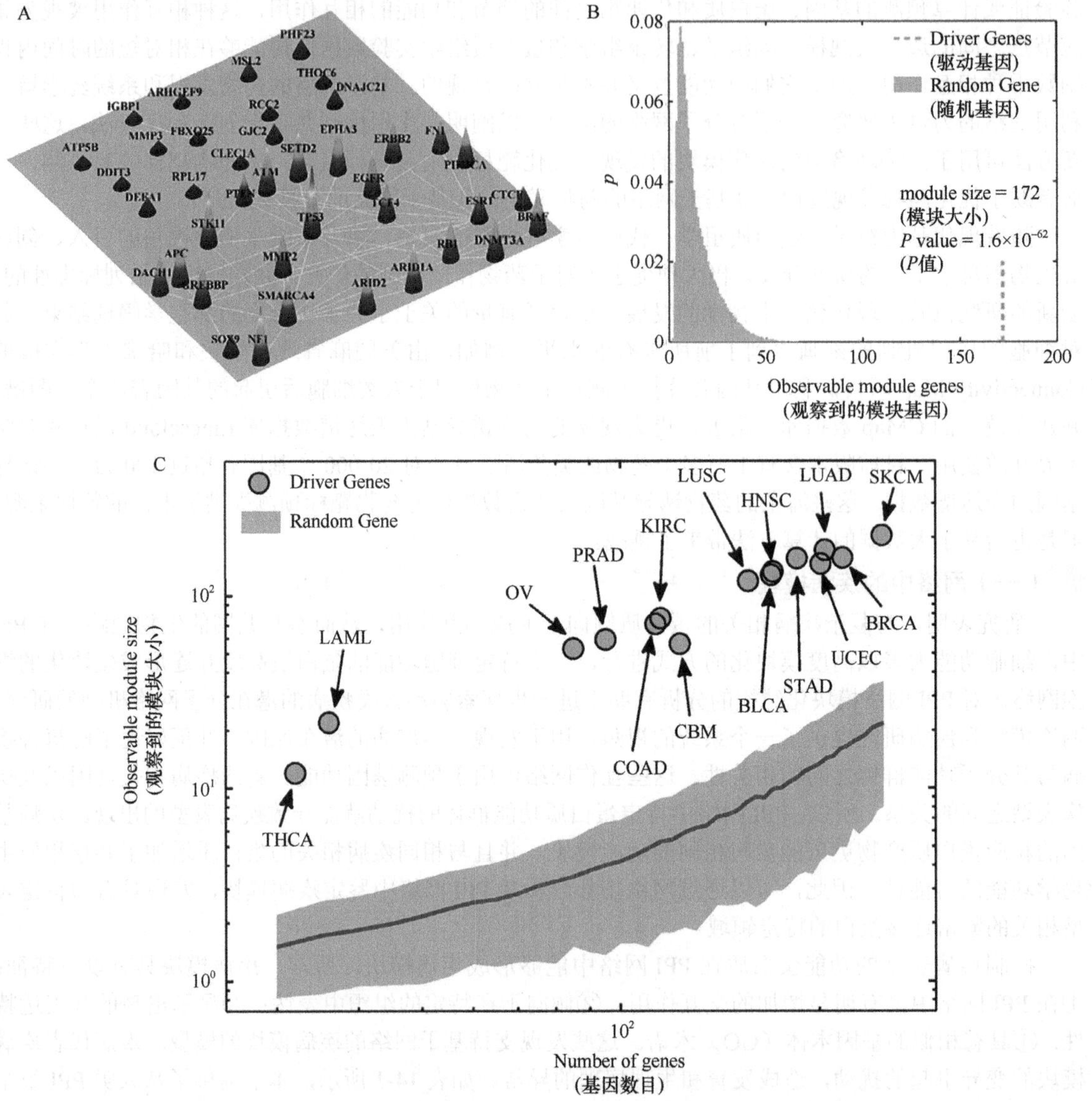

图 14-5

图 14-5 来自患者特异性 DNA 测序数据的突变基因的疾病模块的证明

A. 肺腺癌高突变基因与低突变频率基因的网络分布；B. 肺腺癌中显著突变基因和高突变基因构成显著连接模块；C. 通过统计方法识别的基因和按突变频率排序的高突变基因构成了显著的最大连接模块，与分布在人类 PPI 中的随机基因的连通度进行比较

目前，研究人员发展了许多生物信息学和基于网络的方法用于疾病模块的识别，包括核聚类、图熵方法、模块化优化、基于随机游走的方法、局部的方法和集成的方法。例如，最近的一项研究全面评估了 75 种不同生物网络（包括 PPI、信号转导网络、基因共表达网络和癌症基因网络）中的模块识别方法。通过系统评估提出了模块识别的五项原则：①采用不同的方法识别互补模块；②由不同方法得出的模块应该得到保留，不形成统一的网络；③应当使用不同网络提供的互补信息；④模块识别方法应分别应用于每个网络；⑤使用多网络方法来说明分层网络中的模块。

（二）药物靶标关系的预测

随着对药物及其靶蛋白相互作用机制的深入研究，人们清晰地认识到药物与靶蛋白的相互作用并不局限于一种药物对应一个靶标。大多数临床药物是通过药物结合多个靶蛋白而发挥疗效。目前已经发现的药物靶点有 500 个左右，而约 40% 的药物是以 G 蛋白偶联受体为靶点发现或设计的。根据人类基因组的研究估计，人体内可能的药物作用靶点蛋白有 5000～10 000 个，更多的药物靶点有待于进一步地挖掘。寻找新的药物靶点蛋白是药物研发中的重要环节，新靶点的发现可为药物筛选

笔记栏

提供突破口，为先导化合物的发现和设计提供重要的理论依据。目前有许多通用的药物靶点数据库或化合物–蛋白相互作用数据库，提供了大量的药物（或小分子）–蛋白相互作用的实验或预测数据（表 14-2）。

表 14-2　小分子–靶标数据库及在线预测平台

数据库	描述
BindingDB	BindingDB 提供了实验测量的蛋白质–配体结合亲和力数据，包括 Ki、Kd、IC_{50} 和 EC_{50} 的值。它主要关注类药物小分子和被认为是药物靶点的蛋白质之间的相互作用
ChEMBL	ChEMBL 收录了全面的药物和小分子。数据库提供化合物的结构、功能、靶标和 ADMET 信息
DrugBank	DrugBank 提供有关药物分子及其机制的全面信息，包括其化学、药理、ADMET、相互作用信息以及靶标信息
PharmMapper	PharmMapper 根据药效团模型预测化合物的靶标蛋白，它通过将所查询化合物的药效团与内部药效团模型数据库匹配来执行预测
STITCH	STITCH 是一个化合物–蛋白相互作用的数据库，包含了已知的和预测的相互作用。数据库中的每个相互作用都分配了一个分值，以指示其相互作用的概率或结合亲和力
SuperPred	SuperPred 提供化合物靶标和 ATC 码的预测，其预测是基于相似性原理。ATC 码的预测是将输入化合物与 2600 个已知 ATC 码的化合物进行相似性比对来做的
SwissTargetPrediction	SwissTargetPrediction 基于与已知化合物的二维和三维结构的相似性来预测化合物的靶标，为每个预测靶标提供一个分数，以评估预测正确的可能性
TargetNet	TargetNet 是基于 QSAR（定量构效关系）模型预测化合物的靶标。该模型在数学上将分子的特定化学特征与其生物活性联系起来，使用七种不同的分子指纹来描述分子的化学特性
TTD	TTD 提供药物、靶标以及药物靶向的疾病和通路的信息。TTD 提供了药物相似性搜索工具，可以用于预测化合物的靶标
ZINC	ZINC 提供化合物的购买信息、靶点、临床试验等方面的信息。ZINC 将配体–靶标结合的亲和力值 pKi、IC_{50}、EC_{50}、AC_{50} 和 pIC_{50} 标准化为单一的 pKi 值。该数据库还提供了基于相似性算法的预测靶标

药物靶标相互关系的预测主要包括基于配体的、基于靶标的、基于化学基因组学的以及网络推理的方法。基于药物相似性的网络推理方法。其基本假设是，如果药物与靶点存在相互作用，那么与此药物相似的其他药物将很有可能结合此药物的靶标（图 14-6A）。药物与药物之间的相似性包括：①化学相似性，通常用物理化学方法来测定描述符或采用计算化学方法计算分子指纹用于化学相似性计算。②药物副作用相似性，每种药物都是由给定数量的向量编码。向量中的每一位用于表示临床数据库中注释的药物副作用。如果有副作用事件则将相应位置设置为 1，否则设置为 0。③药物治疗相似，解剖学、治疗学及化学分类系统编码为衡量药物相似性提供了一个新的维度。其中，化学分类系统编码可以从多个公共数据库下载，如 DrugBank 数据库。

基于靶标相似性的药物靶标关系预测的生物学假设是，如果药物与靶标蛋白存在相互作用，那么该药物与具有相似生物学距离（如蛋白质序列相似性）或具有相似功能的其他靶标蛋白质（例如，人类 PPI 网络中的拓扑相似性或 GO 相似性）存在相互作用（图 14-6B）。蛋白质之间的相似性包括：①通过蛋白质序列比对得到序列同源性来刻画蛋白质之间的生物距离；②通过 PPI 网络的拓扑相似性计算人类 PPI 网络中最短路径距离来衡量靶标蛋白质与靶标蛋白质之间的相似性，将网络距离转换为相似性度量；③通过基因本体（GO）论术语来衡量靶标蛋白质之间的功能相似性。基于网络的推理方法包括（图 14-6C）未加权的网络推理方法、点加权的网络推理方法及边加权的网络推理方法等。

研究人员利用 CMap 数据库的数据开发了药物靶标预测和药物重定位研究的计算方法。首先，利用药物的基因表达谱数据，计算药物–药物之间的相似性用于构建药物-药物网络，并利用图论算法确定药物–药物网络中的模块成员。最后，预测某个药物的新靶标。利用该数据库可以对各种药物进行聚类分析，从而依据与已知药物基因图谱的相似性来预测未知药物的作用机制。在给定某种疾病状态的基因图谱的情况下，可以在这个参考数据库中查询与输入的图谱呈显著负相关的基因图谱，其对应的药物就是该疾病状态的候选药物。运用该策略已经获得了一批药物作用机制的新认识，以及筛选得到新的药物候选分子。

笔记栏

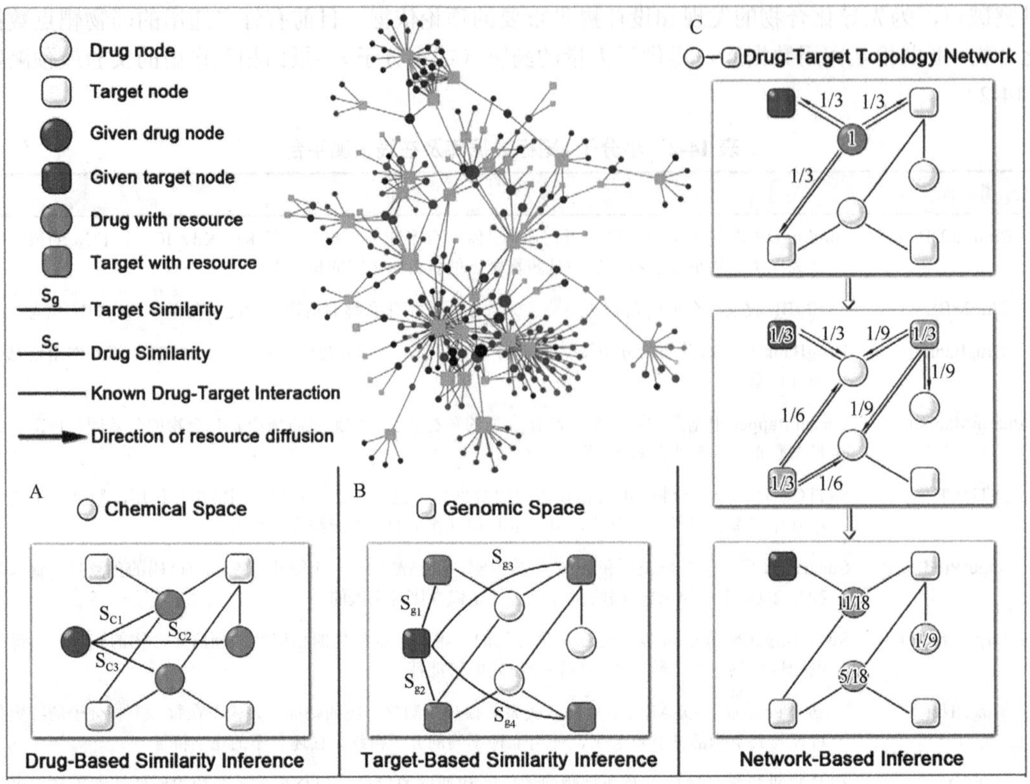

图 14-6

图 14-6　基于网络的药物–靶点相互作用预测方法示意图

A. 基于药物的相似性推断；B. 基于靶点的相似性推断；C. 基于网络的推理方法。图中绿色圆圈表示已知靶标的药物分子，绿色正方形表示已知的药物靶标，粉色圆圈表示要预测的药物分子，粉色正方形表示要预测的药物靶标。蓝色边表示已被证实的药物–靶标相互作用，黑色箭头表示资源扩散方向

Drug node，药物节点；Target node，靶标节点；Given drug node，给定药物节点；Given target node，给定靶标节点；Drug with resource，信息注释的药物；Target with resource，信息注释的靶标；Target Similarity，靶标相似；Drug Similarity，药物相似；Known Drug-Target Interaction，已知药物–靶标相互作用；Direction of resource diffusion，信息扩散方向；Chemical Space，化学空间；Genomic Space，基因组空间；Drug-Based Similarity inference，基于药物的相似性推断；Target-Based Similarity inference，基于靶标的相似性推断；Network-Based inference，基于网络的推断；Drug-Target Topology Network，药物–靶标拓扑网络

（三）基于网络的药物联用

单一治疗药物的临床安全性和有效性的特征是通过衡量其在人类蛋白质组众多蛋白质中的生物学功能来进行评价的。这种研究策略属于网络药理学的研究范畴。被称为“魔法子弹”的药物在单一药物治疗中，通过影响细胞中相互依赖的分子间相互作用，通常具有比其靶标更广泛的作用。复杂的药物脱靶特征通常与单一治疗药物的各种副作用和多药治疗的不良药物相互作用相关。组合治疗（图 14-7）使用针对互补细胞通路的联合用药的效果比单一疗法更具优势。此外，联合治疗还可以减少单一治疗的副作用。如在单药治疗期间，每种活性成分联合用药的剂量均低于各自药物的剂量。因此，联合用药通过协同靶向多种疾病蛋白或途径改善了许多复杂疾病的临床效果，如高血压、癌症和病毒感染等。然而，同时提供高临床疗效和低毒性的药物组合的系统发现是药物发现和患者治疗中一项极其困难的任务。

通过传统的实验方法从系统层面理解疾病和药物通路的关系比较耗时耗力，而且不一定可行。尽管化学、生物学和医学在过去的一个世纪里都取得了显著的发展，但对成对药物组合的系统性高通量测试，仍然是一个巨大的挑战。例如，对于 1000 种药物，存在 499 500 种两两组合。而且，目前还没有对数百种不同的复杂疾病和不同剂量的成对组合进行粗略的搜索。在过去的 10 年里，预测药物组合的方法主要有两种：数据驱动的方法和系统生物学方法。数据驱动方法主要包括基于机器学习的方法和数学建模。然而，目前报道的基于机器学习的方法大多数属于“黑盒”模型。因此，为联合用药开发新的基于系统生物学机制的模型迫在眉睫。

笔记栏

（四）基于网络的个性化治疗

“精准医疗”的根源在于以患者基因组突变为指导进行治疗会得到更好的效果。为了在患者身上

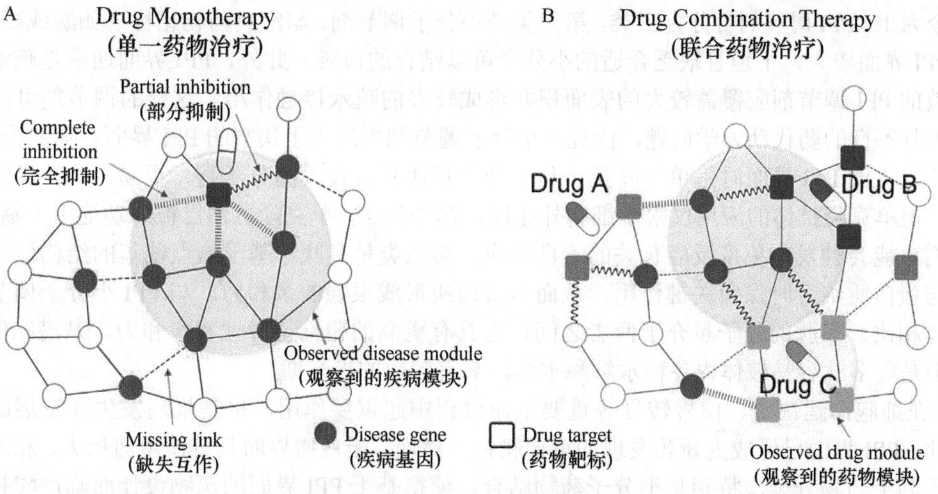

图 14-7　人类相互作用组网络中基于网络的药物-药物相互作用关系示意图

A. 传统的"灵丹妙药"策略专注于设计具有高选择性的配体来靶向单一的疾病蛋白；B. 靶向疾病模块的药物组合比基于单一靶标的药物具有更佳的治疗效果

图 14-7

找出有价值的突变和药物靶点，这一目标促进了全基因组/外显子组测序、大型数据库的创建及统计分析工具的开发。对收集到的大量序列数据进行解释，这在很大程度上依赖于统计分析和表型观察。从网络生物学和蛋白质构象的观点来看，统计分析能够识别出疾病相关的突变。然而，突变的统计数据并不能确定蛋白质的构象变化和细胞内的网络扰动。因此，它不能充分准确地定义有作用的突变，而且会忽略一些罕见突变。对生物网络、通路及亚细胞系统的充分认识需要将多维层面上（包括细胞、组织、器官和生物体）的动态信息进行整合，而当前的实验和计算方法缺少这些信息的整合。目前，疾病治疗正从以药物为中心转向以患者为中心，展现出不同程度的个性化。这需要整个药物开发过程中使用基于网络的方法进行多组学数据集成，对传统的药物研究范式进行改变。目前，研究人员提出了一种基于网络的加速个性化医疗发展的方法，称为全基因组定位系统网络（Genome-wide Positioning Systems network，GPSnet）算法（图 14-8）。具体来说，GPSnet 算法将单个患者的 DNA 和 RNA 测序谱整合到人类 PPI 网络中。结果表明，GPSnet 预测的疾病模块是与药物反应高度相关的，并通过个体化的"精确"靶向来优先考虑新的疾病治疗模块。

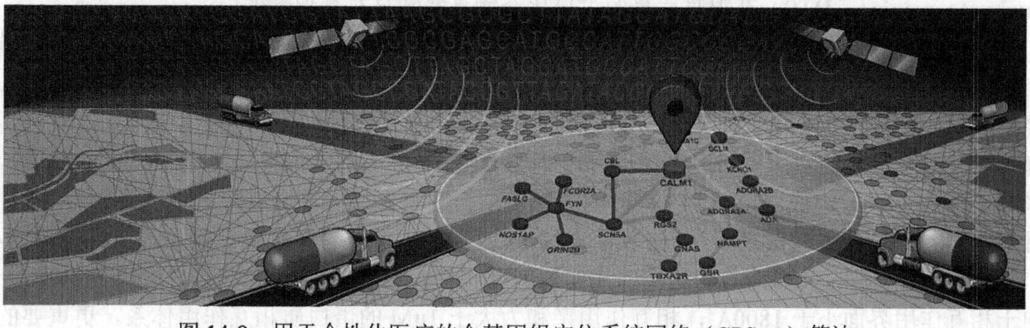

图 14-8　用于个性化医疗的全基因组定位系统网络（GPSnet）算法

图 14-8

基于多组学数据和人类 PPI 构建的个性化网络疾病模块可以指导临床试验的治疗评估和优化患者的治疗。具体来说，GPSnet 可以通过对多组学数据的独特整合来构建疾病模块，包括基因组学、蛋白质组学、代谢组学和其他类型的组学数据。然后，GPSnet 可以利用疾病模块对患者进行聚类（亚型）并指导个性化治疗。

第四节　靶向蛋白质 - 蛋白质相互作用的药物设计

本节将初步讨论 PPI 作为药物治疗靶点的蛋白质结构分析及可药性分析，接下来阐述靶向 PPI 药物设计的计算方法和这一领域的最新进展如何促进 PPI 药物发现，计算机辅助药物设计技术的优点和缺点。最后，介绍与 PPI 相关的药物发现研究案例。

笔记栏

迄今为止，PPI调节剂可分为三类。第一类是小分子调节剂。与经典药物靶标（如酶或离子通道）相比，PPI界面较大，平坦且缺乏合适的小分子可以结合的口袋。此外，PPI界面通常是疏水的。因此，有效的PPI调节剂应覆盖较大的表面积并形成较多的疏水接触作用。这样的调节剂可能会面临分子量大且不良的药代动力学问题。因此，小分子调节剂更适用于狭窄的PPI界面。第二类是抗体。当作用于较大的PPI界面时，单克隆抗体与小分子相比具有较大的分子量，更易与PPI界面形成相互作用。但单克隆抗体的应用仅限于细胞外靶标。迄今为止，单克隆抗体已被成功地用于临床治疗，尽管它们可能会触发与免疫反应有关的不良反应。第三类是多肽。基于热点残基的结构信息设计的多肽在与蛋白质结合时保留关键作用，从而与蛋白质形成很强的亲和力。与PPI小分子调节剂和单克隆抗体相比，多肽的分子量介于两者之间。它具有更高的靶标特异性和亲和力，是潜在的PPI调节剂。但是，多肽容易被体内各种水解酶水解，具有较短的半衰期。

PPI在细胞命运决定、信号转导等重要生命过程中起重要作用，也是疾病发生和发展的重要环节。因此，PPI界面已经成为新药发现的重要靶标。然而，蛋白质界面具有作用面积大、相对平坦等特点，不利于药物分子，特别是小分子药物结合，使得基于PPI界面的药物设计面临严峻挑战。因此，发展PPI界面预测理论计算方法及其相应的药物设计方法，用于细胞信号通路研究和靶向PPI界面的合理药物设计，是一项十分紧迫并意义重大的研究课题。

一、可靶向PPI的结构特点及药物设计策略

PPI与一系列的细胞活动紧密相关，因此，它们对于机体的健康与疾病状态至关重要。鉴于它们在一系列广泛的生物过程当中扮演不可或缺的角色，调节蛋白质相互作用在药物开发领域具有广阔的发展空间。近年来，开发蛋白质相互作用调节剂已经成为基础及临床研究的一大热门方向。虽然该领域上已有大量的投入，但是相关的研究依然乏善可陈。

PPI界面的性质与传统药物靶标明显不同，传统药物靶标具有明确的用于结合小分子的口袋。PPI界面通常很大（约1500～3000Å^2）而且平坦（常暴露于溶剂），并以疏水性氨基酸为主。这些特点给靶向PPI的小分子设计带来了困难。第一，一个强有力的PPI抑制剂要求分子量大，疏水性强使其能覆盖较大的疏水性表面积。不过，这样的化合物可能有较差的溶解度和面临药代动力学问题。第二，特定PPI界面的结合剂是蛋白质本身，其氨基酸涉及的PPI是不连续的。因此，蛋白质或多肽参与PPI不能作为设计和识别的小分子抑制剂的起点。第三，是以现有的靶向传统药物靶标的化合物数据库为主，无法有效覆盖PPI抑制剂的化学空间。因此，通过PPI抑制剂的高通量筛选（high throughput screening，HTS）获得高质量的先导化合物是非常具有挑战性的。

对PPI界面的拓扑特征的了解对靶向PPI调节剂的发现至关重要。PPI界面的一大特征是其较大的相互作用面积。一般情况下，蛋白质相互作用界面的面积普遍在1200～2000Å^{2}之间，但是考虑到极端的例子，该范围可以推广到1000～6000Å^2。相互作用界面面积较大的多见于诸如G蛋白以及蛋白酶等涉及信号转导的蛋白质相互作用信号通路当中。PPI界面通常由核心区域（core region）及边缘区域（rim region）组成。根据PPI界面的面积及结合亲和力，通常可以将PPI界面分为四类："紧密且宽""紧密且窄""松散且窄""松散且宽"。这四类PPI界面的性质及示例见表14-3及图14-9。PPI界面的面积及结合亲和力与其相应的成药性紧密相关。以往研究显示，超过60%的PPI调节剂靶向于相互作用界面小于1800Å^2，相互作用亲和力大于1μM的蛋白质相互作用体系。更重要的是，绝大部分进入临床试验阶段的PPI调节剂，主要都是会靶向相互作用界面面积在250～900Å^{2}之间的体系。所以，靶向"紧密且窄"的PPI界面更适合设计小分子，而靶向"松散且宽"的PPI界面开展小分子设计比较困难。

表14-3 根据接触面积和结合亲和力划分的四类PPI界面

PPI类型	接触面积（Å^2）	亲和力（Kd，nM）	示例	描述
紧密且宽	＜2500	＜200	β-Catenin/TCF3 Hsp70/NEF RGS4/Gα cMyc/Max	具有紧密亲和力的大的隐藏的、曲折的（或不连续）接触区域；小分子抑制剂难以靶向

笔记栏

续表

PPI 类型	接触面积（Å²）	亲和力（Kd，nM）	示例	描述
紧密且窄	＜2500	＜200	IL-2/IL-2Rα receptor MDM2/p53 Bcl-2/BH3 XIAP/caspase 9	在相对较小的表面积内实现高亲和力结合；有少于五个热点残留物的深口袋；可药物性强
松散且窄	＜2500	＞200	TPR1/Hsc70 ZipA/FtsZ	结合力弱，接触面积相对较小；相互作用短暂，结合口袋相对浅和难以获得结构数据；小分子结合靶标具有挑战性
松散且宽	＜2500	＞200	Ras/SOS	表面积大，亲和力弱；发现小分子抑制剂极具挑战性

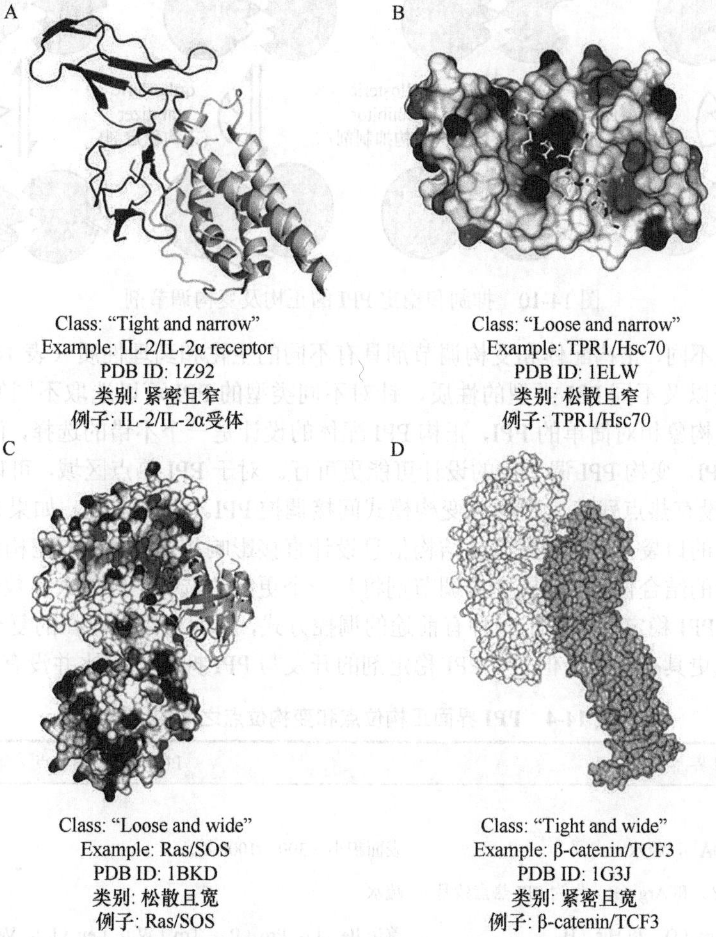

图 14-9　根据 PPI 的接触面积及结合亲和力进行分类的四类 PPI 的拓扑特征

图 14-9

与传统药物小分子相比，我们发现靶向PPI的小分子具有更大的分子量和较强的疏水性质。开发靶向PPI界面的药物是极富有挑战性的，相比于蛋白相互作用界面的物理缺陷，具有更大多样性的变构位点更加有利于小分子调节剂的设计与开发。目前，靶向PPI的调节剂主要依赖于正构和变构两大类的调节方式。在正构调节当中，调节剂小分子会直接结合到PPI界面，直接阻止或稳定相互作用复合物的形成。这一方法最大的挑战来自大而平的相互作用界面。所对应的正构调节剂会经常出现分子量较大，亲和力较低，生物活性不佳等缺点。作为正构调节剂的替代，变构效应能够在一定程度上解决正构调节剂所遇到的问题。变构调节指的是蛋白上变构位点（allosteric site）对于正构位点（orthosteric site）的调节作用。通过靶向PPI界面以外的变构位点，变构调节剂可以通过调控作用来改变PPI界面的构象，从而实现阻断或加强PPI复合物的作用。

PPI小分子调节剂不仅可以作用于蛋白质–蛋白质界面，也可以作用于界面以外的别构位点（图 14-10）。研究表明，小分子调节剂可以结合蛋白质的非相互作用区域，称为变构抑制，也可以结

笔记栏

合 PPI 相互作用界面，称为正构抑制。除了抑制 PPI，某些调节剂还可以稳定甚至提高 PPI 结合。因此，变构调节剂被认为是靶向传统“难成药”的 PPI 界面的全新药物开发方案。基于变构位点的调节剂设计能够为靶向 PPI 的药物开发另辟蹊径。通过变构效应调节 PPI 已经成为创新药物研发领域的热点。

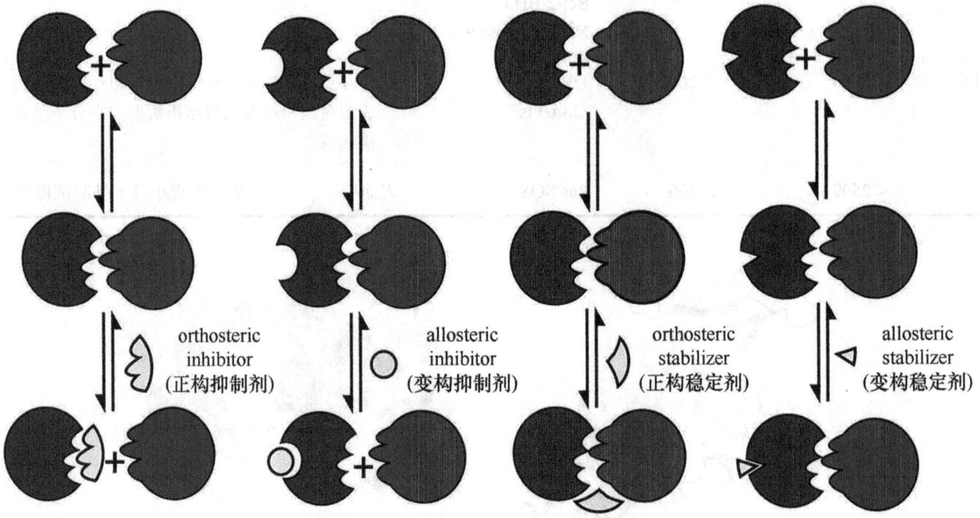

图 14-10

图 14-10　抑制和稳定 PPI 的正构及变构调节剂

由于结合位置不同，正构配体和变构调节剂具有不同的生化和药理性质（表 14-4）。考虑到这两种调节方式的特征以及不同 PPI 类型的性质，针对不同类型的 PPI 可以选取不同的设计策略。对于表面积较小且界面构象相对简单的 PPI，正构 PPI 配体的设计是一个不错的选择，而对于界面较大且界面构象复杂的 PPI，变构 PPI 调节剂的设计可能更可行。对于 PPI 热点区域，可以设计配体直接影响 PPI。如果 PPI 没有热点残基，则通过变构模式间接调控 PPI。具体来说，如果 PPI 热点残基聚集在一起并形成适当的口袋，可以根据口袋结构信息设计直接影响相关的 PPI 的正构调节剂。如果没有热点残基形成适当的结合位点，发展变构调节剂将是一个更好的选择。目前大多数调节 PPI 的小分子属于 PPI 抑制剂。PPI 稳定剂代表了一种有前途的调控方式，因为与预先存在的复合物结合与抑制复合物相比在能量上更具有优势。但是，PPI 稳定剂的开发与 PPI 抑制剂相比并没有得到足够的重视。

表 14-4　PPI 界面正构位点和变构位点之间的比较

PPI 界面正构位点	PPI 界面变构位点
口袋特征	
表面积大（1000～6000Å^2），疏水	表面积小（300～1000Å^2）
首选 Trp（W），Tyr（Y）和 Arg（R）作为 PPI 热点残基	疏水
富含极性残基，例如 Asp（D）和 His（H）	首选 Ile（I），Pro（P），Trp（W），Leu（L），Val（V），Phe（F），Met（M）和 Tyr（Y）
配体特征	
MW≥400	更多疏水支架
AlogP＞4	结构刚度更高
nR＞4	MW≤600
HBA＞4	RBN≤6
不同系统的多样性高	2≤nR≤5
	nRIS=1 或 2
	3≤SlogP≤7

注：AlogP，原子分配系数；HBA，氢键受体；MW，分子量；nR，环数；nRIS，最大环系统中的环数；RBN，可旋转键数；SlogP，混合分配系数。

笔记栏

总之，通过对蛋白质相互作用的变构调节剂进行全面的总结，希望能对未来相关的海量蛋白相互作用类靶标的变构药物开发提供参考与指导。

二、靶向 PPI 的药物设计方法

目前，已经开发了几种使用结构参数来评估 PPI 可药性的计算模型。PPI 界面的形状及理化方面相关的性质用于表征可被小分子化合物调节的 PPI 靶标。目前，在靶向 PPI 的药物设计中，计算方法包括热点残基的识别、口袋的识别、虚拟筛选及基于片段的药物设计等，在 PPI 的成药性评估及靶向 PPI 分子设计中，这些方法相互结合（图 14-11）。

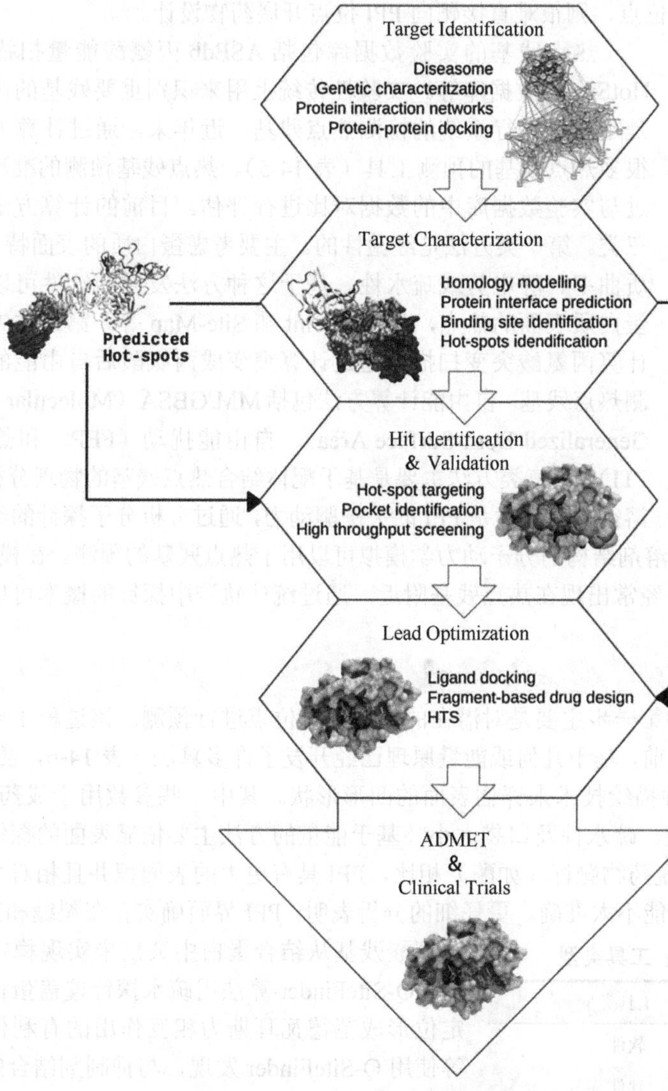

图 14-11　针对 PPI 的合理药物设计的计算方法

涵盖了各种 PPI 药物发现的各个阶段，包括蛋白质网络拓扑结构的解释，表征界面和热点，探索靶向 PPI 的化学空间和优化，以及复杂的相互作用和动力学的阐明

Target Identification，靶标发现；Diseasome，疾病组；Genetic characterization，遗传特征；Protein interaction nerworks，蛋白质互作网络；Protein-protein docking，蛋白质–蛋白质对接；Target characterization，靶标特征；Homology modelling，同源模建；Protein interface prediction，蛋白质界面预测；Binding site identification，结合位点发现；Hot-spots identification，热点残基发现；Predicted Hot-spots，预测热点残基；Hit Identification & Validation，化合物发现验证；Hot-spot targeting，靶向热点残基；Pocket identification，口袋发现；High throughput screening，高通量筛选，HTS；Lead Optimization，先导化合物优化；Ligand docking，配体对接；Fragment-based drug design，基于片段的药物设计；HTS，高通量筛选；ADMET Clinical Trials，ADMET 及临床试验

图 14-11

（一）热点残基

PPI 复合物的形成主要靠疏水相互作用驱动，这主要由界面的非极性残基间的范德瓦耳斯力介导，而界面残基的静电互补性能够有助于蛋白质复合物的形成及稳定性。在一些界面中，氢键及静电相互作用是一个蛋白质对接到另一蛋白质结合位点的主要驱动力。PPI 界面的残基对 PPI 的贡献并

笔记

不相同。威尔斯（Wells）和麦克伦登（McClendon）的开拓性工作率先揭示了PPI界面局部突变对两种蛋白质结合活性的重大影响。目前的研究表明PPI界面上只有少数残基会对结合自由能产生重要的影响，这部分残基被称为热点残基（hot spots）。靶向PPI界面的研究热点就是基于热力学及动力学分析，识别出PPI界面上具有较重要的自由能贡献的热点残基。严格意义上，这些残基对于相互作用的反应自由能的贡献会在其被突变为丙氨酸之后上升至少2kcal/mol；而广义上，在相互作用过程中，比周边结构及残基提供更多的自由能贡献的区域都可以被视为热点残基。如果热点残基聚集在一起并且能形成合适的口袋，将为直接阻断蛋白相互作用的调节剂开发与设计提供线索；如果热点残基不能很好地形成结合位点，则很难直接靶向PPI位点开展药物设计。

表14-5 热点残基的预测工具、工具类型及网址

工具	工具类型
ASEdb	数据库
PCRPi	数据库
ANCHOR	服务器
DrugScore[PPI]	服务器
FTMap	服务器
HotPOINT	服务器
HotSpot Wizard 1.7	服务器
KFC2	服务器

热点残基的实验数据库包括ASEdb丙氨酸能量扫描数据库及HotSprint数据库等。实验性传统上用来识别重要残基的丙氨酸扫描是不足以进行系统的检测热点残基。近年来，通过计算方法发展了很多热点残基的预测工具（表14-5）。热点残基预测的准确性通常通过与实验数据库中的数据对比进行评估。目前的计算方法主要分为三类。第一类方法是经验性的。主要考虑蛋白质的表面特性，如蛋白质曲率、静电势或疏水性。基于这种方法发展的软件可以准确预测蛋白质表面的热点，如HotPoint和Site-Map等。第二类方法是使用计算丙氨酸突变扫描，通过计算突变成丙氨酸后自由能的变化来预测热点残基。自由能计算方法包括MM/GBSA（Molecular Mechanics/Generalized Born Surface Area）、自由能扰动（FEP）和热力学整合（TI）。第三类方法主要是基于配体结合热点残基的物理分析方法。去溶剂化疏水性是PPI的关键驱动力，通过分析分子探针的结合位点来发现疏水区的热点残基。多种溶剂结构的分子动力学模拟可以用于热点残基的预测。在模拟过程中，探针在沿着势能面移动过程中经常出现在热点残基附近，通过统计轨迹中探针的概率可以识别热点残基。

（二）可靶口袋分析

如前所述，计算成药性的第一步主要是对潜在的配体结合位点进行预测。该过程主要是在蛋白质表面寻找可靶向的口袋。目前，基于几何或能量原理已经开发了许多算法（表14-6，表14-7）。第一组使用诸如α球之类的多种描绘技术来评估表面的凹形形状。其中一些参数用于成药性的评估，如疏水性表面积、曲率或极性、疏水性及口袋大小。基于能量的方法主要依靠表面的探针探测，如Q-SiteFinder算法。由于与传统药物靶标（如酶）相比，PPI具有更大的表面积并且相对平坦，因此将这些工具应用于PPI界面可能不太准确。更仔细的分析表明，PPI界面确实存在裂缝和凹槽，允许氨基酸残基从结合蛋白中突出来实现稳定的相互作用。Q-SiteFinder算法用疏水探针覆盖蛋白质表面来定位形成范德瓦耳斯力相互作用的有利位置。富勒等使用Q-SiteFinder发现，与抑制剂结合的PPI具有3～5个共定位口袋，占用体积均为100Å^3，比经典蛋白质–配体相互作用发现的独特口袋（270Å^3）要小

表14-6 口袋的预测工具、工具类型

工具	工具类型
AVP	软件
MDPocket	软件
McVol	软件
MOE Alpha Site Finder	软件
PASS	软件
POCASA	服务器
PocketAnalyzerPCA	软件
Pocketome	数据库
PocketQuery	服务器
Q-SiteFinder	服务器
SiteMap	软件
SURFNET	软件
VOIDOO	软件

表14-7 PPI成药性的预测工具、工具类型

工具	工具类型
2P2I inspector	服务器
PDBePISA	服务器
PIC	服务器
2P2i Score	服务器
Dr.PIAS	服务器
fpocket	软件
PocketQuery	服务器

笔记栏

得多。这种多个相邻子口袋的表面拓扑与 PPI 抑制剂的三维构象空间相关，这一点也表现在 PPI 调节剂小分子与其他药物小分子相比，具有更大的体积。

PPI 界面处的可靶口袋具有高度的疏水性，这种疏水特性在很多口袋可靶性评估中都有考虑，如 Q-SiteFinder 和 fpocket。这些工具比较了它们识别和评分 PPI 口袋可靶性的能力。它们可以检测到相同的口袋，但预测口袋可靶性的结果不同。研究人员建议可以联合使用多种方法得到一致的结果，并与实验方法结合分析。在 PPI 可靶口袋的预测方面，目前主要的挑战是检测复合体中的蛋白在单体形式中存在时，由于界面固有的灵活性和可塑性而产生的瞬时口袋。在 PPI 复合物形成时，蛋白质在单体和复合物之间转变时可以发生局部的一些构象改变。由于这种类型的构象重排发生在纳秒级的时间尺度上，分子动力学（molecular dynamics，MD）模拟已成功用于探索 PPI 界面的构象空间。在 MD 模拟过程中，由于口袋的疏水性，向模拟水箱中加入低浓度的甲醇、异丙醇或苯等化学物质被证明有利于口袋的打开。口袋检测程序 fpocket 的扩展程序 MDPocket，可以对 MD 模拟过程中的疏水性进行追踪检测。

在对 PPI 口袋进行预测后，一些在线预测工具和数据库可以对 PPI 成药性进行进一步评估（表 14-7）。Dr. PIAS 是一个在线的 PPI 成药性评估系统。Dr.PIAS 是一种替代的集成计算机方法，建议用于通过整合发现可作为药物靶向的 PPI 的候选相互作用组数据。ANCHOR 可用于分析 PPI 界面适合成药的热点残基。2P2IDB 是一套集成系统，包括 PPI 数据库、热点残基预测、成药性打分、化合物库过滤等功能。此外，一些数据库如 STRING、OncoPPI 及 TIMBAL 等收集了大量的 PPI 及其抑制剂信息。

随着计算生物学领域的不断发展，利用生物信息学手段预测蛋白质相互作用正逐步成为该研究领域上的又一热点。传统的计算方法包括序列相似性比对、系统发生树分析、代谢通路分析等。随着结构生物学的不断发展，预测蛋白质相互作用的计算手段也有了更多可能。以 PRISM（protein interactions by structural matching）算法为例，该模型利用了蛋白的结构特征而非序列特征进行比对及预测。此外，机器学习等算法如随机森林模型以及深度学习等也被应用到蛋白质相互作用的生物信息学预测方法当中，典型的例子如 IntPred。

（三）虚拟筛选和基于片段的设计

高通量筛选和虚拟筛选都可以用于小分子先导化合物的发现，而且后者更加高效。虚拟筛选已经对工业界药物研发产生了巨大的影响。这不仅仅因为它具有更快的速度。更重要的是，虚拟筛选大大拓宽了化学搜索空间。传统的虚拟筛选方法分为两大类：基于配体的虚拟筛选和基于结构（受体）的虚拟筛选。

近年来，基于片段的药物设计（fragment-based drug design，FBDD）已成为虚拟筛选方法补充的重要研究方向。FBDD 的目标是通过精心挑选结合到口袋不同位置的片段，并用各种方法将这些片段连接起来（图 14-12）。与虚拟筛选相比，FBDD 具有几个优点。首先，FBDD 能够使用较少的起始分子获得更大的化学多样性；其次，FBDD 导致更高的命中率。然而，FBDD 方法所涉及的对接和评分策略仍然存在不足。首先，分子碎片很小，在对接计算过程中，蛋白质上许多位点可以容纳碎片，这可能导致错误的对接位置或不正确的结合模式。其次，分子碎片与蛋白质之间的相互作用通常很弱。因此，获得合适的结合模式及改进评分函数是目前 FBDD 研究的主要问题。

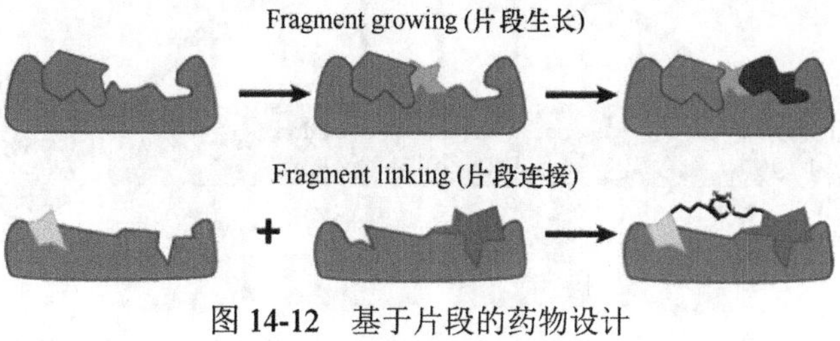

图 14-12　基于片段的药物设计

上图：片段生长，单个片段逐渐增长以优化浓度与靶蛋白有节制。下图：片段连接，多个片段绑定在附近站点是单独优化地缩小并随后链接在一起

图 14-12

三、靶向 PPI 的药物设计案例

生物信息学预测手段能够为后续的蛋白质相互作用药物开发提供前期基础，基于预测结果，研

笔记栏

究者可以进行高通量筛选等一系列药物开发的研究，而最近非常典型的例子则是 Fd-DCA（fragment docking and direct coupling assay）。该算法不仅能够预测潜在的蛋白质相互作用关系，还能够在相互作用界面上识别潜在的可成药区域。研究人员综合应用分子对接和 PPI 共进化分析方法，发展了能评估蛋白质–蛋白质相互作用界面可靶性的方法。该方法以一系列有机小分子碎片与氨基酸残基作为探针分子，搜索蛋白质表面探针分子可紧密结合的热点残基区域，并以此勾勒出 PPI 相互结合的可能位点；进而基于 PPI 作用残基共进化分析方法，通过评价 PPI 相互结合位点间耦合强度，确定 PPI 的准确结合点。该方法在预测 PPI 界面的同时，还能预测结合位点可药性区域（药物可能结合的区域），并提供了探针分子在可药性区域的多样性结合模式，为基于片段的药物设计提供了直接线索。

利用该模型，研究人员预测出包括 HIV-1 蛋白酶同源二聚化等此前未被报道过的蛋白质相互作用，并且还在相互作用界面上发掘出潜在可供进一步药物设计的口袋。到目前为止，已经有一部分的变构蛋白质相互作用调节剂进入到临床阶段。成功的例子包括针对微管蛋白二聚体化，针对 LFA-1 和 ICAM-1 相互作用的调节剂，而它们的成功都表明变构调节剂在蛋白质相互作用的药物开发领域有着广阔的前景。不过，到目前为止，研究人员对于变构效应的了解仍十分有限，所以大部分的变构调节剂的开发都比较随机，而这也能解释人们对很多变构调节剂药物的作用机制知之甚少。因此，虽然最近在变构药物开发领域有越来越多的进展，但是该领域上的研究仍急需在更加合理的药物设计等方面实现突破。

第五节 靶向翻译后修饰的药物设计

在靶向药物设计中，受限于生物学空间，化合物的选择性一直是药物研究领域的难点，因此不可避免的脱靶效应会造成严重的不良反应或者毒副作用，而生物体内的生物过程存在高度有序并且广泛而精细的调控机制，尤其是蛋白质的翻译后修饰（PTM）最为突出。PTM 是生命体内的修饰酶通过化学反应在蛋白质上引入共价修饰的现象。PTM 广泛存在，参与多种生物学调控过程并且与疾病的发生密切相关，是当前药物研发的热点领域。大家熟知的表观遗传学中的甲基化、乙酰化、泛素化等都是典型的 PTM 修饰。蛋白质的 PTM 促成了蛋白质结构与功能的多样性与复杂性，并且参与凋亡、细胞生长与分化、信号转导、DNA 复制等多种生物过程。与此同时，蛋白质的 PTM 修饰酶也与多种疾病的发生密切相关，是非常重要的治疗靶标。

靶向蛋白质 PTM 的药物设计的核心思想是通过分子设计调控 PTM 对蛋白质的作用，从而实现生物学空间的延展，以此扩大生物学空间和化学空间的交集。靶向 PTM 修饰的蛋白质亚型有利于获得骨架多样的活性生物小分子，并提高化合物的选择性，为后续的化合物结构改造提供更广阔的操作空间和可能性。同时该概念为难靶靶标的药物设计提供了新的方法和思路，同时也为个性化治疗提供了新的契机。受这一现象的启发，研究人员提出了一系列的策略用以拓展现有的靶标空间（图 14-13），包括设计 PTM 模拟物的共价药物设计、靶向 PTM 驱动的潜在的结合位点、靶向 PTM 诱导的蛋白质–蛋白相互作用和基于 PROTAC 技术的靶向难靶靶标的药物设计。这些策略并不是完全独立的，在药物设计中可以联合使用这些策略进行靶向 PTM 的药物设计。

图 14-13

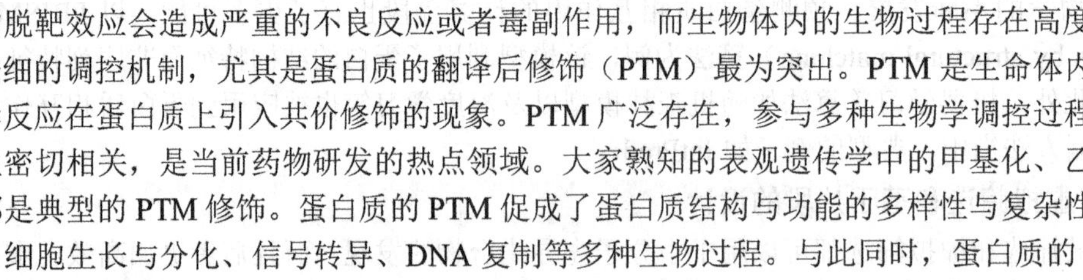

图 14-13 翻译后修饰启发的药物设计成为连接生物空间与化学空间的有利桥梁

其中重要的 4 种策略包括模仿 PTM 的共价分子抑制、靶向 PTM 驱动的潜在的结合位点、靶向 PTM 诱导的 PPI 相互作用和基于 PROTAC 技术的靶向难靶靶标的药物设计

Biological Space，生物空间；Chemical Space，化学空间；Post-Translational Modification Inspired Drug Design，翻译后修饰启发的药物设计；Covalent Modulators，共价调节剂；Protein Dynamics，蛋白质动力学；PPI，蛋白质–蛋白质相互作用；Protein Degradation，蛋白质降解

笔记栏

一、靶向 PTM 的药物设计策略

（一）基于 PTM 模拟物的共价药物设计

共价小分子药物相比于非共价小分子，具有用药剂量小、相对低的耐药性风险和针对突变体的个性化用药等特点，同时也是针对难靶靶标的有效药物设计策略。如 EGFR 的 Cys797 的共价修饰已经成为癌症治疗的有效策略。针对 k-Ras 的突变体 G12C 设计的共价小分子 AMG510 已经进入临床研究阶段，为难靶靶标的药物设计提供了很好的范例。现在文献报道的引入特定氨基酸的 PTM 修饰的种类就包括了甲基化、磷酸化、糖基化等 11 种。模拟这些修饰的共价化合物设计可以实现化合物良好的立体化学选择性和对氨基酸的高度选择性，为靶向 PTM 修饰类型的药物设计提供了分子探针（图 14-14A）。同时，联合 FBDD 和 MS 质谱的蛋白质组水平的筛选方法愈发成熟，已经被用到共价药物筛选中。DNA 编码库也成为可以用于共价药物筛选的有力工具。

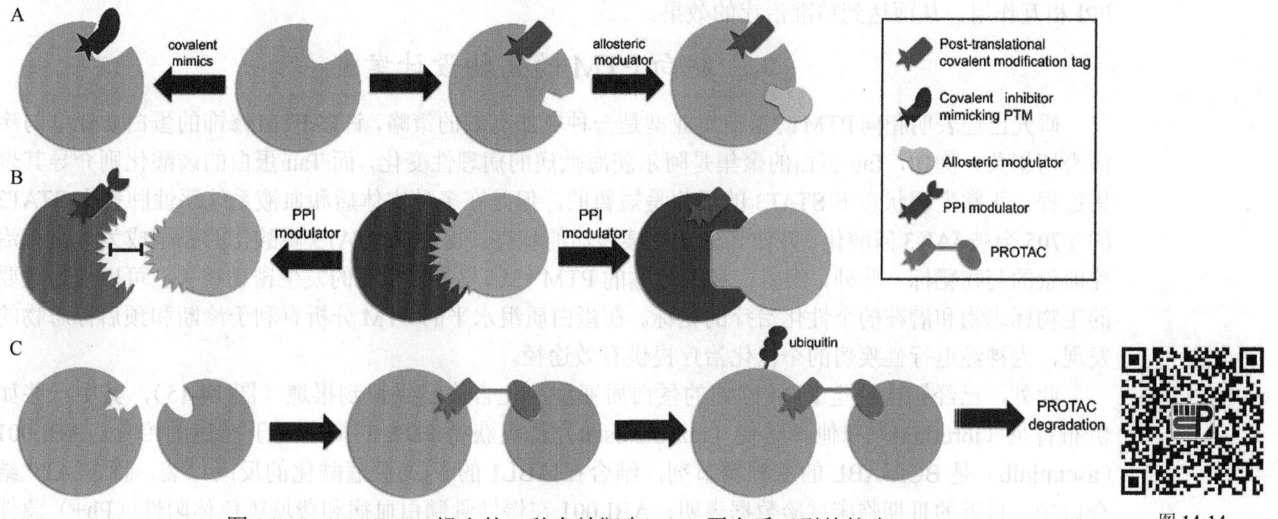

图 14-14

图 14-14　PTMI-DD 提出的 4 种有效靶向 PTM 蛋白质亚型的策略

A. 基于 PTM 的共价药物设计（左）和靶向 PTM 修饰蛋白质亚型的变构药物设计；B. PPI 调节剂靶向 PTM 诱导的潜在结合口袋；C. PROTAC 技术导向的蛋白质降解

covalent mimics，共价模拟；allosteric modulator，变构调节剂；PPI modulator，PPI 调节剂；Ubiquitin，泛素；PROTAC degradation，PROTAC 降解；Post-translational covalent modification tag，翻译后共价修饰标签；Covalent inhibitor mimicking PTM，模拟 PTM 的共价抑制剂；PROTAC，蛋白水解靶向嵌合体

作为实验方法的有力补充，共价化合物设计的理论计算方法工具也愈发成熟。现在共价对接的软件包括 AutoDock、CovalentDock、GOLD、ICM-Pro 和 MOE 等。一些共价小分子抑制剂的数据库也陆续被报道，为基于机器学习的性质预测提供了训练所需的数据集。机器学习也陆续被用到共价小分子抑制剂的筛选和建模中。除了上述的应用情景外，基于 PTM 类似物的共价小分子抑制剂也可以用于靶向变构位点、诱导蛋白质降解等，如 MCL-1、PKB 和 Irel 的共价变构调节剂都已经被报道。

（二）靶向 PTM 诱导的新结合位点

传统的基于结构的药物设计一般针对 PDB 中的能量较低的静态结构进行药物设计。根据形状匹配和电荷匹配的原理，因为结合口袋构象单一，所以获得的小分子存在骨架单一、结构多样性差的缺点，严重限制了后续的结构改造和生物学功能评价。但是在生命体中，PTM 可以在空间和时间维度上引起特定蛋白质的构象变化。根据结构决定功能的基本假定，可知不同的 PTM 会产生不同的生物学功能，反推即为不同的 PTM 会引起不同的构象变化。例如，CDK2 的 Thr160 的磷酸化会使蛋白质整体上刚性更强，同时使 Tyr14、Tyr15 和 Thy39 组成的局部区域去稳定化。具体的构象变化视不同的 PTM 类型而不同。因此靶向特定蛋白质的 PTM 亚型，不仅可以发现潜在的结合口袋，克服耐药性等问题。还可以增强活性小分子的结构多样性，为后续的药物研发提供更加广阔的可操作空间。

基于底物结合位点的药物设计，存在着骨架单一、选择性差的缺点。因此基于变构位点的药物设计成为药物研发领域的新宠。蛋白质发生 PTM 后会引起蛋白质的构象变化，所以靶向 PTM 结合

笔记栏

的正构位点或者 PTM 诱导的变构位点，化合物选择性会更好（图 14-14A）。靶向 PTM 诱导的变构位点有以下优势：PTM 诱导的变构位点相比于底物结合位点的序列更不保守；变构结合引发的结构偶联通信有利于调控治疗效果；变构调节更加遵守生命体内源性的调控机制。研究表明，药物结合口袋附近的 PTM 的化学修饰会引起蛋白质的局部构象的变化，从而影响药物的结合能力。如 BCR-Abl 在其磷酸化后，与其抑制剂伊马替尼（imatinib）的结合能力降低到 1/200。实验和计算手段都为靶向 PTM 诱导的新结合位点提供了有力的工具，而将两者结合应用也是未来的一个重要趋势。

（三）靶向 PTM 介导的 PPI 界面

PPI 作为生物过程重要的信息交互渠道和调控机制，与多种疾病的发生密切相关，是一类重要的药物靶标。但是因为其相互作用界面多为疏水的浅口袋，被认为是难靶的药物靶标。一系列的研究表明，生命体可通过 PTM 影响 PPI，进而参与调控生物过程。在靶向 PTM 介导的 PPI 作用中，可以通过靶向 PTM 介导的口袋进而稳定 PPI 相互作用（图 14-14B），或者通过靶向 PTM 介导的口袋破坏 PPI 相互作用，从而达到精准治疗的效果。

二、靶向 PTM 的药物设计案例

研究已经表明靶向PTM的蛋白质亚型是一种更加有效的策略，许多PTM修饰的蛋白质亚型与疾病密切相关。例如，Tau 蛋白的聚集是阿尔茨海默病的病理性变化，而 Tau 蛋白的磷酸化则介导其聚集过程。正常生理状态下 STAT3 的活化是短暂的，但是在多种实体瘤和血液系统恶性肿瘤中 STAT3 的 Y705 会被 JAK3 磷酸化，并使其处在持续激活的状态。这使得 STAT3 磷酸化的亚型成为非常有治疗前景的药物靶标。此外，组蛋白和染色体的 PTM 修饰与肾细胞瘤的发生密切相关，可以作为重要的生物标志物和潜在的个性化治疗的靶标。在蛋白质组水平的 PTM 分析有利于诊断和预后标志物的发现，为神经退行性疾病的个性化治疗提供有效途径。

此外，已经靶向特定 PTM 修饰的蛋白质亚型的化合物已经得到报道（图 14-15），其中一些如伊布替尼（ibrutinib）和他泽司他（tazemetostat）已经获得 FDA 的批准用于癌症的治疗。ABL001（asciminib）是 BCR-ABL 的变构调节剂，结合在 ABL1 的 *N*-肉豆蔻酰化的反应口袋，而非 ATP 结合口袋。最近的Ⅲ期临床试验数据表明，ABL001 在慢性骨髓白血病和费城染色体阳性（Ph+）急性淋巴细胞白血病的患者体内安全有效，为 ATP 竞争性抑制剂的获得性耐药患者提供了新的潜在治疗途径。除了上述的 PTM 蛋白质亚型，PTM 修饰酶也是药物研究的重要领域。现在已经有伏立诺他

A

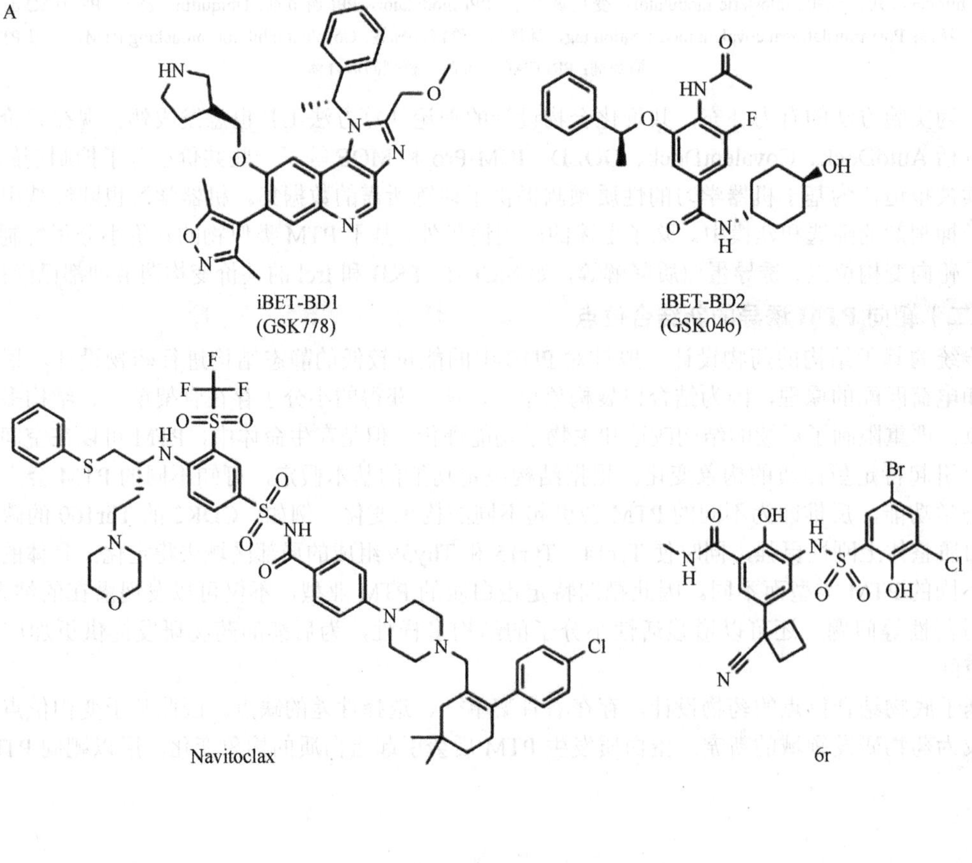

笔记栏

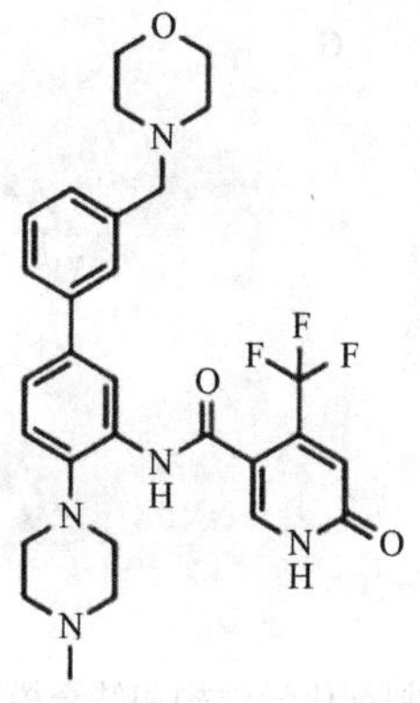
OICR-9429

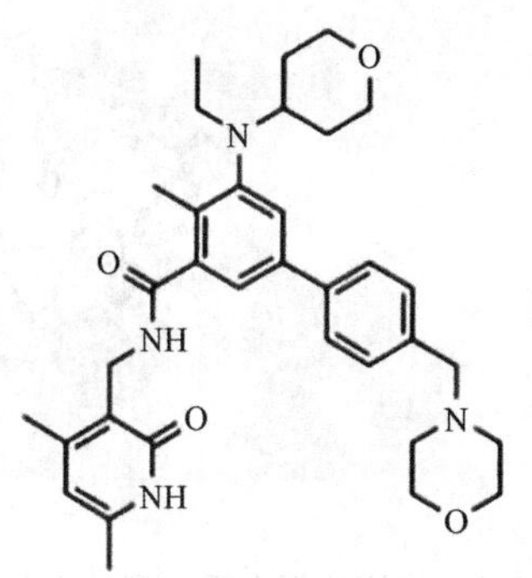
Tazemetostat
(EPZ-6438)

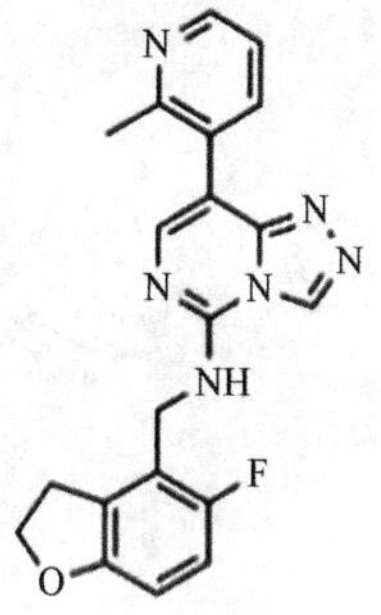
MAK683

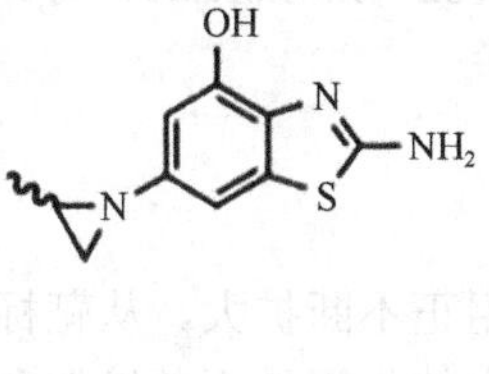
BT5

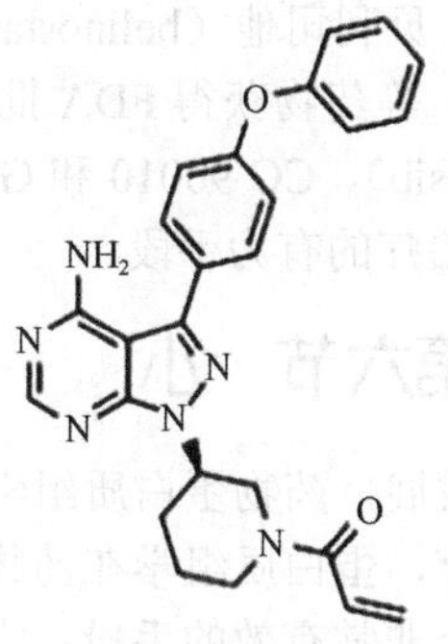
ibrutinib

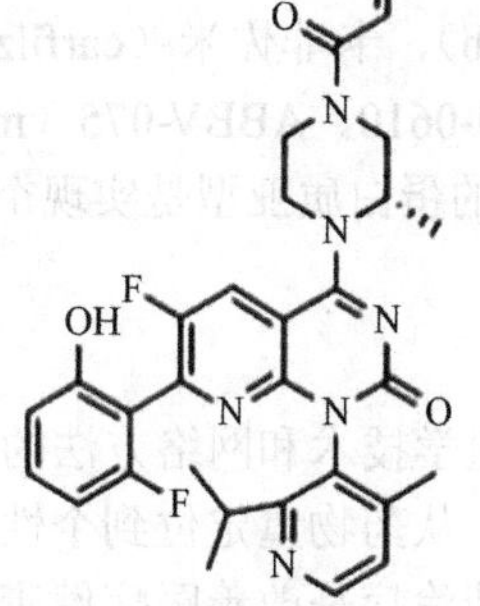
AMG510

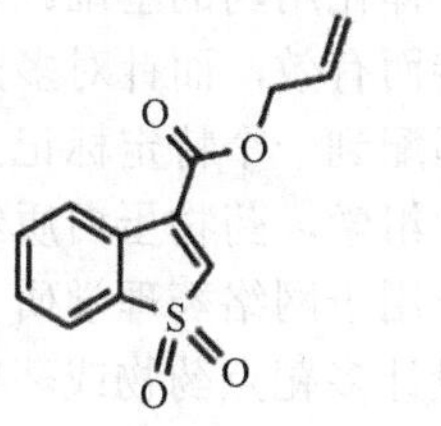
DC-Rhoin

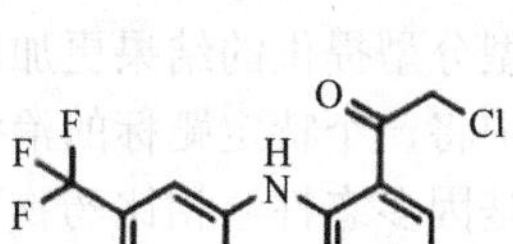
TED-347

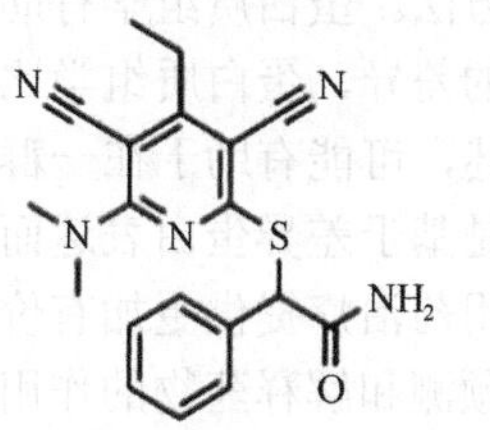
GSK3482364

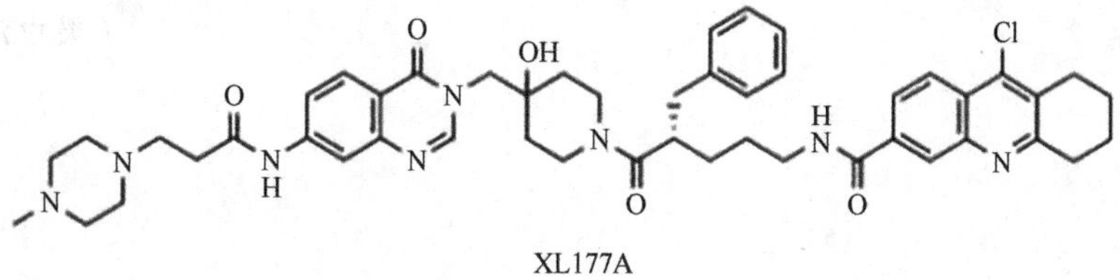
XL177A

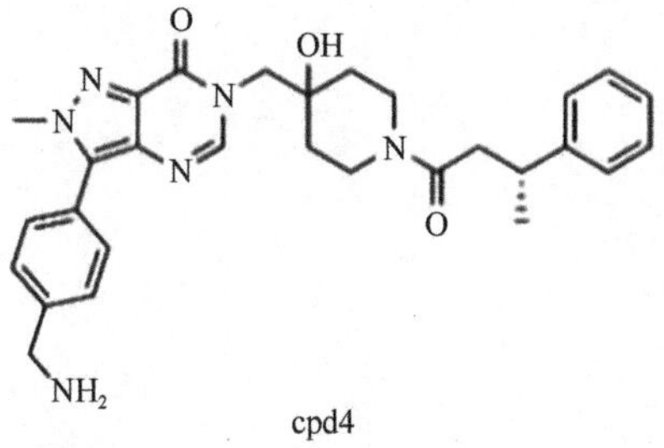
cpd4

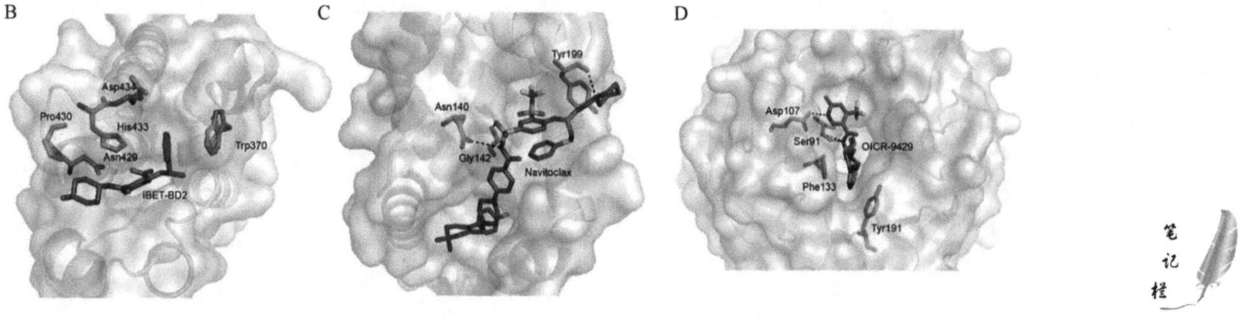

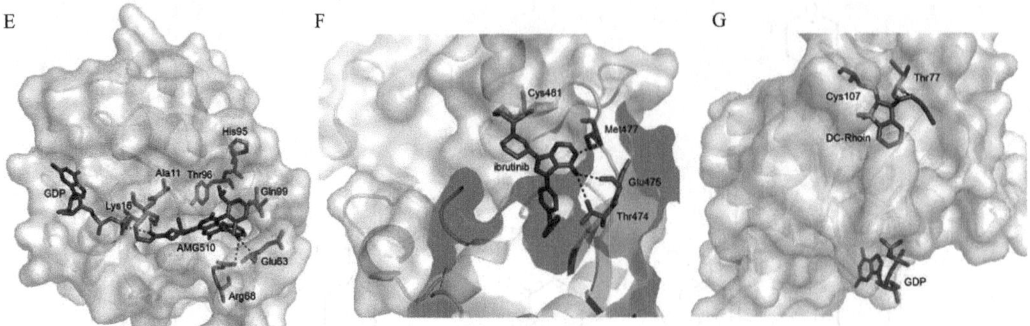

图 14-15

图 14-15　部分靶向 PTM 修饰的蛋白质亚型的小分子抑制剂化学结构和结合模式

（vorinostat）、罗米地辛（romidepsin）、贝利司他（belinostat）、帕比司他（panobinostat）、硼替佐米（bortezomib）、卡非佐米（carfilzomib）等药物获得 FDA 批准，还有很多处于临床研究阶段的化合物，如 CPI-0610、ABBV-075（mivebresib）、CC-90010 和 GSK525762（molibresib）等。因此，靶向 PTM 修饰的蛋白质亚型是实现个性化治疗的有力手段。

第六节　小　　结

随着组学技术和网络方法的不断发展，药物蛋白质组学的应用正不断扩大。从靶标的发现到药物的联用，从药物重定位到个性化治疗，蛋白质组学在药物研究中的作用被不断发掘和完善。目前个性化用药治疗是改善医疗健康的一个非常有效的手段，它被认为是最适合人类个体的一种特定的药物治疗方法。蛋白质组学有助于分子诊断，而分子诊断正是个体化用药的基础。对于呈现患者与患者之间的差异，蛋白质组学比基因型分型提供的结果更加直接而有效，而针对多因素疾病蛋白质组学的描述，可能有助于在一群患者中将一个特定靶标的治疗匹配到一个特定标记上。个体化用药治疗主要是基于差异蛋白表达而不是基因多态性。相比药物基因组学，药物蛋白质组学似乎更适合为个体化用药治疗提供更加有价值的信息。将蛋白质组学技术应用于网络药理学研究，能使研究人员系统地预测和解释药物的作用，加速药物靶点的确认，从而设计多靶点药物或药物组合，极大地推荐个性化治疗的进展。

（梁中洁　严文颖）

笔记栏

第十五章 固有无序蛋白质组信息学

PPT

第一节 固有无序蛋白质简介

一、固有无序蛋白质

直到20世纪90年代中期之前，真核生物中缺少稳定三级结构的蛋白质含量和重要功能都没有引起人们的关注。蛋白质中某些区域是缺少稳定的三级结构的，这些区域称为固有无序区域（intrinsically disordered region，IDR）。这些区域可以是蛋白质的整条链，也可以是一段特定的区域。在人类蛋白质中含有95%以上无序区域的蛋白质可被称为无序蛋白质（Intrinsically disordered protein，IDP）或者固有无结构蛋白质（intrinsically unstructured protein）。它们形成了动态构象（ensembles）。也就是说，残基的原子坐标和它们二面角会随着时间变化很大，并且没有特定的平衡状态。IDP在孤立状态没有唯一的三维结构，但是在与配体结合时可以折叠，同时在折叠过程中，具有无序区域的蛋白产生的构象变化比有序蛋白质的要大得多。大多数人类蛋白质同时包含折叠的蛋白质结构域和内在无序的蛋白质区域。

IDP在自然界是广泛存在的（图15-1）。据估计，3%～17%的真核蛋白质是全长无序的，30%～50%的真核蛋白质至少包含一段长度大于30个残基的无序区域。在PDB中，有近10%的蛋白质含有连续的长度大于30个氨基酸的缺失或者不确定的区域，约40%的蛋白质拥有此种类型的较短的区域（≥10个氨基酸并≤30个氨基酸）。这些无序蛋白质或无序区域参与了重要的细胞功能和过程。美国印第安纳大学艾伦·基恩·邓克（Alan Keith Dunker）教授带领研究团队经过对多个数据集的研究发现癌症相关蛋白质和细胞信号蛋白质比其他类型的蛋白质包含了显著多的无序残基。具体来说，与参与新陈代谢、生物合成的蛋白以及激酶、抑制剂、转运蛋白、G蛋白偶联受体、膜蛋白相比，调控蛋白、癌症相关蛋白和细胞支架蛋白无序残基的含量高约2倍。除此之外，无序蛋白质还参与转录调控、翻译、信号转导、细胞循环、吞噬作用等，并且与多种疾病相关，是潜在的药物靶点。最近的研究还表明，IDP区域常包含选择性剪切和翻译后修饰位点，进一步调控复杂的信号转导与调控。同时，在真核生物中普遍存在的无序蛋白质相互作用模块协调转录伸长。

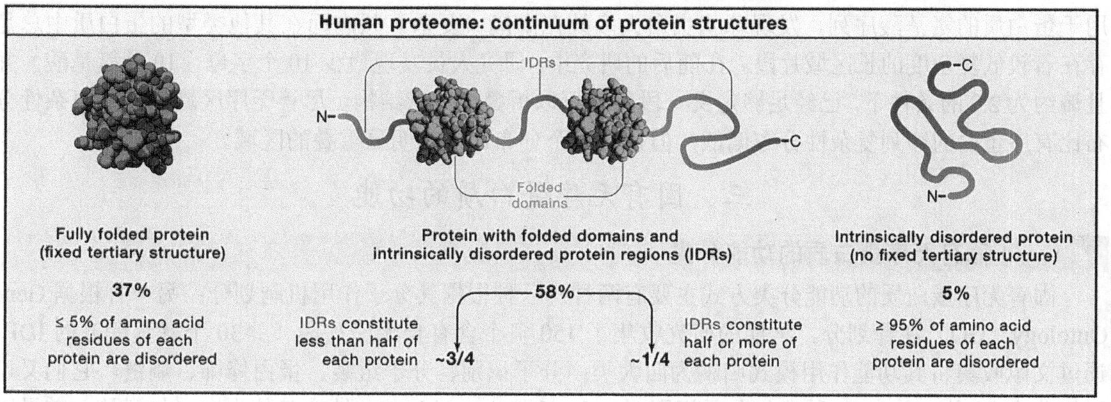

图 15-1

图 15-1　人类蛋白质组呈现的一系列结构

Human Proteome: continuum of protein structures，人类蛋白质组：蛋白质结构的连续体；IDRs，无序区域；Folded domains，折叠的结构域；Fully folded protein(fixed tertiary structure)，全折叠蛋白质（确定的三级结构）；＜5% of amino acid residues of each protein are disordered，每个蛋白质中小于5%的残基是无序的；Protein with folded domains and intrinsically disordered protein regions (IDRs)，具有折叠结构域和固有无序蛋白质区域的蛋白质；IDRs constitute less than half of each protein，固有无序区域组成少于每个蛋白质的一半；IDRs constitute half or more of each protein，固有无序区域组成大于或等于每个蛋白质的一半；Intrinsically disordered protein (no fixed tertiary structure)，固有无序蛋白质（无固定的三级结构）；≥95% of amino acid residues of each protein are disordered，每个蛋白质中有95%以上的残基是无序的

保守的无序蛋白质区域也普遍存在于所有生命体蛋白质的功能域中以及InterPro数据库中所有

笔记栏

成员的功能域中。尽管大多数保守的无序区域较短，大概在 20～30 残基，但是仍然存在较长的保守无序区域，并且大多数长无序区域存在于真核或病毒蛋白的功能域中。但是，总的说来保守的无序区域比不保守的无序区域要少得多。

二、固有无序蛋白质序列偏好性

无序蛋白质中氨基酸的组成与有序蛋白质中氨基酸的组成有显著的不同。前者主要富集了极性和带电的氨基酸而缺少疏水性的氨基酸，主要包含了 Ala、Arg、Gly、Gln、Ser、Pro、Glu 和 Lys；而后者更多地由疏水性的氨基酸构成，如 Trp、Cys、Phe、Ile、Tyr、Val 和 Leu。类似的趋势在其他研究中也有发现。研究人员做了更进一步的研究，发现氨基酸从有序到无序偏好性的排列如下（图 15-2）：色氨酸、苯丙氨酸、酪氨酸、异亮氨酸、甲硫氨酸、亮氨酸、缬氨酸、天冬酰胺、半胱氨酸、苏氨酸、丙氨酸、甘氨酸、精氨酸、天冬氨酸、组氨酸、谷氨酰胺、赖氨酸、丝氨酸、谷氨酸和脯氨酸。普遍认为决定无序性的是蛋白质整体较低的疏水性，这阻碍了无序蛋白质形成稳定的球状核心。

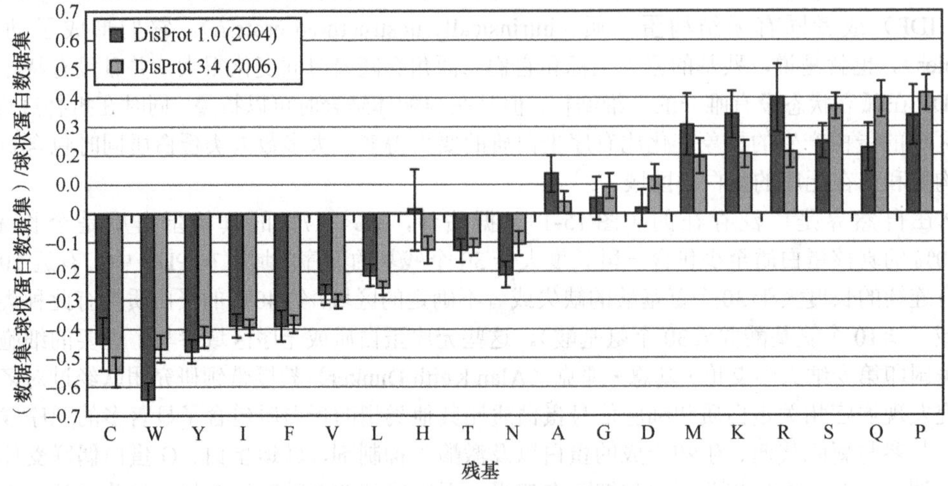

图 15-2

图 15-2　固有无序蛋白质中氨基酸组成

无序数据集（DisProt 1.0 和 DisProt 3.4）的氨基酸组成与有序数据集的氨基酸组成之间的差异；IDP 倾向于包含柔性强的氨基酸；此图修改于 Dunker 等在 BMC Genomics 上的论文

无序蛋白序列的另一个偏好性是其多肽链的低序列复杂度。早在 1994 年，研究人员将熵函数应用于蛋白质的氨基酸序列，发现球状蛋白大多处在高熵（复杂）状态而在其他类型的蛋白质中总是存在着较低复杂度的长区域片段。在随后的研究中，研究人员发现最少 10 个字母（10 种氨基酸）并且熵约为 2.9 的条件下，已经足够定义一段序列可以折叠成球状结构。尽管无序区域的序列复杂性分布比有序蛋白的序列复杂性分布偏低，但是这两个分布却具有明显重叠的区域。

三、固有无序蛋白质的功能

（一）固有无序蛋白质的功能分类

固有无序蛋白质的功能分类方式主要有两种：一种根据其分子作用机制划分；另一种根据 Gene Ontology（GO）注释划分。早期的研究收集了 150 多个含有长无序片段（≥30 个氨基酸）的 IDP，通过文献收集将其功能作用模式归纳为四大类：分子识别、分子组装、蛋白修饰、熵链。它们又可以细分为 28 种，其中 11 种参与分子识别（molecular recognition），结合其他蛋白（如激酶、转录因子、翻译抑制子等）、核酸（DNA、rRNA、tRNA、mRNA、genomic RNA）、磷脂（细胞膜）、酶底物/配体、辅因子/亚铁血红素和金属离子；6 种参与蛋白翻译后修饰，包括乙酰化、脂肪酸酰化、糖基化、甲基化、磷酸化、ADP-核糖基化。以上功能一般会经历蛋白无序到有序的转变。还有 4 种功能不需要经历无序到有序的转变：球状结构域间灵活的链接者或间隔者、熵弹簧（entropic spring）、熵毛刷（entropic bristle）、熵时钟（entropic clock）；其他细分功能包括自调控、体内蛋白水解调节、结构臼、蛋白清洁、自运输、DNA 松解/弯曲等。之后汤帕（Tompa）课题组补充了 IDP 的功能机制，将其扩展为 6 种：熵链（entropic chain）、显示位点（display site），分子伴侣（chaperone）、效应器（effector）、组装者（assembler）、清除剂（scavenger）。此外，也有将无序的朊病毒（prion）纳入

笔记栏

IDP 的功能。基于这些 IDP 功能的详细划分，蛋白质结构–功能这一经典范式得到了扩展，即蛋白功能不仅由完全折叠（fully folded）的蛋白结构执行，还有包含部分无序（partially disordered）和完全无序（full disordered）的蛋白质广泛参与。

根据 GO 注释，三个不同团队在全基因组和蛋白组水平的生物信息学分析表明，IDP 在 GO 的三大类别（分子功能、生物过程、细胞定位）均普遍存在（表 15-1），且在真核生物比原核生物更加普遍，它们主要参与细胞信号与调控，与有序蛋白质主要参与酶催化形成互补。

表 15-1　固有无序蛋白功能的两种分类

基于 Gene Ontology 分类		基于分子机制模式分类		
分子功能	转录调控，蛋白激酶，转录因子，DNA 结合（如核蛋白、核糖体蛋白、发育相关蛋白等）	不参与分子识别	熵链	形式包括熵弹簧、熵毛刷、熵连接、熵时钟
生物过程	细胞分化/发育，转录，转录调节和信号转导，精子产生，DNA 缩合，细胞周期，mRNA 加工和剪切，减数分裂，细胞凋亡	参与分子识别	短暂结合	1）显示位点：磷酸化、泛素化、去乙酰化等 2）蛋白/RNA 分子伴侣
细胞定位	细胞核，染色体，核孔，剪切体，细胞骨架，中心体，鞭状体，高尔基堆，线粒体，溶酶体等		长期结合	效应器：结合后抑制或激活配体活性（如 p27Kip1，一些酶抑制剂） 组装者：组装多蛋白复合物（如核糖体，激活 T 细胞受体复合物、转录起始复合物等） 清除剂：存贮和/中和配体小分子 朊病毒：其无序的 Q/N 富集域负责自身构象转变

（二）在蛋白质–蛋白质互作网络中的作用

蛋白质–蛋白质相互作用（PPI）对发挥蛋白质的功能起着重要的作用，无序蛋白质在其中又扮演怎样的角色呢？目前已有不少的研究进行了这方面的探讨。有观点认为蛋白质的折叠和结合是耦合的。当蛋白质复合物形成的时候，同时会伴有蛋白质从无序到有序的转变。经过对大规模复合物数据集的分析发现，复合物中存在较高比例的无序区域，最多可有约三分之一的残基为无序；同时，在同源二聚体中，无序残基的含量显著高于异源二聚体。

在人类的 PPI 网络中，蛋白质间的相互作用更倾向于发生在无序蛋白质之间，同时无序蛋白质间相互作用经常发生在细胞过程、调节和代谢过程中。特别地，在代谢过程中，无序蛋白间相互作用的对数是随机选取的相互作用对数的 1.8 倍，这都表明了无序蛋白质间的相互作用的弹性（flexibility）在人类 PPI 网络中发挥着重要的作用。在 PPI 网络中，中心（hub）蛋白也倾向于包含无序区域。研究人员通过对线虫、酵母、果蝇和人类这四个物种的 PPI 网络中蛋白质无序的研究发现，hub 蛋白（与 10 个以上蛋白质具有相互作用）比只与 1 个蛋白相互作用的蛋白的无序程度显著地高。但是，在 hub 蛋白中无序区域的含量随着蛋白质中有序功能域（domain）个数的增多而降低。

（三）无序蛋白质上的结合位点

目前蛋白质无序区域的结合位点大体可以分为两类：短线性模体（short linear motif，SLiM）和分子识别元件（molecular recognition features or element，MoRF）。SLiM 通常定义为可以调节蛋白质相互作用或是其他作用关系的、保守的、长度为 3～10 个氨基酸的线性模体。此类功能元件通常在局部无序区域，结合状态会经历从无序到有序的转变，其中部分残基具有保守性和特异性。由于其规模小，使得包含它们的多肽段具有了高度的功能多样性和功能密度，并且可以迅速演化，在不相关的蛋白质中聚集，赋予了相互作用组（interactome）演化的可塑性。除了存在于无序蛋白质外，目前有约 20% 的 SLiM 位于球状蛋白的功能域上。SLiM 主要与球状蛋白结合并且形成较小的紧密结合表面，导致低亲和力的相互作用。

MoRF 存在于无序蛋白中，并且当与配体结合时会伴随着无序到有序的转变。MoRF 长度在 10～70 个残基，比一般的球状结构域短。根据其结合配体时所采用的结构类型，MoRF 可分为 α-MoRF、β-MoRF、ι-MoRF 以及混合型的 MoRF。MoRF 的结构很大程度上受其结合蛋白的影响。例如，在 TP53 蛋白的 C 端区域依据结合不同的蛋白可以采取 4 种不同类型的构象。MoRF 不仅可以具有显著的结合可塑性，而且在结合状态下它们也可以保留着无序状态，即 IDP 在结合状态呈现出“模糊态”（fuzziness）。这种现象的一种表现形式是当结合发生时，没有单一的、主导的结构，而是涉及多个状态，因此也可认为是结合状态的多态性。在本章第三节中，将详细介绍无序蛋白质中结合位点的预测方法及工具。

第二节　固有无序蛋白质的数据库及预测软件

一、研究固有无序蛋白质的实验方法

由于无序蛋白质的构象异质性，对它们结构特征的刻画远比有序蛋白质要困难得多，目前已经有各种各样的实验方法从不同的角度来研究蛋白质的无序，但是都有各自的优缺点。常规的X射线晶体学的方法无法直接获得蛋白的无序状态，但是测得的结构如果有电子密度缺失的部分也可能是无序的征兆，需要进一步的验证。小角度X射线散射（small-angle X-ray scattering，SAXS）可用来测量IDP分子的大小和形状分布，但是对于蛋白质的聚合较为敏感。核磁共振波谱法（nuclear magnetic resonance spectroscopy，NMR）可以在较为自然的状态下研究蛋白质的无序状态，是一种较为理想的研究无序蛋白的技术手段。

二、存储数据库

随着人们对IDP/IDR研究不断深入，对蛋白质上无序区域的注释也越来越重要，数量也越来越多，为了更好地对IDP/IDR在蛋白质组学层次进行功能特征和趋势特征等方面的分析，目前已经有不少IDP/IDR相关数据库发布。总体上可以分为两类：一类为收集实验验证结果的数据库，另一类为收集预测结果的数据库。常用的数据库如表15-2所示。

表 15-2　无序蛋白质常用数据库

数据库	描述	存储量	数据来源	发表时间
D^2P^2	存储了基于完全基因组得到的蛋白质文库预测的无序	来自1 256个物种的10 429 761条蛋白序列	预测	2013
DICHOT	对人类蛋白组中进行结构功能域和固有无序区域的注释	20 333条蛋白质链	预测	2011
DisProt	手动收集的实验验证的IDR数据库，提供了蛋白质功能注释等功能	803个蛋白质；2 167个IDR	实验	2002
IDEAL	提供了与IDP结合的蛋白质信息，并以蛋白质互作网络展现；提供蛋白质功能位点的信息	913个蛋白	实验	2012
MobiDB	基于DisProt和PDB X射线结构的蛋白质无序和可动性的注释数据库	包含了整个Uniprot数据库中蛋白质集	预测+实验	2017
pE-DB	描述柔性蛋白质的构象集合数据库	60个构象集合的25 473蛋白质结构	实验	2014
PED	蛋白质Ensemble数据库	215个构象集；290 532 PDB模型	实验	2021

三、固有无序预测的计算方法和软件比较

目前，随着大家对无序蛋白质的关注度日益增加及实验方法的局限性，已经有不少预测固有无序的方法被提出。这些预测方法大致可以分为：基于打分函数的方法、基于结构的方法、基于机器学习的方法、整合类方法（表15-3）。

表 15-3　常用的无序蛋白预测软件

方法分类	软件名	平台	批量	方法	输入	预测类型	发表时间
打分函数	GlobPlot	网页	否	氨基酸偏好性打分	序列；SWISS-PROT ID	无序区域 结构域	2003
	IUPred	网页+单机	否	成对能量含量	序列；SWISS-PROT/TrEMBL中的ID	长无序区域 短无序区域 结构域	2005
基于结构	DISOclust3（整合在IntFOLD中）	网页+单机	否	基于结构的打分和一致性分析	序列	无序区域	2015
	PrDOS	网页	否	SVM和模板	序列	无序区域	2007

笔记栏

续表

方法分类	软件名	平台	批量	方法	输入	预测类型	发表时间
机器学习	DisEMBL	网页+单机	否	神经网络	序列；SWISS-PROT ID	Loops/coils X-ray 无序 Hot loops	2003
	DISOPRED3	网页+单机	否	SVM 和神经网络	序列	无序区域	2015
	ESpritz	网页+单机	是	双向递归神经网络	序列	X-ray 无序 Disprot 无序 NMR 无序	2012
机器学习	IDP-Seq2Seq	网页	是	自然语言处理及神经网络	序列	无序区域 结构域	2021
	PONDR 类方法（包括 VL3、VAL2B 等）	网页	否	神经网络 SVM 和回归等	序列	无序区域	2003
整合类	DisMeta	网页	否	一致性分析	序列	无序区域 信号肽 二级结构 低复杂度区域	2014
	PredictProtein（Meta-Disorder）	网页+单机	否	神经网络	序列	无序区域	2009
	MetaProDOS	网页	是	SVM	序列	无序区域	2008
	MFDp2	网页	是	SVM	序列	无序区域	2013

（1）基于打分函数的方法：此类方法基于氨基酸的物理化学性质（如形成无序区域的残基偏好性、二级结构、能量等）构建一个打分函数或公式来计算氨基酸的无序倾向性，如 IUPred、NORSp、GlobPlot 等。

（2）基于结构的方法：此类方法采用蛋白质结构来预测无序蛋白。结构可以是预测得到的也可以是结构模板。PrDOS 和 DISOclust3 就属于此类方法。

（3）基于机器学习的方法：此类方法一般采用机器学习中的分类器来对残基是有序还是无序进行分类。这些分类器往往采用序列或是基于序列的属性，如序列保守性、预测的二级结构、可溶性等。常用的分类器有神经网络、支持向量机、条件随机场等。这类的预测工具包括 DisEMBL、ESpritz、DeepCNF-D、IDP-Seq2Seq 等。

（4）整合类方法：整合类方法通常是整合多个基于序列的无序预测工具的结果作为输入参数，然后应用无论打分函数还是分类器再次预测无序残基，如 MetaProDOS、DisMeta、MFDp2 等。

四、常用软件及实例分析

这一部分，我们将从上一节介绍的每类方法中选取一个软件为例进行介绍。

（一）IUPred

IUPred 方法通过计算残基间的统计能量来估计多肽是否能形成稳定的接触。此方法是基于在结构化的球状蛋白中会产生大量的残基间的相互作用，提供能量来克服在折叠过程中的熵的损失。相反地，无序区域的序列没有能力形成有效的残基间的相互作用。

（二）ESpritz

ESpritz 是基于双向递归神经网络模型从蛋白质等序列信息预测无序区域的工具，提供在线和本地（Linux 系统）两个版本。它基于不同的无序蛋白质注释的来源提供了三种类型的无序区域的预测：X 射线无序、DisProt 无序和 NMR 无序。X 射线无序是指在 PDB 数据库中由 X 射线方法测得的蛋白质结构中缺失的原子，这里往往是短无序片段。DisProt 无序片段是基于 DisProt 数据库中数据训练得到的模型而预测的无序片段，相对于 X 射线无序片段，DisProt 无序片段包括了长无序片段。NMR 无序片段则是基于 NMR 柔性预测的无序片段，其中 NMR 柔性是由 Mobi 服务器计算得到。此外，网页版的 ESpritz 还可以批量预测多个蛋白质中的无序区域，如果是直接粘贴到网页中最多可以预测 3000 个蛋白质，如果是选择提交文件，则没有蛋白质个数限制。

笔记栏

运行环境：Google Chrome。

输入数据格式：fasta 格式。

分析步骤：

1. 用浏览器打开 ESPritz 主页。

2. 如图 15-3 所示，在 General Informations 区域中，填入邮箱地址以及序列名称，这两项都是选填；在 Sequences 区域中填入需要预测蛋白质的序列（fasta 格式）；在 Options 区域中选择预测的类型以及阈值。最后点击提交。这里以批量预测 3 个蛋白质的无序区域为例，选择 X-Ray 无序模式和"Best Sw"阈值。此阈值的具体定义参见相关文献。

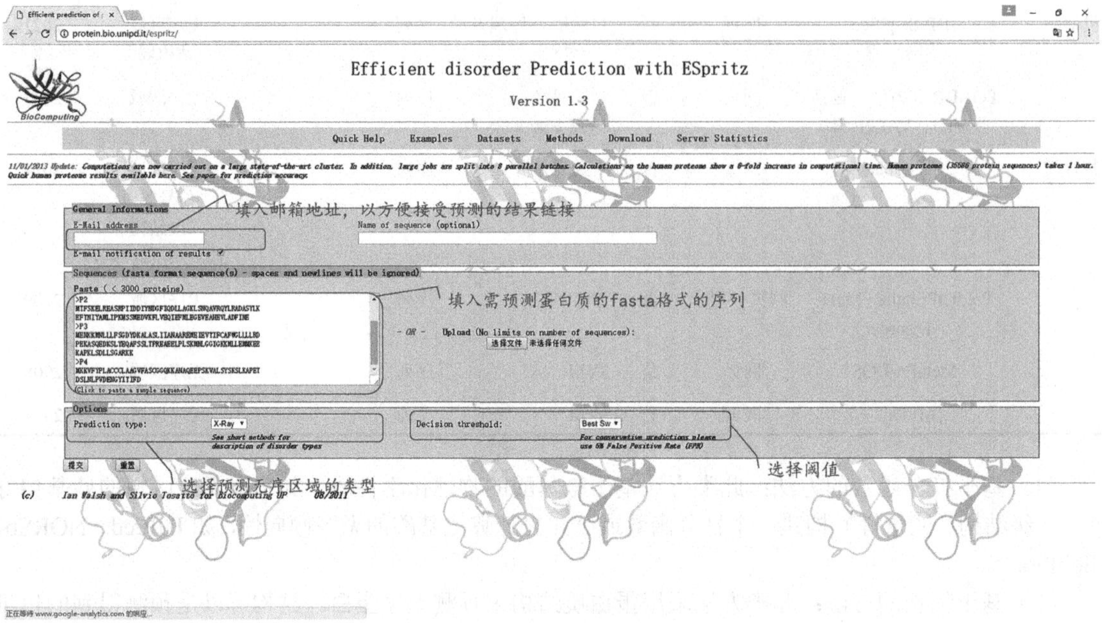

图 15-3

图 15-3　ESpritz 提交数据界面

3. 提交数据后，等待一段时间，网页自动刷新出结果页面。如图 15-4 所示，它包括了 4 个部分：所有蛋白质的无序区域统计、残基水平的统计、预测结果下载、每个蛋白质的预测结果列表。

（1）所有蛋白质的无序区域统计：列出了所有氨基酸的个数、蛋白质的个数、无序残基所占的比例、具有至少一个段无序区域长度大于 30 个残基、50 个残基的蛋白质的比例以及个数、无序片段的个数及平均长度。

（2）残基水平的统计：这里分为两个部分，第一部分将所有输入残基分为带电的、不带电的、疏水的，并列出了每种类型残基所占比例及无序所占比例；第二部分罗列了 20 种氨基酸在输入的所有残基中所占比例和无序所占比例。

（3）预测结果下载：这部分给出了所有蛋白质预测结果的打包文件、无序片段分布图（图 15-5）和无序残基的分布图（图 15-6）及对应的数据文件。

（4）每个蛋白质的预测结果列表：这部分给出了每个蛋白质中无序区域的预测信息，并可以连接到具体的每个蛋白质的预测结果。如图 15-7 所示，每个蛋白的预测页面提供了此蛋白质预测结果文件下载和蛋白质中每个残基预测结果展示。

（三）DisMata

DisMata 整合了 8 个基于序列预测工具的结果，然后利用一致性分析来识别无序区域。这 8 个预测软件为 DisEMBL、DISOPRED2、DISpro、FoldIndex、GlobPlot2、IUPred、RONN 和 VSL2，其中 DISOPRED2、DISpro 和 VSL2 安装在 DisMeta 的服务器上，其他 5 个软件的预测结果是从它们各自对应的网络服务器中提取。此外 DisMeta 还整合了其他基于序列的结构预测工具的结果，如由 SignalP 预测的分泌信号肽（secretion signal peptide）、TMHMM 预测的跨膜片段（transmembrane segment）、SEG 预测的低复杂度区域（low complexity region）、PROFsec 和 PSIPred 预测的二级结构和 ANCHOR 等。与 ESpritz 一样，DisMeta 也是一款网络服务器类型的无序预测工具。

笔记栏

运行环境：Google Chrome。

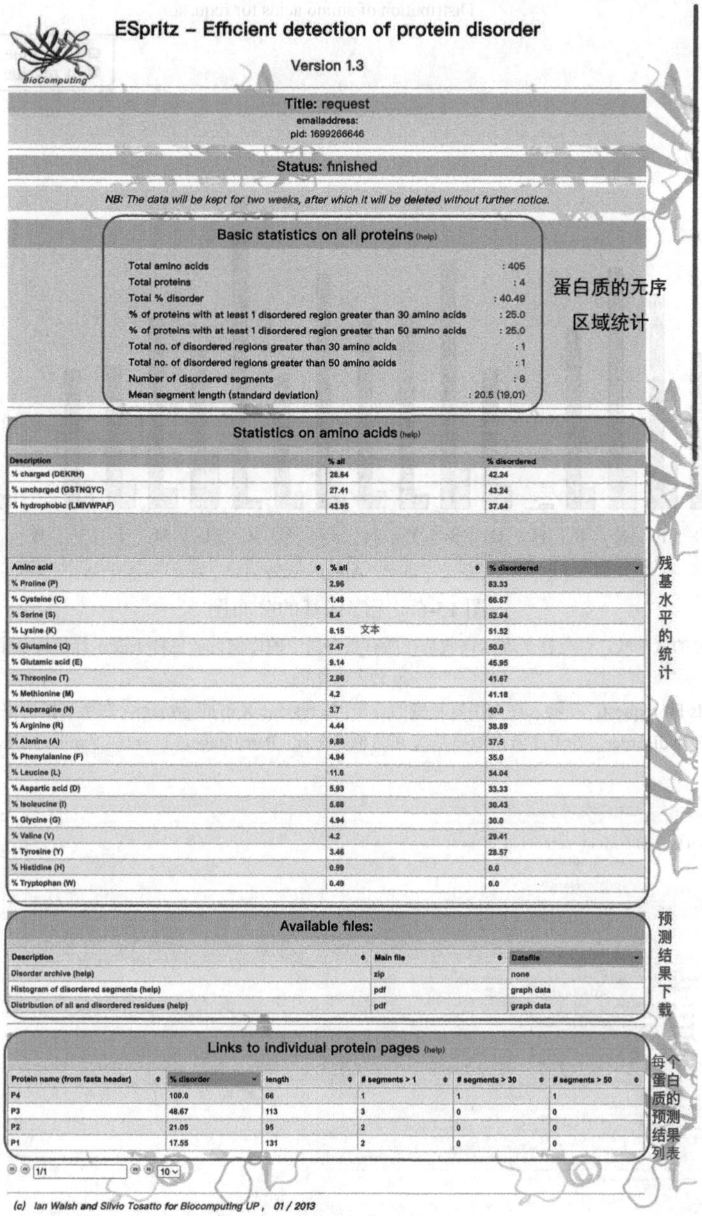
ESpritz – Efficient detection of protein disorder

Version 1.3

Title: request
emailaddress:
pid: 1699266646

Status: finished

NB: The data will be kept for two weeks, after which it will be deleted without further notice.

Basic statistics on all proteins (help)

Total amino acids	: 405
Total proteins	: 4
Total % disorder	: 40.49
% of proteins with at least 1 disordered region greater than 30 amino acids	: 25.0
% of proteins with at least 1 disordered region greater than 50 amino acids	: 25.0
Total no. of disordered regions greater than 30 amino acids	: 1
Total no. of disordered regions greater than 50 amino acids	: 1
Number of disordered segments	: 8
Mean segment length (standard deviation)	: 20.5 (19.01)

Statistics on amino acids (help)

Description	% all	% disordered
% charged (DEKRH)	28.64	42.24
% uncharged (GSTNQYC)	27.41	43.24
% hydrophobic (LMIVWPAF)	43.95	37.64

Amino acid	% all	% disordered
% Proline (P)	2.96	83.33
% Cysteine (C)	1.48	66.67
% Serine (S)	8.4	52.94
% Lysine (K)	8.15	51.52
% Glutamine (Q)	2.47	50.0
% Glutamic acid (E)	9.14	45.95
% Threonine (T)	2.96	41.67
% Methionine (M)	4.2	41.18
% Asparagine (N)	3.7	40.0
% Arginine (R)	4.44	38.89
% Alanine (A)	9.88	37.5
% Phenylalanine (F)	4.94	35.0
% Leucine (L)	11.6	34.04
% Aspartic acid (D)	5.93	33.33
% Isoleucine (I)	5.68	30.43
% Glycine (G)	4.94	30.0
% Valine (V)	4.2	29.41
% Tyrosine (Y)	3.46	28.57
% Histidine (H)	0.99	0.0
% Tryptophan (W)	0.49	0.0

Available files:

Description	Main file	Datafile
Disorder archive (help)	zip	none
Histogram of disordered segments (help)	pdf	graph data
Distribution of all and disordered residues (help)	pdf	graph data

Links to individual protein pages (help)

Protein name (from fasta header)	% disorder	length	# segments > 1	# segments > 30	# segments > 50
P4	100.0	66	1	1	1
P3	48.67	113	3	0	0
P2	21.05	95	2	0	0
P1	17.55	131	2	0	0

1/1　10

(c) Ian Walsh and Silvio Tosatto for Biocomputing UP , 01 / 2013

图 15-4　ESpritz 预测结果页面

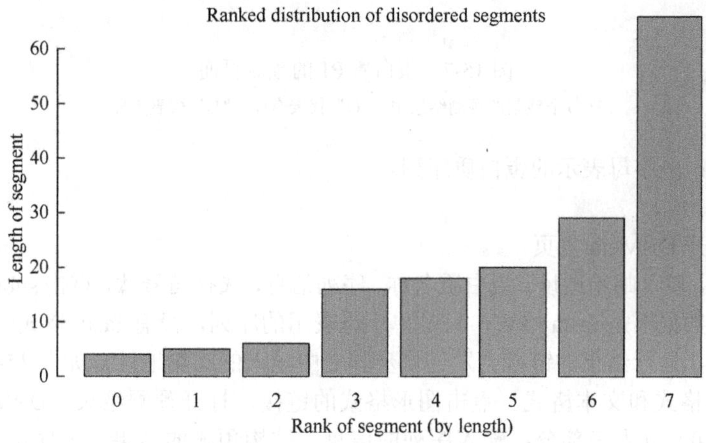

图 15-5　无序片段的分布图

其中 x 轴表示无序片段依据其长度的排序；y 轴表示无序片段的长度

Ranked distribution of disordered segments，序片段的排名分布；Length of segment，片段长度；Rank of segment (by length)，片段排名（按长度）

图 15-4

图 15-5

笔记栏

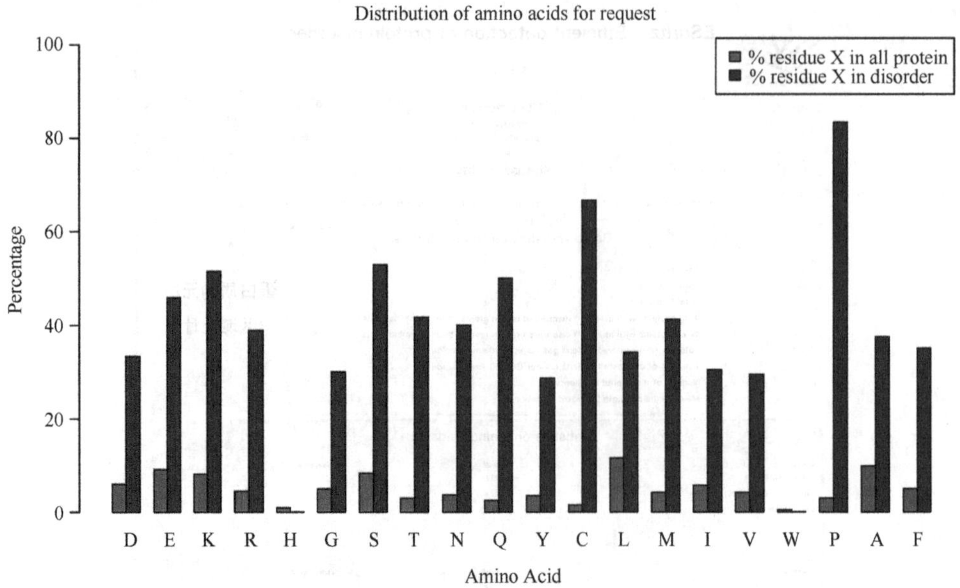

图 15-6

图 15-6　无序残基的分布图

其中 x 轴表示所研究的氨基酸，红色柱子表示该残基在所有蛋白质中的比例，蓝色柱子表示红色柱子中残基为无序的比例；y 轴表示比例

Distribution of amino acids for request，在输入序列中氨基酸的分布；% residue X in all protein，在所有蛋白中残基 X 所占的百分比；% residue X in disorder，在无序蛋白中残基 X 所占的百分比；Percentage，百分比；Amino Acid，氨基酸

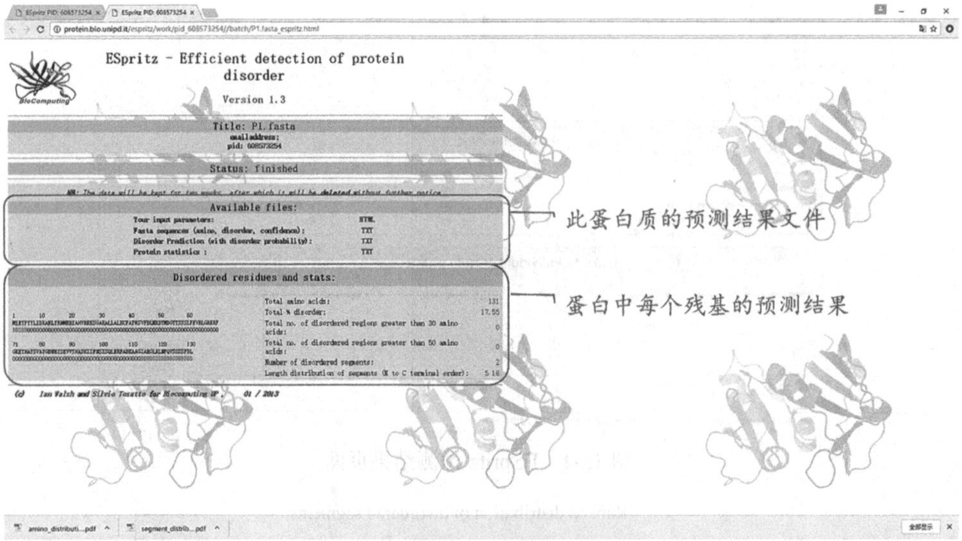

图 15-7

图 15-7　蛋白质 P1 的预测页面

在每个残基的预测结果中，“O”代表有序，“D”代表无序

输入数据格式：单字母表示的蛋白质序列。

分析步骤：

1. 用浏览器打开 DisMeta 主页。

2. 按照图 15-8，填入邮箱地址、蛋白质名称、序列信息，选择信号肽，点击 submit 按钮提交任务。注意：这里的输入数据不是 fasta 格式，只是单字母表示的序列，没有 fasta 格式中的“＞”和名称。

3. 提交任务后，运行结果的链接会发送到步骤 2 中填入的邮箱地址，如图 15-9 所示。结果有两种展现方式：图形格式和文本格式。点击图形格式的链接，打开预测结果。DisMeta 的图形格式的预测结果（图 15-10）分为三部分：输入序列的信息、结构预测的结果、无序蛋白预测的结果。文本格式的结果则是图形格式结果的对应的数据信息。

笔记栏

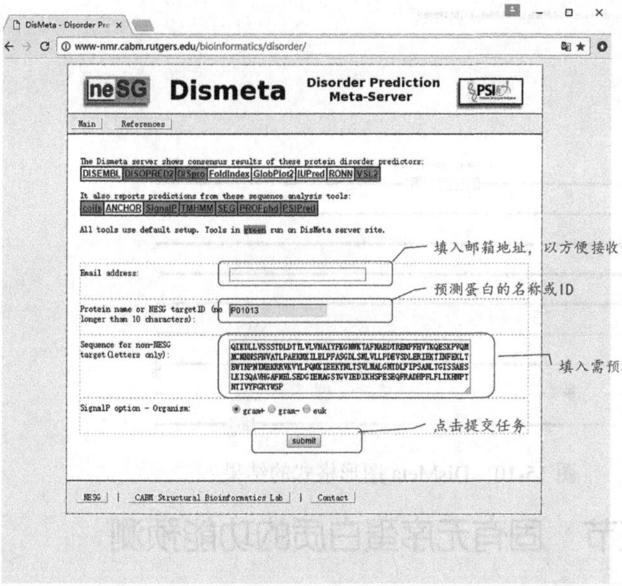

图 15-8　DisMeta 首页及输入数据

图 15-8

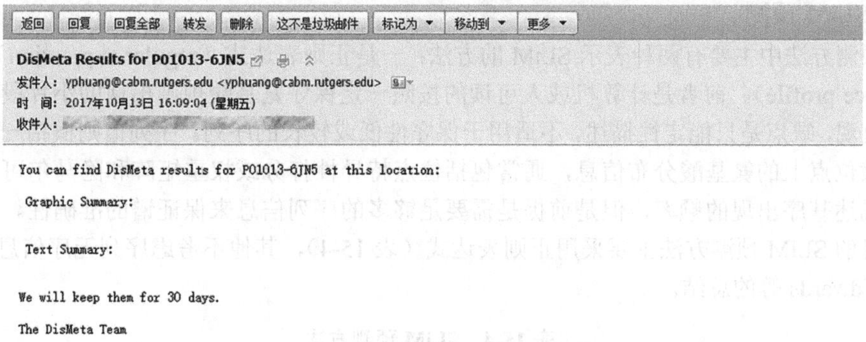

图 15-9　DisMeta 发送结果的邮件

图 15-9

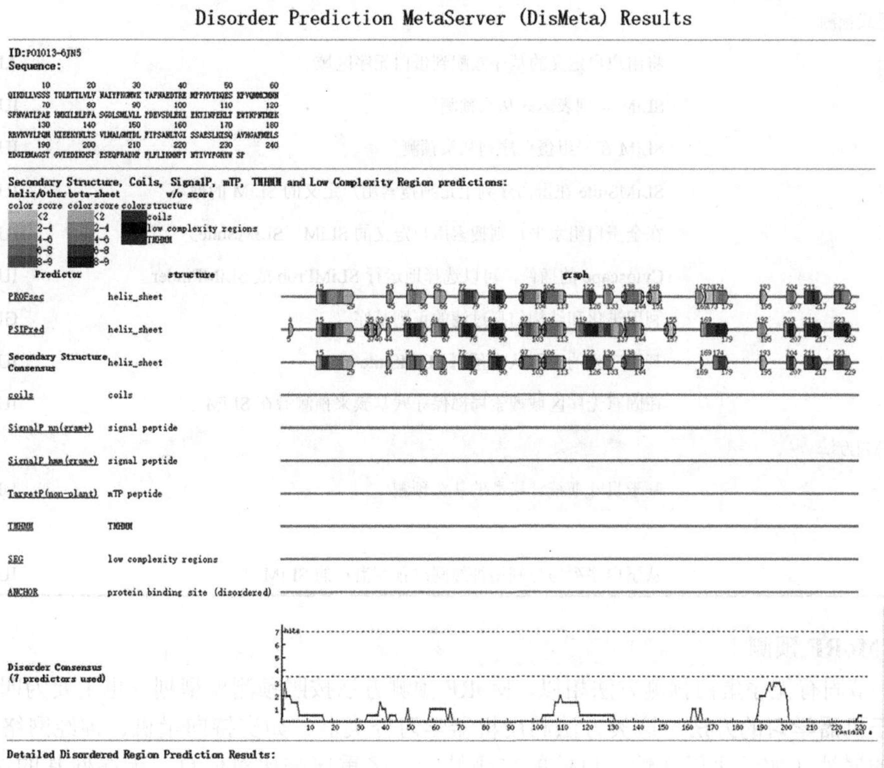

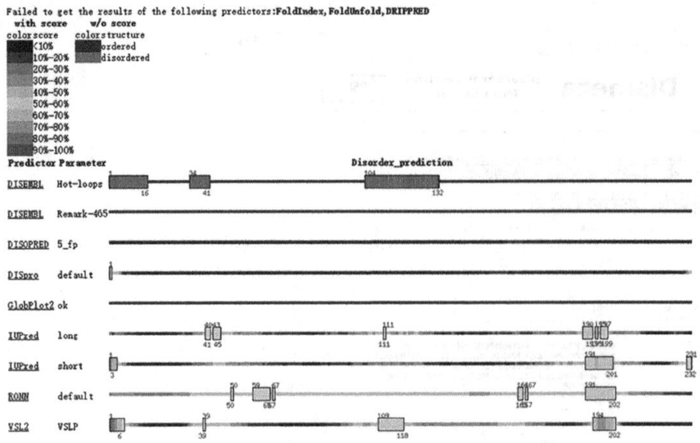

图 15-10

图 15-10 DisMeta 图形格式的结果

第三节 固有无序蛋白质的功能预测

一、无序蛋白结合位点常用预测方法和软件比较

（一）SLiM 预测

现有预测方法中主要有两种表示 SLiM 的方法：一是正则表达式（regular expression）；二是序列谱（sequence profile）。前者是计算机或人可读的按照一定保守氨基酸规则出现的小片段集。它的优点是简洁直观，缺点是只能定性描述，不适用于保守性低或较长的序列。序列谱则概括一组蛋白序列在若干连续位点上的氨基酸分布信息，通常包括位点特异性打分或权重矩阵和隐马尔可夫模型；它可以定量描述基序出现的频率，但是前提是需要足够多的序列信息来保证谱的准确性。现有考虑序列无序信息的 SLiM 预测方法主要采用正则表达式（表 15-4），其他不考虑序列无序信息的 SLiM 预测方法见 Edwards 等的总结。

表 15-4 SLiM 预测方法

名称	预测方法描述	预测器
基于正则表达式预测		
ANCHOR	将用户自定义的基序匹配到蛋白无序区域	ANCHOR
SLiMDisc	SLiM 正则表达式从头预测	IUPred
SLiMFinder	SLiM 在一组蛋白序列从头预测	IUPred
SLiMProb	SLiMSuite 在蛋白序列上正则搜索用户定义的 SLiM 的概率	IUPred
SLiMSearch4	在全蛋白组水平正则搜索用户定义的 SLiM（SLiMSuite）	IUPred
SLiMScape	Cytoscape 的插件，可以选择地运行 SLiMProb 或 SLiMFinder	IUPred
DILIMOT	利用进化和结构信息过滤的正则基序	GlobPlot
QSLiMFiner	基于序列的正则从头预测 SLiMSuite	IUPred
SLiMPrints	在固有无序区域搜索局部保守残基簇来预测潜在 SLiM	IUPred
基于序列谱预测方法		
MOTIPS	基于贝叶斯统计模型的从头预测	DISOPRED
其他		
SLiMpred	从蛋白序列信息利用神经网络预测潜在的 SLiM	IUPred

（二）MoRF 预测

与上一节固有无序蛋白预测方法相似，MoRF 预测方法按照预测模型划分也主要为四类。

1. 基于机器学习的方法 这类方法利用机器学习分类器（如支持向量机、神经网络等），通过输入序列的属性（如进化保守性、可能的二级结构、多重序列比对信息、无序残基的注释或预测

笔记栏

信息和容积可及表面积等），计算特定功能的倾向。这类方法可以预测蛋白质/DNA/RNA 结合区域和连接球蛋白结构域的无序链接片段，主要包括 Alpha-MoRFpred、MoRFpred、MFSPSSMpred、DisoRDPbind、DISOPRED3、fMoRFpred、MoRFChiBiWeb、DFLpred。

2. 基于打分函数的方法　这类方法输入蛋白序列属性（如序列比对、链内相互作用、结合作用、无序残基预测），通过打分函数预测无序蛋白结合区域。现有两种常用方法 Retro-MoRF 和 ANCHOR 属于此类。

3. 基于结构的方法　PepBindPred 属于这类方法，它依赖于结合无序区域的蛋白结构，通过产生分子对接打分来预测短的线性基序。

4. Meta 预测器　MoRFchibi 系统属于这类预测器，它利用序列比对和贝叶斯方法整合 MoRFchibi，ESpritz 和序列保守信息（重新）预测 MoRF 区域。它的结果比 MoRFchibi 准确，但也需要更久的运行时间。

现有大部分 IDP 功能预测器利用支持向量机这一机器学习模型（表 15-5），这与无序预测主要利用神经网络模型不同。另外，它们大部分都把无序预测作为输入信息。

表 15-5　常见的 MoRFs 预测方法

名称	方法	AUC 值*
Alpha-MoRFpred	神经网络	—
ANCHOR	打分函数	0.605
Retro-MoRFs	打分函数	—
MoRFpred	支持向量机	0.675
MFSPSSMpred	支持向量机	0.677
PepBindPred	神经网络	NA
DisoRDPbind[a]	Logistic 回归	NA
MoRFchibi	支持向量机	0.743
DISOPRED3	支持向量机	NA
fMoRFpred	支持向量机	0.646
MoRFChiBiWeb	贝叶斯	0.806
DFLpred[b]	Logistic 回归	NA
MoRFPred-plus	支持向量机	0.755

* 在测试集 TEST419 的结果。

a 为 DisoRDPbind 预测蛋白质/DNA/RNA 结合位点或区域；b 为 DFLpred 专门预测蛋白质的无序 Linkers。其他预测器只预测蛋白质结合位点或区域。

（三）固有无序结构域（intrinsically disordered domain）

结构域是蛋白质功能的基本单位，一般认为它们在不同物种中保守，能够独立自主折叠成稳定的三维结构。IDP 或 IDR 缺乏稳定折叠的结构，却发挥着非常重要的功能，并且在不同物种中也可以很保守，所以不适用于传统意义上的结构域概念。近年来的一些全蛋白组生物信息学分析表明，常用结构域数据库（如 Pfam，SMART，CATH，PROSITE，SUPERFAMILY 等）都存在无序片段（≥20 个连续无序氨基酸），其中近 40% 的 Pfam 成员包含至少一个无序片段。进一步的研究表明，约 4% 的 Pfam 成员被预测为高度无序（95%～100% 的序列为无序），它们被称为"无序结构域"。其中属于 200 多个无序结构域的 600 多条序列预测为 100% 无序。然而，这 600 多条 100% 无序结构域成员的同源蛋白（来自 Pfam 的 seed alignment）却并不是都呈现出高度无序，与预料相反的是，很多居然预测为完全有序（图 15-11 左边的柱状图）。也就是说虽然都被 Pfam 收集为一个家族，这些结构域家族成员之间的无序性却可以相差很大（如图 15-11 所示，预测结果可以从 0% 跨度到 100% 无序）。这与一般认为的"蛋白质结构比其序列更加保守"是相悖的。图 15-11 的结果显示，有些结构域蛋白质，其序列比结构更保守。这一新观点虽然需要进一步验证，却揭示了蛋白质序列与结构域的潜在新关系。

笔记栏

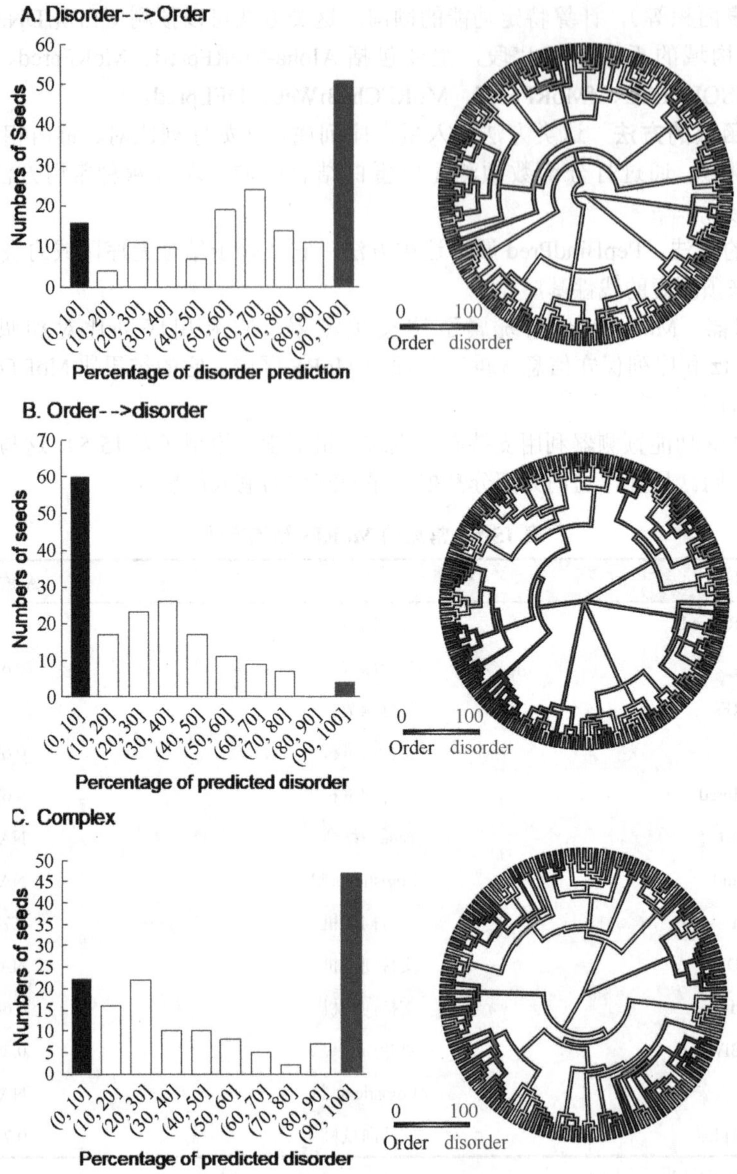

图 15-11

图 15-11　无序结构域的不同演化模式

左边为一个家族所有成员的无序预测百分比柱状分布图，右边是将 VSL2b 预测的序列无序百分比匹配到 Pfam 的演化树上，红色为无序，蓝色为有序。演化树中成员的选择来自 Pfam 的 seed alignment。A. PF01826，从无序演化为无序；B. PF01363，从有序演化为无序；C. PF01846，复杂的演化模式

Disorder-->Order，无序-> 有序；Number of seeds，种子的个数；Percentage of disorder prediction/Percentage of predicted disorder，无序预测的百分比

图 15-11 右边的演化树用来阐释各个结构域成员在不同物种中的无序百分比差异（红色表明预测百分比高，蓝色表示预测百分比低）。可以看出三个结构域例子，在不同物种中的无序百分比都相差很大。第一个例子（图 15-11A），家族成员从无序演化为有序；第二个例子（图 15-11B），家族成员从有序演化为无序；第三个例子（图 15-11C），成员的有序/无序演化更加复杂。因此，同一个结构域的成员，即使被 Pfam 归类为同源蛋白，它们的有序/无序却大相径庭。理解这些差异在演化过程中的重要生物学意义，将非常有趣，又充满挑战。

以上结果与另外一项人类全蛋白质组的无序研究结果一致，都说明无序结构域的存在，补充了传统定义的“结构域”（只包括有序结蛋白），而且这些无序结构域的主要功能是结合 DNA/RNA 或者其他蛋白，它们在结合后会经历无序到有序的转变（disorder-to-order transition），同时在有些情况下会互惠诱导结合配体的折叠。

鉴于固有无序在 Pfam 中的存在，Pfam 从 28.0 版本开始引入了两类新的种类：无序和无规则卷曲（以前只有四种：家族、结构域、重复片段、基序）。在 Pfam 29.0 版本中有 55 个无序 Pfam 成员。

已经被实验验证的固有无序结构域包括肌动蛋白结合蛋白的 WH2 结构域、CDK 抑制剂的 KID 结构域和细胞周期蛋白依赖激酶抑制剂 p27Kip1。随着 Pfam 数据库的不断更新，会有越来越多的结构域成员被归为无序。

二、固有无序蛋白质结合位点代表软件及实例分析

（一）SLiM 代表软件及实例分析

1. SLiMPrints　根据固有无序区域的保守残基簇来预测潜在的功能 SLiM。登录其网址后，提供 UniProt 编号，点击提交即可（图 15-12）。它利用 EnsEMBL 数据库后生动物和酵母基因组产生最小分散的直系同源多重序列比对。为了提高效率，在基序搜索前屏蔽缺乏基序的区域（如已注释的有序结构域、跨膜片段、胞外区域和高度有序的残基）。同时，为了获得更好表现，它利用局部保守统计（衡量残基相对于其周围相邻残基的保守性）和无序预测来识别输入序列的潜在基序。

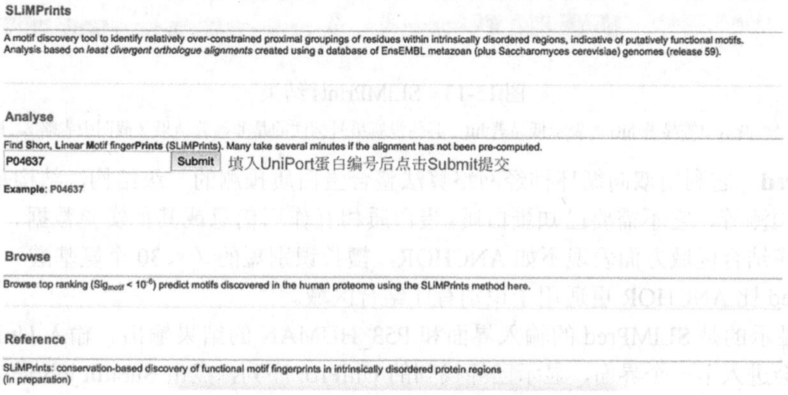

图 15-12　SLiMPrints 操作界面

图 15-12

结果输出包括基序排名、显著性打分、找到的基序、包含序列的序列、IUPred 的无序预测、ANCHOR 预测的存在无序结合区域的概率和对应的已知 ELM 注释（图 15-13）。点击每个基序第二列的 view 可以图形化显示该基序在多个物种中的比对结果和 UniProt/ELM 的功能注释信息。功能注释包括 UniProt 的翻译后修饰、单核苷酸多态性、选择性剪切、ELM 的基序注释、phospho.ELM 的翻译后修饰、phosphoSitePlus 的翻译后修饰、switches.ELM 的分子开关、Pfam 的结构域注释及实验验证的功能片段等。

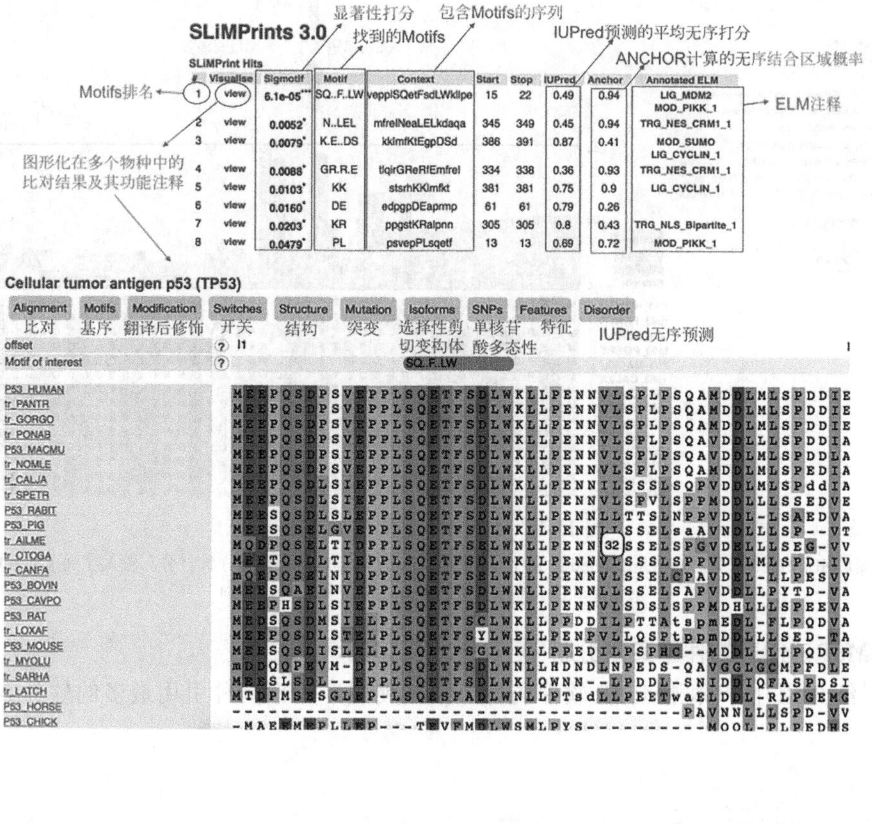

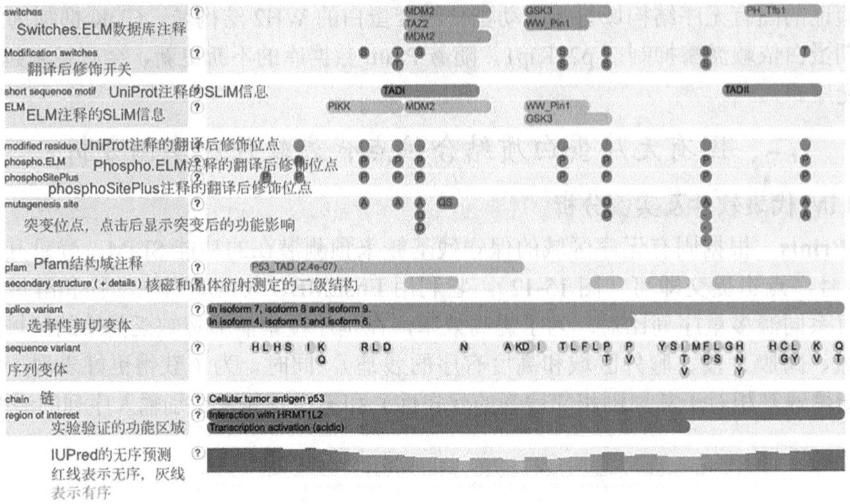

图 15-13

图 15-13 SLiMPrints 结果

*** 表示高显著 hit; ** 表示中等显著 hit; * 表示低显著 hit；其他没有星号标注的是非显著结果（截图中省略）。具体每项见红色标注

2. SLiMPred 它利用双向循环神经网络算法整合蛋白质预测的二级结构、结构基序、溶剂可及表面积、无序预测等，它不需要已知蛋白质–蛋白质相互作用信息或其他实验数据。尽管 SLiMPred 在识别长的无序结合区域方面表现不如 ANCHOR，擅长识别短的（＜30 个氨基酸）无序结合区域。另外，SLiMPred 比 ANCHOR 更适用于识别有序结合区域。

图 15-14 显示的是 SLiMPred 的输入界面和 P53_HUMAN 的结果输出。输入 UniProt ID 后点击 Get sequences 会进入下一个界面，显示已经找到的 UniProt 序列，点击 Submit job 提交任务，结果包括 IUPred 的无序打分（蓝色，数值范围为 0 到 1）、残基局部保守打分（红色，数值范围 0 到 1.94）、SLiMPred 打分（绿色，数值范围 0 到 1）以及其直系同源序列多重比对。

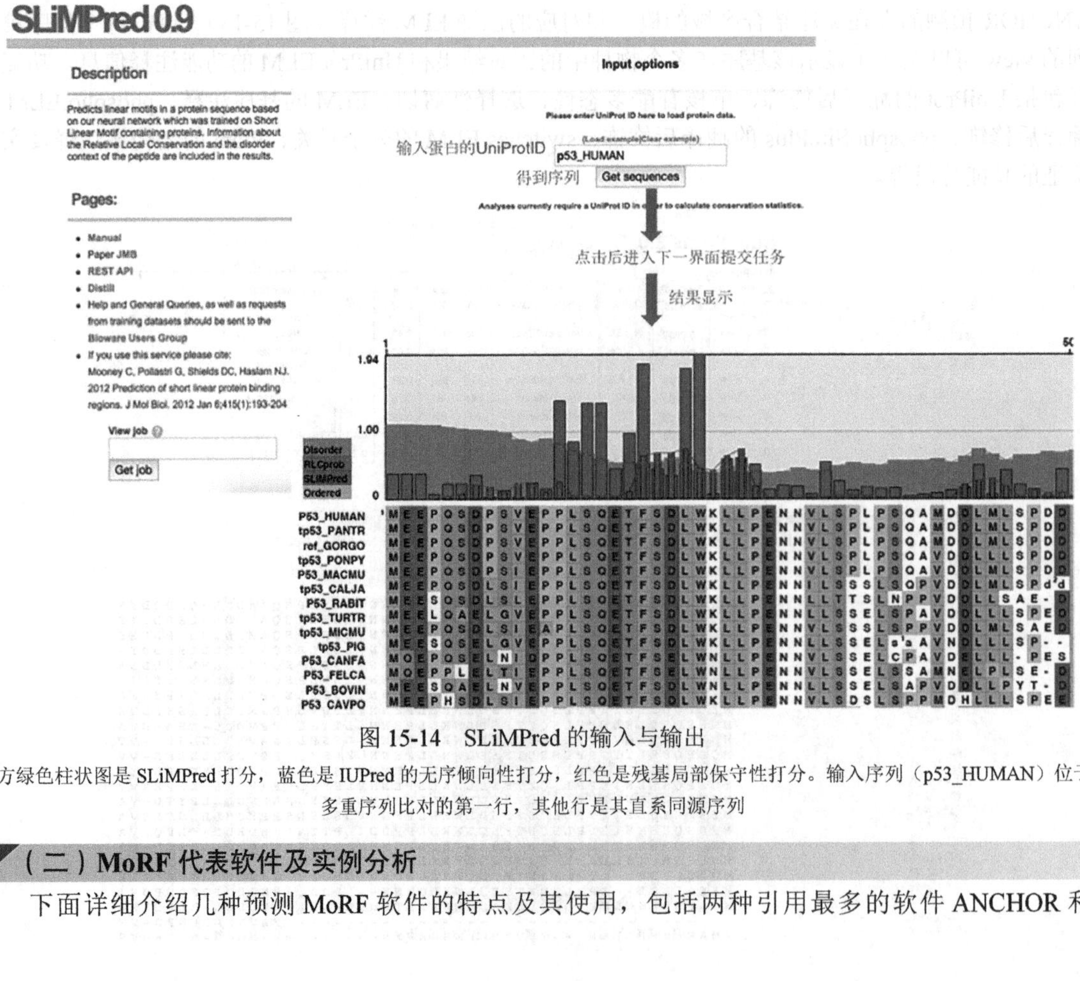

图 15-14

图 15-14 SLiMPred 的输入与输出

上方绿色柱状图是 SLiMPred 打分，蓝色是 IUPred 的无序倾向性打分，红色是残基局部保守性打分。输入序列（p53_HUMAN）位于多重序列比对的第一行，其他行是其直系同源序列

笔记栏

（二）MoRF 代表软件及实例分析

下面详细介绍几种预测 MoRF 软件的特点及其使用，包括两种引用最多的软件 ANCHOR 和

MoRFpred、预测蛋白/DNA/RNA 结合区域的 DisoRDPbind、预测无序灵活链接区域的 DFLpred 和 meta 预测器 MoRFCHiBiWeb。其中，MoRFpred、DisoRDPbind 和 DFLpred 都是由弗吉尼亚联邦大学（Viginia Commonwealth University）的 Lukasz Kurgan 课题组及其合作者开发，其操作界面相似。

每个预测器都以人类 TP53 蛋白的序列为例，TP53 是参与细胞凋亡、细胞周期调控和转录调控的肿瘤抑制蛋白，它除了中间长的一段有序 DNA 结合域之外，还包括无序的 N 端和 C 端。其中，无序 N 端已知结合至少 3 个不同的球蛋白：MDM2（结合区域 17～27 氨基酸）、RPA 70N（结合区域 33～56）、RNA 聚合酶Ⅱ的 B 亚基（结合区域 45～58）。其无序 C 端包含一个四聚化结构域（325～356 氨基酸）和一个调控结构域（结合区域 360～391），已知可以结合一系列的球蛋白，如 USP7（结合区域 359～363）、SET9（结合区域 369～374）、Suritin（结合区域 372～384）、S100bb（结合区域 375～388）、CyclinA（结合区域 378～386）、CBP（结合区域 380～385）。这一 C 端区域可以根据不同的结合对象形成不同的二级结构（alpha 螺旋、beta 片层以及 loop 区），反映了无序区域的高度灵活。

1. ANCHOR　是由 Zsuzsanna Dosztányi 课题组在 2009 年开发的，它首先基于 IUPred 找到可能的无序区域，然后识别其自身不形成链内部相互作用的区域和结合有序蛋白后可能获得结构的区域，最后设计打分函数来识别无序蛋白的结合片段。下面简要介绍它的使用方法。

首先，登录网址，显示界面如图 15-15 所示。

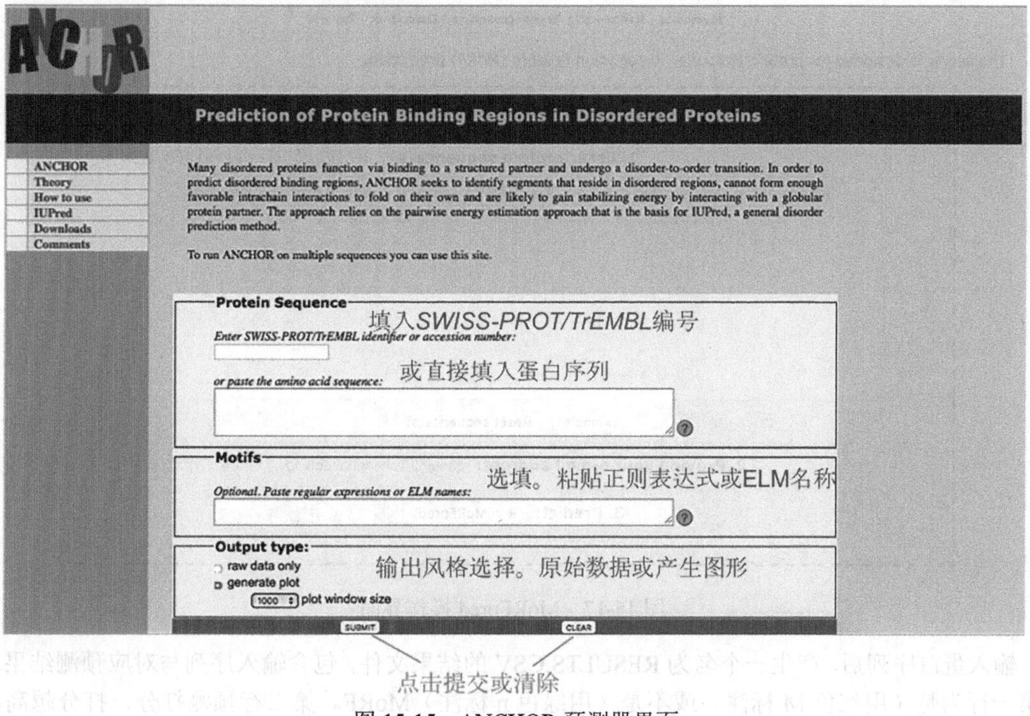

图 15-15　ANCHOR 预测器界面

图 15-15

按照提示输入蛋白序列，TP53 的预测结果如图 15-16 所示。

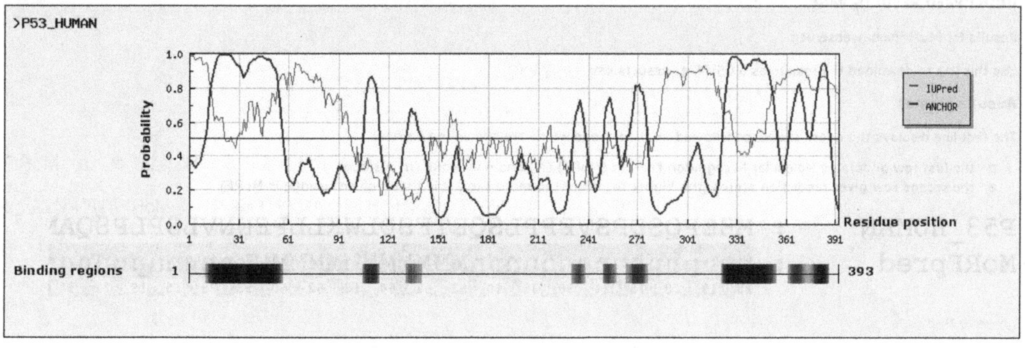

笔记栏

Predicted Disordered Binding Regions

	From	To	Length
1	11	57	47
2	106	115	10
3	132	141	10
4	232	239	8
5	251	258	8
6	265	277	13
7	322	355	34
8	363	387	25

图 15-16

图 15-16 利用 ANCHOR 预测 TP53 的结合区域

红色曲线是 IUPred 给出的无序预测（>0.5 位无序），蓝色曲线是 ANCHOR 预测的可能结合区域。深蓝色方框和表格是预测的对应结合位置

ANCHOR 还可以使用正则表达式（如 F..W..，[RK].L.[FLSK] 等）搜索 motifs 或提供 ELM 数据库中的已知 motifs，或钙调蛋白靶标数据库（calmodulin target database）中的钙调蛋白结合基序。

2. MoRFpred 利用支持向量机整合了 24 个特征（包括进化谱、氨基酸物理化学性质、无序预测、相对溶剂可及表面积、B 因子等），还结合了大量 MoRF 区域注释的序列比对信息。它的运行时间较长，预测一个蛋白大概需要几分钟。登录网址后，显示界面如图 15-17 所示。

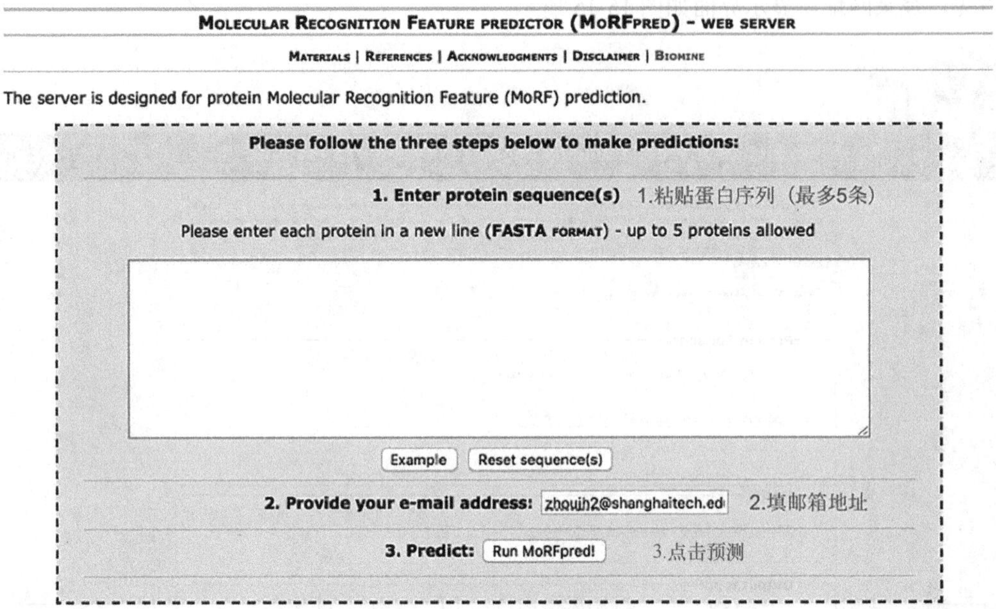

图 15-17

图 15-17 MoRFpred 操作界面

输入蛋白序列后，产生一个名为 RESULTS.CSV 的结果文件，包含输入序列与对应预测结果。结果第一行为是（用红色 M 标注）或不是（用绿色 n 标注）MoRF。第二行预测打分，打分越高，表示是 MoRF 的可能性越大（阈值为 50）（图 15-18）。

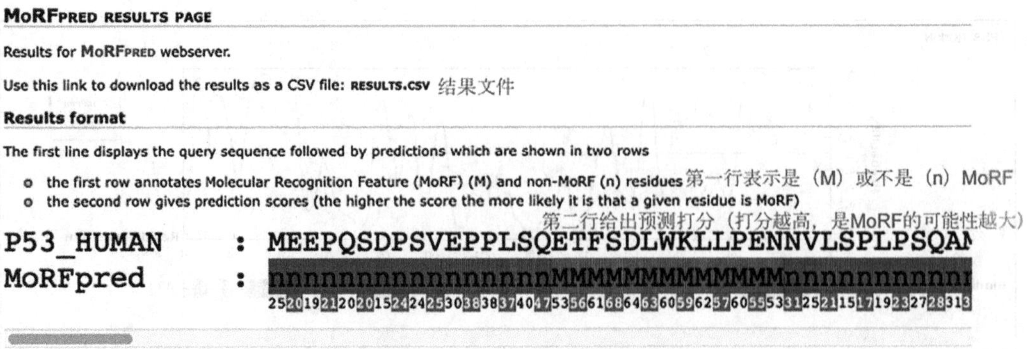

图 15-18

图 15-18 MoRFpred 预测结果

笔记栏

3. DisoRDPbind　是第一个综合预测无序区域的DNA/RNA/蛋白结合的预测器（其他预测器只预测蛋白结合）。它利用逻辑回归模型，整合了三组氨基酸的物理化学性质，即基于残基水平序列复杂性估计（7个特征），无序信息（11个特征）和二级结构信息（7个特征）。它的预测速度比ANCHOR快。登录网址，显示界面如图15-19所示。

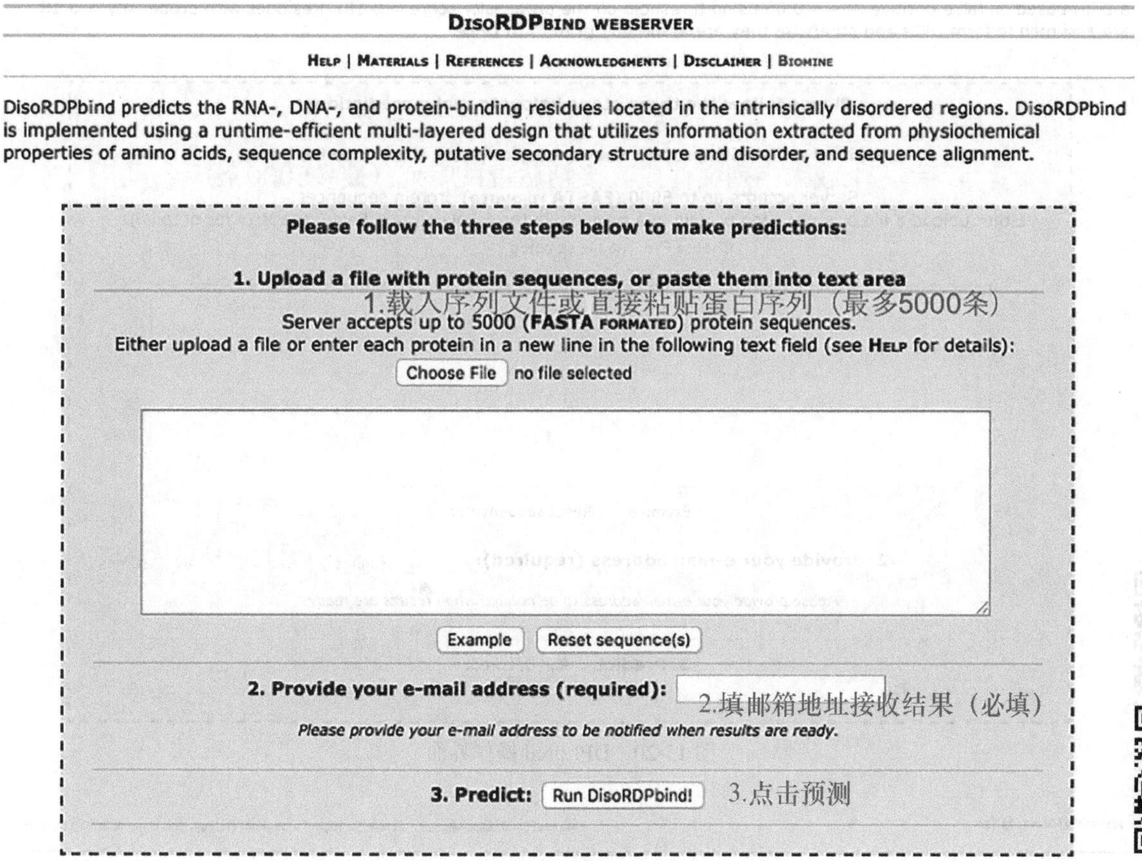
DisoRDPbind webserver
Help | Materials | References | Acknowledgments | Disclaimer | Biomine
DisoRDPbind predicts the RNA-, DNA-, and protein-binding residues located in the intrinsically disordered regions. DisoRDPbind is implemented using a runtime-efficient multi-layered design that utilizes information extracted from physiochemical properties of amino acids, sequence complexity, putative secondary structure and disorder, and sequence alignment.
Please follow the three steps below to make predictions:
1. Upload a file with protein sequences, or paste them into text area
1.载入序列文件或直接粘贴蛋白序列（最多5000条）
Server accepts up to 5000 (FASTA formated) protein sequences.
Either upload a file or enter each protein in a new line in the following text field (see Help for details):
Choose File　no file selected
Example　Reset sequence(s)
2. Provide your e-mail address (required):
2.填邮箱地址接收结果（必填）
Please provide your e-mail address to be notified when results are ready.
3. Predict:　Run DisoRDPbind!
3.点击预测

图15-19　DisoRDPbind操作界面

图15-19

输入序列后得到名为DISORDP.PRED的结果文件，包含8行，分别是：蛋白名称、蛋白序列（小写为预测的RNA/DNA/蛋白结合氨基酸）、1/0表示的RNA结合/非结合残基、RNA结合倾向性打分（逗号相隔）、1/0表示的DNA结合/非结合残基、DNA结合倾向性打分（逗号相隔）、1/0表示的蛋白结合/非结合残基、蛋白结合倾向性打分（逗号相隔）。

4. DFLpred　是首个预测有序结构域之间的无序灵活链接的预测器。它利用逻辑回归的机器学习模型，量化氨基酸及其周围邻居形成四种不同构象（有序结构域、无序区域、螺旋构象、转角）的趋势。它在全人类蛋白组水平预测的结果显示，约10%的蛋白含有大于30%的残基是无序的灵活链接。登录网址，显示操作界面如图15-20所示。

输入序列后得到名为RESULTS.TXT的结果文件，包含3行：蛋白ID、蛋白序列（小写氨基酸字母为预测的灵活无序链接，阈值为0.18）、逗号相隔的倾向性打分。

5. MoRFchibi系统　是由不列颠哥伦比亚大学Gsponer课题组开发，它利用贝叶斯模型整合了MoRFchibi的MoRF预测、Espritz的无序预测和PSI-BLAST产生的序列比对。由于加入了更多信息，预测一个蛋白的运行时间比MoRFchibi长。对于一个同样长度的蛋白，MoRFchibi系统需要大概30秒，而MoRFchibi只需要1秒左右。因此这个服务器也开发了只整合MoRFchibi和ESpritz的无序预测的MoRFChibi_light，用于高通量的大量蛋白序列快速预测。登录网址，显示界面如图15-21所示，输入蛋白FASTA格式序列，点击Submit job提交任务。之后结果会在当前页面保存48小时，也可以点击左侧Click To Set Email，填入邮箱地址接收结果。

笔记栏

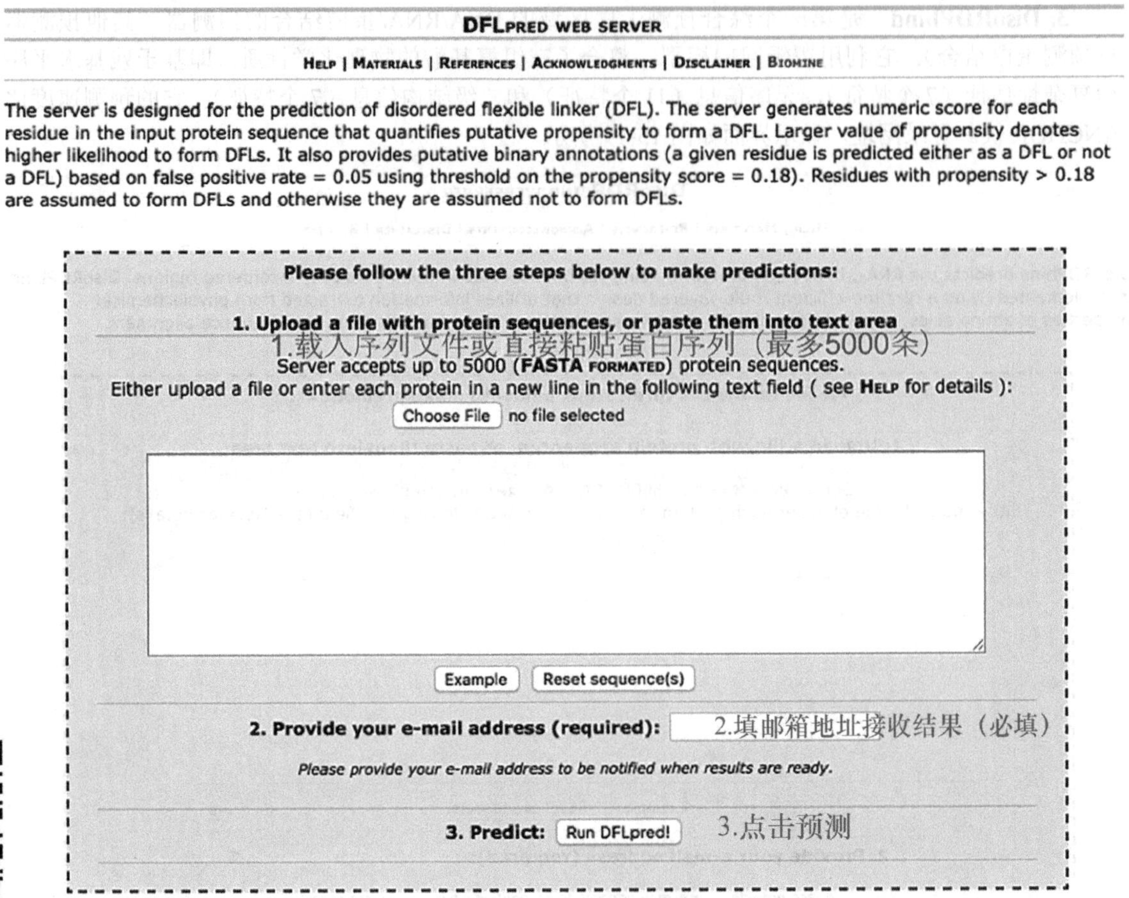

DFLpred web server
Help | Materials | References | Acknowledgments | Disclaimer | Biomine
The server is designed for the prediction of disordered flexible linker (DFL). The server generates numeric score for each residue in the input protein sequence that quantifies putative propensity to form a DFL. Larger value of propensity denotes higher likelihood to form DFLs. It also provides putative binary annotations (a given residue is predicted either as a DFL or not a DFL) based on false positive rate = 0.05 using threshold on the propensity score = 0.18). Residues with propensity > 0.18 are assumed to form DFLs and otherwise they are assumed not to form DFLs.
Please follow the three steps below to make predictions:
1. Upload a file with protein sequences, or paste them into text area
1.载入序列文件或直接粘贴蛋白序列（最多5000条）
Server accepts up to 5000 (FASTA formated) protein sequences.
Either upload a file or enter each protein in a new line in the following text field (see Help for details):
Choose File no file selected
Example
Reset sequence(s)
2. Provide your e-mail address (required):
2.填邮箱地址接收结果（必填）
Please provide your e-mail address to be notified when results are ready.
3. Predict:
Run DFLpred!
3.点击预测

图 15-20

图 15-20　DPLpred 操作界面

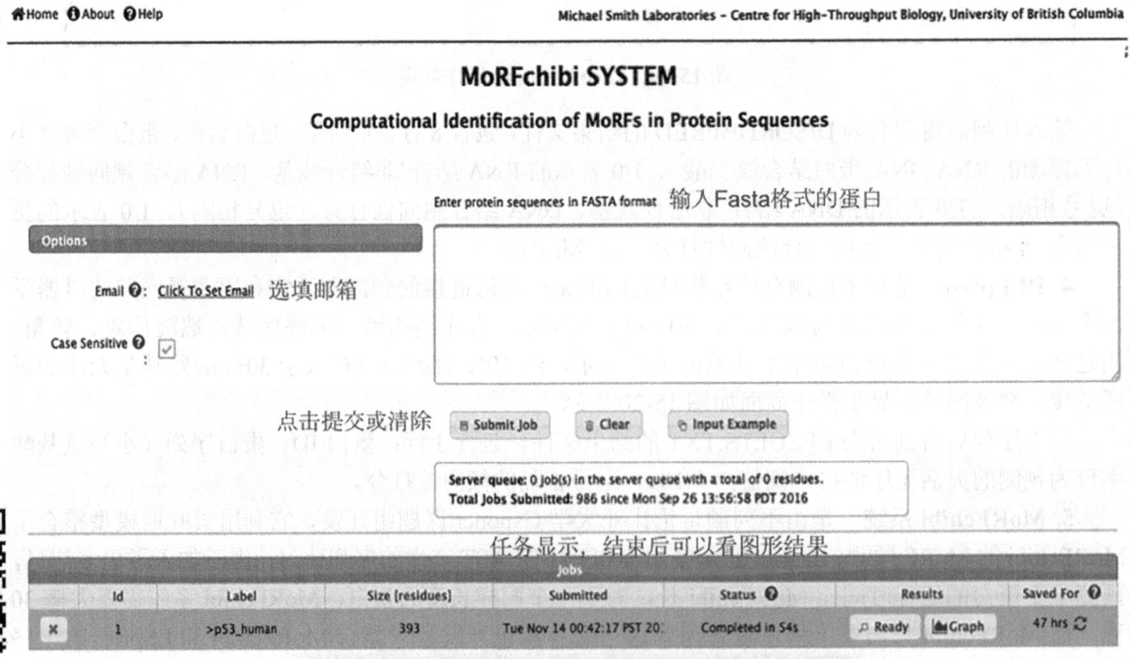

图 15-21

图 15-21　MoRFchibi 操作界面

点击 Graph 按钮会显示图形化结果，以 TP53 序列为例，如图 15-22 所示。

笔记栏

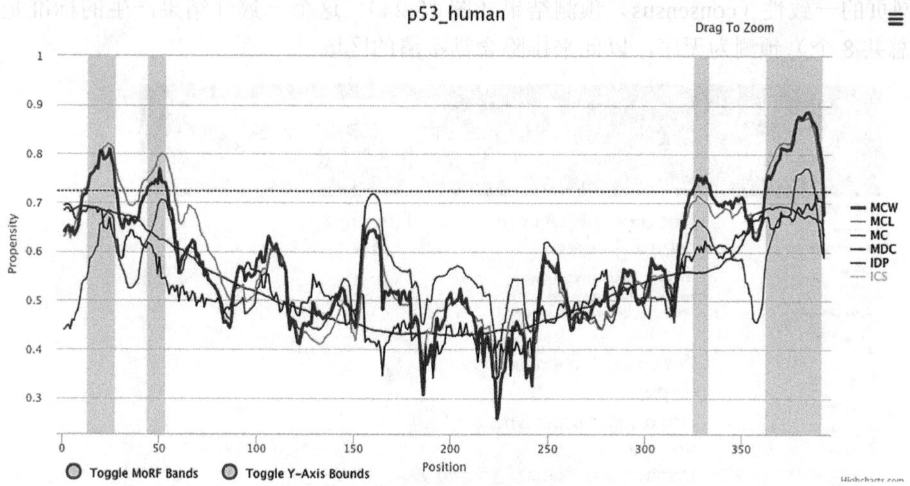

图 15-22　MoRFchibi 系统预测结果

横坐标为氨基酸序号，纵坐标为 MoRF 倾向性得分。淡蓝色方块显示的是预测的 MoRF 区域。蓝色水平线是阈值（0.75）。不同预测方法用不同颜色的曲线标示。MCW：暗红线，MoRFchibi 系统预测结果，适用于高精确度预测。比其他预测器产生更少的假阳性。MCL：绿线，整合序列局部物理化学属性和无序预测信息的 MoRF 倾向性得分。主要针对长的 MoRF（≥30 氨基酸），适用于高通量预测。MC：墨绿线，MoRFchibi 预测结果。仅基于氨基酸序列局部物理化学属性。MDC：紫线，基于蛋白无序预测和保守信息预测的结果。IDP：蓝线，来自 ESpritz 预测的蛋白无序得分。以上每种预测的得分都归一化为（0，1）

图 15-22

（三）固有无序结构域代表软件及数据库

鉴于固有无序的普遍性，无序结构域的概念也慢慢被接受，一些结构域数据库，如 Pfam、InterPro 将固有无序结构域作为特殊的一类注释。另外，基于全基因组无序预测的 D2P2 数据库也整合了 SCOP 结构数据库和 Pfam 数据库的结构域信息，可以用来预测蛋白质序列的结构域。下面简要介绍这三个数据库中的固有无序结构域。

1. Pfam 的固有无序结构域　截至 2017 年 11 月，Pfam 的最新版本是 31.0，包含 50 多个无序结构域成员。它主要利用 MobiDB 的无序预测信息，识别灵长类蛋白中＞100 个氨基酸长度的保守无序片段，以此为引物，利用多重序列比对和隐马尔可夫模型构建新的 Pfam 成员。图 15-23 所示的是一个无序结构域的例子。

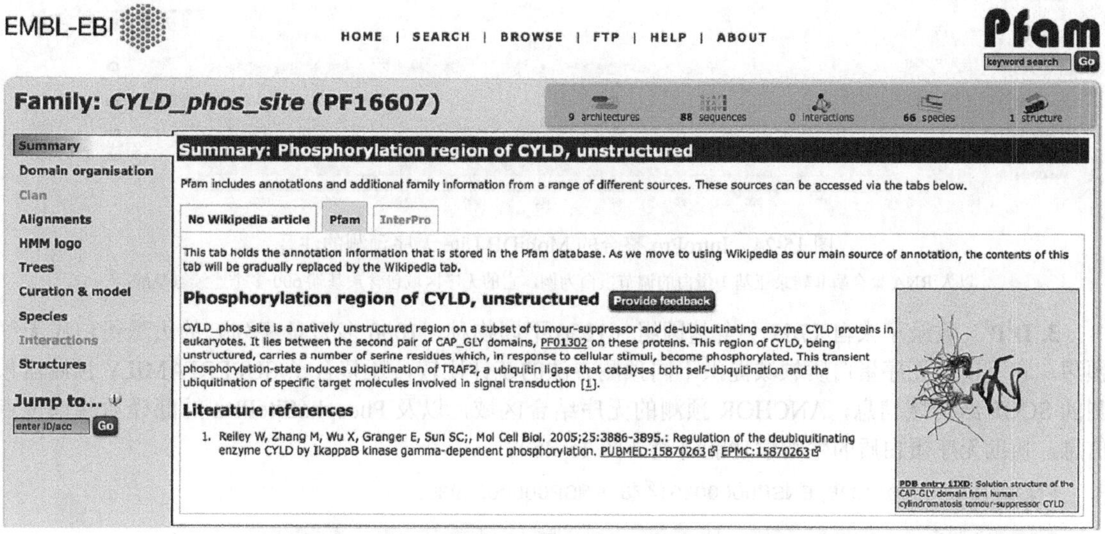

图 15-23　Pfam 的固有无序结构域成员 CYLD_phos_site

CYLD 是真核生物中肿瘤抑制因子之一，它是一种去泛素化酶，正常生理条件下抑制肿瘤坏死因子 TRAF2 的泛素化。其调控机制就是无序的 CYLD_phos_site 区域含有很多丝氨酸，可以磷酸化/非磷酸化，控制 TRAF2 的泛素化（因为 CYLD_phos_site 区域的磷酸化是 TRAF2 泛素化必需的）

图 15-23

2. InterPro　InterPro 也利用 MobiDB 的无序预测信息（包含 8 种常用预测器的预测结果）来注释结构域。不一样的是，对于每个长的（≥20 个氨基酸）无序区域，InterPro 提供一个链接到

笔记栏

MobiDB 网页的一致性（consensus）预测结果（图 15-24）。这个一致性结果产生的标准是至少 5 个预测器（总共 8 个）预测为无序，以此来排除含糊不清的区域。

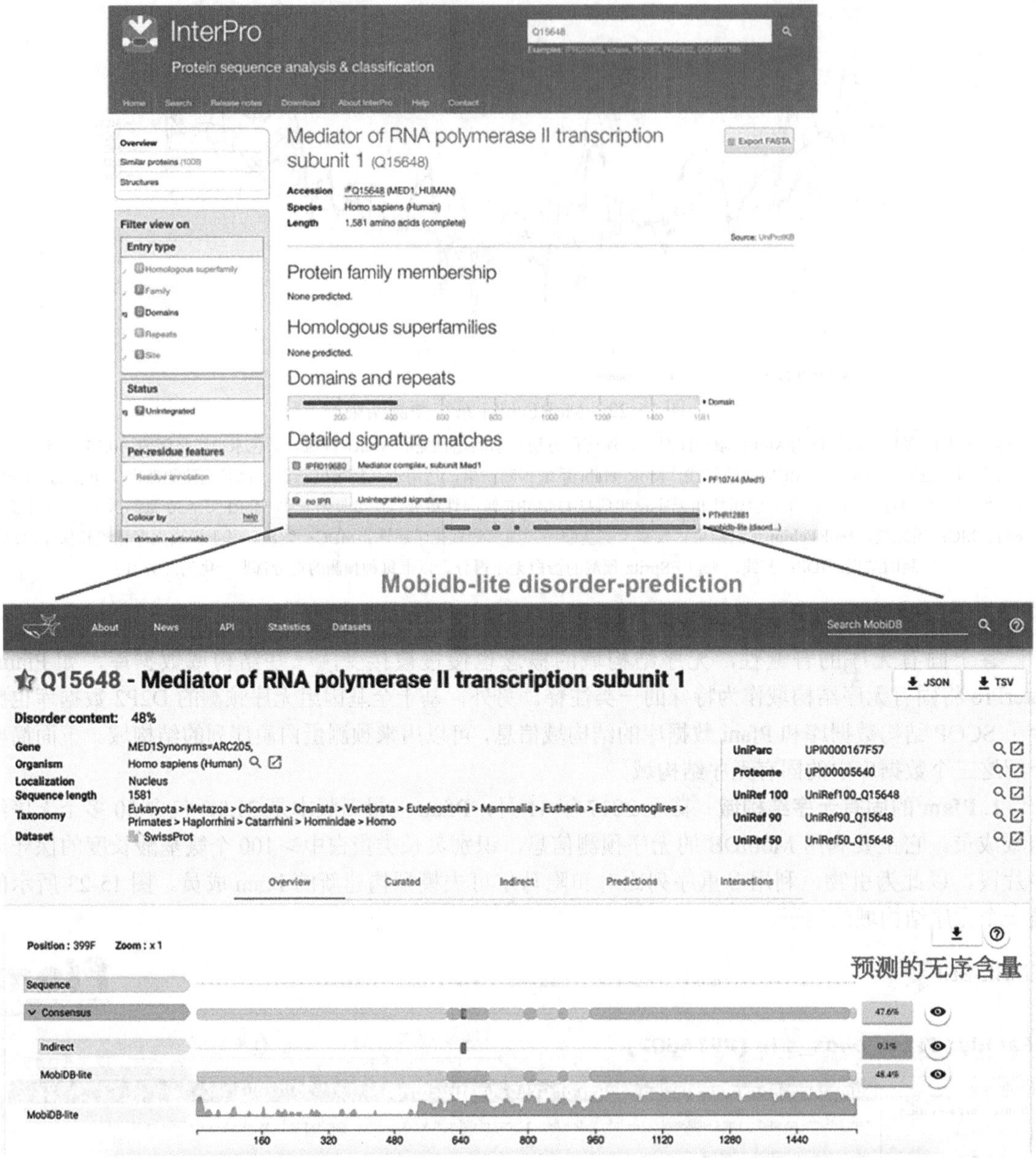

图 15-24

图 15-24 IntroPro 整合的 MobiDB Lite 无序预测的注释

以人 RNA 聚合酶Ⅱ转录亚基 1 蛋白的调节蛋白为例，它的无序区域包含羧基端 600 多个连续氨基酸

3. D^2P^2 收录了来自 1765 个全基因组（1256 不同物种，1000 多万条序列）的大量蛋白质无序预测。它不仅为无序蛋白质领域提供不同预测方法的统计比较，还整合了 SUPERFAMILY 预测器预测的 SCOP 结构域信息，ANCHOR 预测的无序结合区域，以及 PhosphoSitePlus 的翻译后修饰位点信息，协助无序蛋白质的生物学功能研究（图 15-25）。

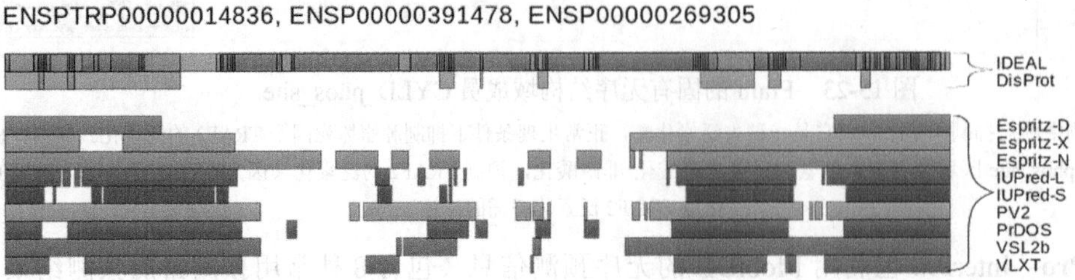

笔记栏

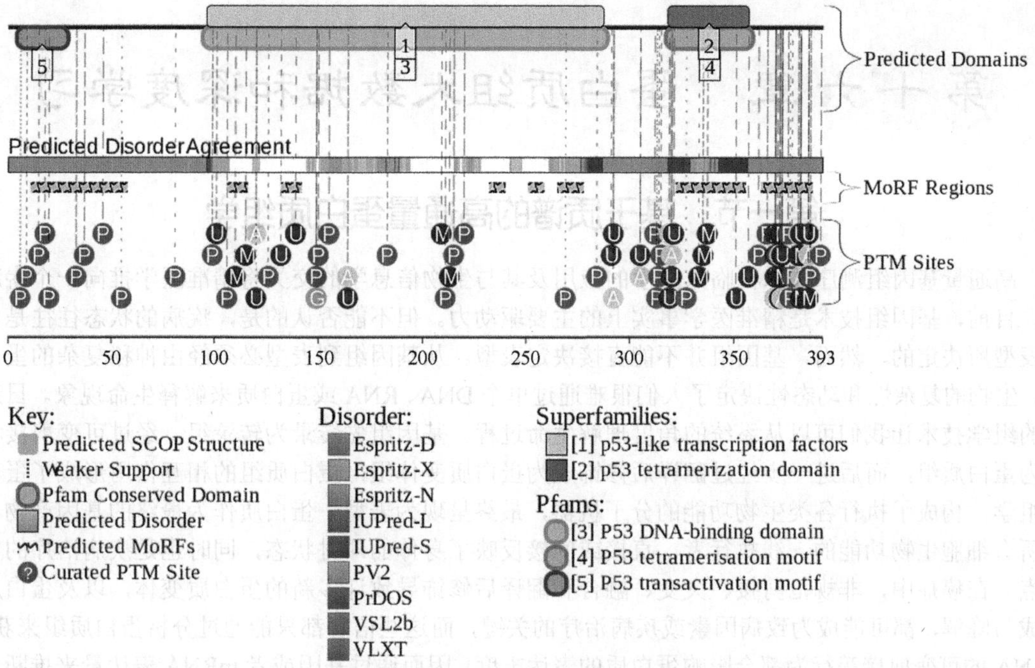

图 15-25　D^2P^2 的结构域预测结果

最上面两条长方形是 IDEAL 和 DisProt 数据库的数据，接下来是 9 种不同预测器结果，用不同暗淡颜色表示。然后是亮颜色表示的结构域信息（来自 Pfam 和 Superfamilies 数据库）

（周建红　严文颖）

图 15-25

笔记栏

PPT

第十六章 蛋白质组大数据和深度学习

第一节 基于质谱的高通量蛋白质组学

高通量基因组测序技术在临床医学的应用及其与生物信息学的交叉将精准医学推向一个崭新阶段。目前，基因组技术是精准医学事实上的主要驱动力。但不能否认的是，疾病的状态往往是由生物表型所决定的，然而，基因组并不能直接决定表型。从基因组到表型必须经由神秘复杂的蛋白质组。生物的复杂性和动态性决定了人们很难通过单个DNA、RNA或蛋白质来解释生命现象。日新月异的组学技术让我们可以从系统的角度理解生命过程。基因组先转录为转录组，经过可变剪接和翻译为蛋白质组，而后进一步经过翻译后修饰成为蛋白质变体组，蛋白质组的相互作用形成了蛋白互作组学，构成了执行各类生物功能的分子机器，最终呈现为表型。蛋白质作为最终的基因产物、几乎所有细胞生物功能的一线执行者，直接或间接反映了身体的即时状态，同时也是疾病治疗的主要靶点。在癌症中，非规范剪接、突变、融合和翻译后修饰导致许多新的蛋白质变体，以及蛋白质的合成与降解，都可能成为致病因素或疾病治疗的关键，而这些信息都只能通过分析蛋白质组来获取。mRNA的可变剪接等行为都会影响蛋白质的表达丰度，因而通过基因或者mRNA表达量来推断蛋白质的丰度也是不准确的。

蛋白质组学（proteomics）是以生物体（细胞、体液、组织）部分或全部蛋白作为研究对象，旨在定量测量生命系统中所有蛋白质的表达变化。随着液相色谱、质谱仪的快速发展，高通量蛋白质质谱技术应用于快速分析各类临床样品的蛋白质组逐渐变为可能，从而实现对不同临床样本的蛋白质组大样本（广度）、多蛋白（深度）的鉴定和定量，相关内容将在本章第二节里详细介绍。随着大规模质谱蛋白质组数据的产生，数据的存储和分析会带来新的技术难题，本章第三节将着重介绍蛋白质组数据的格式。基于大数据的机器学习在图像处理、语音识别等方面带来了人工智能技术的革命。本章第四节将介绍深度学习在当前蛋白质组数据分析中的应用。

第二节 蛋白质组大数据的产生

虽然与基于质谱、以抗体识别为基础的蛋白质组学相比，以液相色谱串联质谱为基础的蛋白质组已经具有了“高通量”的属性，但这不是本章节中所讨论的高通量。这里的“高通量”特指分析每一个样品的速度快，从而得以对成百上千样品的蛋白质组进行快速分析。

高通量蛋白质组是利用人工智能（artificial intelligence，AI）算法探索蛋白质生物标志物发现的前提条件。蛋白质组学技术通量的提高使得其成本降低，使对临床大队列的蛋白质组分析成为可能。我们可以在患者队列中，通过大规模鉴定和定量蛋白质来发现新的蛋白质组学生物标志物，进而辅助疾病的诊疗。本节主要从色谱分离和质谱数据采集两方面来讨论提升高通量蛋白质组质谱大数据采集的方法。

一、高通量色谱技术发展

第一种提高通量的方法是提升色谱分离效率。液相色谱系统按照其流速设置，通常分为四类：纳流（nanoflow）、毛细管流（capillary flow）、微流（microflow）和常规分析流（normal flow）。不同的流速适合不同类型的蛋白质组学研究，各有优缺点。液相色谱中提高通量的一个难题是如何使用尽可能短时间的液体梯度，实现尽可能充分的肽段分离，以实现尽快地分析尽可能多的蛋白。

纳流因其高灵敏度的优点成为目前蛋白质组学最常用的流速配置。2019年，研究人员优化了具有45分钟梯度的纳流DDA工作流程，并展示了其在1294个血浆蛋白质组中定量737种蛋白质（每个样品平均437种）的应用。但它的缺点也非常明显，是花费时间较长且易受环境干扰、耐用性差等。就时间上来说，最常用的纳流液相色谱系统在样品上样和色谱柱洗涤平衡上会消耗10～30分钟的时间。因此，在这些仪器中，当方法设置中的液相色谱梯度短于20分钟时，分析中的质谱有一半时间处于待机状态，造成宝贵质谱机时的大量闲置。纳流的这些局限性给那些在纳流开发后的10多

笔记栏

年中很少使用的毛细管流、微流和常规分析流的方法创造了机会。质谱技术的改进，更高流速液相色谱方法的使用可以补偿较低的灵敏度，而其先天具有高稳定性和高通量的优势，如今已重回蛋白质组学研究的舞台。

微流液相色谱仪与常规分析流液相色谱仪相比具有较高的灵敏度，比纳流液相色谱仪更灵活耐用，提供了灵敏度和稳健性的折中平衡，在高通量蛋白质组学研究中获得越来越多的关注。比如在2020年开发出的一套15分钟微流梯度的液相方案，在搭配SWATH/DIA质谱方案采集后，可以比常用方法缩短1/5～1/4的时间，仍然实现对超过80%的蛋白的精准定量。据2020年的报道基于微流的新型液相色谱Evosep One甚至可以实现每天分析100个以上的蛋白质组，而且数据具有高度定量重现性，且不会影响蛋白质组鉴定深度，其使用每天每台质谱分析60个样本的方法可以在HeLa细胞中鉴定到5200蛋白质。基于微流的蛋白质组分析越来越多地应用于临床大队列样品，但是需要较高仪器操作的专业能力要求限制了其在生物医学中的广泛应用。2018年，研究人员使用毛细流动平台与DIA相结合，以每天31个样品的通量分析血浆蛋白质组，从而在1508个血浆样本中鉴定出565种蛋白质。

蛋白质组学研究中比较少用常规分析流，但由于其更快的流速和稳定性，也有蛋白质组生物标志物的研究已采用常规分析流。Ralser实验室于2021年建立了使用分析流进行超高通量蛋白质组分析的方法。他们最近的研究报告了一种超短梯度（1～5分钟）分析流（0.8mL/min）液相与ScanningSWATH实现半分钟到5分钟色谱梯度，以实现血浆蛋白质组的稳定和高通量定量分析，也可在COVID-19型冠状病毒感染患者血清蛋白质组和生物标志物谱进行稳定且高通量的定量分析。但是这种方法每次质谱分析都需要相对大量的样本，这对于血浆、血清或细胞系样本来说通常不是问题，但很难应用于活检水平组织的分析。

上述液相色谱分离的速度受到液相–液相分离的限制。在肽段通过液相分离并离子化后，会在质谱中进行气相分离（gas phase fractionation，GPF）。研究人员通过改进GPF而开发的无液相直接进样（direct injection，DI）的方法，将替代LC的FAIMS作为离子选择装置与Orbitrap结合使用，通过增加离子淌度这一分离维度，并使用DIA-MS在4.4小时内（每个样品2.5分钟）定量分析了来自人类细胞样品的525种蛋白质和132种人类细胞样品的341种完整蛋白质谱。虽然分析显示蛋白质组变化与之前的常规蛋白质组学研究一致，但还是由于缺乏液相分离，这种蛋白质组学鉴定蛋白质的数量远低于基于液相的蛋白质组学分析方法。

二、高通量质谱采集技术发展

提高通量的另一个方法是不断改进和提升串联质谱仪的性能，其中包括开发更高质量分辨率的质量分析器，提升质量分析的扫描速率，或是针对旧的仪器采用新的采集方案来提高通量。

自下而上的蛋白质组学中使用的三种主要数据采集方法，包含非靶向的数据依赖采集（data-dependent acquisition，DDA，也称为鸟枪蛋白质组学）、数据非依赖采集（data-independent acquisition，DIA），以及对所有多肽进行的选择反应监测/多反应监测（selected reaction monitoring，SRM或称为multiple reaction monitoring，MRM）和并行反应监测（parallel reaction monitoring，PRM）数据采集方法。结合多馏分的DDA方法是复杂样品（如临床样品）最广泛采用的基于质谱的蛋白质组学策略，但受限于前体离子随机选择的问题。这是由于DDA方法在做一级质谱时会按照一级离子的丰度挑选丰度最高的数个肽段离子，此过程中有一定的随机性。靶向蛋白质组学方法（如SRM/PRM）会选择指定的肽段进行特定采集，但受限于同时可采集的样本数量。相比而言，DIA在生成蛋白质组学大数据方面具有巨大潜力，具有更高的通量、高度的可重复性、鲁棒性以及高信息含量。DIA通过顺序分离和碎片化前体窗口获得高蛋白覆盖率和高重现性的优势，前体窗口获得所有可能前体的所有片段模式，克服了随机选择前体的问题，它具有在6个数量级蛋白质丰度表达的高动态范围内稳定地鉴定和定量蛋白质的能力，具有更高的可重复性，因此，在产生蛋白质组大数据方面具有巨大潜力。

捕集离子淌度飞行时间质谱（trapped ion mobility spectrometry time-of-flight，timsTOF）是2019年以来的另一项突破，它可以通过捕集离子淌度质谱仪（trapped ion mobility spectrometer，TIMS）来分辨多肽的淌度信息，从而对样本实现一个独立维度的分离，而近期开发的平行累积连续碎裂（parallel accumulation-serial fragmentation，PASEF）达到接近100%的离子利用率，以实现更高的峰容量和灵敏度。使用 PASEF 的高通量与 DDA 采集方法结合，使用 5 分钟梯度就可以实现每天分析 180 个样品、每次平均定量 3666 个 HeLa 蛋白和 238 个血浆蛋白。而使用 PASEF 与 DIA 结合得到的 diaPASEF 技术，使用 3 分钟梯度就可以检测 2100 多个 HeLa 蛋白。由此可见，PASEF 及其代表的一系列基于离子淌度的分离可以显著提高复杂多肽混合物的蛋白质组覆盖率。

在样品制备中采取同位素标记技术也可以提升通量。与无标记方法相比，基于标记的质谱定量方法受有限的标记能力和相对较高的试剂和成本的限制，标记的样品数量有限，但是单个样品中检测到的蛋白数量更多。常见的标记方法包括串联质量标签（tandem mass tag，TMT），基于同位素编码的亲和标签（isotope coded affinity tag，ICAT），用于相对定量和绝对定量（isobaric tags for relative and absolute quantitation，iTRAQ）的同量异位标记、细胞培养氨基酸稳定同位素标记（SILAC）和二甲基标记。TMT 通常用于样品数量在 10 到 100 的蛋白质组学分析，目前市场上已经有 18 通道的 TMT 试剂盒，而一项实验室内开发的工作采用了一种 TMT-27plex 的方法（联合 TMT-11plex 和 TMT-16plex）与 DDA 采集方法相结合，在两天半之内对 27 个样品可以鉴定 8000 多种人类蛋白。

三、蛋白质组深度和广度的平衡

如果需要将基于质谱的蛋白质组学应用于临床研究，必须将稳定性、灵敏度、低成本相结合，以便实现临床和实验室之间结果的可比性。在理想情况下，我们期望以高通量的方式对大量生物样本进行深度蛋白质组分析，而实际上，我们必须在分析通量和检测深度之间做一个折中。一个高通量蛋白质组平台每天能够高精度定量 180 个人类血浆蛋白质组，或定量 COVID-19 感染者，血浆样品的 270 种蛋白质。另一项研究使用 20 分钟无标记 DDA，可稳定地定量 32 种血浆蛋白质组中 40 多种 FDA 批准的生物标志物（CV＜20%）。通过 15 分钟的梯度微流 LC 肽分离以及优化的 SWATH MS 窗口配置，在前列腺癌甲醛固定石蜡包埋（formalin-fixed and parrffin-embedded，FFPE）样品中可以平均鉴定出 1018 种蛋白质。与 2 小时梯度的 SWATH 相比，该方法用时减少到 17%，同时定量了 80% 的蛋白质。内径为 150μm 色谱柱的 Microflow LC-MS/MS 在分析 2000 多种人类细胞系样品时，显示出合理的色谱保留时间（CV＜0.3%）和蛋白质定量（CV＜7.5%）重现性。

相对较高的成本限制了蛋白质组学分析广泛应用于临床样品。如上所述，随着样品制备、色谱和质谱通量的提高，蛋白质组学分析的成本在过去 20 年中大幅度降低。如果我们将高分辨率质谱仪的每小时成本按照国际标准定义为 500 美元，可以对近 20 年来蛋白质组质谱的分析成本进行估算。值得注意的是，在过去 4 年中，分析深度稳步增加，并出现了巨大飞跃。多项研究报告了人类标本中超过 10 000 种蛋白质的特征。得益于 DIA-MS 和 TMT 等稳定同位素标记技术的发展，蛋白质组学分析的成本不断降低，使用质谱技术分析每一种蛋白质的价格从 2006 年的 3.25 美元降至 2021 年的 0.1 美元，降低了约 1/30 倍。

综前所述，蛋白质组大数据的不断加速累积是多种技术的不断优化、推陈出新的必然趋势。其中，液相色谱和质谱的硬件不断优化，为数据的产生提供基础；而标记技术、采集方法等新技术的引入，大幅度提高了数据采集的效率和质量。

第三节　蛋白质组数据的格式

目前基于质谱的蛋白质组的数据格式可以大致分为三种，包括专有的质谱仪厂商原始数据格式、基于 PSI 标准的格式以及其他新兴的格式如张量。质谱原始数据中主要包含两大类型的数据：①数值数据，包含电荷、质荷比、质谱信号强度、色谱强度等谱图相关数据，其中谱图数据会被压缩为二进制数据进一步存储。②仪器和实验设置的元数据（metadata），包含辅助描述数值数据的文字。

一、蛋白质组质谱原始数据格式

质谱数据通常可以用两种方法来记录。一种是轮廓模式（profile-mode），另一种是峰值列表（peak lists），又称质心模式（centroid）或峰选择模式（peak-picked）。轮廓模式以高于仪器采集频率在相同时间间隔的数据点取样并编码，使得每个峰都有一个可测量的峰形。轮廓模式的另一种方式是节省存储空间的阈值法（thresholded），此方法会删除低于某强度的数据，只在重要信号区域全分辨存储，减少了低于阈值的信号所占的空间。Centroid 方法仅提取轮廓模式可检测的峰，并产生了一组 *m/z* 和其强度的列表，因此也称为峰值列表。基本每一种质谱仪都有原始采集轮廓模式的数据，而

笔记栏

在写入数据时用户可以根据需要选择轮廓或者 Centroid 的存储模式（图 16-1）。

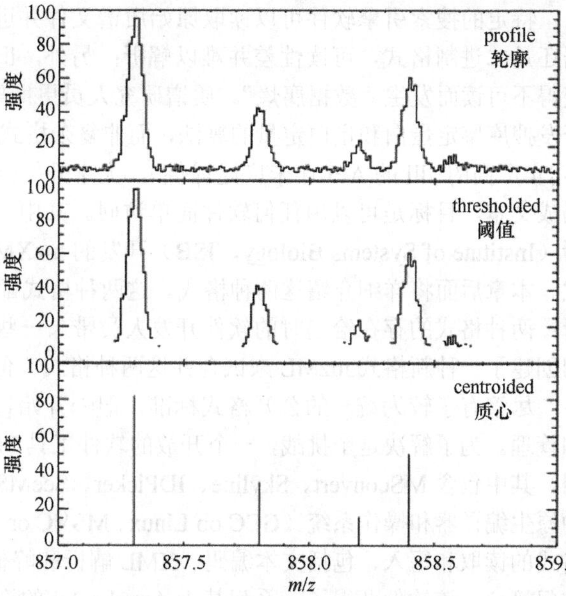

图 16-1　质谱原始数据记录方式

图 16-1

不同质谱仪厂商采用的蛋白质组学原始质谱数据的数据采集和数据存储的方式不尽相同，因此不同厂商都开发了针对自己仪器的专有数据格式，并随着新仪器、新技术的出现而不断改进。原始质谱数据格式通常有三种形式：单个质谱文件（如 Thermo Scientific 的 .raw 文件），成对文件（如 SCIEX 的 .wiff/wiff.scan）和包含多个文件的文件夹（如 Bruker 的 .d 文件夹）。

下面简述一下常见的质谱仪厂商的质谱文件格式（图 16-2）。Thermo Scientific 的原始质谱文件被编码为扩展名单一的 .raw 原始文件。使用者可以选择存储为 profile 或者 centroid 模式的质谱数据，也可以混合存储。一种常见的配置是将 MS1 扫描存为 profile 模式，将 MS2 扫描存为 centroid 模式。SCIEX 仪器通常保存为一对 .wiff/.wiff.scan 文件。.wiff 文件包含仪器运行中配置信息元数据和谱图索引信息，而 .wiff.scan 文件会保存图谱。Bruker 仪器的数据通常存储在一个含有多个文件的文件夹中，扩展名为 .d，里面的文件可以单独访问。Waters 和 Agilent 的数据也分别被存在 .raw、.d 的文件夹，而这些文件夹被当作一个文件单元，文件夹中的每个文件是对用户隐藏的。其他厂商的文件也通过不同的方式存储数据。

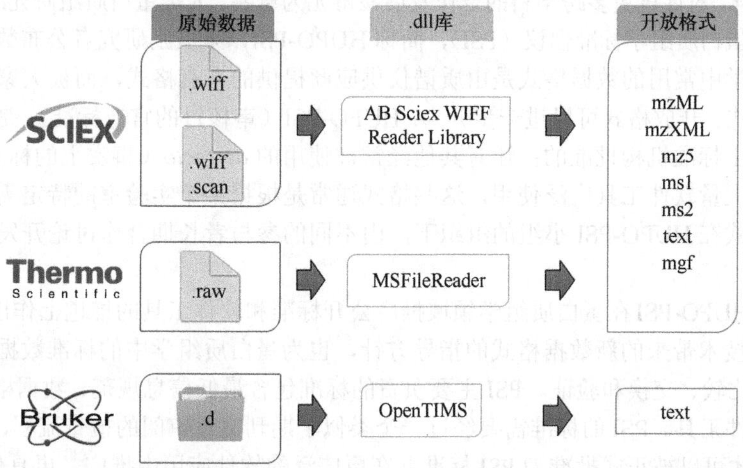

图 16-2　不同质谱厂商的原始数据格式、dll 文件库接口及其可支持的公开数据格式

图 16-2

这些质谱仪厂商提供的原始质谱文件通常只可以由厂商自己本身提供的软件（如 PeakView、Xcalibur 等）读取，这些软件通常易于操作，可以帮助质谱仪使用者快速而全面地探索原始数据。但是这些软件通常除了在质谱相连的计算机之外，还需要额外购买授权才可使用；并且通常仅限于 Windows 操作系统。大多数质谱仪供应商现在以 Windows 动态链接库（.dll）的形式提供了免费的软件编程接口（application programming interface，API），提供了一个接口得以让开发者编写软件以读取这些原始质谱数据文件。其中，Thermo Orbitrap 数据可以通过其官方提供的 MSFileReader 对原始数据进行读取，也有开发者提供了其 Python 的对应 binding 包，RawQuant 这样的软件包可以进一步解析更多的数据信息。SCIEX 对应的 .dll 库为 SCIEX WIFF Reader Library。Bruker 最新型号的 PASEF 型号质谱仪除提供了 .dll 的库之外，也为 Linux 版本提供了 .so 的库，使得 timsTOF 的原始文件可以在 Linux 系统上直接读取，如使用软件包 Timspy。然而，这些库只能在 Windows 操作系统上运行（Linux 需要用 Windows 的虚拟机 Wine 来实现）。另外，尽管这些 .dll 库是免费的，但它们通常受限于最终用户许可协议（end user license agreement，EULA），不能无限制地重新分发。

笔记栏

特定的搜索引擎软件可以读取原始质谱文件并进行数据库搜索和定量运算。但是，这些原始数据还是二进制格式，可读性差并难以解析；另外，旧的二进制数据文件可能在新的操作环境到来时变得不可读而发生“数据腐烂”。质谱研究人员更期望有统一的输入格式，这样可以让他们更专注于开发搜库鉴定蛋白和蛋白定量的算法，而非复杂格式的细枝末节上。为了解决这些问题，在2003年（其实厂商的.dll的API还未广泛提供），大家开始开发开源格式，对不同格式里的信息进行统一编码成文本，目标是可以用任何软件简单访问。其中一种格式是由位于美国西雅图的系统生物学研究所（Institute of Systems Biology，ISB）开发的mzXML；另一种是HUPO-PSI独立开发的mzData格式。本章后面将详细介绍这两种格式。这两种格式都是基于XML，但是却采用了不同数据编码的逻辑；两种格式的存在给当时的软件开发人员带来一些困惑和混乱。因此，在2009年，PSI和ISB共同创建了一种新格式mzML来试合并这两种格式；但是仍很难替代早已广泛使用的mzXML。

尽管有了较为统一的公开格式标准，但一开始每个供应商都有自己的转换器，缺乏统一的维护和管理。为了解决这个挑战，一个开放的软件工具ProteoWizard在2008年被开发出来并得到广泛使用。其中包含MSconvert、Skyline、IDPicker、SeeMS等软件。这个软件包使用C++编写并适用于多种原生编译器和操作系统（GCC on Linux、MSVC on Windows和XCode on OSX），支持多种开放数据格式的读取和写入，包括文本编码、XML解析和峰值计算，为所有格式提供了一个统一的转换器和访问接口。该软件获得了一系列基于Apache 2.0的许可，用来分发SCIEX、Agilent、Bruker、Thermo Fisher Scientific和Waters的供应商提供的.dll库，让更多的开发人员可以直接分析仪器生成的数据，而无须使用质谱厂商原配的软件。

二、HUPO-PSI标准格式

这部分将对上文中讲到的HUPO-PSI进行详细的描述。

随着质谱蛋白质组数据和分析软件工具的不断增加，将共享原始数据和数据分析的结果公开提供给更大的用户群，对促进更多跨学科的合作发展显得尤为重要。人类蛋白质组研究组织（HUPO）自2002年起发起了蛋白质组学标准倡议（PSI），简称HUPO-PSI，来鼓励研究者公布数据。就数据格式来说，蛋白质组学中常用的数据格式是由质谱仪供应商提供的专有格式，而被大家使用的格式是不受限制的开放格式。开放格式可以进一步分为：HUPO-PSI（审核过的官方标准），是在经过正式的审查和完善之后才由标准机构批准的；还有其他经常被使用的*de facto*（事实上的标准），虽没有被官方批准，但已被大量软件工具广泛使用，这些格式通常是根据某个实验室的特定需求而设计的，相比之下，官方格式在HUPO-PSI小组的组织下，由不同的参与者长期合作讨论开发后产生的格式更具有普适性。

近20年来，HUPO-PSI在蛋白质组学领域推广公开标准和软件工具的推进上作出了不少努力，为不断进步的质谱技术带来的新数据格式的指导方针，也为蛋白质组学中的标准数据的表示定义了标准，以促进数据比较、交换和验证。PSI主要负责的标准包含最低信息规范、数据格式、限制性词汇表及其相应的软件工具。PSI的标准需要经过一个类似于期刊文章审阅的检查流程，只有通过了这个流程，这些标准才可以被正式批准为PSI标准并在更广泛的软件应用中推广。更具体地说，PSI审阅进程主要包含两种文档：①有关蛋白质组学实验的最少信息（minimum information about a proteomics experiment，MIAPE），其包含有关实验或分析的最少信息，使得实验结果清晰可见并得到验证；②推荐文档（recommendation documents），指定标准格式的技术细节和使用方式。

在PSI刚刚筹办的2002～2003年，一直缺少通用的开放格式来访问质谱扫描的信息，因而亟待开发一种开放的并且与供应商无关的格式来存储质谱仪的输出信息，于是研究人员开始着手开发一种基于可扩展标记语言（XML）的文件格式来存储质谱数据。XML格式是基于文本的格式，不仅可以在任何操作系统中直接打开，也可以相对容易地被编程语言读取。PSI于是开始研发一个基于XML格式的mzData文件格式。然而质谱数据的开放格式对蛋白质组研究人员来说是一个重要的需求，因此当时在西雅图的系统生物学研究所的Aebersold课题组率先开发了另一种基于XML格式的mzXML文件格式以满足科学研究需求。mzData、mzXML虽然都是基于XML格式，但是这两种格式在设计时的基本理念却不完全一样。mzData是基于限制性词汇表而设计的，该词汇表可以随着质谱技术的发展而不断更新，而mzXML则具有严格的设计架构，该架构使用枚举属性描述辅助信息。虽然针对新质谱技术进行的更新则需要对该架构进行修订，这样的过程比mzData更繁杂，但是

笔记栏

固定的架构也让 mzXML 格式比 mzData 格式的编写更容易完成。因此 mzXML 早先一步发布，等到 mzData 最终完成并发布的时候 mzXML 已经被大多数软件采用了。

同时存在的 mzData 和 mzXML 这两种不同的基于 XML 的质谱数据格式也给软件开发造成了一定障碍。软件开发人员不仅需要考虑选择使用哪种格式，还要花费更多的精力来支持这两种格式。因此，在 2006 年 PSI 的研讨会上，PSI 的 mzData 的开发人员、ISB 的 mzXML 的开发人员以及仪器和软件供应商的开发人员希望创建一种新格式，使其可以将两种格式的优点融合在一起。最终在 2008 年，他们完成并发布了 mzML 格式，成为当今蛋白质组一种广泛并且稳定使用的一种格式。mzXML 由于其易读性，也尚未完全停止使用。PSI 小组是研究人员自发成立的小组，需要更多的开发人员自愿加入到 PSI 小组，当前他们还在招揽熟悉新型质谱数据格式，如离子淌度质谱的人员。mzML 和 mzXML 的故事发展历程提醒我们，一种标准格式的广泛采用需要搭配能够使用的软件工具，如果仅作为标准本身则可能使格式的使用受限。

对 mzML、mzXML 这种基于 XML 格式的常见批评是，这些文件还要比原始格式文件大几倍，访问速度也比原始厂商的二进制格式慢，并不能满足当今大队列生物采样和高通量数据分析的蛋白质组学的需求。文件压缩方面尽管所有谱图数据也使用了 Base64 编码，将转换为文本字符串采取的 zlib 压缩格式转为数字编码，mzML 也采用数值压缩技术进一步压缩其中的质谱数据，但 PSI 仍倾向于使用 XML 来更好地表示元数据，因为其控制的词汇表可以准确、明确地注释元数据。最近引入的 mz5 格式通过将 mzML 文件转换为 HDF5（一种紧凑且受良好支持的二进制存储机制）格式的文件，在解决了文件大小问题的同时仍保留了 mzML 的所有结构，该格式将在后面展开讨论。

另外，PSI 还设计了其他一些基于 XML 的格式来统一下游数据分析的标准，包含 mzIdentML、mzQuantML、mzTab、TraML、mzqLibrary 等格式。mzIdentML 格式是用来存储来自不同搜索引擎的肽段和蛋白质鉴定数据的结果，该格式旨在便于不同软件工具鉴定结果的相互传输，比如可将搜索引擎连接到下游软件以进行蛋白质分组、统计或基因组作图。现在几种流行的蛋白质组学软件工具（如 MS-GF+、Mascot、ProteinPilot、PEAKS 以及 OpenMS）都支持导出 mzIdentML 格式的鉴定结果。支持 mzIdentML 的数据库包括 ProteomeXchange 联盟内的 PRIDE、jPOST、MassIVE、iProx 数据库。mzQuantML 格式旨在存储来自各种 DDA 分析的定量结果，包括针对 MS1 和 MS2 的非标记定量、SILAC 或二甲基的标记定量、或基于 MS2 标记的 TMT 或 iTRAQ 定量。mzQuantML 也支持 SRM/PRM 的定量结果。mzQuantML 的设计将二维矩阵数据表存储在文件中，其中列为样品，而每行则为蛋白质组、蛋白质、肽段或者其他鉴定类特征。

mzIdentML 和 mzQuantML 都以 XML 表示，优点是可以非常灵活地捕获许多不同工作流的结果和有关如何获得结果的元数据，缺点是读写这些格式不像读写矩阵那样容易导入到 Excel 或者 R 中以进行进一步分析。为了满足这一需求，PSI 开发了 mzTab 格式，可以 mzIdentML 和 mzQuantML 从转化而同时展示鉴定和定量结果。mzTab 将数据以文本格式存储在表格中，使其可以直接加载到 Excel 表格或统计软件中。mzTab 现在也可以直接提交到 PRIDE、MassIVE、jPOST、iProx 等数据库中，常用的分析软件 MaxQuant 也支持这种格式。这种表格格式非常适合于对蛋白质组下游分析感兴趣的研究人员。

随着 SRM 靶向质谱技术的出现，开发的 TraML 格式被用来编码 SRM 中涉及的子离子对列表。TraML 格式与 mzML 格式的设计理念相似，使用限制性词汇表进行编码元数据，因而可被许多工具进行解析，亦可为 PSI 的 mzML、mzIdentML 和 mzQuantML 使用。但 TraML 设计的目的和 mzML 并不相同。mzML 设计是为了存储质谱仪输出的原始数据，而 TraML 设计目的则是用于 SRM 质谱采集模式输入，进而确定质谱仪选择碎裂的离子。对于几种数据非依赖质谱（DIA-MS）的采集模式，例如为选择反应监测（SRM）提供应采集数据的目标列表，TraML 能够对质谱仪的包括列表和 SRM 过渡列表进行编码。TraML 还可以选择对列表中的大量元数据进行编码，以指示列表中各个元素的出处和其他仪器参数进行优化。

PSI 还制定了一些准则，以描述在公开数据集时应提供哪些信息。MIAPE 作为一组模块化指南，指定了有关实验各成分、分离、色谱方法、质谱法的信息，还包含信息学分析、定量分析。MIAPE 已在 ProteoRed 数据库中实现，并在其他软件中用作指南，但在其他方面并未得到广泛使用，这很可能是由于缺少实现软件和记录所需的所有信息。PSI 开发的格式得以标准化的关键是使用标准化、定义明确的受限，目前已包含超过两千个唯一词汇表示 MS 仪器和软件的名称和参数，以及注释和描

笔记栏

述MS工作流程所需的其他术语，如包括样品标记、消化酶、仪器部件和参数，用于鉴定和定量肽、蛋白质的软件以及用于确定其重要性的参数和评分。

三、其他常见格式

HUPO-PSI标准倡议为蛋白质组学格式统一化做出了贡献，但需要花费不少资源与精力去维护和管理，而一个格式能否被广泛采用的一个标准是它是否可被更多软件所用，而不是一味地追求标准化。因此在蛋白质领域还出现了其他的非标准化但常用的格式，也称为 *de facto* 事实上的格式。除了前文所略述的 mzXML、mz5、mzDB，目前其他常见格式还有一些基于文本的 dta、ms2、pkl、mgf 格式。

在蛋白质组学诞生之初，人们本能地使用了一种简单的存储谱图数据的方法，就是直接转换二进制数据为简单文本文件进行存储。最简单的是 dta 格式，其中每个谱图都被写入一个单独的文件。这个文件的首行是该谱图一级母离子的质荷比、电荷和质量，而首行之后则是该谱图的所有质荷比及其强度对。pkl 和 ms2 格式也是类似 dta 的基于文本的格式，它们只是在标题行的格式和内容上有细微差别，但是可以将多个谱图表示在一个文件之中而不必存成多个文件。ms2 文件格式则是将所有一级母离子或者二级子离子分别放在一个文件中，称为 ms1 和 ms2 文件格式。另一种常见的文本格式 mgf 则是由 Mascot 搜索引擎 Matrix Science 公司开发的 Mascot Generic Format（mgf）格式。mgf 在一个文件中可以编码多个谱图并用文件头分开，头文件还可以标记针对肽段搜索引擎所需要的元数据，而无须存储所有的元数据。mgf 文件有很多头文件的定义，并没有公认的格式规则，因此每个 mgf 都是不同的。mgf 也得到了许多蛋白质组学其他搜索引擎的广泛支持。这些基于文本的格式容易读取，能把谱图以最简单直接的方式传输到肽段搜索软件，但是这样也会使得部分和分析相关的元数据丢失，于是导致了更复杂的基于 XML 的开放格式（如 mzXML 和 mzData）的开发。

对比 mzML 严格按照限制性词汇表设计，另一种 XML 格式 mzXML 则对大多数元数据信息一一列出。由于只有一种方法来展示它的各种属性，mzXML 的实现比 mzML 要简单，并且可以使用一般的 XML 检查器来检查文档的有效性，使得初学者更容易用 mzXML 的格式去了解质谱数据结构，这也是它在 mzML 诞生之后还被广泛使用的一个原因。但这也带来了一个问题，对格式进行的任何更改都将需要一个新的版本，容易造成格式版本之间的混淆。mzXML 的谱图数据以 Base64 编码为文本字符串来节省空间，但其本质还是 XML 格式的数据，XML 是一种具有大量冗余的人类可读文本数据格式，并不是为存储批量数据设计的。尽管 mzML 格式含有索引系统，但因 mzML 需要读取完整文件以构造 XML 解析树读取速度依旧缓慢。mzXML、mzML 存储大小和访问速率都不如原始供应商质谱数据格式，为解决这个问题，于是开发了 mz5、mzDB 等格式。

mz5 格式的核心是于 20 多年前推出的 HDF5 格式。HDF5 最初由美国国家超级计算应用中心为存储和管理大量数据而开发，现在一直被用作美国国家航空航天局地球观测系统的标准格式，同时也已作为天文学、地质学、遥感和航空电子等领域数据密集型科学应用的主要文件格式。它的广泛使用确保了它能够在未来许多年中获得持续的技术支持。HDF5 是二进制格式，但是它在描述复杂数据的关系和依赖性上类似于 XML，允许将多个数据集以类似于文件夹和文件的分层组结构存储。HDF5 表示的两个主要对象是“组”和“数据集”。其中，组是用于容纳数据集和其他组的结构构造，数据集是指特定类型的数据元素的多维数组，如整数、浮点数、字符、字符串或复合类型的元素集合，两类对象都可以分配给每个对象的元数据以任何数据类型。使用这两类对象和它们相关的属性，可以有效地存储和访问具有各种数据类型的复杂结构，让每个数据集可以有选择地细分为模块来实现更有效的数据访问，因为模块可以被加载并存储在 HDF5 的缓存中来进行重复访问。开发者还可以更改模块大小参数，针对不同的应用程序来调整 HDF5 以实现不同的访问目标，如文件整体较小的压缩文件或者快速随机访问文件可以使用更大的模块。与 mzML 相比，mz5 文件大小平均减小了一半，线性读写速度提高了 3～4 倍，同时也通过 HDF5 对象复杂映射将 mzML 限制性词汇表关系完全重现，在保证了二进制存储机制的同时，也复现了元数据的复杂关系。

mzDB 也是一种压缩的数据格式，该格式通过使用一种轻量级 SQLite 关系数据库来解决数据压缩的问题。mzDB 依赖于 SQLite 软件库，是由一个标准化且可移植的无服务器单文件数据库组成。它采用了 3D（保留时间、母离子质荷比、子离子的质荷比）的索引方法，便于数据库进行数据提取。与基于 XML 的格式相比，mzDB 可以节省约 25% 的存储空间，数据访问时间可提高 2 倍以上。与

笔记栏

mz5 相比，mzDB 的访问时间也略有降低。SQLite 库及其主要语言的驱动程序都可以访问 mzDB，并可用 GUI 软件浏览。mzDB 提高随机读取性能的主要原理是将多个连续谱图的二维小块中的数据联合起来，从而实现快速抽取色谱峰。由于不同类型质谱数据索引和访问方案不尽相同，开发者于是针对常见的质谱数据类型创建了不同的软件库，包括为 DDA 设计的 pwiz-mzDB，mzDB access，为 DIA/SWATH 设计的 mzDB-SWATH。在处理元数据方面，mzDB 不会压缩文本元数据，该文本元数据以特定的 XML 格式存储在 param_tree 字段中。mzDB 还存储了未压缩的原始数据，但必须通过商业许可的 SQLite 扩展来实现压缩。作为替代方案，mzDB 使用了高斯混合模型来确定每个重构峰的半峰的质心和左/右半峰宽（LHW/RHW）来压缩数据。与传统的 centroid 相比，此过程可能会导致一些误差，但低强度峰和重叠峰的灵敏度要好得多。mzDB 也可用作处理和可视化质谱数据的后端。

还有一种基于 XML 格式的 imzML 数据格式，它对 mzML 格式进行适度修改，来用于存储质谱成像数据。这种方法的核心是将 XML 文件中的二进制编码的数据拆分为单独的文件，XML 中的元数据变为 imzML 文件，XML 中的二进制数据变为 ibd 文件，并使用通用唯一标识符链接它们。imzML 还引入新的专门用于成像数据的限制性词汇表，这些附加的 imzML 词汇包括空间坐标位置，扫描方向、图案和像素大小存储在 obo 文件中，旨在使用第三方软件更轻松地实现数据可视化。

数据压缩方面，mz5、mzDB 和 imzML 直接内嵌了压缩算法，而 Numpress 作为一种算法被单独开发，可以应用在 mzML 的编码中。Numpress 可以用在 Base64 编码之前来压缩 mzML 文件中的二进制数据但不压缩 XML 中的元数据，它使用三种算法对 mzML 中存在的三种常见数值数据类型（保留时间、强度和质荷比）进行编码压缩：保留时间将被四舍五入到整数以截断形式存储；强度数值进行对数变换后乘以比例因子，最后被截断为整数存储以确保相对恒定的相对误差；质荷比数值则通过将数据乘以比例因子并四舍五入到整数来实现。Numpress 可将 mzML 文件大小减小约 61%，如果进一步使用 zlib 压缩，则可减小约 86%。

2021 年 PSI 新提出了一种基于 HDF5 文件格式 mzMLb，该格式对读写速度和数据存储进行了优化，展示超越 mz5、Numpress 的性能。这种方法不仅保留了元数据的 XML 编码，还同时遵循 HDF5 和 NetCDF4 标准。mzMLb 采用了 mz5 类似的 HDF5 格式，但没有使用 mzML 和 HDF5 之间复杂而僵化的映射，而是提出了一种简单的混合格式，其中数值数据以原始形式存储在 HDF5 二进制文件中，而元数据则被完全保留以类似 imzML 的方式链接到相同 HDF5 二进制文件中。mzMLb 还与 NetCDF4 读取和写入器兼容，这使得开发人员能够直接在多种平台使用不同编程语言来导入和导出 mzMLb 编写的数据。同时利用 HDF5 的内置功能，mzMLb 还实现了一种简单的预测编码方法，易于实现和 Numpress 相当的文件压缩率，mzMLb 另一方面也支持用 Numpress 压缩数据存储。ProteoWizard 工具包中已经提供了的 mzMLb 的实现。图 16-3 总结了本章提到的几种格式及其表示信息关系。表 16-1 总结了常见的蛋白质组数据格式。

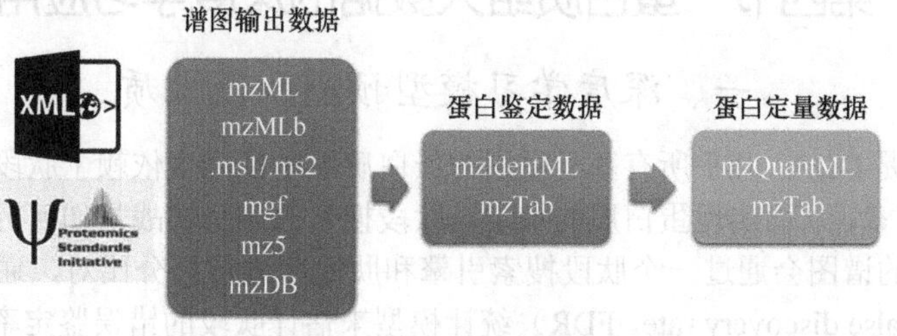

图 16-3　三类公开数据格式

图 16-3

表 16-1　常见蛋白质组数据格式

格式名称	描述	格式名称	描述
mzML	原始 MS 谱输出数据的编码格式	mzXML	ISB 开发的基于 XML 的开源格式
mzIdentML	肽和蛋白质识别数据的格式	mz5	一种基于 HDF5 的高效数据管理和存储的格式
mzQuantML	MS 定量信息的格式	mzDB	一种依赖于 SQLite 软件库的格式
TraML	用于指定 SRM 过渡的格式	mgf	Mascot 的 Matrix Science 开发的格式
mzTab	制表符分隔的格式，用于 MS 识别和定量信息	.ms1/.ms2	基于文本的格式

笔记栏

张量是类似于矢量的数学对象，但比矢量更广泛。简单地说，张量是一组数字组成的数组，它们在坐标变化的情况下根据某些规则进行变换。张量可以定义为单个点式孤立点的集合，也可以定义为张量元素作为位置函数的点的连续体，并且张量可以形成所谓的张量场。张量作为 Tensorflow 等深度学习系统库的基本原件，可以作为神经网络的输入。

质谱数据具有多个维度的属性，以 DIA 质谱数据为例，具有三个维度的属性，其中第一维度为循环次数索引，第二维度为碎片离子质荷比，第三维度为碎片离子所对应的前体离子窗口索引。例如，基于扩展标记语言（XML）的文件格式（如 mzXML 和 mzML 格式），由于转换成了可读语言而且不可以直接存储为二进制数据，导致转换的 XML 格式文件大小明显增大。前文提到的几种新型压缩格式虽然保持了 mzML 文件内容的本体，但由于其更新往往需要时间，并不全包含所有 DIA 数据分析时所需要的信息。另外，DIA 由于前体离子和碎片离子之间关系的丧失，共流出的前体离子会在同一窗口中共碎片化，进而产生高度复杂的碎片质谱，因而需要在 DDA 中获得目标分子的信息，包括前体质荷比、其碎片离子的质荷比及相应的相对强度和保留时间等，再进行萃取离子色谱峰以推断出属于靶向分子的峰组，这个过程耗费大量计算资源和时间，并且常常导致数据的失真。虽然现有的多种 DIA 分析软件，如 OpenSWATH 软件、Skyline 软件、Spectronaut 软件、PeakView 软件等，都可以实现鉴定和定量生物分子的功能，但是这些程序不易操作、耗时且耗计算资源，并且仅将部分二级质谱用于峰组推论，因而会产生不可预测的结果（如不可避免的缺失值问题），进而影响下游的统计分类分析。

DIAT 张量数据（图 16-4）是依据原始质谱数据结构进行转化的，能够保证 DIA 质谱数据的有效信息量，并且在进行数据读取时，以三维张量形式读取，读取顺序不受限制，大大提高了数据的读取便捷性和读取速度。将其存储为 DIAT 格式文件后，文件大小仅为 mzXML 文件的几十分之一，大大降低了质谱数据文件所需的存储空间。张量还能够通过可视化的 DIAT 文件图像对 DIA 质谱数据直接观察，能够直接使用视觉处理的算法对 DIAT 张量进行分析，避免了需要大计算量的萃取离子色谱峰操作，且能够直接根据此格式文件建立临床样品分类的计算机深度学习模型。随着 DIA 数据质量和数量的增加，可以预见 DIAI 张量数据在临床诊断中的潜力，将为疾病分型诊断提供有效解决方案。

图 16-4

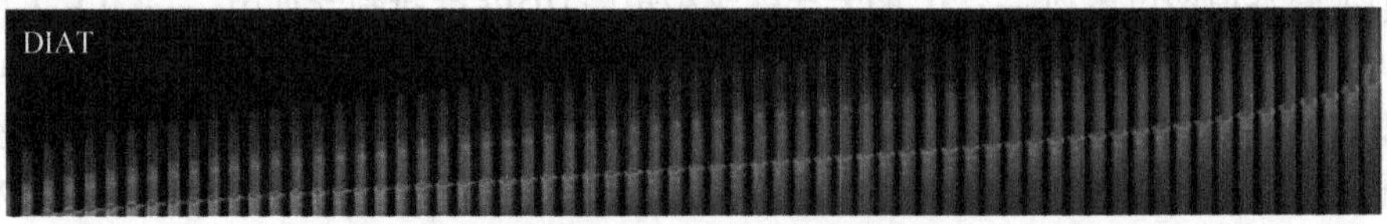

图 16-4 DIAT 张量数据格式展示

第四节 蛋白质组大数据的深度学习应用

一、深度学习模型预测肽段性质

不论是 DIA 还是 DDA，几乎所有基于质谱的蛋白质组学都高度依赖于肽段碎片离子的分布模式（亦称为库）进行搜索，从而实现蛋白质的鉴定。肽段搜索的一个挑战是如何拆解和分配肽段的谱图信号。实验中获得的谱图会通过一个肽段搜索引擎和肽段库进行打分比对，通过打分鉴定肽段，并通过错误发现率（false discovery rate，FDR）统计模型来估计肽段的错误鉴定率。碎片离子的碎裂模式通常由质谱仪类型，碎裂模式如碰撞诱导解离（CID）、高能量碰撞诱导解离（HCD）或电子转移解离（ETD），以及肽段的序列和电荷等多种因素来决定。通常 DDA 搜索鉴定方法是假设每种碎片离子出现概率相等，然后通过搜索肽段的所有可能碎片离子的质荷比来鉴定，而真实的图谱则是由随机碎裂产生的，每种碎片离子的相对丰度并不相同，这种方法就会导致搜索时缺少碎片离子相对强度的信息。在低样本量的单细胞蛋白质组学中，不做多馏分的 DDA 采集有时也会用谱图库进行搜索。DIA 搜索一般需要一个更精确的谱图库来进行鉴定，谱图库的建立需要花费更多资源，而且这种方法还只能鉴定谱图库中的肽段，而无法鉴定库外的肽段。建立一个足够全面的谱图库是非常重要的，一般通过收集不同样品类型，同时还要进行大量馏分来进行分析。此外谱图库也会受到质谱分析器种类的限制，不同的仪器需要重新采集该仪器对应的谱图库。由于谱图库还涵盖了碎片离子的相对丰度而不仅仅是质荷比的值，在估计 FDR 时不能像 DDA 搜索时那样对氨基酸序列进行简单

笔记栏

的反转、重排来鉴定。

用计算的方法也可以更快地建立一个理论预测的谱图库，节省了实验成本资源。虽然从原理上来讲，人们也希望通过物理化学模型来机械地解释碎裂模式，通过计算模拟来获得碎片离子的分布，比如通过密度泛函理论模型来模拟肽段碎裂模式，但是肽段离子这个多电子体系需要的计算量大大超过了目前量子化学可以处理的体系，目前量子化学计算模拟还停留在两个氨基酸的水平。虽然解释肽段碎片的机制较复杂导致不能从物化层面模拟，但是这些碎裂模式是可被高度复现的，非常适合用深度学习的方法进行预测。深度学习的方法是通过训练大量谱图数据来进行肽段性质的预测，因为每个质谱数据文件就可以生成几万个谱图数据，这为深度学习网络训练提供了足够大的数据训练集。

早在 2004 年，Gygi 实验室就尝试用机器学习的方法对碎片离子强度进行建模预测，该方法可根据肽段序列来预测观察到的碎片离子强度的可能性，因而提升了鉴定率。2013 年，Martens 等开发了一个基于随机森林模型的 MS2PIP 方法，这种方法可根据肽段序列来预测最重要的碎片离子信号峰的强度，预测的碎片离子强度与真实碎片离子强度的相关性要高于当时的其他工具。

2015 年以来基于深度学习神经网络（DNN）的预测模型开始广泛应用在各个领域中。深度学习与传统机器学习算法（比如支持向量机或随机森林）的主要区别在于，深度学习可以从数据中自动学习特征和模式，而无须进行人工特征设计，深度学习因而特别适用于大训练队列、多特征的数据。一系列基于深度学习的方法和工具因而被开发对肽段性质进行预测，如 pDeep、Prosit、DeepMass、MS2CNN、DeepDIA 和 Predfull（图 16-5）。

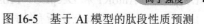

图 16-5　基于 AI 模型的肽段性质预测

图 16-5

神经网络通常可以表示为：①每层中的神经元数量；②网络层数；③层之间的连接类型。常见的体系结构包括：深度神经网络（DNN）、卷积神经网络（CNN）和递归神经网络（RNN）。DNN 是指由输入层、多个隐藏层和输出层组成的网络，来自相邻层的节点彼此完全连接；CNN 则主要由卷积层和池化层组成，这之后通常是很多完全连接的层。CNN 的关键之处是在于输入层（如图像或序列）上滑动的卷积核，不同的过滤器可以捕获输入数据中的不同模式。RNN 则通过使用循环和循环连接单元在一个步骤中一次处理一个元素的输入序列，并且每个步骤的输出不仅取决于当前元素，而且还取决于先前的元素，具体来说对于具有输入 x_t 和输出 y_t 的位置 t 处的顺序模式，y_t 不仅依赖于 x_t，而且还依赖于隐藏神经元中位置 0 到位置 t-1 的状态，然后通过组合 x_t 和顺序模式的当前状态来预测 y_t。RNN 可以捕获序列中的远程相互作用，非常适合于对序列数据进行建模。但当序列很长的时候，传统的 RNN 会产生梯度消失和梯度爆炸问题，RNN 将变得不可训练。长短期存储单元（long short term memory，LSTM）和门控循环单元（gated recurrent unit，GRU）因而被提出来解决这个问题。它们具有门的内部机制，这些门可以了解序列中哪些数据对于保留或丢弃很重要来调整信息流，从而防止较旧的信号在处理过程中逐渐消失或爆炸。为了使 RNN 在每个时间点上都具有关于序列的后退和前向信息，可以将两个独立的 RNN 一起使用，来形成一个双向 RNN（BiRNN）新网络如双向长短期存储器（BiLSTM）或双向门控循环单元（BiGRU）。一个 RNN 以正常顺序输入序列，而另一个 RNN 则以相反顺序输入，然后在每个步骤将两个 RNN 的输出连接在一起。

第一个用于肽段性预测的 RNN 是 2017 年中国科学院计算技术研究所发表的工作 pDeep，它使用了一个在语音识别和自然语言处理中广泛应用的 BiLSTM 模型，来预测二级离子的强度分布。pDeep 在预测 HCD、ETD 和 EThcD 谱图时都获得了大于 0.9 的皮尔森相关系数，高于当时其他基于机器学习的方法。

2019 年有两项“背靠背”发表于《自然·方法》杂志的研究工作 Prosit 和 DeepMass，它们都是使用肽段序列作为输入和使用 RNN 的神经网络进行预测，并利用数百万个谱图来训练模型。这样的模型也成功地应用在 *de novo* 测序的数据上来发现新的肽段。他们用 DDA 或 DIA 数据中的实验数据进行匹配发现所得的预测谱图都具有很高的准确性：对于 DDA 数据，他们证明了非胰蛋白酶的肽段

笔记栏

或大型数据库搜索（如元蛋白质组学）的鉴定数量提升；对于DIA数据，两个工作都展示了取代实验建立库的潜力。加入更多的实验参数作为输入会提升模型的效果，比如碎裂方法、碎裂能量、质谱分析仪或者电荷价态。深度学习模型的不可解释性经常被诟病为“黑箱”问题。DeepMass使用“积分梯度”方法，将预测结果归因于特定的输入氨基酸。这让他们确证了一些已知规则，比如在脯氨酸后的碎裂化效率更高；同时他们还发现了新的现象，如长距离相互作用会对肽段碎裂产生影响。Prosit则可以预测用于分析DIA数据的谱图库，因为这个模型能够预测这些库中的主要性质如m/z和保留时间。Prosit展示了其预测谱库的表现与实验的谱库一样好，在某些条件下甚至优于实验产生的谱库。这样就可以根据预测的谱图库来建立用于DIA分析的库，并根据仪器调整参数，该方法同时可以预测DIA的decoy库。这些深度学习模型预测的下一步目标是将预测范围扩大到翻译后修饰、其他类型离子片段或者使用化学标记的数据，在未来产生具有更高价值的应用。

以下是对于肽段性质的深度学习预测的具体步骤。第一步是将谱图离散化成一个强度向量，而肽段序列中可以氨基酸分割成记号，然后每个记号可以和每个数字向量相关联。肽段序列一个常用编码方法是one-hot编码，其中每个氨基酸由长度为*n*的一个1和*n*–1个0的单位向量表示，例如，某一氨基酸可表示为［1, 0, 0, …, 0］，而另一氨基酸则表示为［0, 1, 0, …, 0］，以此类推。肽段序列的另一种编码方法是在一种密集数字向量，也称为词嵌入向量word-embedding，在自然语言处理中得到广泛应用。与one-hot编码的稀疏向量（大多数元素为零）不同，word-embedding向量可以自主从大型未标记蛋白质数据集中学习。在将肽段序列编码为密集数值矢量之前，通常将序列表示为整数矢量，其中每个标记由唯一的整数代表。在当前的集中深度学习肽段预测模型中，Prosit、DeepRT等工作使用的就是word-embedding作为输入，而DeepMass、DeepDIA、AutoRT、DeepLC等工作使用的则是one-hot方法。

除了谱图预测之外，目前蛋白质组深度学习的应用还包括保留时间的预测、*de novo*肽段的谱图预测、主要组织相容性复合物结合肽的预测和蛋白质结构的预测。更精准的保留时间可以提高肽段鉴定时的灵敏度，可以评估肽段的鉴定质量，还可以建立DIA分析的库或辅助靶向蛋白质组学。基于深度学习的保留时间（retention time，RT）预测模型包括DeepRT、Prosit、DeepMass、Deep de novo、DeepDIA、AutoRT和DeepLC。Prosit中用于RT预测的深度神经网络由一个编码器和一个解码器组成，并使用了缺失填充使所有肽段具有相同的编码长度。肽段编码器是由嵌入层、BiGRU层、循环GRU层和关注层组成。编码器将输入的肽段序列数据编码为一个潜在表示，而解码器对潜在表示进行解码以预测保留时间。DeepMass中的RT预测方法也基于RNN架构。DeepMass使用one-hot对肽段序列编码，深度网络则包括一个BiLSTM层和另一个LSTM层，然后是两个密集层。研究人员提出Deep de novo的RT模型与DeepMass相似，但它使用了两个BiLSTM层，并且在训练和预测过程中使用了一个屏蔽层来丢弃填充序列。DeepRT和DeepLC均使用基于CNN的体系结构，DeepRT还特别使用CNN的变体CapsNet。DeepDIA和AutoRT的RT预测模型则是在将CNN和RNN结合在一起。DeepDIA使用one-hot编码的肽段序列输入CNN网络，然后再输入到BiLSTM的RNN网络。AutoRT使用了GRU的RNN来组合CNN和RNN网络，其独特功能是使用遗传算法来实现自动深度神经架构搜索（neural architecture search，NAS），可以自动识别出10个性能最佳的模型并将其组合进行RT预测。NAS是一个快速发展的研究领域，NAS的体系结构在许多工作中已证明其优于手工设计的体系结构。AutoRT的另一个特点是使用了迁移学习的方法，其优势在于只用少量的训练数据（约700个肽段）也可以获得高度准确的模型，因而特别适用于在只能鉴定出几千个肽段的实验。

尽管使用肽段序列的深度学习对谱图预测进行了重大改进，但对翻译后修饰后的肽段预测仍有很大的改进空间。当前的大多数谱图的预测模型主要是针对没有修饰的肽段开发的，大多数现有模型无法直接用于预测具有训练数据中不存在的修饰的肽。尽管可以使用包含目标修饰的肽来训练某些当前使用的工具，但是由于具有特定修饰的可用训练数据量较小，因此需要特殊的训练策略（如迁移学习）来提升预测性能，这种情况类似于具有修饰的肽的保留时间预测。pDeep2中已经证明，通过有限的训练实例，迁移学习可以显著改善对修饰肽的预测。特别是对于某些特定的修饰如糖基化，由于糖肽的化学复杂性和缺乏高质量大型糖肽的实验谱图，糖肽谱图的预测将更具有挑战性。深度学习对交联肽段图谱预测还停留在单个肽段，还需要开发新的框架和新的肽段编码方法工具。

笔记栏

随着质谱技术的发展，新涌现的肽段性质也可以被预测，如timsTOF质谱中新增的离子淌度维度碰撞横截面积（collision cross section，CCS），是一个气相中基于离子的大小和形状的维度。研究人员采用了来自5种生物的全蛋白质组酶解后产生的超过100万个数据作为训练集来训练一个LSTM网络，根据肽段序列即可准确预测CCS值。使用ProteomeTools中的肽段作为测试集，CCS预测达到了1.4%的中值相对误差和大于0.99的相关系数。在可解释方面，该工作从疏水性、脯氨酸的比例、组氨酸的位置的序列特异性来体现。由于diaPASEF是较新的仪器实验CCS值较为缺乏，可以通过此工作的模型来预测任何物种的肽段的CCS值，为离子淌度相关的蛋白质组学分析提供辅助。

二、深度学习模型解读质谱数据

深度学习除了可以预测图谱性质外，还可以辅助解读质谱图数据，以提升质谱数据鉴定和定量分析。特别是针对DIA这种采集方法，虽然它克服了DDA中的母离子的随机选择性，来生成可以重新进行数据挖掘的永久性数字谱图，但对复杂的共流出碎片二级谱图的解析则需要更复杂的分析软件。最新的方法是使用基于深度学习的方法来进行分析，尤其是在肽段鉴定中的FDR估计这一步骤中。FDR的估计本质上是对靶标和诱饵肽段的分类，是一个可以通过统计学习模型训练的问题，可以将统计打分步骤用深度学习模型来完成。最近一个工具DIA-NN，如其名称所示，是一种基于神经网络的DIA鉴定软件，它使用了一个全连接DNN模型来对靶标和诱饵肽段进行打分来进行鉴定。DIA-NN是目前DIA鉴定率最高的软件，也支持无库搜索和谱库生成。DeepNovo-DIA是另外一种使用DNN来学习肽段序列模式的 *de novo* 肽段鉴定工具，特别应用在鉴定新抗原的生物标志物等问题上。除此之外，从肽段到蛋白质定量问题也可以通过DNN解决。大队列里多批次实验步骤造成的批次效应差异也可以用深度网络来估计和确认。

三、人工智能助力临床蛋白质组研究

如上所述，随着蛋白质组学样品处理量的增加和蛋白质组分析成本的下降，从临床队列生成蛋白质组大数据的速度势必会加快，这将逐步使得蛋白质组学数据量以满足深度学习的训练要求。本部分回顾了人工智能（AI）模型的临床研究，以相对数据丰富的医学成像和核酸测序数据的AI分析为主，也展示了部分AI用于蛋白质组学大数据集的工作。

1. 医学图像的AI分析　成像技术已广泛用于医学领域，因此图像数据是最丰富的医学数据之一，非常适合基于AI的诊断。大多数AI技术都可以直接应用于图像数据，因此已经应用了多种AI模型来满足图像的临床需求。使用基于神经网络的12 175张针对糖尿病疾病分级的视网膜图像训练了基于神经网络的模型，随后在包含9963张图像和1748张图像的两个独立验证集上进行了测试，其灵敏度分别为97.5%和96.1%，特异性为93.4%和93.9%。另一项工作使用CNN训练包含2032种疾病的129 450个皮肤病变的照片集并对其性能进行测试。与21名皮肤科医生对表皮和黑素细胞病变的分类相比，该模型显示曲线下面积（AUC）超过91%，达到了与临床医生判断相当的准确度。还有一项工作使用来自3777名患者的617 775台胸腔CT扫描图像而开发了一种AI系统以鉴别不同肺炎。这项工作分别在内部、回顾性、前瞻性队列中对模型的性能进行了评估，所有队列的AUC均达到0.95以上，表现优于放射科医生的人工诊断，而人工智能虽然在医学图像上的应用取得了不小的进展，但是也存在着明显的局限性，如无法产生对疾病分子机制的见解，具有相同形态外观的疾病状态不能通过这种方法来区分。

2. 基因组数据的AI分析　在过去的20年中生成的大量基因组数据使AI能够有效地进行临床决策。乳腺癌在细胞表型上具有高度的异质性，而AI用于预后预测和治疗方面已经进行了充分的研究。例如，由70个基因组成的MammaPrint使用DNA微阵列对预后进行了有监督分类，对117名随访超过10年的年轻患者进行了分类。70个基因是从78名患者训练队列中总共25 000个基因选择而来，准确性为80%，由19名患者组成的验证数据集使用此模型只有2个出错。70个基因模型使用295名10年随访患者的DNA微阵列数据集进行验证显示出比经典临床标准更准确的预测结果。乳腺癌的另一个例子是PAM50预测模型，这是一种50个基因的亚型预测模型，它是基于DNA微阵列和qRT-PCR技术并使用189个样品开发的。PAM50建立了一个风险模型，结合化疗情况对预后进行预测。该模型在独立的验证集中显示了94%的灵敏度和97%的特异性，可用于判断化疗的有效性。另一个例子是使用DNA甲基化的数据和随机森林算法模型，来预测中枢神经系统肿瘤的等级，目的是消除肉眼观察导致的差异。这项工作的训练队列由91个亚型的2801个样本组成，模型灵敏度为0.989，特异性为0.999。在1104个样品的验证队列中，88%的病例等级与模型

笔记栏

预测等级是相匹配的。

以上研究都为监督学习，很大程度上取决于训练集标签（label）的准确性，而有偏差标签的通常会导致错误的结果。另一项研究则使用无监督的相似性网络融合（similarity network fusion，SNF）方法来分析 12 种肿瘤类型的全癌中的 mRNA 标志物和 DNA 甲基化标志物，在总共收集的 6216 个样品分别达到了准确度为 95% 和 88%，这表明多分子信号特征也可以提供实质性的肿瘤分类。

3. 临床蛋白质组大数据结合 AI 质谱蛋白质组学当前的通量与基因组测序在 2010 年初的水平相当，高通量蛋白质组学技术正在精确医学革命的风口浪尖上。与其他类型的组学数据（如基因组数据）相比，蛋白质组学数据的优势在于可提供跨动态连续变量（随时间推移而在各个受试者之间进化）的单个蛋白质的定量丰度。结合其他组学技术的蛋白质组学技术已报告了候选诊断和预后标志物。美国国家癌症研究所支持 CPTAC 在 22 项已发表的研究中对 11 种肿瘤类型进行蛋白基因组学表征，而其前身 TCGA 在 71 项已发表的研究中对 30 多种癌症类型进行了基因组信息分类。

最近基于蛋白质组数据建立了一个 AI 模型用于对甲状腺结节的良性和恶性进行鉴别诊断。甲状腺结节是一种常见的甲状腺疾病，占总人口的 50%～60%。术前很难诊断出 30% 的甲状腺结节的良恶性。统计数据显示，手术切除后，只有 5%～15% 的甲状腺结节是恶性结节，而大多数甲状腺结节是良性结节。由于难以在手术前做出明确的诊断，因此大量良性结节被切除，造成了大量的过度治疗。为了减少过度治疗，该工作针对数千名患者的 5000 多种蛋白质分析了甲状腺结节的蛋白质组学。研究人员使用深度学习算法来选择蛋白质特征的子集，以区分甲状腺的良性和恶性结节。这项研究中建立的深度学习分类器可以在术前样本中得到验证，AUC 为 0.93。在所有测试集中，准确性约为 90%。这是潜在甲状腺癌临床管理中的关键步骤。另一个例子是建立临床信息分类器，以准确预测新感染 SAS-CoV-2 的患者中 COVID-19 疾病临床严重性的可能性。从入院到出院（长达 52 天），共收集了 124 项临床检查指标。结合支持向量机学习模型，可以预测 COVID-19 的严重程度，从而可以提前 12 天预测患者将来是否会发展为严重疾病。这项研究为临床医生提供了客观的评分系统和实用的预警模型，用于及时预测和监测 COVID-19 流行病。

目前基于深度学习的生物标志物发现的局限性主要有三个方面。①缺乏可解释性：无法揭示生物学中常见的复杂因果关系和结构关系，尤其是对于深度学习而言，因此限制了它们的临床应用。②对数据的变异性和偏差敏感：由于疾病类型通常多于对照，因此样本通常不平衡。③过度拟合：训练和验证的样本量有限。为了克服这些挑战，通常需要进行多中心验证，回顾性研究和前瞻性研究的队列。

4. 新型 DIAT 格式用于临床蛋白质组数据 考虑到质谱的复杂性，研究人员最近提出了一个新的分析框架，叫作 DIA Tensor（DIAT）。此方法使用端到端深度学习框架来构建从原始 MS 数据到诊断分类器的功能映射，而无须在 DIA-MS 数据中鉴定肽段，从而避免了鉴定矩阵中的缺失值的问题。这种方法产生了一种新的文件格式，可以将其直接输入到 DNN 中以预测生物标志物。在 492 个甲状腺样本文件的训练数据集上进行深度学习后，对 216 个测试甲状腺样本获得的准确率为 91.7%。可以通过将推定的生物标志物反向映射到组织和疾病特异性的生物途径和过程来测试结果的合理性。

第五节 小 结

快速、准确定量大量样本中的蛋白质是生命科学和精准医学的主要挑战之一，具体体现在三个方面。一是高通量蛋白质组学的大数据采集；二是产生的蛋白质组大数据的存储；三是质谱数据分析以深度学习人工智能模型。获取高通量质谱蛋白质组数据集，对于成功应用 AI 解决临床问题至关重要。目前基于液相色谱的反相液相梯度质谱需要大量时间，每个样品需要至少几十分钟到数小时的梯度时间。传统的 DIA 质谱数据分析方法，对谱图进行打分预测并进行鉴定和定量，最终使用一个以每个样本蛋白表达量的蛋白质矩阵。这个蛋白质矩阵作为输入，并使用基于 AI 的方法进行特征提取，然后进行表型预测。生成蛋白质矩阵有很多未被发现原因的缺失值，这些缺失部分可能是生物学差异造成的，也可能是质谱数据分析中造成的。下一步的研究应着眼于开发一套新的高通量蛋白质组学技术和分析方法，以促进精准医学实践。基于前文所述的挑战，研究人员期望：①开发加快质谱数据采集的方法，以 10 倍的通量获得蛋白质组学数据，而需要的样品量减少 1/10；②开发一

笔记栏

种新数据格式端到端AI的方法，用原始数据直接预测临床表型；③将上述技术进一步用于大队列蛋白质组学研究，以挖掘复杂人类疾病的生物标志物，应用于解决其他复杂的生物科学和临床问题。

随着蛋白质组学通量的提高，能够很快生成大量数据集（许多受试者、多种生物样本来源、数周或更长时间的纵向采样），以开发个性化模型来进行临床肿瘤学的精确护理。预计使用AI技术对统计数据进行优化，整合多种分析物和多组学数据，将成为癌症和其他疾病精准医学的未来。以蛋白质为主的分子分类法有望对疾病的分类产生重要影响，以蛋白质组分析驱动的精准医学新范式正在孕育。

（张芳菲　郭天南）

笔记栏

PPT

第十七章　蛋白质受体配体结构、功能与信息学

第一节　蛋白质受体配体简介

细胞内复杂的信号通路起始于一个关键事件，信号分子（配体）与其接收分子（受体）的结合。

受体和配体有多种形式，但它们都有一个共同点：它们紧密匹配，受体仅识别一个（或几个）特定配体，而配体仅与一个（或几个）结合靶受体。配体与受体的结合会改变其形状或活性，使其能够传递信号或直接在细胞内部产生变化。

受体有多种类型，但可以分为两类：细胞内受体，存在于细胞内部（在细胞质或细胞核中），以及细胞表面受体，存在于质膜中。细胞内受体是在细胞内部发现的受体蛋白，通常在细胞质或细胞核中。在大多数情况下，细胞内受体的配体是小的疏水分子，因为它们必须能够穿过质膜才能到达它们的受体。细胞表面受体是与细胞外表面配体结合的膜锚定蛋白。在这种类型的信号转导中，配体不需要穿过质膜。因此，许多不同种类的分子（包括大分子、亲水分子或"亲水"分子）可以充当配体。细胞表面受体有很多种，常见类型有配体门控离子通道、G蛋白偶联受体和受体酪氨酸激酶。

由信号细胞产生并与靶细胞内或靶细胞上的受体相互作用的配体有许多不同的种类。有些是蛋白质，有些是疏水分子，如类固醇，还有一些是气体，如一氧化氮。

第二节　蛋白质受体配体数据库

一、功能数据库

随着人类基因组以及多种模式生物、重要生物基因组全序列测序的完成，标志着生命科学研究进入"后基因组时代"（postgenome era）。诸如蛋白质组学、代谢组学、营养组学等组学研究，可概述为功能基因组学（functional genomics）。

功能基因组学期望从基因组信息上对生命的活动规律进行阐述，并力求从细胞水平上解决基因组问题，通过建立对生命现象的整体认识，阐明生物体内蛋白质表达模式与功能模式、解决细胞水平上的基因组问题；蛋白质组是功能基因组学的重要组成部分之一，随着蛋白质组学的深入研究，产生了非常庞大的数据。国际上已有多个研究团队对这些数据进行了整合归档。在此，我们对蛋白质研究相关的数据库进行了简单整理，便于读者对特定数据进行查找挖掘与深入分析。

（一）UniProt

UniProt是全球有关蛋白质方面信息最全面、使用频率高、冗余度最低的蛋白数据库，可免费获取高质量的蛋白序列、功能信息和研究内容索引。其数据主要来自基因组测序项目完成后获得的蛋白质序列，整合了包括欧洲生物信息学研究所（EMBL-EBI）、瑞士日内瓦的SIB服务器（Swiss Institute of Bioinformatics，SIB）、美国国家生物医学研究基金会（Protein Information Resource，PIR）三大数据库的资源，并包含了大量来自文献和人工注释的蛋白质的生物功能的信息（图17-1）。

除UniProt数据库外，还有GO（gene ontology），KEGG（Kyoto encyclopedia of genes and genomes）等涉及蛋白功能，信号通路的数据库，因其他章节已做介绍，此处不再赘述。

除上述的综合性蛋白质数据库以外，也存在一些更加具有针对性的数据库，如G蛋白偶联受体相关的数据库GPCRDB以及与之相关的G蛋白信号数据库GproteinDB和arrestin信号数据库arrstinDB。

（二）GPCRDB（G Protein-Coupled Receptors Database）

GPCRDB是目前最被广泛使用的G蛋白偶联受体数据库，GPCRDB由格特·弗兰德（Gert Vriend）、阿德·伊泽曼（Ad IJzerman）、鲍勃·拜沃特（Bob Bywater）和弗里德里希·里普曼（Friedrich Rippmann）于1993年创立。2013年，GPCRDB的管理权移交给了哥本哈根大学的大卫·格

笔记栏

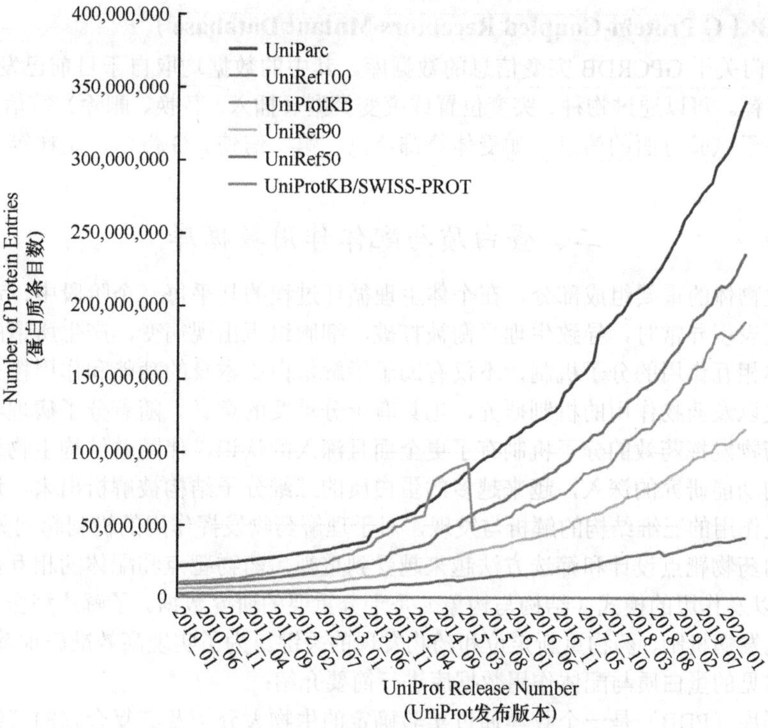

图 17-1　UniProt 数据库中蛋白质信息的增长趋势

图 17-1

洛里（David Gloriam）研究团队，并由欧洲 COST 行动“GLISTEN”的贡献者和开发人员组成的国际团队提供支持。近年来，GPCRDB 扩展了诸多新的模块和功能，极大地方便了 GPCR 及其相关信号蛋白的数据检索和分析应用。数据库收录了 GPCR 的蛋白质序列信息、结构信息（X 射线晶体结构以及冷冻电镜结构）、下游信号类型与强弱信息以及目前已有的药物配体信息，并且通过一系列可交互的可视化图表将数据有机结合并展示出来，形成了一套功能强大的在线分析工具（图 17-2）。除此之外，GPCRDB 还包含了多个物种的 GPCR 序列、配体结合、结构和突变信息，以及一些通过多序列比对或是同源建模等计算方法得到的结果，提供了在线分析工具 Mutation Predicter 来预测点突变的影响效果。

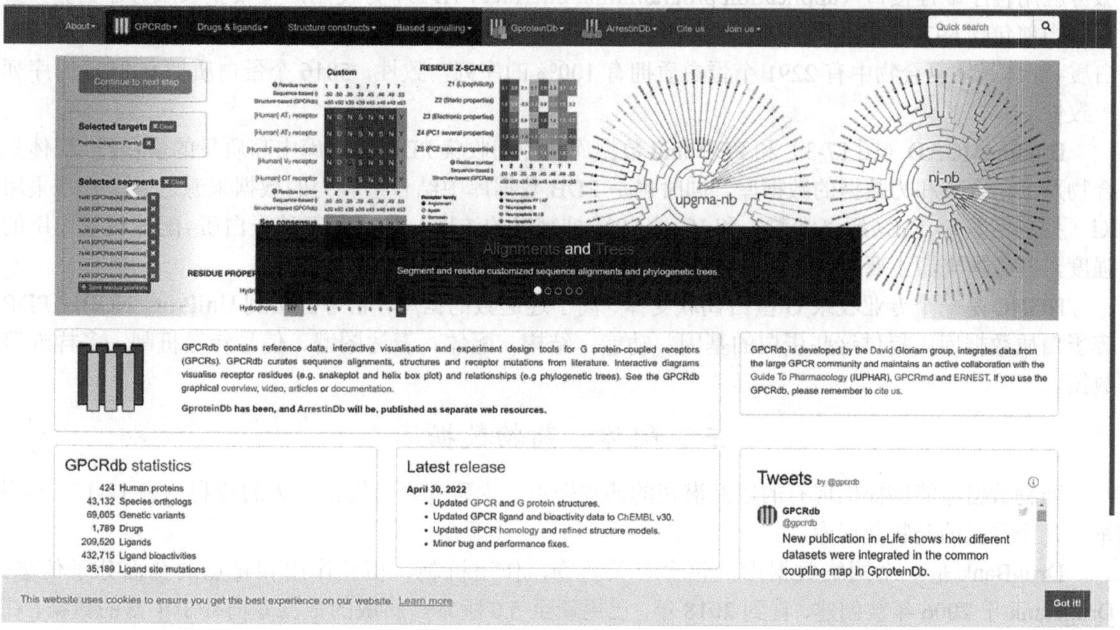

图 17-2　GPCRDB 网站界面

图 17-2

笔记栏

（三）GRAP（G Protein-Coupled Receptors Mutant Database）

GRAP是专门关于GPCRDB突变信息的数据库。其中的数据均取自于目前已发表的研究文献，并进行了人工注释。可以通过物种、突变位置或突变类型（插入、替换、删除）等信息进行检索，同时也可以查找关于试验方面的信息（如受体修饰位点、第二信使、G蛋白、质粒等）以及涉及这些试验的相关文献。

二、蛋白质与配体作用数据库

蛋白质是生物体的重要组成部分，在个体生理循环过程的几乎每一个阶段中，都发挥着不同的作用。当蛋白质表现异常时，导致生理平衡被打破，细胞组织出现病变，产生所谓的疾病。研究探索蛋白质和配体相互作用的分子机制，不仅有助于了解蛋白质本身的功能和作用模式，而且对相关疾病的药物研发以及药物作用的机制研究，也具有十分重要的意义。随着分子病理学的发展，人们对疾病发生和药物发挥药效的分子机制有了更全面且深入的认识，伴随着结构生物学的发展以及生物大分子的结构功能研究的深入，越来越多的蛋白质的三维分子结构被解析出来。这些药物与其靶标蛋白质的相互作用的三维结构的解析与发现，对于理解药物发挥作用的机制起到关键作用。

基于结构的药物靶点设计和筛选方法越来越受到重视，药物靶点和配体的相互作用能力的强弱（结合亲和力）以及作用的模式（结构与构象）是十分重要的研究数据。了解疾病蛋白与配体之间的相互作用是研究发病机制、药物重新定位和药物发现的关键。为了实现高效准确地筛选和设计药物，在这里对当前常见的蛋白质与配体作用数据库进行简要介绍：

蛋白质数据库（PDB）是一个收集通过实验确定的生物大分子及其复合物的三维结构的全球存储库。除包含原子坐标信息以外，PDB中还涵盖了有关生物聚合物和任何结合的小分子的化学细节，以及描述生物聚合物序列、样品组成和制备、实验程序、数据处理方法/软件/统计、结构确定/细化程序和特定结构特征（如二级和四级结构）等信息。目前，PDB中已解析的蛋白质结构数量已超过190 000个。同时，蛋白质–配体相互作用的数据库也迅速增长。

BioLip是密歇根大学的研究团队开发的一个生物学相关的蛋白质–配体相互作用数据库，其中每个条目的注释信息包括配体结合残基、配体结合亲和力、催化位点、EC编号、基因本体和与其他数据库的交叉链接。

Binding Database（BindingDB）自2007年发布以来，数据每周更新，用户可以通过靶点名称、靶点序列、药物名称、药物结构和通路信息等多种方式进行检索，同时提供数据库数据下载和网络服务应用程序编程接口（application programming interface，API），方便用户检索获取服务器数据。数据库当前包含6929个蛋白靶点和505 999个小分子之间1 161 912个结合数据。在拥有亲和力值的蛋白质–配体晶体复合物中有2291个蛋白质拥有100%的序列一致性，5816个蛋白质拥有85%的序列一致性。

BindingMOAD（图17-3）和PDBbind数据库是专门收集PDB数据库中高质量的蛋白质–配体复合物及其结合亲和力数据的数据库，同时也是PDB数据库中结合亲和力的数据来源之一。它常采用Ki（抑制常数）、Kd（解离常数）和IC_{50}（50%抑制时的浓度）来表征每种蛋白质–配体相互作用的强度，其数据来源主要为已发表文献中的实验数据。

HGNC是一个专业收录G蛋白偶联受体、离子通道数的据库，它可链接到UniProt、NCBI、PDB等蛋白质数据库，提供这些蛋白的基因、功能、结构、配体、表达图谱、信号转导机制、多样性等数据。

三、配体、药物数据库

药物数据库能够提供现有的以及潜在的药物靶点，为研究人员提供很大的便利。表17-1简要列举了几个常见的药物数据库。

DrugBank是一个网络数据库，包含有关药物、作用机制、相互作用和靶点的全面分子信息。DrugBank于2006年被创建，直到2018年，已更新至5.0版本。新版的数据库增补了丰富的数据，在药物适应证、药物结合数据以及药物–药物和药物–食物相互作用的数量、质量和一致性方面取得了显著改善。

笔记栏

当前，DrugBank包含了超过13 000种药物信息，其中包括2600种以上已经过FDA批准的小分

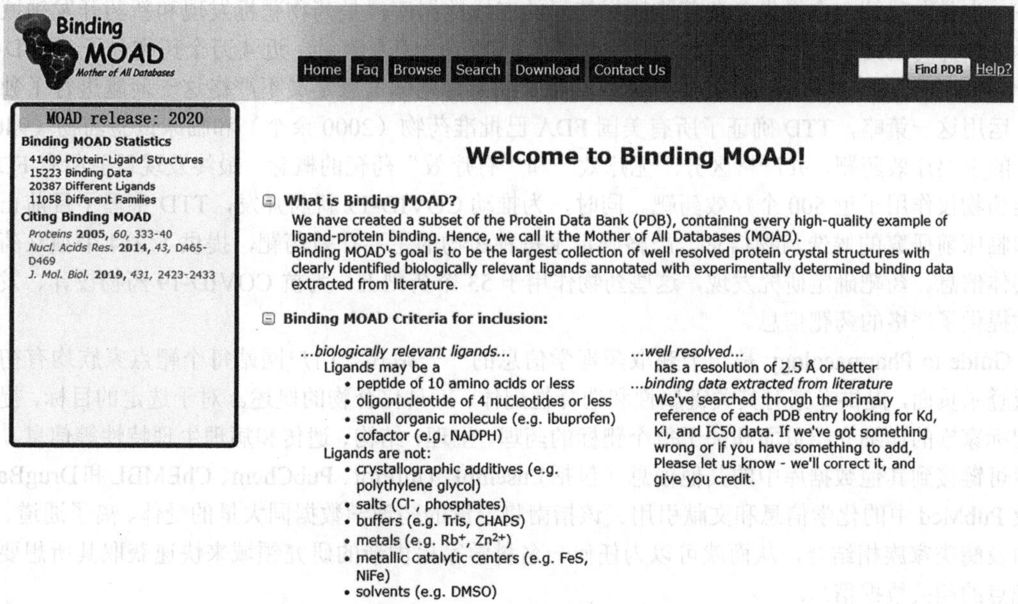

图 17-3 BindingMOAD 数据库

图 17-3

表 17-1 常见药物数据库

类型	数据库名称	提供单位
综合配体	DrugBank	阿尔伯塔大学
小分子配体	PubChem	国家生物技术信息中心（NIH-NCBI）
类药物特性生物活性分子配体	ChEMBL	欧洲生物信息学研究所（EMBL-EBI）
蛋白、核酸等靶点相关配体	TTD	生物信息学与药物设计团队
药物靶点配体	Guide to Pharmacology	英国药理学学会（BPS）和国际基础与临床药理学联合会（IUPHAR）

子药物、1400 余种生物技术（蛋白质/肽）药物、131 种营养品和 6400 余种实验药物。除此之外，数据库还将这些药物信息与 5000+非冗余蛋白质（即药物靶标/酶/转运体/载体）序列相关联。通过网站可视化界面，可以检索获取药物的名称、性质描述、类型、结构体同位素、化学式等内容。同时在对应的药理研究信息部分，还能够获取到包括药效学、作用机制、吸收性、分布量、蛋白质结合、代谢、消除途径、半衰期、清除率、毒性等药物信息。

PubChem 属于美国 NIH-NCBI 大数据库的一个药物子数据库，主要包含诸多小分子的生物活性数据。该数据库于 2004 年 9 月正式公开。除了小分子药物信息，PubChem 还包含了一些较大的生物分子，如核苷酸、碳水化合物、脂质、多肽等生物大分子的结构，以及药理信息。网站统计整合了药物的化学结构、标识符、化学与物理性质、生物活性、专利情况、安全性等信息。PubChem 数据库中又包含 3 个子数据库：PubChem BioAssay、PubChem Compound、PubChem Substance。他们分别整合相关药物的生物试验信息、化学结构信息以及分子信息。截至 2022 年 5 月份，BioAssay 中有 1 465 984 个用于生物试验；Compound 库中收录了 111 280 780 个不同的化学结构分子；Substance 中总收录 277 532 517 个化学分子。

ChEMBL 是一个人工管理的具有类药物特性的生物活性分子数据库。它汇集了化学、生物活性和基因组数据，以帮助将基因组信息转化为有效的新药。生物活性数据还与其他数据库的数据进行交换，如 PubChem BioAssay 和 BindingDB。

ChEMBL 数据库包含了临床试验药物和批准药物的治疗靶标和适应证。ChEMBL 数据库的当前版本是 2022 年 2 月更新的第 30 版，包含了 2 157 379 个不同的化合物和 14 855 个靶标。有关小分子及其生物活性的信息来自几种核心药物化学期刊的全文文章，并与已批准的药物和临床开发候选药物的数据（如作用机制和治疗适应证）相结合。

TTD（therapeutic target database）提供有关已知和探索的治疗性蛋白质和核酸靶点、靶向疾病、途径信息和针对每个这些靶点的相应药物的信息。正如其名，TTD 在疾病治疗与药物靶标方面具有

笔记栏

优势，也是全球第一个提供免费药物靶标信息的在线数据库，是药物靶标发现和新药开发领域具有国际影响力的数据平台。目前，该数据库收录了3500余个药物靶点，近4万个药物分子。TTD提出了一套基“药、靶、病”三者关联的策略，对以往药物靶标信息定义不严格这一问题进行了独特处理。运用这一策略，TTD确证了所有美国FDA已批准药物（2000余个）和临床试验药物（9400余个）的主要疗效药靶，并严格区分“无疗效”和“有疗效”药靶的概念，最终发现目前所有FDA已批准药物仅作用于近500个疗效药靶。同时，为推动COVID-19新药开发，TTD整理了目前正在临床和临床前研究的候选药物信息，严格确定了每种药物的主要疗效药靶，提供了214个独立药物分子实体信息。药靶确定研究发现，这些药物作用于53个药靶上，为抗COVID-19药物设计、发现和测试提供了严格的药靶信息。

Guide to Pharmacology是一个获取药理学信息的“一站式”门户网站每个靶点家族均有初始视图或登录页面，提供专家对其关键属性和选择性配体、工具化合物的概述。对于选定的目标，提供每个靶标家族的详细介绍页面和关于每个靶标的药理、生理、结构、遗传和病理生理特性等信息。该数据库可链接到其他数据库中的其他信息（包括Ensembl、UniProt、PubChem、ChEMBL和DrugBank）。以及PubMed中的化学信息和文献引用。该指南将定量的药理学数据同大量的受体、离子通道、转运蛋白及酶类家族相结合，从而就可以为任何一名科学家提供新的研究领域来快速获取其所想要的药物靶点的相关数据信息。

在药物设计学科体系中，网络药理学是一个多靶点药物分子设计的新兴学科，主要通过系统生物学的研究方法进行研究，使用统计学、复杂网络等数学手段，能够在分子水平上更好地理解细胞以及器官的行为，加速药物靶点的确认以及发现新的生物标志物。通过与上述提及的诸多药物数据库的有机结合，推动了网络药理学的快速发展，也进一步降低了药物开发的门槛与周期。

第三节　蛋白质受体配体相互作用预测

一、基于结构的相互作用预测

作为生命活动的主要执行者，蛋白质主要通过与其他小分子之间的相互作用来实现相应的生物功能。这些相互作用包括蛋白–配体小分子之间、抗原与抗体之间、蛋白-DNA之间和蛋白–蛋白之间的结合作用。因此，对蛋白质结合位点预测的研究具有重要的意义。目前，已经有许多计算方法用于预测和分析结合位点，可将这些方法分成三类。

（一）能量评估的基本方法

量子化学以量子力学的基本原理和方法来研究化学问题的学科。它从微观角度对分子的电子结构、成键特征与规律、多波段光谱和波谱以及分子间相互作用进行研究，并借此阐明物质的特性以及结构和性能的关系等。如Q-site Finder和Grid等算法，此类算法通过引入一个球形探针，将探针小球放置于蛋白质表面，计算两者之间的范德瓦耳斯力或其他分子间作用力，然后根据空间距离对容易结合的原子进行聚类，最后根据簇的总结和作用力进行排序，从而得到最有可能的配体结合位点（图17-4）。

量子化学可以计算出分子的各种参数：分子结构、电子结构、系统总能量、理化参数、分子结构的电子分布以及各个轨道的分子信息，但只适用于计算分子量较小的分子，计算时间长、计算量大、预测效率不高。量子化学分为从头计算法和半经验计算法。

（二）分子动力学

分子动力学模拟是一种通过计算机模拟来研究分子或分子体系结构与性质的研究方法。该方法依靠牛顿力学来模拟分子体系的运动，从不同状态分子体系构成的系统中抽取样本，计算体系的构型积分，并以构型积分的结果为基础进一步计算体系的热力学量和其他宏观性质。

蛋白质的构象动力学和功能之间存在重要的协同作用。分子动力学模拟将结构和动力学联系起来，探索蛋白质分子可能形成的构象，以及能量变化，从原子水平层面理解蛋白质如何发挥其生理功能。分子动力学模拟通过整合牛顿运动定律来计算蛋白质系统的连续变化，其记录的轨迹以时间为变量，表征了系统中特定原子的位置和能量。通过模拟，可以将蛋白质从初始的状态演化预测为其他任意时刻的状态，其结果反映了蛋白质体系“真实”的动力学行为。

分子动力学模拟需要详尽的参数设定以及强大的计算机支持，一般来说需要个人服务器及以上

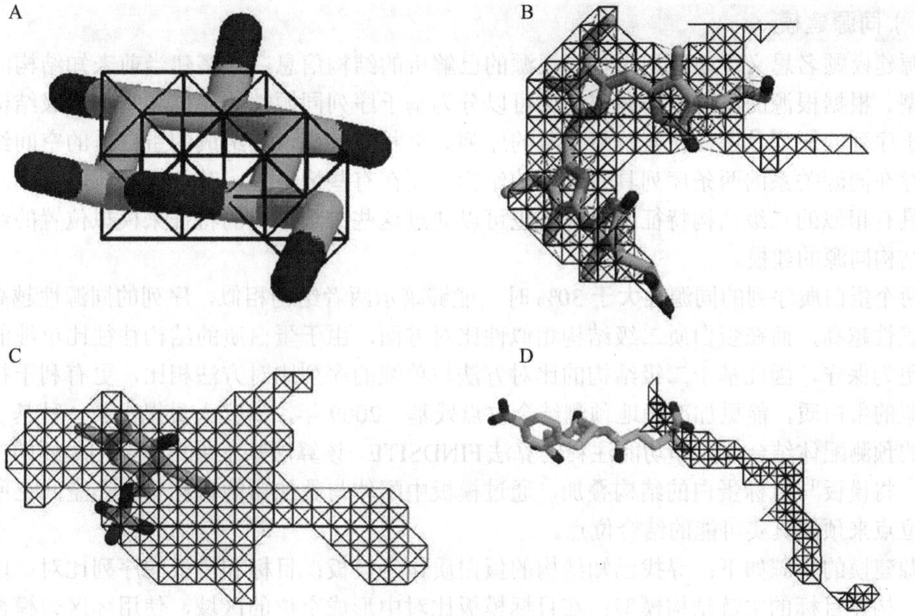

图 17-4　不同级别的预测结合位点精度的示例

图 17-4

条件的计算机才能够完成有效的动力学模拟实验，这里简要介绍分子动力学模拟的基本流程，便于了解模拟过程和理解基本概念。

1. 构建初始构象。准备蛋白质受体与配体等分子的初始结构坐标，这些坐标通常可以在 PDB 文件中获取，或是通过同源建模获取目前尚未解析的蛋白质结构信息。如果需要探索蛋白质（受体）与配体相互作用的动力学模拟，还需要将配体引入到同一个结构坐标文件中。这一步骤一般可以通过 Docking 方法实现。

2. 准备输入文件。得到初始结构坐标文件之后，需要将其进行预处理，给实验体系设定合适的参数，如模拟的空间大小（盒子模型）、溶剂分子类型（如水分子或者有机溶剂环境）、模拟时间、环境温度等。当文件准备完毕后，利用 Amber（一款分子动力模拟程序）中的 Leap 模块去获得能量优化中所需的拓扑文件，主要包括 prmtop、inpcrd 文件等。

3. 能量优化和动力学模拟。在进行动力学模拟之前，需要进行能量优化或叫最小化，目的是使重叠等局域不稳定结构中局部应力得到松弛，改善不合理的键长和键角，消除其他不良影响。通过对这些参数进行优化，能够有效地提高分子动力学模拟结果的可靠性。

4. 分析轨迹。完成分子动力学模拟之后，可以使用 Amber 中 Ptraj 模块等对模拟的结果轨迹进行分析，根据实验需求，往往还需要引入不同的程序或软件实现目标结果的分析和展示（图 17-5）。

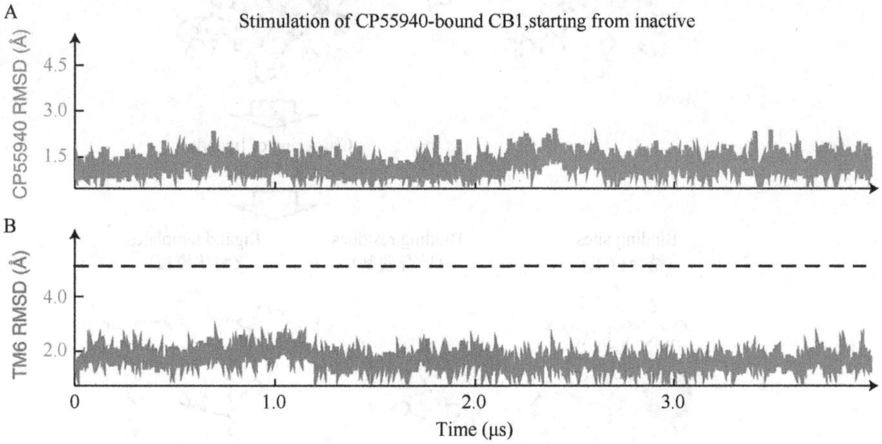

图 17-5　大麻素受体 CB1 的激动剂 MD 模拟与受体结合

Stimulation of CP55940-bound CB1,starting from inactive：从非激活状态模拟 CP55940 与 CB1 结合；RMSD：root mean square deviation（均方根偏差）；time：时间

图 17-5

笔记栏

（三）同源建模

同源建模顾名思义，通过利用相同根源的已解析的结构信息，来搭建当前未知结构的蛋白质的结构模型。根据根源的不同，同源建模又可以分为基于序列同源性的建模和基于二级结构同源的建模。基于序列的原理是蛋白质氨基酸残基的序列如果相似性高，其组成的蛋白质的空间结构就越相似，即存在同源关系的两条序列具有相似的结构。而在有些情况下，某些蛋白质的序列同源性并不高，但具有相似的二级结构特征，计算机也可以通过这些二级结构的特征来模拟位置的结构，即基于二级结构同源的建模。

当两个蛋白质序列的同源性大于 30% 时，能够暗示两者结构相似，序列的同源性越高则结构模型的准确性越高，而在蛋白质二级结构相似性比对方面，由于蛋白质的结构往往比单纯的氨基酸残基序列更为保守，因此基于二级结构的比对方法与单纯的序列比对方法相比，更有利于找出结构和功能相似的蛋白质，能更加准确地预测结合位点残基。2009 年，研究人员提出了一种基于蛋白质结构比对的预测配体结合位点和功能注释的算法 FINDSITE。该算法基于蛋白质结构模板的二级结构的相似性，将模板与目标蛋白的结构叠加，通过模板中配体与叠加后的目标蛋白在空间上所具有的相似结合位点来预测真实可能的结合位点。

同源建模的步骤如下：寻找已知结构的蛋白质作为模板；目标和模板的序列比对；以模板结构为原型，构建目标的主链结构模型；在目标模板比对中形成空位的区域，使用环区建模得到完整的主链结构模型；构建并优化模型的侧链；对整个结构模型进行优化（图 17-6）。

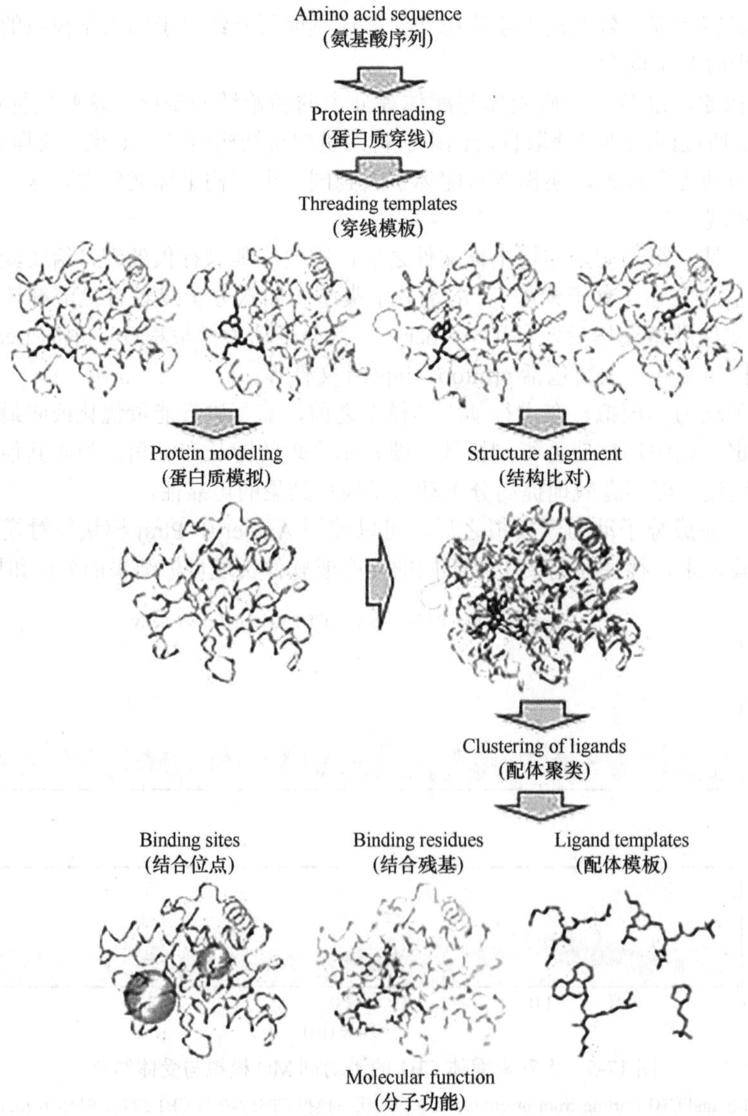

图 17-6 FINDSITE 方法概述

图 17-6

笔记栏

蛋白–配体相互作用的研究具有重要的意义。尽管目前已存在很多预测蛋白质相互作用的方法，但这些方法大多基于能量进行预测，而一般基于能量的方法，往往计算量过大，影响计算效率。因此研究者常结合同源建模来减少计算量，实现有效资源的利用。

二、基于配体的相互作用预测

随着方法学和算法的飞速发展，以及高性能计算设备的更新换代，研究者拥有越来越多的手段对受体和配体的相互作用进行预测，从而精准地指导配体的设计和优化。其中，基于配体（包括但不限于小分子化合物、蛋白质、离子等）相似性开展的计算机辅助药物设计已成功运用于先导药物的设计开发。其基础假设是具有化学相似性的配体，也具有相似的生物学活性，即可以结合相似的靶标。本部分将简述其运用场景并枚举 3 类有一定代表性的预测平台，供初学者了解。

（一）运用场景

对于已明确受体的配体，可基于配体相似性，对先导药物库进行高通量大规模计算机筛选，并进一步借助分子对接等手段进行反向评价，模拟得出新配体与本受体的相互作用，使得合理药物设计成为可能。同时大大缩短药物设计周期，带来巨大的经济利益和社会效益。

对于已明确受体的配体，亦可基于本配体与其他已知受体的配体的相似性，预测本配体与其他受体可能产生的相互作用，以及由这类专一性不强的相互作用导致的潜在毒副作用或协同治疗效果，让研发者在研究早期就能充分考察候选药物的性质。

针对受体尚不明确的配体，可基于本配体与其他已知受体的配体的相似性，探索本配体可能的作用靶点，助力先导药物的发现。

（二）具有代表性的预测平台

1. 基于基序相似性　此方法需建立在识别和确认配体药效团中保守基序（motif）的前提下，通过对配体基序的大量比对（如针对肽类配体的一级序列比对），对基序相似性进行量化评分，从而预测配体受体的相互作用，此类预测算法中较为代表性的有印度国家生物科学中心（National Centre for Biological Sciences，TIFR）开发的 PeptideMine webserver（图 17-7）。

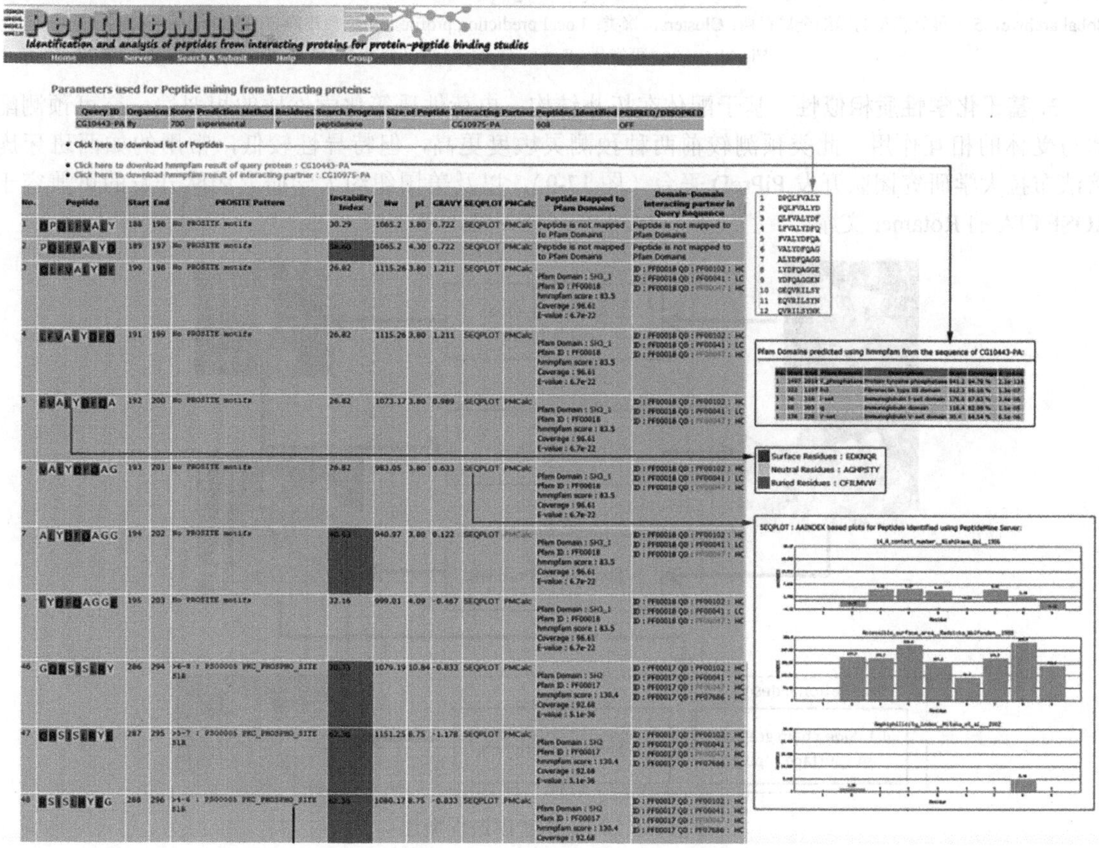

图 17-7　PeptideMine webserver 输出界面示例

图 17-7

2. 基于构象相似性 不局限于基序的一致程度，基于配体构象相似性开发的平台更强调三维空间结构中配体与受体的相互作用，从结构–活性角度预测受体与配体的相互作用。此类预测算法的代表是法国国家健康与医学研究院开发的 PEP-FOLD 平台（图 17-8）。

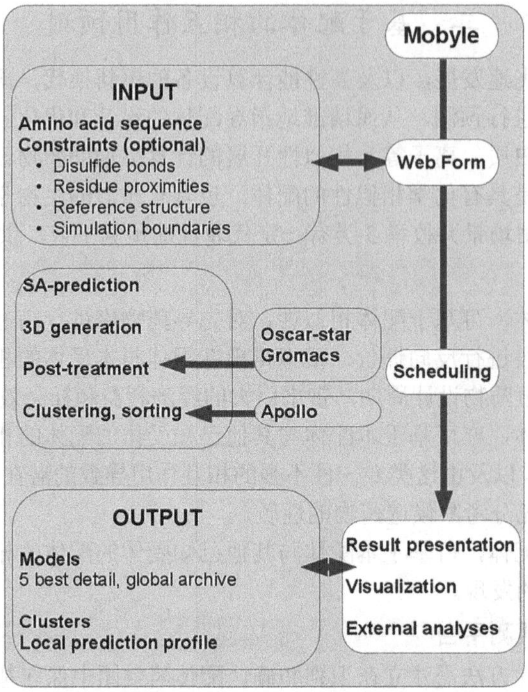

图 17-8

图 17-8 PEP-FOLD 工作流程图

Web Form，网页形式；Input，输入；Amino acid sequence，氨基酸序列；Constraints (optional)，约束条件（可选）；Disulfide bonds，二硫键；Residue proximities，残基邻近性；Reference structure，参考结构；Simulation boundaries，模拟边界；SA-prediction，SA-预测；3D generation，3D 产生；Post-treatment，处理后；Clustering, sorting，聚类、排序；OUTPUT，输出；Models，模型；5 best detail, global archive，5 个最好模型的详细全局存档；Clusters，聚类；Local prediction profile，局部预测剖面；Result presentation，结果展示；Visualization，可视化；External analyses，其他分析

3. 基于化学性质相似性 基于配体在拓扑结构、电荷性质等化学性质的相似性，亦可预测配体与受体的相互作用。此类预测较前两种预测灵敏度更高，但特异性较低，常用的如西班牙庞培法布拉大学研究团队开发 PiPreD 平台（图 17-9），以及美国纽约大学研究团队开发的可兼容于 ROSETTA 的 Rotamer 文库。

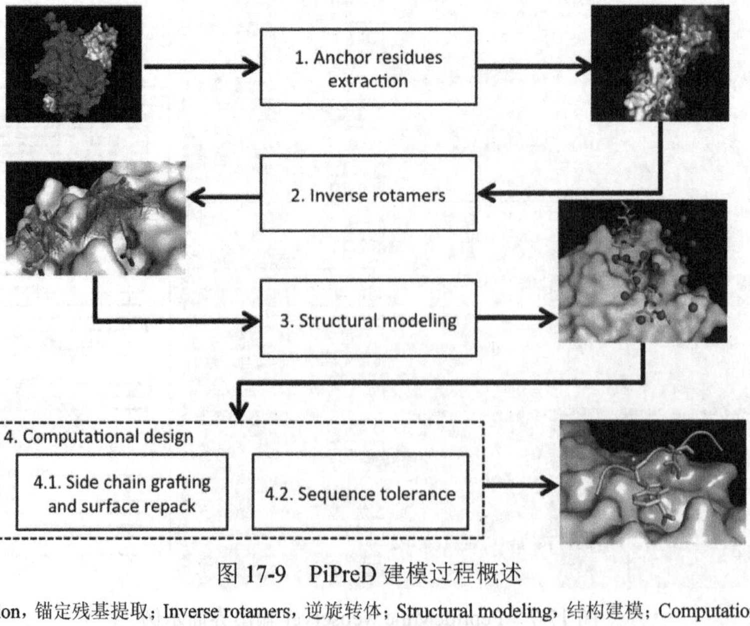

图 17-9

笔记栏

图 17-9 PiPreD 建模过程概述

Anchor residues extraction，锚定残基提取；Inverse rotamers，逆旋转体；Structural modeling，结构建模；Computational design，计算设计；Side chain grafting and surface repack，侧链嫁接和表面重新包装；Sequence tolerance，序列宽容度

需要注意的是，鉴于配体在不同溶剂中可能存在不同状态，基于配体相似性预测的受体配体作用仍存在一定的不准确性，但方法学的蓬勃发展正在逐渐弥补这一缺憾，使得基于配体相似性的预测可以极大地服务于医药学药物开发，生物学功能分析、有机化学和天然药物化学的化合物功能预测，特别是对于中药有效成分的功能分析和直接相互作用的体内机制研究做出巨大的贡献。

三、基于深度学习的相互作用预测

到了计算机快速更新换代，算法蓬勃发展的今天，人工智能在社会诸多领域都已崭露头角。基于人工智能的蛋白质相互作用预测也逐渐热门起来。人工智能以及深度学习为基础的预测体系，都是以结构为驱动进行设计的。它们基于已有的结构模型，进行可解释以及可推广的深度学习，实现预测两种蛋白质/配体之间的相互作用。

机器学习学科，尤其是其新兴研究领域——深度学习（deep learning，DL），在蛋白质和配体相互作用的预测中具有巨大的潜力。常规的基于序列和基于结构的预测方法需要消耗大量的时间以及计算资源，而深度学习技术，能够利用更少的计算资源，实现高效而精准的预测。

使用深度学习技术对蛋白质配体相互作用预测的研究已处于蓬勃发展的阶段。目前已发表的基于深度学习的研究技术众多，包括 CAMP、DeepCPI、D-SCRIPT、DEELIG、DeepDTAF、DeepBindRG、DLSSAffinity、WDL-RF、SSnet、PUResNet 等。这些技术使用的算法各有差异，各具特色。在此简要列举几项，抛砖引玉，以供初步了解与认识。

（一）D-SCRIPT

塔夫兹大学的研究团队设计了一种基于结构的监督深度学习算法，D-SCRIPT 用于蛋白质与蛋白质的相互作用预测（图 17-10）。该方法仅需提供蛋白质的一级氨基酸序列，在有限的数据集训练后即可保持高效性与高准确度，并且在跨物种的情况下也具有较高精度。这一算法能够有效快速地在基因组规模水平上筛选特定物种的蛋白质与蛋白质的潜在相互作用。

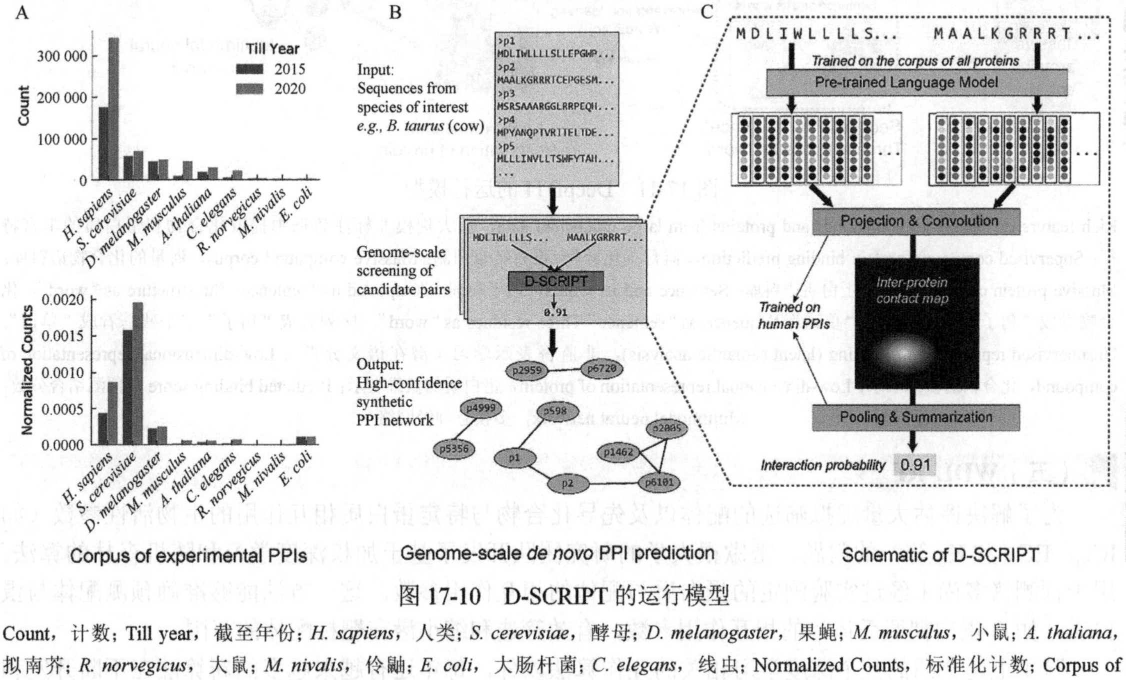

图 17-10 D-SCRIPT 的运行模型

Count，计数；Till year，截至年份；*H. sapiens*，人类；*S. cerevisiae*，酵母；*D. melanogaster*，果蝇；*M. musculus*，小鼠；*A. thaliana*，拟南芥；*R. norvegicus*，大鼠；*M. nivalis*，伶鼬；*E. coli*，大肠杆菌；*C. elegans*，线虫；Normalized Counts，标准化计数；Corpus of experimental PPIs，实验验证的蛋白质–蛋白质相互作用语料库

图 17-10

（二）SSnet

美国南卫理工会大学的研究团队开发的 SSnet，是一个基于蛋白质二级结构信息的深度神经网络架构技术构建的算法。它利用氨基酸残基主链骨架的弧度和扭转等一维信息，表征了蛋白质的功能与构象等三维信息。由于弧度与扭转等参数与蛋白质二级结构的构象具有紧密联系，微弱的构象变化都会导致弧度与扭转参数发生变化，进而快速筛选配体文库，发现可能的高亲和力配体的集合。

笔记栏

（三）DeepDTAF

DeepDTAF 是中南大学研究团队开发的用于预测蛋白质与配体结合亲和力的算法。通过提供蛋白质的氨基酸序列和二级结构信息，潜在的相互作用位点以及配体的 SMILES 信息，该算法利用传统卷积以及扩张卷积等算法处理输入信息，并将其合并提供于神经网络架构中用于后续分析。由于需要提供潜在的识别区域，该方法适用于已知配体口袋的相互作用预测，能够获取更为准确的蛋白质–配体结合亲和力。

（四）DeepCPI

清华大学研究团队开发的深度学习框架的 DeepCPI 算法在蛋白质–配体相互作用以及新型药物靶标发现与相互作用的药物研发过程中起到重要作用。DeepCPI 是一种利用无监督表示学习的神经网络算法，能够在不依赖结构信息的基础上，从大量的数据集中自动学习蛋白质与配体之间的低维度特征，然后通过给定一个蛋白质与化合物组合，通过深度神经网络进行相互作用预测和评估。该方法的准确度优于许多传统的相互作用预测方法，如基于分子对接的 DUD-E 算法和早期的深度学习算法 DeepDTI（图 17-11）。

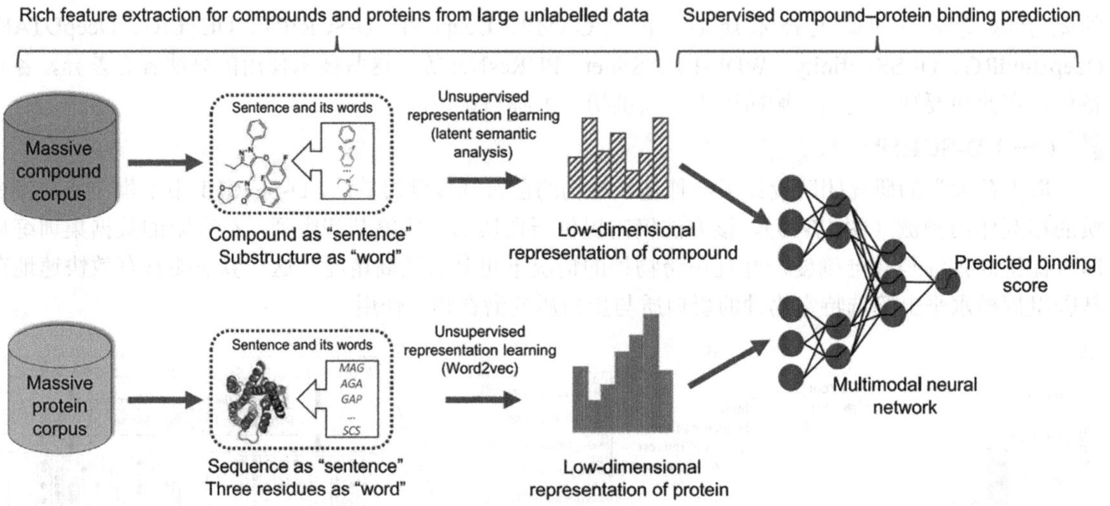

图 17-11

图 17-11　DeepDTI 的运行模型

Rich feature extraction for compounds and proteins from large unlabelled data，从大规模非标注数据中提取化合物和蛋白质的丰富特征；Supervised compound-protein binding prediction，监督式化合物–蛋白结合预测；Massive compound corpus，海量的化合物语料库；Massive protein corpus，海量的蛋白质语料库；Sentence and its words，句子和词；Compound as "sentence" Substructure as "word"，化合物看成"句子"子结构看成"单词"；Sequence as "sentence" Three residues as "word"，序列看成"句子"三个残基看成"单词"；Unsupervised representation learning (latent semantic analysis)，非监督表示学习（潜在语义分析）；Low-dimensional representation of compound，化合物的低维表示；Low-dimensional representation of protein，蛋白质的低维表示；Predicted binding score，预测结合分数；Multimodal neural network，多模态神经网络

（五）WDL-RF

为了解决评估大量虚拟筛选的配体以及先导化合物与特定蛋白质相互作用的生物活性参数（如 IC_{50}，EC_{50} 和 K_D 等）的问题，密歇根大学的研究团队开发了基于加权深度学习和随机森林的算法，用于预测诸多尚未经过实验测定的蛋白质与配体的相互作用参数。这一方法能够准确预测配体与蛋白质（如 G 蛋白偶联受体）的相互作用参数，有效筛选和缩小潜在靶标配体的范围。

除了上述介绍的几个深度学习相关的互作算法以外，每年还有越来越多的新算法在不断开发和面世。使用者应该充分明确自身需求，根据不同的算法所具有的优缺点进行筛选，选择自身适合的方法使用。

第四节　蛋白质受体配体结构预测

笔记栏

蛋白质对生命的重要性不言而喻，它们是由氨基酸链组成的复杂大分子。蛋白质的作用在很大程度上取决于其独特的三维结构。弄清楚蛋白质折叠成什么样的形状一直是科学界悬而未决的问题，在过去许多年中一直是生物学的一项重大挑战。

传统的蛋白质结构解析通常是使用各种实验技术来检查和确定蛋白质结构，如磁共振和X射线晶体学。这些技术以及冷冻电子显微镜等较新的方法依赖大量试错和丰富的领域经验，解析单个结构可能需要数年的辛苦耕耘，并且需要使用价格高昂的专业设备。

蛋白质结构预测是从蛋白质的氨基酸序列推断蛋白质的三维结构——从一级结构预测其二级和三级结构。不同于传统观测蛋白质结构的方法，蛋白质结构预测是基于计算算法、动力学模拟、蛋白质折叠理论等知识通过氨基酸序列生成蛋白质结构的方法。蛋白质结构预测是计算生物学追求的最重要目标之一，它在医学（如药物设计）和生物技术（如新型酶的设计）中有着重要作用。

通常来说，蛋白质的受体预测跟常规蛋白质结构预测流程基本一致，只是在配体预测方向上会有不同，因为配体不只是蛋白质和多肽，也包含许多有机物，无机物小分子，关于小分子的结构，有很多文献、数据库可供参考，本节主要以蛋白质、多肽等受配体的结构预测来展开。

一、蛋白质结构的从头预测

（一）基于能量评分为基础的从头结构预测

这种方式以能量守恒定律为基础，基于实验观察到天然蛋白质结构对应于具有最小自由能的热力学平衡系统，以氨基酸残基或原子之间的相互作用力的大小为评估方式，来从头模拟蛋白质的折叠，一般用于较小的蛋白质且需要大量的计算资源。通常来说，使用这种方法对长度＞150个残基的蛋白质序列进行建模可能相对困难。能量计算提供了基于物理化学原理的优势，但受到要考虑的大量自由度和能量函数的有限性能的限制。基于能量计算的方法基本上存在两个主要问题：首先，基于能量最小化分配蛋白质结构所需的计算超出了目前可用的计算机的能力范围；其次，用于此类计算的相互作用势不足以在原子细节上模拟蛋白质的天然结构。

以能量评分为基础的软件包有Amber、GROMOS（GROningen MOlecular Simulation）、Rosetta等。以Rosetta为例，图17-12是Rosetta软件的Web端服务器Robetta的结构预测提交界面。

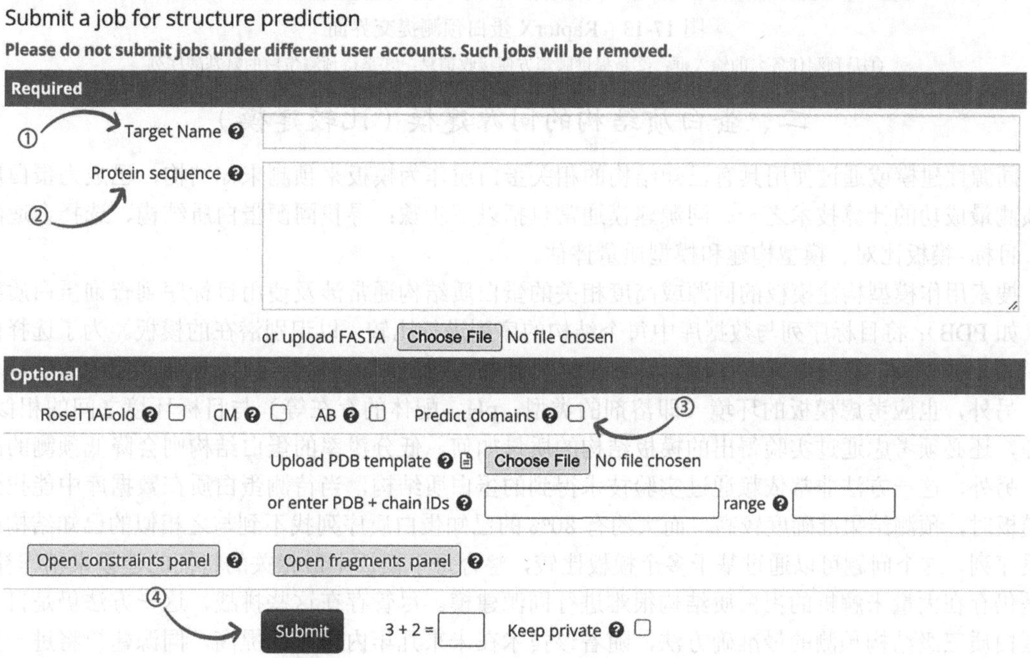

图17-12　Robetta蛋白质预测提交界面

①是待预测蛋白质名称的输入框；②是待预测蛋白质的氨基酸序列；③是预测蛋白质结构的方法选；④是提交需要预测的蛋白质

图17-12

（二）基于残基进化关系为基础的三维空间氨基酸残基接触结构预测

随着测序技术在变得越来越成熟，一些实验室尝试使用蛋白质多序列比对来发掘相关氨基酸突变，并通过这些共同进化的残基来预测三级结构，即为靶蛋白构建多序列比对（multiple sequence alignment，MSA），然后对生成的MSA进行残基协同进化分析。在蛋白质分子的演化过程中，空间接近的两个残基总是倾向于共同进化，因此，可以反过来利用残基协同进化来准确估计残基之间的接触/距离。

笔记栏

这种方法通常由三步组成：①估计残基间的距离接触；②基于估计的距离接触构造一个势能函数；③优化潜在功能以构建具有最小能量的三级结构。当估计的残基间距离接触足够精确时，最终的结构预测就会相对准确。这种方法主要依赖于氨基酸残基的接触距离来预测氨基酸的空间位置进而用于预测完整结构。

以残基进化关系为基础的软件包或在线服务器有 EVfold、RaptorX 等。

以 RaptorX 为例，图 17-13 是 RaptorX 软件的 Web 端服务器的结构预测提交界面。

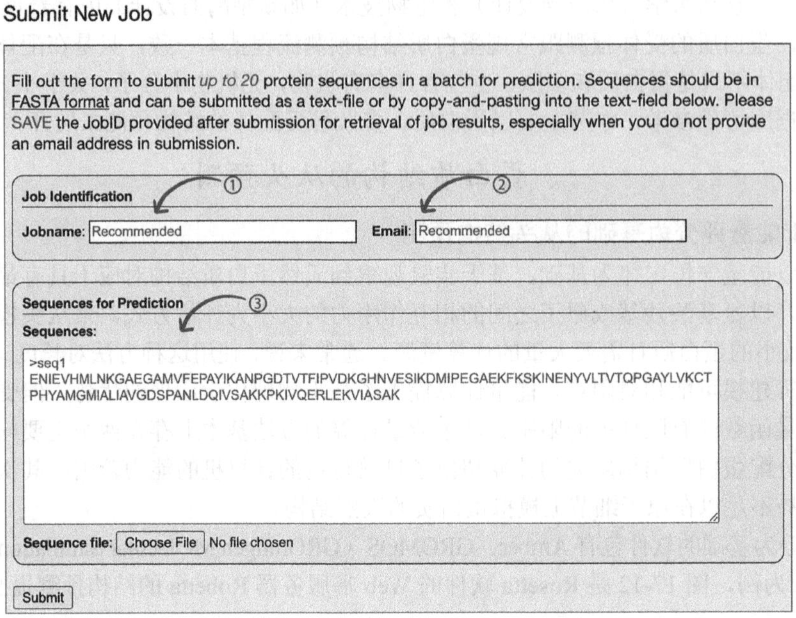

图 17-13

图 17-13　RaptorX 蛋白预测提交界面

①是预测任务名的输入框；②是提供邮箱方便接收信息；③是待预测蛋白的氨基酸序列

二、蛋白质结构的同源建模（比较建模）

同源性建模或通过使用具有已知结构的相关蛋白质作为模板来预测未知结构，已成为蛋白质结构预测最成功的计算技术之一。同源建模通常包括以下步骤：寻找同源蛋白质结构、选择合适的模板、目标–模板比对、模型构建和模型质量评估。

搜索用作模型构建模板的同源或高度相关的蛋白质结构通常涉及使用目标序列查询蛋白质数据库（如 PDB）：将目标序列与数据库中每个结构的序列进行比较，以识别潜在的模板。为了选择同源建模的最佳模板，必须考虑几个因素。首先，目标与模板之间的序列一致性越高，模板的质量就越好。另外，也应考虑模板的环境（即溶剂的类型、pH、配体的存在等）与目标环境之间的相似性。此外，还必须考虑通过实验得出的模板结构的质量如何，低分辨率的蛋白结构则会降低预测的准确性。另外，这一方法非常依赖通过实验技术得到的蛋白质结构，当待测蛋白质在数据库中能找到相似模板时，预测结果准确度较高，而大约有 80% 的已知蛋白质序列找不到与之相似的已知结构的蛋白质序列，这个问题可以通过基于多个模板比较，整合每个模板中最相关的特征的建模来稍作补充，但是仍存在大量未解析的蛋白质结构很难进行同源建模。尽管存在这些挑战，这一方法仍是目前进行蛋白质三级结构预测的最准确方法，随着该技术在未来几年内精度的提高，同源建模将进一步缩小已知序列数量与可用结构数量之间的差距，并加深我们对蛋白质结构和功能之间关系的理解。

以同源建模为基础的软件包或在线服务器有 MODELLER、SWISS-MODEL、PHYER2、I-TASSER 等。

以 I-TASSER 为例，图 17-14 是 I-TASSER 软件的 Web 端服务器的结构预测提交界面。

三、蛋白质结构的机器学习建模

笔记栏

近年来随着机器学习技术的快速发展和普及，科学家发现，在处理蛋白质结构预测的过程中，不管是大量的能量打分计算还是预测氨基酸之间的残基接触的矩阵模型，都非常适用于 GPU 的计算处理，因此 RaptorX、Rossetta 等团队都将神经网络引入了蛋白质结构的预测，而 AlphaFold 团队则是

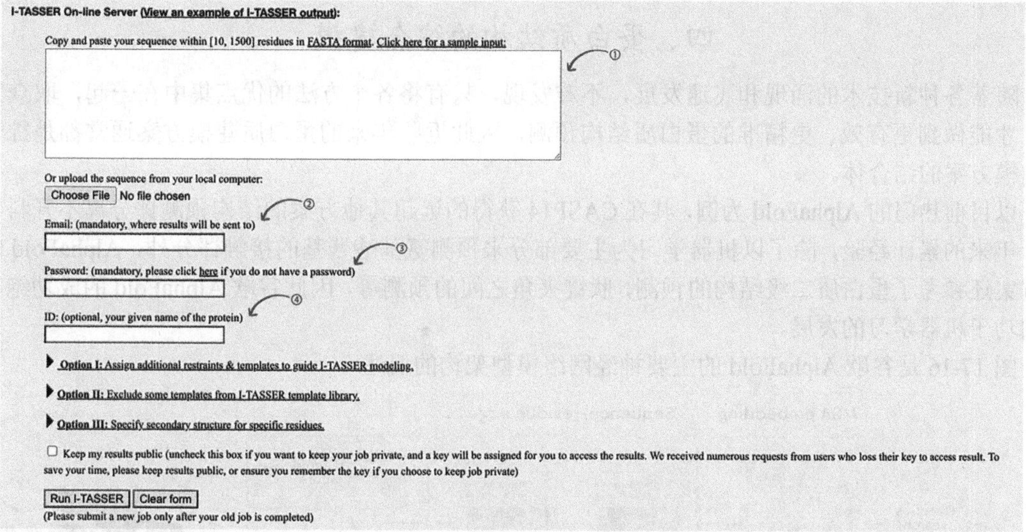

图 17-14　I-TASSER 蛋白预测提交界面

①是待预测蛋白的氨基酸序列输入框；②是提供邮箱方便接收信息和登录；③ I-TASSER 需要用邮箱注册后才能提交序列预测；④是预测任务名的输入框

图 17-14

将机器学习彻底融入蛋白质结构预测做了进一步尝试。大多数用于蛋白质结构预测的机器学习方法都集中在基于多序列比对的协同进化方法，这些方法的准确性取决于数据库中可用的同源蛋白质序列的数量。

深度学习技术在蛋白质建模中的第一个真正影响体现在残基接触图预测，卷积神经网络（CNN）、残差等深度学习模型的应用网络（ResNet）、Densenet 和生成对抗模型（GAN）提高了残基接触图预测的准确性。像 ResNet 这样的深度学习模型可以从接触距离矩阵中推测蛋白质的内在特性。

以机器学习为基础的软件包或在线服务器有 RaptorX、AlphaFold、TrRosetta 等。

以 TrRosetta 为例，图 17-15 是 TrRosetta 软件的 Web 端服务器的结构预测提交界面。

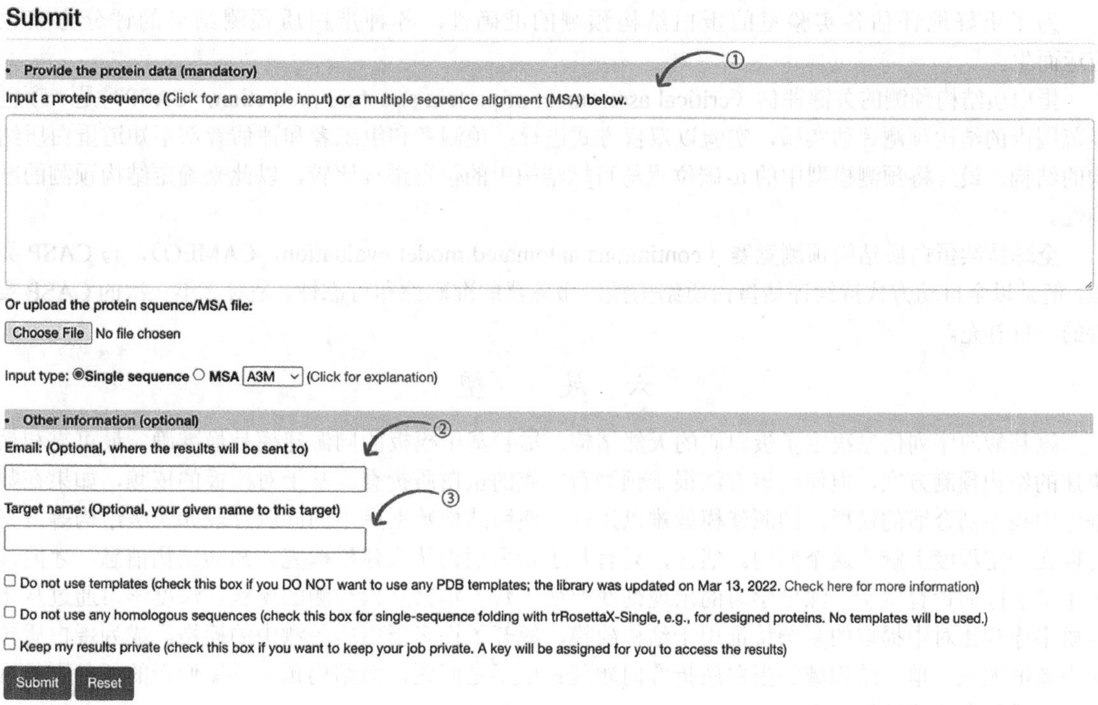

图 17-15

图 17-15　TrRosetta 蛋白预测提交界面

①是待预测蛋白的氨基酸序列输入框；②是提供邮箱方便接收信息和登录；③是预测任务名的输入框

笔记栏

四、蛋白质结构的综合建模

随着各种新技术的涌现和飞速发展，不难发现，只有将各个方法的优点集中在一起，取众家之长，才能做到更有效、更精准的蛋白质结构预测，因此近些年来的蛋白质建模方案通常都是综合各种建模方案的结合体。

以目前热门的 AlphaFold 为例，其在 CASP14 获得的远超其他方案的结构预测评分离不开科学家几十年来的累计经验，除了以机器学习为主要部分来预测氨基酸残基的接触评分外，AlphaFold 的整体方案还参考了蛋白质二级结构的预测，肽键夹角之间的预测等，因此谷歌 AlphaFold 的成功绝不能只归功于机器学习的发展。

图 17-16 是谷歌 AlphaFold 的主要神经网络模型架构的概述。

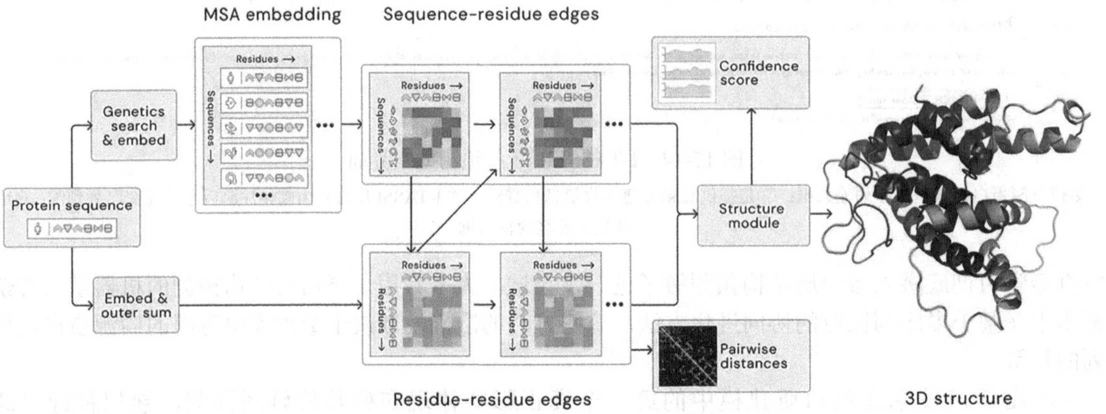

图 17-16

图 17-16 AlphaFold 神经网络模型架构的概述

Protein sequence，蛋白质序列；Genetics search & embed，基因搜索及嵌入；Embed & outer sum，嵌入及外和；MSA embedding，多序列比对嵌入；Residues，残基；Sequence-residue edges，序列-残基边；Residue-residue edges，残基-残基边；Confidence score，置信分数；Structure module，结构模块；Pairwise distances，成对距离；3D structure，3D 结构

五、蛋白质结构建模结果评估

为了更好地评估各实验室的蛋白结构预测的准确性，各种蛋白质预测结果的评分方案也应运而生。

蛋白质结构预测的关键评估（critical assessment of protein structure prediction，CASP）是一项世界范围内的结构预测评估实验，实验以双盲方式进行：预测者和组织者和评估者都不知道蛋白质结构的结构，最终将预测模型中的α-碳位置与目标结构中的位置进行比较，以此来确定结构预测的准确性。

全球持续蛋白质结构预测竞赛（continuous automated model evaluation，CAMEO），与 CASP 类似，但是以全自动方式持续评估蛋白质结构预测服务器的准确性和可靠性，是对 2 年一次的 CASP 实验的一种补充。

六、展　　望

氨基酸的序列信息决定了蛋白质的天然结构，尽管基于模板的同源建模是最准确、最可靠和最快速的结构预测方案，但使用该方法很难预测新家族的蛋白质折叠。基于对模板的依赖，如果在数据库中找不到合适的模板，同源建模就难以进行，使用结构数据库中的同源片段如二级结构等方案可以在一定程度上解决这个问题。然而，只有基于物理理论从头建模探究未知的结构信息，才能深入了解实际的折叠机制，深度学习的出现彻底改变了数十年来结构预测的现状。深度学习通过从蛋白质多序列比对中提取的复杂特征用于结构建模，解开了许多蛋白质预测中的桎梏，成为蛋白质预测中新的宠儿。单一结构域的蛋白质折叠问题现在已不是问题，而结构预测学家们新的任务则是解决蛋白质复合体的精细结构。

笔记栏

（邓　成　邵振华）

参考文献

ALHARBI R A, 2020. Proteomics approach and techniques in identification of reliable biomarkers for diseases[J]. Saudi J Biol Sci, 27(3): 968-974.

ALMAGRO ARMENTEROS J J, et al., 2019. SignalP 5.0 improves signal peptide predictions using deep neural networks[J]. Nat Biotechnol, 37(4): 420-423.

AMBLER R P, REES M W, 1959. Epsilon-*N*-Methyl-lysine in bacterial flagellar protein[J]. Nature, 184: 56-57.

ASADZADEH-AGHDAEE H, et al., 2016. Introduction of inflammatory bowel disease biomarkers panel using protein-protein interaction (PPI) network analysis[J]. Gastroenterol Hepatol Bed Bench, 9(Suppl1): S8-S13.

BAO X, 2020. Study on the cellular regulation and function of lysine malonylation, glutarylation and crotonylation[M]. Singapore: Springer Theses.

BEAUSOLEIL S A, et al., 2006. A probability-based approach for high-throughput protein phosphorylation analysis and site localization[J]. Nat Biotechnol, 24(10): 1285-1292.

BOWLEY D R, et al., 2009. Libraries against libraries for combinatorial selection of replicating antigen-antibody pairs[J]. Proceedings of the National Academy of Sciences, 106(5): 1380-1385.

BRIDGES C B, 1936. The bar "gene" a duplication[J]. Science, 83(2148): 210-211.

CHEN C S, ZHU H, 2006. Protein microarrays[J]. Biotechniques. 40(4): 423.

CHEN C, et al., 2020. Bioinformatics methods for mass spectrometry-based proteomics data analysis[J]. Int J Mol Sci 21(8): 2873.

CHENG L, et al., 2021. Dynamic landscape mapping of humoral immunity to SARS-CoV-2 identifies non-structural protein antibodies associated with the survival of critical COVID-19 patients[J]. Signal Transduct Target Ther, 6(1): 304.

CHOUDHARY C, et al., 2009. Lysine acetylation targets protein complexes and co-regulates major cellular functions[J]. Science , 325(5942): 834-840.

CLARK H F, et al., 2003. The secreted protein discovery initiative (SPDI), a large-scale effort to identify novel human secreted and transmembrane proteins: a bioinformatics assessment[J]. Genome Res, 13(10): 2265-2270.

CRICK F, 1970. Central dogma of molecular biology[J]. Nature, 227(5258): 561-563.

DEUTSCH E W, 2012. File formats commonly used in mass spectrometry proteomics[J]. Mol Cell Proteomics, 11(12): 1612-1621.

DOBZHANSKY T, 1973. Nothing in biology makes sense except in the light of evolution[J]. The American Biology Teacher, 35 (3): 125-129.

DONNELLY D P, et al., 2019. Best practices and benchmarks for intact protein analysis for top-down mass spectrometry[J]. Nature Methods, 16(7): 587-594.

DOU L, et al. 2020. iGlu_AdaBoost: identification of lysine glutarylation using the AdaBoost classifier[J]. Journal of Proteome Research, 20(1): 191-201.

DRAZIC A, et al., 2016. The world of protein acetylation[J]. Biochim Biophys Acta, 1864(10): 1372-1401.

DUNKER A K, et al., 2002. Intrinsic disorder and protein function[J]. Biochemistry, 41(21): 6573-6582.

EMANUELSSON O, et al., 2007. Locating proteins in the cell using TargetP, SignalP and related tools[J]. Nature Protocols , 2(4): 953-971.

FANWANG MENG, et al., 2021. Drug design targeting active posttranslational modification protein isoforms[J]. Med Res Rev, 41(3): 1701-1750.

HASAN M M, et al., 2016. SuccinSite: a computational tool for the prediction of protein succinylation sites by exploiting the amino acid patterns and properties[J]. Molecular BioSystems, 12(3): 786-795.

HAY I D, LITHGOW T, 2019. Filamentous phages: masters of a microbial sharing economy[J]. EMBO reports, 20(6): e47427.

HE B, et al., 2016. BDB: biopanning data bank[J]. Nucleic Acids Research, 44(D1): D1127-D1132.

HIRSCHEY M D, ZHAO Y, 2015. Metabolic regulation by lysine malonylation, succinylation, and glutarylation[J]. Molecular & Cellular Proteomics, 14(9): 2308-2315.

HO C M, LI X, LAI M, et al., 2020. Bottom-up structural proteomics: cryoEM of protein complexes enriched from the cellular milieu[J]. Nature Methods, 17: 79-85.

HOU X, et al., 2020. Serum protein profiling reveals a landscape of inflammation and immune signaling in early-stage COVID-19 infection[J]. Mol Cell Proteomics, 19(11): 1749-1759.

HU C T, et al., 2015. MIF, secreted by human hepatic sinusoidal endothelial cells, promotes chemotaxis and outgrowth of colorectal cancer in liver prometastasis[J]. Oncotarget, 6(26): 22410-22423.

笔记栏

HUANG J, et al., 2010. SAROTUP: scanner and reporter of target-unrelated peptides[J]. Journal of Biomedicine and Biotechnology, 2010: 101932.

JACOB F, 1977. Evolution and tinkering[J]. Science, 196(4295): 1161-1166.

JEONG H, et al., 2001. Lethality and centrality in protein networks[J]. Nature, 411(6833): 41-42.

JU Z, WANG S Y, 2019. iLys-Khib: identify lysine 2-Hydroxyisobutyrylation sites using mRMR feature selection and fuzzy SVM algorithm[J]. Chemometrics and Intelligent Laboratory Systems, 191: 96-102.

JUMPER J, et al., 2021. Highly accurate protein structure prediction with AlphaFold[J]. Nature, 596(7873): 583-589.

KÄLLBERG M, et al., 2012. Template-based protein structure modeling using the RaptorX web server[J]. Nature protocols, 7(8): 1511-1522.

KLAEGER S, et al., 2017. The target landscape of clinical kinase drugs[J]. Science, 358(6367): eaan4368.

LANDGRAF C, et al., 2004. Protein Interaction Networks by Proteome Peptide Scanning[J]. GERALD JOYCE. PLoS Biology, 2(1): e14.

LARMAN H B, et al., 2011. Autoantigen discovery with a synthetic human peptidome[J]. Nature Biotechnology, 29(6): 535-541.

LEE W P, et al., 2006. Differential evolutionary conservation of motif modes in the yeast protein interaction network[J]. BMC Genomics, 7: 89.

LEVY E D, VOGEL C, 2021. Structuromics: another step toward a holistic view of the cell[J]. Cell, 184(2): 301-303.

LI Y, et al., 2014. Integrative analysis reveals disease-associated genes and biomarkers for prostate cancer progression[J]. BMC Med Genomics, 7(Suppl 1): S3.

LI Z, et al., 2021. Drug discovery in rheumatoid arthritis with joint effusion identified by text mining and biomedical databases[J]. Ann Palliat Med, 10(5): 5218-5230.

LI Z, et al., 2021. Identification and analysis of potential key genes associated with hepatocellular carcinoma based on integrated bioinformatics methods[J]. Front Genet, 12: 571231.

LIN Y, YUAN X , SHEN B, 2016. Network-Based Biomedical Data Analysis[J]. Adv Exp Med Biol, 939: 309-332.

LIU C, et al., 2020. Computational network biology: data, models, and applications[J]. Physics Reports, 846: 1-66.

LONG M, LANGLEY C H, 1993. Natural selection and the origin of jingwei, a chimeric processed functional gene in Drosophila[J]. Science, 260(5104): 91-95.

LONG M, VANKUREN N W, CHEN S, 2013. Vibranovski MD. New gene evolution: little did we know[J]. Annual review of genetics, 47: 307-333.

LU H, et al., 2020. Recent advances in the development of protein-protein interactions modulators: mechanisms and clinical trials[J]. Signal Transduct Target Ther, 5(1): 213.

MCCAFFERTY C L, et al., 2020. Structural biology in the multi-omics era[J]. Journal of Chemical Information and Modeling, 60(5): 2424-2429.

MODELL A E, et al., 2016. Systematic targeting of protein-protein interactions[J]. Trends Pharmacol Sci, 37(8): 702-713.

MULLER H J, 1936. Bar Duplication[J]. Science, 83(2161): 528-530.

MUNK C, et al., 2016. GPCRdb: the G protein-coupled receptor database-an introduction[J]. Br J Pharmacol, 173(14): 2195-2207.

NAKAI K. 2000. Protein sorting signals and prediction of subcellular localization[J]. Adv Protein Chem, 54: 277-344.

NING W, et al., 2020. HybridSucc: a hybrid-learning architecture for general and species-specific succinylation site prediction[J]. Genomics, proteomics & bioinformatics, 18(2): 194-207.

NOIVIRT-BRIK O, et al., 2009. Assessment of disorder predictions in CASP8[J]. Proteins, 77(Suppl 9): 210-216.

OHNO S, 1970. Evolution by Gene Duplication[M]. Heidelberg: Springer Berlin.

PELLEGRINI M, et al., 1999. Assigning protein functions by comparative genome analysis: protein phylogenetic profiles[J]. Proc Natl Acad Sci U S A, 96(8): 4285-4288.

PERKEL J M, 2021. Single-cell proteomics takes centre stage[J]. Nature, 597(7877): 580-582.

QI H, et al., 2021. Antibody binding epitope mapping (AbMap) of hundred antibodies in a single run[J]. Molecular & Cellular Proteomics, 20: 100059.

QIU W R, et al., 2016. iPTM-mLys: identifying multiple lysine PTM sites and their different types[J]. Bioinformatics, 32(20): 3116-3123.

RAO R S P, et al., 2018. CarbonylDB: a curated data-resource of protein carbonylation sites[J]. Bioinformatics, 34(14): 2518-2520.

REILY C, et al., 2019. Glycosylation in health and disease[J]. Nature Reviews Nephrology, 15(6): 346-366.

ROHWER F, SEGALL A M, 2015. In retrospect: a century of phage lessons[J]. Nature, 528(7580): 46-48.

ROST H L, 2019. Deep learning adds an extra dimension to peptide fragmentation[J]. Nature Methods, 16(6): 469-470.

RUOSLAHTI E, 2002. Specialization of tumour vasculature[J]. Nature Reviews Cancer, 2(2): 83-90.

SABARI B R, et al., 2017. Metabolic regulation of gene expression through histone acylations[J]. Nature reviews Molecular cell biology, 18(2): 90-101.

SANGER F, et al., 1977. Nucleotide sequence of bacteriophage ΦX174 DNA[J]. Nature, 265(5596): 687-695.

SAVINO R, et al., 2012. The proteomics big challenge for biomarkers and new drug-targets discovery[J]. Int J Mol Sci, 13(11): 13926-13948.

笔记栏

SAVITSKI M M, et al., 2011. Confident phosphorylation site localization using the Mascot Delta Score[J]. Mol Cell Proteomics, 10(2): M110 003830.

SHANNON P, et al., 2003. Cytoscape: a software environment for integrated models of biomolecular interaction networks[J]. Genome Res, 13(11): 2498-2504.

SHEN J, et al., 2007. Predicting protein-protein interactions based only on sequences information[J]. Proc Natl Acad Sci U S A, 104(11): 4337-4341.

SHEN Y, et al., 2020. Critical evaluation of web-based prediction tools for human protein subcellular localization[J]. Brief Bioinform, 21: 1628-1640.

SHEVCHENKO A, et al., 2006. In-gel digestion for mass spectrometric characterization of proteins and proteomes[J]. Nat Protoc , 1(6): 2856-2860.

SHIIO Y, AEBERSOLD R, 2006. Quantitative proteome analysis using isotope-coded affinity tags and mass spectrometry[J]. Nat Protoc , 1(1): 139-145.

SKOLNICK J, et al., 2009. FINDSITE: a combined evolution/structure-based approach to protein function prediction[J]. Brief Bioinform, 10(4): 378-391.

SMITH G P, 2019. Phage display: simple evolution in a petri dish (Nobel Lecture)[J]. Angewandte Chemie International Edition, 58(41): 14428-14437.

SMITH G, 1985. Filamentous fusion phage: novel expression vectors that display cloned antigens on the virion surface[J]. Science, 228(4705): 1315-1317.

SMOTHERS J F, 2002. Phage Display: affinity selection from biological libraries[J]. Science, 298(5593): 621-622.

SOOFI A, et al., 2020. Centrality analysis of protein-protein interaction networks and molecular docking prioritize potential drug-targets in type 1 diabetes[J]. Iran J Pharm Res, 19(4): 121-134.

ST-DENIS N, GINGRAS A C, 2012. Mass spectrometric tools for systematic analysis of protein phosphorylation[J]. Prog Mol Biol Transl Sci, 106: 3-32.

STURTEVANT A H, 1925. The effects of unequal crossing over at the bar locus in Drosophila[J]. Genetics, 10(2): 117.

STURTEVANT A H, MORGAN T H, 1923. Reverse mutation of the bar gene correlated with crossing over[J]. Science, 57(1487): 746-747.

SZKLARCZYK D, et al., 2019. STRING v11: protein-protein association networks with increased coverage, supporting functional discovery in genome-wide experimental datasets[J]. Nucleic Acids Res, 47(D1): D607-D613.

TAKAKUSAGI Y, et al., 2020. Phage display technology for target determination of small-molecule therapeutics: an update[J]. Expert Opinion on Drug Discovery, 15(10): 1199-1211.

TAN M, et al., 2011. Identification of 67 histone marks and histone lysine crotonylation as a new type of histone modification[J]. Cell, 146(6): 1016-1028.

TAN M, et al., 2014. Lysine glutarylation is a protein posttranslational modification regulated by SIRT5[J]. Cell Metabolism, 19(4): 605-617.

TAUS T, et al., 2011. Universal and confident phosphorylation site localization using phospho RS[J]. Journal of Proteome Research, 10(12): 5354-5362.

THÉVENET P, et al., 2012. PEP-FOLD: an updated de novo structure prediction server for both linear and disulfide bonded cyclic peptides[J]. Nucleic Acids Res, 40(Web Server issue): W288-293.

THUL P J, et al., 2017. A subcellular map of the human proteome[J]. Science, 356(6340): eaal3321.

TONG A H Y, 2002. A combined experimental and computational strategy to define protein interaction networks for peptide recognition modules[J]. Science, 295(5553): 321-324.

TWORT F W, 1915. An investigation on the nature of ultra-microscopic viruses[J]. The Lancet, 186(4814): 1241-1243.

TYERS M, MANN M, 2003. From genomics to proteomics[J]. Nature 422(6928): 193-197.

WANG F, et al., 2021. Knowledge-guided "community network" analysis reveals the functional modules and candidate targets in non-small-cell lung cancer[J]. Cells, 10(2): 402.

WANG K, et al., 2021. DeepDTAF: a deep learning method to predict protein-ligand binding affinity[J]. Brief Bioinform, 22(5): 72.

WESCHE J, et al., 2017. Protein arginine methylation: a prominent modification and its demethylation[J]. Cell Mol Life Sci, 74(18): 3305-3315.

WOLFNER M F, MILLER D E, 2016. Alfred sturtevant walks into a bar: gene dosage, gene position, and unequal crossing over in drosophila[J]. Genetics, 204(3): 833-835.

XIAO Q, et al., 2021. High-throughput proteomics and AI for cancer biomarker discovery[J]. Adv Drug Deliv Rev, 176: 113844.

XIE Z, et al., 2012. Lysine succinylation and lysine malonylation in histones[J]. Molecular & Cellular Proteomics, 11(5): 100-107.

笔记栏

YAN W, et al., 2014. The construction of an amino acid network for understanding protein structure and function[J]. AMINO ACIDS, 46: 1419-1439.

YANG J, et al., 2013. BioLiP: a semi-manually curated database for biologically relevant ligand-protein interactions[J]. Nucleic Acids Res, 41(Database issue): D1096-1103.

YANG Y, GIBSON G E, 2019. Succinylation links metabolism to protein functions[J]. Neurochemical research, 44(10): 2346-2359.

YAO Y, et al., 2019. An integration of deep learning with feature embedding for protein-protein interaction prediction[J]. PeerJ, 7: e7126.

YUAN X, et al., 2017. Network biomarkers constructed from gene expression and protein-protein interaction data for accurate prediction of leukemia[J]. J Cancer, 8(2): 278-286.

ZHANG F, et al., 2020. Phenotype classification using proteome data in a data-independent acquisition tensor format[J]. J Am Soc Mass Spectrom, 31(11): 2296-2304.

ZHANG H, et al., 2003. Identification and quantification of N-linked glycoproteins using hydrazide chemistry, stable isotope labeling and mass spectrometry[J]. Nat Biotechnol, 21(6): 660-666.

ZHANG L V, et al., 2005. Motifs, themes and thematic maps of an integrated Saccharomyces cerevisiae interaction network[J]. J Biol, 4(2): 6.

ZHANG L, et al., 2019. Rapid evolution of protein diversity by de novo origination in Oryza[J]. Nat Ecol Evol, 3(4): 679-690.

ZHANG L, et al., 2020. DeepKhib: a deep-learning framework for lysine 2-hydroxyisobutyrylation sites prediction[J]. Frontiers in Cell and Developmental Biology, 8: 580217.

ZHANG Z, et al., 2011. Identification of lysine succinylation as a new post-translational modification[J]. Nat Chem Biol, 7(1): 58-63.

ZHOU J, et al., 2018. Intrinsic disorder in conserved Pfam domains[C]. International Conference on Bioinformatics & Computational Biology, Las Vegas, CSREA.

ZHOU J, et al., 2020. Identification of Intrinsic Disorder in Complexes from the Protein Data Bank[J]. ACS Omega, 5(29): 17883-17891.

ZHOU P, HUANG J, 2015. (eds) Computational Peptidology[M]. New York: Humana Press.

ZHU H, SNYDER M, 2003. Protein chip technology[J]. Curr Opin Chem Biol, 7(1): 55-63.

ZHU Y, et al., 2020. Inspector: a lysine succinylation predictor based on edited nearest-neighbor undersampling and adaptive synthetic oversampling[J]. Anal Biochem, 593: 113592.

ZUO Y, JIA C Z, 2017. CarSite: identifying carbonylated sites of human proteins based on a one-sided selection resampling method[J]. Mol BioSyst, 13(11): 2362-2369.

笔记栏